Geometria Differenziale

Marco Abate · Francesca Tovena

Geometria Differenziale

 Springer

Marco Abate
Dipartimento di Matematica
Università di Pisa

Francesca Tovena
Dipartimento di Matematica
Università di Roma Tor Vergata

UNITEXT – La Matematica per il 3+2
ISSN versione cartacea: 2038-5722   ISSN elettronico: 2038-5757

ISBN 978-88-470-1919-5   ISBN 978-88-470-1920-1 (eBook)
DOI 10.1007/978-88-470-1920-1

Springer Milan Dordrecht Heidelberg London New York

© Springer-Verlag Italia 2011

Layout copertina: Beatrice B., Milano
Immagine di copertina liberamente modificata da Antoni Gaudì, modellino per la Sagrada Familia, Barcellona

Impaginazione: PTP-Berlin, Protago TEX-Production GmbH, Germany (www.ptp-berlin.eu)
Stampa: Grafiche Porpora, Segrate (MI)

Springer-Verlag Italia S.r.l., Via Decembrio 28, I-20137 Milano
Springer-Verlag fa parte di Springer Science+Business Media (www.springer.com)

Prefazione

La Geometria Differenziale è nata (nella seconda metà dell'Ottocento, raggiungendo la piena maturità nella prima metà del Novecento) come risposta a un'esigenza molto naturale.

L'Analisi Matematica classica studia le proprietà delle funzioni e delle applicazioni differenziabili definite nello spazio euclideo $\mathbb{R}^n$. Dal punto di vista geometrico, la caratteristica principale dello spazio euclideo è di essere piatto (le rette e i piani, come pure i sottospazi vettoriali di dimensione più alta, non si curvano); e l'Analisi Matematica dipende in maniera sostanziale dalla piattezza dello spazio per le sue costruzioni e argomentazioni di base. Eppure, il mondo non è piatto. Basta guardarsi intorno per notare l'abbondanza, per non dire la prevalenza, di superfici curve; e nella scienza moderna (non solo in Matematica, ma anche in Fisica, Ingegneria, Genetica, Informatica, Economia...) compaiono in continuazione problemi che si sviluppano naturalmente in ambienti geometrici che non sono piatti in nessun senso del termine, e che spesso sono anche di dimensione maggiore di due (nel senso che richiedono più di due parametri per essere descritti). Un esempio tipico è dato dal moto di un corpo vincolato. I vincoli sono spesso rappresentati da quantità che devono essere conservate; quindi il moto si svolge in sottoinsiemi dello spazio dei parametri ove queste quantità assumono valori costanti. Geometricamente, lo spazio dei parametri può anche essere uno spazio euclideo, ma non appena i vincoli non sono lineari il sottoinsieme in cui il moto si svolge si guarda bene dall'essere piatto. Eppure, sempre di velocità e accelerazioni stiamo parlando; deve essere quindi possibile continuare a usare gli strumenti dell'Analisi Matematica, la cui utilità e potenza è stata dimostrata nei secoli.

L'osservazione cruciale è che il Calcolo Differenziale si occupa principalmente di oggetti *locali:* per calcolare la derivata di una funzione in un punto è sufficiente sapere come la funzione si comporta vicino a quel punto, non serve conoscere cosa succede altrove. Dunque dovrebbe essere possibile ricostruire un Calcolo Differenziale in spazi che siano solo localmente fatti come aperti di $\mathbb{R}^n$ (in un senso da precisare!), pur avendo una struttura globale completamente diversa. Questa fu l'intuizione geniale di Riemann, enunciata nel 1854 ampliando idee di Gauss. La sua sistematizzazione completa ha richiesto quasi un secolo e il lavoro di alcuni dei più importanti geometri moderni (Poincaré, Levi-Civita, Lie, Weyl, É. Cartan, Whitney, e molti altri), e ha portato infine all'identificazione delle *varietà differenziabili* (in inglese *differentiable manifolds*) come oggetto principale di studio della Geometria Differenziale.

Il concetto di varietà differenziabile ha dimostrato nei fatti di essere quello giusto: non solo è possibile ritrovare tutti i principali risultati dell'Analisi Matematica classica in questo contesto più generale, ma molte costruzioni geometriche e analitiche si descrivono naturalmente in termini di varietà differenziabili. Il prezzo da pagare è un più elevato livello di astrazione: gli strumenti necessari per lavorare efficacemente con le varietà differenziabili sono molti e non banali (a partire dalla definizione stessa di varietà differenziabile). Scopo di questo libro è proprio fornire un'introduzione alla geometria delle varietà differenziabili, illustrandone le proprietà principali e descrivendo le tecniche e gli strumenti più importanti per il loro uso, in modo da poter fungere da testo di riferimento per chi (matematici, fisici, ingegneri e non solo) si trova a dover/voler usare la Geometria Differenziale anche se non ne ha fatto il proprio campo di studio. Inoltre, selezionando opportunamente il materiale che si vuole presentare, questo volume può essere usato anche come libro di testo per vari corsi di Geometria Differenziale, di livello variabile fra la laurea magistrale e il dottorato in Matematica, Fisica o Ingegneria, o anche, con un po' più di sforzo, per un terzo anno di una laurea in Matematica.

Descriviamo ora in breve il contenuto di questo libro. Il Capitolo 1 è introduttivo, e raccoglie una serie di risultati di Algebra Lineare e Multilineare (in particolare sul prodotto tensoriale e l'algebra esterna) sovente non trattati, o trattati solo in parte, nei corsi iniziali di Geometria o di Algebra Lineare. Entriamo nel vivo della Geometria Differenziale nel Capitolo 2, dove sono definiti ufficialmente i concetti di varietà e di applicazione differenziabile, come pure lo strumento che permette di collegare l'aspetto geometrico con quello analitico: lo *spazio tangente*, che riunisce in un solo concetto vettori tangenti geometrici e derivate parziali. In questo capitolo daremo anche la definizione di *gruppo di Lie* (una varietà corredata anche da una struttura di gruppo in cui le operazioni sono differenziabili), lo strumento naturale per lo studio delle simmetrie nei problemi geometrici e analitici; e dimostreremo il teorema di Whitney, che mostra come la definizione intrinseca di varietà come spazio costruito localmente come un aperto di $\mathbb{R}^n$ e la definizione estrinseca di varietà quale sottoinsieme sufficientemente regolare di uno spazio euclideo coincidono.

Il Capitolo 3 è dedicato al concetto di fibrato, cruciale per lo studio e le applicazioni della Geometria Differenziale. L'unione disgiunta degli spazi tangenti a una varietà ha a sua volta una struttura di varietà differenziabile, chiamata *fibrato tangente,* che è un primo esempio di *fibrato vettoriale:* un fibrato vettoriale è una varietà ottenuta come unione disgiunta di spazi vettoriali della stessa dimensione, uno per ogni punto di un'altra varietà, detta *base* del fibrato.

In questo capitolo studieremo in dettaglio anche i *campi vettoriali,* che possono essere interpretati come campi di velocità che danno luogo a un flusso lungo la varietà, il moto lungo le *curve integrali* del campo. Dalle curve integrali passeremo alle sottovarietà integrali e al teorema di Frobenius, che applicheremo allo studio dei gruppi di Lie, e in particolare alla dimostrazione della corrispondenza fra i sottogruppi di un gruppo di Lie e precisi sottospazi dello spazio tangente nell'elemento neutro (spazio su cui avremo introdotto una nuova, importante struttura algebrica, quella di *algebra di Lie*). Infine presenteremo una nozione più generale di *fibrato,* e definiremo i *fibrati principali,* discutendo il legame con la teoria dei fibrati vettoriali.

I Capitoli 4 e 5 sono dedicati allo studio delle *forme differenziali,* una generalizzazione globale dei concetti di determinante e di forma multilineare alternante, che permettono di estendere alle varietà concetti quali l'orientabilità o l'integrazione su sottovarietà. Parleremo anche di *varietà con bordo,* e dimostreremo l'importante teorema di Stokes, una generalizzazione molto potente del teorema fondamentale del calcolo. Introdurremo anche il *differenziale esterno* di forme differenziali, che ci permetterà di definire la *coomologia di de Rham* di una varietà. La coomologia di de Rham è un fondamentale invariante algebrico delle varietà, che pur essendo definito per via differenziabile misura in realtà proprietà topologiche globali, come illustrato dal teorema di de Rham.

Fin qui abbiamo trattato proprietà delle varietà che discendono direttamente dalla definizione; gli ultimi tre capitoli invece discutono strutture ulteriori che possono essere messe su una varietà. Nel Capitolo 6 definiremo i concetti di *connessione,* per derivare campi vettoriali su varietà, e di *metrica (pseudo)Riemanniana,* per misurare la lunghezza dei vettori tangenti e delle curve ottenendo su qualsiasi varietà una struttura di spazio metrico; le metriche pseudo-Riemanniane sono indispensabili, per esempio, per lo studio della Relatività Generale. Discuteremo infine brevemente le *varietà simplettiche,* importanti sia come campo di studio a sé stante che per le applicazioni, per esempio in Fisica Matematica.

Infine, il Capitolo 7 e il Capitolo 8 sono un'introduzione alla Geometria Riemanniana, che è probabilmente la generalizzazione più naturale della geometria delle superfici in $\mathbb{R}^3$ (come presentata, per esempio, in [2]). Nel Capitolo 7 studieremo la geometria delle *geodetiche,* curve che svolgono sulle varietà Riemanniane (cioè sulle varietà provviste di una metrica Riemanniana) un ruolo analogo a quello svolto dalle rette negli spazi euclidei; e nel Capitolo 8 introdurremo finalmente il concetto di *curvatura.* Usando i *campi di Jacobi* vedremo come collegare il comportamento delle geodetiche con la curvatura della varietà; classificheremo gli spazi a curvatura costante (e, come previsto, gli spazi euclidei risulteranno essere le uniche varietà semplicemente connesse piatte, cioè con curvatura identicamente nulla); e mostreremo come il segno della curvatura possa avere profonde conseguenze sulla struttura topologica globale delle varietà (teoremi di Cartan-Hadamard, di Bonnet-Myers e di Synge-Weinstein).

Un corso di base di Geometria Differenziale basato su questo testo può essere costruito a partire dalle Sezioni 2.1–2.4 e 2.7 del Capitolo 2, dalle Sezioni 3.1–3.4 del Capitolo 3 e dal Capitolo 4, citando risultati del Capitolo 1 quando servono. Corsi più approfonditi possono procedere in varie direzioni: per esempio le sezioni rimaste dei Capitoli 2 e 3 forniscono una buona introduzione alla teoria dei gruppi di Lie; il Capitolo 5 alla coomologia di de Rham; e i Capitoli 6–8 alla Geometria Riemanniana. Questi ultimi capitoli possono anche essere usati come punto di partenza per un corso di Geometria Riemanniana rivolto a studenti che già conoscono la Geometria Differenziale.

Il testo è corredato da centinaia di Esercizi proposti, che ne formano una componente essenziale. Un libro di Matematica, a qualsiasi livello, è una successione di ragionamenti, presentati uno di seguito all'altro con logica (si spera) impeccabile. Leggendo si viene trasportati dalle argomentazioni, fino ad arrivare in fondo e rendersi conto che non si ha la minima idea del perché l'autore ha seguito un percorso piuttosto che un altro, e (peggio) che non si è in grado di ricostruire autonomamente quel percorso. Per imparare la Matematica non basta leggere; bisogna *fare* Matematica. Gli Esercizi sono lì per aiutarti in questa impresa; e, come ausilio ulteriore, abbiamo adottato uno stile di scrittura che ci permette di rivolgerti direttamente a te, lettore o lettrice. Vogliamo coinvolgerti direttamente nella lettura, rendendo lo studio un'elaborazione attiva di conoscenze e non un assorbimento passivo di nozioni. Oltre a motivazioni esplicite per i concetti che introdurremo, troverai spesso domande dirette che cercheranno di stimolarti a una lettura attiva senza farti accettare nulla per fede (e magari cercheranno di aiutarti a rimanere sveglio se ti capiterà di studiare alle tre di notte...). Alcuni passaggi delle dimostrazioni saranno svolti da te in appositi esercizi; e, viceversa, per ciascun esercizio è indicato per quali altre parti del testo è utile.

Due parole sui prerequisiti necessari per la lettura di questo libro. Come avrai capito, useremo tecniche e concetti di Algebra Lineare, di Calcolo Differenziale e Integrale di più variabili reali, e di Topologia Generale e Algebrica. Per l'Algebra Lineare, un buon corso di Geometria del primo anno dovrebbe averti dato tutte le conoscenze che ti servono; i risultati principali che utilizzeremo sono comunque richiamati nel Capitolo 1, e come testo di riferimento ti consigliamo [1]. Per quel che riguarda il Calcolo Differenziale e Integrale, a parte le nozioni di base insegnate in tutti i corsi di Analisi Matematica del secondo anno, citeremo esplicitamente i risultati più avanzati che utilizzeremo; un buon testo di riferimento è [9]. Le nozioni di Topologia Generale necessarie sono veramente solo quelle di base: aperti, funzioni continue, connessione, compattezza e poco più, e solo nel contesto degli spazi metrici; si tratta di materiale che viene presentato in qualsiasi corso del secondo anno di Geometria e spesso anche in quelli di Analisi Matematica. Daremo per note anche alcune idee di base di Topologia Algebrica, in particolare i concetti di rivestimento, di rivestimento universale e di gruppo fondamentale. Se ti fosse necessario, potrai trovare tutto quello che serve (e ben di più) in [23]. Infine, per leggere questo testo non è strettamente necessario conoscere in dettaglio la geometria di curve e superfici in $\mathbb{R}^3$, ma chiaramente averle già incontrate può aiutarti a capire meglio il perché di certe definizioni di Geometria Differenziale, o a farti un'intuizione più precisa su cosa può accadere anche in dimensione più alta. Ovviamente, come testo di riferimento per la teoria di curve e superfici non possiamo non consigliarti il nostro libro precedente [2].

Libri come questo non nascono nel vuoto, e la scelta degli argomenti da trattare e del modo in cui trattarli è stata sicuramente influenzata dai testi su cui noi stessi abbiamo studiato e che abbiamo amato (od odiato, anche se non faremo menzione di questi ultimi...). Fra i tanti disponibili, per letture ulteriori consigliamo i libri di Lee, in particolare [24] per un'introduzione alla Geometria Differenziale moderna; il libro di do Carmo [6] per maggiori informazioni sulla Geometria Riemanniana; il libro di Bott e Tu [4] per una presentazione dei principali concetti della Topologia Algebrica che usa sistematicamente le forme differenziali e la coomologia di de Rham; il classico tomo di Helgason [12] e il più moderno di Hsiang [16] per la teoria dei gruppi di Lie; i libri di Milnor [26] e [27], semplicemente perché scritti incredibilmente bene ed essenziali per proseguire lo studio della Geometria Differenziale e delle sue applicazioni; il testo di Kodaira [20] per un'introduzione alle varietà complesse; e i volumi enciclopedici di Kobayashi e Nomizu [19] e di Spivak [34] per tutto ciò che avresti voluto sapere (e non sei davvero convinto di voler chiedere) sulla Geometria Differenziale classica. E questo è solo l'inizio; la Geometria Differenziale è un campo vitale tuttora in pieno sviluppo, e una sua presentazione completa richiederebbe un'enciclopedia più che un libro.

Infine, il gradito dovere dei ringraziamenti. Prima di tutto, uno di noi (Abate) ha il piacere di dichiarare pubblicamente l'indubbio debito che ha nei confronti di Edoardo Vesentini e Hung-Hsi Wu, che per primi l'hanno introdotto alle delizie della Geometria Differenziale e della Geometria Riemanniana (in particolare l'*imprinting* di Wu risulta evidente negli ultimi due capitoli...). Poi, senza dubbio questo libro non sarebbe mai nato senza l'aiuto, l'assistenza e la pazienza di (in ordine strettamente alfabetico) Francesca Bonadei, Piermarco Cannarsa, Ciro Ciliberto, Roberto Frigerio, Adele Manzella, Jasmin Raissy, e dei nostri studenti di tutti questi anni, che hanno subito varie versioni delle dispense non facendosi sfuggire il più piccolo errore e proponendo versioni alternative di diversi argomenti (gli errori che sicuramente troverai li abbiamo introdotti noi dopo, apposta per lasciare qualcosa da fare anche a te, futuro lettore). E infine anche stavolta un ringraziamento specialissimo a Leonardo, Jacopo, Niccolò, Daniele, Maria Cristina e Raffaele che, pur sempre più convinti che i loro genitori siano in realtà giusto un'appendice semovente di un computer, continuano a distoglierci dalle nostre miserie ricordandoci che c'è un buon motivo per continuare a lottare per rendere il mondo un posto migliore: loro.

Pisa e Roma, aprile 2011

Marco Abate
Francesca Tovena

Indice

1

Algebra multilineare

L'Analisi Matematica classica si basa sull'Algebra Lineare, che è anche fondamentale per lo studio della geometria dei sottospazi affini di $\mathbb{R}^n$. Come risulterà evidente dai prossimi capitoli, lo studio della Geometria Differenziale richiede non solo l'Algebra Lineare, ma anche nozioni di base di Algebra Multilineare, la branca della Matematica che studia la struttura e le proprietà delle applicazioni multilineari fra spazi vettoriali. Per questo motivo iniziamo questo libro raccogliendo i principali risultati di Algebra Multilineare, raramente trattati nei corsi iniziali di Algebra Lineare, esponendoli in modo che possano essere direttamente applicati alla Geometria Differenziale.

Dopo aver richiamato, nella forma a noi utile, alcuni concetti di Algebra Lineare, introdurremo il concetto di *prodotto tensoriale* tra spazi vettoriali, che permette di ricondurre la nozione di applicazione multilineare a quella di applicazione lineare. Facendo la somma diretta dei possibili prodotti tensoriali di uno spazio vettoriale con se stesso e con il suo duale si ottiene la sua *algebra tensoriale*, dotata di un proprio prodotto e che useremo nel Capitolo 3 per costruire i fibrati tensoriali su una varietà. L'algebra tensoriale contiene un sottospazio particolarmente importante, l'*algebra esterna*, dotata di un proprio prodotto, e che ci servirà da base per lo studio dettagliato delle forme differenziali su una varietà che condurremo nei Capitoli 4 e 5. Infine, descriveremo le principali proprietà dei *tensori simplettici*, cruciali per l'introduzione alle varietà simplettiche che faremo nella Sezione 6.8.

1.1 Brevi richiami di Algebra Lineare

In questa sezione richiameremo alcuni risultati di Algebra Lineare che ci saranno utili nel seguito.

Definizione 1.1.1. Se V e W sono due spazi vettoriali sul campo $\mathbb{K}$, indicheremo con $\mathrm{Hom}(V, W)$ lo spazio vettoriale delle applicazioni $\mathbb{K}$-lineari da V in W. Quando $V = W$ scriveremo $\mathrm{End}(V)$ al posto di $\mathrm{Hom}(V, V)$. Lo *spazio*

Abate M., Tovena F.: Geometria Differenziale.
DOI 10.1007/978-88-470-1920-1_1
© Springer-Verlag Italia 2011

duale di V è lo spazio vettoriale $V^* = \mathrm{Hom}(V, \mathbb{K})$; gli elementi di V^* vengono a volte chiamati *forme lineari*. Il *biduale* di V è il duale del duale $V^{**} = (V^*)^*$. Indicheremo, infine, con $M_{m,n}(\mathbb{K})$ lo spazio delle matrici $m \times n$ a coefficienti in $\mathbb{K}$.

Osservazione 1.1.2. Useremo spesso il *delta* (o *simbolo*) *di Kronecker*, definito da
$$\delta_{hk} = \delta_k^h = \begin{cases} 1 & \text{se } h = k \,, \\ 0 & \text{se } h \neq k \,. \end{cases}$$

Osservazione 1.1.3. Ricordiamo che (vedi [1, Complementi al Capitolo 4]) ogni spazio vettoriale V ammette una *base*, cioè un insieme $\mathcal{B} = \{v_j\}_{j \in J} \subset V$ tale che:

(a) ogni sottoinsieme finito di $\mathcal{B}$ è formato da vettori linearmente indipendenti;

(b) per ogni vettore $v \in V$, esistono vettori $v_{j_1}, \ldots, v_{j_k} \in \mathcal{B}$ e scalari $\lambda^1, \ldots, \lambda^k \in \mathbb{K}$ tali che $v = \lambda^1 v_{j_1} + \cdots + \lambda^k v_{j_k}$.

Inoltre, tutte le basi hanno la stessa cardinalità, che è detta *dimensione* di V.

Richiamiamo ora alcune proprietà fondamentali degli spazi $\mathrm{Hom}(V, W)$ e V^* (vedi, per esempio, [1, Capitoli 5, 7 e Complementi al Capitolo 8] e l'Esercizio 1.1 per maggiori dettagli):

Proposizione 1.1.4. *Siano V e W due spazi vettoriali sul campo $\mathbb{K}$; supponiamo che V abbia dimensione finita e che $\mathcal{B} = \{v_1, \ldots, v_n\}$ sia una base di V. Allora l'applicazione $\mathcal{A}\colon \mathrm{Hom}(V, W) \to W^n$ che a ogni $L \in \mathrm{Hom}(V, W)$ associa la n-upla $\mathcal{A}(L) = \big(L(v_1), \ldots, L(v_n)\big) \in W^n$ è un isomorfismo fra $\mathrm{Hom}(V, W)$ e W^n, dipendente dalla scelta della base $\mathcal{B}$.*

In particolare, se anche W ha dimensione finita si ha
$$\dim \mathrm{Hom}(V, W) = (\dim V)(\dim W) \,,$$

e quindi
$$\dim V^* = \dim V \,.$$

Ogni elemento di $\mathrm{Hom}(V, W)$ è dunque univocamente determinato dai valori che assume sui vettori di una base. Nelle ipotesi della Proposizione 1.1.4, data una n-pla $(w_1, \ldots, w_n) \in W^n$, l'elemento $L = \mathcal{A}^{-1}(w_1, \ldots, w_n)$ di $\mathrm{Hom}(V, W)$ che soddisfa la condizione $L(v_j) = w_j$ per $j = 1, \ldots, n$ è definito da
$$L(\lambda^1 v_1 + \cdots + \lambda^n v_n) = \lambda^1 w_1 + \cdots + \lambda^n w_n$$

per ogni $\lambda^1, \ldots, \lambda^n \in \mathbb{K}$.

Per poter enunciare un risultato analogo nel caso in cui V abbia dimensione infinita, occorre premettere la nozione di prodotto diretto infinito di spazi vettoriali.

Definizione 1.1.5. Siano W_j spazi vettoriali sul campo $\mathbb{K}$, al variare di j in un insieme di indici J. Il *prodotto diretto* degli spazi vettoriali W_j è il prodotto cartesiano (infinito se J è un insieme infinito)

$$\prod_{j \in J} W_j$$

dotato della struttura di spazio vettoriale ottenuta operando componente per componente:

$$(w_j)_{j \in J} + (w_j')_{j \in J} = (w_j + w_j')_{j \in J} \quad e \quad \lambda(w_j)_{j \in J} = (\lambda w_j)_{j \in J}$$

per ogni $(w_j)_{j \in J}, (w_j')_{j \in J} \in \prod_j W_j$ e $\lambda \in \mathbb{K}$. Indicheremo con $\pi_j \colon \prod_j W_j \to W_j$ la proiezione sul j-esimo fattore. Infine, scriveremo W^J invece di $\prod_j W_j$ se tutti i fattori W_j coincidono con uno spazio vettoriale W fissato.

Esempio 1.1.6. Lo spazio prodotto $W^{\mathbb{N}}$ è lo spazio delle successioni $(w_n)_{n \in \mathbb{N}}$ con $w_n \in W$ per ogni $n \in \mathbb{N}$.

Osservazione 1.1.7. Il prodotto diretto di spazi vettoriali può venire identificato tramite quella che si chiama una proprietà universale. Infatti, indichiamo con $\Pi = \prod_j W_j$ il prodotto diretto degli spazi vettoriali W_j su $\mathbb{K}$ con j che varia in un insieme di indici J, e con $\pi_j \colon \Pi \to W_j$ la proiezione sul j-esimo fattore. Si dimostra facilmente (Esercizio 1.7) la *proprietà universale del prodotto diretto*:

(PD) Per ogni spazio vettoriale V su $\mathbb{K}$ e ogni famiglia di applicazioni lineari $L_j \colon V \to W_j$ esiste un'unica applicazione lineare $L \colon V \to \Pi$ tale che $L_j = \pi_j \circ L$ per ogni $j \in J$, cioè tale che per ogni $j \in J$ il diagramma

sia commutativo.

L'applicazione $L \in \mathrm{Hom}(V, \prod_j W_j)$ viene talora denotata con $\prod L_j$ e prende il nome di *prodotto diretto delle applicazioni* $L_j \in \mathrm{Hom}(V, W_j)$.

Viceversa, è facile verificare (Esercizio 1.7) che per ogni spazio vettoriale $\hat{\Pi}$ fornito di applicazioni lineari $\hat{\pi}_j \colon \hat{\Pi} \to W_j$ che soddisfano la proprietà (PD) esiste un unico isomorfismo $\Psi \colon \hat{\Pi} \to \Pi$ tale che $\hat{\pi}_j = \pi_j \circ \Psi$ per ogni $j \in J$; quindi il prodotto diretto è univocamente determinato dalla proprietà (PD).

Torniamo alla descrizione dello spazio delle applicazioni lineari $\mathrm{Hom}(V, W)$ quando V ha dimensione infinita. Non è difficile dimostrare (Esercizio 1.1) la generalizzazione seguente della Proposizione 1.1.4.

Proposizione 1.1.8. *Siano V e W due spazi vettoriali di dimensione qual-siasi sul campo $\mathbb{K}$, e sia $\mathcal{B} = \{v_j\}_{j \in J}$ una base di V. Allora l'applicazio-ne $\mathcal{A} \colon \operatorname{Hom}(V, W) \to W^J$ che a ogni $L \in \operatorname{Hom}(V, W)$ associa l'elemento $\mathcal{A}(L) = \bigl(L(v_j)\bigr)_{j \in J} \in W^J$ è un isomorfismo fra $\operatorname{Hom}(V, W)$ e W^J, dipendente dalla scelta della base $\mathcal{B}$.*

In altre parole, anche nel caso in cui V ha dimensione infinita, ogni ele-mento di $\operatorname{Hom}(V, W)$ risulta univocamente determinato dai valori che assume sui vettori di una base. Se $\mathcal{B} = \{v_j\}_{j \in J}$ è una base di V e per ogni $j \in J$ scegliamo arbitrariamente $w_j \in W$, esiste una e una sola applicazione lineare $L \in \operatorname{Hom}(V, W)$ tale che $L(v_j) = w_j$ per ogni $j \in J$: per ogni $v \in V$ sono in-fatti univocamente individuati vettori $v_{j_1}, \ldots, v_{j_k} \in \mathcal{B}$ e scalari $\lambda^1, \ldots, \lambda^k \in \mathbb{K}$ tali che $v = \lambda^1 v_{j_1} + \cdots + \lambda^k v_{j_k}$, per cui l'applicazione L è definita ponendo

$$L(v) = L(\lambda^1 v_{j_1} + \cdots + \lambda^k v_{j_k}) = \lambda^1 w_{j_1} + \cdots + \lambda_k w_{j_k} \ .$$

Nel resto di questa sezione richiameremo una serie di risultati sugli spazi duali.

Prima di tutto ricordiamo che un'applicazione lineare tra due spazi vetto-riali, di dimensione qualsiasi, induce una applicazione lineare tra i due spazi duali (vedi [1, Proposizione 8C.4]):

Proposizione 1.1.9. *Siano V e W spazi vettoriali sul campo $\mathbb{K}$. Data un'ap-plicazione lineare $L \colon V \to W$ esiste un'unica applicazione lineare $L^* \colon W^* \to V^*$ tale che*

$$L^*(\varphi)(v) = \varphi(L(v)) \tag{1.1}$$

per ogni $\varphi \in W^*$ e $v \in V$.

Definizione 1.1.10. Sia $L \colon V \to W$ un'applicazione lineare fra spazi vetto-riali. L'unica applicazione lineare $L^* \colon W^* \to V^*$ che soddisfa (1.1) è detta *applicazione duale* o *trasposta* di L.

Osservazione 1.1.11. Nota che se $L \in \operatorname{Hom}(V, W)$ allora $L^* \in \operatorname{Hom}(W^*, V^*)$, cioè L^* ha dominio e codominio scambiati rispetto a L. Nel linguaggio delle categorie (che noi non useremo) questo si esprime dicendo che $\operatorname{Hom}(-, \mathbb{K})$ è un *funtore controvariante*.

Se V ha dimensione finita, la Proposizione 1.1.4 ci permette di costruire un isomorfismo (non canonico ma dipendente dalla scelta di una base) fra V e il suo spazio duale, e un isomorfismo (questa volta canonico) fra V e il duale del duale (vedi [1, Proposizioni 8C.1 e 8C.2] e gli Esercizi 1.1 e 1.5):

Proposizione 1.1.12. *Sia V uno spazio vettoriale di dimensione finita sul campo $\mathbb{K}$, e sia $\mathcal{B} = \{v_1, \ldots, v_n\}$ una base di V. Allora:*

(i) *se indichiamo con $v^h \in V^*$ l'elemento definito da $v^h(v_k) = \delta_k^h$ per ogni $h, k = 1, \ldots, n$, allora $\mathcal{B}^* = \{v^1, \ldots, v^n\}$ è una base di V^*, detta* base duale *di V^*;*

(ii) *l'applicazione $\Phi_{\mathcal{B}}: V \to V^*$ definita da $\Phi_{\mathcal{B}}(v_h) = v^h$ è un isomorfismo che dipende dalla scelta della base $\mathcal{B}$;*

(iii) *l'applicazione $\Psi: V \to V^{**}$ data da $\Psi(v)(\varphi) = \varphi(v)$ per ogni $v \in V$ e $\varphi \in V^*$ è un isomorfismo canonico (cioè dipendente solo da V e non dalla scelta di una base) fra V e il biduale $V^{**} = (V^*)^*$. Inoltre, l'isomorfismo Ψ si ottiene come composizione di $\Phi_{\mathcal{B}}: V \to V^*$ e $\Phi_{\mathcal{B}^*}: V^* \to (V^*)^*$;*

(iv) *ogni applicazione $L \in \text{End}(V, W)$ può essere identificata con la biduale L^{**} tramite gli isomorfismi canonici di V con V^{**} e di W con W^{**}.*

Ci resta da studiare il duale quando lo spazio vettoriale V ha dimensione infinita. Fissata una base $\mathcal{B} = \{v_j\}_{j \in J}$ di V, una costruzione analoga a quella utilizzata per il caso di dimensione finita permette (Esercizio 1.1) di definire una lista di vettori linearmente indipendenti di V^*, che però non è detto costituisca una base di V^* :

Proposizione 1.1.13. *Sia V uno spazio vettoriale di dimensione qualsiasi sul campo $\mathbb{K}$, e sia $\mathcal{B} = \{v_j\}_{j \in J}$ una sua base. Allora:*

(i) *se indichiamo con $v^h \in V^*$ l'elemento definito da $v^h(v_k) = \delta_k^h$ per ogni h, $k \in J$, allora ogni sottoinsieme finito dell'insieme duale*

$$\mathcal{B}^* = \{v^j\}_{j \in J} \subset V^*$$

è formato da vettori linearmente indipendenti;

(ii) *l'applicazione $\Phi_{\mathcal{B}}: V \to V^*$, definita da $\Phi_{\mathcal{B}}(v_h) = v^h$ è una applicazione lineare iniettiva che dipende dalla scelta della base $\mathcal{B}$;*

(iii) *l'applicazione $\Psi: V \to V^{**}$ data da $\Psi(v)(\varphi) = \varphi(v)$ per ogni $v \in V$ e ogni $\varphi \in V^*$ è una applicazione lineare iniettiva.*

Osservazione 1.1.14. In particolare possiamo interpretare ogni vettore $v \in V$ come un'applicazione lineare $v: V^* \to \mathbb{K}$ definita da $\varphi \mapsto \varphi(v)$.

Nei capitoli successivi (in particolare nel Capitolo 5) avremo bisogno di studiare il duale del prodotto diretto e della somma diretta di spazi vettoriali. Cominciamo richiamando la definizione di somma diretta di una famiglia qualsiasi di spazi vettoriali:

Definizione 1.1.15. Siano W_j spazi vettoriali sul campo $\mathbb{K}$, al variare di j in un insieme di indici J, e indichiamo con $O_j \in W_j$ il vettore nullo di W_j. La *somma diretta* degli spazi vettoriali W_j è il sottospazio del prodotto diretto dato da

$$\bigoplus_{j \in J} W_j = \left\{ (w_j)_{j \in J} \in \prod_{j \in J} W_j \ \middle|\ w_j \neq O_j \text{ solo per un numero finito di indici } j \right\}.$$

Indicheremo con $\iota_j: W_j \to \bigoplus_j W_j$ l'applicazione iniettiva che associa a $w \in W_j$ l'unico elemento $\iota_j(w) \in \bigoplus_j W_j$ tale che

$$\pi_h\big((\iota_j(w)\big) = \begin{cases} O_h & \text{se } h \neq j \, , \\ w & \text{se } h = j \, , \end{cases}$$

dove $\pi_j \colon \prod_h W_h \to W_h$ è la proiezione sull'h-esimo fattore. Infine, scriveremo $W^{(J)}$ invece di $\bigoplus_j W_j$ se tutti gli addendi W_j coincidono con uno spazio vettoriale W fissato.

Esempio 1.1.16. Lo spazio $W^{(\mathbb{N})}$ è lo spazio delle successioni $(w_n)_{n \in \mathbb{N}} \in W^{\mathbb{N}}$ definitivamente nulle, cioè tali che $w_n = O$ per ogni n abbastanza grande.

Osservazione 1.1.17. Se l'insieme di indici J è finito, allora la somma diretta $\bigoplus_j W_j$ e il prodotto diretto $\prod_j W_j$ sono lo stesso spazio vettoriale. Ma se l'insieme l'insieme di indici è infinito, somma diretta e prodotto diretto sono due spazi vettoriali diversi: confronta gli Esempi 1.1.6 e 1.1.16.

Esempio 1.1.18. Per ogni $m \in \mathbb{N}$ sia $\mathbf{e}_m \in \mathbb{K}^{(\mathbb{N})}$ dato da $\mathbf{e}_m = (\delta_{mn})_{n \in \mathbb{N}}$, cioè $\mathbf{e}_m$ ha tutte le componenti uguali a 0 tranne la m-esima che vale 1. Si vede facilmente (controlla) che $\{\mathbf{e}_m\}_{m \in \mathbb{N}}$ è una base (numerabile) di $\mathbb{K}^{(\mathbb{N})}$.

Invece, $\mathbb{Q}^{\mathbb{N}}$ non ha una base numerabile. Infatti, supponiamo per assurdo che $\mathcal{B}$ sia una base numerabile di $\mathbb{Q}^{\mathbb{N}}$. Sia $V_n \subset \mathbb{Q}^{\mathbb{N}}$ il sottoinsieme dei vettori che si scrivono come combinazione lineare a coefficienti in $\mathbb{Q}$ di esattamente n elementi di $\mathcal{B}$. Allora ogni V_n è numerabile (perché?), per cui anche $\mathbb{Q}^{\mathbb{N}} = \bigcup_n V_n$ dovrebbe essere numerabile, mentre ha la cardinalità del continuo, contraddizione. In modo analogo si dimostra che se $\mathbb{K}$ è un campo infinito allora $\mathbb{K}^{\mathbb{N}}$ non ha una base numerabile, in quanto se l'avesse dovrebbe avere la stessa cardinalità di $\mathbb{K}$ mentre ha cardinalità strettamente più grande.

Osservazione 1.1.19. Anche la somma diretta di spazi vettoriali può essere identificata tramite una proprietà universale. Infatti, sia $S = \bigoplus_j W_j$ la somma diretta degli spazi vettoriali W_j su $\mathbb{K}$ con j che varia in un insieme di indici J, e siano $\iota_j \colon W_j \to S$ le corrispondenti applicazioni iniettive. Allora si dimostra facilmente (Esercizio 1.8) la *proprietà universale della somma diretta*:

(SD) Per ogni spazio vettoriale V su $\mathbb{K}$ e ogni famiglia di applicazioni lineari $L_j \colon W_j \to V$ esiste un'unica applicazione lineare $L \colon S \to V$ tale che $L_j = L \circ \iota_j$ per ogni $j \in J$, cioè tale che per ogni $j \in J$ il diagramma seguente sia commutativo:

$$
\begin{array}{ccc}
S & \xrightarrow{\ L\ } & V \\
\uparrow{\scriptstyle \iota_j} & \nearrow{\scriptstyle L_j} & \\
W_j & &
\end{array}
\qquad .
$$

L'applicazione $L \in \operatorname{Hom}(\bigoplus_j W_j, V)$ viene talora denotata con $\bigoplus L_j$ e prende il nome di *somma diretta delle applicazioni* $L_j \in \operatorname{Hom}(W_j, V)$.

Viceversa, è facile verificare (Esercizio 1.8) che per ogni spazio vettoriale $\hat{S}$ fornito di applicazioni lineari $\hat{\iota}_j \colon W_j \to \hat{S}$ che soddisfano la proprietà (SD) esiste un unico isomorfismo $\Psi \colon S \to \hat{S}$ tale che $\hat{\iota}_j = \Psi \circ \iota_j$ per ogni $j \in J$; quindi la somma diretta è univocamente determinata dalla proprietà (SD).

Il risultato che ci servirà nel Capitolo 5 è il seguente:

Proposizione 1.1.20. *Sia $\{W_j\}_{j \in J}$ una famiglia di spazi vettoriali sul campo $\mathbb{K}$. Allora il duale della somma diretta è canonicamente isomorfo al prodotto diretto dei duali, cioè*

$$\left(\bigoplus_{j \in J} W_j \right)^* \cong \prod_{j \in J} W_j^* \,.$$

Dimostrazione. Definiamo un'applicazione $L \colon \left(\bigoplus_j W_j \right)^* \to \prod_j W_j^*$ associando a $\varphi \in \left(\bigoplus_j W_j \right)^*$ il prodotto diretto delle forme lineari $\varphi_j = \varphi \circ \iota_j \in W_j^*$. L'applicazione L è chiaramente lineare: dimostriamo che è bigettiva.

Iniettività: sia $\varphi \in \left(\bigoplus_j W_j \right)^*$ tale che $L(\varphi) = O$; in particolare, abbiamo $\varphi_j = \varphi \circ \iota_j = O$ per ogni $j \in J$. Sia $w \in \bigoplus_j W_j$ arbitrario; allora esistono unici $j_1, \dots, j_k \in J$ e $w_1 \in W_{j_1}, \dots, w_k \in W_{j_k}$ tali che

$$w = \iota_{j_1}(w_1) + \cdots + \iota_{j_k}(w_k) \,. \tag{1.2}$$

Ma allora $\varphi(w) = \varphi_{j_1}(w_1) + \cdots + \varphi_{j_k}(w_k) = 0$, e $\varphi = O$ per l'arbitrarietà di w.

Surgettività: sia $(\varphi_j)_{j \in J} \in \prod_j W_j^*$ qualsiasi. Definiamo $\varphi \in \left(\bigoplus_j W_j \right)^*$ ponendo

$$\varphi(w) = \varphi_{j_1}(w_1) + \cdots + \varphi_{j_k}(w_k)$$

per ogni $w \in \bigoplus_j W_j$ rappresentato in modo unico come in (1.2). Si verifica immediatamente (controlla) che φ è ben definita e che $L(\varphi) = (\varphi_j)_{j \in J}$. $\square$

Osservazione 1.1.21. In generale *non* è vero che il duale del prodotto diretto è la somma diretta dei duali. Per esempio, la Proposizione 1.1.13.(i) ci dice che lo spazio $(\mathbb{R}^{\mathbb{N}})^*$ ha dimensione maggiore o uguale di quella di $\mathbb{R}^{\mathbb{N}}$, e quindi non può essere isomorfo a $(\mathbb{R}^*)^{(\mathbb{N})}$ che ha invece una base numerabile (vedi l'Esempio 1.1.18).

1.2 Prodotto tensoriale

L'applicazione $V \times V^* \to \mathbb{K}$ definita da $(v, \varphi) \mapsto \varphi(v)$ (per ogni $v \in V$ e ogni $\varphi \in V^*$) risulta lineare in entrambe le variabili, ed è una forma bilineare nel senso della definizione seguente.

Definizione 1.2.1. Siano $V_1, \ldots, V_p$, W spazi vettoriali sul campo $\mathbb{K}$. Un'applicazione $\Phi \colon V_1 \times \cdots \times V_p \to W$ si dice *multilineare* (o *p-lineare*) se è lineare separatamente in ciascuna variabile. L'insieme

$$\mathrm{Mult}(V_1, \ldots, V_p; W)$$

delle applicazioni multilineari da $V_1 \times \cdots \times V_p$ in W è uno spazio vettoriale su $\mathbb{K}$. Se $W = \mathbb{K}$, le applicazioni multilineari sono dette *forme multilineari* e il loro insieme si denota anche con $\mathrm{Mult}(V_1, \ldots, V_p)$. Quando $V_1 = \ldots = V_p = V$, denotiamo $\mathrm{Mult}(V_1, \ldots, V_p; W)$ con $\mathrm{Mult}^p(V; W)$. Le forme p-lineari su V sono denotate con $\mathrm{Mult}^p(V)$.

Vogliamo ora ricavare per le applicazioni multilineari risultati analoghi alla Proposizione 1.1.4. Siano $V_1, \ldots, V_p$ spazi vettoriali di dimensione finita e per ogni $j = 1, \ldots, p$ scegliamo una base $\mathcal{B}_j = \{v_{j,1}, \ldots, v_{j,n_j}\}$ di V_j. Ogni vettore $v_j \in V_j$ si può scrivere in modo unico come $v_j = \sum_{\mu_j=1}^{n_j} \lambda_j^{\mu_j} v_{j,\mu_j} \in V_j$; quindi se $\Phi \in \mathrm{Mult}(V_1, \ldots, V_p; W)$ grazie alla multilinearità si deve avere che

$$\Phi(v_1, \ldots, v_p) = \sum_{\mu_1=1}^{n_1} \cdots \sum_{\mu_p=1}^{n_p} \lambda_1^{\mu_1} \cdots \lambda_p^{\mu_p} \Phi(v_{1,\mu_1}, \ldots, v_{p,\mu_p}) \,. \tag{1.3}$$

In particolare, *l'applicazione p-lineare Φ è univocamente individuata dai valori* $\Phi(v_{1,\mu_1}, \ldots, v_{p,\mu_p}) \in W$ con $1 \leq \mu_j \leq n_j$ e $1 \leq j \leq p$.

Viceversa, se scegliamo arbitrariamente $w_{(\mu_1, \ldots, \mu_p)} \in W$, con $1 \leq \mu_j \leq n_j$, possiamo definire una applicazione p-lineare $\Phi \in \mathrm{Mult}(V_1, \ldots, V_p; W)$ tale che $\Phi(v_{1,\mu_1}, \ldots, v_{p,\mu_p}) = w_{(\mu_1, \ldots, \mu_p)}$ ponendo

$$\Phi\left(\sum_{\mu_1=1}^{n_1} \lambda_1^{\mu_1} v_{1,\mu_1}, \ldots, \sum_{\mu_p=1}^{n_p} \lambda_p^{\mu_p} v_{p,\mu_p}\right) = \sum_{\mu_1=1}^{n_1} \cdots \sum_{\mu_p=1}^{n_p} \lambda_1^{\mu_1} \cdots \lambda_p^{\mu_p} w_{(\mu_1, \ldots, \mu_p)} \,. \tag{1.4}$$

Osservazione 1.2.2. Supponiamo assegnati p numeri interi $n_1, \ldots, n_p \in \mathbb{N}^*$ e uno spazio vettoriale W. Posto $n = n_1 \cdots n_p$, lo spazio vettoriale W^n è isomorfo al prodotto $W^{n_1} \times \cdots \times W^{n_p}$; lo spazio W^n può essere dunque descritto come lo spazio delle "matrici a p indici", le cui entrate sono vettori di W caratterizzati da p indici tali che il j-esimo indice varia fra 1 e n_j (per $j = 1, \ldots, p$). In altre parole, ogni n-pla $\mathbf{w} \in W^n$ può essere scritta come

$$\mathbf{w} = (w_{\mu_1 \ldots \mu_p})_{(\mu_1, \ldots, \mu_p) \in \{1, \ldots, n_1\} \times \cdots \times \{1, \ldots, n_p\}}$$

con $w_{\mu_1 \ldots \mu_p} \in W$ per ogni p-upla $(\mu_1, \ldots, \mu_p) \in \{1, \ldots, n_1\} \times \cdots \times \{1, \ldots, n_p\}$.

Quando vorremo segnalare che stiamo utilizzando questa convenzione useremo il simbolo $W^{n_1, \ldots, n_p}$ per indicare lo spazio W^n.

In particolare, se W ha dimensione finita d, data una base $\{w_1, \ldots, w_d\}$ di W otteniamo una base di $W^{n_1, \ldots, n_p}$ prendendo i vettori $\mathbf{w}^{\nu_1, \ldots, \nu_p, \nu}$ dove l'elemento di posto $(\mu_1, \ldots, \mu_p)$ di $\mathbf{w}^{\nu_1, \ldots, \nu_p, \nu}$ è dato da

$$(\mathbf{w}^{\nu_1,\dots,\nu_p,\nu})_{\mu_1\dots\mu_p} = \delta_{\mu_1}^{\nu_1}\cdots\delta_{\mu_p}^{\nu_p}\,w_\nu = \begin{cases} w_\nu & \text{se } (\mu_1,\dots,\mu_p)=(\nu_1,\dots,\nu_p)\,, \\ O & \text{altrimenti,} \end{cases}$$

(1.5)

al variare di $\nu_1 \in \{1,\dots n_1\},\dots,\nu_p \in \{1,\dots,n_p\}$, e $\nu \in \{1,\dots,d\}$.

Per esempio, quando $W = \mathbb{K}$, si ha $d = 1$ e possiamo omettere l'indice ν: il vettore $\mathbf{e}^{\nu_1\cdots\nu_p}$ della base canonica di $\mathbb{K}^{n_1,\dots,n_p}$, che ha un 1 al posto $(\nu_1,\dots,\nu_p)$ e 0 altrove, ha come $(\mu_1,\dots,\mu_p)$-esimo elemento il numero

$$(\mathbf{e}^{\nu_1\cdots\nu_p})_{\mu_1\dots\mu_p} = \delta_{\mu_1}^{\nu_1}\cdots\delta_{\mu_p}^{\nu_p}\,.$$

Se, inoltre, $p = 2$ lo spazio $\mathbb{K}^{n_1,n_2}$ può essere identificato con lo spazio delle matrici $n_1 \times n_2$, e i vettori della base canonica sono identificati con la base standard dello spazio di matrici: il vettore $\mathbf{e}^{\nu_1\nu_2}$ corrisponde alla matrice che ha tutte le entrate nulle tranne l'elemento di posto (ν_1,ν_2) che è uguale a 1.

Ecco l'estensione promessa della Proposizione 1.1.4:

Proposizione 1.2.3. *Siano $V_1,\dots,V_p$ spazi vettoriali di dimensione finita sul campo $\mathbb{K}$, di dimensione rispettivamente $n_1,\dots,n_p$, e sia W un altro spazio vettoriale su $\mathbb{K}$. Per ogni $j = 1,\dots,p$ scegliamo una base $\mathcal{B}_j = \{v_{j,1},\dots,v_{j,n_j}\}$ di V_j. Allora l'applicazione $\mathcal{A}\colon \mathrm{Mult}(V_1,\dots,V_p;W) \to W^{n_1,\dots,n_p}$ data da*

$$\mathcal{A}(\Phi) = \Big(\Phi(v_{1,\mu_1},\dots,v_{p,\mu_p})\Big)_{(\mu_1,\dots,\mu_p)\in\{1,\dots,n_1\}\times\cdots\times\{1,\dots,n_p\}}$$

è un isomorfismo. In particolare, se anche W ha dimensione finita si ha

$$\dim \mathrm{Mult}(V_1,\dots,V_p;W) = (\dim V_1)\cdots(\dim V_p)\cdot(\dim W)\,,$$

e una base di $\mathrm{Mult}(V_1,\dots,V_p;W)$ è

$$\{\Phi_\nu^{\nu_1,\dots,\nu_p}\}_{(\nu_1,\dots,\nu_p,\nu)\in\{1,\dots,n_1\}\times\cdots\times\{1,\dots,n_p\}\times\{1,\dots,d\}}\,,$$

dove $\Phi_\nu^{\nu_1,\dots,\nu_p}\colon V_1 \times \dots \times V_p \to W$ è definita da

$$\Phi_\nu^{\nu_1,\dots,\nu_p}(v_{1,\mu_1},\dots,v_{p,\mu_p}) = \delta_{\mu_1}^{\nu_1}\cdots\delta_{\mu_p}^{\nu_p}\,w_\nu\,,$$

e $\mathcal{C} = \{w_1,\dots,w_d\}$ è una base di W.

Dimostrazione. Si vede subito che l'applicazione $\mathcal{A}$ è lineare. Inoltre, $\mathcal{A}$ è iniettiva e surgettiva grazie a quanto detto per ottenere (1.3) e (1.4). Infine, una base di $\mathrm{Mult}(V_1,\dots,V_p;W)$ si ottiene applicando $\mathcal{A}^{-1}$ a una base di $W^{n_1\cdots n_p}$; l'ultima affermazione segue quindi utilizzando la base in (1.5). $\qquad\square$

Definizione 1.2.4. La base $\{\Phi_\nu^{\nu_1,\dots,\nu_p}\}$ è la *base di* $\mathrm{Mult}(V_1,\dots,V_p;W)$ *associata* alle basi $\mathcal{B}_j$ di V_j (per $j = 1,\dots,p$) e $\mathcal{C}$ di W.

Osservazione 1.2.5. In altre parole, anche le applicazioni multilineari sono completamente determinate dai valori che assumono su p-uple di elementi delle basi. Quando in seguito costruiremo un'applicazione multilineare prescrivendo il suo valore sulle basi e poi invocando questo risultato, diremo che stiamo *estendendo per multilinearità*.

Nelle notazioni della Proposizione 1.2.3, quando $W = \mathbb{K}$ e $p = 2$ l'elemento $\mathcal{A}(\Phi)$ è una matrice $n_1 \times n_2$, che rappresenta la forma bilineare rispetto alle basi scelte. Si vede facilmente (confronta con [1, Sezione 12.6]) che cambiando basi la matrice $\mathcal{A}(\Phi)$ viene moltiplicata per matrici (quadrate) invertibili (le matrici di cambiamento di base); quindi il suo rango non cambia. Questo ci permette di introdurre la seguente:

Definizione 1.2.6. Sia $\Phi: V_1 \times V_2 \to \mathbb{K}$ una forma bilineare su spazi vettoriali di dimensione finita. Il *rango* di Φ, indicato con rg(Φ), è il rango della matrice $\mathcal{A}(\Phi)$ che rappresenta Φ rispetto a delle basi qualsiasi di V_1 e V_2.

Per fissare la terminologia, ricordiamo anche alcune definizioni tipiche delle forme bilineari che ci serviranno in seguito:

Definizione 1.2.7. Sia V uno spazio vettoriale sul campo $\mathbb{K}$. Una forma bilineare $\Phi: V \times V \to \mathbb{K}$ è detta *simmetrica* se $\Phi(v, u) = \Phi(u, v)$ per ogni $u, v \in V$; una forma bilineare simmetrica è spesso chiamata *prodotto scalare*, e indicata con le parentesi angolate $\langle \cdot, \cdot \rangle$.

Definizione 1.2.8. Il *nucleo sinistro* di una forma bilineare $\Phi: V \times W \to \mathbb{K}$ è il sottospazio

$$^{\perp}W = \{v \in V \mid \Phi(v, w) = 0 \text{ per ogni } w \in W\} \subseteq V \; ;$$

il *nucleo destro* di Φ è il sottospazio

$$V^{\perp} = \{w \in W \mid \Phi(v, w) = 0 \text{ per ogni } v \in V\} \subseteq W \; .$$

Chiaramente, nucleo destro e nucleo sinistro coincidono se $V = W$ e Φ è simmetrica; in tal caso si parla di *nucleo* di Φ senza ulteriori aggettivi. La forma Φ è detta *non degenere* se $V^{\perp} = {}^{\perp}W = (O)$, e *degenere* altrimenti.

Osservazione 1.2.9. Se lo spazio vettoriale V ha dimensione finita, si vede subito (controlla) che un prodotto scalare $\Phi: V \times V \to \mathbb{K}$ è non degenere se e solo se rg$(\Phi) = \dim V$, e che è degenere se e solo rg$(\Phi) < \dim V$.

Sia V uno spazio vettoriale di dimensione finita sul campo $\mathbb{K}$. La Proposizione 1.1.12.(ii) mostra come la scelta di una base di V determina un isomorfismo tra V e il suo duale. Una strategia alternativa per ottenere un isomorfismo fra V e V^* consiste nell'assegnare un prodotto scalare non degenere su V:

Lemma 1.2.10. *Siano V e W due spazi vettoriali su $\mathbb{K}$, e $\Phi: V \times W \to \mathbb{K}$ una forma bilineare. Allora:*

(i) *associando a ogni $v \in V$ la forma lineare $w \mapsto \Phi(v, w)$ otteniamo un'applicazione lineare $\Phi_-: V \to W^*$, e associando a ogni $w \in W$ la forma lineare $v \mapsto \Phi(v, w)$ otteniamo un'applicazione lineare $\Phi^-: W \to V^*$;*

(ii) *Φ_- è iniettiva se e solo se ${}^{\perp}W = (O)$, mentre Φ^- è iniettiva se e solo se $V^{\perp} = (O)$;*

(iii) *se V e W hanno dimensione finita, allora Φ è non degenere se e solo se Φ₋ e Φ⁻ sono degli isomorfismi.*

Dimostrazione. Le parti (i) e (ii) sono ovvie. Per la parte (iii), supponiamo che Φ sia non degenere. Allora l'iniettività di Φ_- dà $\dim V \leq \dim W^* = \dim W$, e l'iniettività di Φ^- dà $\dim W \leq \dim V^* = \dim V$; quindi $\dim V = \dim W$ e Φ_- e Φ^-, essendo applicazioni lineari iniettive fra spazi della stessa dimensione, sono degli isomorfismi.

Viceversa, se Φ_- e Φ^- sono degli isomorfismi sono in particolare iniettive, e quindi Φ è non degenere grazie a (ii).   □

Esempio 1.2.11. Una forma bilineare non degenere $\Phi\colon V \times W \to \mathbb{K}$ non induce sempre un isomorfismo fra V e W^* se V e W non hanno dimensione finita.

Per esempio, sia $\Phi\colon \mathbb{R}^{(\mathbb{N})} \times \mathbb{R}^{(\mathbb{N})} \to \mathbb{R}$ il prodotto scalare

$$\Phi\big((x_n)_{n\in\mathbb{N}}, (y_n)_{n\in\mathbb{N}}\big) = \sum_{n\in\mathbb{N}} x_n y_n \, ,$$

che è ben definito in quanto le successioni di $\mathbb{R}^{(\mathbb{N})}$ hanno solo un numero finito di elementi non nulli. Essendo $\Phi\big((x_n)_{n\in\mathbb{N}}, (x_n)_{n\in\mathbb{N}}\big) > 0$ per ogni $(x_n)_{n\in\mathbb{N}} \in \mathbb{R}^{(\mathbb{N})}$, questo prodotto scalare è non degenere, ma non può indurre un isomorfismo fra $\mathbb{R}^{(\mathbb{N})}$ e il suo duale, in quanto quest'ultimo (Proposizione 1.1.20) è isomorfo a $\mathbb{R}^{\mathbb{N}}$, che ha dimensione strettamente maggiore di quella di $\mathbb{R}^{(\mathbb{N})}$ (vedi l'Esempio 1.1.18).

Osservazione 1.2.12. Viceversa, comunque assegnata una applicazione lineare $L\colon V \to W^*$, risulta individuata una unica forma bilineare $\Phi\colon V \times W \to \mathbb{K}$ definita da $\Phi(v,w) = L(v)(w)$ per ogni $v \in V$ e $w \in W$; in particolare (usando le notazioni del Lemma 1.2.10) $\Phi_- = L$. Abbiamo quindi costruito un'applicazione bigettiva $\Psi\colon \mathrm{Mult}(V,W) \to \mathrm{Hom}(V,W^*)$, e si verifica immediatamente (Esercizio 1.11) che è un isomorfismo di spazi vettoriali (vedi anche la Proposizione 1.2.26.(iii) e l'Osservazione 1.2.27).

Uno dei misteri dell'Algebra Lineare elementare è come mai due nozioni piuttosto diverse, quali le applicazioni lineari fra due spazi vettoriali e le forme bilineari, sono rappresentate dallo stesso tipo di oggetti (le matrici). La soluzione del mistero è l'isomorfismo Ψ. Infatti, dati due spazi vettoriali V e W di dimensione n ed m rispettivamente, la scelta di due basi fornisce (Proposizione 1.2.3) un isomorfismo fra lo spazio delle matrici $M_{m,n}(\mathbb{K})$ e lo spazio delle forme bilineari $\mathrm{Mult}(V,W)$. Abbiamo appena visto che quest'ultimo spazio è canonicamente isomorfo a $\mathrm{Hom}(V,W^*)$; ma grazie alla Proposizione 1.1.4 la scelta delle basi fornisce (la base duale per W^* e quindi) un isomorfismo di questo spazio con $M_{m,n}(\mathbb{K})$, per cui siamo passati dalle matrici come forme bilineari alle matrici come applicazioni lineari.

Vogliamo descrivere ora una procedura che permette di trasformare un'applicazione multilineare in una lineare a costo di cambiare opportunamente il dominio.

Definizione 1.2.13. Siano $V_1, \ldots, V_p$ spazi vettoriali sul campo $\mathbb{K}$. Un *prodotto tensoriale* di $V_1, \ldots, V_p$ è una coppia (T, F) ove T è uno spazio vettoriale su $\mathbb{K}$ e $F\colon V_1 \times \ldots \times V_p \to T$ una applicazione p-lineare per cui vale la *proprietà universale del prodotto tensoriale*:

(PT) Per ogni spazio vettoriale W su $\mathbb{K}$ e ogni applicazione multilineare

$$\Phi\colon V_1 \times \cdots \times V_p \to W$$

esiste un'unica applicazione lineare $\tilde{\Phi}\colon T \to W$ tale che $\Phi = \tilde{\Phi} \circ F$, cioè tale che il diagramma

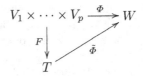

commuti.

Lo spazio T viene usualmente denotato con il simbolo

$$V_1 \otimes \cdots \otimes V_p$$

e chiamato *prodotto tensoriale*, se l'applicazione F risulta ben individuata dal contesto. Qualora sia necessario evidenziare il campo $\mathbb{K}$ scriveremo $V_1 \otimes_{\mathbb{K}} \cdots \otimes_{\mathbb{K}} V_p$. Gli elementi di $V_1 \otimes \cdots \otimes V_p$ sono detti *tensori*; gli elementi della forma $F(v_1, \ldots, v_p)$ vengono indicati con la scrittura

$$v_1 \otimes \cdots \otimes v_p$$

e sono detti *tensori decomponibili*.

Osserviamo che il prodotto tensoriale, se esiste, è "essenzialmente unico", cioè è unico a meno di isomorfismo, nel senso della seguente proposizione:

Proposizione 1.2.14 (Unicità del prodotto tensoriale). *Se (T, F) e (T', F') sono prodotti tensoriali di $V_1, \ldots, V_p$, allora esiste un unico isomorfismo $L\colon T \to T'$ tale che $F' = L \circ F$.*

Dimostrazione. Applicando la proprietà universale del prodotto universale alla coppia (T, F) e all'applicazione p-lineare $F'\colon V_1 \times \cdots \times V_p \to T'$, otteniamo una unica applicazione lineare $\tilde{F}'\colon T \to T'$ tale che $F' = \tilde{F}' \circ F$. Invertendo i ruoli delle coppie, otteniamo una unica applicazione lineare $\tilde{F}\colon T' \to T$ tale che $F = \tilde{F} \circ F'$. La composizione $\tilde{F} \circ \tilde{F}'\colon T \to T$ soddisfa l'uguaglianza

$$(\tilde{F} \circ \tilde{F}') \circ F = \tilde{F} \circ (\tilde{F}' \circ F) = \tilde{F} \circ F' = F .$$

Poichè anche l'identità $\mathrm{id}_T\colon T \to T$ soddisfa l'uguaglianza $\mathrm{id}_T \circ F = F$, la proprietà universale del prodotto tensoriale assicura che $\tilde{F} \circ \tilde{F}' = \mathrm{id}_T$. In modo analogo si dimostra che $\tilde{F}' \circ \tilde{F} = \mathrm{id}_{T'}$; quindi $\tilde{F}$ e $\tilde{F}'$ sono isomorfismi. Ponendo $L = \tilde{F}'$ otteniamo la tesi. $\square$

Dunque il prodotto tensoriale, se esiste, è unico a meno di isomorfismi. Rinviamo la dimostrazione dell'esistenza del prodotto tensoriale di spazi vettoriali qualsiasi all'Esercizio 1.40; qui invece useremo le forme p-lineari sugli spazi duali per dare una costruzione esplicita del prodotto tensoriale di spazi di dimensione finita, che sarà più che sufficiente per i nostri scopi.

Teorema 1.2.15 (Esistenza del prodotto tensoriale). *Dati $p \geq 2$ spazi vettoriali $V_1, \ldots, V_p$ di dimensione finita su $\mathbb{K}$, siano $T = \mathrm{Mult}(V_1^*, \ldots, V_p^*)$ e $F: V_1 \times \cdots \times V_p \to T$ data definendo $F(v_1, \ldots, v_p): V_1^* \times \ldots \times V_p^* \to \mathbb{K}$ tramite la*

$$F(v_1, \ldots, v_p)(\varphi^1, \ldots, \varphi^p) = \varphi^1(v_1) \cdots \varphi^p(v_p) , \qquad (1.6)$$

per ogni $v_1 \in V_1, \ldots, v_p \in V_p$, e ogni $\varphi^1 \in V_1^*, \ldots, \varphi^p \in V_p^*$. Allora (T, F) è un prodotto tensoriale di $V_1, \ldots, V_p$. In particolare,

$$V_1 \otimes \cdots \otimes V_p = \mathrm{Mult}(V_1^*, \ldots, V_p^*) ,$$

per cui

$$\dim(V_1 \otimes \cdots \otimes V_p) = (\dim V_1) \cdots (\dim V_p) .$$

Dimostrazione. Dobbiamo dimostrare che (T, F) soddisfa la proprietà universale del prodotto tensoriale. In altre parole, dobbiamo dimostrare che comunque fissati uno spazio vettoriale W su $\mathbb{K}$ e una applicazione multilineare $\Phi: V_1 \times \cdots \times V_p \to W$, esiste un'unica applicazione lineare $\tilde{\Phi}: T \to W$ tale che si abbia $\Phi = \tilde{\Phi} \circ F$.

Per ogni $j = 1, \ldots, p$, scegliamo una base $\mathcal{B}_j = \{v_{j,1}, \ldots, v_{j,n_j}\}$ di V_j (ove $n_j = \dim V_j$) e denotiamo con $\mathcal{B}_j^* = \{v_j^1, \ldots, v_j^{n_j}\}$ la corrispondente base duale. Per la Proposizione 1.2.3, è sufficiente mostrare l'esistenza di un'unica applicazione lineare $\tilde{\Phi}: T \to W$ tale che le applicazioni p-lineari Φ e $\tilde{\Phi} \circ F$ coincidano su tutte le p-uple di vettori delle basi $\mathcal{B}_j$, cioè

$$\tilde{\Phi}\left(F(v_{1,\mu_1}, \ldots, v_{p,\mu_p})\right) = \Phi(v_{1,\mu_1}, \ldots, v_{p,\mu_p}) \qquad (1.7)$$

per $1 \leq j \leq p$ e $1 \leq \mu_j \leq n_j$.

Ora, $F(v_{1,\mu_1}, \ldots, v_{p,\mu_p}): V_1^* \times \cdots \times V_p^* \to \mathbb{K}$ è una applicazione p-lineare che valutata sulle p-uple di vettori delle basi duali dà

$$F(v_{1,\mu_1}, \ldots, v_{p,\mu_p})(v_1^{\nu_1}, \ldots, v_p^{\nu_p}) = \delta_{\mu_1}^{\nu_1} \cdots \delta_{\mu_p}^{\nu_p} ;$$

ancora per la Proposizione 1.2.3, l'insieme $\{F(v_{1,\mu_1}, \ldots, v_{p,\mu_p})\}$ è dunque una base di T, e in particolare la base associata alle basi $\mathcal{B}_j^*$. La Proposizione 1.1.4 ci assicura allora che esiste un'unica applicazione lineare $\tilde{\Phi}$ che soddisfa (1.7), concludendo la dimostrazione. $\qquad \square$

Ci possono essere altre realizzazioni concrete del prodotto tensoriale di spazi vettoriali (vedi per esempio l'Esercizio 1.40); ma noi lo penseremo sempre come spazio di applicazioni multilineari. Spesso ometteremo l'applicazione F e diremo, più semplicemente, che $V_1 \otimes \cdots \otimes V_p$ è il prodotto tensoriale di $V_1, \ldots, V_p$.

Esempio 1.2.16. In particolare, il prodotto tensoriale di due spazi vettoriali di dimensione finita è isomorfo allo spazio delle fome bilineari sui duali, cioè $V_1 \otimes V_2 = \text{Mult}(V_1^*, V_2^*)$.

Osservazione 1.2.17. Siano $V_1, \ldots, V_p$ spazi vettoriali di dimensione finita; allora possiamo associare a delle basi di $V_1, \ldots, V_p$ una base di $V_1 \otimes \cdots \otimes V_p$. Infatti, scegliamo per $j = 1, \ldots, p$ una base $\mathcal{B}_j = \{v_{j,1}, \ldots, v_{n_j,j}\}$ di V_j; allora i tensori decomponibili $v_{1,\mu_1} \otimes \cdots \otimes v_{p,\mu_p} = F(v_{1,\mu_1}, \ldots, v_{p,\mu_p})$ al variare di $1 \leq \mu_1 \leq n_1, \ldots, 1 \leq \mu_p \leq n_p$ formano, come visto nella dimostrazione del Teorema 1.2.15, una base di $V_1 \otimes \cdots \otimes V_p$, detta la *base di* $V_1 \otimes \cdots \otimes V_p$ *associata alle basi* $\mathcal{B}_j$.

Ove fosse necessario, possiamo ordinare gli elementi di questa base secondo l'*ordine lessicografico:* $v_{1,\mu_1} \otimes \cdots \otimes v_{p,\mu_p}$ viene prima di $v_{1,\nu_1} \otimes \cdots \otimes v_{p,\nu_p}$ se e solo se $(\mu_1, \ldots, \mu_p)$ precede $(\nu_1, \ldots, \nu_p)$, cioè esiste $1 \leq j \leq p$ tale che $\mu_1 = \nu_1, \ldots, \mu_{j-1} = \nu_{j-1}$ e $\mu_j < \nu_j$.

Osservazione 1.2.18. Siano $V_1, \ldots, V_p$ spazi vettoriali di dimensione finita. Allora per ogni $v_1 \in V_1, \ldots, v_p \in V_p$ il tensore decomponibile

$$v_1 \otimes \cdots \otimes v_p = F(v_1, \ldots, v_p)$$

agisce su $V_1^* \times \cdots \times V_p^*$ tramite la seguente regola:

$$v_1 \otimes \cdots \otimes v_p(\varphi^1, \ldots, \varphi^p) = \varphi^1(v_1) \cdots \varphi^p(v_p)$$

per ogni $\varphi^1 \in V_1^*, \ldots, \varphi^p \in V_p^*$.

Osservazione 1.2.19. Siano $V_1, \ldots, V_p$ spazi vettoriali di dimensione finita su $\mathbb{K}$. Se $\lambda \in \mathbb{K}$ e $v_1 \in V_1, \ldots, v_p \in V_p$, allora la multilinearità di F implica che

$$\lambda(v_1 \otimes \cdots \otimes v_p) = (\lambda v_1) \otimes \cdots \otimes v_p = \cdots = v_1 \otimes \cdots \otimes (\lambda v_p).$$

Analogamente, se $v_j', v_j'' \in V_j$ si ha

$$v_1 \otimes \cdots \otimes (v_j' + v_j'') \otimes \cdots \otimes v_p = (v_1 \otimes \cdots \otimes v_j' \otimes \cdots \otimes v_p) + (v_1 \otimes \cdots \otimes v_j'' \otimes \cdots \otimes v_p).$$

Queste regole determinano completamente la manipolazione algebrica degli elementi del prodotto tensoriale (vedi l'Esercizio 1.40). Inoltre, ricordando l'Osservazione 1.2.17 otteniamo che ogni tensore si scrive (in modo non unico) come somma di tensori decomponibili.

Osservazione 1.2.20. Attenzione: non tutti gli elementi di $V_1 \otimes \cdots \otimes V_p$ sono decomponibili. Per esempio, tutti i tensori decomponibili di $V \otimes W$ sono applicazioni bilineari degeneri. Infatti, dato $v \otimes w \in V \otimes W$, se prendiamo $\varphi \in V^*$ non nullo tale che $\varphi(v) = 0$, allora $v \otimes w(\varphi, \cdot) \equiv O$, per cui $v \otimes w$ è degenere. Di conseguenza, nessuna applicazione bilineare non degenere di $V^* \times W^*$ in $\mathbb{K}$ può essere rappresentata da un singolo tensore decomponibile.

In particolare, dati $u \in \mathbb{K}^m$ e $v \in \mathbb{K}^n$, il tensore decomponibile $u \otimes v$ è una forma bilineare di $(\mathbb{K}^m)^* \times (\mathbb{K}^n)^*$ in $\mathbb{K}$, e si vede facilmente (confronta con gli Esercizi 1.42 e 1.43) che la matrice che la rappresenta (rispetto alle basi duali delle basi canoniche) è $u \cdot v^T$ (che ha rango 1).

Osservazione 1.2.21. Un'altra conseguenza della proprietà universale del prodotto tensoriale è che dare un'applicazione lineare $\tilde{L}\colon V_1 \otimes \cdots \otimes V_p \to W$ è equivalente a dare un'applicazione a valori in W definita sull'insieme $F(V_1 \times \cdots \times V_p)$ dei tensori decomponibili che sia lineare in ciascuno dei fattori. Infatti, quest'ultima applicazione deriva per definizione da un'applicazione $L\colon V_1 \times \cdots \times V_p \to W$ multilineare, e la proprietà universale ci fornisce esistenza e unicità di $\tilde{L}$. Useremo questo approccio piuttosto spesso; vedi per esempio l'enunciato della Proposizione 1.2.26.

Esempio 1.2.22 (Ampliamento del campo degli scalari). Se V è uno spazio vettoriale di dimensione finita sul campo $\mathbb{K}$, si vede subito (Esercizio 1.35) che $V \otimes \mathbb{K}$ è isomorfo a V.

Se $\mathbb{K} = \mathbb{R}$ possiamo considerare $\mathbb{C}$ come $\mathbb{R}$-spazio vettoriale e introdurre il prodotto tensoriale $V \otimes \mathbb{C}$. Come spazio vettoriale reale, $V \otimes \mathbb{C}$ ha dimensione doppia rispetto a V; ma la cosa interessante è che $V \otimes \mathbb{C}$ ha una naturale struttura di spazio vettoriale su $\mathbb{C}$, con dimensione (complessa) uguale alla dimensione (reale) di V. Infatti, ogni elemento di $V \otimes \mathbb{C}$ è somma di un numero finito di elementi della forma $v_j \otimes \lambda_j$, con $v_j \in V$ e $\lambda_j \in \mathbb{C}$; quindi possiamo definire il prodotto di un numero complesso λ per un elemento di $V \otimes \mathbb{C}$ ponendo

$$\lambda \cdot \sum_{j=1}^{r} v_j \otimes \lambda_j = \sum_{j=1}^{r} v_j \otimes (\lambda\lambda_j) \,,$$

ed è facile verificare che in questo modo si ottiene uno spazio vettoriale su $\mathbb{C}$. In particolare, se $\{v_1, \ldots, v_n\}$ è una base dello spazio vettoriale reale V, una base su $\mathbb{R}$ di $V \otimes \mathbb{C}$ è data da $\{v_1 \otimes 1, v_1 \otimes i, \ldots, v_n \otimes 1, v_n \otimes i\}$, mentre una base su $\mathbb{C}$ è semplicemente data da $\{v_1 \otimes 1, \ldots, v_n \otimes 1\}$.

Definizione 1.2.23. Sia V uno spazio vettoriale su $\mathbb{R}$ di dimensione finita. Lo spazio vettoriale complesso $V \otimes \mathbb{C}$ viene detto *complessificazione* di V, e indicato con $V^{\mathbb{C}}$.

La seguente proposizione raccoglie alcune proprietà dei prodotti tensoriali:

Proposizione 1.2.24. *Siano* $W, V_1, \ldots, V_p, V_j'$ *spazi vettoriali di dimensione finita sul campo* $\mathbb{K}$.

(i) *Data una permutazione* σ *di* $\{1, \ldots, p\}$, *si consideri l'applicazione* p-*lineare* $\tilde{F}\colon V_1 \times \cdots \times V_p \to V_{\sigma(1)} \otimes \cdots \otimes V_{\sigma(p)}$ *definita da*

$$\tilde{F}(v_1, \ldots, v_p) = v_{\sigma(1)} \otimes \cdots \otimes v_{\sigma(p)} \,.$$

Allora $(V_{\sigma(1)} \otimes \cdots \otimes V_{\sigma(p)}, \tilde{F})$ *è canonicamente isomorfo a* $(V_1 \otimes \cdots \otimes V_p, F)$.

(ii) *Scelto* $j \in \{1, \ldots, p-1\}$, *si consideri l'applicazione* p-*lineare*

$$\tilde{F}\colon V_1 \times \cdots \times V_p \to (V_1 \otimes \cdots \otimes V_j) \otimes (V_{j+1} \otimes \cdots \otimes V_p)$$

data da

$$\tilde{F}(v_1,\ldots,v_p) = (v_1 \otimes \cdots \otimes v_j) \otimes (v_{j+1} \otimes \cdots \otimes v_p) .$$

Allora $\left((V_1 \otimes \cdots \otimes V_j) \otimes (V_{j+1} \otimes \cdots \otimes V_p), \tilde{F}\right)$ *è canonicamente isomorfo a* $(V_1 \otimes \cdots \otimes V_p, F)$.

(iii) *Scelto* $j \in \{1,\ldots,p-1\}$, *sia*

$$\tilde{F} \colon V_1 \times \cdots \times (V_j \oplus V_j') \times \cdots \times V_p$$
$$\to (V_1 \otimes \cdots \otimes V_j \otimes \cdots \otimes V_p) \oplus (V_1 \otimes \cdots \otimes V_j' \otimes \cdots \otimes V_p)$$

data da

$$\tilde{F}(v_1,\ldots,(v_j,v_j'),\ldots,v_p) = (v_1 \otimes \cdots \otimes v_j \otimes \cdots \otimes v_p, v_1 \otimes \cdots \otimes v_j' \otimes \cdots \otimes v_p) .$$

Allora $\left((V_1 \otimes \cdots \otimes V_j \otimes \cdots \otimes V_p) \oplus (V_1 \otimes \cdots \otimes V_j' \otimes \cdots \otimes V_p), \tilde{F}\right)$ *è canonicamente isomorfo a* $\left(V_1 \otimes \cdots \otimes (V_j \oplus V_j') \otimes \cdots \otimes V_p, F\right)$.

Dimostrazione. (i) La proprietà universale (PT) associa all'applicazione p-lineare $\tilde{F}$ una applicazione lineare $A \colon V_1 \otimes \cdots \otimes V_p \to V_{\sigma(1)} \otimes \cdots \otimes V_{\sigma(p)}$ tale che $\tilde{F} = A \circ F$. Ora, l'immagine di A è un sottospazio vettoriale di $V_{\sigma(1)} \otimes \cdots \otimes V_{\sigma(p)}$ che include $\tilde{F}(V_1 \times \cdots \times V_p)$; siccome quest'ultimo insieme, contenendo tutti i tensori decomponibili, genera $V_{\sigma(1)} \otimes \cdots \otimes V_{\sigma(p)}$, l'applicazione A è necessariamente surgettiva. Ma $V_1 \otimes \cdots \otimes V_p$ e $V_{\sigma(1)} \otimes \cdots \otimes V_{\sigma(p)}$ hanno la stessa dimensione, e quindi A è l'isomorfismo cercato.

Le parti (ii) e (iii) si dimostrano in modo analogo (Esercizio 1.36).   □

In particolare otteniamo:

Corollario 1.2.25. *Siano* $W, V_1,\ldots,V_p, V_1',\ldots,V_r'$ *spazi vettoriali di dimensione finita. Allora i seguenti spazi sono canonicamente isomorfi:*

(i) $V_2 \otimes V_1 \cong V_1 \otimes V_2$;

(ii) $(V_1 \otimes V_2) \otimes V_3 \cong V_1 \otimes (V_2 \otimes V_3)$;

(iii) $(V_1 \oplus V_2) \otimes V_3 \cong (V_1 \otimes V_3) \oplus (V_2 \otimes V_3)$;

(iv) $\left(\displaystyle\bigoplus_{j=1}^{p} V_j\right) \otimes \left(\displaystyle\bigoplus_{k=1}^{r} V_k'\right) \cong \displaystyle\bigoplus_{\substack{1 \le j \le p \\ 1 \le k \le r}} (V_j \otimes V_k')$.

Dimostrazione. Segue immediatamente dalla Proposizione 1.2.24.   □

Ora studiamo il comportamento del prodotto tensoriale rispetto al passaggio al duale.

Proposizione 1.2.26. *Siano* $V, W, V_1,\ldots,V_p$, *spazi vettoriali di dimensione finita sul campo* $\mathbb{K}$.

(i)   *Sia* $\tilde{F} \colon V_1^* \times \cdots \times V_p^* \to (V_1 \otimes \cdots \otimes V_p)^*$ *data da*

$$\tilde{F}(\varphi^1,\ldots,\varphi^p)(v_1 \otimes \cdots \otimes v_p) = \varphi^1(v_1) \cdots \varphi^p(v_p) .$$

Allora $\left((V_1 \otimes \cdots \otimes V_p)^*, \tilde{F}\right)$ *è canonicamente isomorfo a* $(V_1^* \otimes \cdots \otimes V_p^*, F)$.

(ii) *Sia* $\tilde{F}: V^* \times W \to \mathrm{Hom}(V, W)$ *data da*

$$\tilde{F}(\varphi, w)(v) = \varphi(v)w \ .$$

Allora $(\mathrm{Hom}(V, W), \tilde{F})$ *è canonicamente isomorfo a* $(V^* \otimes W, F)$. *In particolare, si ha l'isomorfismo canonico*

$$\mathrm{End}(V) \cong V^* \otimes V \ .$$

(iii) $\mathrm{Mult}(V_1, \dots, V_p)$ *è canonicamente isomorfo a* $V_1^* \otimes \cdots \otimes V_p^*$. *Più in generale, si hanno i seguenti isomorfismi canonici:*

$$\mathrm{Mult}(V_1, \dots, V_p; W) \cong \mathrm{Mult}(V_1, \dots, V_p) \otimes W$$
$$\cong V_1^* \otimes \cdots \otimes V_p^* \otimes W$$
$$\cong \mathrm{Hom}(V_1 \otimes \cdots \otimes V_p, W) \ .$$

Dimostrazione. (i) La proprietà universale del prodotto tensoriale associa all'applicazione p-lineare $\tilde{F}$ un'applicazione lineare

$$A: V_1^* \otimes \cdots \otimes V_p^* \to (V_1 \otimes \cdots \otimes V_p)^*$$

tale che $\tilde{F} = A \circ F$. Ora, l'immagine di A è un sottospazio vettoriale di $(V_1 \otimes \cdots \otimes V_p)^*$ che include $\tilde{F}(V_1^* \times \cdots \times V_p^*)$; siccome si vede subito (controlla) che quest'ultimo insieme contiene tutti gli elementi della base duale della base di $V_1 \otimes \cdots \otimes V_p$ associata a delle basi di $V_1, \dots, V_p$, l'applicazione A è necessariamente surgettiva. Ma $V_1^* \otimes \cdots \otimes V_p^*$ e $(V_1 \otimes \cdots \otimes V_p)^*$ hanno la stessa dimensione, e quindi A è l'isomorfismo cercato.

(ii) L'isomorfismo cercato è l'applicazione lineare $A: V^* \otimes W \to \mathrm{Hom}(V, W)$ definita sui tensori decomponibili da

$$A(\varphi \otimes w)(v) = \varphi(v)w \ .$$

Chiaramente $A \circ F = \tilde{F}$. L'immagine di A contiene tutti gli elementi di $\mathrm{Hom}(V, W)$ di rango 1. Siccome ogni applicazione lineare da V in W è somma di applicazioni di rango 1 (basta fissare una base dell'immagine e considerare le proiezioni sulle rette generate dai singoli elementi della base), l'applicazione A è surgettiva, e l'uguaglianza delle dimensioni ci assicura nuovamente che A è un isomorfismo.

(iii) La prima affermazione segue direttamente dal Teorema 1.2.15 di esistenza del prodotto tensoriale, identificando ogni spazio vettoriale con il suo biduale grazie alla Proposizione 1.1.12.(iii). Usando questo, (i) e (ii), per concludere la dimostrazione basta far vedere che $\mathrm{Mult}(V_1, \dots, V_p; W)$ è isomorfo a $\mathrm{Mult}(V_1, \dots, V_p) \otimes W$. Sia $A: \mathrm{Mult}(V_1, \dots, V_p) \otimes W \to \mathrm{Mult}(V_1, \dots, V_p; W)$ l'applicazione lineare definita sui tensori decomponibili da

$$A(\Phi \otimes w)(v_1, \dots, v_p) = \Phi(v_1, \dots, v_p)w \ ;$$

ragionando come nel punto (ii) si vede subito che è un isomorfismo. □

Osservazione 1.2.27. Riprendiamo l'isomorfismo $A: V^* \otimes W \to \mathrm{Hom}(V, W)$, definito al punto (ii) della precedente proposizione. L'isomorfismo inverso A^{-1} identifica ogni applicazione lineare $L: V \to W$ con la forma bilineare $A^{-1}(L)$ in $V^* \otimes W = \mathrm{Mult}(V, W^*)$. Si verifica facilmente che $A^{-1}(L): V \times W^* \to \mathbb{K}$ è data da $(v, \varphi) \mapsto \varphi\big(L(v)\big)$.

Nota inoltre che la catena di isomorfismi canonici

$$\mathrm{Hom}(V, W) \cong V^* \otimes W \cong V^* \otimes (W^*)^* \cong (W^*)^* \otimes V^* \cong \mathrm{Hom}(W^*, V^*)$$

fa corrispondere a ogni applicazione lineare $L: V \to W$ l'applicazione duale $L^*: W^* \to V^*$.

Concludiamo questa sezione introducendo il prodotto tensoriale di applicazioni lineari:

Proposizione 1.2.28. *Siano* $L_p: V_j \to V_j'$ *per* $j = 1, \ldots, p$ *applicazioni lineari fra spazi vettoriali sul campo* $\mathbb{K}$. *Allora esiste una e una sola applicazione lineare, denotata con* $L_1 \otimes \cdots \otimes L_p: V_1 \otimes \cdots \otimes V_p \to V_1' \otimes \cdots \otimes V_p'$, *che sui tensori decomponibili è data da*

$$L_1 \otimes \cdots \otimes L_p(v_1 \otimes \cdots \otimes v_p) = L_1(v_1) \otimes \cdots \otimes L_p(v_p) .$$

Inoltre, se L_j *è un isomorfismo per ogni* $j = 1, \ldots, p$ *allora anche* $L_1 \otimes \cdots \otimes L_p$ *è un isomorfismo.*

Dimostrazione. L'applicazione $V_1 \times \cdots \times V_p \to V_1' \otimes \cdots \otimes V_p'$ definita da $(v, \ldots, v_p) \mapsto L_1(v_1) \otimes \cdots \otimes L_p(v_p)$ è multilineare, per cui induce l'applicazione $L_1 \otimes \cdots \otimes L_p$ cercata per la proprietà universale del prodotto tensoriale.

Infine, se tutte le L_j sono isomorfismi, si verifica immediatamente che $L_1^{-1} \otimes \cdots \otimes L_p^{-1}$ è l'inversa di $L_1 \otimes \cdots \otimes L_p$, perché lo è sui tensori decomponibili. $\square$

Definizione 1.2.29. Siano $L_p: V_j \to V_j'$ per $j = 1, \ldots, p$ applicazioni lineari fra spazi vettoriali sul campo $\mathbb{K}$. L'applicazione lineare $L_1 \otimes \cdots \otimes L_p$ è detta il *prodotto tensoriale delle applicazioni lineari* $L_1, \ldots, L_p$.

1.3 Algebra tensoriale

Come vedremo a partire dal Capitolo 3, in Geometria Differenziale sono particolarmente utili alcuni spazi ottenuti tramite prodotti tensoriali in cui i fattori sono tutti uguali a un fissato spazio vettoriale o al suo duale.

Definizione 1.3.1. Sia V uno spazio vettoriale sul campo $\mathbb{K}$ di dimensione finita. Allora possiamo costruire i seguenti spazi vettoriali:

$$T_0^0(V) = T_0(V) = T^0(V) = \mathbb{K} , \qquad T^1(V) = T_0^1(V) = V ,$$
$$T_1(V) = T_1^0(V) = V^* ,$$
$$T^p(V) = T_0^p(V) = \underbrace{V \otimes \cdots \otimes V}_{p \text{ volte}} , \qquad T_q(V) = T_q^0(V) = \underbrace{V^* \otimes \cdots \otimes V^*}_{q \text{ volte}} ,$$
$$T_q^p(V) = T^p(V) \otimes T_q(V) ,$$
$$T^\bullet(V) = \bigoplus_{p \geq 0} T^p(V) , \qquad T(V) = \bigoplus_{p,q \geq 0} T_q^p(V) , \qquad T_\bullet(V) = \bigoplus_{q \geq 0} T_q(V) .$$

Chiaramente, $\dim T_q^p(V) = (\dim V)^{p+q}$, mentre $T(V)$ ha dimensione infinita. Un elemento di $T_q^p(V)$ è detto *tensore p-controvariante e q-covariante,* o *tensore di tipo* $\binom{p}{q}$, mentre, per motivi che vedremo fra un attimo, lo spazio $T(V)$ è detto *algebra tensoriale* di V, mentre $T^\bullet(V)$ e $T_\bullet(V)$ sono, rispettivamente, l'*algebra tensoriale controvariante* e l'*algebra tensoriale covariante.*

Ogni elemento α di $T(V)$ è una somma $\alpha = \sum_{p,q} \alpha_q^p$ ove $\alpha_q^p \in T_q^p(V)$ e $\alpha_q^p \neq 0$ solo per un numero finito di indici p e q; gli elementi α_q^p sono detti *componenti omogenee* di α.

Osservazione 1.3.2. Attenzione: altri testi possono usare notazioni e terminologie diverse da queste (anche invertendo indici e pedici rispetto alla convenzione da noi usata) per indicare il tipo di un tensore.

Definizione 1.3.3. Se $\{v_1, \ldots, v_n\}$ è una base di V e $\{v^1, \ldots, v^n\}$ la base duale di V^*, la *base di $T_q^p(V)$ associata alla base di V* è composta, al variare di $I = (i_1, \ldots, i_{p+q}) \in \{1, \ldots, n\}^{p+q}$, da tutti i possibili tensori della forma

$$v_I = v_{i_1} \otimes \cdots \otimes v_{i_p} \otimes v^{i_{p+1}} \otimes \cdots \otimes v^{i_{p+q}} . \tag{1.8}$$

Ogni tensore in $T_q^p(V)$ è quindi della forma $\alpha_q^p = \sum_I \lambda_I \, v_I$ e i coefficienti λ_I sono le *componenti di α_q^p nella base di $T_q^p(V)$ associata alla base di V*. Vedi anche l'Esercizio 1.49 per una analisi di come cambiano le coordinate di un tensore al cambiare della base scelta in V.

Osservazione 1.3.4. Poiché $T_q^p(V)$ è lo spazio delle applicazioni $(p+q)$-lineari da $(V^*)^p \times V^q$ a $\mathbb{K}$, l'azione dei tensori decomponibili è data da

$$u_1 \otimes \cdots \otimes u_p \otimes \omega^1 \otimes \cdots \otimes \omega^q (\eta^1, \ldots, \eta^p, v_1, \ldots, v_q)$$
$$= \eta^1(u_1) \cdots \eta^p(u_p) \cdot \omega^1(v_1) \cdots \omega^q(v_q) ,$$

dove $u_1, \ldots, u_p, v_1, \ldots, v_q \in V$ e $\omega^1, \ldots, \omega^q, \eta^1, \ldots, \eta^p \in V^*$. Se $\{v_1, \ldots, v_n\}$ è una base di V e $\{v^1, \ldots, v^n\}$ la base duale di V^*, il tensore $\alpha_q^p = \sum_I \lambda_I \, v_I$ è l'unica applicazione $(p+q)$-multilineare $\Phi \colon (V^*)^p \times V^q \to \mathbb{K}$ tale che

$$\Phi(v^{i_1} \otimes \cdots \otimes v^{i_p} \otimes v_{i_{p+1}} \otimes \cdots \otimes v_{i_{p+q}}) = \lambda_I$$

per ogni $I = (i_1, \ldots, i_{p+q}) \in \{1, \ldots, n\}^{p+q}$.

Inoltre, la Proposizione 1.2.26.(iii) ci dice che per p, $q \geq 1$ lo spazio $T_q^p(V)$ è isomorfo allo spazio delle applicazioni multilineari da $(V^*)^p \times V^{q-1}$ a V^*, e a quello delle applicazioni multilineari da $(V^*)^{p-1} \times V^q$ a V. In particolare, $T_1^1(V)$ è isomorfo a $\mathrm{End}(V)$.

Ora vogliamo definire su $T(V)$ un prodotto.

Definizione 1.3.5. Sia V uno spazio vettoriale di dimensione finita. Se $\alpha \in T_{q_1}^{p_1}(V)$ e $\beta \in T_{q_2}^{p_2}(V)$ definiamo $\alpha \otimes \beta \in T_{q_1+q_2}^{p_1+p_2}(V)$ ponendo

$$\alpha \otimes \beta(\eta^1, \ldots, \eta^{p_1+p_2}, v_1, \ldots, v_{q_1+q_2})$$
$$= \alpha(\eta^1, \ldots, \eta^{p_1}, v_1, \ldots, v_{q_1}) \, \beta(\eta^{p_1+1}, \ldots, \eta^{p_1+p_2}, v_{q_1+1}, \ldots, v_{q_1+q_2})$$

per ogni $\eta^1, \ldots, \eta^{p_1+p_2} \in V^*$ e ogni $v_1, \ldots, v_{q_1+q_2} \in V$. Ricordando che ogni elemento di $T(V)$ è somma di un numero finito di tensori di tipo determinato, per distributività otteniamo il *prodotto tensore*

$$\otimes : T(V) \times T(V) \to T(V) \,,$$

un prodotto associativo rispetto al quale $\big(T(V), +, \otimes\big)$ risulta essere un anello con unità $1 \in T_0^0(V)$ (controlla). Inoltre, per ogni $\lambda \in \mathbb{K}$ e α, $\beta \in T(V)$ abbiamo

$$\lambda(\alpha \otimes \beta) = (\lambda \alpha) \otimes \beta = \alpha \otimes (\lambda \beta) \,,$$

e quindi $\big(T(V), +, \otimes, \cdot\big)$ è un'algebra, giustificandone il nome.

Osservazione 1.3.6. L'Osservazione 1.3.4 ci assicura che il prodotto tensore di elementi di V o di V^* è proprio il tensore decomponibile indicato con lo stesso simbolo.

Osservazione 1.3.7. Attenzione: il prodotto in $T(V)$ *non* è commutativo. Per esempio, sia $V = \mathbb{R}^2$ con base canonica $\{e_1, e_2\}$ e base duale $\{e^1, e^2\}$. I tensori $e_1 \otimes e_2$ ed $e_2 \otimes e_1$ appartengono a $T_0^2(\mathbb{R}^2)$ e quindi sono applicazioni bilineari su $(\mathbb{R}^2)^* \times (\mathbb{R}^2)^*$. Ma

$$e_1 \otimes e_2(e^1, e^2) = e^1(e_1)e^2(e_2) = 1 \neq 0 = e^1(e_2)e^2(e_1) = e_2 \otimes e_1(e^1, e^2) \,,$$

per cui $e_1 \otimes e_2 \neq e_2 \otimes e_1$.

Osservazione 1.3.8 (Spazi vettoriali isomorfi hanno algebre tensoriali isomorfe). Infatti, sia $L : V \to W$ un isomorfismo fra spazi vettoriali di dimensione finita su $\mathbb{K}$. Indicato con $L^* : W^* \to V^*$ l'isomorfismo duale, si ha che $(L^*)^{-1} : V^* \to W^*$ è ancora un isomorfismo. Possiamo allora definire una applicazione $T(L) : T(V) \to T(W)$ ponendo

$$T(L)(v_1 \otimes \cdots \otimes v_p \otimes \omega^1 \otimes \cdots \otimes \omega^q)$$
$$= L(v_1) \otimes \cdots \otimes L(v_p) \otimes (L^*)^{-1}(\omega^1) \otimes \cdots \otimes (L^*)^{-1}(\omega^q)$$

ed estendendo per linearità. Si vede subito (controlla) che $T(L)$ è un isomorfismo di algebre che conserva il tipo, la cui inversa è $T(L^{-1})$.

Capita spesso che strutture definite sullo spazio vettoriale V possano essere estese all'intera algebra tensoriale. Un esempio tipico è quello del prodotto scalare:

Proposizione 1.3.9. *Sia* $\langle \cdot, \cdot \rangle \colon V \times V \to \mathbb{R}$ *un prodotto scalare definito positivo su uno spazio vettoriale* V *di dimensione finita su* $\mathbb{R}$. *Allora esiste un unico prodotto scalare definito positivo* $\langle\!\langle \cdot, \cdot \rangle\!\rangle \colon T(V) \times T(V) \to \mathbb{R}$ *che soddisfa le seguenti condizioni:*

(i) $T_q^p(V)$ *è ortogonale a* $T_k^h(V)$ *se* $p \neq h$ *o* $q \neq k$;

(ii) $\langle\!\langle \lambda, \mu \rangle\!\rangle = \lambda\mu$ *per ogni* $\lambda,\ \mu \in \mathbb{R} = T^0(V)$;

(iii) $\langle\!\langle v, w \rangle\!\rangle = \langle v, w \rangle$ *per ogni* $v,\ w \in T^1(V) = V$;

(iv) $\langle\!\langle v^*, w^* \rangle\!\rangle = \langle v, w \rangle$ *per ogni* $v,\ w \in T^1(V)$, *dove* $v^*,\ w^* \in T_1(V) = V^*$ *sono le forme lineari definite da* $v^* = \langle \cdot, v \rangle$ *e* $w^* = \langle \cdot, w \rangle$;

(v) $\langle\!\langle \alpha_1 \otimes \alpha_2, \beta_1 \otimes \beta_2 \rangle\!\rangle = \langle\!\langle \alpha_1, \beta_1 \rangle\!\rangle \langle\!\langle \alpha_2, \beta_2 \rangle\!\rangle$ *per ogni* $\alpha_1,\ \beta_1 \in T_{q_1}^{p_1}(V)$ *e ogni* $\alpha_1,\ \beta_2 \in T_{q_2}^{p_2}(V)$.

Dimostrazione. Sia $\{v_1, \ldots, v_n\}$ una base di V ortonormale rispetto a $\langle \cdot, \cdot \rangle$; in particolare, $\{v_1^*, \ldots, v_2^*\}$ è la base duale di V^*. Come in (1.8), la corrispondente base di $T_q^p(V)$ è data dai tensori $v_I = v_{i_1} \otimes \cdots \otimes v_{i_p} \otimes v_{i_{p+1}}^* \otimes \cdots \otimes v_{i_{p+q}}^*$, al variare di $I = (i_1, \ldots, i_{p+q}) \in \{1, \ldots, n\}^{p+q}$.

Ora, supponiamo che un prodotto scalare $\langle\!\langle \cdot, \cdot \rangle\!\rangle$ che soddisfi (i)–(v) esista. Per le proprietà (iii) e (iv), i vettori $\{v_1, \ldots, v_n\}$ e $\{v_1^*, \ldots, v_n^*\}$ sono ortonormali rispetto a $\langle\!\langle \cdot, \cdot \rangle\!\rangle$, e quindi

$$\left\langle\!\!\left\langle \sum_I \lambda_I v_I, \sum_J \mu_J v_J \right\rangle\!\!\right\rangle = \sum_I \sum_J \lambda_I \mu_J \langle\!\langle v_I, v_J \rangle\!\rangle$$

$$= \sum_I \sum_J \lambda_I \mu_J \langle\!\langle v_{i_1}, v_{j_1} \rangle\!\rangle \cdots \langle\!\langle v_{i_{p+q}}^*, v_{j_{p+q}}^* \rangle\!\rangle$$

$$= \sum_I \lambda_I \mu_I ,$$

per cui $\langle\!\langle \cdot, \cdot \rangle\!\rangle$ se esiste è unico.

Per l'esistenza, indichiamo con $\langle\!\langle \cdot, \cdot \rangle\!\rangle$ l'unico prodotto scalare definito positivo su $T(V)$ rispetto a cui gli elementi della forma (1.8) formano una base ortonormale. Chiaramente, (i)–(iv) sono soddisfatte; dobbiamo verificare (v). Abbiamo:

$$\left\langle\!\!\left\langle \left(\sum_{I_1} \lambda_{I_1}^1 v_{I_1} \right) \otimes \left(\sum_{I_2} \lambda_{I_2}^2 v_{I_2} \right), \left(\sum_{J_1} \mu_{J_1}^1 v_{J_1} \right) \otimes \left(\sum_{J_2} \mu_{J_2}^2 v_{J_2} \right) \right\rangle\!\!\right\rangle$$

$$= \sum_{I_1, I_2, J_1, J_2} \lambda_{I_1}^1 \lambda_{I_2}^2 \mu_{J_1}^1 \mu_{J_2}^2 \langle\!\langle v_{I_1} \otimes v_{I_2}, v_{J_1} \otimes v_{J_2} \rangle\!\rangle$$

$$= \sum_{I_1, I_2} \lambda_{I_1}^1 \lambda_{I_2}^2 \mu_{I_1}^1 \mu_{I_2}^2$$

$$= \left\langle\!\!\left\langle \sum_{I_1} \lambda^1_{I_1} v_{I_1}, \sum_{J_1} \mu^1_{J_1} v_{J_1} \right\rangle\!\!\right\rangle \cdot \left\langle\!\!\left\langle \sum_{I_2} \lambda^2_{I_2} v_{I_2}, \sum_{J_2} \mu^2_{J_2} v_{J_2} \right\rangle\!\!\right\rangle \, ,$$

e ci siamo. □

Concludiamo questa sezione introducendo una famiglia di applicazioni lineari tipiche dell'algebra tensoriale:

Definizione 1.3.10. La *contrazione* su $T^p_q(V)$ *di tipo* $\binom{i}{j}$ con $1 \le i \le p$ e $1 \le j \le q$ è l'applicazione lineare $\mathcal{C}^i_j\colon T^p_q(V) \to T^{p-1}_{q-1}(V)$ definita sui tensori decomponibili da

$$\mathcal{C}^i_j(v_1 \otimes \cdots \otimes v_p \otimes \omega^1 \otimes \cdots \otimes \omega^q)$$
$$= \omega^j(v_i)\, v_1 \otimes \cdots \otimes \widehat{v_i} \otimes \cdots \otimes v_p \otimes \omega^1 \otimes \cdots \otimes \widehat{\omega^j} \otimes \cdots \otimes \omega^q$$

(dove l'accento circonflesso indica elementi omessi nel prodotto tensore), ed estesa per linearità.

Dato $v \in V$ e $q \ge 1$, la *moltiplicazione interna* per v è l'applicazione lineare $i_v\colon T^p_q(V) \to T^p_{q-1}(V)$ definita sui tensori decomponibli da

$$i_v(v_1 \otimes \cdots \otimes v_p \otimes \omega^1 \otimes \cdots \otimes \omega^q) = \omega^1(v)\, v_1 \otimes \cdots \otimes v_p \otimes \omega^2 \otimes \cdots \otimes \omega^q$$

ed estesa per linearità.

Esempio 1.3.11. Per esempio, $\mathcal{C}^1_1\colon T^1_1(V) \to \mathbb{K}$ è data sui tensori decomponibili da

$$\mathcal{C}^1_1(v \otimes \omega) = \omega(v) \, ,$$

mentre $\mathcal{C}^1_2\colon T^2_2(V) \to T^1_1(V)$ è definita sui tensori decomponibili da

$$\mathcal{C}^1_2(v_1 \otimes v_2 \otimes \omega^1 \otimes \omega^2) = \omega^2(v_1)\, v_2 \otimes \omega^1 \, .$$

1.4 Algebra esterna

L'Osservazione 1.3.8 ci dice che ogni automorfismo L di uno spazio vettoriale T induce un automorfismo $T(L)$ dell'algebra tensoriale $T(V)$. I sottospazi di $T(V)$ che sono mandati in se stessi da ogni automorfismo del tipo $T(L)$ sono intrinsecamente associati allo spazio vettoriale V e quindi ci aspettiamo che siano particolarmente interessanti.

Definizione 1.4.1. Sia V uno spazio vettoriale di dimensione finita. Un sottospazio vettoriale S di $T(V)$ che sia invariante sotto l'azione di $T(L)$ per ogni automorfismo L di V, cioè tale che $T(L)(S) = S$ per ogni automorfismo L di V, è detto *spazio tensoriale*.

I principali esempi di spazi tensoriali sono dati dall'insieme dei tensori simmetrici e dall'insieme dei tensori alternanti. *Attenzione:* da qui in poi assumeremo sempre che *il campo* $\mathbb{K}$ *abbia caratteristica zero* (e gli esempi principali da tenere in mente sono $\mathbb{K} = \mathbb{R}$ e $\mathbb{K} = \mathbb{C}$).

Osservazione 1.4.2. Indicheremo con $\mathfrak{S}_p$ il *gruppo simmetrico* su p elementi, cioè il gruppo delle permutazioni di $\{1, \ldots, p\}$.

È noto che ogni permutazione $\sigma \in \mathfrak{S}_p$ si può scrivere come prodotto di trasposizioni; questa scrittura non è unica, ma la parità del numero delle trasposizioni necessarie per scrivere σ lo è. In altre parole, se $\sigma = \tau_1 \cdots \tau_r$ è una decomposizione di $\sigma \in \mathfrak{S}_p$ come prodotto di trasposizioni, il *segno* $\mathrm{sgn}(\sigma)$ di σ dato da

$$\mathrm{sgn}(\sigma) = (-1)^r \in \{+1, -1\}$$

è indipendente dalla particolare decomposizione di σ come prodotto di trasposizioni. In particolare si ha

$$\mathrm{sgn}(\sigma\tau) = \mathrm{sgn}(\sigma)\,\mathrm{sgn}(\tau) \quad \text{e} \quad \mathrm{sgn}(\sigma^{-1}) = \mathrm{sgn}(\sigma)$$

per ogni $\sigma, \tau \in \mathfrak{S}_p$.

Ricordiamo infine la formula per il calcolo del determinante di una matrice $A = (a_i^j) \in M_{p,p}(\mathbb{K})$:

$$\det A = \sum_{\sigma \in \mathfrak{S}_p} \mathrm{sgn}(\sigma) a_1^{\sigma(1)} \cdots a_p^{\sigma(p)} . \tag{1.9}$$

Definizione 1.4.3. Siano V e W spazi vettoriali sul campo $\mathbb{K}$. Un'applicazione p-lineare $\varphi: V \times \cdots \times V \to W$ è *simmetrica* se

$$\varphi(v_{\sigma(1)}, \ldots, v_{\sigma(p)}) = \varphi(v_1, \ldots, v_p)$$

per ogni p-upla $(v_1, \ldots, v_p) \in V^p$ e ogni permutazione σ di $\{1, \ldots, p\}$. Lo *spazio tensoriale* $S_p(V)$ (rispettivamente, $S^p(V)$) dei *tensori simmetrici p-covarianti* (rispettivamente, *p-controvarianti*) è il sottospazio di $T_p(V)$ (rispettivamente, $T^p(V)$) costituito dalle applicazioni multilineari simmetriche a valori in $\mathbb{K}$.

Definizione 1.4.4. Siano V e W spazi vettoriali sul campo $\mathbb{K}$. Un'applicazione p-lineare $\varphi: V \times \cdots \times V \to W$ è *alternante* (o *antisimmetrica*) se

$$\varphi(v_{\sigma(1)}, \ldots, v_{\sigma(p)}) = \mathrm{sgn}(\sigma)\,\varphi(v_1, \ldots, v_p)$$

per ogni p-upla $(v_1, \ldots, v_p) \in V^p$ e ogni permutazione σ di $\{1, \ldots, p\}$. Lo *spazio tensoriale* $\bigwedge_p V$ (rispettivamente, $\bigwedge^p V$) dei *tensori alternanti p-covarianti* (rispettivamente, *p-controvarianti*) è il sottospazio di $T_p(V)$ (rispettivamente, $T^p(V)$) costituito dalle applicazioni multilineari alternanti a valori in $\mathbb{K}$.

È facile verificare (Esercizi 1.59 e 1.102) che i tensori simmetrici o alternanti formano effettivamente uno spazio tensoriale. Non sono però sottoalgebre dell'algebra tensoriale, almeno non rispetto al prodotto tensore. Infatti, il prodotto tensore di due tensori simmetrici o alternanti non è necessariamente simmetrico o alternante.

Esempio 1.4.5. Sia $V = \mathbb{R}^2$, e indichiamo con $\{e_1, e_2\}$ la base canonica, e con $\{e^1, e^2\}$ la corrispondente base duale. Chiaramente,

$$e_1, e_2 \in V = \bigwedge^1 V = S^1(V) = V \,,$$

mentre $e_1 \otimes e_2 \notin \bigwedge^2 V \cup S^2(V)$. Infatti,

$$e_1 \otimes e_2(e^1, e^2) = e^1(e_1)e^2(e_2) = 1 \neq 0 = \pm e^1(e_2)e^2(e_1) = \pm e_1 \otimes e_2(e^2, e^1) \,.$$

Osserviamo però che

$$e_1 \otimes e_2 + e_2 \otimes e_1 \in S^2(V) \quad \text{e} \quad e_1 \otimes e_2 - e_2 \otimes e_1 \in \bigwedge^2 V \,.$$

Quest'ultimo esempio fa sospettare che sia possibile definire un prodotto sui tensori alternanti (o simmetrici) in modo da ottenere un tensore alternante (o simmetrico). Per introdurlo, cominciamo con lo studiare meglio i tensori alternanti e simmetrici.

Proposizione 1.4.6. *Sia $\mathcal{B} = \{v_1, \ldots, v_n\}$ una base dello spazio vettoriale V sul campo $\mathbb{K}$, e $\phi\colon \mathcal{B}^p \to W$ una qualsiasi applicazione a valori in un altro spazio vettoriale W. Allora ϕ si può estendere a una applicazione p-lineare alternante (rispettivamente, simmetrica) $\Phi\colon V \times \cdots \times V \to W$ se e solo se*

$$\phi(v_{\mu_{\sigma(1)}}, \ldots, v_{\mu_{\sigma(p)}}) = \operatorname{sgn}(\sigma)\phi(v_{\mu_1}, \ldots, v_{\mu_p}) \tag{1.10}$$

(rispettivamente, $\phi(v_{\mu_{\sigma(1)}}, \ldots, v_{\mu_{\sigma(p)}}) = \phi(v_{\mu_1}, \ldots, v_{\mu_p})$) per ogni permutazione σ di $\{1, \ldots, p\}$ e ogni p-upla $(v_{\mu_1}, \ldots, v_{\mu_p})$ di elementi di $\mathcal{B}$.

Dimostrazione. Per la Proposizione 1.2.3, ogni $\phi\colon \mathcal{B}^p \to W$ si estende in modo unico a un'applicazione p-lineare a valori in W tramite la (1.4), dove $w_{\mu_1\ldots\mu_p} = \phi(v_{\mu_1}, \ldots, v_{\mu_p})$, ed è chiaro che l'estensione è alternante se e solo se vale la (1.10). Il ragionamento nel caso simmetrico è identico. □

Osservazione 1.4.7. In questa sezione d'ora in poi tratteremo solo i tensori alternanti e simmetrici controvarianti; risultati del tutto analoghi valgono anche per i tensori alternanti e simmetrici covarianti, in quanto $S_p(V) = S^p(V^*)$ e $\bigwedge_p V = \bigwedge^p V^*$.

La Proposizione 1.4.6 implica che una applicazione multilineare $\Phi \in \bigwedge^p V$ è completamente determinata dai valori (arbitrariamente scelti) che assume sulle p-uple della forma $(v^{i_1}, \ldots, v^{i_p})$ con $1 \leq i_1 < \cdots < i_p \leq n$, dove $\mathcal{B}^* = \{v^1, \ldots, v^n\}$ è una base di V^*. Analogamente, una $\Psi \in S^p(V)$ è completamente determinata dai valori che assume sulle p-uple della forma $(v^{i_1}, \ldots, v^{i_p})$ con $1 \leq i_1 \leq \cdots \leq i_p \leq n$. Possiamo ricavare la dimensione degli spazi di tensori simmetrici, o antisimmetrici, p-covarianti.

Corollario 1.4.8. *Sia V uno spazio vettoriale di dimensione $n \geq 1$ sul campo $\mathbb{K}$, e $p \in \mathbb{N}$. Allora*

$$\dim S^p(V) = \binom{n+p-1}{p},$$

$$\dim \bigwedge^p V = \begin{cases} \binom{n}{p} & se\ 0 \leq p \leq n, \\ 0 & se\ p > n. \end{cases}$$

In particolare,

$$\dim \bigoplus_{0 \leq p \leq n} \bigwedge^p V = 2^n.$$

Dimostrazione. Per quanto visto sopra, la dimensione di $\bigwedge^p V$ è uguale alla cardinalità dell'insieme delle p-uple $(i_1, \ldots, i_p)$ con $1 \leq i_1 < \cdots < i_p \leq n$, cardinalità che è ben nota essere $\binom{n}{p}$ se $0 \leq p \leq n$ e 0 altrimenti. In particolare,

$$\dim \bigoplus_{0 \leq p \leq n} \bigwedge^p V = \sum_{p=0}^{n} \binom{n}{p} = 2^n.$$

Per lo stesso motivo, la dimensione di $S^p(V)$ è uguale alla cardinalità dell'insieme delle p-uple $(i_1, \ldots, i_p)$ con $1 \leq i_1 \leq \cdots \leq i_p \leq n$. Ora, si ha $1 \leq i_1 \leq \cdots \leq i_p \leq n$ se e solo se

$$1 \leq i_1 < i_2 + 1 < i_3 + 2 < \cdots < i_p + p - 1 \leq n + p - 1.$$

Quindi l'insieme delle p-uple $(i_1, \ldots, i_p)$ con $1 \leq i_1 \leq \cdots \leq i_p \leq n$ ha la cardinalità dell'insieme delle p-uple $(j_1, \ldots, j_p)$ con $1 \leq j_1 < \cdots < j_p \leq n+p-1$, e la tesi segue dal fatto che quest'ultimo insieme ha cardinalità $\binom{n+p-1}{p}$. $\square$

Osservazione 1.4.9. In particolare, se V ha dimensione n allora $\dim \bigwedge^n V = 1$. Non è difficile trovare un generatore di $\bigwedge^n V$: fissata una base $\{v_1, \ldots, v_n\}$, definiamo $\omega \in \bigwedge^n V$ ponendo

$$\omega(\varphi^1, \ldots, \varphi^n) = \det(\varphi^i(v_j))$$

per ogni $\varphi^1, \ldots, \varphi^n \in V^*$. Siccome ω valutato sulla base duale di V^* è uguale al determinante della matrice identica, cioè 1, ne deduciamo che $\omega \neq O$; quindi ogni altro elemento di $\bigwedge^n V$ è un multiplo di ω.

In particolare, l'applicazione $(\mathbb{R}^n)^n \to \mathbb{R}$ definita da

$$(\mathbf{x}_1, \ldots, \mathbf{x}_n) \mapsto \det(\mathbf{x}_1, \cdots, \mathbf{x}_n)$$

è l'unica forma n-lineare alternante su $\mathbb{R}^n$ che assume valore 1 sulla base canonica $(\mathbf{e}_1 \cdots, \mathbf{e}_n)$ di $\mathbb{R}^n$.

Definizione 1.4.10. Sia V uno spazio vettoriale di dimensione finita sul campo $\mathbb{K}$. L'*algebra esterna* di V è lo spazio tensoriale

$$\bigwedge V = \bigoplus_{0 \le p \le n} \bigwedge^p V \, ,$$

mentre l'*algebra simmetrica* di V è lo spazio tensoriale

$$S(V) = \bigoplus_{p \ge 0} S^p(V) \, .$$

Abbiamo già osservato che $\bigwedge V$ e $S(V)$ non sono sottoalgebre di $T(V)$. Vogliamo ora introdurre un nuovo prodotto su $\bigwedge V$ e un nuovo prodotto su $S(V)$ in modo da renderli delle algebre. Cominciamo con la

Definizione 1.4.11. Sia V uno spazio vettoriale di dimensione finita su un campo $\mathbb{K}$. L'*operatore di antisimmetrizzazione* è l'applicazione lineare $\mathcal{A} \colon T^\bullet(V) \to \bigwedge V$ definita da

$$\mathcal{A}(\alpha)(\varphi^1, \dots, \varphi^p) = \frac{1}{p!} \sum_{\sigma \in \mathfrak{S}_p} \mathrm{sgn}(\sigma) \, \alpha(\varphi^{\sigma(1)}, \dots, \varphi^{\sigma(p)})$$

per ogni $\alpha \in T^p(V)$, e $\varphi^1, \dots, \varphi^p \in V^*$. Analogamente, l'*operatore di simmetrizzazione* $\mathcal{S} \colon T^\bullet(V) \to S(V)$ è dato da

$$\mathcal{S}(\alpha)(\varphi^1, \dots, \varphi^p) = \frac{1}{p!} \sum_{\sigma \in \mathfrak{S}_p} \alpha(\varphi^{\sigma(1)}, \dots, \varphi^{\sigma(p)})$$

per ogni $\alpha \in T^p(V)$, e $\varphi^1, \dots, \varphi^p \in V^*$.

Nota che per ogni $\tau \in \mathfrak{S}_p$ si ha

$$\begin{aligned}
\mathcal{A}(\alpha)(\varphi^{\tau(1)}, \dots, \varphi^{\tau(p)}) &= \frac{1}{p!} \sum_{\sigma \in \mathfrak{S}_p} \mathrm{sgn}(\sigma) \, \alpha(\varphi^{\tau(\sigma(1))}, \dots, \varphi^{\tau(\sigma(p))}) \\
&= \frac{1}{p!} \sum_{\rho \in \mathfrak{S}_p} \mathrm{sgn}(\tau^{-1}\rho) \, \alpha(\varphi^{\rho(1)}, \dots, \varphi^{\rho(p)}) \\
&= \mathrm{sgn}(\tau) \, \mathcal{A}(\alpha)(\varphi^1, \dots, \varphi^p) \, ,
\end{aligned}$$

per cui l'immagine di $\mathcal{A}$ è effettivamente contenuta in $\bigwedge V$. È inoltre evidente che $\mathcal{A}$ è lineare, e che la sua restrizione a $\bigwedge V$ è l'identità.

Analogamente, si vede facilmente che $\mathcal{S}$ è un'applicazione lineare con immagine contenuta in $S(V)$, e che la restrizione di $\mathcal{S}$ a $S(V)$ è l'identità.

Definizione 1.4.12. Sia V uno spazio vettoriale di dimensione finita sul campo $\mathbb{K}$, $\alpha \in \bigwedge^p V$ e $\beta \in \bigwedge^q V$. Allora il *prodotto esterno* di α e β è il $(p+q)$-tensore alternante dato da

$$\alpha \wedge \beta = \frac{(p+q)!}{p! q!} \mathcal{A}(\alpha \otimes \beta) \in \bigwedge^{p+q} V \, .$$

Estendendo per bilinearità otteniamo il *prodotto esterno* (o *alternante*)

$$\wedge: \bigwedge V \times \bigwedge V \to \bigwedge V .$$

La quaterna $(\bigwedge V, +, \wedge, \cdot)$ è detta *algebra esterna* (o *alternante*, o *di Grassmann*) di V.

Definizione 1.4.13. Sia V uno spazio vettoriale di dimensione finita sul campo $\mathbb{K}$, $\alpha \in S^p(V)$ e $\beta \in S^q(V)$. Allora il *prodotto simmetrico* di α e β è il $(p+q)$-tensore simmetrico dato da

$$\alpha \odot \beta = \frac{(p+q)!}{p!q!} \mathcal{S}(\alpha \otimes \beta) \in S^{p+q}(V) .$$

Estendendo per bilinearità definiamo il *prodotto simmetrico*

$$\odot: S(V) \times S(V) \to S(V) .$$

La quaterna $\big(S(V), +, \odot, \cdot \big)$ è detta *algebra simmetrica* di V.

Osservazione 1.4.14. Attenzione: in alcuni testi il prodotto esterno è definito dalla formula

$$\alpha \wedge \beta = \mathcal{A}(\alpha \otimes \beta) \in \bigwedge^{p+q} V$$

per ogni $\alpha \in \bigwedge^p V$ e $\beta \in \bigwedge^q V$. Analogamente, in alcuni testi (non necessariamente gli stessi) il prodotto simmetrico è definito dalla formula $\alpha \odot \beta = \mathcal{S}(\alpha \otimes \beta)$.

Proposizione 1.4.15. *Sia V uno spazio vettoriale di dimensione finita sul campo $\mathbb{K}$. Allora la quaterna $(\bigwedge V, +, \wedge, \cdot)$ è un'algebra con unità e anticommutativa, nel senso che è un'algebra con unità tale che*

$$\alpha \wedge \beta = (-1)^{pq} \beta \wedge \alpha \tag{1.11}$$

per ogni $\alpha \in \bigwedge^p V$ e $\beta \in \bigwedge^q V$.

Dimostrazione. La distributività di $\wedge$ rispetto alla somma e al prodotto per scalari sege subito dalla definizione e dalla linearità di $\mathcal{A}$, ed è chiaro che $1 \in \bigwedge^0 V$ è un'unità. Rimangono da dimostrare l'associatività e l'anticommutatività (1.11).

Cominciamo con l'associatività. Prendiamo $\alpha \in \bigwedge^p V$, $\beta \in \bigwedge^q V$, $\gamma \in \bigwedge^r V$ e $\phi^1, \dots, \phi^{p+q+r} \in V^*$. Allora

$$(\alpha \wedge \beta) \wedge \gamma (\phi^1, \dots, \phi^{p+q+r})$$

$$= \frac{(p+q+r)!}{(p+q)!r!} \mathcal{A}\big((\alpha \wedge \beta) \otimes \gamma \big)(\phi^1, \dots, \phi^{p+q+r})$$

$$= \frac{1}{(p+q)!r!} \sum_{\tau \in \mathfrak{S}_{p+q+r}} \mathrm{sgn}(\tau)(\alpha \wedge \beta) \otimes \gamma(\phi^{\tau(1)}, \dots, \phi^{\tau(p+q+r)})$$

$$= \frac{1}{(p+q)!r!} \sum_{\tau \in \mathfrak{S}_{p+q+r}} \mathrm{sgn}(\tau)(\alpha \wedge \beta)(\phi^{\tau(1)}, \ldots, \phi^{\tau(p+q)})$$

$$\times \gamma(\phi^{\tau(p+q+1)}, \ldots, \phi^{\tau(p+q+r)})$$

$$= \frac{1}{(p+q)!} \frac{1}{p!q!r!} \sum_{\tau \in \mathfrak{S}_{p+q+r}} \sum_{\sigma \in \mathfrak{S}_{p+q}} \mathrm{sgn}(\tau)\,\mathrm{sgn}(\sigma)\alpha(\phi^{\sigma_\tau(1)}, \ldots, \phi^{\sigma_\tau(p)})$$

$$\times \beta(\phi^{\sigma_\tau(p+1)}, \ldots, \phi^{\sigma_\tau(p+q)})\gamma(\phi^{\tau(p+q+1)}, \ldots, \phi^{\tau(p+q+r)}) ,$$

dove $(\sigma_\tau(1), \ldots, \sigma_\tau(p+q))$ è ottenuta applicando la permutazione σ alla $(p+q)$-upla $(\tau(1), \ldots, \tau(p+q))$. Ora, è chiaro che

$$(\sigma_\tau(1), \ldots, \sigma_\tau(p+q), \tau(p+q+1), \ldots, \tau(p+q+r))$$

è ancora una permutazione di $(1, \ldots, p+q+r)$, il cui segno è esattamente $\mathrm{sgn}(\tau)\,\mathrm{sgn}(\sigma)$. Inoltre, ogni permutazione in $\mathfrak{S}_{p+q+r}$ può essere ottenuta tramite questo procedimento in esattamente $(p+q)!$ modi diversi; quindi abbiamo

$$(\alpha \wedge \beta) \wedge \gamma(\phi^1, \ldots, \phi^{p+q+r})$$

$$= \frac{1}{p!q!r!} \sum_{\rho \in \mathfrak{S}_{p+q+r}} \mathrm{sgn}(\rho)\alpha(\phi^{\rho(1)}, \ldots, \phi^{\rho(p)})\beta(\phi^{\rho(p+1)}, \ldots, \phi^{\rho(p+q)}) \quad (1.12)$$

$$\times \gamma(\phi^{\rho(p+q+1)}, \ldots, \phi^{\rho(p+q+r)}) .$$

In maniera analoga si dimostra che quest'ultima espressione è uguale a $\alpha \wedge (\beta \wedge \gamma)(\phi^1, \ldots, \phi^{p+q+r})$, e l'associatività è verificata.

Rimane da dimostrare la anticommutatività. Se $\alpha \in \bigwedge^p V$ e $\beta \in \bigwedge^q V$ per ogni $\phi^1, \ldots, \phi^{p+q} \in V^*$ abbiamo

$$\alpha \wedge \beta(\phi^1, \ldots, \phi^{p+q})$$

$$= \frac{1}{p!q!} \sum_{\tau \in \mathfrak{S}_{p+q}} \mathrm{sgn}(\tau)\alpha(\phi^{\tau(1)}, \ldots, \phi^{\tau(p)})\beta(\phi^{\tau(p+1)}, \ldots, \phi^{\tau(p+q)})$$

$$= (-1)^{pq} \frac{1}{p!q!} \sum_{\rho \in \mathfrak{S}_{p+q}} \mathrm{sgn}(\rho)\alpha(\phi^{\rho(q+1)}, \ldots, \phi^{\rho(q+p)})\beta(\phi^{\rho(1)}, \ldots, \phi^{\rho(q)})$$

$$= (-1)^{pq}\beta \wedge \alpha(\phi^1, \ldots, \phi^{p+q}) ,$$

dove la permutazione ρ è definita da $\rho(i) = \tau(p+i)$ per $i = 1, \ldots, q$ e da $\rho(q+j) = \tau(j)$ per $j = 1, \ldots, p$, e ci siamo. $\qquad \square$

Osservazione 1.4.16. In maniera analoga si dimostra (Esercizio 1.105) che $(S(V), +, \odot, \cdot)$ è un'algebra commutativa con unità.

Osservazione 1.4.17. Ripetendo (controlla) il ragionamento che ha portato alla (1.12) si dimostra che per ogni r-upla $\alpha_1 \in \bigwedge^{k_1} V, \ldots, \alpha_r \in \bigwedge^{k_r} V$ e per ogni $\phi^1, \ldots, \phi^{k_1 + \cdots + k_r} \in V^*$ si ha

$$\alpha_1 \wedge \cdots \wedge \alpha_r(\phi^1, \ldots, \phi^{k_1 + \cdots + k_r})$$
$$= \frac{1}{k_1! \cdots k_r!} \sum_{\tau \in \mathfrak{S}_{k_1 + \cdots + k_r}} \mathrm{sgn}(\tau)\, \alpha_1(\phi^{\tau(1)}, \ldots, \phi^{\tau(k_1)}) \cdots$$
$$\times \alpha_r(\phi^{\tau(k_1 + \cdots + k_{r-1} + 1)}, \ldots, \phi^{\tau(k_1 + \cdots + k_r)}) \, .$$

In particolare,

$$v_1 \wedge \cdots \wedge v_p(\phi^1, \ldots, \phi^p) = \sum_{\tau \in \mathfrak{S}_p} \mathrm{sgn}(\tau)\, \phi^{\tau(1)}(v_1) \cdots \phi^{\tau(p)}(v_p) = \det(\phi^h(v_k))$$

(1.13)

per ogni $v_1, \ldots, v_p \in V$ e $\phi^1, \ldots, \phi^p \in V^*$.

Osservazione 1.4.18. L'anticommutatività implica che se $\alpha \in \bigwedge^p V$ con p dispari allora $\alpha \wedge \alpha = O$. Questo non è più vero se p è pari: per esempio, se $\alpha = e_1 \wedge e_2 + e_3 \wedge e_4 \in \bigwedge^2 \mathbb{R}^4$ si ha

$$\alpha \wedge \alpha = 2\, e_1 \wedge e_2 \wedge e_3 \wedge e_4 \neq O \, .$$

Avendo a disposizione il prodotto esterno non è difficile trovare una base dell'algebra esterna:

Proposizione 1.4.19. *Sia* $\mathcal{B} = \{v_1, \ldots, v_n\}$ *una base di uno spazio vettoriale* V. *Allora una base di* $\bigwedge^p V$ *è data da*

$$\mathcal{B}_p = \{v_{i_1} \wedge \cdots \wedge v_{i_p} \mid 1 \leq i_1 < \cdots < i_p \leq n\} \, .$$

Dimostrazione. Siccome $\mathcal{B}_p$ contiene tanti elementi quant'è la dimensione di $\bigwedge^p V$, ci basta dimostrare che sono linearmente indipendenti. Sia $\{v^1, \ldots, v^n\}$ la base duale di V^*; la Proposizione 1.2.3 ci dice che per vedere se gli elementi di $\mathcal{B}_p$ sono linearmente indipendenti basta calcolare il loro valore sulle p-uple di elementi della base duale e verificare che si ottengono vettori linearmente indipendenti di $\mathbb{K}^{n^p}$. Siccome i $v_{i_1} \wedge \cdots \wedge v_{i_p}$ sono alternanti, è sufficiente calcolarne il valore su p-uple $(v^{j_1}, \ldots, v^{j_p})$ con $1 \leq j_1 < \cdots < j_p \leq n$. Usando (1.13) otteniamo quindi

$$v_{i_1} \wedge \cdots \wedge v_{i_p}(v^{j_1}, \ldots, v^{j_p}) = \sum_{\tau \in \mathfrak{S}_p} \mathrm{sgn}(\tau) v^{j_{\tau(1)}}(v_{i_1}) \cdots v^{j_{\tau(p)}}(v_{i_p})$$
$$= \sum_{\tau \in \mathfrak{S}_p} \mathrm{sgn}(\tau) \delta_{i_1}^{j_{\tau(1)}} \cdots \delta_{i_p}^{j_{\tau(p)}}$$
$$= \begin{cases} 0 & \text{se } (j_1, \ldots, j_p) \neq (i_1, \ldots, i_p) \, , \\ 1 & \text{se } (j_1, \ldots, j_p) = (i_1, \ldots, i_p) \, , \end{cases}$$

in quanto $i_1 < \cdots < i_p$ e l'unica permutazione che conserva l'ordine è l'identità. $\square$

Osservazione 1.4.20. Sia $(v_1, \ldots, v_p)$ una p-upla di elementi di uno spazio vettoriale V. Se due di questi elementi coincidono, l'anticommutatività implica che $v_1 \wedge \cdots \wedge v_p = O$. Più in generale, si vede subito (controlla) che $v_1 \wedge \cdots \wedge v_p = O$ se $v_1, \ldots, v_p$ sono linearmente dipendenti. Viceversa, se $\{v_1, \ldots, v_p\}$ sono linearmente indipendenti, possiamo completarli a una base di V e la Proposizione 1.4.19 ci assicura che $v_1 \wedge \cdots \wedge v_p \neq O$.

In effetti, l'elemento $v_1 \wedge \cdots \wedge v_p$ risulta essere univocamente determinato (a meno di una costante moltiplicativa non nulla) dal p-piano (cioè dal sottospazio di dimensione p) generato da $\{v_1, \ldots, v_p\}$. Più precisamente, sia $\{w_1, \ldots, w_p\}$ un'altra base dello stesso p-piano, e sia $A = (a_h^k) \in GL(p, \mathbb{K})$ la matrice tale che $w_h = a_h^1 v_1 + \cdots + a_h^p v_p$ per $h = 1, \ldots, p$. Allora

$$w_1 \wedge \cdots \wedge w_p = (\det A)\, v_1 \wedge \cdots \wedge v_p \, .$$

Infatti, se $\phi^1, \ldots, \phi^p \in V^*$, si ha

$$
\begin{aligned}
w_1 & \wedge \cdots \wedge w_p\, (\phi^1, \ldots, \phi^p) \\
&= \sum_{\tau \in \mathfrak{S}_p} \operatorname{sgn}(\tau) \phi^{\tau(1)}(w_1) \cdots \phi^{\tau(p)}(w_p) \\
&= \sum_{j_1=1}^{p} \cdots \sum_{j_p=1}^{p} a_1^{j_1} \cdots a_p^{j_p} \sum_{\tau \in \mathfrak{S}_p} \operatorname{sgn}(\tau) \phi^{\tau(1)}(v_{j_1}) \cdots \phi^{\tau(p)}(v_{j_p}) \\
&= \sum_{j_1=1}^{p} \cdots \sum_{j_p=1}^{p} a_1^{j_1} \cdots a_p^{j_p} v_{j_1} \wedge \cdots \wedge v_{j_p}(\phi^1, \ldots, \phi^p) \\
&= \sum_{\sigma \in \mathfrak{S}_p} \operatorname{sgn}(\sigma) a_1^{\sigma(1)} \cdots a_p^{\sigma(p)} v_1 \wedge \cdots \wedge v_p(\phi^1, \ldots, \phi^p) \\
&= (\det A)\, v_1 \wedge \cdots \wedge v_p(\phi^1, \ldots, \phi^p) \, ,
\end{aligned}
$$

grazie all'anticommutatività e a (1.9). Vedi anche l'Esercizio 1.91 per il viceversa di questo risultato.

1.5 Tensori simplettici

Dedichiamo quest'ultima sezione a un tipo particolare di 2-tensori covarianti alternanti, utili in diverse questioni di geometria differenziale e di fisica matematica. Di nuovo, lavoriamo su un campo $\mathbb{K}$ di caratteristica zero.

Definizione 1.5.1. Un *tensore simplettico* è un 2-tensore covariante alternante non degenere. Una coppia (V, ω) dove V è uno spazio vettoriale e $\omega \in \bigwedge_2 V$ è un tensore simplettico, è detta *spazio vettoriale simplettico*.

Esempio 1.5.2. Sia V uno spazio vettoriale di dimensione $2n$. Scegliamo una base $\{v_1, w_1, \ldots, v_n, w_n\}$, e indichiamo con $\{v^1, w^1, \ldots, v^n, w^n\}$ la corrispondente base duale. Sia allora $\omega \in \bigwedge_2 V$ dato da

$$\omega = \sum_{j=1}^{n} v^j \wedge w^j \ . \tag{1.14}$$

Vogliamo dimostrare che ω è un tensore simplettico. Prima di tutto, la sua azione sugli elementi della base è data da

$$\omega(v_i, w_j) = -\omega(w_j, v_i) = \delta_{ij}, \qquad \omega(v_i, v_j) = \omega(w_i, w_j) = 0 \tag{1.15}$$

per ogni $1 \le i, j \le n$. Supponiamo allora che $v = \sum_i (a^i v_i + b^i w_i) \in V$ sia tale che $\omega(v, w) = 0$ per ogni $w \in V$. In particolare $0 = \omega(v, v_j) = -b^j$ e $0 = \omega(v, w_j) = a^j$ per $1 \le j \le n$; quindi $v = O$ e ω è non degenere.

Definizione 1.5.3. Sia (V, ω) uno spazio vettoriale simplettico. Il *complemento simplettico* di un sottospazio $W \subseteq V$ è il sottospazio

$$W^{\perp} = \{v \in V \mid \omega(v, w) = 0 \text{ per ogni } w \in W\} \ .$$

Contrariamente al caso dei complementi ortogonali, non è detto che $W \cap W^{\perp} = \{O\}$. Per esempio, se $\dim W = 1$ allora l'antisimmetria di ω implica che $W \subseteq W^{\perp}$. Questa osservazione suggerisce di classificare i sottospazi di uno spazio vettoriale simplettico come segue:

Definizione 1.5.4. Sia (V, ω) uno spazio vettoriale simplettico. Un sottospazio $W \subseteq V$ di V sarà detto *simplettico* se $W \cap W^{\perp} = \{O\}$; *isotropo* se $W \subseteq W^{\perp}$; *coisotropo* se $W \supseteq W^{\perp}$; *Lagrangiano* se $W = W^{\perp}$.

Esempio 1.5.5. Sia V uno spazio vettoriale di dimensione 4. Come nell'Esempio 1.5.2, scegliamo una base $\{v_1, w_1, v_2, w_2\}$, indichiamo con $\{v^1, w^1, v^2, w^2\}$ la corrispondente base duale e definiamo $\omega \in \bigwedge_2 V$ mediante $\omega = \sum_{j=1}^{2} v^j \wedge w^j$. Allora i sottospazi di dimensione 1 sono isotropi, $\operatorname{Span}(v_1, v_2)$ è Lagrangiano, $\operatorname{Span}(v_1, w_1, v_2)$ è coisotropo, e $\operatorname{Span}(v_1, w_1)$ è simplettico.

L'unico risultato che dimostriamo sui tensori simplettici è che possono sempre essere espressi nella forma indicata dall'Esempio 1.5.2.

Proposizione 1.5.6. *Sia (V, ω) uno spazio vettoriale simplettico. Allora la dimensione di V è pari, ed esiste una base di V rispetto a cui ω è data da* (1.14).

Dimostrazione. Si verifica facilmente che ω è della forma (1.14) rispetto a una base $\{v_1, w_1, \ldots, v_n, w_n\}$ di V se e solo se l'azione di ω sui vettori della base è data da (1.15). Dimostreremo allora che esiste una base per cui (1.15) vale procedendo per induzione su $m = \dim V$.

Per $m = 0$ non c'è nulla da dimostrare. Supponiamo allora che (V, ω) sia uno spazio vettoriale simplettico di dimensione $m \ge 1$, e che la proposizione sia vera per tutti gli spazi vettoriali simplettici di dimensione minore di m. Sia $v_1 \in V$ un vettore non nullo. Essendo ω non degenere, esiste un vettore $w_1 \in V$ tale che $\omega(v_1, w_1) \ne 0$; a meno di moltiplicare w_1 per una costante, possiamo anche supporre che $\omega(v_1, w_1) = 1$. Siccome ω è alternante, v_1 e w_1 sono linearmente indipendenti.

Sia W il sottospazio generato da v_1 e w_1. L'Esercizio 1.112.(i) ci assicura che $\dim W^{\perp} = m - 2$. Siccome $\omega|_{W \times W}$ è chiaramente non degenere, l'Esercizio 1.112.(iii) implica che W è simplettico; ma allora $W \cap W^{\perp} = \{O\}$ e quindi, grazie all'Esercizio 1.112.(ii), anche $W^{\perp}$ è simplettico. Per l'ipotesi induttiva, $\dim W^{\perp}$ è pari, ed esiste una base $\{v_2, w_2, \ldots, v_n, w_n\}$ di $W^{\perp}$ che soddisfa (1.15). Ma allora $\{v_1, w_1, v_2, w_2, \ldots, v_n, w_n\}$ è una base di V che soddisfa (1.15), e ci siamo. $\square$

Definizione 1.5.7. Sia (V, ω) uno spazio vettoriale simplettico. Una base $\{v_1, w_1, \ldots, v_n, w_n\}$ di V rispetto a cui ω è data da (1.14) è detta *base simplettica* di V.

Esercizi

RICHIAMI DI ALGEBRA LINEARE

Esercizio 1.1 (Usato nella Sezione 1.1).

(i)   Dimostra la Proposizione 1.1.4.
(ii) Dimostra la Proposizione 1.1.8.
(iii) Dimostra la Proposizione 1.1.12.
(iv) Dimostra la Proposizione 1.1.13.

Esercizio 1.2. Esprimi, nei termini della base duale della base canonica, la base duale della base di $\mathbb{R}^3$ data da $v_1 = (1, 2, 0)$, $v_2 = (0, 1, 1)$, $v_3 = (1, 0, 1)$.

Esercizio 1.3. Sia $L \colon \mathbb{R}^3 \to \mathbb{R}^4$ l'applicazione definita da

$$L(x_1, x_2, x_3) = (3x_1 - x_2, x_3 + x_4, x_2 + x_4, x_2 - x_1) \,.$$

(i) Determina la matrice dell'applicazione trasposta $L^* \colon (\mathbb{R}^4)^* \to (\mathbb{R}^3)^*$ rispetto alle basi duali delle basi canoniche.
(ii) Determina una base del nucleo di L^*.

Esercizio 1.4. Se $\mathbb{K}$ è un campo qualunque, indichiamo con $\mathbb{K}^n$ lo spazio dei vettori colonna a coefficienti in $\mathbb{K}$ e con $(\mathbb{K}^n)^T$ lo spazio dei vettori riga a coefficienti in $\mathbb{K}$.

(i) Dimostra che ogni vettore $y^T \in (\mathbb{K}^n)^T$ individua una forma lineare su $\mathbb{K}^n$ ponendo $y(v) = y^T \cdot v$ per ogni $v \in \mathbb{K}^n$, dove $\cdot$ è il prodotto riga per colonna.
(ii) Dimostra che l'applicazione $(\mathbb{K}^n)^* \to (\mathbb{K}^n)^T$ che associa a ogni forma lineare $\varphi \in (\mathbb{K}^n)^*$ la matrice $y^T \in (\mathbb{K}^n)^T$ che rappresenta φ rispetto alla base canonica è un isomorfismo tra $(\mathbb{K}^n)^*$ e $(\mathbb{K}^n)^T$.

(iii) Se $B \in M_{m,n}(\mathbb{K})$ è una matrice $m \times n$ a coefficienti in $\mathbb{K}$, indichiamo con $L_B \in \mathrm{Hom}(\mathbb{K}^n, \mathbb{K}^m)$ l'applicazione definita da $L_B(v) = B \cdot v$, rappresentata dalla matrice B rispetto alle basi canoniche. Dimostra che, se $y^T \in (\mathbb{K}^m)^T$ è il vettore riga associato a $\varphi \in (\mathbb{K}^m)^*$ come in (ii), allora

$$\varphi\big(L_B(v)\big) = y^T \cdot (B \cdot v) = (y^T \cdot B) \cdot v = (B^T \cdot y)^T \cdot v$$

per ogni $v \in \mathbb{K}^n$. Concludi che la matrice associata a $L_B^*(\varphi)$ rispetto alle basi canoniche è $(B^T \cdot y)^T$, e che B^T rappresenta L_B^* rispetto alle basi duali.

Esercizio 1.5. Sia $L: V \to W$ una applicazione lineare tra spazi vettoriali su $\mathbb{K}$.

(i)   Dimostra che se L è iniettiva allora L^* è surgettiva.

(ii) Dimostra che se L è surgettiva allora L^* è iniettiva.

(iii) Dimostra che se $L_1 \in \mathrm{Hom}(W, U)$ allora $(L_1 \circ L)^* = L^* \circ L_1^*$. Concludi che l'applicazione $\mathrm{End}(V) \to \mathrm{End}(V^*)$ definita da $L \mapsto L^*$ è un morfismo di spazi vettoriali ma non un morfismo di anelli.

Esercizio 1.6 (Usato nella Sezione 1.1). Siano V e W due spazi vettoriali di dimensione finita su $\mathbb{K}$. Denota con $i_V: V \to V^{**}$ e con $i_W: W \to W^{**}$ gli isomorfismi canonici con i biduali. Dimostra che per ogni $L \in \mathrm{Hom}(V, W)$ il diagramma

$$\begin{array}{ccc} V & \xrightarrow{\ L\ } & W \\ {\scriptstyle i_V}\downarrow & & \downarrow{\scriptstyle i_W} \\ V^{**} & \xrightarrow[L^{**}]{} & W^{**} \end{array}$$

è commutativo. In altre parole, identificando ogni spazio vettoriale di dimensione finita con il suo biduale si ottiene $L^{**} = L$.

Esercizio 1.7 (Usato nell'Osservazione 1.1.7). Sia $\{W_j\}_{j \in J}$ una famiglia di spazi vettoriali sul campo $\mathbb{K}$. Indichiamo con $\Pi = \prod_j W_j$ il prodotto diretto degli spazi vettoriali W_j, e con $\pi_j: \Pi \to W_j$ la proiezione sul j-esimo fattore. Dimostra che:

(i) per ogni spazio vettoriale V su $\mathbb{K}$ e ogni famiglia di applicazioni lineari $L_j: V \to W_j$ esiste un'unica applicazione lineare $L: V \to \Pi$ tale che $L_j = \pi_j \circ L$ per ogni $j \in J$;

(ii) se $\hat{\Pi}$ è uno spazio vettoriale su $\mathbb{K}$ fornito di applicazioni lineari $\hat{\pi}_j: \hat{\Pi} \to W_j$ che soddisfano (i) allora esiste un unico isomorfismo $\Psi: \hat{\Pi} \to \Pi$ tale che $\hat{\pi}_j = \pi_j \circ \Psi$ per ogni $j \in J$.

Esercizio 1.8 (Usato nell'Osservazione 1.1.19). Sia $\{W_j\}_{j \in J}$ una famiglia di spazi vettoriali sul campo $\mathbb{K}$. Indichiamo con $S = \bigoplus_j W_j$ la somma diretta degli spazi vettoriali W_j, e con $\iota_j: W_j \to S$ le corrispondenti applicazioni iniettive.

(i) Dimostra che per ogni spazio vettoriale V su $\mathbb{K}$ e ogni famiglia di applicazioni lineari $L_j: W_j \to V$ esiste un'unica applicazione lineare $L: S \to V$ tale che $L_j = L \circ \iota_j$ per ogni $j \in J$;

(ii) Dimostra che se $\hat{S}$ è uno spazio vettoriale su $\mathbb{K}$ fornito di applicazioni lineari $\hat{\iota}_j: W_j \to \hat{S}$ che soddisfano (i) allora esiste un unico isomorfismo $\Psi: S \to \hat{S}$ tale che $\hat{\iota}_j = \Psi \circ \iota_j$ per ogni $j \in J$.

Esercizio 1.9. Sia V uno spazio vettoriale di dimensione infinita su un campo $\mathbb{K}$, e $\mathcal{B} = \{v_j\}_{j \in J}$ una base di V, di insieme duale $\mathcal{B}^* = \{v^j\}_{j \in J} \subset V^*$. Per ogni $j \in J$ poniamo $V_j = \operatorname{Span}(v_j) \subset V$ e $V^j = \operatorname{Span}(v^j) \subset V^*$.

(i)   Dimostra che V è isomorfo alla somma diretta $\bigoplus_j V_j$.

(ii) Dimostra che V è isomorfo allo spazio delle funzioni $f: J \to \mathbb{K}$ tali che $f(j) \neq 0$ solo per un numero finito di indici.

(iii) Dimostra che V^* è isomorfo allo spazio di tutte le funzioni $f: J \to \mathbb{K}$.

(iv) Dimostra che V^* è isomorfo al prodotto diretto $\prod_j V^j$, mentre $\operatorname{Span}(\mathcal{B}^*)$ è isomorfo alla somma diretta $\bigoplus_j V^j$.

DUALITÀ E APPLICAZIONI BILINEARI

Esercizio 1.10. Considera le applicazioni bilineari $\Phi, \Psi: \mathbb{R}^3 \times \mathbb{R}^3 \to \mathbb{R}$ definite, rispettivamente, da $\Phi(\mathbf{x}, \mathbf{y}) = \mathbf{x}^T A \mathbf{y}$ e $\Psi(\mathbf{x}, \mathbf{y}) = \mathbf{x}^T B \mathbf{y}$, ove

$$A = \begin{pmatrix} 2 & 1 & 0 \\ 1 & 2 & 1 \\ 0 & 1 & 4 \end{pmatrix} \text{ e } B = \begin{pmatrix} 1 & 2 & 0 \\ 2 & 4 & 0 \\ 0 & 0 & 1 \end{pmatrix}.$$

(i)   Dimostra che Φ è un prodotto scalare non degenere (e definito positivo).

(ii) Sia $\Phi_-: \mathbb{R}^3 \to (\mathbb{R}^3)^*$ l'applicazione lineare che associa a $\mathbf{x} \in \mathbb{R}^3$ la forma lineare $\Phi_{\mathbf{x}}: \mathbb{R}^3 \to \mathbb{R}$ definita da $\Phi_{\mathbf{x}}(\mathbf{y}) = \Phi(\mathbf{x}, \mathbf{y})$. Determina la matrice che rappresenta Φ_- rispetto alla base canonica in $\mathbb{R}^3$ e alla sua duale in $(\mathbb{R}^3)^*$, e mostra che Φ_- è un isomorfismo.

(iii) Analogamente al punto precedente, sia $\Psi_-: \mathbb{R}^3 \to (\mathbb{R}^3)^*$ l'applicazione che associa a $\mathbf{x} \in \mathbb{R}^3$ la forma lineare $\Psi_{\mathbf{x}}: \mathbb{R}^3 \to \mathbb{R}$ definita da $\Psi_{\mathbf{x}}(\mathbf{y}) = \Psi(\mathbf{x}, \mathbf{y})$. Dimostra che Ψ è degenere e determina il rango di Ψ_-.

Esercizio 1.11 (Citato nell'Osservazione 1.2.12). Siano V e W due spazi vettoriali sul campo $\mathbb{K}$. Dimostra che l'applicazione $\Psi: \operatorname{Mult}(V, W) \to \operatorname{Hom}(V, W^*)$ che associa a ogni $\Phi \in \operatorname{Mult}(V, W)$ l'applicazione $\Phi_-: V \to W^*$ definita nel Lemma 1.2.10 è un isomorfismo di spazi vettoriali.

Definizione 1.E.1. Sia $\Phi: V \times W \to \mathbb{K}$ una forma bilineare, dove V e W sono due spazi vettoriali sul campo $\mathbb{K}$. Se H è un sottoinsieme di V, l'*ortogonale* (o *annullatore*) di H (rispetto a Φ) è il sottospazio

$$H^\perp = \{w \in W \mid \Phi(h, w) = 0 \text{ per ogni } h \in H\} \subseteq W.$$

In particolare, $V^\perp$ è il nucleo destro di Φ. Analogamente, se S è un sottoinsieme di W, l'*ortogonale* (o *annullatore*) di S (rispetto a Φ) è il sottospazio

$$^\perp S = \{v \in V \mid \Phi(v,s) = 0 \text{ per ogni } s \in S\} \subseteq V .$$

In particolare, $^\perp W$ è il nucleo sinistro di Φ.

Definizione 1.E.2. Sia $\Phi \colon V \times W \to \mathbb{K}$ una forma bilineare, dove V e W sono due spazi vettoriali sul campo $\mathbb{K}$. Diremo che Φ è una *dualità* se le applicazioni Φ_- e Φ^- definite nel Lemma 1.2.10 sono entrambe isomorfismi.

Esercizio 1.12. Sia $\Phi \colon V \times W \to \mathbb{K}$ una dualità, dove V e W hanno dimensione finita. Dimostra che:

(i) esistono basi $\mathcal{B}$ di V e $\mathcal{C}$ di W tali che la matrice che rappresenta Φ in tali basi sia la matrice identica;

(ii) $\dim Z^\perp = \dim V - \dim Z$ per ogni sottospazio Z di V;

(iii) $^\perp(Z^\perp) = Z$ per ogni sottospazio Z di V.

Esercizio 1.13. Sia $\Phi \colon V \times W \to \mathbb{K}$ una forma bilineare su spazi di dimensione finita. Se $v \in V$ indicheremo con $[v] = v + {}^\perp W \in V/{}^\perp W$ la classe di equivalenza rappresentata da v nel quoziente; e analogamente per $w \in W$ e $[w] \in W/V^\perp$.

(i) Dimostra che ponendo $\overline{\Phi}([v], w) = \Phi(v, w)$ per ogni elemento $[v] \in V/{}^\perp W$ e ogni $w \in W$ si definisce una forma bilineare $\overline{\Phi} \colon (V/{}^\perp W) \times W \to \mathbb{K}$.

(ii) Dimostra che ponendo $\underline{\overline{\Phi}}([v], [w]) = \Phi(v, w)$ per ogni $[v] \in V/{}^\perp W$ e ogni $[w] \in W/V^\perp$ si definisce una dualità $\underline{\overline{\Phi}} \colon (V/{}^\perp W) \times (W/V^\perp) \to \mathbb{K}$.

Esercizio 1.14 (Citato nell'Esercizio 1.15 e nella Definizione 1.E.7). Sia V uno spazio vettoriale di dimensione finita su $\mathbb{K}$, e V^* il suo duale. Sia, inoltre, $\Phi_V \colon V \times V^* \to \mathbb{K}$ la forma bilineare definita da $\Phi(v, \varphi) = \varphi(v)$ per ogni $v \in V$ e $\varphi \in V^*$. Dimostra che:

(i) Φ è una dualità.

(ii) comunque fissata una base $\mathcal{B} = \{v_1, \ldots, v_n\}$, la matrice che rappresenta Φ_V rispetto a $\mathcal{B}$ e alla base duale $\mathcal{B}^*$ è la matrice identica.

(iii) se W è un altro $\mathbb{K}$-spazio vettoriale di dimensione finita e $L \in \mathrm{Hom}(V, W)$, allora

$$(\mathrm{Ker}\, L)^\perp = \mathrm{Im}\, L^* \qquad \text{e} \qquad {}^\perp(\mathrm{Im}\, L) = \mathrm{Ker}\, L^* ,$$

dove questo ortogonale è calcolato rispetto alla dualità $\Phi_W \colon W \times W^* \to \mathbb{K}$.

Esercizio 1.15 (Citato nell'Esercizio 1.16). Dato uno spazio vettoriale V di dimensione finita sul campo $\mathbb{K}$, sia $\Phi = \Phi_V \colon V \times V^* \to \mathbb{K}$ la dualità introdotta nell'Esercizio 1.14. Supponi poi che $V = W \oplus Z$ sia somma diretta di due sottospazi W e Z non nulli.

(i) Mostra che $V^* = Z^\perp \oplus W^\perp$.

(ii) Mostra che $W^\perp \subseteq \mathrm{Ker}(\Phi_-(w))$ per ogni $w \in W$ e che $\Phi_-(W) = W$, dove stiamo identificando V con il suo biduale.

(iii) Mostra che l'applicazione ι_W^* duale dell'inclusione $\iota_W: W \to V$ è surgettiva, con nucleo $W^\perp$, e che esiste un isomorfismo canonico $W^* \cong (V^*/W^\perp)$.

(iv) Mostra che esiste un isomorfismo $V^* \cong W^* \oplus Z^*$, dipendente da W e Z, nel quale l'annullatore $W^\perp$ di W viene identificato con Z^*, e $Z^\perp$ con W^*.

Esercizio 1.16 (Utile per l'Esempio 2.1.34). Dato uno spazio vettoriale V di dimensione finita sul campo $\mathbb{K}$, fissa un sottospazio non nullo Q di V e due sottospazi non nulli P_0 e P tali che $V = Q \oplus P_0 = Q \oplus P$. Ogni vettore $p_0 \in P_0$ si scrive in modo unico come $p_0 = q + p$, con $q \in Q$ e $p \in P$.

(i)   Dimostra che se $p_0 \neq O$, anche p è non nullo e che p è l'unico vettore $w \in P$ tale che $p_0 - w \in Q$.

(ii) Dimostra che l'applicazione $L_P: P_0 \to Q$ definita da $L_P(p_0) = q$ è lineare. L'applicazione L_P viene detta *proiezione di P_0 su Q lungo P*. Quando $P = P_0$, l'applicazione L_{P_0} è identicamente nulla.

(iii) Identificando Q^* con un sottoinsieme di V^* come nell'Esercizio 1.15.(iv) usando la dualità $\Phi_V: V \times V^* \to \mathbb{K}$, dimostra che

$$\Phi_V(p_0, \phi) = \Phi_V\big(L_P(p_0), \phi\big)$$

per ogni $p_0 \in P_0$ e ogni $\phi \in Q^*$.

APPLICAZIONI MULTILINEARI

Esercizio 1.17. Indicate con $\{\mathbf{e}_1, \mathbf{e}_2, \mathbf{e}_3\}$ e $\{\mathbf{E}_1, \mathbf{E}_2, \mathbf{E}_3, \mathbf{E}_4\}$ le basi canoniche di $\mathbb{R}^3$ e $\mathbb{R}^4$ rispettivamente, determina l'espressione dell'applicazione bilineare $\Phi: \mathbb{R}^3 \times \mathbb{R}^4 \to \mathbb{R}$ tale che $\Phi(\mathbf{e}_i, \mathbf{E}_j) = i \cdot j$ per ogni $i = 1, \dots, 3$ e $j = 1, \dots, 4$.

Esercizio 1.18. Sia $\Phi: M_{2,3}(\mathbb{R}) \times M_{3,1}(\mathbb{R}) \to \mathbb{R}$ l'applicazione bilineare definita da $\Phi(\mathbf{e}_{ij}, \mathbf{E}_{k1}) = \mathbf{e}_{ij} \cdot \mathbf{E}_{k1}$, dove $\{\mathbf{e}_{ij} \mid i = 1, 2, \ j = 1, 2, 3\}$ e $\{\mathbf{E}_{i1} \mid i = 1, 2, 3\}$ sono le basi standard di $M_{2,3}(\mathbb{R})$ e $M_{3,1}(\mathbb{R})$ rispettivamente. Determina $\mathcal{A}(\Phi)$, dove $\mathcal{A}$ è l'applicazione definita nella Proposizione 1.2.3.

Esercizio 1.19. Sia $\Phi: \mathbb{R}^2 \times \mathbb{R}^3 \to \mathbb{R}$ la forma bilineare $\Phi(\mathbf{x}, \mathbf{y}) = \mathbf{x}^T B \mathbf{y}$ ove $B = \begin{pmatrix} -1 & 1 & 0 \\ 1 & 2 & 2 \end{pmatrix}$.

(i)   Determina $A(\Phi)$, dove $\mathcal{A}$ è l'applicazione definita nella Proposizione 1.2.3 considerando le basi canoniche $\mathcal{E}_1 = \{\mathbf{e}_i \mid i = 1, 2\}$ e $\mathcal{E}_2 = \{\mathbf{E}_j \mid j = 1, 2, 3\}$ di $\mathbb{R}^2$ e $\mathbb{R}^3$ rispettivamente.

(ii) Prendi, in $\mathbb{R}^2$, la base $\mathcal{B}_1 = \{v_1 = \mathbf{e}_1 + \mathbf{e}_2, v_2 = \mathbf{e}_1 - \mathbf{e}_2\}$ e denota con $\mathbf{x}'$ le coordinate rispetto alla base $\mathcal{B}_1$ del vettore $\mathbf{x} \in \mathbb{R}^2$. Determina la matrice C associata a Φ rispetto alle basi $\mathcal{B}_1$ e $\mathcal{E}_2$ (cioè tale che $\Phi(\mathbf{x}, \mathbf{y}) = (\mathbf{x}')^T C \mathbf{y}$).

(iii) Prendi, in $\mathbb{R}^3$, la base $\mathcal{B}_2 = \{u_1 = 2\mathbf{E}_1 + 3\mathbf{E}_2, u_2 = \mathbf{E}_2 + \mathbf{E}_3, u_3 = \mathbf{E}_1 - \mathbf{E}_2\}$ e denota con $\mathbf{y}'$ le coordinate rispetto alla base $\mathcal{B}_2$ del vettore $\mathbf{y} \in \mathbb{R}^3$. Determina la matrice D associata a Φ rispetto alle basi $\mathcal{B}_1$ e $\mathcal{B}_2$ (cioè tale che $\Phi(\mathbf{x}, \mathbf{y}) = (\mathbf{x}')^T D \mathbf{y}'$).

(iv) Ricostruisci il legame tra le matrici B, C, D e le matrici dei cambi di base utilizzati in $\mathbb{R}^2$ e $\mathbb{R}^3$.

Esercizio 1.20. Data $B \in M_{m.n}(\mathbb{R})$, sia $\Phi: \mathbb{R}^m \times \mathbb{R}^n \to \mathbb{R}$ la forma bilineare $\Phi(\mathbf{x}, \mathbf{y}) = \mathbf{x}^T B \mathbf{y}$.

(i) Determina $\mathcal{A}(\Phi)$, dove $\mathcal{A}$ è l'applicazione definita nella Proposizione 1.2.3, considerando le basi canoniche $\mathcal{E}_1 = \{\mathbf{e}_i \mid i = 1, \dots, m\}$ e $\mathcal{E}_2 = \{\mathbf{E}_j \mid j = 1, \dots, n\}$ in $\mathbb{R}^m$ e in $\mathbb{R}^n$ rispettivamente.

(ii) Sia $\mathcal{B}_1$ una base di $\mathbb{R}^m$ e denota con $\mathbf{x} = C_1 \mathbf{x}'$ il cambio di coordinate. Dimostra che $D = C_1^T B$ è la matrice associata a Φ rispetto alle basi $\mathcal{B}_1$ ed $\mathcal{E}_2$ (cioè tale che $\Phi(\mathbf{x}, \mathbf{y}) = (\mathbf{x}')^T D \mathbf{y}$).

(iii) Sia $\mathcal{B}_2$ una base di $\mathbb{R}^n$ e denota con $\mathbf{y} = C_2 \mathbf{y}'$ il cambio di coordinate. Dimostra che $M = D C_2$ è la matrice associata a Φ rispetto alle basi $\mathcal{B}_1$ e $\mathcal{B}_2$.

(iv) Dimostra che $M = C_1^T B C_2$ è la relazione che lega le matrici B, M e le matrici dei cambi di base utilizzati in $\mathbb{R}^m$ e $\mathbb{R}^n$.

Esercizio 1.21. Sia $\Phi: \mathbb{R}^2 \times \mathbb{R}^3 \to \mathbb{R}$ la forma bilineare

$$\Phi(\mathbf{x}, \mathbf{y}) = 2x_1 y_1 + 3x_1 y_2 + 4x_2 y_1 + 3x_2 y_2 + x_2 y_3 ,$$

ove $\mathbf{x} = (x_1, x_2)^T \in \mathbb{R}^2$ e $\mathbf{y} = (y_1, y_2, y_3)^T \in \mathbb{R}^3$.

(i) Determina $\mathcal{A}(\Phi)$, dove $\mathcal{A}$ è l'applicazione definita nella Proposizione 1.2.3, considerando le basi canoniche $\mathcal{E}_1 = \{\mathbf{e}_1, \mathbf{e}_2\}$ e $\mathcal{E}_2 = \{\mathbf{E}_1, \mathbf{E}_2, \mathbf{E}_3\}$ in $\mathbb{R}^2$ e in $\mathbb{R}^3$ rispettivamente.

(ii) Determina la matrice D associata a Φ rispetto alle basi $\mathcal{E}_1$ ed $\mathcal{E}_2$ (cioè tale che $\Phi(\mathbf{x}, \mathbf{y}) = \mathbf{x}^T D \mathbf{y}$).

Esercizio 1.22. Sia $\Phi: M_{2,3}(\mathbb{R}) \times M_{3,2}(\mathbb{R}) \to M_{2,2}(\mathbb{R})$ definita dal prodotto righe per colonne $\Phi(D, M) = DM$ per ogni $D \in M_{2,3}(\mathbb{R})$ e $M \in M_{3,2}(\mathbb{R})$.

(i) Mostra che Φ è bilineare.

(ii) Determina $\mathcal{A}(\Phi)$, dove $\mathcal{A}$ è l'applicazione definita nella Proposizione 1.2.3, considerando le basi standard $\{\mathbf{e}_{ij}\}_{i=1,2,j=1,2,3}$, $\{\mathbf{E}_{hk}\}_{h=1,2,3,k=1,2}$, $\{\mathbf{e}'_{st}\}_{s=1,2,t=1,2}$ di $M_{2,3}(\mathbb{R})$, $M_{3,2}(\mathbb{R})$ e $M_{2,2}(\mathbb{R})$ rispettivamente, ordinate rispetto all'ordine lessicografico.

Esercizio 1.23. (i) Sia $\Phi: M_{3,3}(\mathbb{R}) \times M_{3,4}(\mathbb{R}) \times M_{4,2}(\mathbb{R}) \to M_{3,2}(\mathbb{R})$ definita dal prodotto righe per colonne $\Phi(B, C, D) = BCD$, per ogni $B \in M_{3,3}(\mathbb{R})$, $C \in M_{3,4}(\mathbb{R})$ e $D \in M_{4,2}(\mathbb{R})$. Dimostra che Φ è 3-lineare.

(ii) Dimostra che l'applicazione $\Psi: M_{n,n}(\mathbb{K}) \times \cdots \times M_{n,n}(\mathbb{K}) \to M_{n,n}(\mathbb{K})$ data dal prodotto righe per colonne $\Psi(C_1, C_2, \dots, C_r) = C_1 \cdot C_2 \cdots C_r$ è multilineare.

Esercizio 1.24. Dimostra la multilinearità di $\Phi: \mathbb{R}^4 \times \mathbb{R}^5 \times \mathbb{R}^2 \to \mathbb{R}^3$ definita da

$$\Phi(\mathbf{x}, \mathbf{y}, \mathbf{z}) = (x_1 y_3 z_2 + x_3 y_1 z_2, x_2 y_5 z_1 - 3x_2 y_4 z_2, 7x_2 y_2 z_2 + x_4 y_3 z_1)$$

per ogni $\mathbf{x} = (x_1, x_2, x_3, x_4)^T \in \mathbb{R}^4$, $\mathbf{y} = (y_1, y_2, y_3, y_4, y_5)^T \in \mathbb{R}^5$ e $\mathbf{z} = (z_1, z_2)^T \in \mathbb{R}^2$.

Esercizio 1.25. Dati n vettori $\mathbf{x}_1, \dots, \mathbf{x}_n \in \mathbb{R}^n$, denota con $(\mathbf{x}_1 \mathbf{x}_2 \cdots \mathbf{x}_n)$ la matrice con colonne i vettori $\mathbf{x}_1, \dots, \mathbf{x}_n$.

(i)   Dimostra che l'applicazione $\Phi \colon \mathbb{R}^n \times \cdots \times \mathbb{R}^n \to \mathbb{R}$ definita da

$$\Phi(\mathbf{x}_1, \mathbf{x}_2, \dots, \mathbf{x}_n) = \det(\mathbf{x}_1 \mathbf{x}_2 \cdots \mathbf{x}_n)$$

è multilineare.

(ii) Sia $\Psi \colon \mathbb{R}^n \times \dots \times \mathbb{R}^n \to \mathbb{R}$ definita da

$$\Psi(\mathbf{x}_1, \mathbf{x}_2, \dots, \mathbf{x}_n) = \mathrm{tr}(\mathbf{x}_1 \mathbf{x}_2 \cdots \mathbf{x}_n) \,,$$

dove tr è la traccia della matrice (la somma degli elementi sulla diagonale principale). Verifica se Ψ è n-lineare, e se Ψ è lineare.

Esercizio 1.26 *(Utile per l'Esercizio 1.41).* Siano V_1, V_2, V_3 e W spazi vettoriali di dimensione finita sul campo $\mathbb{K}$.

(i)   Dimostra che $\mathrm{Mult}(V_1, V_2; W)$ e $\mathrm{Hom}\big(V_1, \mathrm{Hom}(V_2, W)\big)$ sono spazi vettoriali canonicamente isomorfi. In particolare,

$$\mathrm{Mult}(V_1, V_2) \cong \mathrm{Hom}\big(V_1, V_2^*\big) \,.$$

[*Suggerimento:* per ogni $\Phi \in \mathrm{Mult}(V_1, V_2; W)$ sia $\hat{\Phi} \in \mathrm{Hom}\,(V_1, \mathrm{Hom}(V_2, W))$ definita da

$$\hat{\Phi}(v_1)(v_2) = \Phi(v_1, v_2) \in W$$

al variare di $v_1 \in V_1$ e $v_2 \in V_2$].

(ii) Dimostra che gli spazi $\mathrm{Mult}(V_1, V_2, V_3; W)$, $\mathrm{Mult}\big(V_1, V_2; \mathrm{Hom}(V_3, W)\big)$ e $\mathrm{Hom}\big(V_1, \mathrm{Mult}(V_2, V_3; W)\big)$ sono canonicamente isomorfi. In particolare,

$$\mathrm{Mult}(V_1, V_2, V_3) \cong \mathrm{Hom}\big(V_1, \mathrm{Mult}(V_2, V_3)\big) \cong \mathrm{Mult}\big(V_1, V_2; V_3^*\big).$$

[*Suggerimento:* data $\Phi \in \mathrm{Mult}(V_1, V_2, V_3; W)$, considera le applicazioni lineari $\hat{\Phi} \in \mathrm{Hom}\big(V_1, \mathrm{Mult}(V_2, V_3; W)\big)$ e $\tilde{\Phi} \in \mathrm{Mult}\big(V_1, V_2; \mathrm{Hom}(V_3, W)\big)$ definite da

$$\hat{\Phi}(v_1)(v_2, v_3) = \tilde{\Phi}(v_1, v_2)(v_3) = \Phi(v_1, v_2, v_3) \in W$$

per ogni $v_1 \in V_1$, $v_2 \in V_2$ e $v_3 \in V_3$.]

(iii) Che relazione c'è fra l'isomorfismo del punto (i) e l'isomorfismo della Proposizione 1.2.26.(ii)?

Esercizio 1.27 *(Utile per l'Esercizio 1.41).* Siano $V_1, \dots, V_p$ e W spazi vettoriali di dimensione finita. Dimostra che gli spazi vettoriali $\mathrm{Mult}(V_1, \dots, V_p; W)$, $\mathrm{Hom}\big(V_1, \mathrm{Mult}(V_2, \dots, V_p; W)\big)$ e $\mathrm{Mult}\big(V_1, \dots, V_{p-1}; \mathrm{Hom}(V_p, W)\big)$ sono canonicamente isomorfi. In particolare,

$$\mathrm{Mult}(V_1, \dots, V_p) \cong \mathrm{Hom}\big(V_1, \mathrm{Mult}(V_2, \dots, V_p)\big) \cong \mathrm{Mult}\big(V_1, \dots, V_{p-1}; V_p^*\big) \,.$$

[*Suggerimento:* data $\Phi \in \mathrm{Mult}(V_1, \ldots, V_p; W)$, considera le applicazioni lineari $\hat{\Phi} \in \mathrm{Hom}\Big(V_1, \mathrm{Mult}(V_2, \ldots, V_p; W)\Big)$ e $\tilde{\Phi} \in \mathrm{Mult}\Big(V_1, \ldots, V_{p-1}; \mathrm{Hom}(V_p, W)\Big)$ definite da

$$\hat{\Phi}(v_1)(v_2, \ldots, v_p) = \tilde{\Phi}(v_1, \ldots, v_{p-1})(v_p) = \Phi(v_1, \ldots, v_p) \in W$$

per ogni $v_1 \in V_1, \ldots, v_p \in V_p$.]

POLINOMI E APPLICAZIONI MULTILINEARI

Definizione 1.E.3. Un *polinomio omogeneo* di *grado* $d \in \mathbb{N}$ fra due spazi vettoriali V e W è un'applicazione $P: V \to W$ della forma

$$P(v) = \Phi(v, \ldots, v) \,,$$

dove $\Phi: V^d \to W$ è un'applicazione d-lineare. In particolare, i polinomi omogenei di grado 0 sono le costanti, e i polinomi omogenei di grado 1 sono le applicazioni lineari.

Un *polinomio* di *grado* $d \in \mathbb{N}$ fra V e W è un'applicazione $Q: V \to W$ della forma $Q = P_d + \cdots + P_0$, dove $P_j: V \to W$ è un polinomio omogeneo di grado j, per $j = 0, \ldots, d$.

Esercizio 1.28. Dati due spazi vettoriali V e W, e $d \in \mathbb{N}$, dimostra che l'insieme dei polinomi omogenei di grado d e l'insieme dei polinomi di grado al massimo d sono dei sottospazi vettoriali dello spazio di tutte le applicazioni da V in W.

Esercizio 1.29 (Citato nell'Esercizio 1.33). Sia $P: V \to W$ un polinomio omogeneo di grado d fra due spazi vettoriali V e W. Dimostra che esiste un'applicazione d-lineare *simmetrica* $\tilde{P}: V^d \to W$ tale che $P(v) = \tilde{P}(v, \ldots, v)$ per ogni $v \in V$. [*Nota:* L'Esercizio 1.34.(ii) mostrerà che $\tilde{P}$ è unica.]

Esercizio 1.30. Se $\mathbb{K}$ è un campo e $d \in \mathbb{N}$, dimostra che i polinomi omogenei di grado d da $\mathbb{K}^n$ a $\mathbb{K}$ sono tutti e soli i polinomi $P \in \mathbb{K}[x_1, \ldots, x_n]$ in n indeterminate di grado d composti esclusivamente da monomi di grado esattamente d.

Esercizio 1.31. Siano $P_1: V \to W_1$ e $P_2: V \to W_2$ due polinomi omogenei, di grado rispettivamente d_1 e d_2, e $\Theta: W_1 \times W_2 \to U$ un'applicazione bilineare. Dimostra che l'applicazione $Q: V \to U$ data da $Q(v) = \Theta\big(P_1(v), P_2(v)\big)$ è un polinomio omogeneo di grado $d_1 + d_2$.

Definizione 1.E.4. Siano V e W due spazi vettoriali, e $v_0 \in V$. L'*operatore differenza* rispetto a v_0 è l'operatore Δ_{v_0} che associa a ogni applicazione $\phi: V \to W$ l'applicazione $\Delta_{v_0}\phi: V \to W$ data da $\Delta_{v_0}\phi(v) = \phi(v + v_0) - \phi(v)$.

Esercizio 1.32. Sia $\phi: V \to W$ un'applicazione qualsiasi fra due spazi vettoriali. Dimostra che l'applicazione $(v_1, \ldots, v_d) \mapsto \Delta_{v_1} \cdots \Delta_{v_d}\phi$ è simmetrica rispetto a $v_1, \ldots, v_d$, nel senso che

$$\Delta_{v_{\sigma(d)}} \cdots \Delta_{v_{\sigma(1)}} \phi(v) = \Delta_{v_d} \cdots \Delta_{v_1} \phi(v)$$

per ogni $v \in V$ e ogni permutazione $\sigma \in \mathfrak{S}_d$. [*Suggerimento:* procedi per induzione su d.]

Esercizio 1.33 (Utile per l'Esercizio 1.34). Sia $P = P_0 + \cdots + P_d : V \to W$ un polinomio di grado minore o uguale a d. Dimostra che:

(i)   per ogni $v_0 \in V$ l'applicazione $\Delta_{v_0} P : V \to W$ è un polinomio di grado minore o uguale a $d - 1$;

(ii) per ogni $v_1, \ldots, v_d \in V$ l'applicazione $\Delta_{v_d} \cdots \Delta_{v_1} P$ è una costante e si ha

$$\Delta_{v_d} \cdots \Delta_{v_1} P = d! \, \tilde{P}_d(v_1, \ldots, v_d) \, ,$$

dove $\tilde{P}_d : V^d \to W$ è un'applicazione d-lineare simmetrica tale che si abbia $P_d(v) = \tilde{P}_d(v, \ldots, v)$ per ogni $v \in V$ (vedi l'Esercizio 1.29).

Esercizio 1.34 (Citato nell'Esercizio 1.29). Siano V e W due spazi vettoriali, e $d \in \mathbb{N}$.

(i)   Se $P_j, Q_j : V \to W$ sono polinomi omogenei di grado j, con $j = 0, \ldots, d$ tali che $P_d + \cdots + P_0 \equiv Q_d + \cdots + Q_0$ dimostra che $P_j \equiv Q_j$ per $j = 0, \ldots, d$.

(ii) Dimostra che per ogni polinomio omogeneo $P : V \to W$ di grado d esiste un'*unica* applicazione d-lineare simmetrica $\tilde{P} : V^d \to W$ tale che $P(v) = \tilde{P}(v, \ldots, v)$ per ogni $v \in V$.

[*Suggerimento:* usa l'Esercizio 1.33.]

PRODOTTO TENSORIALE

Esercizio 1.35 (Citato nell'Esempio 1.2.22). Dimostra che $V \otimes \mathbb{K}$ e $\mathbb{K} \otimes V$ sono canonicamente isomorfi a V per ogni spazio vettoriale V di dimensione finita sul campo $\mathbb{K}$.

Esercizio 1.36 (Usato nella Proposizione 1.2.24). Dimostra le parti (ii) e (iii) della Proposizione 1.2.24.

Esercizio 1.37. Siano V e U spazi vettoriali di dimensione finita su $\mathbb{K}$. Siano inoltre $\mathcal{B} = \{v_1, \ldots, v_n\}$ una base di V, $\mathcal{C} = \{u_1, \ldots, u_m\}$ una base di W, e $\mathcal{B}^* = \{v^1, \ldots, v^n\}$ e $\mathcal{C}^* = \{u^1, \ldots, u^m\}$ le basi duali.

(i)   Dati $a^{\nu\mu} \in \mathbb{K}$ per $\nu = 1, \ldots, n$ e $\mu = 1, \ldots, m$, sia $\Phi : V^* \times U^* \to \mathbb{K}$ la forma bilineare definita da $\Phi(v^\nu, u^\mu) = a^{\nu\mu}$. Determina le coordinate di Φ rispetto alla base di $V \otimes W$ associata alle basi di V e U.

(ii) Dimostra che ogni forma bilineare su $V^* \times U^*$ è della forma $\sum_\nu w_\nu \otimes z_\nu$ per opportuni $w_\nu \in V$ e $z_\nu \in U$ (e tale scrittura non è in generale unica). [*Suggerimento:* ogni elemento di $V \otimes U$ è della forma

$$\alpha = \sum_{\nu\mu} a_{\nu\mu} v_\nu \otimes u_\mu = \sum_\nu v_\nu \otimes \left(\sum_\mu a_{\nu\mu} u_\mu \right) . \quad]$$

Esercizio 1.38. Siano $V_1, \ldots, V_p$ spazi vettoriali di dimensione finita su un campo $\mathbb{K}$. Mostrare che, comunque presi vettori non nulli $v_j \in V_j$, il prodotto tensore $v_1 \otimes \cdots \otimes v_p \in V_1 \otimes \cdots \otimes V_p$ è non nullo. [*Suggerimento:* fissata una base di $V_1 \otimes \cdots \otimes V_p$ associata a basi degli spazi V_j, mostra che le coordinate del vettore $v_1 \otimes \cdots \otimes v_p$ possono annullarsi identicamente solo se (almeno) uno vettori v_j è nullo.]

Esercizio 1.39 (Citato nell'Esercizio 1.40). Dato un insieme S, indichiamo con $\mathbb{K}\langle S \rangle$ l'insieme

$$\mathbb{K}\langle S \rangle = \{ f \colon S \to \mathbb{K} \mid f(s) \neq 0 \text{ solo per un numero finito di elementi } s \in S \} \, .$$

(i)   Dimostra che $\mathbb{K}\langle S \rangle$ è uno spazio vettoriale su $\mathbb{K}$, detto *spazio vettoriale libero generato* da S.

(ii) Identificando ogni $s \in S$ con la funzione in $\mathbb{K}\langle S \rangle$ che vale 1 in s e 0 altrove, dimostra che S è una base di $\mathbb{K}\langle S \rangle$, e quindi che ogni elemento $v \in \mathbb{K}\langle S \rangle$ si scrive in modo unico come combinazione lineare formale finita di elementi di S a coefficienti in $\mathbb{K}$, cioè nella forma

$$v = \sum_{j=1}^{k} \lambda^j s_j$$

per opportuni $k \in \mathbb{N}$, $\lambda^1, \ldots, \lambda^k \in \mathbb{K}$ e $s_1, \ldots, s_k \in S$.

(iii) Dimostra che per ogni funzione $\alpha \colon S \to V$ a valori in uno spazio vettoriale V qualsiasi esiste un'unica applicazione lineare $A \in \mathrm{Hom}(\mathbb{K}\langle S \rangle, V)$ tale che $A|_S = \alpha$ (*proprietà universale dello spazio vettoriale libero*).

(iv) Dimostra che se (W, ι) è una coppia composta da uno spazio vettoriale W e un'applicazione iniettiva $\iota \colon S \to W$ tale che per ogni funzione $\alpha \colon S \to V$ a valori in uno spazio vettoriale V qualsiasi esiste un'unica applicazione lineare $\tilde{A} \in \mathrm{Hom}(W, V)$ tale che $\tilde{A} \circ \iota = \alpha$ allora esiste un isomorfismo $T \colon \mathbb{K}\langle S \rangle \to W$ tale che $T|_S = \iota$.

Esercizio 1.40 (Citato nella Sezione 1.2). Siano $V_1, \ldots, V_p$ spazi vettoriali sul campo $\mathbb{K}$, e indichiamo con $\mathbb{K}\langle V_1 \times \cdots \times V_p \rangle$ lo spazio vettoriale libero generato da $V_1 \times \cdots \times V_p$ (vedi l'Esercizio 1.39). Sia $\mathcal{R}$ il sottospazio di $\mathbb{K}\langle V_1 \times \cdots \times V_p \rangle$ generato dagli elementi della forma

$$\lambda(v_1, \ldots, v_p) - (v_1, \ldots, \lambda v_j, \ldots, v_p) \, ,$$
$$(v_1, \ldots, v_j', \ldots, v_p) + (v_1, \ldots, v_j'', \ldots, v_p) - (v_1, \ldots, v_j' + v_j'', \ldots, v_p) \, ,$$

e sia $T = \mathbb{R}\langle V_1 \times \cdots \times V_p \rangle / \mathcal{R}$ lo spazio quoziente. Infine, sia $\pi \colon V_1 \times \cdots \times V_p \to T$ l'applicazione che associa a ciascun elemento di $V_1 \times \cdots \times V_p$ la sua classe d'equivalenza in T. Dimostra che (T, π) soddisfa la proprietà universale del prodotto tensoriale, e deduci che (T, π) è il prodotto tensoriale di $V_1, \ldots, V_p$.

Esercizio 1.41. (i) Siano V_1, V_2 e W spazi vettoriali di dimensione finita sul campo $\mathbb{K}$. Dimostra esiste un isomorfismo canonico fra gli spazi vettoriali $\mathrm{Hom}(V_1 \otimes V_2; W)$ e $\mathrm{Hom}\big(V_1, \mathrm{Hom}(V_2, W)\big)$. In particolare, $(V_1 \otimes V_2)^*$ e $\mathrm{Hom}(V_1, V_2^*)$ sono canonicamente isomorfi.

(ii) Siano V_1, V_2, V_3 e W spazi vettoriali di dimensione finita sul campo $\mathbb{K}$. Determina isomorfismi canonici tra gli spazi $\mathrm{Hom}(V_1 \otimes V_2 \otimes V_3; W)$, $\mathrm{Hom}\big(V_1, \mathrm{Hom}(V_2 \otimes V_3; W)\big)$ e $\mathrm{Hom}\big(V_1 \otimes V_2; \mathrm{Hom}(V_3, W)\big)$. In particolare, $(V_1 \otimes V_2 \otimes V_3)^*$, $\mathrm{Hom}\big(V_1, (V_2 \otimes V_3)^*\big)$ e $\mathrm{Hom}\big(V_1 \otimes V_2; V_3^*\big)$ sono canonicamente isomorfi.

(iii) Siano $V_1, \ldots, V_p$ e W spazi vettoriali di dimensione finita sul campo $\mathbb{K}$. Determina un isomorfismo canonico tra gli spazi $\mathrm{Hom}(V_1 \otimes \ldots \otimes V_p; W)$, $\mathrm{Hom}\big(V_1, \mathrm{Hom}(V_2 \otimes \cdots \otimes V_p; W)\big)$ e $\mathrm{Hom}\big(V_1 \otimes \ldots \otimes V_{p-1}; \mathrm{Hom}(V_p, W)\big)$. In particolare, sono isomorfi $(V_1 \otimes \ldots \otimes V_p)^*$, $\mathrm{Hom}\big(V_1, (V_2 \otimes \ldots \otimes V_p)^*\big)$ e $\mathrm{Hom}\big(V_1 \otimes \ldots \otimes V_{p-1}; V_p^*\big)$.

[*Suggerimento:* vedi gli Esercizi 1.26 e 1.27.]

Esercizio 1.42 (Citato nell'Osservazione 1.2.20).

(i) Dimostra che ogni matrice in $M_{m,n}(\mathbb{K})$ di rango 1 è della forma $u \otimes v$ per opportuni $u \in \mathbb{K}^m$ e $v \in \mathbb{K}^n$.

(ii) Dimostra che ogni matrice in $M_{m,n}(\mathbb{K})$ di rango $d \geq 1$ è somma di d matrici di rango 1.

Definizione 1.E.5. Sia W uno spazio vettoriale sul campo $\mathbb{K}$. Lo *spazio proiettivo* di W è il quoziente $\mathbb{P}(W)$ di $W \setminus \{O\}$ rispetto alla relazione di equivalenza $w_1 \sim w_2$ se e solo se esiste $\lambda \in \mathbb{K} \setminus \{0\}$ con $w_1 = \lambda w_2$. Indicheremo con $\pi_W : W \setminus \{O\} \to \mathbb{P}(W)$ la proiezione canonica.

Esercizio 1.43 (Citato nell'Osservazione 1.2.20). Siano V e U spazi vettoriali di dimensione finita su $\mathbb{K}$. Siano fissate basi $\mathcal{B} = \{v_1, \ldots, v_n\}$ e $\mathcal{C} = \{u_1, \ldots, u_m\}$ di V e U rispettivamente. Ogni tensore $\alpha = \sum_{hk} a_{hk}\, v_h \otimes u_k$ in $V \otimes U$ individua una matrice $M(\alpha) = (a_{hk}) \in M_{n,m}(\mathbb{K})$.

(i) Dimostra che α è decomponibile se e solo se $M(\alpha)$ ha rango 1.

(ii) Dimostra che se n, $m \geq 2$ allora l'insieme $\mathcal{D}ec(V, U)$ dei tensori decomponibili di $V \otimes U$ è un sottoinsieme proprio di $V \otimes U$ che non è un sottospazio vettoriale.

(iii) Dimostra che l'applicazione $\sigma : \mathbb{P}(V) \times \mathbb{P}(U) \to \mathbb{P}(V \otimes U)$ data da

$$\sigma\big(\pi_V(v), \pi_U(u)\big) = \pi_{V \otimes U}(v \otimes u)$$

è ben definita e iniettiva. Mostra inoltre che l'immagine di σ è il sottoinsieme $\pi_{V \otimes U}(\mathcal{D}ec(V, U) \setminus \{O\})$, che prende il nome di *varietà di Segre* e può quindi essere identificato con $\mathbb{P}(V) \times \mathbb{P}(U)$.

(iv) Dimostra che se $V = U = \mathbb{K}^2$ la varietà di Segre è il sottoinsieme di $\mathbb{P}(\mathbb{K}^2 \otimes \mathbb{K}^2)$ formato dai punti $[\alpha]$ tali che $\det M(\alpha) = 0$, dove $M(\alpha)$ è costruita a partire dalla base canonica di $\mathbb{K}^2$.

Definizione 1.E.6. Se $A \in M_{m,n}(\mathbb{K})$ e $B \in M_{h,k}(\mathbb{K})$ sono due matrici, diremo *prodotto di Kronecker* di A e B la matrice

$$A \otimes B = \begin{pmatrix} a_{11}B & \cdots & a_{1n}B \\ \vdots & \ddots & \vdots \\ a_{m1}B & \cdots & a_{mn}B \end{pmatrix} \in M_{mh,nk}(\mathbb{K}) .$$

Per esempio,

$$\begin{pmatrix} a_{11} & a_{12} \\ a_{21} & a_{22} \end{pmatrix} \otimes \begin{pmatrix} b_{11} & b_{12} \\ b_{21} & b_{22} \end{pmatrix} = \begin{pmatrix} a_{11}b_{11} & a_{11}b_{12} & a_{12}b_{11} & a_{12}b_{12} \\ a_{11}b_{21} & a_{11}b_{22} & a_{12}b_{21} & a_{12}b_{22} \\ a_{21}b_{11} & a_{21}b_{12} & a_{22}b_{11} & a_{22}b_{12} \\ a_{21}b_{21} & a_{21}b_{22} & a_{22}b_{21} & a_{22}b_{22} \end{pmatrix} \in M_{4,4}(\mathbb{K}) .$$

Esercizio 1.44. Siano V_1, V_2, W_1, W_2 spazi vettoriali di dimensione finita sul campo $\mathbb{K}$.

(i) Dimostra che $\mathrm{Hom}(V_1, W_1) \otimes \mathrm{Hom}(V_2, W_2)$ è canonicamente isomorfo a $\mathrm{Hom}(V_1 \otimes V_2, W_1 \otimes W_2)$. [*Suggerimento:* Considera l'applicazione bilineare

$$\Phi \colon \mathrm{Hom}(V_1, W_1) \times \mathrm{Hom}(V_2, W_2) \to \mathrm{Hom}(V_1 \otimes V_2, W_1 \otimes W_2),$$

data da $\Phi(f, g) = f \otimes g$. L'isomorfismo cercato è l'applicazione lineare associata all'applicazione bilineare Φ. Alternativamente, usando la Proposizione 1.2.26(iii) o l'Esercizio 1.41, si ha che $\mathrm{Hom}(V_1, W_1) \cong V_1^* \otimes W_1$ e $\mathrm{Hom}(V_2, W_2) \cong V_2^* \otimes W_2$. Dunque

$$\mathrm{Hom}(V_1, W_1) \otimes \mathrm{Hom}(V_2, W_2) \cong (V_1^* \otimes W_1) \otimes (V_2^* \otimes W_2) \cong (V_1^* \otimes V_2^*) \otimes (W_1 \otimes W_2) ,$$

che è canonicamente isomorfo a $\mathrm{Hom}(V_1 \otimes V_2, W_1 \otimes W_2)$ grazie all'isomorfismo canonico $V_1^* \otimes V_2^* \cong (V_1 \otimes V_2)^*$.]

(ii) Date $f \in \mathrm{Hom}(V_1, W_1)$ e $g \in \mathrm{Hom}(V_2, W_2)$ esprimi usando il prodotto di Kronecker di matrici la relazione fra le matrici che rappresentano f e g rispetto a fissate basi di V_1, V_2, W_1, W_2 e la matrice che rappresenta $f \otimes g$ rispetto alle corrispondenti basi nei prodotti tensoriali.

Esercizio 1.45. (i)   Siano $V_1, \ldots, V_p, V_1', \ldots, V_p'$ spazi vettoriali di dimensione finita sul campo $\mathbb{K}$. Per $j = 1, \ldots, p$, delle applicazioni lineari $L_j \colon V_j \to V_j'$ possono essere pensate come elementi di $\mathrm{Hom}(V_j, V_j') \cong V_j^* \otimes V_j'$, e quindi determinano un elemento $L_1 \otimes \cdots \otimes L_p$ in $(V_1^* \otimes V_1') \otimes \cdots \otimes (V_p^* \otimes V_p')$. Dimostra che nell'isomorfismo

$$(V_1^* \otimes V_1') \otimes \cdots \otimes (V_p^* \otimes V_p') \to (V_1 \otimes \cdots \otimes V_p)^* \otimes (V_1' \otimes \cdots \otimes V_p')$$

l'elemento $L_1 \otimes \cdots \otimes L_p$ corrisponde esattamente al prodotto tensoriale di applicazioni $L_1 \otimes \cdots \otimes L_p \colon V_1 \otimes \cdots \otimes V_p \to V_1' \otimes \cdots \otimes V_p'$ definito nella Proposizione 1.2.28.

(ii) Per $j = 1, \ldots, m$ siano $L_j \in \mathrm{Mult}(V_1^j, \ldots, V_{p_j}^j)$ forme multilineari. Mostra che l'applicazione $L_1 \otimes \cdots \otimes L_m \colon (V_1^1 \times \cdots \times V_{p_1}^1) \times \cdots \times (V_1^m \times \cdots \times V_{p_m}^m) \to \mathbb{K}$ definita da

$$(L_1 \otimes \cdots \otimes L_m)(v_1^1, \ldots, v_{p_1}^1, \ldots, v_1^m, \ldots, v_{p_m}^m)$$
$$= L_1(v_1^1, \ldots, v_{p_1}^1) \cdots L_m(v_1^m, \ldots, v_{p_m}^m)$$

è una forma $(\sum_{j=1}^m p_j)$-lineare.

Esercizio 1.46. Sia V uno spazio vettoriale di dimensione finita su un campo $\mathbb{K}$ e sia $\mathbb{K}'$ una estensione finita di $\mathbb{K}$, cioè un campo di cui $\mathbb{K}$ sia sottocampo e tale che $\mathbb{K}'$ risulti essere un $\mathbb{K}$-spazio vettoriale di dimensione finita. Dimostra che il prodotto tensoriale $V \otimes \mathbb{K}'$ ha una struttura di un $\mathbb{K}'$-spazio vettoriale definita ponendo $\lambda'(\sum v_j \otimes \lambda_j) = \sum v_j \otimes (\lambda \lambda_j)$ per ogni $v_j \in V$, e $\lambda, \lambda_j \in \mathbb{K}'$. Si noti l'analogia con l'Esempio 1.2.22 della complessificazione di uno spazio vettoriale reale.

Esercizio 1.47. Siano $V_1, \ldots, V_p$ spazi vettoriali di dimensione finita sul campo $\mathbb{K}$. Per $j = 1, \ldots, p$ scegliamo delle basi $\mathcal{B}_j$ e $\mathcal{B}_j'$ di V_j, e sia M_j la matrice di cambiamento di base da $\mathcal{B}_j$ a $\mathcal{B}_j'$. Infine, indichiamo con $\mathcal{B}_1 \otimes \cdots \otimes \mathcal{B}_p$ (rispettivamente, $\mathcal{B}_1' \otimes \cdots \otimes \mathcal{B}_p'$) la base di $V_1 \otimes \cdots \otimes V_p$ associata a $\mathcal{B}_1, \ldots, \mathcal{B}_p$ (rispettivamente, a $\mathcal{B}_1', \ldots, \mathcal{B}_p'$). Esprimi, usando il prodotto di Kronecker (Definizione 1.E.6), la matrice di cambiamento di base da $\mathcal{B}_1 \otimes \cdots \otimes \mathcal{B}_p$ a $\mathcal{B}_1' \otimes \cdots \otimes \mathcal{B}_p'$ in funzione di $M_1, \ldots, M_p$.

ALGEBRA TENSORIALE

Esercizio 1.48. Siano V e W due spazi vettoriali di dimensione finita. Dimostra che per ogni applicazione lineare $L \in \mathrm{Hom}(V, W)$ esistono un unico omomorfismo di algebre $T^\bullet(L) \colon T^\bullet(V) \to T^\bullet(W)$ e un unico omomorfismo di algebre $T_\bullet(L) \colon T_\bullet(W) \to T_\bullet(V)$ che conservano il tipo e tali che $T^\bullet(L)|_V = L$ e $T_\bullet(L)|_{W^*} = L^*$.

Esercizio 1.49 (Citato nella Definizione 1.3.3). Date due basi $\{v_1, \ldots, v_n\}$ e $\{w_1, \ldots, w_n\}$ di uno spazio vettoriale V di dimensione finita, siano $\{v^1, \ldots, v^n\}$ e $\{w^1, \ldots, w^n\}$ le corrispondenti basi duali di V^*. Se $w_j = \sum_{i=1}^n a_{ij} v_i$ per ogni $j = 1, \ldots, n$, allora $w^j = \sum_{i=1}^n b_{ij} v^i$ ove le matrici $A = (a_{ij})$ e $B = (b_{ij})$ sono legate dalla relazione $B = (A^T)^{-1}$.

(i) Se $\alpha = \sum_{h,k} \phi_k^h w_h \otimes w^k = \sum_{r,s} \psi_s^r v_r \otimes v^s \in T_1^1(V)$, dimostra che il cambio di coordinate è dato da

$$\psi_s^r = \sum_{h,k=1}^n \phi_k^h a_{rh} b_{sk} \, .$$

(ii) Se $\beta \in T_q^p(V)$ è espresso da

$$\beta = \sum \phi_{i_{p+1}\cdots i_{p+q}}^{i_1\cdots i_p} v_{i_1} \otimes \cdots \otimes v_{i_p} \otimes v^{i_{p+1}} \otimes \cdots \otimes v^{i_{p+q}}$$

$$= \sum \psi_{j_{p+1}\cdots j_{p+q}}^{j_1\cdots j_p} w_{j_1} \otimes \cdots \otimes w_{j_p} \otimes w^{j_{p+1}} \otimes \cdots \otimes w^{j_{p+q}}$$

trova la relazione fra i $\phi_{i_{p+1}\cdots i_{p+q}}^{i_1\cdots i_p}$ e i $\psi_{j_{p+1}\cdots j_{p+q}}^{j_1\cdots j_p}$.

Esercizio 1.50. Sia $\mathcal{E} = \{e_1, e_2, e_3\}$ la base canonica di $\mathbb{R}^3$, e $\{e^1, e^2, e^3\}$ la base duale; sia poi $\mathcal{B} = \{v_1 = (1, 0, 1), v_2 = (0, 1, 1), v_3 = (0, 1, -1)\}$ un'altra base di $\mathbb{R}^3$, e $\{v^1, v^2, v^3\}$ la corrispondente base duale.

(i) Determina le coordinate di $v_1 \otimes v^3$ rispetto alla base di $T_1^1(\mathbb{R}^3)$ associata a $\mathcal{E}$.

(ii) Determina le coordinate di $2\,v_1 \otimes v^1 + 4\,v_2 \otimes v^2 + 7\,v_1 \otimes v^3$ rispetto alla base di $T_1^1(\mathbb{R}^3)$ associata a $\mathcal{E}$.

Definizione 1.E.7. Sia V uno spazio vettoriale di dimensione finita su $\mathbb{K}$. Indichiamo con $F \colon V \times V^* \to V \otimes V^*$ l'applicazione bilineare $F(v, \varphi) = v \otimes \varphi$ definente il prodotto tensoriale, e con $\Phi_V \colon V \times V^* \to \mathbb{K}$ la dualità $\Phi_V(v, \varphi) = \varphi(v)$ introdotta nell'Esercizio 1.14. Per la proprietà universale del prodotto tensoriale, esiste una unica applicazione lineare $L \colon V \otimes V^* \to \mathbb{K}$ tale che il diagramma

$$\begin{array}{ccc} V \times V^* & \xrightarrow{\ \ F\ \ } & V \otimes V^* \\ {\scriptstyle \Phi_V} \downarrow & \swarrow {\scriptstyle L} & \\ \mathbb{K} & & \end{array} \qquad (1.16)$$

commuti. Indicato con $\psi_V \colon \mathrm{End}(V) \to V \otimes V^*$ l'isomorfismo canonico introdotto nella Proposizione 1.2.26.(ii), la composizione $L \circ \psi_V$ si chiama *traccia* e si denota con $\mathrm{tr} \colon \mathrm{End}(V) \to \mathbb{K}$.

Esercizio 1.51. Sia V uno spazio vettoriale di dimensione n su $\mathbb{K}$. Verifica che se $g \in \mathrm{End}(V)$ è un endomorfismo rappresentato dalla matrice $A = (a_{hk}) \in M_{n,n}(\mathbb{K})$ rispetto a una base $\mathcal{B}$ di V, allora

$$\mathrm{tr}(g) = \mathrm{tr}(A) = \sum_{h=1}^{n} a_{hh}\ .$$

[*Suggerimento:* fissata una base $\mathcal{B} = \{v_1, \ldots, v_n\}$ di V, sia $\mathcal{B}^* = \{v^1, \ldots, v^n\}$ la base duale di V^*; allora $\psi_V(g) = \sum_{h,k} a_{hk} v_h \otimes v^k$, per cui

$$\mathrm{tr}(g) = L(\psi_V(g)) = \sum_{h,k} a_{hk} L(v_h \otimes v^k) = \sum_{h,k} a_{hk} v^k(v_h) = \sum_h a_{hh}\ . \quad]$$

Esercizio 1.52. Sia V uno spazio vettoriale di dimensione finita sul campo $\mathbb{K}$. Dimostra che $\mathrm{tr}(g \circ f) = \mathrm{tr}(f \circ g)$ per ogni $f, g \in \mathrm{End}(V)$. [*Suggerimento:* fissata $f \in \mathrm{End}(V)$, le applicazioni $g \mapsto \mathrm{tr}(f \circ g)$ e $g \mapsto \mathrm{tr}(g \circ f)$ sono lineari; quindi basta mostrare che assumono lo stesso valore su ogni elemento di una base di $\mathrm{End}(V)$.]

Esercizio 1.53. Siano V e W due spazi vettoriali di dimensione finita su $\mathbb{K}$. Dimostra che $\text{tr}(g \circ f) = \text{tr}(f \circ g)$ per ogni $f \in \text{Hom}(V, W)$ e $g \in \text{Hom}(W, V)$.

Esercizio 1.54. Sia V uno spazio vettoriale di dimensione finita sul campo $\mathbb{K}$. Dimostra che $\text{tr}(f \otimes g) = \text{tr}(f)\text{tr}(g)$ per ogni f, $g \in \text{End}(V)$. [*Suggerimento:* basta dimostrare l'uguaglianza quando f e g sono scelte in una base di $\text{End}(V)$.]

TENSORI ALTERNANTI

Negli esercizi di questa sezione, il campo $\mathbb{K}$ ha sempre caratteristica 0 e gli spazi vettoriali considerati hanno sempre dimensione finita.

Esercizio 1.55. Dimostra che per ogni applicazione p-lineare $\varphi \colon V \times \cdots \times V \to W$ le seguenti affermazioni sono equivalenti:

(i) φ è alternante;
(ii) il valore di φ cambia di segno scambiando due argomenti, cioè

$$\varphi(v_1, \ldots, v_i, \ldots, v_j, \ldots, v_p) = -\varphi(v_1, \ldots, v_j, \ldots, v_i, \ldots, v_p)$$

per ogni $v_1, \ldots, v_p \in V$ e $1 \leq i < j \leq p$;
(iii) φ si annulla ogni volta che due argomenti sono uguali, cioè

$$\varphi(v_1, \ldots, v, \ldots, v, \ldots, v_p) = 0$$

per ogni $v_1, \ldots, v, \ldots, v_p \in V$;
(iv) $\varphi(v_1, \ldots, v_p) = 0$ non appena i vettori $v_1, \ldots, v_p \in V$ sono linearmente dipendenti;
(v)   se $\varphi_{i_1 \ldots i_p}$ sono le coordinate di φ rispetto alla base $\{v^{i_1} \otimes \cdots \otimes v^{i_p}\}$ di $T_p(V)$, dove $\{v^1, \ldots, v^n\}$ è una base di V^*, allora $\varphi_{i_{\sigma(1)} \ldots i_{\sigma(p)}} = \text{sgn}(\sigma)\, \varphi_{i_1 \ldots i_p}$ per ogni $\sigma \in \mathfrak{S}_p$.

Esercizio 1.56 (Citato nell'Esercizio 1.57). Sia $\{v_1, \ldots, v_n\}$ una base di uno spazio vettoriale V, e sia $1 \leq p \leq n$. Per ogni multi-indice $I = (i_1, \ldots, i_p)$ con $1 \leq i_1 < \cdots < i_p \leq n$ definiamo $v_{\wedge I} \in \bigwedge^p V$ ponendo

$$v_{\wedge I}(\varphi^1, \ldots, \varphi^p) = \det\big(\varphi^h(v_{i_k})\big)$$

per ogni $\varphi^1, \ldots, \varphi^p \in V^*$. Dimostra che la famiglia delle applicazioni p-lineari alternanti $v_{\wedge I}$ al variare di I è una base di $\bigwedge^p V$.

Esercizio 1.57. Sia $\{v_1, \ldots, v_n\}$ una base dello spazio vettoriale V. Per ogni multi-indice $I = (i_1, \ldots, i_p)$ con $1 \leq i_1 < \cdots < i_p \leq n$ dimostra che $v_{\wedge I} = v_{i_1} \wedge \cdots \wedge v_{i_p}$, dove $v_{\wedge I} \in \bigwedge^p V$ è definito nell'Esercizio 1.56.

Esercizio 1.58. Sia $\Phi \colon V^p \to \mathbb{K}$ una forma p-lineare alternante su uno spazio vettoriale V. Dimostra che le applicazioni $\Psi \colon V^{p+1} \to V$ e $\Theta \colon V^{p+1} \to \mathbb{K}$ definite da

$$\Psi(v_1,\ldots,v_{p+1}) = \sum_{j=1}^{p+1}(-1)^j\Phi(v_1,\ldots,\widehat{v_j},\ldots,v_{p+1})v_j$$

e

$$\Theta(v_1,\ldots,v_{p+1}) = \sum_{j=1}^{p+1}(-1)^j\Phi(v_1,\ldots,\hat{v}_j,\ldots,v_{p+1})\,,$$

dove l'accento circonflesso indica che il corrispondente elemento non è presente, sono $(p+1)$-lineari alternanti.

Esercizio 1.59 (Citato nella Sezione 1.4). Sia V uno spazio vettoriale. Dimostra che gli spazi $\bigwedge^p V$ e $\bigwedge_p V$ sono spazi tensoriali.

Esercizio 1.60. Dimostra che

$$v_1 \otimes v_2 - v_2 \otimes v_1 \in \bigwedge^2 V$$

per ogni coppia v_1, $v_2 \in V$ di elementi di uno spazio vettoriale V.

Esercizio 1.61. Sia V uno spazio vettoriale su $\mathbb{K}$.

(i)   Dimostra che, se $\sigma \in \mathfrak{S}_p$ è una permutazione di segno $\mathrm{sgn}(\sigma)$ allora $v_{\sigma(1)} \wedge \ldots \wedge v_{\sigma(p)} = \mathrm{sgn}(\sigma)v_1 \wedge \ldots \wedge v_p$ per ogni $v_1,\ldots,v_p \in V$.

(ii) Dimostra che

$$(\lambda_1\alpha_1 + \lambda_2\alpha_2) \wedge (\nu_1\beta_1 + \nu_2\beta_2) = \sum_{h,k=1}^{2} \lambda_h\nu_k\,\alpha_h \wedge \beta_k$$

per ogni scelta di λ_h, $\nu_k \in \mathbb{K}$ e di α_h, $\beta_k \in \bigwedge V$.

Esercizio 1.62. Sia $\{e_1, e_2, e_3\}$ la base canonica di $\mathbb{R}^3$. Verifica che

$$(3\,e_1 + 5\,e_2 + 7\,e_3) \wedge (e_1 + 4\,e_2 - e_3) = 7\,e_1 \wedge e_2 - 10\,e_1 \wedge e_3 - 33\,e_2 \wedge e_3\,.$$

Esercizio 1.63. Sia $\{e_1, e_2\}$ la base canonica di $\mathbb{R}^2$, ed $\{e^1, e^2\}$ la base duale. Verifica che $e_1 \wedge e_2(ae^1 + ce^2, be^1 + de^2) = ad - bc$ per ogni a, b, c, $d \in \mathbb{R}$.

Esercizio 1.64. Sia V uno spazio vettoriale. Dimostra che il prodotto esterno è l'unica applicazione da $\bigwedge V \times \bigwedge V$ in $\bigwedge V$ che sia associativa, bilineare, anticommutativa e soddisfi (1.13).

Esercizio 1.65. Dimostra che se $\dim V \geq 2$ allora esistono tensori in $T_0^2(V)$ che non sono né simmetrici né alternanti.

Esercizio 1.66. Sia V uno spazio vettoriale, e $v_1,\ldots,v_p \in V$ vettori fissati. Dimostra che esiste una forma p-lineare alternante Φ tale che $\Phi(v_1,\ldots,v_r) \neq 0$ se e solo se $v_1 \wedge \ldots \wedge v_p \neq 0$.

Esercizio 1.67. Sia V uno spazio vettoriale di dimensione n, e $\omega \in \bigwedge^n V$. Dimostra che

$$\omega\big(T(\phi^1), \ldots, T(\phi^n)\big) = (\det T)\, \omega(\phi^1, \ldots, \phi^n)$$

per ogni $T \in \operatorname{Hom}(V^*, V^*)$ e $\phi^1, \ldots, \phi^n \in V^*$.

Esercizio 1.68. Dimostra che $T^2(V) = S^2(V) \oplus \bigwedge^2 V$ per ogni spazio vettoriale V, ma che

$$e_1 \otimes e_2 \otimes e_3 \notin S^3(\mathbb{R}^3) \oplus \bigwedge^3 \mathbb{R}^3 \,,$$

dove $\{e_1, e_2, e_3\}$ è la base canonica di $\mathbb{R}^3$.

Esercizio 1.69. Sia $\{e_1, e_2, e_3\}$ la base canonica di $\mathbb{R}^3$. Dimostra che per ogni $u, v \in \mathbb{R}^3 = \bigwedge^1 \mathbb{R}^3$ le coordinate di $u \wedge v \in \bigwedge^2 \mathbb{R}^3$ rispetto alla base $\{e_2 \wedge e_3, e_3 \wedge e_1, e_1 \wedge e_2\}$ coincidono esattamente con le coordinate del classico prodotto vettore di u e v rispetto alla base canonica.

Esercizio 1.70. Sia V uno spazio vettoriale, e sia $\mathcal{B} = \{v_1, \ldots, v_n\}$ una base di V. Dimostra che una base di $\bigwedge^{n-1} V$ è data da

$$\{v_1 \wedge \ldots \wedge \widehat{v_j} \wedge \ldots \wedge v_n \mid j = 1, \ldots n\} \,,$$

dove l'accento circonflesso indica che il corrispondente elemento non è presente nel prodotto.

Esercizio 1.71 (Utile per l'Esempio 4.2.14). Sia $\mathcal{B} = \{v_1, \ldots, v_n\}$ una base di uno spazio vettoriale V, e $\{v^1, \ldots, v^n\}$ la base duale. Dati n vettori $w_1, \ldots, w_n \in V$, sia $A \in M_{n,n}(\mathbb{K})$ la matrice la cui h-esima colonna contiene le coordinate di w_h rispetto alla base $\mathcal{B}$. Indichiamo poi con A^i_j la sottomatrice di A ottenuta cancellando la j-esima riga e la i-esima colonna di A. Dimostra che

$$\det(A^i_j) = v^1 \wedge \cdots \wedge \widehat{v^j} \wedge \cdots \wedge v^n(w_1, \ldots, \widehat{w_i}, \ldots, w_n) \,,$$

dove l'accento circonflesso indica che il corrispondente elemento non è presente nell'elenco.

Esercizio 1.72 (Utile per l'Esercizio 1.84). Sia V uno spazio vettoriale di dimensione finita, e considera l'applicazione p-lineare alternante $F \colon V^p \to \bigwedge^p V$ data da

$$F(v_1, \ldots, v_p) = v_1 \wedge \cdots \wedge v_p \,.$$

Dimostra che la coppia $(\bigwedge^p V, F)$ è l'unica coppia (a meno di isomorfismi) che soddisfa la *proprietà universale dell'algebra esterna*: per ogni applicazione p-lineare alternante $A \colon V^p \to W$ a valori in uno spazio vettoriale W esiste un'unica applicazione lineare $\tilde{A} \colon \bigwedge^p V \to W$ tale che $A = \tilde{A} \circ F$.

Esercizio 1.73. Date una $\mathbb{K}$-algebra A e uno spazio vettoriale V su $\mathbb{K}$, sia $L \colon V \to A$ una applicazione $\mathbb{K}$-lineare tale che $\big(L(v)\big)^2 = 0$ per ogni $v \in V$.

(i) Dimostra che ponendo $v_1 \wedge \cdots \wedge v_p \mapsto L(v_1) \cdots L(v_p)$ ed estendendo per $\mathbb{K}$-linearità si definisce un'applicazione $\bigwedge^p L \colon \bigwedge^p V \to A$.

(ii) Dimostra che esiste un unico morfismo di algebre $\bigwedge L \colon \bigwedge V \to A$ tale che $\bigwedge L(v) = L(v)$ per ogni $v \in V$, cioè tale che il diagramma

commuti.

Esercizio 1.74. Sia L un endomorfismo di uno spazio vettoriale V di dimensione finita su $\mathbb{K}$. Mostra che esiste un unico endomorfismo $\tilde{L} \in \mathrm{End}(V)$ tale che

$$\tilde{L}(v_1) \wedge v_2 \wedge \cdots \wedge v_p = v_1 \wedge L(v_2) \wedge \cdots \wedge L(v_p)$$

per ogni p-upla di vettori $v_1, \ldots, v_p$ in V. Fissata una base $\mathcal{B}$ di V, determina il legame tra le matrici che rappresentano L e $\tilde{L}$ rispetto a $\mathcal{B}$.

Definizione 1.E.8. Sia $L \in \mathrm{Hom}(V, W)$ una applicazione lineare fra spazi vettoriali. Una applicazione $\bigwedge L \in \mathrm{Hom}(\bigwedge V, \bigwedge W)$ è detta *prodotto esterno di* L se $\bigwedge L(1) = 1$ e $\bigwedge L(v_1 \wedge \cdots \wedge v_p) = L(v_1) \wedge \cdots \wedge L(v_p)$ per ogni $v_1, \ldots, v_p \in V$. In particolare, $\bigwedge L$ rispetta il tipo, e quindi induce applicazioni lineari $\bigwedge^p L \in \mathrm{Hom}(\bigwedge^p V, \bigwedge^p W)$.

Quando $V = W$ è uno spazio vettoriale di dimensione n, l'applicazione $\bigwedge^n L$ viene chiamata *determinante* di L e indicata anche con $\det(L)$. Essendo $\dim \bigwedge^n V = 1$, il determinante di L è dato dalla moltiplicazione per uno scalare, anch'esso chiamato *determinante* di L.

Esercizio 1.75 (Citato nell'Esercizio 1.110). Dimostra che ogni applicazione lineare $L \in \mathrm{Hom}(V, W)$ fra spazi vettoriali definisce un (unico) prodotto esterno $\bigwedge L \in \mathrm{Hom}(\bigwedge V, \bigwedge W)$.

Esercizio 1.76. Sia V uno spazio vettoriale di dimensione n, e $L \in \mathrm{End}(V)$. Fissata una base $\mathcal{B} = \{v_1, \ldots, v_n\}$ di V, sia $A = (a_{hk})$ la matrice associata a L rispetto alla base $\mathcal{B}$.

(i) Dimostra che $\bigwedge^n L$ è l'endomorfismo di $\bigwedge^n V$ dato dalla moltiplicazione per $\det(A)$.

(ii) Dimostra che

$$\bigwedge^p L(v_{\sigma_1}, \ldots, v_{\sigma_p}) = \sum_\mu \det(A_{\sigma\mu}) v_{\mu_1} \wedge \cdots \wedge v_{\mu_p},$$

dove $\boldsymbol{\sigma} = (\sigma_1, \ldots, \sigma_p)$ con $\sigma_1 < \ldots < \sigma_p \leq n$, e $\boldsymbol{\mu} = (\mu_1, \ldots, \mu_p)$ con $\mu_1 < \ldots < \mu_p \leq n$, mentre $A_{\sigma\mu}$ è la sottomatrice di A ottenuta considerando solo le colonne $\boldsymbol{\sigma}$ e le righe $\boldsymbol{\mu}$.

(iii) Ritrova la formula dello sviluppo di Laplace del determinante secondo la prima colonna, studiando $\bigwedge^1 L(v_1) \wedge \bigwedge^{n-1} L(v_2, \ldots, v_n)$. Ritrova infine la formula dello sviluppo di Laplace del determinante secondo una colonna qualsiasi.

Esercizio 1.77. Sia $L \in \mathrm{End}(\mathbb{R}^3)$ dato da

$$L(x_1, x_2, x_3) = (3x_1 + 4x_2, 2x_1 + x_2, 4x_1 - 5x_3) \ .$$

(i)   Calcola $\bigwedge L(e_1 \wedge e_2 \wedge e_3)$, dove $\{e_1, e_2, e_3\}$ è la base canonica di $\mathbb{R}^3$.
(ii) Trova la matrice associata a $\bigwedge^2 L$ rispetto alla base $\{e_1 \wedge e_2, e_1 \wedge e_3, e_2 \wedge e_3\}$ di $\bigwedge^2 \mathbb{R}^3$.

Esercizio 1.78. Siano $L, T \in \mathrm{End}(V)$ endomorfismi di uno spazio vettoriale V di dimensione finita n. Dimostra che

$$\det(L \circ T) = \det(L)\det(T) \ ,$$

dove $\det L = \bigwedge^n L$ e così via.

Esercizio 1.79. Siano $L \in \mathrm{End}(V)$ e $G \in \mathrm{End}(W)$ endomorfismi di spazi vettoriali V e W di dimensione finita n e m, rispettivamente. Dimostra che

$$\det(L \otimes G) = \det(L)^m \det(G)^n \ .$$

[*Suggerimento:* può esserti utile studiare inizialmente il caso in cui L sia l'identità di V, o G sia l'identità di W.]

Esercizio 1.80. Sia V uno spazio vettoriale di dimensione finita sul campo $\mathbb{K}$, e sia $\mathcal{J}$ l'ideale bilatero di $T^\bullet(V)$ generato dagli elementi $\alpha \otimes \alpha$ al variare di $\alpha \in T^\bullet(V)$.

(i)   Dimostra che, posto $\mathcal{J}^p = \mathcal{J} \cap T^p(V)$, si ha $\mathcal{J} = \bigoplus_p \mathcal{J}^p$ e che gli spazi vettoriali $\bigwedge^p V$ e $T^p(V)/\mathcal{J}^p$ sono isomorfi.
(ii) Sia $\mathcal{R}$ l'algebra quoziente $T^\bullet(V)/\mathcal{J}$, con il prodotto indotto da $T^\bullet(V)$, e sia $\pi \colon T^\bullet(V) \to T^\bullet(V)/\mathcal{J}$ la proiezione canonica. Dimostra che esiste una applicazione lineare $\overline{\mathcal{A}} \colon \mathcal{R} \to \bigwedge V$ tale che $\mathcal{A} = \overline{\mathcal{A}} \circ \pi$. Discuti iniettività e surgettività di $\overline{\mathcal{A}}$.
(iii) La quaterna $(\bigwedge V, +, \wedge, \cdot)$ è isomorfa all'algebra quoziente $\mathcal{R}$?
(iv) Sia $L \colon T^p(V) \to W$ un'applicazione lineare e $\Phi(L) \colon V^p \to W$ la corrispondente applicazione p-lineare, fornita dalla proprietà universale del prodotto tensoriale. Ricordando che $\Phi(L)(v_1, \ldots, v_p) = L(v_1 \otimes \cdots \otimes v_p)$, dimostra che $\Phi(L)$ è alternante se e solo se $\mathrm{Ker}(L) \supseteq \mathcal{J}^p$.

[*Suggerimento:* ricorda che ogni permutazione è combinazione di trasposizioni.]

Esercizio 1.81. Sia $A = (a_{hk}) \in GL(n, \mathbb{K})$ una matrice quadrata non singolare di ordine n a coefficienti in $\mathbb{K}$, e indichiamo con $\mathbf{a}_j$ la colonna j-ma di A. Studiando $\mathbf{a}_1 \wedge \mathbf{a}_2 \wedge \cdots \wedge \mathbf{a}_{j-1} \wedge \mathbf{b} \wedge \mathbf{a}_{j+1} \wedge \cdots \wedge \mathbf{a}_n$ per $\mathbf{b} \in \mathbb{K}^n$ ricava la formula di Cramer per la risoluzione del sistema lineare $A\mathbf{x} = \mathbf{b}$.

Esercizio 1.82 (Utile per l'Esercizio 6.43 e nella Sezione 8.1, e citato nell'Esercizio 1.110). Se $\langle \cdot , \cdot \rangle$ è un prodotto scalare sullo spazio vettoriale V, sia $\langle\langle \cdot , \cdot \rangle\rangle$ il prodotto scalare su $T(V)$ costruito nella Proposizione 1.3.9. Dimostra che

$$\langle\langle v_1 \wedge \cdots \wedge v_p, w_1 \wedge \cdots \wedge w_p \rangle\rangle = p! \det(\langle v_i, w_j \rangle)$$

per ogni $v_1, \ldots, v_p, w_1, \ldots, w_p \in V$.

Esercizio 1.83. Se $V = W \oplus Z$ è somma diretta di sottospazi non nulli, dimostra che $\bigwedge^p V = \bigoplus_{j=0}^p (\bigwedge^j W) \wedge (\bigwedge^{p-j} Z)$.

DUALITÀ E ALGEBRA ESTERNA

Negli esercizi di questa sezione, il campo $\mathbb{K}$ ha sempre caratteristica 0 e gli spazi vettoriali considerati hanno sempre dimensione finita.

Esercizio 1.84 (Citato nell'Esercizio 1.85). Sia V uno spazio vettoriale. Dimostra che $(\bigwedge^p V)^*$ è isomorfo a $\bigwedge^p V^*$. [*Suggerimento:* usa l'Esercizio 1.72 e l'applicazione $\Phi: (V^*)^p \to (\bigwedge^p V)^*$ definita da

$$\Phi(\phi^1, \ldots, \phi^p)(v_1 \wedge \cdots \wedge v_p) = \det\left(\phi^i(v_j)\right)$$

per $v_1, \ldots, v_p \in V$ e $\phi^1, \ldots, \phi^p \in V^*$.]

Definizione 1.E.9. Sia una base $\mathcal{B} = \{v_1, \ldots, v_n\}$ dello spazio vettoriale V, e $p \in \{1, \ldots, n\}$. indicato

$$\mathcal{H}_p = \{(i_1, \ldots, i_p) \mid 1 \le i_1 < \cdots < i_p \le n\}$$

l'insieme dei p-multiindici ordinati, per ogni $I \in \mathcal{H}_p$ poniamo

$$v_{\wedge I} = v_{i_1} \wedge \cdots \wedge v_{i_p} \quad e \quad v^{\wedge I} = v^{i_1} \wedge \cdots \wedge v^{i_p} ,$$

dove $\mathcal{B}^* = \{v^1, \ldots, v^n\}$ è la base duale di V^*. Dato $I \in \mathcal{H}_p$ sia inoltre $I' \in \mathcal{H}_{n-p}$ il $(n-p)$-multiindice ordinato complementare a I, e indichiamo con $\mathrm{sgn}(I, I')$ il segno della permutazione $\tau_{II'}$ definita da $\tau_h = i_h$ per $1 \le h \le p$ e $\tau_h = i'_{h-p}$ per $p+1 \le h \le n$.

Esercizio 1.85. Sia $\mathcal{B} = \{v_1, \ldots, v_n\}$ una base di uno spazio vettoriale V, e sia $\Phi: \bigwedge^p V \times \bigwedge^p V \to \mathbb{K}$ la forma bilineare definita ponendo

$$\Phi(v_{\wedge I}, v_{\wedge J}) = \delta_{IJ} \quad \text{ove} \quad \delta_{IJ} = \delta_{i_1 j_1} \ldots \delta_{i_p j_p} .$$

per ogni $I, J \in \mathcal{H}_p$ ed estendendo per bilinearità.

(i)   Dimostra che Φ è una dualità.

(ii) Dimostra che Φ non dipende dalla scelta della base $\mathcal{B}$.

(iii) Utilizzando la dualità Φ, ritrova l'isomorfismo dell'Esercizio 1.84.

Esercizio 1.86 (Citato nell'Esercizio 1.87). Sia $\mathcal{B} = \{v_1, \ldots, v_n\}$ una base di uno spazio vettoriale V, e sia $\Theta'_{\mathcal{B}} \colon \bigwedge^p V \times \bigwedge^{n-p} V \to \bigwedge^n V$ l'applicazione bilineare definita ponendo

$$\Theta'_{\mathcal{B}}(v_{\wedge I}, v_{\wedge J}) = v_{\wedge I} \wedge v_{\wedge J}$$

per ogni $I \in \mathcal{H}_p$, $J \in \mathcal{H}_{n-p}$ ed estendendo per bilinearità. Sia poi $\alpha \colon \bigwedge^n V \to \mathbb{K}$ l'isomorfismo che associa a ogni elemento di $\bigwedge^n V$ la sua coordinata rispetto alla base $v_1 \wedge \cdots \wedge v_n$, e poniamo $\Theta_{\mathcal{B}} = \alpha \circ \Theta'_{\mathcal{B}} \colon \bigwedge^p V \times \bigwedge^{n-p} V \to \mathbb{K}$. Dimostra che $\Theta_{\mathcal{B}}$ è una dualità che dipende dalla scelta della base $\mathcal{B}$.

Esercizio 1.87 (Utile per l'Esercizio 1.96). Sia $\mathcal{B} = \{v_1, \ldots, v_n\}$ una base di uno spazio vettoriale V, con base duale $\mathcal{B}^* = \{v^1, \ldots, v^n\}$, e sia $\Psi_{\mathcal{B}} \colon \bigwedge^p V \to \bigwedge^{n-p} V^*$ l'applicazione lineare definita ponendo

$$\Psi_{\mathcal{B}}(v_{\wedge I}) = \operatorname{sgn}(I, I')\, v^{\wedge I'}$$

per ogni $I \in \mathcal{H}_p$ ed estendendo per linearità.

(i)   Dimostra che $\Psi_{\mathcal{B}}$ è un isomorfismo.
(ii) Determina il legame tra $\Psi_{\mathcal{B}}$ e l'applicazione $\Theta_{\mathcal{B}}$ definita nell'Esercizio 1.86.
(iii) Dimostra che se $\mathcal{C}$ è un'altra base di V allora $\Psi_{\mathcal{B}}$ e $\Psi_{\mathcal{C}}$ differiscono per la moltiplicazione per uno scalare. In particolare, $\Psi_{\mathcal{B}}(W) = \Psi_{\mathcal{C}}(W)$ per ogni sottospazio W di $\bigwedge^p V$.

Esercizio 1.88. Se $\langle \cdot, \cdot \rangle$ è il prodotto scalare standard in $\mathbb{R}^n$, mostra che esiste un'unica applicazione lineare $L \colon \bigwedge^{n-1} \mathbb{R}^n \to \mathbb{R}^n$ tale che per ogni $\mathbf{x} \in \mathbb{R}^n$ si abbia $\langle L(\alpha), \mathbf{x} \rangle e_1 \wedge \cdots \wedge e_n = \alpha \wedge \mathbf{x}$, dove $\{e_1, \ldots, e_n\}$ è la base canonica di $\mathbb{R}^n$. Se $\alpha = v_1 \wedge \cdots \wedge v_{n-1}$, il vettore $L(\alpha)$ è detto *prodotto vettoriale* di $v_1, \ldots, v_{n-1}$.

Definizione 1.E.10. Sia $\mathcal{B} = \{v_1, \ldots, v_n\}$ una base di uno spazio vettoriale V, con base duale $\{v^1, \ldots, v^n\}$. Per $1 \le p \le q \le n$, definiamo l'applicazione bilineare di *contrazione* $\mathcal{C}_{p,q} \colon \bigwedge^p V^* \times \bigwedge^q V \to \bigwedge^{q-p} V$ ponendo

$$\mathcal{C}_{p,q}(v^{\wedge I}, v_{\wedge J}) = \begin{cases} \operatorname{sgn}(I, J \setminus I)\, v_{\wedge(J \setminus I)} & \text{se } I \subseteq J, \\ O & \text{altrimenti,} \end{cases}$$

per ogni $I \in \mathcal{H}_p$, $J \in \mathcal{H}_q$ ed estendendo per bilinearità, dove $\operatorname{sgn}(I, J \setminus I)$ è il segno della permutazione che riordina gli elementi di J in modo da mettere prima gli elementi di I (in ordine crescente) e poi quelli di $J \setminus I$ (sempre in ordine crescente).

Esercizio 1.89. Sia V uno spazio vettoriale di dimensione n. Dimostra che per ogni $1 \le p \le q \le n$ l'applicazione di contrazione $\mathcal{C}_{p,q} \colon \bigwedge^p V^* \times \bigwedge^q V \to \bigwedge^{q-p} V$ non dipende dalla base scelta per definirla.

Esercizio 1.90. Per $q = 1, 2, 3, 4$ determina l'applicazione di contrazione $\mathcal{C}_{1,q} \colon \bigwedge^1 (\mathbb{R}^4)^* \times \bigwedge^q \mathbb{R}^4 \to \bigwedge^{q-1} \mathbb{R}^4$.

TENSORI ALTERNANTI DECOMPONIBILI

Negli esercizi di questa sezione, il campo $\mathbb{K}$ ha sempre caratteristica 0 e gli spazi vettoriali considerati hanno sempre dimensione finita.

Esercizio 1.91 (Citato nell'Osservazione 1.4.20). Sia V uno spazio vettoriale, e $\{v_1, \dots, v_p\}$, $\{w_1, \dots, w_p\} \subset V$ due sottoinsiemi costituiti da p vettori linearmente indipendenti. Dimostra che

$$w_1 \wedge \cdots \wedge w_p = \lambda \, v_1 \wedge \cdots \wedge v_p$$

per qualche $\lambda \neq 0$ se e solo se $\mathrm{Span}\,(w_1, \dots, w_p) = \mathrm{Span}\,(v_1, \dots, v_p)$.

Definizione 1.E.11. Un tensore alternante $\alpha \in \bigwedge^p V$ si dice *decomponibile* se esistono vettori $v_1, \dots, v_p \in V$ tali che $\alpha = v_1 \wedge \dots \wedge v_p$; nota che, per l'Osservazione 1.4.20, $v_1 \wedge \dots \wedge v_p \neq O$ se e solo se i vettori $v_1, \dots, v_p$ sono linearmente indipendenti. Indicheremo con $\mathrm{Alt}^p(V)$ il sottoinsieme di $\bigwedge^p V$ composto dai tensori alternanti decomponibili, e con $G_p(V)$ l'insieme dei punti dello spazio proiettivo $\mathbb{P}(\bigwedge^p V)$ rappresentati da un tensore in $\mathrm{Alt}^p(V) \setminus \{O\}$; in particolare, $G_1(V) = \mathbb{P}(V)$. L'insieme $G_p(V)$ si chiama *Grassmanniana* (o *varietà di Grassmann*) dei p-piani di V; vedi anche la Definizione 2.1.33.

Esercizio 1.92 (Utile per l'Esercizio 2.136). Sia V uno spazio vettoriale di dimensione finita.

(i) Dimostra che l'applicazione (detta *applicazione di Plücker*) che associa a ogni elemento $[v_1 \wedge \cdots \wedge v_p] \in G_p(V)$ il p-piano $\mathrm{Span}\,(v_1, \dots, v_p)$ è una bigezione fra $G_p(V)$ e l'insieme dei sottospazi p-dimensionali di V.

(ii) Osserva che la scelta di una base in V individua una base in $\bigwedge^p V$ e coordinate omogenee in $\mathbb{P}(\bigwedge^p V)$, fornendo coordinate ai punti di $G_p(V)$.

Esercizio 1.93. Sia $\{e_1, \dots, e_4\}$ la base canonica di $\mathbb{R}^4$.

(i) Dimostra che, se $v_1 = \sum_{h=1}^4 x_h \, e_h$ e $v_2 = \sum_{k=1}^4 y_k \, e_k$, allora

$$v_1 \wedge v_2 = \sum_{1 \leq h < k \leq 4} p_{hk} \, e_h \wedge e_k \quad \text{con} \quad p_{hk} = x_h y_k - x_k y_h \, .$$

(ii) Dall'identità $(v_1 \wedge v_2) \wedge (v_1 \wedge v_2) = O$ ricava che le componenti p_{hk} di $v_1 \wedge v_2$ soddisfano la relazione:

$$p_{12} p_{34} - p_{13} p_{24} + p_{14} p_{23} = 0 \, .$$

(iii) Deduci che il tensore $e_1 \wedge e_2 - e_1 \wedge e_3 + e_2 \wedge e_4 + e_3 \wedge e_4$ non è decomponibile.

Esercizio 1.94. Sia $\{e_1, \dots, e_4\}$ la base canonica di $\mathbb{R}^4$.

(i) Dimostra che, se $v_1 = \sum_{h=1}^4 x_h \, e_h$, $v_2 = \sum_{k=1}^4 y_k \, e_k$ e $v_3 = \sum_{s=1}^4 z_s \, e_s$, allora

$$v_1 \wedge v_2 \wedge v_3 = \sum_{1 \leq h_1 < h_2 < h_3 \leq 4} b_{h_1 h_2 h_3} e_{h_1} \wedge e_{h_2} \wedge e_{h_3}$$

con

$$b_{h_1 h_2 h_3} = \sum_{\sigma \in \mathfrak{S}_3} \mathrm{sgn}(\sigma) x_{h_{\sigma(1)}} y_{h_{\sigma(2)}} z_{h_{\sigma(3)}} \ ,$$

Dimostra inoltre che $b_{h_1 h_2 h_3} = p_{h_1 h_2} z_{h_3} - p_{h_1 h_3} z_{h_2} + p_{h_2 h_3} z_{h_1}$, dove $p_{hk} = x_h y_k - x_k y_h$.

(ii) Dall'identità $(v_1 \wedge v_2 \wedge v_3) \wedge v_1 = O$ ricava che

$$b_{123} x_4 - b_{124} x_3 + b_{134} x_2 - b_{234} x_1 = 0 \ .$$

Che relazione c'è fra questa formula e il fatto che una matrice quadrata con due colonne uguali ha determinante nullo?

(iii) Verifica che le identità

$$(v_1 \wedge v_2 \wedge v_3) \wedge (v_1 \wedge v_2) = O \quad \text{e} \quad (v_1 \wedge v_2 \wedge v_3) \wedge (v_1 \wedge v_2 \wedge v_3) = O$$

espresse in coordinate producono relazioni identicamente nulle.

Esercizio 1.95 (Utile per l'Esercizio 1.96). Sia $\{e_1, \ldots, e_4\}$ la base canonica di $\mathbb{R}^4$, e $\{e^1, e^2, e^3, e^4\}$ la base duale di $(\mathbb{R}^4)^*$. Identifichiamo $\bigwedge^4 \mathbb{R}^4$ con $\mathbb{R}$ tramite la coordinata rispetto alla base $e_1 \wedge e_2 \wedge e_3 \wedge e_4$.

(i) Dimostra che l'applicazione $L: \mathbb{R}^4 \to \mathbb{R}$ definita da $L(v) = (e_1 \wedge e_2 \wedge e_3) \wedge v$ coincide con l'applicazione e^4.

(ii) Sia

$$\alpha = \lambda_{123} e_1 \wedge e_2 \wedge e_3 + \lambda_{124} e_1 \wedge e_2 \wedge e_4 + \lambda_{134} e_1 \wedge e_3 \wedge e_4 + \lambda_{234} e_2 \wedge e_3 \wedge e_4 \ .$$

Dimostra che l'applicazione lineare $L_\alpha: \mathbb{R}^4 \to \mathbb{R}$ definita da $L(v) = \alpha \wedge v$ coincide con l'applicazione $\lambda_{123} e^4 - \lambda_{124} e^3 + \lambda_{134} e^2 - \lambda_{234} e^1 \in (\mathbb{R}^4)^*$.

(iii) Dimostra che l'applicazione $\bigwedge^3 \mathbb{R}^4 \to (\mathbb{R}^4)^*$ data da $\alpha \mapsto L_\alpha$ è lineare ed è un isomorfismo.

(iv) Se $\lambda_{234} \neq 0$, dimostra che $\mathcal{C}^* = \{L_\alpha, e^2, e^3, e^4\}$ è la base di $(\mathbb{R}^4)^*$ duale di

$$\mathcal{C} = \{v_1 = -\frac{1}{\lambda_{234}} e_1, v_2 = e_2 + \frac{\lambda_{134}}{\lambda_{234}} e_1, v_3 = e_3 - \frac{\lambda_{124}}{\lambda_{234}} e_1, v_4 = e_4 + \frac{\lambda_{123}}{\lambda_{234}} e_1\} \ .$$

(v) Dimostra che $\alpha = \lambda_{234} v_2 \wedge v_3 \wedge v_4$, e deduci che ogni elemento di $\bigwedge^3 \mathbb{R}^4$ è decomponibile.

Esercizio 1.96. Sia V è uno spazio vettoriale di dimensione $n \geq 2$. Dimostra che ogni tensore di $\bigwedge^{n-1} V$ è decomponibile, per cui $G_{n-1}(V) = \mathbb{P}(\bigwedge^{n-1} V)$. [*Suggerimento:* fissata una base $\mathcal{B}$ di V, puoi utilizzare l'isomorfismo $\bigwedge^{n-1} V \to V^*$ definito nell'Esercizio 1.87 e mimare l'Esercizio 1.95: dato un tensore non nullo $\alpha \in \bigwedge^{n-1} V$, l'immagine $\Psi_\mathcal{B}(\alpha)$ è un elemento non nullo di V^* che può essere completato ad una base $\mathcal{C}^*$ di V^*. Se $\mathcal{C} = \{w_1, \ldots, w_n\}$ è la base duale di $\mathcal{C}^*$, allora α è un multiplo scalare di $w_2 \wedge \cdots \wedge w_n$ e, in particolare, è decomponibile.]

Esercizio 1.97. Sia $\{e_1, \ldots, e_4\}$ la base canonica di $\mathbb{R}^4$, e $\{e^1, e^2, e^3, e^4\}$ la base duale di $(\mathbb{R}^4)^*$. Poniamo $v_1 = e_1 + 2e_3 + e_4$ e $v_2 = 3e_1 + e_2 - e_4$, e sia W il sottospazio da essi generato. Poniamo infine $\alpha = v_1 \wedge v_2$.

(i) Verifica che

$$\alpha = e_1 \wedge e_2 - 6e_1 \wedge e_3 - 4e_1 \wedge e_4 - 2e_2 \wedge e_3 - 2e_2 \wedge e_4 - 2e_3 \wedge e_4 .$$

(ii) Calcola $\mathcal{C}_{1,2}(e^j, \alpha)$ per $j = 1, \ldots, 4$, dove $\mathcal{C}_{1,2} \colon \bigwedge^1 (\mathbb{R}^4)^* \times \bigwedge^2 \mathbb{R}^4 \to \mathbb{R}^4$ è l'applicazione di contrazione introdotta nella Definizione 1.E.10.

(iii) Dimostra che il sottospazio generato da $\{\mathcal{C}_{1,2}(\beta, \alpha) \mid \beta \in V^*\}$ coincide con W.

Esercizio 1.98 (Utile per l'Esercizio 1.99). Sia V uno spazio vettoriale di dimensione n, e $1 \le p \le n$. Dimostra che:

(i) per ogni $\alpha \in \bigwedge^p V$ esiste un sottospazio di V minimo W_α tale che $\alpha \in \bigwedge W_\alpha$;

(ii) $\alpha \in \bigwedge^p V$ è un tensore decomponibile se e solo se $\dim W_\alpha = p$;

(iii) per ogni vettore $w \in W_\alpha$ esiste $\beta \in \bigwedge^{p-1} V^*$ tale che $w = \mathcal{C}_{p-1,p}(\beta, \alpha)$.

Esercizio 1.99. Sia V uno spazio vettoriale di dimensione n, e $1 \le p \le n$. Dimostra che:

(i) $\alpha \in \bigwedge^p V$ è un tensore decomponibile se e solo se valgono le relazioni (dette *relazioni di Grassmann*):

$$\forall \beta \in \bigwedge^{p-1} V^* \qquad \alpha \wedge \mathcal{C}_{p-1,p}(\beta, \alpha) = O ;$$

(ii) è sufficiente verificare le relazioni di Grassmann al variare di β in una base di $\bigwedge^{p-1} V^*$;

(iii) se $V = \mathbb{R}^4$ e $\{e_1, \ldots, e_4\}$ è la base canonica allora $\alpha = \sum_{1 \le h < k \le 4} p_{hk} e_h \wedge e_k$ è decomponibile se e solo se $p_{12}p_{34} - p_{13}p_{24} + p_{14}p_{23} = 0$.

[*Suggerimento:* Ricordando l'Esercizio 1.98, dimostra che, se le relazioni di Grassmann valgono allora $\dim W_\alpha \le p$.]

TENSORI SIMMETRICI

Negli esercizi di questa sezione, il campo $\mathbb{K}$ ha sempre caratteristica 0 e gli spazi vettoriali considerati hanno sempre dimensione finita.

Esercizio 1.100. Dimostra che le seguenti affermazioni sono equivalenti per ogni applicazione p-lineare $\varphi \colon V \times \cdots \times V \to W$:

(i) φ è simmetrica;

(ii) il valore di φ non cambia scambiando due argomenti, cioè

$$\varphi(v_1, \ldots, v_i, \ldots, v_j, \ldots, v_p) = \varphi(v_1, \ldots, v_j, \ldots, v_i, \ldots, v_p)$$

per ogni $v_1, \ldots, v_p \in V$ e $1 \le i < j \le p$;

(iii) se $\varphi_{i_1...i_p}$ sono le coordinate di φ rispetto alla base $\{v^{i_1} \otimes \cdots \otimes v^{i_p}\}$ di $T_p(V)$, dove $\{v^1, \ldots, v^n\}$ è una base di V^*, allora $\varphi_{i_{\sigma(1)}...i_{\sigma(p)}} = \varphi_{i_1...i_p}$ per ogni $\sigma \in \mathfrak{S}_p$.

Esercizio 1.101. Sia V uno spazio vettoriale. Dimostra che l'operatore di simmetrizzazione $\mathcal{S}: T^\bullet(V) \to S(V)$ è lineare, ha immagine contenuta in $S(V)$, ed è l'identità ristretta a $S(V)$.

Esercizio 1.102 (Citato nella Sezione 1.4). Sia V uno spazio vettoriale. Dimostra che gli spazi $S^p(V)$ e $S_p(V)$ sono effettivamente spazi tensoriali.

Esercizio 1.103. Dimostra che

$$v_1 \otimes v_2 + v_2 \otimes v_1 \in S^2(V)$$

per ogni coppia di $v_1, v_2 \in V$ di elementi di uno spazio vettoriale V.

Esercizio 1.104. Sia V uno spazio vettoriale. Dato $\alpha \in T^p(V)$, dimostra che $\mathcal{S}(\alpha)$ è l'unico tensore p-controvariante simmetrico tale che si abbia $\mathcal{S}(\alpha)(\phi, \ldots, \phi) = \alpha(\phi, \ldots, \phi)$ per tutti i $\phi \in V^*$.

Esercizio 1.105 (Citato nell'Osservazione 1.4.16). Dimostra che la quaterna $(S(V), +, \odot, \cdot)$ è un'algebra commutativa con unità. [*Suggerimento:* Per controllare la commutatività di $\odot$ basta verificare la commutatività per una coppia di tensori $\alpha \in S^p(V)$ e $\beta \in S^q(V)$.]

Esercizio 1.106. Sia V uno spazio vettoriale di dimensione finita sul campo $\mathbb{K}$, e sia $\mathcal{I}$ l'ideale bilatero di $T^\bullet(V)$ generato dagli elementi $\alpha \otimes \beta - \beta \otimes \alpha$ al variare di $\alpha, \beta \in T^\bullet(V)$. Dimostra che:

(i) se $\alpha \in \mathcal{I}$ allora $\mathcal{S}(\alpha) = O$;

(ii) l'operatore di simmetrizzazione induce un'applicazione lineare sullo spazio quoziente $\overline{\mathcal{S}}: T^\bullet(V)/\mathcal{I} \to S(V)$. L'applicazione $\overline{\mathcal{S}}$ è un isomorfismo?

(iii) il quoziente $\mathcal{Q} = T^\bullet(V)/\mathcal{I}$ è dotato in modo naturale di una struttura di algebra indotta da $T^\bullet(V)$. La quaterna $(S(V), +, \odot, \cdot)$ è isomorfa all'algebra quoziente $\mathcal{Q}$?

Esercizio 1.107. Sia V uno spazio vettoriale di dimensione finita n sul campo $\mathbb{K}$. Dimostra che la scelta di una base di V induce un isomorfismo fra la quaterna $(S(V), +, \odot, \cdot)$ e l'algebra $\mathbb{K}[x_1, \ldots, x_n]$ dei polinomi nelle indeterminate $x_1, \ldots, x_n$ (e che l'isomorfismo dipende dalla base scelta).

Esercizio 1.108 (Utile per l'Esercizio 1.109). Sia V uno spazio vettoriale di dimensione finita, e considera l'applicazione p-lineare $\Psi: V^p \to S^p(V)$ data da

$$\Psi(v_1, \ldots, v_p) = v_1 \odot \cdots \odot v_p .$$

Dimostra che la coppia $(S^p(V), \Psi)$ è l'unica coppia (a meno di isomorfismo) che soddisfa la *proprietà universale dell'algebra simmetrica*: per ogni applicazione p-lineare simmetrica $\Phi: V^p \to W$ a valori in uno spazio vettoriale W esiste un'unica applicazione lineare $\tilde{\Phi}: S^p(V) \to W$ tale che $\Phi = \tilde{\Phi} \circ F$.

Esercizio 1.109. Sia V uno spazio vettoriale e $p \in \mathbb{N}$. Dimostra che $\left(S^p(V)\right)^*$ è isomorfo a $S^p(V^*)$. [*Suggerimento:* usa l'Esercizio 1.108.]

Esercizio 1.110. Sia V uno spazio vettoriale. Enuncia e dimostra per l'algebra simmetrica $S(V)$ risultati analoghi a quelli per l'algebra esterna $\bigwedge V$ contenuti negli Esercizi 1.75 e 1.82.

TENSORI SIMPLETTICI

Negli esercizi di questa sezione, il campo $\mathbb{K}$ ha sempre caratteristica 0 e gli spazi vettoriali considerati hanno sempre dimensione finita.

Esercizio 1.111. Sia $\omega \in T_2(V)$ un 2-tensore covariante su uno spazio vettoriale V. Dimostra che le seguenti affermazioni sono equivalenti:

(i) ω è non degenere;

(ii) l'applicazione $\tilde{\omega}: V \to V^*$ data da $\tilde{\omega}(v)(w) = \omega(v, w)$ per ogni v, $w \in V$ è un isomorfismo;

(iii) scelta una base $\{v^1, \ldots, v^n\}$ di V^*, la matrice (ω_{hk}) delle coordinate di ω rispetto alla base $\{v^h \otimes v^k\}$ di $T_2(V)$ è invertibile.

Esercizio 1.112 (Usato nella Proposizione 1.5.6). Sia (V, ω) uno spazio vettoriale simplettico, e $W \subseteq V$ un sottospazio di V. Dimostra che:

(i) $\dim W + \dim W^\perp = \dim V$;

(ii) $(W^\perp)^\perp = W$;

(iii) W è simplettico se e solo se $\omega|_{W \times W}$ è non degenere;

(iv) W è isotropo se e solo se $\omega|_{W \times W} = O$;

(v) W è Lagrangiano se e solo se $\omega|_{W \times W} = O$ e $\dim V = 2 \dim W$.

Esercizio 1.113. Sia (V, ω) uno spazio vettoriale simplettico di dimensione $2n$. Dimostra che per ogni sottospazio simplettico (rispettivamente, isotropo, coisotropo, Lagrangiano) W di V esiste una base simplettica $\{v_1, w_1, \ldots, v_n, w_n\}$ di V tale che:

(i)   se W è simplettico, si abbia $W = \mathrm{Span}(v_1, w_1, \ldots, v_k, w_k)$ per qualche $1 \le k \le n$;

(ii) se W è isotropo, si abbia $W = \mathrm{Span}(v_1, \ldots, v_k)$ per qualche $1 \le k \le n$;

(iii) se W è coisotropo, si abbia $W = \mathrm{Span}(v_1, \ldots, v_n, w_1, \ldots, w_k)$ per qualche $1 \le k \le n$;

(iv) se W è Lagrangiano, si abbia $W = \mathrm{Span}(v_1, \ldots, v_n)$.

2

Varietà

Il calcolo differenziale classico è fatto su aperti di $\mathbb{R}^n$; uno degli obiettivi principali della Geometria Differenziale è estenderne l'applicabilità a insiemi più generali (per esempio la sfera) che, pur non essendo aperti di $\mathbb{R}^n$, in un certo senso vi assomigliano abbastanza. L'idea di base è che le definizioni e le proprietà principali del calcolo differenziale sono *locali:* dipendono solo da quanto avviene in intorni arbitrariamente piccoli di un punto. Quindi se un insieme M è fatto localmente (in un senso che dobbiamo precisare) come un aperto di $\mathbb{R}^n$ abbiamo buone speranze di poter introdurre un calcolo differenziale su M.

Ovviamente, il problema consiste nel definire correttamente cosa vuol dire essere fatti localmente come un aperto di $\mathbb{R}^n$. Dal punto di vista topologico è facile: infatti, si può dire (anche se noi useremo un approccio un poco diverso: vedi l'Osservazione 2.1.16) che uno spazio topologico M è localmente fatto come un aperto di $\mathbb{R}^n$ (è una *varietà topologica*) se ogni punto di M ha un intorno omeomorfo a un aperto di $\mathbb{R}^n$. Ma per il calcolo differenziale questa caratterizzazione topologica non basta; serve qualcosa di più preciso, che permetta di definire una vera "struttura differenziabile".

Scopo di questo capitolo è dare una definizione efficace di struttura differenziabile su un insieme, e mostrare come ciò permetta di derivare le funzioni (almeno quelle derivabili...) definite sull'insieme, gettando le basi dello studio delle *varietà differenziabili.* Vedremo anche come esista un collegamento stretto fra la nozione analitica di derivazione e quella geometrica di vettore tangente, e generalizzeremo al caso di varietà teoremi dell'Analisi Matematica classica quali il teorema della funzione inversa e il teorema del rango. Discuteremo il concetto (un poco più delicato del previsto, in quanto ne esistono due versioni diverse, non equivalenti) di sottovarietà di una varietà differenziabile, e vedremo come una qualsiasi varietà sia identificabile con una sottovarietà di $\mathbb{R}^N$ per N abbastanza grande (teorema di Whitney). Infine, introdurremo il concetto di gruppo di Lie, che combina idee algebriche con idee geometrico-differenziali, e vedremo cosa vuol dire che un gruppo di Lie agisce su una varietà differenziabile.

Abate M., Tovena F.: Geometria Differenziale.
DOI 10.1007/978-88-470-1920-1_2
© Springer-Verlag Italia 2011

2.1 Varietà differenziabili

Come accennato sopra, una varietà topologica è un insieme localmente fatto come un aperto di $\mathbb{R}^n$; per avere una varietà differenziabile, occorre che due realizzazioni diverse come aperto di $\mathbb{R}^n$ della stessa parte dell'insieme determinino le stesse funzioni C^∞. Il nostro primo obiettivo è formalizzare la frase precedente (che detta così effettivamente non ha molto senso). Per semplificare alcune costruzioni successive, partiremo da un insieme, senza assumere (contrariamente a quanto fatto in molti altri testi, per esempio [24]) l'esistenza a priori di una topologia.

Definizione 2.1.1. Sia M un insieme. Una *n-carta* (U, φ) di M è un'applicazione *bigettiva* $\varphi : U \to V \subseteq \mathbb{R}^n$, dove U è un sottoinsieme di M e V è un *aperto* di $\mathbb{R}^n$. Se $p \in U$ diremo che (U, φ) è una carta *in* p; se inoltre $\varphi(p) = O \in \mathbb{R}^n$ diremo che la carta è *centrata* in p. Se scriviamo $\varphi(q) = \big(x^1(q), \dots, x^n(q)\big)$, diremo che $x^1, \dots, x^n : U \to \mathbb{R}$ sono le *coordinate locali* nella carta data. L'inversa $\varphi^{-1} : \varphi(U) \to U$ è detta *parametrizzazione locale* (in p).

La cosa importante da tenere in mente è che una carta va intesa come un modo per trasferire sul sottoinsieme U di M le *coordinate* di $\mathbb{R}^n$. Una carta permette di identificare ciascun punto di U con una n-upla di numeri reali, le sue coordinate locali, fornendoci una sorta di mappa euclidea di U (da cui la terminologia geografica).

Ovviamente, uno stesso punto di M potrebbe appartenere al dominio di più carte diverse, e quindi essere identificato da diverse coordinate locali. Diventa quindi importante capire come cambiano le coordinate locali al variare della carta, e quando carte diverse forniscono coordinate locali equivalenti in un senso opportuno. La prossima definizione, che è la pietra angolare su cui è costruita tutta la Geometria Differenziale, risponde a questa domanda.

Definizione 2.1.2. Due *n-carte* (U, φ) e (V, ψ) su un insieme M sono *compatibili* se

- $U \cap V = \varnothing$, oppure
- $U \cap V \neq \varnothing$, gli insiemi $\varphi(U \cap V)$ e $\psi(U \cap V)$ sono aperti in $\mathbb{R}^n$, e

$$\psi \circ \varphi^{-1} : \varphi(U \cap V) \to \psi(U \cap V)$$

è un *diffeomorfismo* di classe C^∞ (cioè è un'applicazione C^∞ invertibile fra aperti di $\mathbb{R}^n$ con inversa anch'essa di classe C^∞).

Il diffeomorfismo $\psi \circ \varphi^{-1}$ viene detto *cambiamento di carta* (o *cambiamento di coordinate*).

Vale la pena di sottolineare esplicitamente che il punto cruciale di questa definizione è il fatto che il cambiamento di carta (che a priori è soltanto una bigezione) *è un diffeomorfismo* C^∞. In altre parole, due carte compatibili ricreano su M la *stessa* struttura differenziabile, lo stesso modo di calcolare le derivate (oltre che, in particolare, la stessa topologia). È proprio questa compatibilità C^∞ la chiave che permetterà di usare ricoprimenti aperti formati da carte compatibili per definire in maniera efficiente e significativa il concetto di varietà differenziabile come qualcosa localmente fatto come un aperto di $\mathbb{R}^n$.

Osservazione 2.1.3. Se (U,φ) è una n-carta in $p \in M$, e $\chi\colon \varphi(U) \to \mathbb{R}^n$ è un diffeomorfismo con l'immagine, allora $(U, \chi \circ \varphi)$ è ancora una n-carta in p, compatibile (perché?) con qualsiasi carta compatibile con (U,φ).

In particolare, se χ è la traslazione $\chi(x) = x - \varphi(p)$, ponendo

$$\tilde{\varphi} = \chi \circ \varphi = \varphi - \varphi(p)$$

otteniamo una carta $(U, \tilde{\varphi})$ centrata in p e compatibile con qualsiasi carta compatibile con (U,φ).

Osservazione 2.1.4. Se (U,φ) è una n-carta in $p \in M$ e $W \subset \varphi(U)$ è un aperto di $\mathbb{R}^n$ contenente $\varphi(p)$, allora anche $\left(\varphi^{-1}(W), \varphi|_{\varphi^{-1}(W)}\right)$ è una n-carta in p, compatibile (perché?) con qualsiasi carta compatibile con (U,φ). In particolare, possiamo costruire parametrizzazioni locali con dominio arbitrariamente piccolo.

Siamo ora pronti a introdurre le protagoniste assolute di questo libro, le *varietà differenziabili.* Cominciamo con una definizione che riassume bene il modo con cui si lavora con le varietà differenziabili, anche se richiederà qualche piccolo aggiustamento tecnico per diventare formalmente precisa (vedi la Definizione 2.1.14 per la versione finale).

Definizione 2.1.5. Un *atlante* di *dimensione* n su un insieme M è una famiglia $\mathcal{A} = \{(U_\alpha, \varphi_\alpha)\}$ di n-carte a due a due compatibili i cui domini ricoprono M, cioè tale che $M = \bigcup_\alpha U_\alpha$.

Una *varietà* (*differenziabile,* o *di classe* C^∞) di *dimensione* n è una coppia $(M, \mathcal{A})$, dove M è un insieme e $\mathcal{A}$ è un atlante di dimensione n su M.

Quella che abbiamo dato noi è una definizione pragmatica di varietà differenziabile; come sarà presto chiaro, avere un atlante è tutto quello che serve per lavorare su una varietà. Bisogna però onestamente ammettere che non ha senso dire che due atlanti diversi sullo stesso insieme danno sempre varietà differenziabili diverse. Per esempio, se a un atlante $\mathcal{A}$ aggiungiamo carte ottenute come nelle Osservazioni 2.1.3 e 2.1.4 otteniamo sì un altro atlante, ma di fatto non abbiamo cambiato nulla: tutte le carte aggiunte sono compatibili con tutte quelle già presenti in $\mathcal{A}$, per cui non forniscono alcuna nuova informazione. Questo suggerisce di considerare atlanti massimali rispetto all'inclusione.

Definizione 2.1.6. Diremo che due atlanti $\mathcal{A}$ e $\mathcal{B}$ di dimensione n su un insieme M sono *compatibili* se $\mathcal{A} \cup \mathcal{B}$ è ancora un atlante di M (cioè tutte le carte di $\mathcal{A}$ sono compatibili con tutte le carte di $\mathcal{B}$ e viceversa; vedi l'Esercizio 2.1).

Una *struttura differenziabile* di *dimensione* $n \in \mathbb{N}$ su un insieme M è un atlante di dimensione n su M massimale rispetto all'inclusione.

Il punto è che ogni atlante determina un'unica struttura differenziabile, e due atlanti compatibili determinano la stessa struttura:

Proposizione 2.1.7. *Ogni atlante di dimensione n su un insieme M è contenuto in una e una sola struttura differenziabile di dimensione n, e due atlanti compatibili sono contenuti nella stessa struttura differenziabile.*

Dimostrazione. Dato un atlante $\mathcal{A}$ di dimensione n su M, poniamo

$$\mathcal{M} = \{(U,\varphi) \mid (U,\varphi) \text{ è una } n\text{-carta compatibile con tutte le carte di } \mathcal{A}\}\ .$$

Chiaramente, $\mathcal{A} \subseteq \mathcal{M}$ e $\mathcal{M}$ contiene ogni altro atlante di dimensione n compatibile con $\mathcal{A}$; in particolare, contiene ogni struttura differenziabile contenente $\mathcal{A}$. Quindi per concludere basta (perché?) dimostrare che $\mathcal{M}$ è un atlante.

Siano (U,φ) e (V,ψ) due carte di $\mathcal{M}$. Se $U \cap V = \varnothing$, non c'è nulla da dimostrare. Supponiamo allora che $U \cap V \neq \varnothing$; dobbiamo dimostrare che $\varphi(U \cap V)$ e $\psi(U \cap V)$ sono aperti di $\mathbb{R}^n$, e che $\psi \circ \varphi^{-1}$ è un diffeomorfismo fra di loro. Prendiamo $p \in U \cap V$. Siccome $\mathcal{A}$ è un atlante, esiste una carta $(W,\chi) \in \mathcal{A}$ in p. Per definizione di $\mathcal{M}$, sia (U,φ) che (V,ψ) sono compatibili con (W,χ); quindi $\varphi(U \cap W)$, $\chi(U \cap W)$, $\psi(V \cap W)$ e $\chi(V \cap W)$ sono aperti di $\mathbb{R}^n$ e

$$\chi \circ \varphi^{-1} \colon \varphi(U \cap W) \to \chi(U \cap W) \qquad \text{e} \qquad \psi \circ \chi^{-1} \colon \chi(V \cap W) \to \psi(U \cap W)$$

sono diffeomorfismi C^∞. Ne segue che $\chi(U \cap W) \cap \chi(V \cap W) = \chi(U \cap V \cap W)$ è un intorno aperto di $\chi(p)$, e che

$$\psi \circ \varphi^{-1}|_{\varphi(U \cap V \cap W)} = (\psi \circ \chi^{-1}) \circ (\chi \circ \varphi^{-1}) \colon \varphi(U \cap V \cap W) \to \psi(U \cap V \cap W)$$

è un diffeomorfismo fra aperti di $\mathbb{R}^n$. Siccome p era un generico punto di $U \cap V$, otteniamo che $\psi \circ \varphi^{-1}$ è un diffeomorfismo fra gli aperti $\varphi(U \cap V)$ e $\psi(U \cap V)$, come voluto. $\square$

Dare un atlante è quindi equivalente a dare una struttura differenziabile. In particolare, nel seguito la frase "M è una varietà" vorrà dire che abbiamo fissato una particolare struttura differenziabile su M, e lavoreremo liberamente con qualsiasi atlante compatibile con questa struttura differenziabile.

Ora, c'è un'altra questione tecnica da tenere presente. In molti testi (vedi, per esempio, [24] e [3]) la definizione di varietà differenziabile prevede che l'insieme M sia uno spazio topologico, che i domini delle carte locali siano degli aperti e che le carte locali siano degli omeomorfismi con l'immagine. In realtà, la struttura di varietà così come l'abbiamo definita noi induce automaticamente una topologia su M che soddisfa queste condizioni:

Proposizione 2.1.8. *Un atlante $\mathcal{A} = \{(U_\alpha, \varphi_\alpha)\}$ di dimensione n su un insieme M induce su M una topologia dichiarando che $A \subseteq M$ è aperto se e solo se $\varphi_\alpha(A \cap U_\alpha)$ è aperto in $\mathbb{R}^n$ per ogni carta $(U_\alpha, \varphi_\alpha) \in \mathcal{A}$. Inoltre questa è l'unica topologia su M per cui tutti gli U_α sono aperti e tutte le φ_α sono degli omeomorfismi con l'immagine.*

Dimostrazione. Indichiamo con τ la famiglia degli aperti definiti nell'enunciato. Per costruzione, sia M che l'insieme vuoto appartengono a τ. Inoltre, poiché le carte sono bigettive abbiamo

$$\varphi_\alpha(A \cap B \cap U_\alpha) = \varphi_\alpha(A \cap U_\alpha) \cap \varphi_\alpha(B \cap U_\alpha)$$

per ogni A, $B \subseteq M$, e

$$\varphi_\alpha\left(\left(\bigcup_\gamma A_\gamma\right) \cap U_\alpha\right) = \bigcup_\gamma \varphi_\alpha(A_\gamma \cap U_\alpha)$$

per ogni famiglia $\{A_\gamma\}$ di sottoinsiemi di M; ne segue che l'intersezione finita e l'unione arbitraria di aperti è aperta, per cui τ è effettivamente una topologia, ed è evidente che gli U_α sono aperti e le φ_α sono degli omeomorfismi con l'immagine rispetto a τ.

Sia ora $\tilde{\tau}$ un'altra topologia rispetto a cui gli U_α sono aperti e le φ_α degli omeomorfismi con l'immagine. Se $A \in \tau$, per definizione ogni $\varphi_\alpha(A \cap U_\alpha)$ è aperto in $\mathbb{R}^n$, e quindi $A \cap U_\alpha \in \tilde{\tau}$. Essendo $A = \bigcup_\alpha(A \cap U_\alpha)$, otteniamo $A \in \tilde{\tau}$, per cui $\tau \subseteq \tilde{\tau}$. Ma in modo analogo si dimostra che $\tilde{\tau} \subseteq \tau$; quindi $\tilde{\tau} = \tau$. $\square$

È facile vedere (Esercizio 2.3) che due atlanti compatibili definiscono la stessa topologia; questo suggerisce le prossime definizioni.

Definizione 2.1.9. La topologia ottenuta su un insieme M a partire da un atlante è detta *indotta* dalla struttura (di varietà) differenziabile.

Definizione 2.1.10. Sia M uno spazio topologico. Diremo che una n-carta (U, φ) su M è *compatibile* con la topologia data se U è aperto in M e φ è un omeomorfismo con l'immagine. Diremo che un atlante $\mathcal{A}$ su M è *compatibile* con la topologia data se tutte le sue carte lo sono, per cui (Esercizio 2.4) induce su M la topologia data. Diremo che uno spazio topologico *ammette* una struttura differenziabile di dimensione n se ha un atlante di dimensione n compatibile con la topologia data.

Osservazione 2.1.11. Si può dimostrare che se uno spazio topologico M ammette una struttura differenziabile di dimensione n *non può* ammettere anche una struttura differenziabile di dimensione $m \neq n$. Questo segue dal fatto che due aperti di spazi euclidei di dimensione diversa non possono mai essere omeomorfi, risultato noto come *Teorema di invarianza della dimensione* (vedi l'Esercizio 5.12).

D'altra parte, su uno spazio topologico possono esistere più strutture differenziabili (necessariamente di uguale dimensione) che inducono la topologia data pur non essendo compatibili fra loro; vedi l'Esempio 2.1.23 per un caso semplice, e l'Osservazione 2.2.14 per esempi ben più complicati (e ben più interessanti).

Se nel seguito ci troveremo a definire una struttura di varietà differenziabile su uno spazio topologico, a meno di avviso contrario

supporremo sempre che la struttura di varietà differenziabile induca
la topologia data,

e non un'altra; gli atlanti saranno sempre compatibili con la topologia.

Osservazione 2.1.12. È facile dimostrare (vedi l'Esercizio 2.6) che la topologia di una varietà ha le stesse proprietà locali della topologia di $\mathbb{R}^n$. In particolare, è localmente compatta, localmente connessa e localmente connessa per archi (per cui le componenti connesse sono aperte e coincidono con le componenti connesse per archi).

Osservazione 2.1.13. Per importanti motivi tecnici che discuteremo nella Sezione 2.7,

supporremo sempre che la topologia di una varietà sia di Hausdorff e
a base numerabile.

È facile (vedi l'Esempio 2.1.22) costruire esempi di varietà non Hausdorff; costruire esempi di varietà Hausdorff non a base numerabile è molto più delicato, ma è possibile (vedi [35, pag. 71]).

Si vede facilmente (Esercizio 2.7) che una varietà è a base numerabile se e solo se possiede un atlante numerabile; l'Esercizio 2.8 fornisce invece una semplice condizione necessaria e sufficiente in termini di atlanti perché una varietà sia di Hausdorff.

Riassumiamo con la definizione ufficiale di varietà differenziabile quanto detto finora:

Definizione 2.1.14. Una *varietà (differenziabile)* di *dimensione n* è un insieme M provvisto di una struttura differenziabile di dimensione n che induce su M una topologia di Hausdorff e a base numerabile.

In pratica una struttura differenziabile è sempre data tramite un atlante, a cui si aggiungono o tolgono carte compatibili a seconda delle necessità.

Osservazione 2.1.15. Essendo a base numerabile con componenti connesse aperte, una varietà M ha al più una quantità numerabile di componenti connesse. Ogni componente connessa di M, essendo aperta, è a sua volta una varietà della stessa dimensione di M (vedi l'Esempio 2.1.20); per questo motivo spesso si tende ad assumere implicitamente che una varietà sia connessa. Per evitare confusione, in questo libro cercheremo di enunciare esplicitamente quali enunciati valgono solo per varietà connesse (dove la connessione è, s'intende, rispetto alla topologia indotta dalla struttura di varietà).

Osservazione 2.1.16. In questo libro parleremo quasi esclusivamente di varietà di classe C^∞, ma è chiaro che lo stesso approccio può essere usato per definire varietà di classe C^k con $k \in \mathbb{N}$ qualsiasi, (o varietà analitiche reali), semplicemente richiedendo che i cambiamenti di carta siano diffeomorfismi di classe C^k

(o analitici reali) invece che C^∞. Per esempio, le *varietà topologiche* non sono altro che le varietà di classe C^0, in cui i cambiamenti di carta sono solo degli omeomorfismi. Va però detto che diversi dei risultati che presenteremo (in particolare quelli riguardanti i vettori tangenti e le derivazioni; vedi gli Esercizi 2.62 e 2.63) potrebbero non valere per varietà di classe C^k con $k < \infty$, essenzialmente perché la derivata di una funzione di classe C^k in generale non è più di classe C^k ma solo di classe C^{k-1}. Per questo motivo noi ci concentreremo sulle varietà differenziabili; [13] discute più in dettaglio la teoria delle varietà C^k.

Infine, usando $\mathbb{C}^n$ al posto di $\mathbb{R}^n$ e applicazioni olomorfe al posto di applicazioni C^∞ otteniamo la definizione di *varietà complessa* (od *olomorfa*) di *dimensione complessa n*. È facile verificare (Esercizio 2.5) che una varietà complessa di dimensione complessa n è in modo naturale una varietà differenziabile di dimensione reale $2n$.

Osservazione 2.1.17. Un'altra possibile generalizzazione consiste nel sostituire $\mathbb{R}^n$ con uno spazio di Banach (o addirittura con uno spazio di Fréchet) di dimensione infinita; in questo modo si ottengono varietà (di dimensione infinita) modellate su uno spazio di Banach. Per maggiori informazioni consulta, per esempio, [21].

Avendo concluso la sistemazione delle questioni fondazionali, possiamo iniziare a fare esempi di varietà.

Esempio 2.1.18. Un aperto U di $\mathbb{R}^n$ è banalmente una varietà n-dimensionale, con un atlante $\mathcal{A} = \{(U, \mathrm{id}_U)\}$ costituito da un'unica carta, dove $\mathrm{id}_U : U \to U$ indica l'applicazione identica.

Esempio 2.1.19. Sia $U \subset \mathbb{R}^n$ aperto, e $F : U \to \mathbb{R}^m$ un'applicazione qualsiasi. Allora il *grafico* Γ_F di F, che è l'insieme

$$\Gamma_F = \big\{ \big(x, F(x)\big) \in \mathbb{R}^{n+m} \mid x \in U \big\} \subset \mathbb{R}^{n+m}$$

è una varietà n-dimensionale, con un atlante costituito dall'unica carta $\varphi : \Gamma_F \to U$ data da $\varphi\big(x, F(x)\big) = x$. *Attenzione:* la topologia indotta da questa struttura differenziabile coincide con la topologia di Γ_F come sottospazio di $\mathbb{R}^{n+m}$ se e solo se F è continua (Esercizio 2.12). Vedremo inoltre nell'Esempio 2.4.11 che Γ_F è (in un senso naturale che definiremo nella Sezione 2.4) una sottovarietà di $\mathbb{R}^{n+m}$ se e solo se F è C^∞.

Esempio 2.1.20. Se M è una varietà e $U \subseteq M$ è aperto (rispetto alla topologia indotta, ovviamente), allora anche U ha una naturale struttura di varietà, della stessa dimensione. Infatti, se $\{(U_\alpha, \varphi_\alpha)\}$ è un atlante di M, allora $\{(U_\alpha \cap U, \varphi_\alpha|_{U_\alpha \cap U})\}$ è un atlante per U (Esercizio 2.9).

Esempio 2.1.21. Se M è una varietà m-dimensionale, e N è una varietà n-dimensionale, allora $M \times N$ ha una struttura naturale di varietà $(m + n)$-dimensionale, detta *varietà prodotto*. Infatti, se $\mathcal{A} = \{(U_\alpha, \varphi_\alpha)\}$ è un atlante di M, e $\mathcal{B} = \{(V_\beta, \psi_\beta)\}$ è un atlante di N, allora $\mathcal{A} \times \mathcal{B} = \{(U_\alpha \times V_\beta, \varphi_\alpha \times \psi_\beta)\}$ è un atlante di $M \times N$ (Esercizio 2.10), e l'applicazione $\varphi_\alpha \times \psi_\beta : U_\alpha \times V_\beta \to \mathbb{R}^{n+m}$ è definita da $\varphi_\alpha \times \psi_\beta(p, q) = (\varphi_\alpha(x), \psi_\beta(y))$.

Esempio 2.1.22. Sia $M = \mathbb{R} \cup \{0'\}$, dove $0'$ è un punto non appartenente a $\mathbb{R}$. Possiamo definire su M una struttura di varietà differenziabile di dimensione 1 con le seguenti due carte: $(\mathbb{R}, \mathrm{id}_\mathbb{R})$ e $(\mathbb{R}^* \cup \{0'\}, \varphi)$, dove $\mathbb{R}^* = \mathbb{R} \setminus \{0\}$ e $\varphi : \mathbb{R}^* \cup \{0'\} \to \mathbb{R}$ è data da

$$\varphi(x) = \begin{cases} x & \text{se } x \in \mathbb{R}^*, \\ 0 & \text{se } x = 0'. \end{cases}$$

Si verifica subito (controlla) che $\{(\mathbb{R}, \mathrm{id}_\mathbb{R}), (\mathbb{R}^* \cup \{0'\}, \varphi)\}$ è un atlante per M, ma la topologia indotta non è di Hausdorff: i punti 0 e $0'$ non hanno intorni disgiunti. Se ripetiamo l'operazione aggiungendo, invece di un punto solo, una quantità più che numerabile di punti otteniamo una varietà che non è a base numerabile, ma non è nemmeno di Hausdorff.

Esempio 2.1.23. Chiaramente, $\mathcal{A} = \{(\mathbb{R}, \mathrm{id}_\mathbb{R})\}$ è un atlante sulla retta reale. Anche $\tilde{\mathcal{A}} = \{(\mathbb{R}, \varphi)\}$, dove $\varphi(t) = t^3$, è un atlante su $\mathbb{R}$, che induce la stessa topologia, ma le due carte $(\mathbb{R}, \mathrm{id}_\mathbb{R})$ e $(\mathbb{R}, \varphi)$ *non* sono compatibili (perché?). Quindi persino sulla retta possiamo definire due diverse strutture di varietà differenziabili. In realtà, vedremo che queste due strutture, benché diverse, sono equivalenti (sono diffeomorfe: vedi la Definizione 2.2.1 e l'Esempio 2.2.13), per cui possono sostanzialmente essere identificate.

Esempio 2.1.24. Sia V uno spazio vettoriale di dimensione n su $\mathbb{R}$; vogliamo definire una naturale struttura di varietà n-dimensionale su V. Fissata una base $\mathcal{B}$ di V, indichiamo con $\varphi_\mathcal{B} : V \to \mathbb{R}^n$ l'applicazione che associa a ogni vettore $v \in V$ le sue coordinate rispetto a $\mathcal{B}$. Allora $\mathcal{A} = \{(V, \varphi_\mathcal{B})\}$ è un atlante di V costituito da una sola carta. Due basi diverse inducono atlanti compatibili: infatti, se $\mathcal{C}$ è un'altra base di V, il cambiamento di coordinate $\varphi_\mathcal{C} \circ \varphi_\mathcal{B}^{-1} : \mathbb{R}^n \to \mathbb{R}^n$ non è altro che l'applicazione lineare definita dalla matrice di cambiamento di base.

Esempio 2.1.25. Il *gruppo generale lineare* $GL(n, \mathbb{R})$ delle matrici $n \times n$ invertibili a coefficienti reali è una varietà di dimensione n^2, in quanto è un aperto dello spazio $M_{n,n}(\mathbb{R})$ di tutte le matrici $n \times n$ a coefficienti reali, spazio che possiamo ovviamente identificare con $\mathbb{R}^{n^2}$.

Più in generale, il gruppo $GL(V)$ degli automorfismi di uno spazio vettoriale V di dimensione n su $\mathbb{R}$ è una varietà di dimensione n^2. Infatti, fissata una base $\mathcal{B}$ di V, indichiamo con $\varphi_\mathcal{B} : GL(V) \to GL(n, \mathbb{R}) \subset \mathbb{R}^{n^2}$ l'applicazione che associa a ogni automorfismo $L \in GL(V)$ la matrice che lo rappresenta rispetto alla base $\mathcal{B}$. Allora $\mathcal{A} = \{(GL(V), \varphi_\mathcal{B})\}$ è un atlante di $GL(V)$ costituito da una sola carta. Due basi diverse inducono atlanti compatibili: infatti, se $\mathcal{C}$ è un'altra base di V, il cambiamento di coordinate

$\varphi_C \circ \varphi_B^{-1} : GL(n, \mathbb{R}) \to GL(n, \mathbb{R})$ non è altro che l'applicazione $X \mapsto B^{-1}XB$, dove $B \in GL(n, \mathbb{R})$ è la matrice di cambiamento di base.

Analogamente si vede che il *gruppo generale lineare complesso* $GL(n, \mathbb{C})$ delle matrici $n \times n$ invertibili a coefficienti complessi è una varietà complessa di dimensione complessa n^2.

Un esempio più interessante di varietà (compatta, e che non ha atlanti costituiti da un'unica carta; vedi l'Esercizio 2.14) è dato dalla sfera.

Definizione 2.1.26. La *sfera* S_R^n n-dimensionale di *raggio* $R > 0$ (e centro l'origine) è definita da

$$S_R^n = \{x = (x^1, \ldots, x^{n+1}) \in \mathbb{R}^{n+1} \mid \|x\| = R\} \subset \mathbb{R}^{n+1} ,$$

dove $\| \cdot \|$ è la norma euclidea.

La *palla* n-dimensionale di *raggio* $R > 0$ (e centro l'origine) è invece definita da

$$B_R^n = \{y = (y^1, \ldots, y^n) \in \mathbb{R}^n \mid \|y\| < R\} \subset \mathbb{R}^n .$$

Quando $R = 1$, scriveremo S^n al posto di S_1^n e B^n al posto di B_1^n.

Esempio 2.1.27. La sfera S_R^n ammette una naturale struttura di varietà n-dimensionale, compatibile con la topologia indotta da $\mathbb{R}^{n+1}$. Per dimostrarlo, dobbiamo costruire un atlante; in effetti ne costruiremo tre, uno in questo esempio e due negli esempi successivi, tutti compatibili. Per il primo atlante poniamo

$$U_j^+ = \{x \in S_R^n \mid x^j > 0\} \qquad e \qquad U_j^- = \{x \in S_R^n \mid x^j < 0\} ,$$

per $j = 1, \ldots, n+1$, in modo da avere $S_R^n = \bigcup_{j=1}^{n+1}(U_j^+ \cup U_j^-)$. Definiamo poi $\varphi_j^\pm : U_j^\pm \to B_R^n \subset \mathbb{R}^n$ ponendo

$$\varphi_j^\pm(x) = (x^1, \ldots, x^{j-1}, x^{j+1}, \ldots, x^{n+1}) .$$

Chiaramente

$$(\varphi_j^\pm)^{-1}(y) = \left(y^1, \ldots, y^{j-1}, \pm\sqrt{R^2 - \|y\|^2}, y^j, \ldots, y^n\right) ,$$

per cui ciascuna $\varphi_j^\pm$ è una bigezione fra $U_j^\pm$ e B_R^n, e le coppie $(U_j^\pm, \varphi_j^\pm)$ sono delle n-carte. Inoltre ciascun $U_j^\pm$ è aperto in S_R^n, e ciascuna $\varphi_j^\pm$ è un omeomorfismo con l'immagine; quindi per concludere ci basta verificare che queste carte sono a due a due compatibili. Per semplicità, verificheremo la compatibilità fra (U_1^+, φ_1^+) e (U_2^-, φ_2^-); la compatibilità fra le altre carte si verifica in modo del tutto analogo (controlla). Prima di tutto,

$$U_1^+ \cap U_2^- = \{x \in S_R^n \mid x^1 > 0, x^2 < 0\} ,$$

per cui

$$\varphi_1^+(U_1^+ \cap U_2^-) = \{y \in B_R^n \mid y^1 < 0\} \quad \text{e} \quad \varphi_2^-(U_1^+ \cap U_2^-) = \{y \in B_R^n \mid y^1 > 0\}$$

sono aperti di $\mathbb{R}^n$. Inoltre,

$$\varphi_2^- \circ (\varphi_1^+)^{-1}(y) = \left(\sqrt{R^2 - \|y\|^2}, y^2, \ldots, y^n\right)$$

è un diffeomorfismo di classe C^∞ fra $\varphi_1^+(U_1^+ \cap U_2^-)$ e $\varphi_2^-(U_1^+ \cap U_2^-)$, e la compatibilità è verificata.

Esempio 2.1.28. L'atlante su S_R^n costruito nell'esempio precedente conteneva $2(n+1)$ carte; vogliamo ora costruire un atlante di S_R^n compatibile col precedente e che contenga solo due carte, usando le proiezioni stereografiche. Sia $N = (0, \ldots, 0, R) \in S_R^n$ il polo nord, e indichiamo con $\varphi_N : S_R^n \setminus \{N\} \to \mathbb{R}^n$ la *proiezione stereografica*, cioè l'applicazione che a ciascun $p \in S_R^n \setminus \{N\}$ associa l'intersezione della retta passante per N e p con l'iperpiano $\{x^{n+1} = 0\} \subset \mathbb{R}^{n+1}$ (iperpiano che identifichiamo con $\mathbb{R}^n$ nel modo ovvio).

La retta per N e $p = (p^1, \ldots, p^n, p^{n+1}) \in S_R^n \setminus \{N\}$ è parametrizzata da $t \mapsto N + t(p - N)$. Quindi interseca l'iperpiano $\{x^{n+1} = 0\}$ quando t soddisfa l'equazione $R + t(p^{n+1} - R) = 0$; di conseguenza la proiezione stereografica è data da

$$\varphi_N(p) = \frac{R}{R - p^{n+1}}(p^1, \ldots, p^n) \,.$$

Per mostrare che φ_N è un omeomorfismo fra $S_R^n \setminus \{N\}$ ed $\mathbb{R}^n$ calcoliamo l'inversa. Se $\varphi_N(p) = x$ dobbiamo avere $x^j = Rp^j/(R - p^{n+1})$ per $j = 1, \ldots, n$. Elevando al quadrato, sommando e ricordando che $p \in S_R^n$ otteniamo

$$\|x\|^2 = R^2 \frac{R + p^{n+1}}{R - p^{n+1}} \,,$$

cioè

$$p^{n+1} = R \frac{\|x\|^2 - R^2}{\|x\|^2 + R^2} \,.$$

Quindi φ_N è invertibile, e

$$\varphi_N^{-1}(x) = \left(\frac{2R^2 x^1}{\|x\|^2 + R^2}, \ldots, \frac{2R^2 x^n}{\|x\|^2 + R^2}, R\frac{\|x\|^2 - R^2}{\|x\|^2 + R^2}\right)$$

è l'inversa di φ_N, per cui $(S_R^n \setminus \{N\}, \varphi_N)$ è una n-carta compatibile con la topologia naturale di S_R^n (quella indotta da $\mathbb{R}^{n+1}$).

Ci serve un'altra carta per coprire il polo nord; useremo la proiezione stereografica $\varphi_S : S_R^n \setminus \{S\} \to \mathbb{R}^n$ dal polo sud $S = (0, \ldots, 0, -R) \in S_R^n$. Ragionando come prima troviamo

$$\varphi_S(p) = \frac{R}{R + p^{n+1}}(p^1, \ldots, p^n)$$

e

$$\varphi_S^{-1}(x) = \left(\frac{2R^2 x^1}{R^2 + \|x\|^2}, \ldots, \frac{2R^2 x^n}{R^2 + \|x\|^2}, R\frac{R^2 - \|x\|^2}{R^2 + \|x\|^2} \right).$$

Le due carte $(S_R^n \setminus \{N\}, \varphi_N)$ e $(S_R^n \setminus \{S\}, \varphi_S)$ sono compatibili. Infatti $(S_R^n \setminus \{N\}) \cap (S_R^n \setminus \{S\}) = S_R^n \setminus \{N, S\}$; inoltre

$$\varphi_N(S_R^n \setminus \{N, S\}) = \mathbb{R}^n \setminus \{O\} = \varphi_S(S_R^n \setminus \{N, S\}),$$

e

$$\varphi_S \circ \varphi_N^{-1}(x) = \frac{R^2}{\|x\|^2}\, x = \varphi_N \circ \varphi_S^{-1}(x).$$

Vogliamo ora verificare la compatibilità di questo atlante con quello introdotto nell'esempio precedente. Cominciamo con le carte $(S_R^n \setminus \{N\}, \varphi_N)$ e $(U_j^\pm, \varphi_j^\pm)$ per $j = 1, \ldots, n$. Abbiamo

$$S_R^n \setminus \{N\} \cap U_j^\pm = \{p \in S_R^n \mid p^{n+1} \neq R, \pm p^j > 0\} = U_j^\pm,$$
$$\varphi_N(S_R^n \setminus \{N\} \cap U_j^\pm) = \{x \in \mathbb{R}^n \mid \pm x^j > 0\}, \qquad \varphi_j^\pm(S_R^n \setminus \{N\} \cap U_j^\pm) = B_R^n.$$

Quindi

$$\varphi_N \circ (\varphi_j^\pm)^{-1}(x) = \frac{R}{R - x^n}(x^1, \ldots, x^{j-1}, \pm\sqrt{R^2 - \|x\|^2}, x^j, \ldots, x^{n-1})$$

è di classe C^∞. Anche $\varphi_j^\pm \circ \varphi_N^{-1}$ è di classe C^∞, in quanto è ottenuta togliendo una coordinata a φ_N^{-1}, che è di classe C^∞ quando è pensata come applicazione a valori in $\mathbb{R}^{n+1}$.

Infine, per verificare la compatibilità fra $(S_R^n \setminus \{N\}, \varphi_N)$ e $(U_{n+1}^+, \varphi_{n+1}^+)$ basta notare che

$$S_R^n \setminus \{N\} \cap U_{n+1}^+ = \{p \in S_R^n \mid 0 < p^{n+1} < R\},$$
$$\varphi_N(S_R^n \setminus \{N\} \cap U_{n+1}^+) = \{x \in \mathbb{R}^n \mid \|x\| > R\},$$
$$\varphi_{n+1}^+(S_R^n \setminus \{N\} \cap U_j^\pm) = B_R^n \setminus \{O\},$$

e che

$$\varphi_N \circ (\varphi_{n+1}^+)^{-1}(x) = \frac{R}{R - \sqrt{R^2 - \|x\|^2}}\, x, \quad \text{e} \quad \varphi_{n+1}^+ \circ \varphi_N^{-1}(x) = \frac{2R^2}{R^2 + \|x\|^2}\, x.$$

La compatibilità fra $(S_R^n \setminus \{N\}, \varphi_N)$ e $(U_{n+1}^-, \varphi_{n+1}^-)$, come pure la compatibilità fra $(S_R^n \setminus \{S\}, \varphi_S)$ e le altre carte, si verifica in modo analogo.

Esempio 2.1.29. Il terzo atlante che consideriamo su S_R^n ha più carte del precedente ma, come vedremo in seguito, è molto più comodo per fare i conti. Per $j = 1, \ldots, n$ poniamo $U_j = S_R^n \setminus \{p^j = 0, p^{j+1} \geq 0\}$, mentre per $j = n+1$ poniamo $U_{n+1} = S_R^n \setminus \{p^{n+1} = 0, p^1 \geq 0\}$. Sia poi $V \subset \mathbb{R}^n$ l'aperto

$$V = \{(\theta^1, \ldots, \theta^n) \in \mathbb{R}^n \mid 0 < \theta^1 < 2\pi, 0 < \theta^j < \pi \text{ per } j = 2, \ldots, n\} \ .$$

Definiamo $\psi_j \colon V \to U_j$ per $j = 1, \ldots, n+1$ con

$$\psi_j(\theta^1, \ldots, \theta^n) = R\, \tau_j \big(\sin\theta^1 \cdots \sin\theta^n, \cos\theta^1 \sin\theta^2 \cdots \sin\theta^n,$$
$$\cos\theta^2 \sin\theta^3 \cdots \sin\theta^n, \ldots, \cos\theta^{n-1} \sin\theta^n, \cos\theta^n \big) \ ,$$

dove $\tau_j \colon \mathbb{R}^{n+1} \to \mathbb{R}^{n+1}$ è la permutazione ciclica delle coordinate data da

$$\tau_j(p^1, \ldots, p^{n+1}) = (p^{n+3-j}, p^{n+4-j}, \ldots, p^{n+1}, p^1, \ldots, p^{n+2-j}) \ .$$

Si verifica facilmente che ciascuna ψ_j è una bigezione continua fra V e U_j, per cui (U_j, ψ_j^{-1}) è una n-carta di S_R^n. Con un po' più di fatica (Esercizio 2.15, o usando le tecniche più generali dell'Esercizio 2.89) si verifica che ciascuna ψ_j è un omeomorfismo con l'immagine, e che $\psi_h^{-1} \circ \psi_k$ è di classe C^∞ per ogni $1 \le h,\, k \le n+1$. Siccome $U_1 \cup \cdots \cup U_{n+1} = S_R^n$, abbiamo trovato un nuovo atlante $\{(U_j, \psi_j^{-1})\}$, le cui carte forniscono le *coordinate sferiche* sulla sfera. Non è difficile (Esercizio 2.15) anche controllare che questo atlante è compatibile con quelli introdotti negli esempi precedenti.

Altri esempi di varietà compatte sono i prodotti cartesiani di sfere. Un caso che merita di essere menzionato esplicitamente è il seguente:

Definizione 2.1.30. Il *toro n-dimensionale* è la varietà $\mathbb{T}^n = S^1 \times \cdots \times S^1$ (dove il prodotto ha n fattori) con la struttura differenziabile prodotto introdotta nell'Esempio 2.1.21.

Gli esempi che abbiamo visto finora (con l'eccezione dell'Esempio 2.1.22) erano sottoinsiemi di un qualche spazio euclideo $\mathbb{R}^n$, o facilmente identificabili a un tale sottoinsieme. I prossimi due esempi, invece, sono esempi importanti di varietà che non nascono come sottoinsiemi di $\mathbb{R}^n$ (anche se è possibile immergerli, sia pure in modo non ovvio, in uno spazio euclideo; vedi il Teorema 2.8.13).

Definizione 2.1.31. Sia V uno spazio vettoriale su un campo $\mathbb{K}$. Lo *spazio proiettivo* di V (vedi anche la Definizione 1.E.5) è l'insieme $\mathbb{P}(V)$ delle classi di equivalenza di $V \setminus \{O\}$ rispetto alla relazione di equivalenza $\sim$ definita da $v \sim w$ se e solo se $v = \lambda w$ per qualche $\lambda \in \mathbb{K}^*$. In altre parole, $\mathbb{P}(V)$ è l'insieme dei sottospazi unidimensionali di V. La proiezione naturale di $V \setminus \{O\}$ su $\mathbb{P}(V)$ sarà indicata con $v \mapsto [v]$.

Lo spazio proiettivo $\mathbb{P}(\mathbb{R}^{n+1})$ sarà detto *spazio proiettivo* (numerico) *reale di dimensione n*, e sarà indicato con $\mathbb{P}^n(\mathbb{R})$. Analogamente, lo spazio proiettivo $\mathbb{P}(\mathbb{C}^{n+1})$ sarà detto *spazio proiettivo* (numerico) *complesso di dimensione n*, e sarà indicato con $\mathbb{P}^n(\mathbb{C})$.

Se $x = (x^0, \ldots, x^n) \in \mathbb{R}^{n+1} \setminus \{O\}$, indicheremo con $[x^0 : \cdots : x^n]$ la sua proiezione $[x] \in \mathbb{P}^n(\mathbb{R})$, e diremo che $(x^0, \ldots, x^n)$ sono *coordinate omogenee* di $[x]$.

Chiaramente

$$[\lambda x^0 : \cdots : \lambda x^n] = [x^0 : \cdots : x^n]$$

per ogni $\lambda \in \mathbb{R}^*$ e ogni $[x] \in \mathbb{P}^n(\mathbb{R})$, per cui sia $(x^0, \ldots, x^n)$ sia $(\lambda x^0, \ldots, \lambda x^n)$ sono coordinate omogenee di $[x]$.

Esempio 2.1.32. Lo spazio proiettivo reale $\mathbb{P}^n(\mathbb{R})$ ammette una naturale struttura di varietà n-dimensionale. Per $j = 0, \ldots, n$ sia

$$U_j = \{[x^0 : \cdots : x^n] \in \mathbb{P}^n(\mathbb{R}) \mid x^j \neq 0\} ,$$

e definiamo delle bigezioni $\varphi_j \colon U_j \to \mathbb{R}^n$ ponendo

$$\varphi_j([x^0 : \cdots : x^n]) = \left(\frac{x^0}{x^j}, \ldots, \frac{x^{j-1}}{x^j}, \frac{x^{j+1}}{x^j}, \ldots, \frac{x^n}{x^j} \right) ,$$

in modo che

$$\varphi_j^{-1}(y) = [y^1 : \cdots : y^{j-1} : 1 : y^j : \cdots : y^n] .$$

Le carte (U_0, φ_0) e (U_1, φ_1) sono compatibili: infatti,

$$\varphi_0(U_0 \cap U_1) = \{y \in \mathbb{R}^n \mid y^1 \neq 0\} = \varphi_1(U_0 \cap U_1)$$

e

$$\varphi_0 \circ \varphi_1^{-1}(y) = \left(\frac{1}{y^1}, \frac{y^2}{y^1}, \ldots, \frac{y^n}{y^1} \right) = \varphi_1 \circ \varphi_0^{-1}(y) .$$

In modo analogo si verifica la compatibilità delle altre carte, per cui $\{(U_j, \varphi_j)\}$ è un atlante, e si vede facilmente (Esercizio 2.16) che la topologia di varietà coincide con la topologia quoziente indotta da $\mathbb{R}^{n+1} \setminus \{O\}$.

Più in generale, se V è uno spazio vettoriale reale di dimensione finita, fissando una base di V si vede subito (Esercizio 2.17) che $\mathbb{P}(V)$ ammette una struttura naturale di varietà (indipendente dalla base!). In modo del tutto analogo si verifica che $\mathbb{P}^n(\mathbb{C})$ (o, più in generale, $\mathbb{P}(V)$ dove V è uno spazio vettoriale complesso di dimensione $n + 1$) ammette una naturale struttura di varietà complessa n-dimensionale.

Definizione 2.1.33. Sia V uno spazio vettoriale di dimensione n sul campo $\mathbb{K}$, e sia $1 \leq k \leq n - 1$. La *Grassmanniana* dei k-piani in V è l'insieme $G_k(V)$ dei sottospazi vettoriali di V di dimensione k (vedi anche la Definizione 1.E.11). Se $V = \mathbb{R}^n$ scriveremo $G(k, n)$ invece di $G_k(\mathbb{R}^n)$.

Esempio 2.1.34. Sia V uno spazio vettoriale reale di dimensione n; vogliamo dimostrare che $G_k(V)$ ammette una naturale struttura di varietà di dimensione $k(n - k)$.

Per dimostrarlo, (riguardati l'Esercizio 1.16 e) iniziamo introducendo le carte. Sia $Q \subset V$ un sottospazio vettoriale di dimensione $n - k$, e poniamo

$$U_Q = \left\{ P \in G_k(V) \mid P \cap Q = \{O\} \right\} \subset G_k(V) .$$

Fissiamo un elemento $P_0 \in U_Q$ (cioè un sottospazio k-dimensionale di V complementare a Q). Se $A \in \mathrm{Hom}(P_0, Q)$ si verifica facilmente (controlla) che $\iota + A \in \mathrm{Hom}(P_0, V)$ è iniettiva (dove $\iota\colon P_0 \to V$ è l'inclusione); quindi $(\iota + A)(P_0)$ ha dimensione k, e un attimo di riflessione rivela (perché?) che $(\iota + A)(P_0) \in U_Q$. Quindi abbiamo definito un'applicazione $\psi_Q\colon \mathrm{Hom}(P_0, Q) \to U_Q$ ponendo

$$\forall A \in \mathrm{Hom}(P_0, Q) \qquad \psi_Q(A) = (\iota + A)(P_0) \, .$$

L'applicazione ψ_Q è surgettiva: infatti, dato $P \in U_Q$, ogni $p_0 \in P_0$ può essere decomposto in un solo modo come $p_0 = p + q$ con $p \in P$ e $q \in Q$; ponendo $A(p_0) = -q$ abbiamo definito $A \in \mathrm{Hom}(P_0, Q)$ tale che $(\iota + A)(P_0) = P$. L'iniettività di ψ_Q è immediata (controlla); quindi ψ_Q è una bigezione. Poniamo $\varphi_Q = \psi_Q^{-1}$; siccome scegliendo basi di P_0 e Q possiamo identificare $\mathrm{Hom}(P_0, Q)$ con $\mathbb{R}^{k(n-k)}$, le coppie (U_Q, φ_Q) sono delle $k(n-k)$-carte. Nota (controlla) che partendo da un altro $P_0 \in U_Q$ si ottiene una carta compatibile con quella che abbiamo appena costruito.

Siccome ogni $P \in G_k(V)$ è il complementare di un qualche sottospazio $(n-k)$-dimensionale, gli U_Q ricoprono tutto $G_k(V)$; quindi per dimostrare che $\{(U_Q, \varphi_Q)\}$ è un atlante rimane da verificare la compatibilità delle carte.

Sia Q' un altro sottospazio $(n-k)$-dimensionale, con relativo complementare P_0' e applicazioni $\psi_{Q'}$ e $\varphi_{Q'}$. L'insieme $\varphi_Q(U_Q \cap U_{Q'}) \subseteq \mathrm{Hom}(P_0, Q)$ consiste nelle applicazioni $A \in \mathrm{Hom}(P_0, Q)$ tali che $(\iota + A)(P_0) \cap Q' = \{O\}$, che è chiaramente un aperto in $\mathrm{Hom}(P_0, Q)$.

Sia ora $A \in \varphi_Q(U_Q \cap U_{Q'})$, e poniamo $S = (\iota + A)(P_0)$. L'applicazione $\varphi_{Q'} \circ \varphi_Q^{-1}(A)$ è l'unico elemento $A' \in \mathrm{Hom}(P_0', Q')$ tale che $(\iota + A')(P_0') = S$, cioè tale che

$$\forall x' \in P_0' \; \exists! x \in P_0 : \; x' + A'x' = x + Ax \, . \tag{2.1}$$

Sia $\pi\colon V \to P_0'$ la proiezione con nucleo Q'. Applicando π a (2.1) otteniamo $x' = \pi \circ (\iota + A)(x)$. Ora, essendo $A \in \varphi_Q(U_Q \cap U_{Q'})$ l'applicazione $\pi \circ (\iota + A)\colon P_0 \to P_0'$ è invertibile; quindi $x = \bigl(\pi \circ (\iota + A)\bigr)^{-1}(x')$ e dunque

$$A' = (\iota + A) \circ \bigl(\pi \circ (\mathrm{id} + A)\bigr)^{-1} - \mathrm{id} \, .$$

Scrivendo questa relazione in coordinate (scegliendo basi di Q, Q', P_0 e P_0') si vede subito che le coordinate di A' dipendono in modo C^∞ dalle coordinate di A, e quindi le due carte sono compatibili.

Rimane da verificare che la topologia indotta è a base numerabile e di Hausdorff. Infatti, se $\{v_1, \dots, v_k\}$ è una base di V, il teorema di completamento a una base (vedi [1, Teorema 4.10]) mostra che ogni sottospazio k-dimensionale di V ammette un complementare generato da $n - k$ vettori della base assegnata. Quindi possiamo ricoprire $G_k(V)$ con l'insieme finito di carte ottenute considerando i sottospazi $(n-k)$-dimensionali generati dai vettori della base scelta, per cui $G_k(V)$ è a base numerabile grazie all'Esercizio 2.7. Infine, dati due sottospazi k-dimensionali P e P' esiste sempre un sottospazio $(n - k)$-dimensionale Q complementare a entrambi, per cui P, $P' \in U_Q$ e $G_k(V)$ è di Hausdorff grazie all'Esercizio 2.8.

Gli Esercizi 2.135 e 2.136 contengono altre due costruzioni della struttura di varietà sulle Grassmanniane. Infine, non è difficile controllare (Esercizio 2.19) che la struttura di varietà su $G_1(V)$ qui introdotta coincide con quella di spazio proiettivo $\mathbb{P}(V)$ introdotta nell'Esempio 2.1.32.

Un'altra classe di esempi molto utile è data dalle (iper)superfici di livello. Per introdurle ci serve una definizione.

Definizione 2.1.35. Sia $F\colon \Omega \to \mathbb{R}^m$ un'applicazione C^1 definita su un aperto $\Omega \subseteq \mathbb{R}^n$. Un punto $p \in \Omega$ è detto *punto critico* di F se il differenziale $\mathrm{d}F_p\colon \mathbb{R}^n \to \mathbb{R}^m$ non è surgettivo. Un *valore critico* è l'immagine di un punto critico. Un *valore regolare* è un punto di $F(\Omega) \subseteq \mathbb{R}^m$ che non è un valore critico. Indicheremo con $\mathrm{Crit}(F) \subseteq \Omega$ l'insieme dei punti critici di F; si vede facilmente (Esercizio 2.21) che $\mathrm{Crit}(F)$ è un chiuso di Ω.

Osservazione 2.1.36. Il teorema di Sard (vedi il Teorema 2.8.10) asserisce che l'insieme dei valori critici di un'applicazione differenziabile ha sempre misura nulla in $\mathbb{R}^m$; vedi [3, Theorem 9.5.4] oppure [15] per una dimostrazione.

Richiamiamo il seguente teorema di Analisi (vedi [9], pag. 240):

Teorema 2.1.37 (della funzione inversa). *Siano Ω un aperto di $\mathbb{R}^n$, e $F\colon \Omega \to \mathbb{R}^n$ un'applicazione di classe C^k, con $k \in \mathbb{N}^* \cup \{\infty\}$. Sia $p_0 \in \Omega$ tale che $\det \mathrm{Jac}\, F(p_0) \neq 0$, dove $\mathrm{Jac}\, F$ è la matrice Jacobiana di F. Allora esistono un intorno $U \subset \Omega$ di p_0 e un intorno $V \subset \mathbb{R}^n$ di $F(p_0)$ tali che $F|_U\colon U \to V$ sia un diffeomorfismo con inversa di classe C^k.*

Allora:

Proposizione 2.1.38. *Sia $\Omega \subseteq \mathbb{R}^{n+m}$ aperto, e $F\colon \Omega \to \mathbb{R}^m$ un'applicazione di classe C^∞. Se $a \in F(\Omega)$, allora $M_a = F^{-1}(a) \setminus \mathrm{Crit}(F)$ ha una naturale struttura di varietà n-dimensionale, compatibile con la topologia indotta da $\mathbb{R}^{n+m}$. In particolare, se a è un valore regolare allora l'intero insieme di livello $F^{-1}(a) = \{p \in \Omega \mid F(p) = a\}$ è una varietà n-dimensionale.*

Dimostrazione. Sia $p_0 \in M_a$. Siccome p_0 non è un punto critico di F, lo Jacobiano di F ha rango massimo m in p_0 per cui, a meno di permutare le coordinate, possiamo supporre che

$$\det \begin{vmatrix} \frac{\partial F^1}{\partial x^{n+1}}(p_0) & \cdots & \frac{\partial F^1}{\partial x^{n+m}}(p_0) \\ \vdots & \ddots & \vdots \\ \frac{\partial F^m}{\partial x^{n+1}}(p_0) & \cdots & \frac{\partial F^m}{\partial x^{n+m}}(p_0) \end{vmatrix} \neq 0 \,.$$

Sia allora $G\colon \Omega \to \mathbb{R}^{m+n}$ data da $G(x) = (x^1, \ldots, x^n, F(x))$; chiaramente, $\det \mathrm{Jac}(G)(p_0) \neq 0$. Possiamo quindi applicare il teorema della funzione inversa e trovare intorni $\tilde{U} \subseteq \Omega \setminus \mathrm{Crit}(F)$ di p_0 e $W \subseteq \mathbb{R}^{m+n}$ di $G(p_0)$ tali che $G|_{\tilde{U}}: \tilde{U} \to W$ sia un diffeomorfismo. Posto $H = (h^1, \ldots, h^{m+n}) = G^{-1}$ abbiamo

$$(y^1, \ldots, y^{n+m}) = G \circ H(y) = \big(h^1(y), \ldots, h^n(y), F\big(H(y)\big)\big)$$

per cui $h^i(y) = y^i$, per $i = 1, \ldots, n$ e

$$F\big(y^1, \ldots, y^n, h^{n+1}(y), \ldots, h^{n+m}(y)\big) = (y^{n+1}, \ldots, y^{n+m}) \qquad (2.2)$$

per ogni $y \in W$; in particolare $\big(y^1, \ldots, y^n, h^{n+1}(y), \ldots, h^{n+m}(y)\big) \in \tilde{U}$ per ogni $y \in W$. Poniamo $U = M_a \cap \tilde{U}$. L'insieme

$$V = \{x \in \mathbb{R}^n \mid (x, a) \in W\}$$

è chiaramente un aperto di $\mathbb{R}^n$, e possiamo definire $\psi: V \to \mathbb{R}^{n+m}$ con $\psi(x) = \big(x, h^{n+1}(x, a), \ldots, h^{n+m}(x, a)\big)$. La (2.2) ci dice (perché?) che

$$\psi(V) = F^{-1}(a) \cap \tilde{U} = U \ ,$$

e quindi $\varphi = \psi^{-1}$ è una carta locale di $F^{-1}(a)$ in p_0. Notiamo esplicitamente che $\varphi(x) = (x^1, \ldots, x^n)$ è la proiezione sulle prime n coordinate. In particolare, U è un aperto di M_a per la topologia indotta da $\mathbb{R}^{n+m}$, e φ è un omeomorfismo con l'immagine.

Rimane da dimostrare che due carte (U, φ) e $(\tilde{U}, \tilde{\varphi})$ ottenute in questo modo sono compatibili. Ma per quanto visto $\tilde{\varphi} \circ \varphi^{-1} = \tilde{\varphi} \circ \psi$ ha come coordinate alcune delle coordinate di ψ, e quindi è di classe C^∞. □

Esempio 2.1.39. Sia $F: \mathbb{R}^{n+1} \to \mathbb{R}$ la funzione data da $F(x) = \|x\|^2$. Allora l'unico valore critico di F è lo zero, e quindi $S_R^n = F^{-1}(R^2)$ è (di nuovo!) una varietà n-dimensionale. Ovviamente, l'atlante fornito dalla proposizione precedente è compatibile con quelli già incontrati (Esercizio 2.22).

Esempio 2.1.40. Il determinante è una funzione di classe C^∞ sullo spazio $M_{n,n}(\mathbb{R})$ delle matrici $n \times n$ a coefficienti reali. Se $X = (x_i^j) \in M_{n,n}(\mathbb{R})$ non è difficile verificare (vedi l'Esercizio 2.24) che

$$\frac{\partial \det}{\partial x_i^j}(X) = (-1)^{i+j} \det(X_i^j) \ ,$$

dove $X_i^j \in M_{n-1,n-1}(\mathbb{R})$ è la sottomatrice di X ottenuta cancellando la riga i-esima e la colonna j-esima di X. Quindi i punti critici della funzione determinante sono le matrici le cui sottomatrici di ordine $n-1$ hanno tutte determinante nullo, cioè

$$\mathrm{Crit}(\det) = \{A \in M_{n,n}(\mathbb{R}) \mid \mathrm{rk}\, A \leq n - 2\} \ .$$

Il determinante di una matrice di rango $n-2$ è zero, per cui 0 è l'unico valore critico di det. La Proposizione 2.1.38 ci assicura che il *gruppo speciale lineare*

$$SL(n, \mathbb{R}) = \{A \in M_{n,n}(\mathbb{R}) \mid \det A = 1\}$$

è una varietà di dimensione $n^2 - 1$,

In maniera non dissimile (vedi gli Esercizi 2.25 e 2.26) si dimostra che il *gruppo ortogonale*

$$O(n) = \{X \in M_{n,n}(\mathbb{R}) \mid X^T X = I_n\}$$

ha una struttura di varietà differenziabile di dimensione $n(n-1)/2$; che il *gruppo speciale ortogonale* $SO(n, \mathbb{R}) = O(n) \cap SL(n, \mathbb{R})$ ha una struttura di varietà differenziabile di dimensione $n(n-1)/2 - 1$; che il *gruppo speciale lineare complesso*

$$SL(n, \mathbb{C}) = \{X \in GL(n, \mathbb{C}) \mid \det X = 1\}$$

ha una struttura di varietà complessa di dimensione $n^2 - 1$ (e quindi una struttura di varietà differenziabile reale di dimensione $2n^2 - 2$); che il *gruppo unitario*

$$U(n) = \{X \in M_{n,n}(\mathbb{C}) \mid X^* X = I_n\}$$

(dove $X^* = \overline{X}^T$ è la matrice trasposta coniugata di X) ha una struttura di varietà differenziabile (reale) di dimensione n^2, e che il *gruppo speciale unitario* $SU(n) = U(n) \cap SL(n, \mathbb{C})$ ha una struttura di varietà differenziabile di dimensione $n^2 - 1$.

2.2 Applicazioni differenziabili

Nella matematica contemporanea, ogni volta che si introduce una nuova classe di oggetti (per esempio, le varietà), si cerca subito di definire anche le applicazioni ammissibili fra questi oggetti. Nel caso delle varietà, si tratta delle applicazioni differenziabili.

Definizione 2.2.1. Siano M, N due varietà. Un'applicazione $F \colon M \to N$ è *differenziabile* (o *di classe* C^∞) in $p \in M$ se esistono una carta (U, φ) in p e una carta (V, ψ) in $F(p)$ tali che $F(U) \subseteq V$ e la composizione $\psi \circ F \circ \varphi^{-1} \colon \varphi(U) \to \psi(V)$ sia di classe C^∞ in un intorno di $\varphi(p)$. Se F è differenziabile in ogni punto di M diremo che è *differenziabile* (o *di classe* C^∞). Un'applicazione differenziabile bigettiva con inversa differenziabile è detta *diffeomorfismo*. L'insieme delle applicazioni differenziabili da una varietà M a una varietà N sarà indicato con $C^\infty(M, N)$; e l'insieme delle funzioni differenziabili da M in $\mathbb{R}$ verrà indicato con $C^\infty(M)$.

Il motivo per cui la Definizione 2.2.1 è una definizione efficace è che per decidere se un'applicazione è differenziabile si può usare qualsiasi carta:

Proposizione 2.2.2. *Sia* $F \colon M \to N$ *un'applicazione fra varietà, differenziabile in* $p \in M$. *Allora per ogni carta* $(\tilde{U}, \tilde{\varphi})$ *in* p *e ogni carta* $(\tilde{V}, \tilde{\psi})$ *in* $F(p)$ *la composizione* $\tilde{\psi} \circ F \circ \tilde{\varphi}^{-1}$ *è di classe* C^∞ *in* $\tilde{\varphi}(p)$.

Dimostrazione. Siano (U, φ) e (V, ψ) carte in p e $F(p)$ tali che $\psi \circ F \circ \varphi^{-1}$ sia di classe C^∞ in $\varphi(p)$. Allora

$$\tilde{\psi} \circ F \circ \tilde{\varphi}^{-1} = (\tilde{\psi} \circ \psi^{-1}) \circ (\psi \circ F \circ \varphi^{-1}) \circ (\varphi \circ \tilde{\varphi}^{-1})$$

è di classe C^∞ in $\tilde{\varphi}(p)$ in quanto composizione di applicazioni di classe C^∞ (definite sugli opportuni aperti).   □

Osservazione 2.2.3. Un'applicazione $F: M \to N$ differenziabile in $p \in M$ è automaticamente continua in p. Infatti, sia A un intorno aperto di $F(p)$ in N; dobbiamo dimostrare che $F^{-1}(A)$ è un intorno di p. Scegliamo una carta (U, φ) in p e una carta (V, ψ) in $F(p)$ tali che $F(U) \subseteq V$ e la composizione $\psi \circ F \circ \varphi^{-1}: \varphi(U) \to \psi(V)$ sia di classe C^∞. Per definizione di topologia indotta dalla struttura di varietà, $A \cap V$ è aperto in V, e quindi $\psi(A \cap V)$ è aperto in $\psi(V)$. Ma allora

$$\varphi\big(F^{-1}(A \cap V)\big) = (\psi \circ F \circ \varphi^{-1})^{-1}\big(\psi(A \cap V)\big)$$

è aperto in $\varphi(U)$, per cui $F^{-1}(A \cap V)$ è aperto in U, e quindi in M.

Osservazione 2.2.4. In modo analogo si può definire il concetto di applicazioni di classe C^r e di C^r-diffeomorfismi fra varietà di classe C^s non appena $r \le s$. Chiaramente, due varietà di classe C^s che sono C^s-diffeomorfe sono anche C^r-diffeomorfe per ogni $r \le s$, ma vale anche il contrario: se due varietà di classe C^s sono C^r-diffeomorfe con $1 \le r \le s \le \infty$ allora sono anche C^s diffeomorfe. Inoltre, ogni varietà di classe C^r, con $1 \le r \le \infty$, è C^r-diffeomorfa a una varietà di classe C^∞, che è un altro motivo per restringere l'attenzione solo alle varietà differenziabili.

Riguardo le varietà topologiche, si può dimostrare che ogni varietà topologica di dimensione minore o uguale a 3 ammette un'unica (a meno di diffeomorfismi) struttura di varietà differenziabile compatibile con la topologia data, mentre in ogni dimensione maggiore di 3 esistono varietà topologiche compatte che non ammettono alcuna struttura differenziabile compatibile con la topologia data. Per le dimostrazioni di tutte queste affermazioni vedi [13], [30], [28] e [18].

Infine, nel caso di varietà complesse, si richiede che le composizioni $\psi \circ F \circ \varphi^{-1}$ siano olomorfe, e in tal caso si parla di *applicazioni olomorfe.* Un'applicazione olomorfa invertibile con inversa olomorfa è detta *biolomorfismo.*

Cominciamo a studiare le proprietà delle applicazioni differenziabili mostrando che la composizione di applicazioni differenziabili è differenziabile:

Proposizione 2.2.5. *Siano* $F: M \to N$ *e* $G: N \to S$ *due applicazioni differenziabili fra varietà. Allora anche la composizione* $G \circ F: M \to S$ *è differenziabile.*

Dimostrazione. Preso $p \in M$, sappiamo che per ogni carta (U, φ) in p, (V, ψ) in $F(p)$ e (W, χ) in $G(F(p))$ le applicazioni $\psi \circ F \circ \varphi^{-1}$ e $\chi \circ G \circ \psi^{-1}$ sono di classe C^∞. Ma allora anche

$$\chi \circ (G \circ F) \circ \varphi^{-1} = (\chi \circ G \circ \psi^{-1}) \circ (\psi \circ F \circ \varphi^{-1})$$

è di classe C^∞, e ci siamo.   □

Esempio 2.2.6. Sia $\varphi \colon U \to V \subseteq \mathbb{R}^n$ una carta locale di una varietà M. Allora φ è un diffeomorfismo fra U e V. Infatti è chiaramente un omeomorfismo, e le ovvie identità $\mathrm{id} \circ \varphi \circ \varphi^{-1} = \mathrm{id}$ e $\varphi \circ \varphi^{-1} \circ \mathrm{id} = \mathrm{id}$ dicono esattamente che φ e φ^{-1} sono di classe C^∞.

Esempio 2.2.7. Se $M_1, \ldots, M_k$ sono delle varietà di dimensione rispettivamente $n_1, \ldots, n_k$, e $M = M_1 \times \cdots \times M_k$ è la varietà prodotto, allora le proiezioni $\pi_j \colon M \to M_j$ (per $j = 1, \ldots, k$) sono differenziabili. Infatti, preso $p = (p_1, \ldots, p_k) \in M$ sia (U_j, φ_j) per $j = 1, \ldots, k$ una carta di M_j in p_j e sia $(U_1 \times \cdots \times U_k, \varphi)$, dove $\varphi = \varphi_1 \times \cdots \times \varphi_k$, la corrispondente carta di M in p. Allora $\varphi_j \circ \pi_j \circ \varphi^{-1} \colon \varphi_1(U_1) \times \cdots \times \varphi_k(U_k) \to \varphi_j(U_j)$ è semplicemente la proiezione sulla j-esima coordinata di $\mathbb{R}^{n_1} \times \cdots \times \mathbb{R}^{n_k}$.

Esempio 2.2.8. L'inclusione $\iota \colon S^n \to \mathbb{R}^{n+1}$ è un'applicazione differenziabile. Infatti, usando per $\mathbb{R}^{n+1}$ l'atlante banale $\{(\mathbb{R}^{n+1}, \mathrm{id}_{\mathbb{R}^{n+1}}\}$ e per S^n l'atlante dato dalle proiezioni stereografiche (Esempio 2.1.28), vediamo che $\mathrm{id}_{\mathbb{R}^{n+1}} \circ \iota \circ \varphi_N^{-1} = \varphi_N^{-1} \colon \mathbb{R}^n \to \mathbb{R}^{n+1}$ è differenziabile, e lo stesso accade usando φ_S^{-1}.

Esempio 2.2.9. La proiezione $\pi \colon \mathbb{R}^{n+1} \setminus \{O\} \to \mathbb{P}^n(\mathbb{R})$ è differenziabile. Infatti, usiamo su $\mathbb{R}^{n+1} \setminus \{O\}$ l'atlante $\{(V_j, \mathrm{id}_{\mathbb{R}^{n+1}}\}$, dove $V_j = \{x \in \mathbb{R}^{n+1} \mid x^j \neq 0\}$ per $j = 0, \ldots, n$, e su $\mathbb{P}^n(\mathbb{C})$ l'atlante dell'Esempio 2.1.32. Allora

$$\varphi_j \circ \pi \circ \mathrm{id}_{\mathbb{R}^{n+1}}(x) = \varphi_j([x^0 : \cdots : x^n]) = \left(\frac{x^0}{x^j}, \ldots, \frac{x^{j-1}}{x^j}, \frac{x^{j+1}}{x^j}, \ldots, \frac{x^n}{x^j} \right)$$

è differenziabile su V_j.

Esempio 2.2.10. È facile vedere (Esercizio 2.37) che due sfere della stessa dimensione ma raggi diversi sono diffeomorfe, come pure due palle della stessa dimensione e raggi diversi. Inoltre, l'applicazione $F \colon B_R^n \to \mathbb{R}^n$ data da

$$F(x) = \frac{x}{R^2 - \|x\|^2}$$

è un diffeomorfismo fra la palla B_R^n e lo spazio euclideo $\mathbb{R}^n$; l'inversa è

$$F^{-1}(y) = \frac{\sqrt{1 + 4R^2\|y\|^2} - 1}{2\|y\|^2} \, y \, .$$

Esempio 2.2.11. Il prodotto di matrici visto come applicazione definita su $GL(n,\mathbb{R}) \times GL(n,\mathbb{R})$ e a valori in $GL(n,\mathbb{R})$ è differenziabile. Analogamente, l'inversa è un diffeomorfismo di $GL(n,\mathbb{R})$ in sé.

Esempio 2.2.12. Sia $a \in \mathbb{R}^m$ un valore regolare di un'applicazione differenziabile $F:\mathbb{R}^n \to \mathbb{R}^m$, in modo che $M = F^{-1}(a)$ sia una varietà (Proposizione 2.1.38), e sia $G:\mathbb{R}^n \to N$ un'applicazione differenziabile, dove N è un'altra varietà. Allora la restrizione $g = G|_M:M \to N$ è differenziabile. Infatti la dimostrazione della Proposizione 2.1.38 mostra che per ogni $p \in M$ possiamo trovare una carta locale (U,φ) in p tale che $\varphi^{-1}:\varphi(U) \to \mathbb{R}^n$ sia di classe C^∞ come applicazione a valori in $\mathbb{R}^n$. Sia allora (V,ψ) una carta locale di N in $g(p)$; essendo G differenziabile, la composizione $\psi \circ G$ è di classe C^∞ in un intorno (in $\mathbb{R}^n$) di p. Ma allora $\psi \circ g \circ \varphi^{-1} = (\psi \circ G) \circ \varphi^{-1}$ è di classe C^∞ in un intorno di $\varphi(p)$, e quindi g è differenziabile in p. Essendo $p \in M$ generico, otteniamo la differenziabilità *tout-court* di g. L'Esercizio 2.91 mostrerà che, viceversa, tutte le applicazioni differenziabili su M sono restrizione di applicazioni differenziabili definite nell'ambiente $\mathbb{R}^n$; vedi anche l'Osservazione 2.4.14.

Possiamo ora dare un esempio promesso prima:

Esempio 2.2.13. Siano $\mathcal{A} = \{(\mathbb{R},\mathrm{id}_{\mathbb{R}})\}$ e $\tilde{\mathcal{A}} = \{(\mathbb{R},\varphi)\}$ i due atlanti su $\mathbb{R}$ introdotti nell'Esempio 2.1.23. Allora l'applicazione $F:(\mathbb{R},\mathcal{A}) \to (\mathbb{R},\tilde{\mathcal{A}})$ data da $F(t) = t^{1/3}$ è un diffeomorfismo. Infatti è invertibile, e siccome

$$\varphi \circ F \circ (\mathrm{id}_{\mathbb{R}})^{-1}(t) = t = \mathrm{id}_{\mathbb{R}} \circ F^{-1} \circ \varphi^{-1}(t)$$

sia F che F^{-1} sono di classe C^∞ rispetto a queste strutture differenziabili. Nota che $F:(\mathbb{R},\mathcal{A}) \to (\mathbb{R},\mathcal{A})$ *non* è differenziabile (mentre l'inversa lo è).

Osservazione 2.2.14. Non è difficile dimostrare (vedi l'Esercizio 4.15) che a meno di diffeomorfismi esiste un'unica struttura differenziabile su $\mathbb{R}$ e su S^1. Per lungo tempo un problema importante della geometria differenziale è stato stabilire se esistessero su un qualche $\mathbb{R}^n$ due strutture differenziabili non diffeomorfe. La risposta finale è piuttosto sorprendente: per $n \neq 4$, lo spazio $\mathbb{R}^n$ ha un'unica (a meno di diffeomorfismi) struttura differenziabile, mentre Donaldson e Freedman nel 1984 hanno dimostrato che $\mathbb{R}^4$ ha un'infinità più che numerabile di strutture differenziabili distinte, a due a due non diffeomorfe! Vedi [7] e [8] per i dettagli.

Un altro risultato sorprendente, dovuto a Kervaire e Milnor (vedi [18]), è che S^7 ha esattamente 28 strutture differenziabili non diffeomorfe, descrivibili esplicitamente. Data una $(n+1)$-upla $\mathbf{a} = (a_0,\dots,a_n) \in \mathbb{N}^{n+1}$ di numeri naturali, la *varietà di Brieskorn* $V^{2n-1}(\mathbf{a})$ è data da (vedi l'Esercizio 2.27)

$$V^{2n-1}(\mathbf{a}) = \{z \in \mathbb{C}^{n+1} \mid \|z\|^2 = 1 \text{ e } z_0^{a_0} + \dots + z_n^{a_n} = 0\}\,.$$

Hirzebruch e Mayer (vedi [14]) hanno dimostrato che tutte le varietà di Brieskorn $V^7(3,6k-1,2,2,2)$ sono omeomorfe a S^7, e che sono a due a due non diffeomorfe per $k = 1,\dots,28$.

Esiste anche una versione locale del concetto di diffeomorfismo:

Definizione 2.2.15. Un'applicazione $F: M \to N$ fra varietà è un *diffeomorfismo locale* se ogni $p \in M$ ha un intorno aperto $U \subset M$ tale che $F(U)$ sia aperto in N e $F|_U: U \to F(U)$ sia un diffeomorfismo.

Una classe particolarmente importante di diffeomorfismi locali è data dai rivestimenti lisci.

Definizione 2.2.16. Un'applicazione differenziabile $\pi: \tilde{M} \to M$ fra varietà è un *rivestimento liscio* se è un rivestimento, cioè è surgettiva e ogni $p \in M$ possiede un intorno aperto U connesso tale che π ristretta a una qualsiasi componente connessa $\tilde{U}$ di $\pi^{-1}(U)$ sia un diffeomorfismo fra $\tilde{U}$ e U. Un tale intorno U sarà detto *ben rivestito*. Inoltre, un rivestimento liscio $\pi: \tilde{M} \to M$ è detto *universale* se $\tilde{M}$ è semplicemente connesso.

Esempio 2.2.17. Sia $\mathbb{T}^n \subset \mathbb{C}^n$ il toro n-dimensionale visto come sottoinsieme di $\mathbb{C}^n$. L'applicazione $p: \mathbb{R}^n \to \mathbb{T}^n$ data da

$$p(x^1, \ldots, x^n) = \left(\exp(2\pi i x^1), \ldots, \exp(2\pi i x^n) \right)$$

è un rivestimento liscio.

Esempio 2.2.18. La proiezione $\pi: S^n \to \mathbb{P}^n(\mathbb{R})$ è un rivestimento (universale) liscio. Prima di tutto è differenziabile, in quanto composizione dell'inclusione $S^n \to \mathbb{R}^{n+1} \setminus \{O\}$ e della proiezione $\mathbb{R}^{n+1} \setminus \{O\} \to \mathbb{P}^n(\mathbb{R})$, applicazioni che abbiamo visto essere differenziabili negli Esempi 2.2.8 e 2.2.9. Poi, gli aperti $U_j \subset \mathbb{P}^n(\mathbb{R})$ con $j = 0, \ldots, n$ introdotti nell'Esempio 2.1.32 sono ben rivestiti: infatti $\pi^{-1}(U_j) = U_j^{\pm}$, dove $U_j^{\pm} \subset S^n$ è definito nell'Esempio 2.1.27, e si vede subito che $\pi|_{U_j^{\pm}}: U_j^{\pm} \to U_j$ è un diffeomorfismo.

Un rivestimento liscio è, in particolare, un rivestimento nel senso topologico del termine, ma il viceversa non è detto che sia vero; infatti, si vede facilmente (vedi l'Esercizio 2.45) che un rivestimento topologico è un rivestimento liscio se e solo se è un diffeomorfismo locale. Però è sempre possibile sollevare la struttura differenziabile della base di un rivestimento topologico in modo da ottenere un rivestimento liscio:

Proposizione 2.2.19. *Sia* $\pi: \tilde{M} \to M$ *un rivestimento topologico di una varietà* n-*dimensionale* M. *Allora esiste un'unica struttura di varietà differenziabile di dimensione* n *su* $\tilde{M}$ *tale che* π *sia un rivestimento liscio.*

Dimostrazione. Supponiamo che esista una struttura di varietà differenziabile su $\tilde{M}$ tale che π sia un rivestimento liscio. Preso $\tilde{p} \in \tilde{M}$, sia $U \subseteq M$ un intorno ben rivestito di $p = \pi(\tilde{p})$; possiamo chiaramente supporre che U sia il dominio di una carta φ centrata in p. Sia $\tilde{U}$ la componente connessa di $\pi^{-1}(U)$ contenente $\tilde{p}$; essendo π un rivestimento liscio, $(\tilde{U}, \varphi \circ \pi|_{\tilde{U}})$ è una n-carta di $\tilde{M}$

appartenente alla struttura differenziabile data. L'unione delle carte ottenute
in questo modo al variare di $\tilde{p} \in \tilde{M}$ è un atlante di $\tilde{M}$, e quindi la struttura
di varietà differenziabile su $\tilde{M}$, se esiste, è unica.

Viceversa, anche senza supporre che $\tilde{M}$ abbia una struttura di varietà
differenziabile, è chiaro che le coppie $(\tilde{U}, \varphi \circ \pi|_{\tilde{U}})$ così costruite sono delle n-
carte su $\tilde{M}$; per dimostrare che formano un atlante di $\tilde{M}$ dobbiamo dimostrare
che sono compatibili. Infatti, sia $(\tilde{V}, \psi \circ \pi|_{\tilde{V}})$ un'altra carta costruita in questo
modo e tale che $\tilde{U} \cap \tilde{V} \neq \varnothing$. Allora $U \cap V \neq \varnothing$, dove $V = \pi(\tilde{V})$, e quindi

$$\psi \circ \pi|_{\tilde{U} \cap \tilde{V}} \circ (\varphi \circ \pi|_{\tilde{U} \cap \tilde{V}})^{-1} = \psi \circ (\varphi|_{U \cap V})^{-1}$$

è di classe C^∞ dove definita, come voluto. $\square$

In particolare questo risultato si applica ai rivestimenti topologici uni-
versali: il rivestimento topologico universale di una varietà ha una naturale
struttura di varietà della stessa dimensione della base.

Osservazione 2.2.20. È facile vedere (Esercizio 2.47) che se la base M di un
rivestimento topologico $\pi \colon \tilde{M} \to M$ è di Hausdorff e/o a base numerabile allora
anche $\tilde{M}$ è di Hausdorff e/o a base numerabile.

2.3 Spazio tangente

Avendo definito il concetto di funzioni (e applicazioni) differenziabili, il meno
che possiamo fare è cercare di derivarle. Come vedremo, questo equivale più
o meno all'introdurre il concetto geometrico di vettore tangente.

Definizione 2.3.1. Sia M una varietà, e $p \in M$. Sulla famiglia

$$\mathcal{F} = \{(U, f) \mid U \text{ intorno aperto di } p, \ f \in C^\infty(U)\}$$

poniamo la relazione d'equivalenza $\sim$ così definita: $(U, f) \sim (V, g)$ se esi-
ste un aperto $W \subseteq U \cap V$ contenente p tale che $f|_W \equiv g|_W$. L'insieme
$C^\infty(p) = \mathcal{F}/\sim$ è detto *spiga dei germi di funzioni differenziabili* in p, e
un elemento $\mathbf{f} \in C^\infty(p)$ è detto *germe* in p. Un elemento (U, f) della classe
di equivalenza $\mathbf{f}$ è detto *rappresentante* di $\mathbf{f}$. Se sarà necessario ricordare su
quale varietà stiamo lavorando, scriveremo $C^\infty_M(p)$ invece di $C^\infty(p)$.

Osservazione 2.3.2. Se sostituiamo alle funzioni differenziabili altre classe di
funzioni (funzioni reali analitiche, funzioni olomorfe, funzioni di classe C^k con
$k < \infty$, eccetera), otteniamo corrispondenti nozioni di germi e di spiga di
germi. Ne riparleremo nella Sezione 5.9.

L'insieme $C^\infty(p)$ ha una naturale struttura di algebra:

Lemma 2.3.3. *Sia $p \in M$ un punto di una varietà M, e $\mathbf{f}$, $\mathbf{g} \in C^\infty(p)$ due
germi in p. Siano inoltre (U_1, f_1), (U_2, f_2) due rappresentanti di $\mathbf{f}$, e (V_1, g_1),
(V_2, g_2) due rappresentanti di $\mathbf{g}$. Allora:*

(i) $(U_1 \cap V_1, f_1 + g_1)$ è equivalente a $(U_2 \cap V_2, f_2 + g_2)$;

(ii) $(U_1 \cap V_1, f_1 g_1)$ è equivalente a $(U_2 \cap V_2, f_2 g_2)$;

(iii) $(U_1, \lambda f_1)$ è equivalente a $(U_2, \lambda f_2)$ per ogni $\lambda \in \mathbb{R}$;

(iv) $f_1(p) = f_2(p)$.

Dimostrazione. Cominciamo con (i). Siccome $(U_1, f_1) \sim (U_2, f_2)$, esiste un intorno aperto $W \subseteq U_1 \cap U_2$ di p tale che $f_1|_W \equiv f_2|_W$. Analogamente, da $(V_1, g_1) \sim (V_2, g_2)$ deduciamo l'esistenza di un intorno aperto $\widetilde{W} \subseteq V_1 \cap V_2$ di p tale che $g_1|_{\widetilde{W}} \equiv g_2|_{\widetilde{W}}$. Ma allora $(f_1 + f_2)|_{W \cap \widetilde{W}} \equiv (g_1 + g_2)|_{W \cap \widetilde{W}}$, e quindi $(U_1 \cap V_1, f_1 + g_1) \sim (U_2 \cap V_2, f_2 + g_2)$ in quanto $W \cap \widetilde{W} \subseteq U_1 \cap V_1 \cap U_2 \cap V_2$.

La dimostrazione di (ii) è analoga, e la (iii) e la (iv) sono ovvie. $\square$

Definizione 2.3.4. Siano $\mathbf{f}, \mathbf{g} \in C^\infty(p)$ due germi in un punto $p \in M$. Indicheremo con $\mathbf{f} + \mathbf{g} \in C^\infty(p)$ il germe rappresentato da $(U \cap V, f + g)$, dove (U, f) è un qualsiasi rappresentante di $\mathbf{f}$ e (V, g) è un qualsiasi rappresentante di $\mathbf{g}$. Analogamente indicheremo con $\mathbf{fg} \in C^\infty(p)$ il germe rappresentato da $(U \cap V, fg)$, e, dato $\lambda \in \mathbb{R}$, con $\lambda\mathbf{f} \in C^\infty(p)$ il germe rappresentato da $(U, \lambda f)$. Il Lemma 2.3.3 ci assicura che queste definizioni sono ben poste, ed è evidente che $C^\infty(p)$ con queste operazioni è un'algebra. Infine, per ogni $\mathbf{f} \in C^\infty(p)$ definiamo il suo valore $\mathbf{f}(p) \in \mathbb{R}$ in p ponendo $\mathbf{f}(p) = f(p)$ per un qualsiasi rappresentante (U, f) di $\mathbf{f}$.

Osservazione 2.3.5. C'è una naturale inclusione di algebre $\mathbb{R} \hookrightarrow C^\infty(p)$ ottenuta associando a $c \in \mathbb{R}$ il germe costante $\mathbf{c}$ di rappresentante (M, c). Nel seguito identificheremo spesso $c \in \mathbb{R}$ e $\mathbf{c} \in C^\infty(p)$.

Sia $F: M \to N$ un'applicazione di classe C^∞, e siano (V_1, g_1) e (V_2, g_2) due rappresentanti di un germe $\mathbf{g} \in C^\infty(F(p))$. Allora è evidente (Esercizio 2.54) che $(F^{-1}(V_1), g_1 \circ F)$ e $(F^{-1}(V_2), g_2 \circ F)$ rappresentano lo stesso germe in p, che quindi dipende solo da $\mathbf{g}$ (e da F). Dunque possiamo introdurre la seguente

Definizione 2.3.6. Dati un'applicazione differenziabile fra varietà $F: M \to N$ e un punto $p \in M$, indicheremo con $F_p^*: C^\infty(F(p)) \to C^\infty(p)$ l'applicazione *pull-back* che associa a un germe $\mathbf{g} \in C^\infty(F(p))$ di rappresentante (V, g) il germe $F_p^*(\mathbf{g}) = \mathbf{g} \circ F \in C^\infty(p)$ di rappresentante $(F^{-1}(V), g \circ F)$.

Osservazione 2.3.7. Dati un'applicazione differenziabile fra varietà $F: M \to N$ e un punto $p \in M$, è facile verificare (Esercizio 2.55) che:

(i) F_p^* è un omomorfismo di algebre;

(ii) $(\mathrm{id}_M)_p^* = \mathrm{id}$;

(iii) se $G: N \to S$ è un'applicazione differenziabile, allora $(G \circ F)_p^* = F_p^* \circ G_{F(p)}^*$;

(iv) se F è un diffeomorfismo allora F_p^* è un isomorfismo di algebre;

(v) se (U, φ) è una carta in $p \in M$ allora $\varphi_p^*: C^\infty(\varphi(p)) \to C^\infty(p)$ è un isomorfismo di algebre.

Possiamo ora dare la definizione ufficiale di vettore tangente.

Definizione 2.3.8. Sia M una varietà. Una *derivazione* in un punto $p \in M$ è un'applicazione $\mathbb{R}$-lineare $X: C^\infty(p) \to \mathbb{R}$ che soddisfa la *regola di Leibniz*

$$\forall \mathbf{f}, \mathbf{g} \in C^\infty(p) \quad X(\mathbf{fg}) = \mathbf{f}(p)X(\mathbf{g}) + \mathbf{g}(p)X(\mathbf{f}) \ .$$

Lo *spazio tangente* T_pM a M in p è, per definizione, l'insieme di tutte le derivazioni in p. Un elemento $X \in T_pM$ è detto *vettore tangente* a M in p. Chiaramente, T_pM è uno spazio vettoriale.

Osservazione 2.3.9. Usando germi analitici reali od olomorfi si ottiene la definizione di spazio tangente per varietà analitiche reali od olomorfe; questo approccio invece non funziona per varietà di classe C^k con $k < \infty$, in quanto si può dimostrare che lo spazio delle derivazioni di $C^0(p)$ si riduce alla sola derivazione nulla (Esercizio 2.62), mentre lo spazio delle derivazioni di $C^k(p)$ ha dimensione infinita per $1 \le k < +\infty$ (Esercizio 2.63).

Una varietà analitica reale è, in maniera ovvia, una varietà differenziabile, ed è facile vedere (Esercizio 2.58) che lo spazio tangente come varietà analitica reale coincide con quello come varietà differenziabile.

Osservazione 2.3.10. Questa non è l'unica definizione possibile di spazio tangente. Ne esistono almeno altre due, utili in altri contesti: una più geometrica (vedi l'Esercizio 2.59) espressa in termini di classi di equivalenza di curve, e una più algebrica (vedi l'Esercizio 2.60). La definizione da noi scelta ha due vantaggi: rende evidente la struttura di spazio vettoriale dello spazio tangente (cosa non ovvia con la definizione geometrica), ed esplicita la relazione con la struttura differenziabile (non così evidente nella definizione algebrica).

Osservazione 2.3.11. Se $U \subseteq M$ è aperto, abbiamo $T_pU = T_pM$ per ogni $p \in U$, in quanto $C^\infty_U(p)$ si identifica (perché?) in modo naturale con $C^\infty_M(p)$.

Esempio 2.3.12. A qualsiasi vettore $v = (v^1, \dots, v^n) \in \mathbb{R}^n$ possiamo associare la derivata parziale nella direzione di v definita da

$$\frac{\partial}{\partial v} = v^1 \frac{\partial}{\partial x^1} + \cdots + v^n \frac{\partial}{\partial x^n} \ .$$

Chiaramente, $\partial/\partial v$ definisce una derivazione di $C^\infty(p)$ per ogni $p \in \mathbb{R}^n$. In questo modo otteniamo un'immersione naturale di $\mathbb{R}^n$ in $T_pU = T_p\mathbb{R}^n$, immersione che dimostreremo (Proposizione 2.3.21) essere un isomorfismo.

Esempio 2.3.13. Sia $\varphi = (x^1, \dots, x^n)$ una carta in p; vogliamo definire un vettore tangente $\left.\dfrac{\partial}{\partial x^j}\right|_p \in T_pM$, che generalizzi alle varietà la nozione di derivata parziale in una direzione coordinata. Dato $\mathbf{f} \in C^\infty(p)$ definiamo

$$\left.\frac{\partial}{\partial x^j}\right|_p (\mathbf{f}) = \frac{\partial(f \circ \varphi^{-1})}{\partial x^j}(\varphi(p)) \quad \text{ove } (U, f) \text{ è un rappresentante di } \mathbf{f}. \quad (2.3)$$

È facile verificare (Esercizio 2.57) che questa definizione non dipende dal rappresentante, e che $\left.\dfrac{\partial}{\partial x^j}\right|_p$ è effettivamente una derivazione. A volte scriveremo $\dfrac{\partial \mathbf{f}}{\partial x^j}(p)$ invece di $\left.\dfrac{\partial}{\partial x^j}\right|_p(\mathbf{f})$. Inoltre, se non ci sarà pericolo di confusione, scriveremo anche $\partial_j|_p$ o $\partial_j(p)$ per $\left.\dfrac{\partial}{\partial x^j}\right|_p$.

Esempio 2.3.14. Sia $\sigma\colon (-\varepsilon, \varepsilon) \to M$ una curva C^∞ con $\sigma(0) = p$. Il *vettore tangente* $\sigma'(0)$ alla curva in p è definito ponendo

$$\sigma'(0)(\mathbf{f}) = \frac{\mathrm{d}(f \circ \sigma)}{\mathrm{d}t}(0) , \qquad (2.4)$$

dove (U, f) è un qualsiasi rappresentante di $\mathbf{f}$. Chiaramente (Esercizio 2.57) questa definizione non dipende dal rappresentante scelto, e $\sigma'(0)$ è una derivazione, cioè $\sigma'(0) \in T_pM$.

Inoltre, se $\varphi = (x^1, \ldots, x^n)$ è una qualunque carta centrata in p, scrivendo $\varphi \circ \sigma = (\sigma^1, \ldots, \sigma^n)$ troviamo

$$\frac{\mathrm{d}(f \circ \sigma)}{\mathrm{d}t}(0) = \frac{\mathrm{d}\big((f \circ \varphi^{-1}) \circ (\varphi \circ \sigma)\big)}{\mathrm{d}t}(0) = \sum_{j=1}^{n} (\sigma^j)'(0) \left.\frac{\partial}{\partial x^j}\right|_p (\mathbf{f}) ,$$

per cui

$$\sigma'(0) = \sum_{j=1}^{n} (\sigma^j)'(0) \left.\frac{\partial}{\partial x^j}\right|_p ,$$

e abbiamo ottenuto un'effettiva generalizzazione del concetto di vettore tangente a una curva in $\mathbb{R}^n$. In particolare, $\partial/\partial x^j|_p$ è il vettore tangente alla curva $\sigma(t) = \varphi^{-1}(te_j)$, dove e_j è il j-esimo vettore della base canonica di $\mathbb{R}^n$.

Gli Esempi 2.3.13 e 2.3.14 sono casi particolari di una costruzione molto più generale:

Definizione 2.3.15. Sia $F\colon M \to N$ un'applicazione differenziabile fra varietà. Dato $p \in M$, il *differenziale* $\mathrm{d}F_p\colon T_pM \to T_{F(p)}N$ di F in p è l'applicazione lineare definita da

$$\forall X \in T_pM \qquad \mathrm{d}F_p(X) = X \circ F_p^* ,$$

dove $F_p^*\colon C^\infty\big(F(p)\big) \to C^\infty(p)$ è l'omomorfismo introdotto nella Definizione 2.3.6. In altre parole,

$$\mathrm{d}F_p(X)(\mathbf{g}) = X(\mathbf{g} \circ F)$$

per ogni $\mathbf{g} \in C^\infty\big(F(p)\big)$. A volte si scrive $(F_*)_p$ o T_pF per $\mathrm{d}F_p$.

Osservazione 2.3.16. È facile verificare che

$$\sigma'(0) = d\sigma_0 \left(\frac{d}{dt}\Big|_0 \right)$$

per ogni curva $\sigma \colon (-\varepsilon, \varepsilon) \to M$, dove $\frac{d}{dt}\big|_0 \in T_0\mathbb{R}$ è la derivata usuale, e che

$$\frac{\partial}{\partial x^j}\Big|_p = d(\varphi^{-1})_{\varphi(p)} \left(\frac{\partial}{\partial x^j}\Big|_{\varphi(p)} \right)$$

per ogni carta locale $\varphi = (x^1, \ldots, x^n)$ in $p \in M$.

Il differenziale gode delle proprietà che uno si aspetta:

Proposizione 2.3.17.

(i) *Se M è una varietà e $p \in M$ allora $d(\mathrm{id}_M)_p = \mathrm{id}_{T_pM}$.*

(ii) *Se $F\colon M \to N$ e $G\colon N \to S$ sono due applicazioni differenziabili fra varietà e $p \in M$ allora*

$$d(G \circ F)_p = dG_{F(p)} \circ dF_p \,.$$

In particolare, se $F\colon M \to N$ è un diffeomorfismo allora dF_p è invertibile e $(dF_p)^{-1} = d(F^{-1})_{F(p)}$.

Dimostrazione. (i) Infatti $\mathbf{f} \circ \mathrm{id}_M = \mathbf{f}$ per ogni germe $\mathbf{f} \in C^\infty(p)$.
(ii) Prendiamo $X \in T_pM$ e $\mathbf{f} \in C^\infty\big((G \circ F)(p)\big)$. Allora

$$d(G \circ F)_p(X)(\mathbf{f}) = X\big((G \circ F)^*_p(\mathbf{f})\big) = X\big(\mathbf{f} \circ (G \circ F)\big)$$

$$= X\big(F^*_p(\mathbf{f} \circ G)\big) = dF_p(X)\big(G^*_{F(p)}(\mathbf{f})\big)$$

$$= \big(dG_{F(p)} \circ dF_p\big)(X)(\mathbf{f}) \,,$$

come voluto. $\qquad\qquad\qquad\qquad\qquad\qquad\qquad\qquad\qquad\qquad\qquad\quad\square$

Il nostro prossimo obiettivo è dimostrare che lo spazio tangente in un punto a una varietà n-dimensionale è uno spazio vettoriale di dimensione finita esattamente n. Per far ciò ci servono due lemmi.

Lemma 2.3.18. *Sia $X \in T_pM$ un vettore tangente a una varietà M in un punto $p \in M$. Allora $X(c) = 0$ per ogni costante $c \in \mathbb{R}$.*

Dimostrazione. Infatti

$$X(1) = X(1 \cdot 1) = 2 \cdot X(1) \,,$$

per cui $X(1) = 0$ e quindi $X(c) = c\,X(1) = 0$ per ogni $c \in \mathbb{R}$. $\qquad\qquad\square$

Lemma 2.3.19. *Siano* $x_o = (x_o^1, \ldots, x_o^n) \in \mathbb{R}^n$ *e* $\mathbf{f} \in C^\infty(x_o)$. *Allora esistono germi* $\mathbf{g}_1, \ldots, \mathbf{g}_n \in C^\infty(x_o)$ *tali che* $\mathbf{g}_j(x_o) = \frac{\partial \mathbf{f}}{\partial x^j}(x_o)$ *e*

$$\mathbf{f} = \mathbf{f}(x_o) + \sum_{j=1}^{n} (\mathbf{x}^j - x_o^j) \mathbf{g}_j \ ,$$

dove $\mathbf{x}^j \in C^\infty(x_o)$ *è il germe rappresentato dalla* j*-esima funzione coordinata.*

Dimostrazione. Scelto un rappresentante (U, f) di $\mathbf{f}$ tale che U sia stellato rispetto a x_o, scriviamo

$$
\begin{aligned}
f(x) - f(x_o) &= \int_0^1 \frac{\partial}{\partial t} f(x_o + t(x - x_o)) \, dt \\
&= \sum_{j=1}^{n} (x^j - x_o^j) \int_0^1 \frac{\partial f}{\partial x^j}(x_o + t(x - x_o)) \, dt \ .
\end{aligned}
$$

Allora basta prendere come $\mathbf{g}_j$ il germe rappresentato dalla coppia (U, g_j) con

$$g_j(x) = \int_0^1 \frac{\partial f}{\partial x^j}(x_o + t(x - x_o)) \, dt \ .$$

$\square$

Osservazione 2.3.20. Questo apparentemente innocente lemma di divisione è in realtà la chiave che permette alla nostra definizione di funzionare, come risulterà chiaro dalla dimostrazione della Proposizione 2.3.21. Nota che l'enunciato del Lemma 2.3.19 rimane valido se sostituiamo ai germi di classe C^∞ germi analitici reali o germi olomorfi, ma non è più vero se proviamo a usare germi di classe C^k con $k < \infty$, in quanto la derivata di una funzione di classe C^k in generale non è di classe C^k ma solo di classe C^{k-1}, per cui i germi $\mathbf{g}_j$ sono solo di classe C^{k-1} e non di classe C^k.

Proposizione 2.3.21. (i) *Sia* $x_o = (x_o^1, \ldots, x_o^n) \in \mathbb{R}^n$. *Allora l'applicazione* $\iota \colon \mathbb{R}^n \to T_{x_o}\mathbb{R}^n$ *definita da*

$$\iota(v) = \left. \frac{\partial}{\partial v} \right|_{x_o} = \sum_{j=1}^{n} v^j \left. \frac{\partial}{\partial x^j} \right|_{x_o}$$

è un isomorfismo.

(ii) *Sia* M *una varietà di dimensione* n, *e* $p \in M$. *Allora* $T_p M$ *è uno spazio vettoriale di dimensione* n. *In particolare, se* $\varphi = (x^1, \ldots, x^n)$ *è una carta in* p, *allora* $\left\{ \left. \dfrac{\partial}{\partial x^1} \right|_p, \ldots, \left. \dfrac{\partial}{\partial x^n} \right|_p \right\}$ *è una base di* $T_p M$.

Dimostrazione. (i) L'applicazione ι è chiaramente lineare; dobbiamo dimostrare che è bigettiva. È iniettiva: se $v \neq O$ dobbiamo avere $v^h \neq 0$ per qualche h; ma allora

$$\iota(v)(\mathbf{x}^h) = \sum_{j=1}^{n} v^j \frac{\partial x^h}{\partial x^j}(x_o) = v^h \neq 0 \,,$$

dove $\mathbf{x}^h \in C^\infty(x_o)$ è il germe rappresentato da $(\mathbb{R}^n, x^h)$, e quindi $\iota(v) \neq O$. È surgettiva: dato $X \in T_{x_o}\mathbb{R}^n$ poniamo $v^j = X(\mathbf{x}^j)$ e $v = (v^1, \ldots, v^n)$. Vogliamo dimostrare che $X = \iota(v)$. Sia $\mathbf{f} \in C^\infty(x_o)$; se applichiamo il Lemma 2.3.19 ricordando il Lemma 2.3.18 otteniamo

$$X(\mathbf{f}) = X\big(\mathbf{f}(x_o)\big) + \sum_{j=1}^{n} X\big((\mathbf{x}^j - x_o{}^j)\mathbf{g}_j\big)$$

$$= \sum_{j=1}^{n} X(\mathbf{x}^j - x_o^j)\mathbf{g}_j(x_o) + \sum_{j=1}^{n}(\mathbf{x^j} - x_o^j)(x_o)X(\mathbf{g}_j)$$

$$= \sum_{j=1}^{n}\big(X(\mathbf{x}^j) - X(x_o^j)\big)\mathbf{g}_j(x_o) = \sum_{j=1}^{n} v^j \frac{\partial \mathbf{f}}{\partial x^j}(x_o) = \iota(v)(\mathbf{f}) \,,$$

cioè $X = \iota(v)$, come voluto.

(ii) Sia $\varphi \colon U \to V \subset \mathbb{R}^n$ una carta locale in p. L'Osservazione 2.3.11, l'Esempio 2.2.6 e la Proposizione 2.3.17 ci dicono che

$$\mathrm{d}\varphi_p \colon T_pM = T_pU \to T_{\varphi(p)}V = T_{\varphi(p)}\mathbb{R}^n$$

è un isomorfismo, per cui $\dim T_pM = \dim T_{\varphi(p)}\mathbb{R}^n = n$. Infine, l'ultima affermazione segue subito dall'Osservazione 2.3.16. $\square$

Osservazione 2.3.22. La Proposizione 2.3.21.(ii), con la stessa dimostrazione, vale anche per varietà analitiche reali e per varietà complesse.

Osservazione 2.3.23. L'inverso dell'isomorfismo $\iota \colon \mathbb{R}^n \to T_{x_o}\mathbb{R}^n$ definito nella Proposizione 2.3.21.(i) si esprime facilmente:

$$\iota^{-1}(X) = \big(X(\mathbf{x}^1), \ldots, X(\mathbf{x}^n)\big)$$

per ogni $X \in T_{x_o}\mathbb{R}^n$.

Esempio 2.3.24. Sia V uno spazio vettoriale di dimensione n su $\mathbb{R}$, e $v_o \in V$. Allora è possibile identificare in modo canonico V e $T_{v_o}V$, generalizzando l'isomorfismo $\iota \colon \mathbb{R}^n \to T_{x_o}\mathbb{R}^n$ della Proposizione 2.3.21.(i). Dato $v \in V$, sia $\sigma_v \colon \mathbb{R} \to V$ la curva $\sigma_v(t) = v_o + tv$, e definiamo l'applicazione $\iota_{v_o} \colon V \to T_{v_o}V$ ponendo $\iota_{v_o}(v) = \sigma_v'(0)$. Quest'applicazione è definita in modo canonico, indipendente da qualsiasi scelta; per dimostrare che è un isomorfismo di spazi vettoriali possiamo usare una base. Sia $\mathcal{B} = \{v_1, \ldots, v_n\}$ una base di V, e $\varphi_B = (x^1, \ldots, x^n)$ la corrispondente carta locale introdotta nell'Esempio 2.1.24. Allora $\varphi_B \circ \sigma_v = \varphi_B(v_o) + t\varphi_B(v)$, per cui l'Esempio 2.3.14 ci dice che

$$\iota_{v_o}(v) = \sum_{j=1}^{n} x^j(v) \left.\frac{\partial}{\partial x^j}\right|_{v_o} ,$$

cioè $\iota_{v_o} = \mathrm{d}(\varphi_B^{-1})_{\varphi_B(v_o)} \circ \iota \circ \varphi_B$, per cui ι_{v_o} è un isomorfismo, come affermato.

Osservazione 2.3.25. Due carte $\varphi = (x^1, \ldots, x^n)$ e $\tilde{\varphi} = (\tilde{x}^1, \ldots, \tilde{x}^n)$ in uno stesso punto p di una varietà M ci forniscono due basi di T_pM, che devono essere legate da una relazione lineare. Per trovarla, prendiamo $\mathbf{f} \in C^\infty(p)$ e calcoliamo:

$$\begin{aligned}
\left.\frac{\partial}{\partial \tilde{x}^h}\right|_p (\mathbf{f}) &= \frac{\partial(f \circ \tilde{\varphi}^{-1})}{\partial \tilde{x}^h}(\tilde{\varphi}(p)) = \frac{\partial(f \circ \varphi^{-1} \circ \varphi \circ \tilde{\varphi}^{-1})}{\partial \tilde{x}^h}(\tilde{\varphi}(p)) \\
&= \sum_{k=1}^{n} \frac{\partial(f \circ \varphi^{-1})}{\partial x^k}(\varphi(p)) \frac{\partial(x^k \circ \tilde{\varphi}^{-1})}{\partial \tilde{x}^h}(\tilde{\varphi}(p)) \\
&= \sum_{k=1}^{n} \frac{\partial x^k}{\partial \tilde{x}^h}(p) \left.\frac{\partial}{\partial x^k}\right|_p (\mathbf{f}) ,
\end{aligned}$$

dove abbiamo posto

$$\frac{\partial x^k}{\partial \tilde{x}^h}(p) = \frac{\partial(x^k \circ \tilde{\varphi}^{-1})}{\partial \tilde{x}^h}(\tilde{\varphi}(p)) = \left.\frac{\partial}{\partial \tilde{x}^h}\right|_p (\mathbf{x}^k) .$$

Siccome questo vale per ogni germe in p, otteniamo l'importante formula

$$\left.\frac{\partial}{\partial \tilde{x}^h}\right|_p = \sum_{k=1}^{n} \frac{\partial x^k}{\partial \tilde{x}^h}(p) \left.\frac{\partial}{\partial x^k}\right|_p . \tag{2.5}$$

In maniera analoga possiamo vedere come cambiano le coordinate di un vettore tangente cambiando base. Infatti se prendiamo $X \in T_pM$ e scriviamo

$$X = \sum_{k=1}^{n} X^k \left.\frac{\partial}{\partial x^k}\right|_p = \sum_{h=1}^{n} \tilde{X}^h \left.\frac{\partial}{\partial \tilde{x}^h}\right|_p ,$$

allora (Esercizio 2.64)

$$X^k = \sum_{h=1}^{n} \frac{\partial x^k}{\partial \tilde{x}^h}(p) \tilde{X}^h. \tag{2.6}$$

Nota come sia in (2.5) che in (2.6) la somma è *sull'indice ripetuto una volta in basso e una in alto*.

Osservazione 2.3.26. Se $f \in C^\infty(M)$ e $p \in M$, il differenziale di f in p è un'applicazione lineare da T_pM in $T_{f(p)}\mathbb{R}$. Quest'ultimo spazio è isomorfo a $\mathbb{R}$ tramite l'isomorfismo canonico $X \mapsto X(\mathrm{id}_\mathbb{R})$, come mostrato nell'Osservazione 2.3.23. Ma allora se $X \in T_pM$ possiamo identificare $\mathrm{d}f_p(X)$ con

$$\mathrm{d}f_p(X)(\mathrm{id}_\mathbb{R}) = X(\mathrm{id}_\mathbb{R} \circ f) = X(\mathbf{f}) \ ,$$

e quindi abbiamo ottenuto l'uguaglianza

$$\mathrm{d}f_p(X) = X(\mathbf{f})$$

valida per ogni $\mathbf{f} \in C^\infty(p)$, quale che sia il suo rappresentante (U, f), e ogni $X \in T_pM$.

Un'altra formula a volte utile per il calcolo del differenziale è contenuta nella proposizione seguente:

Proposizione 2.3.27. *Siano $F \colon M \to N$ un'applicazione C^∞ fra varietà, $p \in M$, e $\sigma \colon (-\varepsilon, \varepsilon) \to M$ una curva C^∞ con $\sigma(0) = p$ e $\sigma'(0) = v \in T_pM$. Allora*

$$\mathrm{d}F_p(v) = (F \circ \sigma)'(0) \ .$$

Dimostrazione. Sia $\mathbf{g} \in C^\infty_N\big(F(p)\big)$ un germe in $F(p)$. Allora (2.4) ci dice che

$$(F \circ \sigma)'(0)(\mathbf{g}) = \frac{\mathrm{d}(g \circ F \circ \sigma)}{\mathrm{d}t}(0) = \sigma'(0)(\mathbf{g} \circ F) = \mathrm{d}F_p\big(\sigma'(0)\big)(\mathbf{g}) \ .$$

$\square$

Osservazione 2.3.28. Vediamo come si esprime il differenziale in coordinate locali. Data un'applicazione differenziabile $F \colon M \to N$ fra varietà, sia (U, φ) una carta centrata in $p \in M$, e $(\hat{U}, \hat{\varphi})$ una carta centrata in $F(p) \in N$; vogliamo la matrice che rappresenta $\mathrm{d}F_p$ rispetto alle basi $\{\partial/\partial x^h|_p\}$ di T_pM e $\{\partial/\partial \hat{x}^k|_{F(p)}\}$ di $T_{F(p)}N$, matrice che contiene per colonne le coordinate rispetto alla base in arrivo dei trasformati dei vettori della base di partenza. In altre parole, dobbiamo trovare $(a_h^k) \in M_{m,n}(\mathbb{R})$ tali che

$$\mathrm{d}F_p(\partial_h|_p) = \sum_{k=1}^n a_h^k \, \hat{\partial}_k|_{F(p)} \ ,$$

dove $\partial_h|_p = \partial/\partial x^h|_p$ e $\hat{\partial}_k|_{F(p)} = \partial/\partial \hat{x}^k|_{F(p)}$. Seguendo le definizioni abbiamo

$$a_h^k = \sum_{j=1}^n a_h^j \, \hat{\partial}_j|_{F(p)}(\hat{\mathbf{x}}^k) = \mathrm{d}F_p(\partial_h|_p)(\hat{\mathbf{x}}^k) = \partial_h|_p(\hat{\mathbf{x}}^k \circ F)$$

$$= \frac{\partial F^k}{\partial x^h}(\varphi(p)) = \frac{\partial}{\partial x^h}\bigg|_p (F^k) \ , \tag{2.7}$$

dove abbiamo posto $\hat{\varphi} \circ F \circ \varphi^{-1} = (F^1, \ldots, F^m)$. In altre parole, *la matrice che rappresenta il differenziale di F rispetto alle basi indotte dalle coordinate locali è la matrice Jacobiana*

$$\left(\frac{\partial F^k}{\partial x^h} \right),$$

come nel caso classico delle applicazioni differenziabili in $\mathbb{R}^n$. In particolare, il differenziale come da noi definito per applicazioni differenziabili fra aperti di spazi euclidei coincide con la definizione classica di differenziale.

Di conseguenza, abbiamo una versione del teorema della funzione inversa per varietà:

Corollario 2.3.29. *Sia $F: M \to N$ un'applicazione differenziabile fra varietà. Sia $p \in M$ un punto tale che $\mathrm{d}F_p: T_pM \to T_{F(p)}N$ sia un isomorfismo. Allora esistono un intorno $U \subseteq M$ di p e un intorno $V \subseteq N$ di $F(p)$ tali che $F|_U: U \to V$ sia un diffeomorfismo.*

Dimostrazione. Sia (U_1, φ_1) una qualsiasi carta in p, e (V_1, ψ_1) una qualsiasi carta in $F(p)$ con $F(U_1) \subseteq V_1$. Allora la tesi segue dal classico Teorema 2.1.37 della funzione inversa applicato a $\psi_1 \circ F \circ \varphi_1^{-1}$. $\square$

Ricordiamo infine il classico teorema della funzione implicita (vedi [9, pagg. 225 e 230] per una dimostrazione):

Teorema 2.3.30 (della funzione implicita). *Sia $U \subset \mathbb{R}^n \times \mathbb{R}^m$ un aperto, e indichiamo con $(x^1, \ldots, x^n, y^1, \ldots, y^m)$ le coordinate su U. Sia $\Phi: U \to \mathbb{R}^m$ un'applicazione differenziabile, e supponiamo di avere $(x_0, y_0) \in U$ tale che la matrice*

$$\left(\frac{\partial \varphi^i}{\partial y^j}(x_0, y_0) \right)$$

sia invertibile. Allora esistono un intorno $V_0 \subset \mathbb{R}^n$ di p_0, un intorno $W_0 \subset \mathbb{R}^m$ di y_0 e un'applicazione differenziabile $F: U_0 \to V_0$ tale che, se $z_0 = \Phi(x_0, y_0)$, l'insieme $\Phi^{-1}(z_0) \cap (V_0 \times W_0)$ coincide con il grafico di F, cioè $(x, y) \in V_0 \times W_0$ sono tali che $\Phi(x, y) = z_0$ se e solo se $y = F(x)$.

La versione per le varietà è la seguente:

Corollario 2.3.31. *Sia $\Phi: M \times N \to N$ un'applicazione differenziabile fra varietà, e per ogni $p \in M$ definiamo $\Phi_p: N \to N$ ponendo $\Phi_p(q) = \Phi(p, q)$. Supponiamo di avere $(p_0, q_0) \in M \times N$ tali che $\mathrm{d}(\Phi_{p_0})_{q_0}: T_{q_0}N \to T_{r_0}N$ sia invertibile, dove $r_0 = \Phi(p_0, q_0)$. Allora esistono un intorno $V_0 \subset M$ di p_0, un intorno $W_0 \subset N$ di q_0 e un'applicazione differenziabile $F: U_0 \to V_0$ tale che l'insieme $\Phi^{-1}(r_0) \cap (V_0 \times W_0)$ coincide con il grafico di F, cioè $(p, q) \in V_0 \times W_0$ sono tali che $\Phi(p, q) = r_0$ se e solo se $q = F(p)$.*

Dimostrazione. Sia (U_1, φ_1) una qualsiasi carta in p_0, (V_1, ψ_1) una qualsiasi carta in q_0, e (W_1, χ_1) una qualsiasi carta in r_0. Allora la tesi segue dal Teorema 2.3.30 applicato a $\chi_1 \circ \Phi \circ (\varphi_1 \times \psi_1)^{-1}$. $\square$

2.4 Sottovarietà

In questa sezione studieremo quando dei sottoinsiemi di una varietà possono essere considerati varietà a loro volta. Iniziamo introducendo alcune definizioni.

Definizione 2.4.1. Sia $F: M \to N$ un'applicazione differenziabile fra varietà. Il *rango* di F in $p \in M$ è il rango del differenziale $dF_p: T_pM \to T_{F(p)}N$.

Osservazione 2.4.2. Chiaramente, se (U, φ) è una carta in p e (V, ψ) è una carta in $F(p)$, allora il rango di F in p è uguale al rango di $\psi \circ F \circ \varphi^{-1}$ in $\varphi(p)$.

Definizione 2.4.3. Un'applicazione differenziabile $F: M \to N$ fra due varietà è un'*immersione* se il differenziale $dF_p: T_pM \to T_{F(p)}N$ è iniettivo per ogni $p \in M$. Se inoltre F è un omeomorfismo con l'immagine (e quindi è in particolare globalmente iniettiva) diremo che è un *embedding*. Infine, diremo che è una *sommersione* (*submersion* in inglese) se il differenziale è surgettivo in ogni punto.

Esempio 2.4.4. I diffeomorfismi locali sono banalmente delle sommersioni e delle immersioni.

Esempio 2.4.5. Prendiamo k varietà $M_1, \ldots, M_k$. Per $j = 1, \ldots, k$ la proiezione $\pi_j: M_1 \times \cdots \times M_k \to M_j$ sulla j-esima coordinata è una sommersione. Fissato $p_j \in M_j$ per $j = 1, \ldots, k$, le applicazioni $\psi_j: M_j \to M_1 \times \cdots \times M_k$ date da $\psi_j(x) = (p_1, \ldots, p_{j-1}, x, p_{j+1}, \ldots, p_k)$ sono degli embedding.

Esempio 2.4.6. Una curva differenziabile $\sigma: I \to M$, dove $I \subseteq \mathbb{R}$ è un intervallo, è un'immersione se e solo se σ' non si annulla mai (perché?).

Esempio 2.4.7. La curva $\alpha: \mathbb{R} \to \mathbb{R}^2$ data da $\alpha(t) = (t^2, t^3)$, pur essendo un omeomorfismo con l'immagine, non è un'immersione, in quanto $\alpha'(0) = O$. La curva $\beta: \mathbb{R} \to \mathbb{R}^2$ data da $\beta(t) = (t^3 - 4t, t^2 - 4)$ è un'immersione ma non un embedding, perché $\beta(2) = \beta(-2)$. La curva $\gamma: (-\pi/2, 3\pi/2) \to \mathbb{R}^2$ data da $\gamma(t) = (\sin 2t, \cos t)$ è un'immersione globalmente iniettiva (verificare, prego) ma non un embedding. Infatti, l'immagine, con la topologia indotta, è compatta, mentre il dominio non lo è.

Gli esempi precedenti mostrano che non ogni immersione è un embedding, neppure se globalmente iniettiva. Si tratta di un problema di tipo globale, in quanto ogni immersione è localmente un embedding (confronta anche con l'Esercizio 2.77):

Proposizione 2.4.8. *Sia* $F: M_1 \to M_2$ *un'immersione. Allora ogni* $p \in M_1$ *ha un intorno* $U \subseteq M_1$ *tale che* $F|_U: U \to M_2$ *sia un embedding.*

Dimostrazione. Siano $\varphi_1 \colon U_1 \to V_1 \subseteq \mathbb{R}^n$ e $\varphi_2 \colon U_2 \to V_2 \subseteq \mathbb{R}^m$ carte in p e $F(p)$ rispettivamente, e scriviamo

$$\tilde{F} = \varphi_2 \circ F \circ \varphi_1^{-1}(x^1, \ldots, x^n) = \left(\tilde{F}^1(x^1, \ldots, x^n), \ldots, \tilde{F}^m(x^1, \ldots, x^n) \right) .$$

Siccome F è un'immersione, il differenziale di $\tilde{F}$ in $x_0 = \varphi_1(p)$ è iniettivo; quindi a meno di riordinare le coordinate possiamo supporre che

$$\det \left(\frac{\partial \tilde{F}^h}{\partial x^k}(x_0) \right)_{h,k=1,\ldots,n} \neq 0 .$$

Sia $G \colon V_1 \times \mathbb{R}^{m-n} \to \mathbb{R}^m$ data da

$$G(x^1, \ldots, x^n, t^{n+1}, \ldots, t^m) = \tilde{F}(x^1, \ldots, x^n) + (0, \ldots, 0, t^{n+1}, \ldots, t^m) .$$

Chiaramente, $G(x, O) = \tilde{F}(x)$ per ogni $x \in V_1$, e

$$\det(dG_{(x_0,O)}) = \det \left(\frac{\partial \tilde{F}^h}{\partial x^k}(x_0) \right)_{h,k=1,\ldots,n} \neq 0 ;$$

il Teorema 2.1.37 della funzione inversa ci fornisce un intorno $W_1 \subset V_1 \times \mathbb{R}^{m-n}$ di (x_0, O) e un intorno $W_2 \subset \mathbb{R}^m$ di $\tilde{F}(x_0)$ tali che $G|_{W_1}$ sia un diffeomorfismo fra W_1 e W_2. Poniamo $V = W_1 \cap (V_1 \times \{O\})$ e $U = \varphi_1^{-1}(V)$. Allora $F|_U = \varphi_2^{-1} \circ G \circ (\varphi_1|_U, O)$ è un omeomomorfismo con l'immagine, come richiesto. $\qquad\square$

Osservazione 2.4.9. Se $F \colon S \to M$ è un'immersione iniettiva allora $F(S) \subseteq M$ ha una naturale struttura di varietà *indotta* da quella di S. Infatti, sia $\mathcal{A} = \{(U_\alpha, \varphi_\alpha)\}$ un atlante di S tale che $F|_{U_\alpha}$ sia un omeomorfismo con l'immagine per ogni α (un tale atlante esiste grazie alla proposizione precedente). Allora è facile verificare (vedi l'Esercizio 2.76) che $\{(F(U_\alpha), \varphi_\alpha \circ F|_{U_\alpha}^{-1})\}$ è un atlante per $F(S)$. Non è detto però che questa struttura di varietà sia compatibile con quella dell'ambiente M; per esempio, la topologia indotta dalla struttura di varietà potrebbe non coincidere con la topologia indotta dalla topologia di M (vedi l'Esempio 2.4.7).

Questo ci porta alla seguente:

Definizione 2.4.10. Una *sottovarietà* di una varietà M è un sottoinsieme $S \subset M$ provvisto di una struttura di varietà differenziabile tale che l'inclusione $\iota \colon S \hookrightarrow M$ risulti un embedding.

Una *sottovarietà immersa,* invece, è l'immagine di un'immersione iniettiva $F \colon S \to M$ considerata con la struttura di varietà (e relativa topologia) introdotta nell'Osservazione 2.4.9.

In entrambi i casi, la differenza $\dim M - \dim S$ è detta *codimensione* di S in M. Una sottovarietà di codimensione 1 è detta *ipersuperficie.*

Esempio 2.4.11. Sia $U \subset \mathbb{R}^n$ aperto, e $F: U \to \mathbb{R}^m$ un'applicazione qualsiasi. Allora il grafico Γ_F di F, con la struttura di varietà differenziabile descritta nell'Esempio 2.1.19, è una sottovarietà di $\mathbb{R}^{m+n}$ se e solo se F è di classe C^∞.

Infatti, sia $\psi: U \to \Gamma_F$ l'applicazione differenziabile (rispetto alla struttura dell'Esempio 2.1.19) data da $\psi(x) = (x, F(x))$, e indichiamo con $\iota: \Gamma_F \to \mathbb{R}^{n+m}$ l'inclusione, e con $\pi: \mathbb{R}^{m+n} \to \mathbb{R}^m$ la proiezione sulle ultime m coordinate. Se Γ_F è una sottovarietà, allora $F = \pi \circ \iota \circ \psi$ è chiaramente di classe C^∞, in quanto composizione di applicazioni differenziabili. Viceversa, supponiamo che F sia di classe C^∞; allora $\iota \circ \psi$ è di classe C^∞, che vuol dire esattamente che ι è differenziabile rispetto alla struttura di varietà dell'Esempio 2.1.19. Inoltre, essendo F continua, ι è un omeomorfismo con l'immagine; rimane solo da verificare che ι abbia differenziale iniettivo in ogni punto. Prendiamo $p_0 = \psi(x_0) \in \Gamma_F$; siccome $\mathrm{d}\psi_{x_0}: T_{x_0}U \to T_{p_0}\Gamma_F$ è un isomorfismo, è sufficiente dimostrare che $\mathrm{d}(\iota \circ \psi)_{x_0}: T_{x_0}U \to T_{(x_0, F(x_0))}\mathbb{R}^{n+m}$ è iniettivo, che è ovvio (perché?).

Esempio 2.4.12. La sfera S^n, con l'usuale struttura differenziabile, è una sottovarietà di $\mathbb{R}^{n+1}$. Consideriamo, come nell'Esempio 2.1.27, le carte $(U_j^\pm, \varphi_j^\pm)$ date da $U_j^\pm = \{x \in S^n \mid \pm x^j > 0\}$ e $\varphi_j^\pm(x) = (x^1, \ldots, x^{j-1}, x^{j+1}, \ldots, x^{n+1})$ per $j = 1, \ldots, n+1$, e sia $\iota: S^n \to \mathbb{R}^{n+1}$ l'inclusione. Dal fatto che ciascuna $\iota \circ (\varphi_j^\pm)^{-1}: B^n \to \mathbb{R}^{n+1}$ è un'immersione (verifica) segue subito che ι è un'immersione (ovviamente iniettiva). Inoltre la topologia di varietà di S^n coincide con la topologia di sottospazio di $\mathbb{R}^{n+1}$; quindi ι è un embedding e S^n è una sottovarietà.

Più in generale, lo stesso ragionamento mostra che ogni varietà $M \subseteq \mathbb{R}^n$, dotata di un atlante $\{(U_\alpha, \varphi_\alpha)\}$ che induca su M la topologia di sottospazio di $\mathbb{R}^n$ e tale che ogni φ_α^{-1} sia un'immersione, è automaticamente una sottovarietà di $\mathbb{R}^n$.

Osservazione 2.4.13. Se $F: S \to M$ è un embedding di S in M, allora si vede facilmente (vedi l'Esercizio 2.88) che $F(S)$, considerata con la struttura di varietà indotta da S introdotta nell'Osservazione 2.4.9, è una sottovarietà di M.

Osservazione 2.4.14. La definizione di sottovarietà contiene tre richieste distinte. La prima è che l'inclusione sia un omeomorfismo con l'immagine: questo equivale a dire che la topologia indotta dalla struttura di varietà differenziabile coincide con la topologia indotta dalla varietà ambiente, per cui la sottovarietà risulta essere un sottospazio topologico dell'ambiente.

La seconda richiesta è che l'inclusione sia di classe C^∞: questo equivale a dire che per ogni carta (U, φ) dell'ambiente con $U \cap S \neq \varnothing$ la restrizione $\varphi|_S = \varphi \circ \iota$ sia di classe C^∞ anche rispetto alla struttura di varietà di S. Come discuteremo meglio più avanti (Corollario 2.4.19) questo implicherà che potremo trovare un atlante di S costituito da restrizioni a S di opportune carte dell'ambiente M. Inoltre, questa seconda richiesta implica anche che la restrizione a S di qualsiasi (germe di) funzione C^∞ di M è di classe C^∞ anche rispetto alla struttura differenziabile di S.

Infine, la terza richiesta è che il differenziale $d\iota_p\colon T_pS \to T_pM$ sia iniettivo per ogni $p \in S$. L'Esercizio 2.79 mostra che questo è equivalente a richiedere che ogni (germe di) funzione C^∞ in S si ottiene come restrizione di una funzione C^∞ definita in un opportuno aperto di M. Quindi questa definizione cattura bene l'idea che la struttura differenziabile di una sottovarietà debba essere indotta da quella della varietà ambiente.

Osservazione 2.4.15. Con questa terminologia, la Proposizione 2.4.8 dice che se $F\colon S \to M$ è un'immersione allora per ogni $p \in S$ è possibile trovare un intorno U di p in S tale che $F(U)$ sia una sottovarietà di M; ma questo *non* vuol dire che per ogni $F(p) \in F(S)$ sia possibile trovare un intorno V di $F(p)$ in M tale che $V \cap F(S)$ sia una sottovarietà (anche perché un tale intorno potrebbe non esistere; vedi l'Esempio 2.4.7).

Se S è una sottovarietà di una varietà M, è naturale chiedersi se è possibile trovare un atlante di S che sia in qualche modo indotto da (o che si estenda a) un atlante di M. Un primo risultato positivo in questo senso è contenuto nell'osservazione seguente.

Osservazione 2.4.16. Se S è una sottovarietà di una varietà n-dimensionale M, e (U, φ) è una carta di M con $U \cap S \neq \varnothing$, allora $\varphi(U \cap S)$ è (perché?) una sottovarietà di $\varphi(U) \subset \mathbb{R}^n$, e $\varphi|_{U\cap S}$ è un diffeomorfismo con l'immagine, in quanto $\varphi|_{U\cap S} = \varphi \circ \iota|_{U\cap S}$.

D'altra parte, se S è una sottovarietà k-dimensionale di M, e (U, φ) è una carta di M con $U \cap S \neq \varnothing$, di primo acchito non è affatto detto che $(U \cap S, \varphi|_{U\cap S})$ sia una carta di S, per il semplice motivo che $\varphi|_{U\cap S}$ non è in generale un aperto di $\mathbb{R}^k$. Quello che però è vero è che per ogni $p \in S$ possiamo trovare una carta (U, φ) di M in p tale che $\varphi|_{U\cap S}$ sia un aperto di $\mathbb{R}^k \times \{O\}$, per cui $(U\cap S, \varphi_{U\cap S})$ può essere considerata in modo naturale come una carta di S in p. Per dimostrarlo ricordiamo il classico *Teorema del rango* (vedi [24, Theorem 7.8] per una dimostrazione):

Teorema 2.4.17 (del rango). *Siano $U \subseteq \mathbb{R}^m$ e $V \subseteq \mathbb{R}^n$ aperti, e $F\colon U \to V$ un'applicazione differenziabile di rango costante $k \geq 0$. Allora per ogni $p \in U$ esistono una carta (U_0, φ) per $\mathbb{R}^m$ centrata in p e una carta (V_0, ψ) per $\mathbb{R}^n$ centrata in $F(p)$, con $U_0 \subseteq U$ e $F(U_0) \subseteq V_0 \subseteq V$, tali che*

$$\psi \circ F \circ \varphi^{-1}(x^1, \ldots, x^k, x^{k+1}, \ldots, x^m) = (x^1, \ldots, x^k, 0, \ldots, 0)$$

e $\psi\big(F(U_0)\big) = \psi(V_0) \cap (\mathbb{R}^k \times \{O\})$.

Come già fatto per i teoremi della funzione inversa e della funzione implicita, otteniamo subito una versione del teorema del rango valida per varietà qualsiasi.

Corollario 2.4.18. *Sia M una varietà m-dimensionale, N una varietà n-dimensionale, e $F: M \to N$ un'applicazione differenziabile di rango costante $k \geq 0$. Allora per ogni $p \in M$ esistono una carta (U, φ) centrata in p e una carta (V, ψ) centrata in $F(p)$, con $F(U) \subseteq V$, tali che*

$$\psi \circ F \circ \varphi^{-1}(x^1, \ldots, x^k, x^{k+1}, \ldots, x^m) = (x^1, \ldots, x^k, 0, \ldots, 0)$$

e $\psi\big(F(U)\big) = \psi(V) \cap (\mathbb{R}^k \times \{O\})$. In particolare:

(i) *se $F: M \to N$ è un'immersione (rango costante $k = m \leq n$) per ogni $p \in M$ possiamo trovare una carta (U, φ) centrata in p e una carta (V, ψ) centrata in $F(p)$, con $F(U) \subseteq V$, tali che*

$$\psi \circ F \circ \varphi^{-1}(x^1, \ldots, x^m) = (x^1, \ldots, x^m, 0, \ldots, 0)$$

e $\psi\big(F(U)\big) = \psi(V) \cap (\mathbb{R}^m \times \{O\})$;

(ii) *se $F: M \to N$ è una sommersione (rango costante $k = n \leq m$) per ogni $p \in M$ possiamo trovare una carta (U, φ) centrata in p e una carta (V, ψ) centrata in $F(p)$, con $F(U) = V$, tali che*

$$\psi \circ F \circ \varphi^{-1}(x^1, \ldots, x^n, x^{n+1}, \ldots, x^m) = (x^1, \ldots, x^n) \ .$$

Dimostrazione. Sia (U_1, φ_1) una qualsiasi carta centrata in p, e (V_1, ψ_1) una qualsiasi carta centrata in $F(p)$ con $F(U_1) \subseteq V_1$. Allora basta applicare il Teorema 2.4.17 del rango a $\psi_1 \circ F \circ \varphi_1^{-1}$. $\square$

È ora facile costruire carte di sottovarietà che provengono da (opportune) carte della varietà ambiente:

Corollario 2.4.19. *Sia $S \subseteq M$ un sottoinsieme di una varietà n-dimensionale M. Allora S può essere dotato di una struttura di varietà k-dimensionale che lo renda una sottovarietà di M se e solo se per ogni $p \in S$ esiste una carta (V, ψ) di M centrata in p tale che $\psi(V \cap S) = \psi(V) \cap (\mathbb{R}^k \times \{O\})$.*

Dimostrazione. Supponiamo che S sia una sottovarietà di M. Per definizione, l'inclusione $\iota: S \hookrightarrow M$ è di rango costante k. La tesi segue allora dal corollario precedente.

Viceversa, supponiamo di avere per ogni $p \in S$ una carta (V_p, ψ_p) di M centrata in p tale che $\psi_p(V_p \cap S) = \psi_p(V_p) \cap (\mathbb{R}^k \times \{O\})$. Indichiamo con $\pi_k: \mathbb{R}^n \to \mathbb{R}^k$ la proiezione sulle prime k coordinate, e poniamo $U_p = \pi_k\big(\psi_p(V_p \cap S)\big)$. Allora U_p è un aperto di $\mathbb{R}^k$, ed è facile verificare (controlla) che $\{(V_p \cap S, \pi_k \circ \psi_p|_{V_p \cap S})\}$ è un k-atlante su S rispetto a cui S risulta essere una sottovarietà di M. $\square$

Definizione 2.4.20. Sia $S \subseteq N$ una sottovarietà k-dimensionale di una varietà M. Una carta (U, φ) di M è detta *adattata* a S se $U \cap S = \varnothing$ oppure $\varphi(U \cap S) = \varphi(U) \cap (\mathbb{R}^k \times \{O\})$. Un atlante $\mathcal{A}$ di M è detto *adattato* a S se ogni sua carta lo è.

Osservazione 2.4.21. Se $\iota\colon S \hookrightarrow M$ è una sottovarietà di una varietà M, e $p \in S$, il differenziale $d\iota_p\colon T_pS \to T_pM$ realizza T_pS come sottospazio di T_pM. Il modo in cui un $v \in T_pS$ agisce su un germe $\mathbf{f} \in C_M^\infty(p)$ è il seguente:

$$d\iota_p(v)(\mathbf{f}) = v(\mathbf{f}|_S) \, . \tag{2.8}$$

D'ora in poi, a meno di avviso contrario, se S è una sottovarietà di M e $p \in S$, identificheremo sempre T_pS con il sottospazio $d\iota_p(T_pS)$ di T_pM, facendo agire gli elementi di T_pS sui germi in $C_M^\infty(p)$ come in (2.8); vedi anche l'Esercizio 2.92.

Un discorso analogo si applica alle sottovarietà immerse: se $F\colon S \to M$ è un'immersione e $p \in S$, il differenziale $dF_p\colon T_pS \to T_{F(p)}M$ identifica T_pS con un sottospazio di $T_{F(p)}M$, e l'azione di $v \in T_pS$ su un germe $\mathbf{f} \in C_M^\infty\big(F(p)\big)$ è data da $dF_p(v)(\mathbf{f}) = v(\mathbf{f} \circ F)$.

Un modo molto comune per costruire sottovarietà è come immagine inversa di un valore regolare, generalizzando la Proposizione 2.1.38.

Definizione 2.4.22. Sia $F\colon M \to N$ un'applicazione differenziabile fra varietà. Un punto $p \in M$ è detto *punto critico* di F se $dF_p\colon T_pM \to T_{F(p)}N$ non è surgettivo. Un *valore critico* è l'immagine di un punto critico. Un *valore regolare* è un punto di $F(M)$ che non è un valore critico. Indicheremo con $\mathrm{Crit}(F) \subseteq M$ l'insieme dei punti critici di F. Infine, un *insieme di livello* di F è un sottoinsieme di M della forma $F^{-1}(q)$ con $q \in F(M) \subseteq N$.

Proposizione 2.4.23. *Sia* $F\colon M \to N$ *un'applicazione differenziabile fra varietà, con* $\dim M = n + k \geq n = \dim N$. *Allora:*

(i) *per ogni* $a \in F(M)$ *l'insieme* $M_a = F^{-1}(a) \setminus \mathrm{Crit}(F)$ *è una sottovarietà* k-*dimensionale di* M. *In particolare, se* $a \in N$ *è un valore regolare allora* $F^{-1}(a)$ *è una sottovarietà* k-*dimensionale di* M;

(ii) *se* $p \in M_a$ *lo spazio tangente di* M_a *in* p *coincide con il nucleo di* dF_p. *In particolare, se* $N = \mathbb{R}$ *e* $F = f \in C^\infty(M)$, *allora lo spazio tangente di* M_a *in* p *è dato dai vettori* $v \in T_pM$ *tali che* $v(\mathbf{f}) = 0$.

Dimostrazione. La prima parte si dimostra esattamente come nella Proposizione 2.1.38, usando carte locali (Esercizio 2.93). Per la seconda parte, indichiamo con $\iota\colon M_a \hookrightarrow M$ l'inclusione. Allora per ogni $p \in M_a$ possiamo identificare T_pM_a con la sua immagine tramite $d\iota_p$ in T_pM, e quindi dobbiamo dimostrare che $d\iota_p(T_pN_a) = \mathrm{Ker}\, dF_p$. Siccome p non è un punto critico, entrambi questi spazi hanno dimensione k; quindi ci basta dimostrare che sono uno contenuto nell'altro. Prendiamo $v \in T_pN_a$ e $\mathbf{f} \in C^\infty\big(F(p)\big)$. Allora

$$dF_p\big(d\iota_p(v)\big)(\mathbf{f}) = d(F \circ \iota)_p(v)(\mathbf{f}) = v(\mathbf{f} \circ F \circ \iota) = v(\mathbf{f} \circ F|_{M_a}) = 0 \, ,$$

in quanto $F|_{M_a}$ è costante. Quindi $dF_p\big(d\iota_p(v)\big) = O$, e $d\iota_p(v) \in \mathrm{Ker}\, dF_p$, come voluto. $\qquad\square$

Esempio 2.4.24. Sia $f: M \to \mathbb{R}$ di classe C^∞. Chiaramente (perché?), i punti critici di M sono esattamente quelli in cui il differenziale di f si annulla. In particolare (assumendo M connessa), se f non è costante non tutti i punti di M sono critici (Esercizio 2.70), e quindi abbiamo delle sottovarietà di M della forma $f^{-1}(a) \setminus \mathrm{Crit}(f)$.

Per esempio, sia $f: \mathbb{R}^{n+1} \to \mathbb{R}$ data da $f(x) = (x^1)^2 + \cdots + (x^{n+1})^2$. Allora $\mathrm{Crit}(f) = \{O\}$, e otteniamo che per ogni $R > 0$ la sfera $S_R^n = f^{-1}(R^2)$ è una sottovarietà di $\mathbb{R}^{n+1}$.

Vedi l'Esercizio 2.94 per una generalizzazione della Proposizione 2.4.23.

2.5 Gruppi di Lie

In questa sezione introduciamo una classe particolarmente importante di varietà.

Definizione 2.5.1. Un *gruppo di Lie* è un gruppo G fornito anche di una struttura di varietà differenziabile tale che il prodotto $G \times G \to G$ e l'inverso $G \to G$ siano applicazioni di classe C^∞.

Osservazione 2.5.2. Un risultato profondo di Gleason, Montgomery e Zippin (vedi [29, Capitoli 3 e 4]) dice che ogni gruppo connesso fornito di una struttura di varietà topologica per cui il prodotto e l'inverso siano applicazioni continue ammette un'unica struttura di gruppo di Lie compatibile con la topologia data.

Esempio 2.5.3. Lo spazio euclideo $\mathbb{R}^n$ con la somma usuale è un gruppo di Lie. Più in generale, un qualsiasi spazio vettoriale di dimensione finita considerato con la struttura di varietà introdotta nell'Esempio 2.1.24 è un gruppo di Lie rispetto alla somma.

Esempio 2.5.4. I gruppi $\mathbb{R}^*$ e $\mathbb{C}^* \subset \mathbb{R}^2$ col prodotto sono gruppi di Lie. Anche S^1, inteso come l'insieme dei numeri complessi di modulo unitario, e considerato col prodotto di numeri complessi, è un gruppo di Lie (Esercizio 2.111). Analogamente, $\mathbb{T}^r$ col prodotto componente per componente è un gruppo di Lie (vedi l'Esercizio 2.112).

Esempio 2.5.5. Il gruppo generale lineare $GL(n, \mathbb{R})$ con il prodotto usuale è un gruppo di Lie. Più in generale, il gruppo $GL(V)$ degli automorfismi di uno spazio vettoriale con la struttura di varietà introdotta nell'Esempio 2.1.25 è un gruppo di Lie.

Esempio 2.5.6. Un *gruppo discreto* è un gruppo finito o numerabile considerato con la topologia discreta, e può essere considerato come un gruppo di Lie di dimensione 0.

Le applicazioni naturali da considerare fra gruppi di Lie sono gli omomorfismi differenziabili.

Definizione 2.5.7. Un *omomorfismo* di gruppi di Lie è un'applicazione differenziabile $F: G \to H$ fra gruppi di Lie che sia un omomorfismo di gruppi. Un *isomorfismo* di gruppi di Lie è un diffeomorfismo che è anche un isomorfismo di gruppi. Un isomorfismo di un gruppo di Lie con se stesso è detto *automorfismo*.

Esempio 2.5.8. L'esponenziale $\exp: \mathbb{R} \to \mathbb{R}^*$ è un omomorfismo di gruppi di Lie, in quanto è differenziabile e si ha $e^{t+s} = e^t \cdot e^s$ (dove stiamo considerando $\mathbb{R}$ con la somma ed $\mathbb{R}^*$ col prodotto). Inoltre, se indichiamo con $\mathbb{R}_*^+ = \exp(\mathbb{R})$ l'insieme dei numeri reali strettamente positivi, allora $\exp$ è un isomorfismo fra $\mathbb{R}$ ed $\mathbb{R}_*^+$, con inversa $\log: \mathbb{R}_*^+ \to \mathbb{R}$. Anche l'esponenziale $\exp: \mathbb{C} \to \mathbb{C}^*$ è un omomorfismo di gruppi di Lie, ma non è iniettivo.

Esempio 2.5.9. L'inclusione naturale $S^1 \hookrightarrow \mathbb{C}^*$ è un omomorfismo di gruppi di Lie.

Esempio 2.5.10. Il rivestimento universale $p: \mathbb{R} \to S^1$ dato da $p(t) = e^{2\pi i t}$ è un omomorfismo di gruppi di Lie. Più in generale, l'applicazione $p: \mathbb{R}^n \to \mathbb{T}^n$ data da $p(t^1, \ldots, t^n) = (e^{2\pi i t^1}, \ldots, e^{2\pi i t^n})$ è un omomorfismo di gruppi di Lie.

Esempio 2.5.11. Il determinante $\det: GL(n, \mathbb{R}) \to \mathbb{R}^*$ è un omomorfismo di gruppi di Lie.

Definizione 2.5.12. Se G è un gruppo di Lie e $h \in G$, la *traslazione sinistra* $L_h: G \to G$ e la *traslazione destra* $R_h: G \to G$ sono rispettivamente definite da $L_h(x) = hx$ e $R_h(x) = xh$. Sono chiaramente diffeomorfismi di G con se stesso, ma non degli isomorfismi di gruppo di Lie. Invece, il *coniugio* $C_h: G \to G$ definito da $C_h(x) = hxh^{-1}$ è un automorfismo di G.

Il rivestimento universale di un gruppo di Lie è ancora un gruppo di Lie:

Proposizione 2.5.13. *Sia G un gruppo di Lie connesso. Allora esistono un gruppo di Lie semplicemente connesso $\tilde{G}$ e un rivestimento liscio $\pi: \tilde{G} \to G$ che è anche un omomorfismo di gruppi di Lie.*

Dimostrazione. Sia $\pi: \tilde{G} \to G$ il rivestimento universale di G come spazio topologico; la Proposizione 2.2.19 ci dice allora che esiste un'unica struttura di varietà differenziabile su $\tilde{G}$ che renda π un rivestimento liscio. Dobbiamo dimostrare che $\tilde{G}$ ammette una struttura di gruppo rispetto a cui $\tilde{G}$ è un gruppo di Lie e π un omomorfismo. Indichiamo ora con $m: G \times G \to G$ la moltiplicazione e con $i: G \to G$ l'inverso. Se $e \in G$ è l'elemento neutro, scegliamo arbitrariamente $\tilde{e} \in \pi^{-1}(e) \subset \tilde{G}$. Siccome $\tilde{G} \times \tilde{G}$ è semplicemente connesso, possiamo sollevare $m \circ (\pi \times \pi)$ a un'unica applicazione $\tilde{m}: \tilde{G} \times \tilde{G} \to \tilde{G}$ tale che

$$\tilde{m}(\tilde{e}, \tilde{e}) = \tilde{e} \qquad \text{e} \qquad \pi \circ \tilde{m} = m \circ (\pi \times \pi) \, ; \qquad (2.9)$$

inoltre, $\tilde{m}$ è automaticamente differenziabile, grazie all'Esercizio 2.50.

Analogamente esiste un'unica applicazione differenziabile $\tilde{\imath}\colon \tilde{G} \to \tilde{G}$ tale che $\tilde{\imath}(\tilde{e}) = \tilde{e}$ e

$$\pi \circ \tilde{\imath} = i \circ \pi \,. \tag{2.10}$$

Introduciamo un prodotto e un inverso su $\tilde{G}$ ponendo $\tilde{x}\tilde{y} = \tilde{m}(\tilde{x}, \tilde{y})$ e $\tilde{x}^{-1} = \tilde{\imath}(\tilde{x})$; allora (2.9) e (2.10) diventano

$$\pi(\tilde{x}\tilde{y}) = \pi(\tilde{x})\pi(\tilde{y}) \qquad \text{e} \qquad \pi(\tilde{x}^{-1}) = \pi(\tilde{x})^{-1} \,;$$

quindi per concludere la dimostrazione basta far vedere che le operazioni su $\tilde{G}$ soddisfano gli assiomi di gruppo.

Sia $f\colon \tilde{G} \to \tilde{G}$ data da $f(\tilde{x}) = \tilde{e}\,\tilde{x}$. Allora (2.9) implica

$$\pi \circ f(\tilde{x}) = \pi(\tilde{e}\tilde{x}) = \pi(\tilde{e})\pi(\tilde{x}) = e\,\pi(\tilde{x}) = \pi(\tilde{x}) \,.$$

In altre parole, $\pi \circ f = \mathrm{id}_G \circ \pi = \pi \circ \mathrm{id}_{\tilde{G}}$; siccome $f(\tilde{e}) = \tilde{e}$, l'unicità del sollevamento implica $f \equiv \mathrm{id}_{\tilde{G}}$. In maniera analoga si dimostra che $\tilde{x}\tilde{e} = \tilde{x}$ per ogni $\tilde{x} \in \tilde{G}$, per cui $\tilde{e}$ è l'elemento neutro.

Per dimostrare che il prodotto è associativo, procediamo in modo simile. Siano $\mu_s\colon \tilde{G} \times \tilde{G} \times \tilde{G} \to \tilde{G}$ e $\mu_d\colon \tilde{G} \times \tilde{G} \times \tilde{G} \to \tilde{G}$ definite da

$$\mu_s(\tilde{x}, \tilde{y}, \tilde{z}) = (\tilde{x}\tilde{y})\tilde{z} \qquad \text{e} \qquad \mu_d(\tilde{x}, \tilde{y}, \tilde{z}) = \tilde{x}(\tilde{y}\tilde{z}) \,.$$

Allora usando (2.9) si vede che μ_s e μ_d sono entrambe sollevamenti dell'applicazione $\mu(\tilde{x}, \tilde{y}, \tilde{z}) = \pi(\tilde{x})\pi(\tilde{y})\pi(\tilde{z})$ che coincidono nel punto $(\tilde{e}, \tilde{e}, \tilde{e})$, e quindi coincidono identicamente.

Infine, con un argomento del tutto analogo (controlla) si dimostra che $\tilde{x}^{-1}\tilde{x} = \tilde{x}\tilde{x}^{-1} = \tilde{e}$, per cui $\tilde{G}$ è un gruppo di Lie. $\qquad \square$

Concludiamo questa sezione introducendo il concetto di sottogruppo di un gruppo di Lie.

Definizione 2.5.14. Sia G un gruppo di Lie, e $H \subset G$ un suo sottogruppo algebrico. Se H è una sottovarietà di G, diremo che H è un *sottogruppo di Lie regolare* di G.

Se invece H ammette una struttura di sottovarietà immersa rispetto a cui è un gruppo di Lie, allora diremo che H è un *sottogruppo di Lie* di G.

Osservazione 2.5.15. Se H è un sottogruppo di Lie regolare di G, allora la moltiplicazione e l'inverso sono automaticamente di classe C^∞ anche su H (vedi l'Esercizio 2.116), per cui H con la struttura di sottovarietà è a sua volta un gruppo di Lie.

Inoltre, vedremo nel Teorema 3.6.8 che i sottogruppi di Lie regolari sono tutti e soli i sottogruppi algebrici chiusi.

Esempio 2.5.16. L'applicazione det: $GL(n,\mathbb{R}) \to \mathbb{R}$ non ha punti critici (vedi l'Esempio 2.1.40); quindi $SL(n,\mathbb{R})$ è una sottovarietà e dunque un sottogruppo di Lie regolare di $GL(n,\mathbb{R})$.

Anche l'applicazione $F: GL(n,\mathbb{R}) \to S(n,\mathbb{R})$, dove $S(n,\mathbb{R}) \subset M_{n,n}(\mathbb{R})$ è lo spazio delle matrici simmetriche, data da $F(X) = X^T X$ non ha punti critici (vedi l'Esercizio 2.25); quindi anche $O(n)$ è un sottogruppo di Lie regolare di $GL(n,\mathbb{R})$

In maniera analoga (vedi gli Esercizi 2.117 e 2.118) si dimostra che $SO(n)$ è un sottogruppo di Lie regolare di $O(n)$ e di $GL(n,\mathbb{R})$, e che $SL(n,\mathbb{C})$, $U(n)$ e $SU(n)$ sono sottogruppi di Lie regolari di $GL(n,\mathbb{C})$.

Esempio 2.5.17. Dato $\alpha \in \mathbb{R} \setminus \mathbb{Q}$, sia $F_\alpha: \mathbb{R} \to \mathbb{T}^2$ l'immersione data da $F_\alpha(t) = (e^{2\pi i t}, e^{2\pi i \alpha t})$. Allora si verifica subito (controlla) che $H = F_\alpha(\mathbb{R})$ è un sottogruppo di Lie di $\mathbb{T}^2$; nell'Esempio 3.6.9 vedremo che non è un sottogruppo di Lie regolare (perché è denso in $\mathbb{T}^2$).

2.6 Azioni di gruppi di Lie su varietà

I gruppi di Lie appaiono spesso come gruppi di simmetria di una varietà, e possono essere usati per costruire nuove varietà.

Definizione 2.6.1. Sia G un gruppo di Lie, e M una varietà. Un'*azione* (*differenziabile*) *sinistra* di G su M è un'applicazione $\theta: G \times M \to M$ di classe C^∞ tale che

$$\theta(g_1, \theta(g_2, p)) = \theta(g_1 g_2, p) \qquad \text{e} \qquad \theta(e, p) = p \qquad (2.11)$$

per tutti i g_1, $g_2 \in G$ e $p \in M$, dove $e \in G$ è l'elemento neutro di G. Un'*azione destra* invece è un'applicazione $\rho: M \times G \to M$ di classe C^∞ tale che

$$\rho(\rho(p, g_1), g_2) = \rho(p, g_1 g_2) \qquad \text{e} \qquad \rho(p, e) = p \qquad (2.12)$$

per tutti i g_1, $g_2 \in G$ e $p \in M$.

Per ogni $g \in G$ sia $\theta_g: M \to M$ data da $\theta_g(p) = \theta(g,p)$. Diremo che l'azione è *fedele* se $\theta_{g_1} \equiv \theta_{g_2}$ implica $g_1 = g_2$; una definizione analoga si applica alle azioni destre.

Ove l'azione sia chiara dal contesto, scriveremo $g \cdot p$ invece di $\theta(g,p)$, e $p \cdot g$ invece di $\rho(p,g)$. Per esempio, la (2.11) diventa

$$g_1 \cdot (g_2 \cdot p) = (g_1 g_2) \cdot p \quad \text{e} \quad e \cdot p = p\,,$$

mentre la (2.12) diventa

$$(p \cdot g_1) \cdot g_2 = p \cdot (g_1 g_2) \quad \text{e} \quad p \cdot e = p\,.$$

Infine, un *G-spazio* è una varietà su cui agisce (da sinistra o da destra) il gruppo di Lie G.

Osservazione 2.6.2. Se $\rho\colon M \times G \to M$ è un'azione destra, allora $\theta\colon G \times M \to M$ data da $\theta(g, p) = \rho(p, g^{-1})$ è un'azione sinistra; quindi ogni risultato per le azioni sinistre vale anche per le azioni destre, e nel seguito di questa sezione ci limiteremo a trattare le azioni sinistre.

Osservazione 2.6.3. Sia $\theta\colon G \times M \to M$ un'azione di un gruppo di Lie su una varietà M. La (2.11) si può scrivere come

$$\theta_{g_1} \circ \theta_{g_2} = \theta_{g_1 g_2} \qquad e \qquad \theta_e = \mathrm{id}_M \ .$$

In particolare, ciascun θ_g è un diffeomorfismo con inversa $\theta_{g^{-1}}$, e $g \mapsto \theta_g$ è un omomorfismo da G nel gruppo dei diffeomorfismi di M con se stessa.

Esempio 2.6.4. Il gruppo $GL(n, \mathbb{R})$ agisce fedelmente su $\mathbb{R}^n$ per moltiplicazione: $\theta(A, v) = Av$ per ogni $A \in GL(n, R)$ e $v \in \mathbb{R}^n$.

Analogamente, il gruppo ortogonale $O(n)$ agisce fedelmente su S^n per moltiplicazione.

Esempio 2.6.5. Un gruppo di Lie G agisce su se stesso in (almeno) due modi: per *traslazione sinistra*, e per *coniugio*. L'azione per traslazione sinistra è data da $L(g, h) = L_g(h) = gh$; l'azione per coniugio è data da $C(g, h) = C_g(h) = ghg^{-1}$.

Osservazione 2.6.6. Un tipo di azione particolarmente importante è dato dalle azioni lineari su uno spazio vettoriale, cioè da omomorfismi $\rho\colon G \to GL(V)$, dove G è un gruppo di Lie e V è uno spazio vettoriale. Queste azioni (dette *rappresentazioni*) sono molto importanti per lo studio della struttura dei gruppi di Lie; vedi, per esempio, [16].

Definizione 2.6.7. Sia $\theta\colon G \times M \to M$ un'azione di un gruppo di Lie G su una varietà M. Il *gruppo di isotropia* G_p di un punto $p \in M$ è il sottogruppo di G costituito dagli elementi di G che fissano p, cioè

$$G_p = \{g \in G \mid \theta_g(p) = p\} \ .$$

Diremo che G agisce *liberamente* su M (e diremo che l'azione è *libera*) se il gruppo d'isotropia di ogni punto si riduce al solo elemento identico, cioè se $\theta_g(p) \neq p$ per ogni $p \in M$ e $g \in G \setminus \{e\}$.

Esempio 2.6.8. L'azione traslazione sinistra di un gruppo di Lie G su se stesso è libera. Il gruppo d'isotropia di un elemento $h \in G$ rispetto all'azione di coniugio consiste nel sottogruppo degli elementi di G che commutano con h.

Definizione 2.6.9. Sia $\theta\colon G \times M \to M$ un'azione di un gruppo di Lie G su una varietà M. L'*orbita* di un punto $p \in M$ è l'insieme $G(p) = \{\theta_g(p) \mid g \in G\}$. Si vede facilmente (controlla) che le orbite costituiscono una partizione di M, cioè che "essere in una stessa orbita è una relazione d'equivalenza. Indicheremo con M/G lo spazio quoziente delle orbite, e diremo che l'azione è *transitiva* se esiste un'unica orbita, cioè se per ogni $p, q \in M$ esiste $g \in G$ tale che $\theta_g(p) = q$. In tal caso diremo che M è uno spazio *omogeneo* (o *G-omogeneo*).

Esempio 2.6.10. L'azione di $O(n)$ su S^n è transitiva. L'azione di $GL(n, \mathbb{R})$ su $\mathbb{R}^n$ ha esattamente due orbite: $\{O\}$ e $\mathbb{R}^n \setminus \{O\}$.

Lo spazio delle orbite M/G, in quanto quoziente di uno spazio topologico, ha una struttura naturale di spazio topologico. Una domanda naturale è se ha una struttura di varietà differenziabile. La risposta in generale è no: M/G potrebbe non essere neppure una varietà topologica.

Esempio 2.6.11. Il gruppo ortogonale $O(n)$ agisce per moltiplicazione su $\mathbb{R}^n$, e si vede facilmente (controlla) che $\mathbb{R}^n/O(n)$ è omeomorfo alla semiretta $[0, +\infty)$.

Ci sono però delle condizioni che assicurano che lo spazio delle orbite sia ancora una varietà.

Definizione 2.6.12. Un'applicazione continua $f: X \to Y$ fra spazi topologici è *propria* se l'immagine inversa di ogni compatto in Y è compatta in X, cioè se $f^{-1}(K)$ è compatto in X per ogni compatto $K \subseteq Y$.

Definizione 2.6.13. Diremo che un'azione $\theta: G \times M \to M$ di un gruppo di Lie G su una varietà M è *propria* se l'applicazione $\Theta: G \times M \to M \times M$ data da $\Theta(g, p) = \big(\theta_g(p), p\big)$ è propria (che è una cosa diversa dal richiedere che θ sia propria).

Vogliamo dimostrare che il quoziente di una varietà sotto un'azione libera e propria è ancora una varietà. Per farlo ci serve un lemma preliminare:

Lemma 2.6.14. *Sia $\theta: G \times M \to M$ un'azione di un gruppo di Lie G su una varietà M. Allora la proiezione naturale $\pi: M \to M/G$ è un'applicazione aperta.*

Dimostrazione. Sia $U \subseteq M$ aperto. Per costruzione,

$$\pi^{-1}\big(\pi(U)\big) = \bigcup_{g \in G} \theta_g(U).$$

Essendo ogni θ_g un omeomorfismo, ciascun $\theta_g(U)$ è aperto, e anche $\pi^{-1}\big(\pi(U)\big)$ è aperto. Per definizione di topologia quoziente questo implica che $\pi(U)$ è aperto in M/G, per cui π è un'applicazione aperta. $\qquad\square$

Teorema 2.6.15. *Sia $\theta: G \times M \to M$ un'azione di un gruppo di Lie G su una varietà M, e indichiamo con $\pi: M \to M/G$ la proiezione naturale sullo spazio delle orbite. Supponiamo che l'azione sia libera e propria. Allora esiste un'unica struttura di varietà differenziabile su M/G, compatibile con la topologia quoziente, tale che π sia una sommersione. Rispetto a questa struttura, M/G ha dimensione $\dim M - \dim G$.*

Dimostrazione. Cominciamo dimostrando l'unicità della struttura. Supponiamo di avere due atlanti $\mathcal{A}_1$ e $\mathcal{A}_2$ su M/G compatibili con la topologia quoziente e rispetto a cui π è una sommersione (ovviamente surgettiva). Allora l'Esercizio 2.83.(i) mostra che l'identità è differenziabile sia da $(M/G, \mathcal{A}_1)$ a $(M/G, \mathcal{A}_2)$ sia viceversa; e questo vuole esattamente dire che i due atlanti sono compatibili, cioè identificano la stessa struttura differenziabile.

Dimostriamo ora che le orbite sono sottovarietà di M. Per ogni $p \in M$, sia $\theta^p \colon G \to M$ data da $\theta^p(g) = \theta_g(p)$. In particolare, l'orbita di p è l'immagine di θ^p; quindi ci basta dimostrare che θ^p è un embedding. È iniettiva: $\theta^p(g) = \theta^p(h)$ implica $\theta_{h^{-1}g}(p) = p$, per cui, essendo l'azione libera, $h^{-1}g = e$, cioè $g = h$. Ora, notiamo che

$$\theta^p(gh) = \theta_{gh}(p) = \theta_g\big(\theta_h(p)\big) = \theta_g\big(\theta^p(h)\big) \ .$$

Essendo la traslazione sinistra transitiva, l'Esercizio 2.130 ci assicura che θ^p ha rango costante; essendo iniettiva, è un'immersione (Esercizio 2.78). In particolare, $\dim G \le \dim M$. Ora, se $K \subseteq M$ è compatto, $(\theta^p)^{-1}(K)$ è chiuso in G, ed è contenuto in $\{g \in G \mid g(K \cup \{p\}) \cap (K \cup \{p\}) \ne \varnothing\}$, che è compatto perché l'azione è propria (vedi l'Esercizio 2.124); quindi θ^p è propria, e dunque un embedding (Esercizio 2.75).

Continuiamo studiando le proprietà topologiche di M/G. Essendo π aperta (Lemma 2.6.14), l'immagine tramite π di una base numerabile di aperti di M è una base numerabile di aperti di M/G; quindi M/G è a base numerabile.

Per ipotesi, l'applicazione $\Theta \colon G \times M \to M \times M$ data da $\Theta(g, p) = \big(\theta_g(p), p\big)$ è propria; in particolare, ha immagine è chiusa (vedi l'Esercizio 2.44). Ora, abbiamo $(p, q) \in \Theta(G \times M)$ se e solo se p e q appartengono alla stessa orbita, cioè se e solo se $\pi(p) = \pi(q)$. Dunque se $\pi(p) \ne \pi(q)$, possiamo trovare un intorno $U \times V$ di (p, q) in $M \times M$ disgiunto da $\Theta(G \times M)$, e (essendo π aperta) $\pi(U)$ e $\pi(V)$ sono intorni disgiunti di $\pi(p)$ e $\pi(q)$ in M/G, che quindi è Hausdorff.

Ora, poniamo $k = \dim G$ e $n = \dim M - \dim G$. Diremo che una carta (U, φ) di M è *adattata* all'azione di G se $\varphi(U)$ è un prodotto $V_1 \times V_2 \subseteq \mathbb{R}^k \times \mathbb{R}^n$, e se $q \in M$ è tale che l'orbita $G(q)$ interseca U allora $\varphi\big(G(q) \cap U\big) = V_1 \times \{c\}$ per un opportuno $c \in \mathbb{R}^n$. Come primo passo per la costruzione dell'atlante su M/G dimostriamo che per ogni $p \in M$ esiste una carta adattata all'azione di G centrata in p.

Siccome l'orbita $G(p)$ è una sottovarietà di M, abbiamo (Corollario 2.4.19) una carta (V, ψ) centrata in p per cui $\psi\big(V \cap G(p)\big) = \psi(V) \cap (\mathbb{R}^k \times \{O\})$. Sia $S \subset V$ la sottovarietà di V definita da $S = \psi^{-1}(\{O\} \times \mathbb{R}^n\}$. Chiaramente abbiamo $T_p M = T_p G(p) \oplus T_p S$.

Sia $\eta \colon G \times S \to M$ la restrizione a $G \times S$ dell'azione θ; vogliamo dimostrare che η è un diffeomorfismo in un intorno di (e, p). Sia $\iota_p \colon G \to G \times S$ l'embedding $\iota_p(g) = (g, p)$; chiaramente $\theta^p = \eta \circ \iota_p$. Siccome θ^p è un embedding con immagine $G(p)$, abbiamo $d\theta^p_e(T_e G) = T_p G(p)$, per cui l'immagine di $d\eta_{(e, p)}$ contiene $T_p G(p)$. Analogamente, usando l'embedding $j_e \colon S \to G \times S$ dato da $j_e(q) = (e, q)$ e notando che la composizione $\eta \circ j_e$ è uguale all'inclusione $S \hookrightarrow M$, vediamo che l'immagine di $d\eta_{(e,p)}$ contiene anche T_pS. Quindi $d\eta_{(e,p)}: T_{(e,p)}(G \times S) \to T_pM$ è surgettivo e dunque, confrontando le dimensioni, un isomorfismo. Il teorema dellla funzione inversa per varietà (Corollario 2.3.29) ci assicura allora l'esistenza di un intorno $W_1 \times W_2$ di (e,p) in $G \times S$ e di un intorno W di p in M tali che $\eta: W_1 \times W_2 \to W$ sia un diffeomorfismo.

Vogliamo far vedere che, a meno di rimpicciolire W_2, possiamo supporre che ogni G-orbita interseca W_2 in al più un punto. Se così non fosse, potremmo trovare una base numerabile $\{W^j\}$ di intorni di p in $W_2 \subset S$ e, per ogni $j \geq 1$, punti distinti $p_j, p'_j \in W^j$ e $g_j \in G$ tali che $g_j \cdot p_j = p'_j$. Siccome $\{W^j\}$ è una base di intorni, p_j e $p'_j = g_j \cdot p_j$ tendono a p. Essendo l'azione propria, l'Esercizio 2.124 ci dice che, a meno di passare a una sottosuccessione, possiamo supporre che $g_j \to g \in G$. Ma allora

$$g \cdot p = \lim_{j \to \infty} g_j \cdot p_j = \lim_{j \to \infty} p'_j = p \; ;$$

essendo l'azione libera, otteniamo $g = e$. Dunque $g_j \in W_1$ quando j è abbastanza grande; ma questo contraddice l'iniettività di η su $W_1 \times W_2$ perché $\eta(g_j, p_j) = p'_j = \eta(e, p'_j)$ e stiamo assumendo $p'_j \neq p_j$.

A meno di rimpicciolire ulteriormente W_1 e W_2 possiamo supporre che siano i domini di due carte (W_1, γ_1) e (W_2, γ_2) centrate in $e \in G$ e $p \in S$ rispettivamente. Poniamo $\varphi = (\gamma_1 \times \gamma_2) \circ \eta^{-1}$; vogliamo dimostrare che (U, φ) è la carta adattata all'azione di G che stavamo cercando. Che $\varphi(U)$ sia un prodotto è ovvio per costruzione. Supponiamo che un'orbita $G(q)$ intersechi U. Siccome $U = \eta(W_1 \times W_2)$, possiamo supporre che $q \in W_2$; e, visto che ogni orbita interseca W_2 in al più un punto, questo q è univocamente determinato. Ma allora $\varphi(G(q) \cap U) = \gamma_1(W_1) \times \{\gamma_2(q)\}$, per cui (U, φ) è adattata all'azione di G, come voluto.

Ora usiamo le carte adattate per costruire un atlante di M/G. Dato $p \in M$, poniamo $\hat{p} = \pi(p)$, e sia (U, φ) una carta di M centrata in p e adattata all'azione di G. Poniamo $\hat{U} = \pi(U)$; essendo π aperta, $\hat{U}$ è aperto in M/G. Se $S = U \cap \varphi^{-1}(\{O\} \times \mathbb{R}^n)$, per definizione di carta adattata $\pi|_S: S \to \hat{U}$ è bigettiva. Inoltre, se $W \subset S$ è aperto in S, allora $\pi(W) = \pi(\eta(G \times W) \cap U)$ è aperto in M/G, per cui $\pi|_S$ è un omeomorfismo con l'immagine. Sia $\pi_2: \mathbb{R}^k \times \mathbb{R}^n \to \mathbb{R}^n$ la proiezione sulla seconda coordinata, e poniamo $\hat{\varphi} = \pi_2 \circ \varphi \circ (\pi|_S)^{-1}: \hat{U} \to \mathbb{R}^n$. Per costruzione, $\hat{\varphi}$ è un omeomorfismo con l'immagine; quindi $(\hat{U}, \hat{\varphi})$ è una n-carta di M/G compatibile con la topologia quoziente. Inoltre, $\hat{\varphi} \circ \pi \circ \varphi^{-1} = \pi_2$, per cui rispetto a questa carta π è una sommersione.

Per completare la dimostrazione dobbiamo far vedere che due carte costruite in questo modo sono compatibili fra loro. Siano (U_1, φ_1) e (U_2, φ_2) due carte adattate di M, e $(\hat{U}_1, \hat{\varphi}_1)$ e $(\hat{U}_2, \hat{\varphi}_2)$ le corrispondenti carte di M/G. Se entrambe le carte adattate sono centrate nello stesso punto $p \in M$, si vede subito che

$$\hat{\varphi}_2 \circ \hat{\varphi}_1^{-1}(x) = \pi_2 \circ \varphi_2 \circ \varphi_1^{-1}(O, x) \; ,$$

che è chiaramente di classe C^∞ dove definita. Se invece sono centrate in punti diversi, da $\widehat{U_1} \cap \widehat{U_2} \neq \varnothing$ deduciamo che esistono $p_1 \in U_1$ e $p_2 \in U_2$ tali che $\pi(p_1) = \pi(p_2)$. A meno di traslazioni, possiamo supporre che (U_1, φ_1) sia centrata in p_1 e che (U_2, φ_2) sia centrata in p_2. Siccome p_1 e p_2 appartengono alla stessa orbita, esiste $g \in G$ tale che $\theta_g(p_1) = p_2$. Ma θ_g è un diffeomorfismo che manda orbite in orbite; quindi $\varphi_3 = \varphi_2 \circ \theta_g$ è un'altra carta adattata centrata in p_1, definita in $U_3 = \theta_g^{-1}(U_2) \cap U_1$. Se indichiamo con $(\widehat{U_3}, \hat\varphi_3)$ la corrispondente carta in M/G, per quanto visto prima $\hat\varphi_3 \circ \hat\varphi_1^{-1}$ è di classe C^∞ dove definita. Ma, se poniamo $S_j = U_j \cap \varphi_j^{-1}(\{O\} \times \mathbb{R}^n)$ per $j = 1, 2, 3$, abbiamo $(\pi|_{S_3})^{-1} = \theta_g^{-1} \circ (\pi|_{S_2})^{-1}$ e quindi

$$\hat\varphi_3 = \pi_2 \circ \varphi_3 \circ (\pi|_{S_3})^{-1} = \pi_2 \circ \varphi_2 \circ \theta_g \circ \theta_g^{-1} \circ (\pi|_{S_2})^{-1} = \hat\varphi_2 \ ;$$

quindi $(\widehat{U_1}, \hat\varphi_1)$ e $(\widehat{U_2}, \hat\varphi_2)$ sono compatibili. $\qquad\square$

2.7 Partizioni dell'unità

Nel seguito (vedi per esempio il Teorema 2.8.13) ci serviranno funzioni differenziabili con proprietà particolari, molto utili per passare da situazioni locali a situazioni globali. Cominciamo col far vedere che per ogni compatto di una varietà differenziabile possiamo trovare una funzione differenziabile che sia identicamente uguale a 1 sul compatto, e identicamente nulla fuori da un intorno arbitrario del compatto. Ci serve una piccola definizione:

Definizione 2.7.1. Sia M uno spazio topologico. Il *supporto* di una funzione $f \colon M \to \mathbb{R}$ è l'insieme chiuso

$$\operatorname{supp}(f) = \overline{\{p \in M \mid f(p) \neq 0\}} \ .$$

Proposizione 2.7.2. *Sia $K \subset M$ un sottoinsieme compatto di una varietà n-dimensionale M, e sia $V \supset K$ un intorno aperto di K. Allora esiste una funzione $g \in C^\infty(M)$ tale che $g|_K \equiv 1$ e $\operatorname{supp}(g) \subset V$. In particolare, $g|_{M \setminus V} \equiv 0$.*

Dimostrazione. Sia $h \colon \mathbb{R} \to \mathbb{R}$ data da

$$h(t) = \begin{cases} 0 & \text{se } t \leq 0 \,, \\ \mathrm{e}^{-1/t} & \text{se } t > 0 \,, \end{cases} \tag{2.13}$$

e $\eta \colon \mathbb{R}^n \to \mathbb{R}$ data da

$$\eta(x) = \frac{h(1 - \|x\|^2)}{h(1 - \|x\|^2) + h(\|x\|^2 - 1/4)} \ . \tag{2.14}$$

Si vede subito che $\eta \in C^\infty(\mathbb{R}^n)$, $\eta(\mathbb{R}^n) \subseteq [0,1]$, $\eta|_{B^n_{1/2}} \equiv 1$, $\eta(x) > 0$ per ogni $x \in B^n_1$ e $\eta|_{\mathbb{R}^n \setminus B^n_1} \equiv 0$.

Ora, per ogni $p \in K$ scegliamo una carta locale (U_p, φ_p) centrata in p tale che $\overline{U_p} \subset V$ e con inoltre $\varphi_p(U_p) = B_2 \subset \mathbb{R}^n$. Essendo K compatto, possiamo trovare $p_1, \ldots, p_k \in K$ tali che

$$ K \subset \bigcup_{j=1}^{k} \varphi_{p_j}^{-1}(B_{1/2}^n) \subset \bigcup_{j=1}^{k} U_{p_j} = W \subset V . $$

Definiamo $g_j \colon M \to \mathbb{R}$ ponendo

$$ g_j(q) = \begin{cases} \eta(\varphi_{p_j}(q)) & \text{se } q \in U_{p_j} , \\ 0 & \text{se } q \notin U_{p_j} ; \end{cases} $$

essendo $g_j|_{\varphi_{p_j}^{-1}(B_2^n \setminus B_1^n)} \equiv 0$, abbiamo $g_j \in C^\infty(M)$. Infine poniamo

$$ g(q) = 1 - \prod_{j=1}^{k} \big(1 - g_j(q)\big) . $$

Chiaramente $g \in C^\infty(M)$. Se $q \in K$ allora esiste un j fra 1 e k tale che $q \in \varphi_{p_j}^{-1}(B_{1/2}^n)$, per cui $g_j(q) = 1$ e quindi $g(q) = 1$. Se invece $q \notin W$ necessariamente $g_1(q) = \cdots = g_k(q) = 0$, per cui $g(q) = 0$. In altre parole, abbiamo $g|_K \equiv 1$ e $g|_{M \setminus W} \equiv 0$, come voluto. $\qquad\square$

Corollario 2.7.3. *Siano M una varietà, $p \in M$ e $V \subseteq M$ un intorno di p. Allora esiste $h \in C^\infty(M)$ tale che $h(p) = 0$ e $h|_{M \setminus V} \equiv 1$.*

Dimostrazione. Applicando la proposizione precedente a $K = \{p\}$ otteniamo una funzione $g \in C^\infty(M)$ tale che $g(p) = 1$ e $g|_{M \setminus V} \equiv 0$. Allora $h = 1 - g$ è come voluto. $\qquad\square$

Grazie a questo risultato siamo in grado di estendere funzioni C^∞ definite solo su un compatto a funzioni C^∞ definite su tutta la varietà. Per far ciò, ci basta definire in maniera opportuna le funzioni C^∞ su un compatto:

Definizione 2.7.4. Sia $K \subseteq M$ un sottoinsieme di una varietà M. Indicheremo con $C^\infty(K)$ l'insieme delle funzioni $f \colon K \to \mathbb{R}$ continue che ammettono un'estensione di classe C^∞ a un intorno aperto di K, cioè tali che esistano un intorno aperto U di K e una $\tilde{f} \in C^\infty(U)$ con $\tilde{f}|_K \equiv f$.

Corollario 2.7.5. *Sia M una varietà, $K \subset M$ compatto, $f \in C^\infty(K)$, e $W \supset K$ un intorno aperto di K. Allora esiste una $\hat{f} \in C^\infty(M)$ tale che $\hat{f}|_K \equiv f$ e $\operatorname{supp}(\hat{f}) \subset W$. In particolare, $\hat{f}|_{M \setminus W} \equiv 0$.*

Dimostrazione. Sia $\tilde{f} \colon U \to \mathbb{R}$ un'estensione di f a un intorno aperto U del compatto K, e sia $g \in C^\infty(M)$ la funzione data dalla Proposizione 2.7.2 prendendo $V = U \cap W$. Poniamo

$$ \hat{f}(q) = \begin{cases} g(q)\tilde{f}(q) & \text{se } q \in U , \\ 0 & \text{se } q \in M \setminus \overline{V} ; \end{cases} $$

siccome $\operatorname{supp}(g) \subset U \cap W$, la funzione $\hat{f}$ è come voluto. $\qquad\square$

Osservazione 2.7.6. L'esistenza di questo tipo di funzioni distingue nettamente le varietà differenziabili dalle varietà olomorfe (o analitiche reali). Infatti, una funzione olomorfa (o analitica reale) costante su un aperto di una varietà connessa è costante su tutta la varietà, in quanto si può dimostrare che l'insieme degli zeri di una funzione olomorfa (o analitica reale) non costante ha parte interna vuota.

Nel seguito, ci capiterà di dover incollare oggetti definiti solo localmente. Avremo un ricoprimento aperto di una varietà, un oggetto locale definito su ciascun aperto del ricoprimento, e vorremmo incollare questi oggetti in modo da ottenere un singolo oggetto globale definito su tutta la varietà. Lo strumento principe per effettuare questo incollamento è dato dalle *partizioni dell'unità*, che esistono solo su varietà di Hausdorff a base numerabile, e che adesso definiamo.

Definizione 2.7.7. Un *ricoprimento* di uno spazio topologico X è una famiglia $\mathfrak{U} = \{U_\alpha\}$ di sottoinsiemi di X tali che $X = \bigcup_\alpha U_\alpha$; se tutti gli U_α sono aperti diremo che $\mathfrak{U}$ è un *ricoprimento aperto*. Un ricoprimento (non necessariamente aperto) $\mathfrak{U} = \{U_\alpha\}$ di uno spazio topologico X è *localmente finito* se ogni $p \in X$ ha un intorno $U \subseteq X$ tale che $U \cap U_\alpha \neq \varnothing$ solo per un numero finito di indici α.

Un ricoprimento $\mathfrak{V} = \{V_\beta\}$ è un *raffinamento* di $\mathfrak{U}$ se per ogni β esiste un α tale che $V_\beta \subseteq U_\alpha$.

Definizione 2.7.8. Una *partizione dell'unità* su una varietà M è una famiglia $\{\rho_\alpha\} \subset C^\infty(M)$ tale che:

(a) $0 \leq \rho_\alpha \leq 1$ su M per ogni indice α;
(b) $\{\operatorname{supp}(\rho_\alpha)\}$ è un ricoprimento localmente finito di M;
(c) $\sum_\alpha \rho_\alpha \equiv 1$.

Diremo poi che la partizione dell'unità $\{\rho_\alpha\}$ è *subordinata* al ricoprimento aperto $\mathfrak{U} = \{U_\alpha\}$ se $\operatorname{supp}(\rho_\alpha) \subset U_\alpha$ per ogni indice α.

Osservazione 2.7.9. La proprietà (b) della definizione di partizione dell'unità implica che nell'intorno di ciascun punto di M solo un numero finito di elementi della partizione dell'unità sono diversi da zero; quindi la somma nella proprietà (c) è ben definita, in quanto in ciascun punto di M solo un numero finito di addendi sono non nulli. Inoltre, siccome M è a base numerabile, sempre la proprietà (b) implica (perché?) che $\operatorname{supp}(\rho_\alpha) \neq \varnothing$ solo per una quantità al più numerabile di indici α. In particolare, se la partizione dell'unità è subordinata a un ricoprimento composto da una quantità più che numerabile di aperti, allora $\rho_\alpha \equiv 0$ per tutti gli indici tranne al più una quantità numerabile. Questo non deve stupire, in quanto in uno spazio topologico a base numerabile da ogni ricoprimento aperto si può sempre estrarre un sottoricoprimento numerabile (*proprietà di Lindelöf*; vedi [17, Theorem 1.15]).

Il nostro obiettivo è dimostrare l'esistenza di partizioni dell'unità subordinate a qualsiasi ricoprimento aperto di una varietà. Questo risultato sarà conseguenza del seguente:

Lemma 2.7.10. *Sia M una varietà (di Hausdorff a base numerabile), e sia $\mathfrak{U} = \{U_\alpha\}$ un ricoprimento aperto di M. Allora esiste un atlante numerabile localmente finito $\mathcal{A} = \{(V_\beta, \varphi_\beta)\}$ tale che:*

(i) *$\{V_\beta\}$ è un raffinamento di $\mathfrak{U}$;*

(ii) *$\varphi_\beta(V_\beta) = B_2^n$ per ogni β;*

(iii) *posto $W_\beta = \varphi_\beta^{-1}(B_{1/2}^n)$, anche $\{W_\beta\}$ è un ricoprimento di M.*

Dimostrazione. La varietà M è localmente compatta e a base numerabile; quindi possiamo trovare una base numerabile $\{P_j\}_{j \in \mathbb{N}}$ tale che ogni $\overline{P_j}$ sia compatto. Definiamo ora per induzione una famiglia crescente di compatti K_j. Poniamo $K_1 = \overline{P_1}$. Se K_j è definito, sia $r \in \mathbb{N}$ il minimo intero maggiore o uguale a j per cui si abbia $K_j \subset \bigcup_{i=1}^r P_i$, e poniamo

$$K_{j+1} = \overline{P_1} \cup \cdots \cup \overline{P_r}\,.$$

In questo modo abbiamo $K_j \subset \operatorname{int}(K_{j+1})$ e $M = \bigcup_j K_j$.

Ora, per ogni $p \in (\operatorname{int}(K_{j+2}) \setminus K_{j-1}) \cap U_\alpha$ scegliamo una carta $(V_{\alpha,j,p}, \varphi_{\alpha,j,p})$ centrata in p e tale che $V_{\alpha,j,p} \subset (\operatorname{int}(K_{j+2}) \setminus K_{j-1}) \cap U_\alpha$ e $\varphi_{\alpha,j,p}(V_{\alpha,j,p}) = B_2^n$. Poniamo $W_{\alpha,j,p} = \varphi_{\alpha,j,p}^{-1}(B_{1/2}^n)$. Ora, al variare di α e p gli aperti $W_{\alpha,j,p}$ formano un ricoprimento aperto di $K_{j+1} \setminus \operatorname{int}(K_j)$, che è compatto; quindi possiamo estrarne un sottoricoprimento finito $\{W_{j,r}\}$. Unendo questi ricoprimenti al variare di j otteniamo un ricoprimento aperto numerabile $\{W_\beta\}$ di M; se indichiamo con (V_β, φ_β) la carta corrispondente a W_β, dobbiamo solo dimostrare che l'atlante $\mathcal{A} = \{(V_\beta, \varphi_\beta)\}$ è localmente finito per concludere. Infatti basta osservare che per ogni $p \in M$ possiamo trovare un indice j tale che $p \in \operatorname{int}(K_j)$, e per costruzione solo un numero finito dei V_β intersecano $\operatorname{int}(K_j)$. $\quad\square$

Osservazione 2.7.11. Uno spazio topologico X in cui ogni ricoprimento aperto ammette un raffinamento localmente finito è detto *paracompatto*. Il Lemma 2.7.10 dice in particolare che ogni varietà (di Hausdorff a base numerabile) è paracompatta.

Teorema 2.7.12. *Sia M una varietà (di Hausdorff a base numerabile). Allora ogni ricoprimento aperto $\mathfrak{U} = \{U_\alpha\}$ di M ammette una partizione dell'unità subordinata a esso.*

Dimostrazione. Sia $\mathcal{A} = \{(V_\beta, \varphi_\beta)\}$ l'atlante dato dal Lemma 2.7.10, e $\eta \in C^\infty(\mathbb{R}^n)$ data da (2.14). Poniamo

$$g_\beta(q) = \begin{cases} \eta(\varphi_\beta(q)) & \text{se } q \in V_\beta\,, \\ 0 & \text{se } q \notin \varphi_\beta^{-1}(\overline{B_1^n})\,; \end{cases}$$

si vede subito che $g_\beta \in C^\infty(M)$ e che $\{\text{supp}(g_\beta)\}$ è un ricoprimento localmente finito di M che raffina $\mathfrak{U}$. Quindi ponendo

$$\tilde{\rho}_\beta = \frac{g_\beta}{\sum_{\beta' \in B} g_{\beta'}}$$

otteniamo una partizione dell'unità $\{\tilde{\rho}_\beta\}$ tale che per ogni $\beta \in B$ esiste un $\alpha(\beta) \in A$ per cui si ha $\text{supp}(\tilde{\rho}_\beta) \subset U_{\alpha(\beta)}$. Ma allora ponendo

$$\rho_\alpha = \sum_{\substack{\beta \in B \\ \alpha(\beta)=\alpha}} \tilde{\rho}_\beta$$

si verifica subito (esercizio) che $\{\rho_\alpha\}$ è una partizione dell'unità subordinata a $\mathfrak{U}$, come voluto. $\qquad\square$

Concludiamo questa sezione con un risultato che sarà utile nella prossima sezione.

Definizione 2.7.13. Un'*esaustione* di uno spazio topologico X è una funzione continua $f \colon X \to \mathbb{R}$ tale che i sottolivelli

$$f^{-1}\big((-\infty, c]\big) = \{x \in X \mid f(x) \le c\}$$

siano compatti per tutti i $c \in \mathbb{R}$.

Proposizione 2.7.14. *Ogni varietà ammette un'esaustione differenziabile positiva.*

Dimostrazione. Sia $\{U_j\}_{j \ge 1}$ un ricoprimento aperto numerabile della varietà M composto da aperti relativamente compatti (cioè a chiusura compatta), e sia $\{\rho_j\}$ una partizione dell'unità subordinata al ricoprimento. Definiamo $f \in C^\infty(M)$ ponendo

$$f(p) = \sum_{j=1}^{\infty} j\rho_j(p) \,.$$

Siccome $\{\text{supp}(\rho_j)\}$ è un ricoprimento localmente finito, la funzione f è ben definita, di classe C^∞, ed è sempre positiva perché $f \ge \sum_j \rho_j \equiv 1$. Per ogni intero positivo $N > 0$, se $p \notin \bigcup_{j=1}^{N} \overline{V_j}$ abbiamo $\rho_1(p) = \cdots = \rho_N(p) = 0$ e quindi

$$f(p) = \sum_{j=N+1}^{\infty} j\rho_j(p) > \sum_{j=N+1}^{\infty} N\rho_j(p) = N \sum_{j=1}^{\infty} \rho_j(p) = N \,.$$

In altre parole, $f(p) \le N$ implica $p \in \bigcup_{j=1}^{N} \overline{V_j}$, per cui se $c \le N$ il sottolivello $f^{-1}\big((-\infty, c]\big)$ è un chiuso del compatto $\bigcup_{j=1}^{N} \overline{V_j}$, e quindi compatto. Essendo N qualsiasi, abbiamo dimostrato che f è un'esaustione differenziabile positiva. $\qquad\square$

2.8 Il teorema di Whitney

L'obiettivo di questa sezione è dimostrare che qualsiasi varietà può essere realizzata come sottovarietà chiusa di uno spazio Euclideo di dimensione sufficientemente grande.

Per arrivarci, dobbiamo prima introdurre un modo per identificare insiemi particolarmente piccoli in una varietà. Cominciamo con una definizione in $\mathbb{R}^n$.

Definizione 2.8.1. Un sottoinsieme $A \subset \mathbb{R}^n$ ha *misura zero* se per ogni $\delta > 0$ esiste un ricoprimento di A formato da un insieme al più numerabile di palle con somma dei volumi minore di δ.

Esempio 2.8.2. Se $m < n$ allora $\mathbb{R}^m$ è un insieme di misura zero in $\mathbb{R}^n$ (dove stiamo identificando $\mathbb{R}^m$ con il sottoinsieme di $\mathbb{R}^n$ dei punti con le ultime $n - m$ coordinate nulle).

Infatti, sia $\{p_k\} \subset \mathbb{R}^m$ un insieme numerabile denso. Dato $\delta > 0$, sia $C_k = Q_k \times Q'_k \subset \mathbb{R}^m$, dove $Q_k \subset \mathbb{R}^m$ è un cubo m-dimensionale centrato in p_k di volume m-dimensionale unitario, e $Q'_k \subset \mathbb{R}^{n-m}$ è un cubo $(n - m)$-dimensionale centrato nell'origine di volume $(n - m)$-dimensionale pari a $2^{-k+1}\delta$. Possiamo ricoprire ciascun C_k con un numero finito di cubetti n-dimensionali in modo che la somma dei volumi n-dimensionali di questi cubi sia al più $2^{-k}\delta$; infine, possiamo inscrivere ciascun cubetto in una palla di volume pari ad al più c_n volte il volume del cubetto, dove $c_n > 0$ è una costante dipendente solo da n e non dal raggio del cubetto. In questo modo abbiamo costruito un ricoprimento numerabile di $\mathbb{R}^m$ composto da palle con somma dei volumi pari ad al più $c_n\delta$, per cui $\mathbb{R}^m$ ha misura zero.

Osservazione 2.8.3. Chiaramente (perché?) un insieme $A \subset \mathbb{R}^n$ di misura zero ha parte interna vuota, per cui $\mathbb{R}^n \setminus A$ è denso in $\mathbb{R}^n$. Inoltre, un unione numerabile di insiemi di misura zero ha ancora misura zero (Esercizio 2.149).

Vogliamo un concetto di insiemi di misura zero in varietà qualsiasi. Non avendo a disposizione palle e volumi, non possiamo utilizzare direttamente questa definizione; faremo invece vedere che il concetto "avere misura zero è invariante per diffeomorfismi, e poi useremo le carte come al solito.

Lemma 2.8.4. *Sia $A \subset \mathbb{R}^n$ un insieme di misura zero, e $F: A \to \mathbb{R}^n$ un'applicazione differenziabile. Allora $F(A)$ ha ancora misura zero.*

Dimostrazione. Per definizione di applicazione differenziabile su un insieme (vedi la Definizione 2.7.4), l'applicazione F è la restrizione di un'applicazione differenziabile (che continueremo a indicare con F) definita in un intorno aperto di A. In particolare, possiamo coprire A con una quantità numerabile di palle chiuse di $\mathbb{R}^n$ su cui F è differenziabile.

Sia $\overline{B} \subset \mathbb{R}^n$ una di queste palle. Siccome $\overline{B}$ è compatta e $F|_{\overline{B}}$ è di classe C^1,

$$\text{esiste un } C > 0 \text{ tale che, } \forall x, y \in \overline{B}, \quad \|F(x) - F(y)\| \leq C\|x - y\| . \quad (2.15)$$

Fissiamo $\delta > 0$. Siccome $A \cap \overline{B}$ ha misura zero, possiamo trovare un ricoprimento numerabile $\{B_k\}$ di $A \cap \overline{B}$ formato da palle e tale che

$$\sum_k \mathrm{Vol}(B_k) < \delta \ .$$

Grazie a (2.15), vediamo che ciascun $F(B_k \cap \overline{B})$ è contenuto in una palla $\tilde{B}_k$ di raggio al più C volte il raggio di B_k. Quindi $F(A \cap \overline{B})$ è ricoperto dalla famiglia $\{\tilde{B}_k\}$ di palle con volume totale

$$\sum_k \mathrm{Vol}(\tilde{B}_k) < C^n \delta \ .$$

Questo dimostra che $F(A \cap \overline{B})$ ha misura zero, e la tesi segue perché $F(A)$ è unione di una famiglia numerabile di insiemi di questo tipo. $\square$

Corollario 2.8.5. *Sia $F \colon U \to \mathbb{R}^n$ differenziabile, dove $U \subseteq \mathbb{R}^m$ è un aperto di $\mathbb{R}^m$ con $m < n$. Allora $F(U)$ ha misura zero in $\mathbb{R}^n$.*

Dimostrazione. Sia $\pi \colon \mathbb{R}^n \to \mathbb{R}^m$ la proiezione sulle prime m coordinate, e poniamo $\tilde{U} = \pi^{-1}(U)$ e $\tilde{F} = F \circ \pi \colon \tilde{U} \to \mathbb{R}^n$. Allora $F(U) = \tilde{F}(\tilde{U} \cap \mathbb{R}^m)$ ha misura zero grazie al Lemma 2.8.4, perché $\tilde{U} \cap \mathbb{R}^m$ ha misura zero in $\mathbb{R}^n$ (Esempio 2.8.2). $\square$

Il Lemma 2.8.4 ci permette di dare una definizione di insieme di misura zero in qualsiasi varietà.

Definizione 2.8.6. Un sottoinsieme $A \subset M$ di una varietà n-dimensionale M ha *misura zero* se $\varphi(A \cap U)$ ha misura zero in $\mathbb{R}^n$ per ogni carta (U, φ) di M.

Osservazione 2.8.7. In particolare, un insieme A di misura zero in una varietà M ha necessariamente parte interna vuota (e quindi $M \setminus A$ è denso in M), perché altrimenti $\varphi(A \cap U)$ non sarebbe di misura zero per qualche carta (U, φ).

Al solito, per vedere se un insieme ha misura zero è sufficiente usare un atlante:

Lemma 2.8.8. *Sia $A \subset M$ un sottoinsieme di una varietà n-dimensionale M per cui esista una famiglia $\{(U_\alpha, \varphi_\alpha)\}$ di carte i cui domini ricoprano A e tali che $\varphi_\alpha(A \cap U_\alpha)$ abbia misura zero in $\mathbb{R}^n$ per ogni α. Allora A ha misura zero in M.*

Dimostrazione. Dobbiamo far vedere che $\psi(A \cap V)$ ha misura zero in $\mathbb{R}^n$ per qualsiasi carta (V, ψ) di M. Ora, una sottofamiglia numerabile degli U_α ricopre $A \cap V$; per ognuno di questi si ha

$$\psi(A \cap V \cap U_\alpha) = (\psi \circ \varphi_\alpha^{-1}) \circ \varphi_\alpha(A \cap V \cap U_\alpha) \ .$$

Ora, $\varphi_\alpha(A \cap V \cap U_\alpha) \subseteq \varphi_\alpha(A \cap U_\alpha)$ ha misura zero per ipotesi; quindi $\psi(A \cap V \cap U_\alpha)$ ha misura zero per il Lemma 2.8.4. Dunque possiamo ricoprire $\psi(A \cap V)$ con una quantità numerabile di insiemi di misura zero, e quindi $\psi(A \cap V)$ ha misura zero. $\square$

Corollario 2.8.9. *Sia* $F: M \to N$ *un'applicazione differenziabile fra varietà, e supponiamo che* $\dim M < \dim N$. *Allora* $F(M)$ *ha misura zero in* N; *in particolare,* $N \setminus F(M)$ *è denso in* N.

Dimostrazione. Dobbiamo far vedere che $\psi(F(M) \cap V)$ ha misura zero (quando non è vuoto) per qualsiasi carta (V, ψ) di N. Sia $\{(U_k, \varphi_k)\}$ un atlante numerabile di M; allora $\psi(F(M) \cap V)$ è unione numerabile di insiemi della forma $\psi \circ F \circ \varphi_k^{-1}(\varphi_k(F^{-1}(V) \cap U_k))$, che hanno misura zero per il Corollario 2.8.5. $\square$

Questo risultato è un caso particolare del famoso *teorema di Sard:*

Teorema 2.8.10 (Sard). *Sia* $F: M \to N$ *un'applicazione differenziabile fra varietà. Allora l'insieme dei valori critici di* F *ha misura nulla in* N.

Vedi [3, Theorem 9.5.4] oppure [15] per una dimostrazione.

Come prima applicazione della nozione di insieme di misura zero (e delle tecniche introdotte nella Sezione 2.7) dimostriamo che se $m \geq 2n$ ogni applicazione differenziabile da una varietà n-dimensionale in $\mathbb{R}^m$ può essere approssimata arbitrariamente bene da immersioni.

Teorema 2.8.11. *Sia* $F: M \to \mathbb{R}^m$ *un'applicazione differenziabile, dove* M *è una varietà* n-*dimensionale e* $m \geq 2n$. *Allora per ogni* $\varepsilon > 0$ *esiste un'immersione* $\tilde{F}: M \to \mathbb{R}^m$ *tale che* $\sup_M \|\tilde{F} - F\| < \varepsilon$.

Dimostrazione. Sia $\{(V_k, \varphi_k)\}_{k \geq 1}$ un atlante numerabile di M dato dal Lemma 2.7.10; in particolare, $\varphi_k(V_k) = B_2^n$ per ogni $k \geq 1$, e $\{\varphi_k^{-1}(B_{1/2}^n)\}$ è ancora un ricoprimento di M. Per ogni $k \geq 1$, sia poi (Lemma 2.7.2) $g_k \in C^\infty(M)$ con supporto contenuto in V_k e identicamente uguale a 1 su $U_k = \varphi_k^{-1}(B_{1/2}^n)$. Infine, poniamo $M_0 = \varnothing$ and $M_k = \bigcup_{j=1}^k U_j$ per ogni $k > 0$.

L'idea è di procedere per induzione su k, modificando F su un V_k alla volta. Poniamo $F_0 = F$, e supponiamo di aver definito delle applicazioni differenziabili $F_j: M \to \mathbb{R}^m$ per $j = 0, \dots, k-1$ tali che:

(i) $\sup_M \|F_j - F\| < \varepsilon$;

(ii) $F_j \equiv F_{j-1}$ su $M \setminus V_j$ se $j \geq 1$;

(iii) $d(F_j)_p$ è iniettivo per ogni $p \in \overline{M_j}$.

Vogliamo costruire F_k modificando F_{k-1} su V_k. Per ogni $A \in M_{m,n}(\mathbb{R})$, sia $F_A: M \to \mathbb{R}^m$ data da

$$F_A(p) = \begin{cases} F_{k-1}(p) & \text{se } p \in M \setminus \operatorname{supp}(g_k); \\ F_{k-1}(p) + g_k(p)A\varphi_k(p) & \text{se } p \in V_k. \end{cases}$$

Essendo $\text{supp}(g_k) \subset V_k$, le F_A sono differenziabili; vogliamo $A \in M_{m,n}(\mathbb{R})$ in modo che F_A soddisfi le condizioni (i)–(iii) per $j = k$. La condizione (ii) è ovviamente soddisfatta; vediamo le altre due.

La condizione (i) fornisce $\varepsilon_1 = \sup_M \|F_{k-1} - F_k\| < \varepsilon$. Inoltre, esiste $\delta > 0$ tale che $\|A\| < \delta$ implica

$$\sup_M \|F_A - F_{k-1}\| = \sup_{p \in \text{supp}(g_k)} \|g_k(p)A\varphi_k(p)\| < \varepsilon - \varepsilon_1 .$$

Quindi se $\|A\| < \delta$ abbiamo

$$\sup_M \|F_A - F\| \leq \sup_M \|F_A - F_{k-1}\| + \sup_M \|F_{k-1} - F\| < (\varepsilon - \varepsilon_1) + \varepsilon_1 = \varepsilon ,$$

e (i) è soddisfatta.

Per ottenere la (iii), notiamo prima di tutto che $\mathrm{d}(F_A)_p$ ha, per ipotesi induttiva, rango massimo n quando (p, A) appartiene all'insieme compatto $(\text{supp}(g_k) \cap \overline{M_{k-1}}) \times \{O\}$. Quindi, diminuendo δ se necessario, possiamo supporre che $\mathrm{d}(F_A)_p$ abbia rango n non appena $p \in \text{supp}(g_k) \cap \overline{M_{k-1}}$ e $\|A\| < \delta$. Rimane quindi da scegliere A in modo che $\mathrm{d}(F_A)_p$ abbia rango n anche su U_k.

Prima di tutto, siccome $g_k \equiv 1$ su U_k, si ha $\mathrm{d}(F_A)_p = \mathrm{d}(F_{k-1})_p + A\mathrm{d}(\varphi_k)_p$ per ogni $p \in U_k$. In particolare, $\mathrm{d}(F_A)_p$ *non* ha rango n se e solo se si ha $A = B - \mathrm{d}(F_{k-1} \circ \varphi_k^{-1})_{\varphi_k(p)}$ per una qualche matrice $B \in M_{m,n}(\mathbb{R})$ di rango strettamente minore di n.

Definiamo $\Psi \colon B_2^n \times M_{m,n}(\mathbb{R}) \to M_{m,n}(\mathbb{R})$ ponendo

$$\Psi(x, B) = B - \mathrm{d}(F_{k-1} \circ \varphi_k^{-1})_x ,$$

e sia $M_{m,n}^{<n}(\mathbb{R}) \subset M_{m,n}(\mathbb{R})$ il sottoinsieme delle matrici di rango minore di n; il nostro obiettivo è trovare $A \in M_{m,n}(\mathbb{R})$ con $\|A\| < \delta$ che non appartenga a $\Psi\big(B_2^n \times M_{m,n}^{<n}(\mathbb{R})\big)$. Ora, l'insieme $M_{m,n}^j(\mathbb{R})$ delle matrici di rango esattamente $j < n$ è (Esercizio 2.98) una sottovarietà di $M_{m,n}(\mathbb{R})$ di dimensione $mn - (m - j)(n - j)$; quindi (Corollario 2.8.9) $\Psi\big(B_2^n \times M_{m,n}^j(\mathbb{R})\big)$ ha misura zero in $M_{m,n}(\mathbb{R})$ non appena

$$n + mn - (m - j)(n - j) < mn \qquad \Longleftrightarrow \qquad n - (m - j)(n - j) < 0 .$$

La funzione $t \mapsto n - (m - t)(n - t)$ è crescente in $[0, n - 1]$ non appena $m \geq n$; inoltre per $j = n - 1$ si ha $n - (m - j)(n - j) = 2n - 1 - m$ che è minore di zero non appena $m \geq 2n$. Dunque ciascun $\Psi\big(B_2^n \times M_{m,n}^j(\mathbb{R})\big)$ ha misura zero in $M(m, n)(\mathbb{R})$; in particolare, la loro unione $\Psi\big(B_2^n \times M_{m,n}^{<n}(\mathbb{R})\big)$ ha parte interna vuota, e quindi possiamo trovare $A \in M_{m,n}(\mathbb{R}) \setminus \Psi\big(B_2^n \times M_{m,n}^{<n}(\mathbb{R})\big)$ con $\|A\| < \delta$, come richiesto. Prendendo $F_k = F_A$ abbiamo soddisfatto le tre condizioni (i)–(iii).

Poniamo allora $\tilde{F} = \lim_{k \to \infty} F_k$. Siccome il ricoprimento $\{V_k\}$ è localmente finito, ogni $p \in M$ appartiene solo a un numero finito di V_k; quindi $F_k(p)$ in un intorno di p è indipendente da k non appena k è abbastanza grande, per cui $\tilde{F}$ è definita e di classe C^∞ in ciascun $p \in M$. Inoltre, per lo stesso motivo $d\tilde{F}_p = d(F_k)_p$ per ogni k abbastanza grande, e quindi $d\tilde{F}_p$ è iniettivo grazie a (iii). $\square$

Con un poco più di sforzo, e con un po' più di spazio a disposizione, possiamo anche ottenere l'iniettività globale:

Teorema 2.8.12. *Sia* $F\colon M \to \mathbb{R}^m$ *un'immersione, dove* M *è una varietà* *n-dimensionale e* $m \geq 2n + 1$. *Allora per ogni* $\varepsilon > 0$ *esiste un'immersione iniettiva* $\tilde{F}\colon M \to \mathbb{R}^m$ *tale che* $\sup_M \|\tilde{F} - F\| < \varepsilon$.

Dimostrazione. La Proposizione 2.4.8 ci dice che possiamo trovare un ricoprimento aperto $\{U_\alpha\}$ di M tale che $F|_{U_\alpha}$ sia un embedding (e in particolare iniettiva) per ogni α. Usando il Lemma 2.7.10 otteniamo un atlante $\{(V_h, \varphi_h)\}_{h \geq 1}$ numerabile di M tale che $F|_{V_h}$ è iniettiva e $\varphi_k(V_h) = B_2^n$ per ogni $h \geq 1$, e inoltre $\{\varphi_h^{-1}(B_{1/2}^n)\}$ è ancora un ricoprimento di M. Per ogni $h \geq 1$, sia poi (Lemma 2.7.2) $g_h \in C^\infty(M)$ con supporto contenuto in V_h e identicamente uguale a 1 su $U_h = \varphi_k^{-1}(B_{1/2}^n)$, e poniamo di nuovo $M_0 = \varnothing$ and $M_k = \bigcup_{j=1}^k U_j$ per ogni $k > 0$.

Procediamo nuovamente per induzione. Poniamo $F_0 = F$, e supponiamo di aver definito $F_j\colon M \to \mathbb{R}^m$ per $j = 0, \ldots, k-1$ tali che:

(i) $\sup_M \|F_j - F\| < \varepsilon$;
(ii) $F_j \equiv F_{j-1}$ su $M \setminus V_j$ se $j \geq 1$;
(iii) F_j è un'immersione;
(iv) F_j è iniettiva su ogni V_h;
(v) F_j è iniettiva su $\overline{M_j}$.

Vogliamo costruire F_k modificando F_{k-1} su V_k. Per ogni $v \in \mathbb{R}^m$ definiamo $F_v\colon M \to \mathbb{R}^m$ ponendo

$$F_v(p) = F_{k-1}(p) + g_k(p)v\,.$$

La condizione (ii) è automaticamente soddisfatta; vogliamo scegliere v in modo da soddisfare anche le altre.

Prima di tutto, ragionando come nella dimostrazione del Teorema 2.8.11 troviamo $\delta > 0$ tale che $\|v\| < \delta$ implica $\sup_M \|F - f_v\| < \varepsilon$, e (i) è soddisfatta. Inoltre, diminuendo se necessario δ, possiamo anche supporre che $d(F_v)_p$ sia iniettivo sul compatto $\mathrm{supp}(g_k)$; siccome $d(F_v)_p = d(F_{k-1})_p$ se $p \notin \mathrm{supp}(g_k)$, otteniamo che F_v è un'immersione.

Ora, sia $U \subset M \times M$ l'aperto dato da $U = \{(p,q) \in M \times M \mid g_k(p) \neq g_k(q)\}$, e definiamo $\Phi\colon U \to \mathbb{R}^m$ ponendo

$$\Phi(p,q) = -\frac{F_{k-1}(p) - F_{k-1}(q)}{g_k(p) - g_k(q)}\,;$$

in particolare, $F_v(p) = F_v(q)$ se e solo se $(p,q) \in U$ e $v = \Phi(p,q)$ oppure $(p,q) \notin U$ e $F_{k-1}(p) = F_{k-1}(q)$. Siccome $\dim U = 2n$, il Corollario 2.8.9 ci dice che $\Phi(U)$ ha misura zero in $\mathbb{R}^m$; quindi possiamo trovare $v \in \mathbb{R}^m \setminus \Phi(U)$ con $\|v\| < \delta$. In particolare, siccome per ipotesi induttiva F_{k-1} è iniettiva su ogni V_h, otteniamo che F_v soddisfa anche (iv).

Supponiamo infine che $F_v(p) = F_v(q)$ per p, $q \in \overline{M_k}$. Data la scelta di v, questo implica necessariamente $g_k(p) = g_k(q)$ e $F_{k-1}(p) = F_{k-1}(q)$. Se $g_k(p) = g_k(q) = 0$, allora p, $q \in \overline{M_k} \setminus U_k \subseteq \overline{M_{k-1}}$, per cui $F_{k-1}(p) = F_{k-1}(q)$ implica $p = q$ per ipotesi induttiva. Se invece $g_k(p) = g_k(q) > 0$ abbiamo p, $q \in V_k$, e quindi di nuovo otteniamo $p = q$ per ipotesi induttiva. Abbiamo quindi dimostrato che $F_k = F_v$ soddisfa (i)–(v).

Poniamo $F = \lim_{k \to +\infty} F_k$; esattamente come nel Teorema 2.8.11 si verifica che F è un'immersione ben definita. Se $F(p) = F(q)$, scegliamo un k sufficientemente grande da avere p, $q \in \overline{M_k}$, e un $h \geq k$ sufficientemente grande da avere $F \equiv F_h$ su $\overline{M_k}$; allora $F_h(p) = F_h(q)$ ed, essendo F_h iniettiva in $\overline{M_h} \supseteq \overline{M_k}$, deduciamo $p = q$.   □

Siamo ora in grado di dimostrare un interessante risultato, dovuto a Whitney, che dice che ogni varietà può essere realizzata come sottovarietà di uno spazio Euclideo di dimensione sufficientemente grande:

Teorema 2.8.13 (Whitney). *Ogni varietà n-dimensionale M può essere realizzata come sottovarietà chiusa di* $\mathbb{R}^{2n+1}$*, e come sottovarietà immersa di* $\mathbb{R}^{2n}$*. Più precisamente, esistono un embedding proprio di M in* $\mathbb{R}^{2n+1}$*, e un'immersione di M in* $\mathbb{R}^{2n}$*.*

Dimostrazione. L'immersione di M in $\mathbb{R}^{2n}$ la si ottiene applicando il Teorema 2.8.11 a qualsiasi applicazione differenziabile da M in $\mathbb{R}^{2n}$, per esempio un'applicazione costante.

Per costruire un embedding proprio, l'Esercizio 2.75 ci dice che è sufficiente costruire un'immersione iniettiva propria. Cominciamo costruendo un'applicazione propria di M in $\mathbb{R}^{2n+1}$.

Sia $f \in C^\infty(M)$ un'esaustione positiva di M (Proposizione 2.7.14); si verifica subito che $F_0 \colon M \to \mathbb{R}^{2n+1}$ data da $F_0(p) = (f(p), 0, \dots, 0)$ è propria. Il Teorema 2.8.11 ci fornisce allora un'immersione $F_1 \colon M \to \mathbb{R}^{2n+1}$ tale che $\sup_M \|F_1 - F_0\| \leq 1$, e il Teorema 2.8.12 ci fornisce un'immersione iniettiva $F_2 \colon M \to \mathbb{R}^{2n+1}$ tale che $\sup_M \|F_2 - F_1\| \leq 1$; ci rimane da dimostrare che F_2 è propria.

Sia $K \subset \mathbb{R}^{2n+1}$ un compatto; allora esiste $R > 0$ tale che $K \subseteq \overline{B_R^{2n+1}}$. Se $F_2(p) \in K$ abbiamo allora

$$\|F_0(p)\| \leq \|F_0(p) - F_1(p)\| + \|F_1(p) - F_2(p)\| + \|F_2(p)\| \leq 2 + R ;$$

quindi $F_2^{-1}(K) \subseteq F_0^{-1}((-\infty, R+2])$ che è compatto in quanto F_0 è un'esaustione. Quindi F_2 è un'immersione iniettiva propria, e dunque un embedding con immagine chiusa, come voluto.   □

Osservazione 2.8.14. Tutti i teoremi di questa sezione sono stati dimostrati da Whitney nel 1936 (vedi [38]). Whitney stesso, nel 1944 (vedi [39, 40]), usando tecniche più sofisticate di topologia algebrica, è riuscito a dimostrare che ogni varietà n-dimensionale con $n > 0$ ammette un embedding (non necessariamente proprio) in $\mathbb{R}^{2n}$, e che ogni varietà n-dimensionale con $n > 1$ ammette un'immersione in $\mathbb{R}^{2n-1}$. La richiesta $n > 1$ è inevitabile: è facile vedere (Esercizio 2.86) che non esiste nessuna immersione di S^1 in $\mathbb{R}$.

Esercizi

VARIETÀ DIFFERENZIABILI

Esercizio 2.1 (Usato nella Definizione 2.1.6). Dimostra che quella di compatibilità è una relazione d'equivalenza fra gli atlanti di dimensione data su un insieme M, e che due atlanti $\mathcal{A}$ e $\mathcal{B}$ sono compatibili se e solo se ogni carta di $\mathcal{A}$ è compatibile con tutte le carte di $\mathcal{B}$ e ogni carta di $\mathcal{B}$ è compatibile con tutte le carte di $\mathcal{A}$.

Esercizio 2.2. Sia $\mathcal{A}$ un atlante di dimensione n su un insieme M, e (U, φ), (V, ψ) due n-carte di M, entrambe compatibili con tutte le carte di $\mathcal{A}$. Dimostra che allora (U, φ) e (V, ψ) sono compatibili fra loro.

Esercizio 2.3 (Usato nella Sezione 2.1). Dimostra che due atlanti compatibili su un insieme M inducono la stessa topologia su M.

Esercizio 2.4 (Usato nella Definizione 2.1.10). Sia M uno spazio topologico, e $\mathcal{A}$ un atlante su M compatibile con la topologia di M. Dimostra che la topologia indotta da $\mathcal{A}$ coincide con quella originale di M.

Esercizio 2.5 (Citato nell'Osservazione 2.1.16). Dimostra che una struttura di varietà complessa di dimensione complessa n su un insieme M induce in modo naturale su M una struttura di varietà differenziabile reale di dimensione $2n$.

Esercizio 2.6 (Usato nell'Osservazione 2.1.12). Dimostra che una varietà è (rispetto alla topologia indotta) localmente compatta, localmente connessa e localmente connessa per archi.

Esercizio 2.7 (Citato nell'Osservazione 2.1.13 e usato nell'Esempio 2.1.34). Dimostra che una varietà differenziabile è a base numerabile se e solo se ammette un atlante numerabile.

Esercizio 2.8 (Citato nell'Osservazione 2.1.13 e usato nell'Esempio 2.1.34). Dimostra che la topologia di una varietà differenziabile M è di Hausdorff se e solo se ammette un atlante $\mathcal{A} = \{(U_\alpha, \varphi_\alpha)\}$ con la seguente proprietà: per ogni coppia di punti distinti $p \neq q$ di M esiste una carta tale che p, $q \in U_\alpha$, oppure esistono due carte tali che $p \in U_\alpha$, $q \in U_\beta$ e $U_\alpha \cap U_\beta = \varnothing$.

Esercizio 2.9 (Usato nell'Esempio 2.1.20). Sia $\mathcal{A} = \{(U_\alpha, \varphi_\alpha)\}$ un atlante di una varietà M, e $U \subseteq M$ un aperto di M. Dimostra che

$$\mathcal{A}|_U = \{(U_\alpha \cap U, \varphi_\alpha|_{U_\alpha \cap U}) \mid U_\alpha \cap U \neq \varnothing\}$$

è un atlante per U.

Esercizio 2.10 (Usato nell'Esempio 2.1.21). Sia $\mathcal{A} = \{(U_\alpha, \varphi_\alpha)\}$ un atlante di una varietà m-dimensionale M, e $\mathcal{B} = \{(V_\beta, \psi_\beta)\}$ un atlante di una varietà n-dimensionale N. Se definiamo $\varphi_\alpha \times \psi_\beta : U_\alpha \times V_\beta \to \mathbb{R}^m \times \mathbb{R}^n$ ponendo $\varphi_\alpha \times \psi_\beta(p, q) = \big(\varphi_\alpha(p), \psi_\beta(q)\big)$, dimostra che $\mathcal{A} \times \mathcal{B} = \{(U_\alpha \times V_\beta, \varphi_\alpha \times \psi_\beta)\}$ è un atlante di dimensione $m + n$ su $M \times N$.

Esercizio 2.11. Sia M una varietà. Dimostra che M ammette un'infinità più che numerabile di strutture differenziabili distinte che inducono la stessa topologia. [*Suggerimento:* comincia costruendo omeomorfismi di B^n in sé che siano differenziabili su $B^n \setminus \{O\}$ ma non nell'origine.]

ESEMPI DI VARIETÀ

Esercizio 2.12 (Usato nell'Osservazione 2.1.19). Sia $\Gamma_F \subset \mathbb{R}^{n+m}$ il grafico di un'applicazione $F: U \to \mathbb{R}^m$ definita su un aperto $U \subseteq \mathbb{R}^n$. Dimostra che la topologia su Γ_F indotta dalla struttura differenziabile definita nell'Esempio 2.1.19 coincide con la topologia di Γ_F come sottospazio di $\mathbb{R}^{n+m}$ se e solo se F è continua.

Esercizio 2.13. Dimostra che non esiste alcuna struttura di varietà su $[0, +\infty)$ compatibile con la topologia euclidea.

Esercizio 2.14 (Citato nella Sezione 2.1). Dimostra che non esiste un atlante su S_R^n compatibile con la topologia naturale di S_R^n e composto da una sola carta.

Esercizio 2.15 (Usato nell'Osservazione 2.1.29). Verifica in dettaglio che le coordinate sferiche in S_R^n introdotte nell'Esempio 2.1.29 forniscono un atlante compatibile con quelli degli Esempi 2.1.27 e 2.1.28.

Esercizio 2.16 (Usato nell'Esempio 2.1.32). Dimostra che sugli spazi proiettivi reali la topologia indotta dalla struttura di varietà definita nell'Esempio 2.1.32 coincide con la topologia quoziente indotta dalla proiezione naturale $\mathbb{R}^{n+1} \setminus \{O\} \to \mathbb{P}^n(\mathbb{R})$. Dimostra l'analogo risultato per gli spazi proiettivi complessi.

Esercizio 2.17 (Usato nell'Esempio 2.1.32 e citato nell'Esercizio 2.19). Sia V uno spazio vettoriale reale di dimensione finita. Seguendo la traccia dell'Esempio 2.1.32 costruisci su $\mathbb{P}(V)$ una struttura naturale di varietà differenziabile (indipendente da eventuali scelte di basi di V).

Esercizio 2.18. Indichiamo con $\pi\colon S^n \to \mathbb{P}^n(\mathbb{R})$ la restrizione della proiezione naturale di $\mathbb{R}^{n+1} \setminus \{O\}$ su $\mathbb{P}^n(\mathbb{R})$ data da $\pi(x^0,\dots,x^n) = [x^0 : \cdots : x^n]$. Dimostra che $\mathbb{P}^1(\mathbb{R})$ è omeomorfo a S^1, e che π è il rivestimento universale di $\mathbb{P}^n(\mathbb{R})$ se $n > 1$.

Esercizio 2.19 (Usato nell'Esempio 2.1.34). Sia V uno spazio vettoriale reale di dimensione finita. Dimostra che $\mathbb{P}(V)$ con la struttura di varietà differenziabile introdotta nell'Esercizio 2.17 e $G_1(V)$ con la struttura di varietà differenziabile introdotta nell'Esempio 2.1.34 sono diffeomorfe.

Esercizio 2.20. Definisci una struttura di varietà 0-dimensionale sull'insieme di tutti i cavalleggeri prussiani (o su qualsiasi altro insieme al più numerabile).

Esercizio 2.21 (Citato nella Definizione 2.1.35). Sia $F\colon \Omega \to \mathbb{R}^m$ un'applicazione C^∞ definita su un aperto $\Omega \subseteq \mathbb{R}^n$. Dimostra che $\mathrm{Crit}(F)$ è un chiuso di Ω.

Esercizio 2.22 (Usato nell'Esempio 2.1.39). Dimostra che la struttura differenziabile introdotta su S_R^n nell'Esempio 2.1.39 coincide con quella introdotta negli Esempi 2.1.27–2.1.29.

Esercizio 2.23. Se k è un intero compreso fra 0 e $\min(m,n)$, dimostra che il sottoinsieme di $M_{m,n}(\mathbb{R})$ formato dalle matrici di rango almeno k è aperto, e quindi ha una naturale struttura di varietà di dimensione mn.

Esercizio 2.24 (Usato nell'Esempio 2.1.40). Dimostra che

$$\forall X \in M_{n,n}(\mathbb{R}) \quad \frac{\partial \det}{\partial x_i^j}(X) = (-1)^{i+j} \det(X_i^j)\,,$$

dove $X_i^j \in M_{n-1,n-1}(\mathbb{R})$ è la sottomatrice di $X = (x_i^j)$ ottenuta cancellando la riga i-esima e la colonna j-esima di X. Deducine che $\mathrm{Crit}(\det)$ è composto dalle matrici di rango minore o uguale a $n-2$.

Esercizio 2.25 (Usato negli Esempi 2.1.40 e 2.5.16). Sia $S(n,\mathbb{R}) \subset M_{n,n}(\mathbb{R})$ lo spazio delle matrici simmetriche a coefficienti reali; chiaramente, possiamo identificare $S(n,\mathbb{R})$ con $\mathbb{R}^{n(n+1)/2}$. Sia $F\colon M_{n,n}(\mathbb{R}) \to S(n,\mathbb{R})$ data da $F(X) = X^T X$. Dimostra che

$$\mathrm{d}F_X(A) = X^T A + A^T X$$

per ogni $A, X \in M_{n,n}(\mathbb{R})$. Deduci che per ogni $X \in O(n)$ il differenziale

$$\mathrm{d}F_X\colon M_{n,n}(\mathbb{R}) \to S(n,\mathbb{R})$$

è surgettivo, e quindi che $O(n)$ ha una struttura di varietà differenziabile di dimensione $n(n-1)/2$. Dimostra infine che $SO(n,\mathbb{R}) = O(n) \cap SL(n,\mathbb{R})$ ha una struttura di varietà differenziabile di dimensione $n(n-1)/2 - 1$.

Esercizio 2.26 (Usato nell'Esempio 2.1.40). Dimostra che il gruppo $SL(n, \mathbb{C})$ ha una struttura di varietà complessa di dimensione $n^2 - 1$ (e quindi una struttura di varietà differenziabile reale di dimensione $2n^2 - 2$); che il gruppo $U(n)$ ha una struttura di varietà differenziabile (reale) di dimensione n^2, e che il gruppo $SU(n) = U(n) \cap SL(n, \mathbb{C})$ ha una struttura di varietà differenziabile di dimensione $n^2 - 1$.

Esercizio 2.27 (Citato nell'Osservazione 2.2.14). Dimostra che quale che sia $\mathbf{a} = (a_0, \dots, a_n) \in \mathbb{N}^{n+1}$ l'insieme

$$V^{2n-1}(\mathbf{a}) = \{z \in \mathbb{C}^{n+1} \mid \|z\|^2 = 1 \text{ e } z_0^{a_0} + \cdots + z_n^{a_n} = 0\}$$

ha una naturale struttura di varietà differenziabile di dimensione $2n - 1$.

APPLICAZIONI DIFFERENZIABILI

Esercizio 2.28. Sia M una varietà. Dimostra che $C^\infty(M)$ con la somma e il prodotto puntuale è un'algebra commutativa.

Esercizio 2.29. Sia $\{U_\alpha\}$ un ricoprimento aperto di una varietà M, e N un'altra varietà. Supponi che per ogni α sia data un'applicazione differenziabile $F_\alpha : U_\alpha \to N$ tali che $F_\alpha|_{U_\alpha \cap U_\beta} \equiv F_\beta|_{U_\alpha \cap U_\beta}$ non appena $U_\alpha \cap U_\beta \neq \varnothing$. Dimostra che esiste un'unica applicazione differenziabile $F : M \to N$ tale che $F|_{U_\alpha} \equiv F_\alpha$ per ogni α.

Esercizio 2.30 (Citato nell'Osservazione 2.2.3). Sia $F : M \to N$ un'applicazione continua fra due varietà. Dimostra che se esistono un atlante $\{(U_\alpha, \varphi_\alpha)\}$ di M e un atlante $\{(V_\beta, \psi_\beta)\}$ di N tali che per ogni α e β la composizione $\psi_\beta \circ F \circ \varphi_\alpha^{-1}$ è di classe C^∞ dove definita allora F è differenziabile.

Esercizio 2.31. Dimostra che un'applicazione $F : M \to N_1 \times \cdots \times N_k$ è differenziabile se e solo se tutte le componenti $F_j = \pi_j \circ F : M \to N_j$ per $j = 1, \dots, k$ lo sono, dove $\pi_j : N_1 \times \cdots \times N_k \to N_j$ è la proiezione sulla j-esima coordinata.

Esercizio 2.32. Siano $M_1, \dots, M_k$ varietà, e scegliamo $p_j \in M_j$ per $j = 1, \dots, k$. Dimostra che per ogni $j = 1, \dots, k$ l'applicazione $i_j : M_j \to M_1 \times \cdots \times M_k$ data da

$$i_j(x) = (p_1, \dots, p_{j-1}, x, p_{j+1}, \dots, p_k)$$

è differenziabile.

Esercizio 2.33. Sia $U \subseteq M$ un aperto di una varietà n-dimensionale M, e $\varphi : U \to V \subset \mathbb{R}^n$ un diffeomorfismo con un aperto di $\mathbb{R}^n$. Dimostra che (U, φ) è una n-carta appartenente alla struttura differenziabile di M.

Esercizio 2.34 (Utile per l'Esercizio 2.71). Dimostra che le applicazioni nell'elenco seguente sono differenziabili:

(i)   per ogni $n \in \mathbb{Z}$ l'applicazione $p_n : S^2 \to S^1$ data (in notazione complessa) da $p_n(z) = z^n$;

(ii) l'applicazione $A : S^n \to S^n$ data da $A(x) = -x$;

(iii) l'applicazione $F : S^3 \to S^2$ data da

$$F(z, w) = \left(2\operatorname{Re}(z\overline{w}), 2\operatorname{Im}(z\overline{w}), |z|^2 - |w|^2 \right),$$

dove stiamo identificando S^3 con l'insieme $\{(z, w) \in \mathbb{C}^2 \mid |z|^2 + |w|^2 = 1\}$.

Esercizio 2.35. Sia $f : \mathbb{R} \to \mathbb{R}$ una funzione qualsiasi. Trova condizioni necessarie e sufficienti perché f sia differenziabile:

(i)   come applicazione da $\mathbb{R}$ con la struttura differenziabile standard a $\mathbb{R}$ con la struttura differenziabile dell'Esempio 2.1.23;

(ii) come applicazione da $\mathbb{R}$ con la struttura differenziabile dell'Esempio 2.1.23 a $\mathbb{R}$ con la struttura differenziabile standard.

Definizione 2.E.1. Un'applicazione $P : \mathbb{R}^{n+1} \setminus \{O\} \to \mathbb{R}^{n+1} \setminus \{O\}$ è detta *omogenea* di *grado* $d \in \mathbb{Z}$ se $P(\lambda x) = \lambda^d P(x)$ per ogni $\lambda \in \mathbb{R}^*$ e $x \in \mathbb{R}^{n+1} \setminus \{O\}$. Un'applicazione omogenea P è inoltre *non degenere* se $x \neq O$ implica $P(x) \neq O$.

Esercizio 2.36. Sia $P : \mathbb{R}^{n+1} \setminus \{O\} \to \mathbb{R}^{n+1} \setminus \{O\}$ un'applicazione differenziabile omogenea non degenere. Dimostra che ponendo $\tilde{P}([x]) = [P(x)]$ si definisce un'applicazione differenziabile $\tilde{P} : \mathbb{P}^n(\mathbb{R}) \to \mathbb{P}^n(\mathbb{R})$.

Esercizio 2.37 (Usato nell'Esempio 2.2.10). Dimostra che $B^n_{R_1}$ e $B^n_{R_2}$ (rispettivamente, $S^n_{R_1}$ ed $S^n_{R_2}$) sono diffeomorfe per ogni R_1, $R_2 > 0$.

Esercizio 2.38. Dimostra che $SO(3)$ è diffeomorfo a $\mathbb{P}^3(\mathbb{R})$.

Esercizio 2.39. Dimostra che le inclusioni di $SL(n, \mathbb{R})$, $O(n)$ e $SO(n)$ in $GL(n, \mathbb{R})$ sono applicazioni differenziabili, come pure l'inclusione di $U(n)$ in $GL(n, \mathbb{C})$. Deduci che prodotto e inverso sono applicazioni differenziabili in tutti questi gruppi (vedi l'Esempio 2.2.11).

Esercizio 2.40. Se M è uno spazio topologico, indichiamo con $C^0(M)$ lo spazio delle funzioni continue da M in $\mathbb{R}$. Se $F : M \to N$ è continua, sia $F^* : C^0(N) \to C^0(M)$ data da $F^*(f) = f \circ F$.

(i)   Dimostra che F^* è lineare.

(ii) Se M e N sono varietà differenziabili, dimostra che un'applicazione continua $F : M \to N$ è differenziabile se e solo se $F^*\left(C^\infty(N) \right) \subseteq C^\infty(M)$.

(iii) Se $F : M \to N$ è un omeomorfismo fra varietà differenziabili, dimostra che è un diffeomorfismo se e solo se $F^*|_{C^\infty(N)}$ è un isomorfismo fra $C^\infty(N)$ e $C^\infty(M)$.

Esercizio 2.41. Dimostra che $\mathbb{P}^1(\mathbb{C})$ è diffeomorfo a S^2.

APPLICAZIONI PROPRIE

Esercizio 2.42. Sia $F\colon M \to N$ un'applicazione continua fra spazi topologici. Dimostra che:

(i) se M è compatto e N è di Hausdorff, oppure

(ii) se M ed N sono di Hausdorff, ed esiste $G\colon N \to M$ tale che $G \circ F = \mathrm{id}_M$,

allora F è propria.

Definizione 2.E.2. Diremo che una successione $\{p_n\}$ in uno spazio topologico M *diverge all'infinito* se ogni compatto di M contiene solo un numero finito di elementi della successione.

Esercizio 2.43. Sia $F\colon M \to N$ un'applicazione continua fra spazi topologici di Hausdorff, a base numerabile e localmente compatti. Dimostra che F è propria se e solo se $\{F(p_n)\}$ diverge all'infinito in N per ogni successione $\{p_n\}$ divergente all'infinito in M.

Esercizio 2.44 (Usato nel Teorema 2.6.15). Dimostra che un'applicazione continua $F\colon M \to N$ fra spazi topologici di Hausdorff e localmente compatti è propria se e solo se è chiusa e $F^{-1}(q)$ è compatto in M per ogni $q \in N$.

RIVESTIMENTI

Esercizio 2.45 (Citato nella Sezione 2.2). Sia $\pi\colon \tilde{M} \to M$ un rivestimento topologico fra varietà. Dimostra che π è un rivestimento liscio se e solo se (è differenziabile ed) è un diffeomorfismo locale. Trova un esempio di rivestimento topologico fra varietà che sia differenziabile ma non sia un rivestimento liscio.

Esercizio 2.46. Siano $\pi_1\colon \tilde{M}_1 \to M_1$ e $\pi_2\colon \tilde{M}_2 \to M_2$ due rivestimenti (lisci). Dimostra che $\pi_1 \times \pi_2\colon \tilde{M}_1 \times \tilde{M}_2 \to M_1 \times M_2$ è un rivestimento (liscio).

Esercizio 2.47 (Usato nell'Osservazione 2.2.20). Sia $\pi\colon \tilde{M} \to M$ un rivestimento di spazi topologici. Dimostra che se M è di Hausdorff e/o a base numerabile allora anche $\tilde{M}$ è di Hausdorff e/o a base numerabile.

Definizione 2.E.3. Una *sezione* di un'applicazione continua $\pi\colon M \to N$ è un'applicazione continua $\sigma\colon N \to M$ tale che $\pi \circ \sigma = \mathrm{id}_N$. Una *sezione locale* di π è un'applicazione continua $\tau\colon U \to M$ tale che $\pi \circ \tau = \mathrm{id}_U$, dove $U \subseteq N$ è un aperto. Una *fibra* di π è l'immagine inversa di un punto.

Esercizio 2.48. Sia $\pi\colon \tilde{M} \to M$ un rivestimento liscio. Dimostra che per ogni $q \in \tilde{M}$ esiste una sezione locale liscia $\sigma\colon U \to \tilde{M}$ di π tale che $q \in \sigma(U)$.

Esercizio 2.49. Sia $\pi\colon \tilde{M} \to M$ un rivestimento liscio, e N una varietà. Dimostra che un'applicazione $F\colon M \to N$ è differenziabile se e solo se $F \circ \pi\colon \tilde{M} \to N$ lo è.

Esercizio 2.50 (Usato nella Proposizione 2.5.13). Sia $\pi: \tilde{N} \to N$ un rivestimento liscio, e $F: M \to N$ un'applicazione differenziabile. Supponi che esista un'applicazione continua $\tilde{F}: M \to \tilde{N}$ tale che $F = \pi \circ \tilde{F}$; dimostra che $\tilde{F}$ è necessariamente differenziabile.

Esercizio 2.51. Sia $\pi: \tilde{M} \to M$ un diffeomorfismo locale fra varietà connesse. Dimostra che se π è propria allora è un rivestimento liscio. Trova un esempio di un rivestimento liscio fra varietà connesse che non è un'applicazione propria.

GERMI

Esercizio 2.52. Sia M una varietà e $p \in M$. Dimostra che per ogni $\mathbf{f} \in C^\infty(p)$ e ogni intorno $V \subseteq M$ di p esiste un rappresentante di $\mathbf{f}$ definito su tutto M e nullo al di fuori di V.

Esercizio 2.53. Trova una varietà M, un punto $p \in M$ e due rappresentanti (U_1, f_1) e (U_2, f_2) dello stesso germe in p tali che $f_1|_{U_1 \cap U_2} \not\equiv f_2|_{U_1 \cap U_2}$.

Esercizio 2.54 (Usato nella Sezione 2.3). Sia $F: M \to N$ un'applicazione di classe C^∞ fra varietà, e siano (V_1, g_1) e (V_2, g_2) due rappresentanti di un germe $\mathbf{g} \in C^\infty\big(F(p)\big)$. Dimostra che $\big(F^{-1}(V_1), g_1 \circ F\big)$ e $\big(F^{-1}(V_2), g_2 \circ F\big)$ rappresentano lo stesso germe in p.

Esercizio 2.55 (Usato nell'Osservazione 2.3.7). Dati un'applicazione differenziabile fra varietà $F: M \to N$ e un punto $p \in M$, dimostra che:

(i) F_p^* è un omomorfismo di algebre;
(ii) $(\mathrm{id}_M)_p^* = \mathrm{id}$;
(iii) se $G: N \to S$ è un'applicazione differenziabile, allora $(G \circ F)_p^* = F_p^* \circ G_{F(p)}^*$;
(iv) se F è un diffeomorfismo allora F_p^* è un isomorfismo di algebre;
(v) se (U, φ) è una carta in $p \in M$ allora $\varphi_p^*: C^\infty\big(\varphi(p)\big) \to C^\infty(p)$ è un isomorfismo di algebre.

SPAZIO TANGENTE

Esercizio 2.56. Sia M una varietà, $p \in M$ e $X \in T_p M$. Dimostra che se $\mathbf{f}, \mathbf{g} \in C^\infty(p)$ sono tali che $\mathbf{f}(p) = \mathbf{g}(p) = 0$ allora $X(\mathbf{fg}) = 0$.

Esercizio 2.57 (Usato negli Esempi 2.3.13 e 2.3.14). Dimostra che le formule (2.3) e (2.4) non dipendono dal rappresentante scelto e definiscono effettivamente delle derivazioni.

Esercizio 2.58 (Usato nell'Osservazione 2.3.9). Sia M una varietà analitica reale, $p \in M$, e sia $T_p^\omega M$ lo spazio delle derivazioni di $C^\omega(p) \subset C^\infty(p)$. Dimostra che l'inclusione naturale $i: T_p M \to T_p^\omega M$ è un isomorfismo. [*Suggerimento:* per la Proposizione 2.3.21 i due spazi vettoriali $T_p M$ e $T_p^\omega M$ hanno la stessa dimensione.]

Esercizio 2.59 (Citato nell'Osservazione 2.3.10). Sia M una varietà, e $p \in M$. Diremo che due curve differenziabili σ_1, $\sigma_2 \colon \mathbb{R} \to M$ con $\sigma_1(0) = \sigma_2(0) = p$ sono equivalenti se $(\varphi \circ \sigma_1)'(0) = (\varphi \circ \sigma_2)'(0)$ per qualche carta locale (U, φ) in p. Dimostra che si tratta effettivamente di una relazione di equivalenza, e che l'insieme delle classi di equivalenza è naturalmente isomorfo a $T_p M$.

Esercizio 2.60 (Citato nell'Osservazione 2.3.10 e utile per gli Esercizi 2.63 e 2.66). Sia M una varietà, e $p \in M$. Posto

$$\mathfrak{m}_p = \{ \mathbf{f} \in C^\infty(p) \mid \mathbf{f}(p) = 0 \} \, ,$$

dimostra che $\mathfrak{m}_p$ è l'unico ideale massimale di $C^\infty(p)$, e che $T_p M$ è canonicamente isomorfo al duale di $\mathfrak{m}_p / \mathfrak{m}_p^2$.

Esercizio 2.61. Sia M una varietà, e $p \in M$. Dimostra che ogni elemento di $T_p M$ è della forma $\sigma'(0)$ per un'opportuna curva $\sigma \colon \mathbb{R} \to M$ con $\sigma(0) = p$.

Esercizio 2.62 (Citato nelle Osservazioni 2.1.16 e 2.3.9). Sia M una varietà di classe C^0, e $p \in M$. Dimostra che l'unica derivazione di $C^0(p)$ è la derivazione nulla. [*Suggerimento:* per ogni $\mathbf{f} \in C^0(p)$ si ha

$$\mathbf{f} = \mathbf{f}(p) + \left(\mathbf{f} - \mathbf{f}(p) \right)^{1/3} \left(\mathbf{f} - \mathbf{f}(p) \right)^{2/3} .]$$

Esercizio 2.63 (Citato nelle Osservazioni 2.1.16 e 2.3.9). Sia M una varietà di classe C^k, con $0 < k < +\infty$, e $p \in M$. Dimostra che lo spazio delle derivazioni di $C^k(p)$ ha dimensione infinita. [*Suggerimento:* fissata una carta locale $\varphi = (x^1, \ldots, x^n)$ centrata in p, per ogni $0 < \varepsilon < 1$ sia $\mathbf{f}_\varepsilon \in C^k(p)$ il germe rappresentato dalla funzione $(x^1)^{k+\varepsilon}$. Dimostra che per ogni $0 < \varepsilon_1 < \cdots < \varepsilon_r < 1$ i germi $\mathbf{f}_{\varepsilon_1}, \ldots, \mathbf{f}_{\varepsilon_r}$ appartengono a $\mathfrak{m}_p$ e sono linearmente indipendenti modulo $\mathfrak{m}_p^2$, usando il fatto (da dimostrare) che il prodotto di due funzioni di classe C^k che si annullano in un punto è di classe C^{k+1} nell'intorno di quel punto. Concludi usando l'analogo C^k dell'Esercizio 2.60.]

Esercizio 2.64 (Usato nell'Esempio 2.3.25). Dimostra la formula (2.6).

Esercizio 2.65. Sia $A \in M_{n,n}(\mathbb{R})$ una matrice quadrata. Dimostra che ponendo $\sigma(t) = \exp(tA)$ (vedi l'Esercizio 2.113) otteniamo una curva $\sigma \colon \mathbb{R} \to GL(n, \mathbb{R})$, e calcola $\sigma'(0) \in M_{n,n}(\mathbb{R})$.

DIFFERENZIALE

Esercizio 2.66. Sia $F \colon M \to N$ un'applicazione differenziabile fra varietà, e $p \in M$. Dimostra che $F_p^*(\mathfrak{m}_{F(p)}) \subseteq \mathfrak{m}_p$, e che se identifichiamo $T_p M$ e $T_{F(p)} N$ con i duali di $\mathfrak{m}_p / \mathfrak{m}_p^2$ e $\mathfrak{m}_{F(p)} / \mathfrak{m}_{F(p)}^2$ rispettivamente (vedi l'Esercizio 2.60), allora il differenziale $\mathrm{d}F_p$ è identificato all'applicazione duale dell'applicazione da $\mathfrak{m}_{F(p)} / \mathfrak{m}_{F(p)}^2$ a $\mathfrak{m}_p / \mathfrak{m}_p^2$ indotta da F_p^*.

Esercizio 2.67 (Utile per l'Esercizio 2.119). Siano $M_1, \dots, M_r$ varietà, e per $j = 1, \dots, r$ indichiamo con $\pi_j \colon M_1 \times \cdots \times M_r \to M_j$ la proiezione sulla j-esima coordinata. Scegliamo $p_1 \in M_1, \dots, p_r \in M_r$. Dimostra che l'applicazione

$$\beta \colon T_{(p_1, \dots, p_r)}(M_1 \times \cdots \times M_r) \to T_{p_1} M_1 \oplus \cdots \oplus T_{p_r} M_r$$

data da $\beta(X) = \big(\mathrm{d}(\pi_1)_{(p_1, \dots, p_r)}(X), \dots, \mathrm{d}(\pi_r)_{(p_1, \dots, p_r)}(X)\big)$ è un isomorfismo.

Esercizio 2.68. Dimostra che il differenziale $\mathrm{d}(\det)_X \colon M_{n,n}(\mathbb{R}) \to \mathbb{R}$ del determinante $\det \colon GL(n, \mathbb{R}) \to \mathbb{R}$ è dato da

$$\mathrm{d}(\det)_X(B) = (\det X)\mathrm{tr}(X^{-1}B)$$

per ogni $X \in GL(n, \mathbb{R})$ e $B \in M_{n,n}(\mathbb{R})$, dove $\mathrm{tr}(A)$ è la traccia della matrice A.

Esercizio 2.69. Sia $F \colon M \to N$ un'applicazione differenziabile. Dimostra che F è un diffeomorfismo locale se e solo se $\mathrm{d}F_p \colon T_p M \to T_{F(p)} N$ è un isomorfismo per ogni $p \in M$.

Esercizio 2.70 (Usato nell'Esempio 2.4.24). Sia M una varietà connessa, e $F \colon M \to N$ un'applicazione differenziabile tale che $\mathrm{d}F_p$ è identicamente nulla per ogni $p \in M$. Dimostra che F è costante.

Esercizio 2.71. Consideriamo $S^3 \subset \mathbb{C}^2$ come nell'Esercizio 2.34.(iii). Fissato $z = (z^1, z^2) \in S^3$, sia $\sigma_z \colon \mathbb{R} \to S^3$ data da $\sigma_z(t) = (\mathrm{e}^{it}z^1, \mathrm{e}^{it}z^2)$. Dimostra che σ_z è una curva differenziabile, e calcola $\sigma_z'(t)$ per ogni $t \in \mathbb{R}$.

IMMERSIONI, EMBEDDING E SOMMERSIONI

Esercizio 2.72. Dimostra che la composizione di due immersioni (embedding, sommersioni) è ancora un'immersione (rispettivamente, embedding, sommersione).

Esercizio 2.73. Sia $F \colon \mathbb{R}^2 \to \mathbb{R}^3$ data da

$$F(\phi, \theta) = \big((2 + \cos\phi)\cos\theta, (2 + \cos\phi)\sin\theta, \sin\phi\big) .$$

Dimostra che F è un'immersione che induce un embedding del toro $\mathbb{T}^2$ in $\mathbb{R}^3$.

Esercizio 2.74. Consideriamo il toro $\mathbb{T}^2 = S^1 \times S^1$ come sottoinsieme di $\mathbb{C}^2$. Fissato $\alpha \in \mathbb{R}$, sia $\sigma_\alpha \colon \mathbb{R} \to \mathbb{T}^2$ data da $\sigma_\alpha(t) = (\mathrm{e}^{2\pi it}, \mathrm{e}^{2\pi i\alpha t})$. Dimostra che:

(i) se $\alpha \notin \mathbb{Q}$ allora σ_α è un'immersione iniettiva con immagine densa in $\mathbb{T}^2$, e quindi non un embedding (vedi anche l'Esempio 3.6.9);

(ii) se $\alpha \in \mathbb{Q}$ allora σ_α induce un embedding di S^1 in $\mathbb{T}^2$.

Esercizio 2.75 (Usato nei Teoremi 2.6.15 e 2.8.13). Sia $F \colon M \to N$ un'immersione iniettiva. Dimostra che se F è propria allora è un embedding.

Esercizio 2.76 (Usato nell'Osservazione 2.4.9). Sia $F: M \to N$ un'immersione, e $\{(U_\alpha, \varphi_\alpha)\}$ un atlante di M tale che $F|_{U_\alpha}$ sia un omeomorfismo con l'immagine per ogni α.

(i)   Se F è iniettiva, dimostra che $\{(F(U_\alpha), \varphi_\alpha \circ F|_{U_\alpha}^{-1})\}$ è un atlante per $F(M)$.

(ii) Se F *non* è iniettiva, è ancora vero che $\{(F(U_\alpha), \varphi_\alpha \circ F|_{U_\alpha}^{-1})\}$ è un atlante per $F(M)$?

Esercizio 2.77 (Citato nella Sezione 2.4). Sia $F: M \to N$ un'immersione iniettiva con $\dim M = \dim N$. Dimostra che F è un embedding.

Esercizio 2.78 (Usato nel Teorema 2.6.15 e utile per l'Esercizio 2.101). Sia $F: M \to N$ un'applicazione differenziabile di rango costante. Dimostra che se F è iniettiva allora è un'immersione.

Esercizio 2.79 (Usato nell'Osservazione 2.4.14). Sia $F: M \to N$ un'applicazione differenziabile, e $p \in M$. Dimostra che $dF_p: T_pM \to T_{F(p)}N$ è iniettivo se e solo se $F_p^*: C_N^\infty(F(p)) \to C_M^\infty(p)$ è surgettiva. Deduci che se $\iota: M \hookrightarrow N$ è una sottovarietà di una varietà N, e $p \in M$, per ogni germe $\mathbf{g} \in C_M^\infty(p)$ esiste $\tilde{\mathbf{g}} \in C_N^\infty(p)$ tale che $\tilde{\mathbf{g}}|_M = \mathbf{g}$, dove $\tilde{\mathbf{g}}|_M$ è un'altra notazione per $\iota_p^* \tilde{\mathbf{g}} = \tilde{\mathbf{g}} \circ \iota$.

Esercizio 2.80. Sia $F: M \to N$ un embedding di una m-varietà M in una n-varietà N. Dimostra che per ogni $p \in M$ esistono un intorno aperto $U \subseteq M$ di p, un intorno aperto $V \subseteq N$ di $F(p)$, e due sommersioni $G: V \to M$ e $H: V \to \mathbb{R}^{n-m}$ tali che $G \circ F|_U = \mathrm{id}_U$ e $F(U) = V \cap F(M) = H^{-1}(O)$.

Esercizio 2.81 (Usato nella Proposizione 3.9.12). Sia $\pi: M \to N$ una sommersione. Dimostra che:

(i)   ogni punto di M è nell'immagine di una sezione locale (vedi la Definizione 2.E.3) differenziabile di π;

(ii) π è un'applicazione aperta.

Esercizio 2.82. Sia $F: M \to N$ un'applicazione differenziabile, con M connessa. Dimostra che F ha rango costante se e solo se per ogni $p \in M$ esistono carte (U, φ) in p e (V, ψ) in $F(p)$ tali che $\psi \circ F \circ \varphi^{-1}$ sia lineare.

Esercizio 2.83 (Usato nel Teorema 2.6.15, nella Proposizione 3.8.2 e nel Teorema 3.9.14). Sia $\pi: M \to N$ una sommersione surgettiva. Dimostra che:

(i)   un'applicazione $F: N \to S$, dove S è un'altra varietà, è differenziabile se e solo se $F \circ \pi$ lo è;

(ii) se $F: M \to S$ è differenziabile e costante sulle fibre (vedi la Definizione 2.E.3) di π allora esiste un'unica applicazione differenziabile $\tilde{F}: N \to S$ tale che $\tilde{F} \circ \pi = F$;

(iii) se $\tilde{\pi}: M \to \tilde{N}$ è un'altra sommersione surgettiva tale che π è costante sulle fibre di $\tilde{\pi}$ e $\tilde{\pi}$ è costante sulle fibre di π allora esiste un unico diffeomorfismo $F: N \to \tilde{N}$ tale che $\tilde{\pi} = F \circ \pi$.

Esercizio 2.84. Sia $F: S^2 \to \mathbb{R}^4$ data da $F(x,y,z) = (x^2 - y^2, xy, xz, yz)$. Dimostra che F induce un embedding di $\mathbb{P}^2(\mathbb{R})$ in $\mathbb{R}^4$. [*Suggerimento:* usa l'Esempio 2.2.18.]

Esercizio 2.85. Dimostra che non esiste alcuna sommersione da una varietà compatta a $\mathbb{R}^n$ con $n > 0$.

Esercizio 2.86 (Usato nell'Osservazione 2.8.14). Dimostra che non esiste nessuna immersione di S^1 in $\mathbb{R}$.

SOTTOVARIETÀ

Esercizio 2.87. Sia $S \subseteq M$ un sottoinsieme di una varietà M. Dimostra che su S esiste al più una struttura di varietà differenziabile che lo renda una sottovarietà di M.

Esercizio 2.88 (Usato nell'Osservazione 2.4.13). Sia $F: S \to M$ un embedding. Dimostra che $F(S)$ è una sottovarietà di M. Trova un esempio di immersione iniettiva $G: S \to M$ tale che $G(S)$ non sia una sottovarietà di M.

Esercizio 2.89 (Usato nell'Osservazione 2.1.29). Sia S una sottovarietà k-dimensionale di una varietà M. Sia V un aperto di $\mathbb{R}^k$, e $\psi: V \to M$ un'applicazione differenziabile iniettiva di rango costante k tale che $\psi(V) \subset S$. Dimostra che $\left(\psi(V), \psi^{-1}\right)$ è una carta di S.

Esercizio 2.90. Sia $S \subseteq M$ un sottoinsieme di una varietà M tale che per ogni $p \in S$ esista un intorno U di p in M per cui $S \cap U$ sia una sottovarietà k-dimensionale di M. Dimostra che allora S è una sottovarietà k-dimensionale di M.

Esercizio 2.91 (Citato nell'Esempio 2.2.12). Sia $\iota: S \hookrightarrow M$ una sottovarietà.

(i) Se S è chiusa (come sottospazio topologico di M), dimostra che per ogni $f \in C^\infty(S)$ e ogni intorno aperto U di S in M esiste una $\tilde{f} \in C^\infty(U)$ tale che $\tilde{f}|_S \equiv f$.

(ii) Trova un esempio di una sottovarietà S *non* chiusa nella varietà ambiente M per cui esista un intorno aperto di S in M e una $f \in C^\infty(S)$ che non è restrizione di alcuna funzione $\tilde{f} \in C^\infty(U)$.

Esercizio 2.92 (Citato nell'Osservazione 2.4.21). Sia $\iota: S \hookrightarrow M$ una sottovarietà di una varietà M, e $p \in S$. Dimostra che $v \in T_pM$ appartiene all'immagine di T_pS tramite $d\iota_p$ se e solo se $v(\mathbf{f}) = 0$ per ogni $\mathbf{f} \in C^\infty_M(p)$ tale che $\mathbf{f}|_S \equiv 0$.

Esercizio 2.93 (Usato nella Proposizione 2.4.23). Sia $F: M \to N$ un'applicazione differenziabile fra varietà, con $\dim M = n + k \geq n = \dim N$. Dimostra che per ogni $a \in F(M)$ l'insieme $M_a = F^{-1}(a) \setminus \text{Crit}(F)$ è una sottovarietà k-dimensionale di M.

Definizione 2.E.4. Due sottovarietà S_1, $S_2 \subset M$ di una varietà M sono *trasverse* se $T_p M = T_p S_1 + T_p S_2$ per ogni $p \in S_1 \cap S_2$, dove la somma non è necessariamente diretta.

Più in generale, se $F: M \to N$ è un'applicazione differenziabile fra varietà, e $S \subset N$ è una sottovarietà, diremo che F è *trasversa* a S se per ogni $p \in F^{-1}(S)$ si ha $T_{F(p)} N = dF_p(T_p M) + T_{F(p)} S$.

Esercizio 2.94 (Citato nella Sezione 2.4, usato nel Lemma 3.9.5, e utile per gli Esercizi 3.1 e 3.74). Dimostra che se $F: M \to N$ è un'applicazione differenziabile trasversa a una sottovarietà $S \subset N$ allora $F^{-1}(S)$ è una sottovarietà di M di codimensione uguale alla codimensione di S in N.

Esercizio 2.95. Dimostra che se S_1 ed S_2 sono sottovarietà trasverse di una varietà M allora $S_1 \cap S_2$ è una sottovarietà di M di dimensione

$$\dim(S_1 \cap S_2) = \dim S_1 + \dim S_2 - \dim M .$$

Trova un esempio di due sottovarietà S_1, $S_2 \subset M$ non trasverse tali che $S_1 \cap S_2$ non sia una sottovarietà di M.

Esercizio 2.96. Sia $F: M \to N$ un'applicazione differenziabile di rango costante $k \geq 0$. Dimostra che ogni insieme di livello $F^{-1}(c)$ è una sottovarietà chiusa di codimensione k di M.

Esercizio 2.97. Dimostra che un sottoinsieme $S \subseteq M$ di una varietà M è una sottovarietà di codimensione $k \geq 0$ se e solo se ogni $p \in S$ ha un intorno $U \subseteq M$ tale che $U \cap S$ è un insieme di livello di una sommersione $F: U \to \mathbb{R}^k$.

Esercizio 2.98 (Usato nel Teorema 2.8.11). Sia $M_{m,n}(\mathbb{R})$ lo spazio vettoriale delle matrici $m \times n$ a coefficienti reali. Dimostra che se $0 \leq k \leq \min\{m, n\}$ allora l'insieme $M_{m,n}^k(\mathbb{R})$ delle matrici $m \times n$ di rango k è una sottovarietà di $M_{m,n}(\mathbb{R})$ di codimensione $(m - k)(n - k)$.

Esercizio 2.99 (Utile per l'Esercizio 2.116). Sia $F: M \to N$ un'applicazione differenziabile fra varietà.

(i) Se $S \subseteq M$ è una sottovarietà, dimostra che $F|_S: S \to N$ è ancora differenziabile.

(ii) Se $S \subseteq N$ è una sottovarietà tale che $F(M) \subseteq S$, dimostra che $F: M \to S$ è ancora differenziabile.

Esercizio 2.100 (Utile per l'Esercizio 2.101 e citato nella Sezione 3.7). Sia $F: M \to N$ un'applicazione differenziabile fra varietà.

(i) Se $S \subseteq M$ è una sottovarietà immersa, dimostra che $F|_S: S \to N$ è ancora differenziabile.

(ii) Se $S \subseteq N$ è una sottovarietà immersa tale che $F(M) \subseteq S$, dimostra che $F: M \to S$ è differenziabile se e solo se è continua (rispetto alla topologia di varietà di S).

(iii) Trova un esempio di un'applicazione differenziabile $F: M \to N$ e di una sottovarietà immersa $S \subseteq N$ tali che $F(M) \subseteq S$ ma $F: M \to S$ non è differenziabile.

Esercizio 2.101. Sia $S \subseteq M$ un sottoinsieme di una varietà M.

(i) Dimostra che per ogni topologia su S esiste al più una struttura di varietà differenziabile su S che induce la topologia data su S e la rende una sottovarietà immersa di M.

(ii) Trova un esempio in cui S ammette più di una topologia e struttura differenziabile che lo rendono una sottovarietà immersa di M.

[*Suggerimento:* usa gli Esercizi 2.100 e 2.78.]

Esercizio 2.102. Dimostra che una sottovarietà è chiusa se e solo se l'inclusione nella varietà ambiente è un'applicazione propria.

Esercizio 2.103. Sia $F: \mathbb{R}^4 \to \mathbb{R}^2$ data da

$$F(x, y, z, w) = (x^2 + y, x^2 + y^2 + z^2 + w^2 + y) \,.$$

Dimostra che $(0, 1) \in \mathbb{R}^2$ è un valore regolare di F, e che $F^{-1}(0, 1)$ è diffeomorfo a S^2.

Esercizio 2.104. Trova quali insiemi di livello dell'applicazione $F: \mathbb{R}^2 \to \mathbb{R}$ data da $F(x, y) = x^3 + xy + y^3$ sono sottovarietà di $\mathbb{R}^2$.

Esercizio 2.105. Dimostra che il bordo di un quadrato in $\mathbb{R}^2$ non è una sottovarietà immersa di $\mathbb{R}^2$.

Esercizio 2.106. Dato $c \in \mathbb{R}$, sia $M_c \subset \mathbb{R}^2$ definito da

$$M_c = \{(x, y) \in \mathbb{R}^2 \mid y^2 = x(x - 1)(x - c)\} \,.$$

Determina per quali valori di c l'insieme M_c è una sottovarietà di $\mathbb{R}^2$, e per quali valori è una sottovarietà immersa.

Esercizio 2.107. Sia $S \subset M$ l'insieme di livello a un valore regolare per un'applicazione differenziabile $F: M \to \mathbb{R}^k$. Data $f \in C^\infty(M)$, sia $p \in S$ un punto di massimo o di minimo di $f|_S$. Dimostra che esistono dei numeri reali $\lambda_1, \ldots, \lambda_k \in \mathbb{R}$ (detti *moltiplicatori di Lagrange*) tali che

$$\mathrm{d}f_p = \lambda_1 \, \mathrm{d}(F^1)_p + \cdots + \lambda_k \, \mathrm{d}(F^k)_p \,.$$

Esercizio 2.108 (Utile per l'Esercizio 2.116).

(i) Sia S_1 una sottovarietà di una varietà M_1, e S_2 una sottovarietà di una varietà M_2. Dimostra che $S_1 \times S_2$ è una sottovarietà di $M_1 \times M_2$.

(ii) Sia S una sottovarietà di una varietà M, che a sua volta è una sottovarietà di una varietà N. Dimostra che S è una sottovarietà di N.

Esercizio 2.109 (Citato nell'Osservazione 5.4.6). Sia $\rho: M \to M$ una retrazione liscia, cioè un'applicazione differenziabile di una varietà M in sé tale che $\rho \circ \rho = \rho$. Dimostra che l'immagine di ρ è una sottovarietà chiusa di M. [*Suggerimento:* osserva che basta dimostrarlo localmente, per cui si può supporre che M sia un aperto di $\mathbb{R}^n$. Preso $p_0 \in \mathrm{Im}\,\rho$, sia $\varphi = \mathrm{id}_M + (2\mathrm{d}\rho_{p_0} - \mathrm{id}_M) \circ (\rho - \mathrm{d}\rho_{p_0})$; dimostra che φ è una carta locale in p_0, che $\varphi \circ \rho = \mathrm{d}\rho_{p_0} \circ \varphi$, e deduci la tesi.]

GRUPPI DI LIE

Esercizio 2.110. Sia G un gruppo fornito di una struttura di varietà differenziabile tale che l'applicazione $\mu: G \times G \to G$ data da $\mu(g, h) = gh^{-1}$ sia di classe C^∞. Dimostra che G è un gruppo di Lie.

Esercizio 2.111 (Usato nell'Esempio 2.5.4). Dimostra che S^1, inteso come l'insieme dei numeri complessi di modulo unitario, e considerato col prodotto di numeri complessi, è un gruppo di Lie.

Esercizio 2.112 (Usato nell'Esempio 2.5.4). Dimostra che se $G_1, \ldots, G_r$ sono gruppi di Lie, allora il prodotto cartesiano $G_1 \times \cdots \times G_r$ considerato col prodotto componente per componente è un gruppo di Lie.

Esercizio 2.113 (Utile per l'Esercizio 2.65). Sia $\exp: M_{n,n}(\mathbb{R}) \to GL(n, \mathbb{R})$ l'*applicazione esponenziale* definita da

$$\exp(A) = \sum_{k=0}^{\infty} \frac{1}{k!} A^k \, ,$$

dove A^k è il prodotto di A per se stessa k volte. Dimostra che $AB = BA$ implica

$$\exp(A + B) = \exp(A) \exp(B) \, .$$

Trova due matrici $A, B \in GL(n, \mathbb{R})$ tali che $\exp(A + B) \neq \exp(A) \exp(B)$.

Esercizio 2.114. La *componente identica* G_0 di un gruppo di Lie G è la componente connessa di G contenente l'identità. Dimostra che G_0 è un sottogruppo, che è l'unico sottogruppo aperto connesso di G, e che ogni altra componente connessa di G è diffeomorfa a G_0.

Esercizio 2.115 (Utile per l'Esercizio 3.43). Sia G un gruppo di Lie connesso, e $\pi: \tilde{G} \to G$ il suo rivestimento universale, dove su $\tilde{G}$ mettiamo la struttura di gruppo di Lie definita nella Proposizione 2.5.13. Supponi che esista un altro gruppo di Lie semplicemente connesso G' che ammetta un rivestimento liscio $\pi': G' \to G$ che sia anche un omomorfismo di gruppi di Lie. Dimostra che esiste un isomorfismo di gruppi di Lie $\Psi: \tilde{G} \to G'$ tale che $\pi' \circ \Psi = \pi$.

Esercizio 2.116 (Usato nell'Osservazione 2.5.15). Dimostra che un sottogruppo di Lie regolare è a sua volta un gruppo di Lie. [*Suggerimento:* usa gli Esercizi 2.108 e 2.99.]

Esercizio 2.117 (Citato nell'Esempio 2.5.16). Dimostra che $SO(n)$ è un sotto-gruppo di Lie di $O(n)$ e di $GL(n, \mathbb{R})$.

Esercizio 2.118 (Citato nell'Esempio 2.5.16). Dimostra che $SL(n, \mathbb{C})$, $U(n)$ e $SU(n)$ sono sottogruppi di Lie di $GL(n, \mathbb{C})$, e calcolane la dimensione.

Esercizio 2.119 (Usato nel Teorema 3.6.8). Sia G un gruppo di Lie di elemento neutro $e \in G$.

(i)   Sia $m: G \times G \to G$ il prodotto. Identificando $T_{(e,e)}(G \times G)$ con $T_e G \oplus T_e G$ come nell'Esercizio 2.67, dimostra che $dm_{(e,e)}: T_e G \oplus T_e G \to T_e G$ è data da $dm_{(e,e)}(X, Y) = X + Y$. [*Suggerimento:* calcola prima $dm_{(e,e)}(X, O)$ e $dm_{(e,e)}(O, Y)$ usando la Proposizione 2.3.27.]

(ii) Sia $i: G \to G$ l'inverso. Dimostra che $di_e(X) = -X$.

AZIONI DI GRUPPI DI LIE

Esercizio 2.120. Sia Γ un gruppo di Lie discreto (Esempio 2.5.6), M una varietà, e $\theta: \Gamma \times M \to M$ un'applicazione. Dimostra che θ è un'azione se e solo se valgono le (2.11) e ciascuna $\theta_g: M \to M$ è di classe C^∞.

Esercizio 2.121 (Citato nell'Esempio 3.9.16). Sia $\rho: G \to GL(V)$ una rappresentazione di un gruppo di Lie. Dimostra che ρ è differenziabile.

Esercizio 2.122. Dimostra che ogni orbita dell'azione di un gruppo di Lie su una varietà M è una sottovarietà immersa di M.

Esercizio 2.123. Dimostra che se G è un gruppo di Lie che agisce liberamente su una varietà M in modo che lo spazio delle orbite M/G abbia una struttura di varietà rispetto alla quale la proiezione $\pi: M \to M/G$ è una sommersione allora l'azione è propria.

Esercizio 2.124 (Usato nel Teorema 2.6.15 e utile per l'Esercizio 2.133). Sia $\theta: G \times M \to M$ un'azione di un gruppo di Lie su una varietà M. Dimostra che le seguenti affermazioni sono equivalenti:

(i)   l'azione è propria;
(ii) per ogni compatto $K \subseteq M$ l'insieme $G_K = \{g \in G \mid \theta_g(K) \cap K \neq \varnothing\}$ è compatto;
(iii) ogni successione $\{g_k\} \subset G$, con la proprietà che esiste una successione convergente $\{p_k\} \subset M$ tale che la successione $\{g_k \cdot p_k\}$ converge, ammette una sottosuccessione convergente.

Esercizio 2.125. Sia $\theta: \Gamma \times M \to M$ un'azione di un gruppo di Lie *discreto* su una varietà M. Dimostra che le seguenti affermazioni sono equivalenti:

(i)   l'azione è propria;
(ii) per ogni coppia di punti $p, q \in M$ esistono U intorno di p e V intorno di q tali che l'insieme $\{g \in \Gamma \mid \theta_g(U) \cap V \neq \varnothing\}$ sia finito;

(iii) valgono entrambe le condizioni seguenti (che vengono riassunte dicendo che Γ agisce in modo *propriamente discontinuo*):

1.ogni $p \in M$ ha un intorno U tale che l'insieme $\{g \in \Gamma \mid \theta_g(U) \cap U \neq \varnothing\}$ è finito;

2.se p e q non appartengono alla stessa orbita allora esistono un intorno U di p e un intorno V di q tali che $\theta_g(U) \cap V = \varnothing$ per tutti i $g \in \Gamma$.

Definizione 2.E.5. Sia $\pi: \tilde{M} \to M$ un rivestimento liscio di una varietà M. Un *automorfismo* del rivestimento è un diffeomorfismo $F: \tilde{M} \to \tilde{M}$ tale che $\pi \circ F = \pi$. Il gruppo degli automorfismi del rivestimento π sarà indicato con $\mathrm{Aut}(\pi)$. Il gruppo degli automorfismi di un rivestimento $\pi: \tilde{M} \to M$ chiaramente agisce su ciascuna fibra di π. Diremo che il rivestimento è *normale* se $\mathrm{Aut}(\pi)$ agisce transitivamente sulle fibre di π.

Esercizio 2.126. Sia $\pi: \tilde{M} \to M$ un rivestimento liscio di una varietà M, e $F: \tilde{M} \to \tilde{M}$ un'applicazione continua tale che $\pi \circ F = \pi$. Dimostra che F è necessariamente differenziabile, e quindi è un automorfismo del rivestimento.

Esercizio 2.127. Sia $\pi: \tilde{M} \to M$ un rivestimento liscio. Dimostra che $\mathrm{Aut}(\pi)$, considerato con la topologia discreta, agisce liberamente e propriamente su $\tilde{M}$, e che se π è normale allora M è diffeomorfo a $\tilde{M}/\mathrm{Aut}(\pi)$.

Esercizio 2.128 (Usato nella Proposizione 3.8.2). Sia Γ un gruppo discreto che agisce propriamente e liberamente su una varietà $\tilde{M}$. Dimostra che esiste un'unica struttura di varietà su $\tilde{M}/\Gamma$ che renda la proiezione $\pi: \tilde{M} \to \tilde{M}/\Gamma$ un rivestimento liscio normale.

Esercizio 2.129 (Usato nella Proposizione 3.8.2). Dimostra che l'azione per traslazione sinistra di un sottogruppo discreto Γ di un gruppo di Lie G è libera e propria, per cui G/Γ è una varietà.

APPLICAZIONI EQUIVARIANTI E SPAZI OMOGENEI

Definizione 2.E.6. Siano M ed N due G-spazi. Un'applicazione $F: M \to N$ è *equivariante* se $F(g \cdot p) = g \cdot F(p)$ per ogni $g \in G$ e $p \in M$.

Esercizio 2.130 (Usato nel Teorema 2.6.15 e utile per l'Esercizio 2.131). Siano M ed N due G-spazi, e supponiamo che l'azione su M sia transitiva. Dimostra che ogni applicazione differenziabile $F: M \to N$ equivariante ha necessariamente rango costante.

Esercizio 2.131 (Usato nella Proposizione 3.8.2). Sia $F: G \to H$ un omomorfismo di gruppi di Lie. Dimostra che F ha rango costante, e che $\mathrm{Ker}\, F$ è un sottogruppo di Lie regolare di G, di codimensione uguale al rango di F. [*Suggerimento:* definisci un'opportuna azione di G su H per cui F sia equivariante, e applica l'Esercizio 2.130.]

Esercizio 2.132. Sia M un G-spazio. Dimostra che per ogni $p \in M$ il sottogruppo di isotropia G_p è un sottogruppo di Lie regolare di G. [*Suggerimento:* dimostra che l'applicazione $g \mapsto g \cdot p$ ha rango costante.]

Esercizio 2.133 (Utile per l'Esercizio 3.76). Sia H un sottogruppo di Lie regolare (e quindi chiuso, come dimostreremo nel Teorema 3.6.8) di un gruppo di Lie G. Dimostra che lo spazio G/H dei laterali sinistri di H in G ha un'unica struttura di varietà che renda la proiezione naturale $\pi: G \to G/H$ una sommersione. Dimostra inoltre che l'azione di G su G/H data da $g_1 \cdot (g_2 H) = (g_1 g_2) H$ è (effettivamente un'azione ed è) transitiva. [*Suggerimento:* usa l'Esercizio 2.124 per dimostrare che l'azione è propria.]

Esercizio 2.134. Sia M uno G-spazio omogeneo, e $p \in M$. Dimostra che l'applicazione $F: G/G_p \to M$ data da $F(gG_p) = g \cdot p$ è un diffeomorfismo equivariante.

Esercizio 2.135 (Citato nell'Esempio 2.1.34).

(i)   Sia X un insieme su cui agisce transitivamente un gruppo di Lie G in modo che il sottogruppo di isotropia di ciascun $p \in X$ sia un sottogruppo di Lie regolare di G. Dimostra che X ammette un'unica struttura differenziabile rispetto a cui la data azione è differenziabile.

(ii) Fissato $1 \le k \le n$, dimostra che $GL(n, \mathbb{R})$ agisce transitivamente sulla Grassmanniana $G_k(\mathbb{R}^n)$, e deduci che $G_k(\mathbb{R}^n)$ ha una naturale struttura di varietà differenziabile.

(iii) Dimostra che la struttura di varietà differenziabile di $G_k(\mathbb{R}^n)$ appena definita coincide con quella introdotta nell'Esempio 2.1.34.

Esercizio 2.136 (Citato nell'Esempio 2.1.34). Sia V uno spazio vettoriale di dimensione finita. Costruisci la struttura di varietà su $G_k(V)$ usando le applicazioni di Plücker introdotte nell'Esercizio 1.92.

Esercizio 2.137. Identificando S^{2n+1} con la sfera unitaria in $\mathbb{C}^{n+1}$, definiamo un'azione di S^1 su S^{2n+1} ponendo $z \cdot (w^1, \dots, w^{n+1}) = (zw^1, \dots, zw^{n+1})$. Dimostra che questa azione è libera e propria, e che lo spazio delle orbite S^{2n+1}/S^1 è diffeomorfo a $\mathbb{P}^n(\mathbb{C})$. La proiezione $\pi: S^{2n+1} \to \mathbb{P}^n(\mathbb{C})$ è chiamata *applicazione di Hopf.*

PARTIZIONI DELL'UNITÀ

Esercizio 2.138. Siano C_0, $C_1 \subset M$ due chiusi disgiunti di una varietà M. Dimostra che esiste una funzione $f \in C^\infty(M)$ tale che $f|_{C_0} \equiv 0$ e $f|_{C_1} \equiv 1$.

Esercizio 2.139. Sia $\mathfrak{U}$ un ricoprimento aperto di uno spazio topologico X, e assumi che ogni aperto di $\mathfrak{U}$ intersechi solo un numero finito di aperti di $\mathfrak{U}$. Dimostra che $\mathfrak{U}$ è localmente finito.

Esercizio 2.140 (Usato nel Lemma 5.6.5). Sia 𝔘 un ricoprimento aperto localmente finito di uno spazio topologico di Hausdorff X. Dimostra che ogni compatto di X interseca solo un numero finito di elementi di 𝔘.

Esercizio 2.141. Sia M una varietà topologica di Hausdorff. Dimostra che M è a base numerabile se e solo se è paracompatta e ha una quantità al più numerabile di componenti connesse.

Esercizio 2.142. Sia X uno spazio topologico. Dimostra che X è paracompatto se e solo se a ogni suo ricoprimento aperto si può subordinare una partizione dell'unità (formata da funzioni continue).

Esercizio 2.143. Sia X uno spazio topologico di Hausdorff localmente compatto connesso. Dimostra che X è paracompatto se e solo se è unione numerabile di compatti.

Esercizio 2.144. Trova una varietà M, un sottoinsieme $A \subset M$ e una funzione $f \in C^\infty(A)$ che non può essere estesa a una funzione differenziabile definita su tutto M.

Esercizio 2.145. Sia $C \subseteq M$ un sottoinsieme chiuso di una varietà M, e $\psi\colon M \to \mathbb{R}^+$ una funzione continua sempre positiva.

(i)   Dimostra che esiste una funzione differenziabile $\tilde{\psi}\colon M \to \mathbb{R}$ tale che $0 < \tilde{\psi}(p) < \psi(p)$ per ogni $p \in M$.

(ii) Dimostra che esiste una funzione continua $\phi\colon M \to \mathbb{R}$ che sia differenziabile e positiva su $M \setminus C$, identicamente nulla su C, e soddisfi $\phi(p) < \psi(p)$ per ogni $p \in M$.

Esercizio 2.146. Dimostra che intervalli aperti e semirette aperte in $\mathbb{R}$ sono diffeomorfi a tutto $\mathbb{R}$.

Esercizio 2.147 (Citato nell'Osservazione 5.4.2). Dato $\varepsilon > 0$ costruisci un diffeomorfismo $\psi\colon (-\varepsilon, 1 + \varepsilon) \to \mathbb{R}$ che sia l'identità su $[0, 1]$.

Esercizio 2.148 (Usato nell'Esempio 5.8.4). Sia $U = I \times \mathbb{R} \subseteq \mathbb{R}^2$, dove $I \subseteq \mathbb{R}$ è un intervallo o una semiretta aperta, e $p \in U$. Dimostra che $U \setminus \{p\}$ è diffeomorfo a $\mathbb{R}^2 \setminus \{(0, 0)\}$.

INSIEMI DI MISURA ZERO

Esercizio 2.149 (Usato nell'Osservazione 2.8.3). Dimostra che un unione numerabile di insiemi di misura zero in una varietà ha ancora misura zero.

Esercizio 2.150. Sia $F\colon M \to N$ un'applicazione differenziabile di rango costante. Dimostra che:

(i)   se F è surgettiva, allora è una sommersione;

(ii) se F è bigettiva, allora è un diffeomorfismo.

[*Suggerimento:* usando il teorema del rango, dimostra che se F non è una sommersione allora $F(M)$ ha misura zero in N.]

3

Fibrati

Nel capitolo precedente abbiamo visto che a ogni punto di una varietà possiamo associare uno spazio vettoriale della stessa dimensione della varietà, lo spazio tangente. Uno dei fatti che confermano l'adattabilità della definizione di varietà differenziabile è che l'unione disgiunta degli spazi tangenti (detta *fibrato tangente* alla varietà) ha a sua volta una struttura naturale di varietà, di dimensione pari al doppio di quella della varietà di partenza.

Il fibrato tangente è giusto il primo esempio di una classe molto importante di varietà, i *fibrati vettoriali,* che possono essere a grandi linee descritti come unione disgiunta di spazi vettoriali associati in modo differenziabile ai punti di una varietà base. Questo capitolo inizia con la definizione formale e numerosi esempi di fibrati vettoriali, per poi studiare le *sezioni* dei fibrati vettoriali, cioè le applicazioni differenziabili che associano a ciascun punto della varietà base un vettore nel corrispondente spazio vettoriale.

Le sezioni del fibrato tangente sono i *campi vettoriali.* Dare un campo vettoriale è come assegnare in maniera differenziabile un vettore velocità a ciascun punto della varietà base; un punto sulla varietà che si muove seguendo queste velocità percorre una curva detta *curva integrale* del campo vettoriale. Seguendo le curve integrali per un tempo prefissato si ottiene un'applicazione differenziabile da un aperto della varietà a valori nella varietà stessa, detta *flusso* del campo vettoriale; questa applicazione è uno strumento fondamentale per lo studio della geometria differenziale.

Come prima applicazione di questi concetti torneremo a studiare più in dettaglio i gruppi di Lie. Cruciale sarà la nozione di campi vettoriali *invarianti a sinistra,* cioè mandati in loro stessi dal differenziale delle traslazioni a sinistra del gruppo. Prima di tutto mostreremo come usando campi vettoriali invarianti a sinistra sia possibile definire una nuova struttura, detta di *algebra di Lie,* sullo spazio tangente all'elemento neutro di un gruppo di Lie. L'algebra di Lie di un gruppo di Lie riassume tutte le proprietà cruciali del gruppo; lo strumento che ci permetterà di passare dall'una all'altro sarà l'*applicazione esponenziale,* che associa a ciascun elemento dell'algebra di Lie un sottogruppo a un parametro (che risulta essere una curva integrale di un

Abate M., Tovena F.: Geometria Differenziale.
DOI 10.1007/978-88-470-1920-1_3
© Springer-Verlag Italia 2011

campo vettoriale invariante a sinistra). Per esempio, con queste tecniche dimostreremo che i sottogruppi di Lie regolari sono tutti e soli i sottogruppi algebrici chiusi; che c'è una corrispondenza biunivoca fra sottogruppi di Lie connessi e sottoalgebre di Lie; e che due gruppi di Lie semplicemente connessi sono isomorfi se e solo se hanno algebre di Lie isomorfe.

Per dimostrare questi ultimi risultati ci servirà una profonda generalizzazione del teorema di esistenza delle soluzioni dei sistemi di equazioni differenziali ordinarie: il *teorema di Frobenius,* che dice quando una distribuzione di sottospazi di dimensione costante degli spazi tangenti ammette delle varietà integrali (cioè tangenti in ogni punto alla distribuzione). Il teorema di Frobenius ha una versione locale e una globale; per enunciare quest'ultima introdurremo anche il concetto di *foliazione.*

Infine, i fibrati vettoriali sono un caso particolare della nozione più generale di *fibrato,* che introdurremo nell'ultima sezione, dove definiremo anche un altro tipo di fibrati strettamente legati ai fibrati vettoriali, i *fibrati principali.*

3.1 Fibrati vettoriali

Uno dei motivi per cui la struttura di varietà è così utile è che l'unione disgiunta degli spazi tangenti a una varietà ha a sua volta una struttura naturale di varietà. Si tratta del primo esempio di una categoria di oggetti estremamente importanti, i fibrati vettoriali.

Definizione 3.1.1. Un *fibrato vettoriale* di *rango r* su una varietà M è un'applicazione differenziabile surgettiva $\pi\colon E \to M$ fra una varietà E (detta *spazio totale* del fibrato) e la varietà M (detta *base* del fibrato) che soddisfa le seguenti proprietà:

(i) per ogni $p \in M$ l'insieme $E_p = \pi^{-1}(p)$, detto *fibra* di E sopra p, è dotato di una struttura di spazio vettoriale su $\mathbb{R}$ di dimensione r (e indicheremo con O_p il vettore nullo di E_p);

(ii) per ogni $p \in M$ esiste un intorno U di p in M e un diffeomorfismo $\chi\colon \pi^{-1}(U) \to U \times \mathbb{R}^r$, detto *banalizzazione locale* di E, tale che $\pi_1 \circ \chi = \pi$, cioè tale che il diagramma

$$\begin{array}{ccc} \pi^{-1}(U) & \overset{\chi}{\longrightarrow} & U \times \mathbb{R}^r \\ {\scriptstyle \pi}\downarrow & \swarrow{\scriptstyle \pi_1} & \\ U & & \end{array}$$

commuti (dove abbiamo indicato con $\pi_1\colon U \times \mathbb{R}^r \to U$ la proiezione sulla prima coordinata), e tale che la restrizione di χ a ciascuna fibra sia un isomorfismo fra gli spazi vettoriali E_p e $\{p\} \times \mathbb{R}^r$.

I fibrati vettoriali di rango 1 sono chiamati *fibrati in rette*. Quando non c'è rischio di confondersi useremo lo spazio totale E per indicare un fibrato vettoriale $\pi\colon E \to M$, sottintendendo la proiezione π. Infine, partendo da spazi vettoriali su $\mathbb{C}$ invece che da spazi vettoriali su $\mathbb{R}$ si ottiene la nozione di *fibrato vettoriale complesso*.

In altre parole, un fibrato vettoriale è un modo differenziabile di associare uno spazio vettoriale a ciascun punto di una varietà.

Esempio 3.1.2. Se M è una varietà, allora $E = M \times \mathbb{R}^r$, considerato con la proiezione $\pi\colon M \times \mathbb{R}^r \to M$ sulla prima coordinata, è un fibrato vettoriale di rango r, detto *fibrato banale*.

Esempio 3.1.3. Sia $\pi\colon E \to M$ un fibrato vettoriale su M di rango r, e $U \subset M$ un aperto. Allora $\pi_U\colon E_U \to U$, dove $E_U = \pi^{-1}(U)$ e $\pi_U = \pi|_{\pi^{-1}(U)}$, è un fibrato vettoriale di rango r su U, detto *restrizione* di E a U.

Introduciamo subito anche le applicazioni fra fibrati vettoriali che utilizzeremo:

Definizione 3.1.4. Siano $\pi_1\colon E_1 \to M_1$ e $\pi_2\colon E_2 \to M_2$ due fibrati vettoriali. Un *morfismo* fra i due fibrati è una coppia di applicazioni differenziabili $L\colon E_1 \to E_2$ e $F\colon M_1 \to M_2$ tali che:

(a) $\pi_2 \circ L = F \circ \pi_1$, cioè il diagramma

$$
\begin{array}{ccc}
E_1 & \xrightarrow{\ L\ } & E_2 \\
{\scriptstyle \pi_1}\big\downarrow & & \big\downarrow{\scriptstyle \pi_2} \\
M_1 & \xrightarrow{\ F\ } & M_2
\end{array}
$$

commuta (per cui $L\big((E_1)_p\big) \subseteq (E_2)_{F(p)}$ per ogni $p \in M_1$, e quindi L manda fibre in fibre), e

(b) $L|_{(E_1)_p}\colon (E_1)_p \to (E_2)_{F(p)}$ è lineare per ogni $p \in M$.

Un morfismo invertibile (cioè tale che sia L che F siano diffeomorfismi) è detto *isomorfismo* di fibrati vettoriali. A volte indicheremo un morfismo di fibrati scrivendo semplicemente $L\colon E_1 \to E_2$ sottintendendo l'applicazione F. Quando $M_1 = M_2$, cioè se E_1 ed E_2 sono fibrati sulla stessa base, a meno di avviso di contrario supporremo sempre che l'applicazione F sia l'identità, per cui L soddisfa $\pi_2 \circ L = \pi_1$. Spesso viene detto *banale* un qualsiasi fibrato vettoriale isomorfo al fibrato banale.

In altre parole, un morfismo di fibrati è un'applicazione che rispetta sia la struttura differenziabile che la struttura di fibrato vettoriale.

Per cercare di capire quando una collezione di spazi vettoriali forma un fibrato vettoriale, introduciamo alcuni termini che ci saranno utili.

Definizione 3.1.5. Sia $\pi\colon E \to M$ un fibrato vettoriale. Diremo che una carta locale (U, φ) di M *banalizza* E se esiste una banalizzazione locale del fibrato definita su $\pi^{-1}(U)$. Un atlante $\mathcal{A}$ di M *banalizza* il fibrato E se ogni carta di $\mathcal{A}$ lo fa. In tal caso, a volte scriveremo $\mathcal{A} = \{(U_\alpha, \varphi_\alpha, \chi_\alpha)\}$, dove χ_α è la banalizzazione su U_α.

Sia $\mathcal{A} = \{(U_\alpha, \varphi_\alpha, \chi_\alpha)\}$ un atlante che banalizza il fibrato vettoriale $\pi\colon E \to M$. Le composizioni $\chi_\alpha \circ \chi_\beta^{-1}\colon (U_\alpha \cap U_\beta) \times \mathbb{R}^r \to (U_\alpha \cap U_\beta) \times \mathbb{R}^r$ devono indurre per ogni $p \in U_\alpha \cap U_\beta$ un isomorfismo di $\mathbb{R}^r$ che dipende in modo C^∞ da p; devono quindi esistere applicazioni differenziabili $g_{\alpha\beta}\colon U_\alpha \cap U_\beta \to GL(r, \mathbb{R})$ tali che

$$\chi_\alpha \circ \chi_\beta^{-1}(p, v) = \big(p, g_{\alpha\beta}(p)v\big) \tag{3.1}$$

per ogni $p \in U_\alpha \cap U_\beta$ e $v \in \mathbb{R}^r$.

Definizione 3.1.6. Sia $\mathcal{A} = \{(U_\alpha, \varphi_\alpha, \chi_\alpha)\}$ un atlante che banalizza un fibrato vettoriale $\pi\colon E \to M$. Le applicazioni $g_{\alpha\beta}\colon U_\alpha \cap U_\beta \to GL(r, \mathbb{R})$ definite da (3.1) sono dette *funzioni di transizione* per il fibrato E rispetto all'atlante $\mathcal{A}$.

Avere un atlante che banalizza non significa necessariamente essere un fibrato vettoriale; è l'esistenza delle funzioni di transizione associate all'atlante ad assicurarci che una collezione di spazi vettoriali è un fibrato vettoriale:

Proposizione 3.1.7. *Siano M una varietà, E un insieme e $\pi\colon E \to M$ un'applicazione surgettiva. Supponiamo di avere un atlante $\mathcal{A} = \{(U_\alpha, \varphi_\alpha)\}$ di M e applicazioni bigettive $\chi_\alpha\colon \pi^{-1}(U_\alpha) \to U_\alpha \times \mathbb{R}^r$ tali che:*

(a) *$\pi_1 \circ \chi_\alpha = \pi$, dove $\pi_1\colon U \times \mathbb{R}^r \to U$ è la proiezione sulla prima coordinata;*

(b) *per ogni coppia (α, β) di indici tale che $U_\alpha \cap U_\beta \neq \varnothing$ esiste un'applicazione differenziabile $g_{\alpha\beta}\colon U_\alpha \cap U_\beta \to GL(r, \mathbb{R})$ tale che la composizione $\chi_\alpha \circ \chi_\beta^{-1}\colon (U_\alpha \cap U_\beta) \times \mathbb{R}^r \to (U_\alpha \cap U_\beta) \times \mathbb{R}^r$ sia della forma*

$$\chi_\alpha \circ \chi_\beta^{-1}(p, v) = \big(p, g_{\alpha\beta}(p)v\big) \ .$$

Allora l'insieme E ammette un'unica struttura di fibrato vettoriale di rango r su M per cui le χ_α siano banalizzazioni locali.

Dimostrazione. Poniamo $E_p = \pi^{-1}(p)$ per ogni $p \in M$. Se $p \in U_\alpha$, la restrizione di χ_α a E_p è una bigezione (perché?) con $\{p\} \times \mathbb{R}^r$, e quindi possiamo usarla per definire una struttura di spazio vettoriale su E_p ponendo

$$u_1 + u_2 = \chi_\alpha^{-1}(p, v_1 + v_2) \qquad \text{e} \qquad \lambda u_1 = \chi_\alpha^{-1}(p, \lambda v_1) \tag{3.2}$$

per ogni $\lambda \in \mathbb{R}$, dove $u_1, u_2 \in E_p$ e $\chi_\alpha(u_j) = (p, v_j)$ per opportuni $v_1, v_2 \in \mathbb{R}^r$. Dobbiamo verificare che la struttura di spazio vettoriale così definita non dipende dalla banalizzazione usata, cioè che se $p \in U_\alpha \cap U_\beta$ allora $u_1 + u_2$ e λu_1 definiti usando χ_α o definiti usando χ_β sono gli stessi vettori. In effetti, scrivendo $\chi_\beta(u_j) = (p, w_j)$ per opportuni $w_1, w_2 \in \mathbb{R}^r$, abbiamo

$$(p, v_j) = \chi_\alpha \circ \chi_\beta^{-1}(p, w_j) = \left(p, g_{\alpha\beta}(p)w_j\right) ,$$

cioè $v_j = g_{\alpha\beta}(p)w_j$, e quindi

$$\chi_\alpha^{-1}(p, v_1 + v_2) = \chi_\alpha^{-1}\left(p, g_{\alpha\beta}(p)w_1 + g_{\alpha\beta}(p)w_2\right) = \chi_\alpha^{-1}\left(p, g_{\alpha\beta}(p)(w_1 + w_2)\right)$$
$$= \chi_\alpha^{-1} \circ (\chi_\alpha \circ \chi_\beta^{-1})(p, w_1 + w_2) = \chi_\beta^{-1}(p, w_1 + w_2) ,$$

per cui l'operazione di somma non dipende dalla banalizzazione usata per definirla. Analogamente si dimostra (controlla) che l'operazione di prodotto per uno scalare è ben definita.

Poniamo ora $\tilde{U}_\alpha = \pi^{-1}(U_\alpha)$ e $\tilde{\chi}_\alpha = (\varphi_\alpha, \mathrm{id}) \circ \chi_\alpha$. Allora

$$\tilde{\chi}_\alpha \circ \tilde{\chi}_\beta^{-1} = (\varphi_\alpha \circ \varphi_\beta^{-1}, g_{\alpha\beta} \circ \varphi_\beta^{-1})$$

è di classe C^∞, per cui $\tilde{\mathcal{A}} = \{(\tilde{U}_\alpha, \tilde{\chi}_\alpha)\}$ è un atlante su E di dimensione $n+r$, che soddisfa (controlla!) tutte le proprietà necessarie perché $\pi \colon E \to M$ sia un fibrato vettoriale.

Viceversa, supponiamo di avere su E una struttura di fibrato vettoriale per cui le χ_α siano banalizzazioni locali. In tal caso, le χ_α devono indurre isomorfismi fra le fibre ed $\mathbb{R}^r$, per cui la (3.2) dev'essere valida, e la struttura di spazio vettoriale su ciascuna fibra è unica. Inoltre, le $\tilde{\chi}_\alpha = (\varphi_\alpha, \mathrm{id}) \circ \chi_\alpha$ sono chiaramente diffeomorfismi con aperti di $\mathbb{R}^{n+r}$, dove $n = \dim M$, e quindi la struttura differenziabile di E coincide con quella indotta dall'atlante $\tilde{\mathcal{A}}$ definito tramite le $\tilde{\chi}_\alpha$. $\square$

In realtà, per definire un fibrato vettoriale su una varietà M è sufficiente avere le funzioni di transizione (e l'atlante che banalizza viene da sé), purché siano rispettate alcune richieste:

Proposizione 3.1.8. (i) *Siano $\{g_{\alpha\beta}\}$ le funzioni di transizione di un fibrato vettoriale $\pi \colon E \to M$ rispetto a un atlante $\mathcal{A} = \{(U_\alpha, \varphi_\alpha, \chi_\alpha)\}$ di M che banalizza E. Allora*

$$g_{\alpha\alpha} \equiv I_r \tag{3.3}$$

su U_α,

$$g_{\beta\alpha} = g_{\alpha\beta}^{-1} \tag{3.4}$$

(inversa di matrici) su $U_\alpha \cap U_\beta \neq \varnothing$, e

$$g_{\alpha\beta} \cdot g_{\beta\gamma} = g_{\alpha\gamma} \tag{3.5}$$

(prodotto di matrici) su $U_\alpha \cap U_\beta \cap U_\gamma \neq \varnothing$.

(ii) *Viceversa, supponiamo di avere un atlante $\mathcal{A} = \{(U_\alpha, \varphi_\alpha)\}$ su M, e funzioni $g_{\alpha\beta} \colon U_\alpha \cap U_\beta \to GL(r, \mathbb{R})$ che soddisfano (3.3)–(3.5). Allora esiste un unico (a meno di isomorfismi) fibrato vettoriale E su M che ha le $g_{\alpha\beta}$ come funzioni di transizione rispetto all'atlante $\mathcal{A}$ (e opportune banalizzazioni locali).*

Dimostrazione. (i) Segue subito da $\chi_\alpha \circ \chi_\alpha^{-1} = \mathrm{id}$, $\chi_\beta \circ \chi_\alpha^{-1} = (\chi_\alpha \circ \chi_\beta^{-1})^{-1}$ e $\chi_\alpha \circ \chi_\gamma^{-1} = (\chi_\alpha \circ \chi_\beta^{-1}) \circ (\chi_\beta \circ \chi_\gamma^{-1})$.

(ii) Indichiamo con $\tilde{E}$ l'unione disgiunta degli insiemi $U_\alpha \times \mathbb{R}^r$, e con $E = \tilde{E}/\sim$ il quoziente di $\tilde{E}$ rispetto alla relazione d'equivalenza $\sim$ che identifica $(p, u) \in U_\alpha \times \mathbb{R}^r$ con $(q, v) \in U_\beta \times \mathbb{R}^r$ se e solo se $p = q \in U_\alpha \cap U_\beta$ e $u = g_{\alpha\beta}(p)v$; nota che sono le (3.3)–(3.5) ad assicurare che $\sim$ è una relazione d'equivalenza.

Per costruzione, le proiezioni sulla prima coordinata definiscono un'applicazione surgettiva $\pi\colon E \to M$ tale che $\pi^{-1}(U_\alpha) = (U_\alpha \times \mathbb{R}^r)/\sim$. Siccome elementi diversi di $U_\alpha \times \mathbb{R}^r$ non sono $\sim$-equivalenti, possiamo definire una bigezione naturale $\chi_\alpha\colon \pi^{-1}(U_\alpha) \to U_\alpha \times \mathbb{R}^r$ associando a ciascuna classe in $\pi^{-1}(U_\alpha)$ l'unico rappresentante in $U_\alpha \times \mathbb{R}^r$. Ora, se $p \in U_\alpha \cap U_\beta$ e $v \in \mathbb{R}^r$, l'unico elemento di $U_\alpha \times \mathbb{R}^r$ che è equivalente a $(p, v) \in U_\beta \times \mathbb{R}^r$ è $(p, g_{\alpha\beta}(p)v)$; quindi $\chi_\alpha \circ \chi_\beta^{-1}(p, v) = (p, g_{\alpha\beta}(p)v)$. Applicando la Proposizione 3.1.7 otteniamo quindi su E la struttura di fibrato vettoriale cercata.

Supponiamo infine di avere un altro fibrato vettoriale $\tilde{\pi}\colon \tilde{E} \to M$ con le stesse funzioni di transizione rispetto a banalizzazioni $\tilde{\chi}_\alpha\colon \tilde{\pi}^{-1}(U_\alpha) \to U_\alpha \times \mathbb{R}^r$. Per ogni α definiamo $L_\alpha\colon \pi^{-1}(U_\alpha) \to \tilde{\pi}^{-1}(U_\alpha)$ con $L_\alpha = \tilde{\chi}_\alpha^{-1} \circ \chi_\alpha$. Chiaramente L_α è un diffeomorfismo lineare sulle fibre, e si ha $\tilde{\pi} \circ L_\alpha = \pi$. Inoltre $L_\alpha \equiv L_\beta$ su $\pi^{-1}(U_\alpha) \cap \pi^{-1}(U_\beta)$: infatti $L_\alpha \equiv L_\beta$ se e solo se $\chi_\alpha \circ \chi_\beta^{-1} \equiv \tilde{\chi}_\alpha \circ \tilde{\chi}_\beta^{-1}$, e quest'ultima identità segue dal fatto che E e $\tilde{E}$ hanno le stesse funzioni di transizione. Quindi possiamo definire $L\colon E \to \tilde{E}$ ponendo $L|_{\pi^{-1}(U_\alpha)} = L_\alpha$, ed è chiaro che L è un isomorfismo di fibrati. $\qquad\square$

Osservazione 3.1.9. Usando le funzioni di transizione è possibile stabilire quando due fibrati vettoriali sono isomorfi. Infatti, sia $\mathcal{A} = \{(U_\alpha, \varphi_\alpha)\}$ un atlante che banalizza due fibrati vettoriali $\pi\colon E \to M$ e $\tilde{\pi}\colon \tilde{E} \to M$ di rango r su M, e indichiamo con $\{g_{\alpha\beta}\}$ e $\{\tilde{g}_{\alpha\beta}\}$ le relative funzioni di transizione indotte da banalizzazioni locali $\{\chi_\alpha\}$ e $\{\tilde{\chi}_\alpha\}$. Supponiamo di avere un isomorfismo $L\colon E \to \tilde{E}$. Da $\tilde{\pi} \circ L = \pi$ deduciamo che $L(\pi^{-1}(U_\alpha)) = \tilde{\pi}^{-1}(U_\alpha)$. Quindi $\tilde{\chi}_\alpha \circ L \circ \chi_\alpha^{-1}$ è un diffeomorfismo di $U_\alpha \times \mathbb{R}^r$ con se stesso (che preserva le fibre e) lineare su ciascuna fibra; ne segue che esiste un'applicazione differenziabile $\sigma_\alpha\colon U_\alpha \to GL(r, \mathbb{R})$ tale che

$$\tilde{\chi}_\alpha \circ L \circ \chi_\alpha^{-1}(p, v) = (p, \sigma_\alpha(p)v)$$

per ogni $(p, v) \in U_\alpha \times \mathbb{R}^r$. Quindi

$$\begin{aligned}
(p, \tilde{g}_{\alpha\beta}(p)v) &= \tilde{\chi}_\alpha \circ \tilde{\chi}_\beta^{-1}(p, v) \\
&= (\tilde{\chi}_\alpha \circ L \circ \chi_\alpha^{-1}) \circ (\chi_\alpha \circ \chi_\beta^{-1}) \circ (\tilde{\chi}_\beta \circ L \circ \chi_\beta^{-1})^{-1}(p, v) \\
&= (p, \sigma_\alpha(p)g_{\alpha\beta}(p)\sigma_\beta(p)^{-1}v) \,,
\end{aligned}$$

per cui

$$\tilde{g}_{\alpha\beta} = \sigma_\alpha \cdot g_{\alpha\beta} \cdot \sigma_\beta^{-1} \,. \qquad\qquad (3.6)$$

Viceversa, supponiamo che le funzioni di transizione soddisfino (3.6), e definiamo $L\colon E \to \tilde{E}$ ponendo

$$L\big(\chi_\alpha^{-1}(p,v)\big) = \tilde{\chi}_\alpha^{-1}\big(p,\sigma_\alpha(p)v\big)$$

per ogni $(p,v) \in U_\alpha \times \mathbb{R}^r$. Siccome usando (3.6) si verifica subito (controlla) che $\chi_\alpha^{-1}(p,v) = \chi_\beta^{-1}(q,u)$ implica $L\big(\chi_\alpha^{-1}(p,v)\big) = L\big(\chi_\beta^{-1}(q,u)\big)$, ne segue che L è ben definito, ed è chiaramente un isomorfismo di fibrati vettoriali.

Osservazione 3.1.10. Nell'Esercizio 5.57 vedremo come per i fibrati in rette sia possibile interpretare le (3.3)–(3.5) in termini di coomologia dei fasci.

A questo punto possiamo vedere alcuni esempi non banali di fibrati vettoriali e di morfismi fra fibrati.

Esempio 3.1.11 (Il fibrato tangente). Proviamo ad applicare la Proposizione 3.1.7 agli spazi tangenti. Data una varietà M, indichiamo con TM l'unione disgiunta degli spazi tangenti T_pM al variare di $p \in M$, e sia $\pi\colon TM \to M$ la proiezione che manda ciascun T_pM in p. Dato un atlante $\{(U_\alpha,\varphi_\alpha)\}$, possiamo definire bigezioni $\chi_\alpha\colon \pi^{-1}(U_\alpha) \to U_\alpha \times \mathbb{R}^n$ ponendo

$$\chi_\alpha\left(\sum_{j=1}^n v^j \left.\frac{\partial}{\partial x_\alpha^j}\right|_p\right) = (p,v)\,,$$

dove $\varphi_\alpha = (x_\alpha^1,\dots,x_\alpha^n)$ e $v = (v^1,\dots,v^n)$. La (2.5) ci dice allora che

$$\chi_\alpha \circ \chi_\beta^{-1}(p,v) = \chi_\alpha\left(\sum_{j=1}^n v^j \left.\frac{\partial}{\partial x_\beta^j}\right|_p\right) = \chi_\alpha\left(\sum_{h=1}^n \left[\sum_{j=1}^n \frac{\partial x_\alpha^h}{\partial x_\beta^j}(p)v^j\right] \left.\frac{\partial}{\partial x_\alpha^h}\right|_p\right)$$

$$= \left(p, \frac{\partial x_\alpha}{\partial x_\beta}(p)v\right)\,,$$

dove $\partial x_\alpha/\partial x_\beta$ è la matrice jacobiana del cambiamento di coordinate $\varphi_\alpha \circ \varphi_\beta^{-1}$. Quindi (3.1) è soddisfatta con

$$g_{\alpha\beta} = \frac{\partial x_\alpha}{\partial x_\beta}\,,$$

per cui otteniamo una struttura di fibrato vettoriale su TM. Questo fibrato vettoriale $\pi\colon TM \to M$ di rango n si dice *fibrato tangente* alla varietà.

Esempio 3.1.12. Se $F\colon M \to \tilde{M}$ è un'applicazione differenziabile fra varietà, allora il differenziale $dF\colon TM \to T\tilde{M}$ è un morfismo fra i fibrati tangenti. Infatti, chiaramente abbiamo $\tilde{\pi} \circ dF = F \circ \pi$, dove $\pi\colon TM \to M$ e $\tilde{\pi}\colon T\tilde{M} \to \tilde{M}$ sono le proiezioni canoniche, e dF è lineare sulle fibre; quindi per vedere che è un morfismo rimane solo da controllare che è un'applicazione differenziabile. La relazione (2.7) nell'Osservazione 2.3.28 dice che

$$\tilde{\chi}_\beta \circ dF \circ \chi_\alpha^{-1}(p, v) = \left(F(p), \mathrm{Jac}(\tilde{\varphi}_\beta \circ F \circ \varphi_\alpha^{-1})(\varphi_\alpha(p)) v \right) \ ,$$

dove χ_α (rispettivamente, $\tilde{\chi}_\beta$) è la banalizzazione locale indotta dalla carta φ_α di M (rispettivamente, $\tilde{\varphi}_\beta$ di $\tilde{M}$) come visto nell'Esempio 3.1.11, e questo implica subito (perché?) che dF è differenziabile.

Esempio 3.1.13 (Il fibrato cotangente). Indichiamo con $T_p^* M$ lo spazio duale di $T_p M$, e con $T^* M$ l'unione disgiunta degli spazi $T_p^* M$ al variare di $p \in M$, con l'ovvia proiezione $\pi \colon T^* M \to M$. Data una carta locale $\varphi_\alpha = (x_\alpha^1, \ldots, x_\alpha^n)$ in un punto $p \in M$, indichiamo con $\{dx_\alpha^1|_p, \ldots, dx_\alpha^n|_p\}$ la base di $T_p^* M$ duale della base $\{\partial/\partial x_\alpha^1|_p, \ldots, \partial/\partial x_\alpha^n|_p\}$ di $T_p M$. È facile verificare che (2.5) (nell'Osservazione 2.3.25) implica

$$dx_\beta^k|_p = \sum_{h=1}^n \frac{\partial x_\beta^k}{\partial x_\alpha^h}(p)\, dx_\alpha^h|_p \ , \tag{3.7}$$

per cui possiamo nuovamente applicare la Proposizione 3.1.7. Infatti, se definiamo $\chi_\alpha \colon \pi^{-1}(U_\alpha) \to U_\alpha \times \mathbb{R}^n$ ponendo anche stavolta

$$\chi_\alpha \left(\sum_{j=1}^n w_j\, dx_\alpha^j|_p \right) = (p, w^T) \ ,$$

dove $w^T \in \mathbb{R}^n$ è il vettore colonna ottenuto trasponendo il vettore riga $(w_1, \ldots, w_n) \in (\mathbb{R}^n)^*$, troviamo

$$\chi_\alpha \circ \chi_\beta^{-1}(p, w^T) = \chi_\alpha \left(\sum_{j=1}^n w_j\, dx_\beta^j|_p \right) = \chi_\alpha \left(\sum_{h=1}^n \left[\sum_{j=1}^n \frac{\partial x_\beta^j}{\partial x_\alpha^h}(p) w_j \right] dx_\alpha^h|_p \right)$$

$$= \left(p, \left[\frac{\partial x_\beta}{\partial x_\alpha}(p) \right]^T w^T \right) \ ,$$

per cui recuperiamo (3.1) con

$$g_{\alpha\beta} = \left[\frac{\partial x_\beta}{\partial x_\alpha} \right]^T \ .$$

Il fibrato vettoriale $\pi \colon T^* M \to M$ di rango n con la struttura appena definita si dice *fibrato cotangente* alla varietà.

Osservazione 3.1.14. Data una carta locale $\varphi = (x^1, \ldots, x^n)$ in un punto p di una varietà M, abbiamo introdotto due notazioni pericolosamente simili: dx_p^j, che indica il differenziale in p della funzione coordinata x^j, e $dx^j|_p$, l'elemento della base duale di $T_p^* M$. Per fortuna, grazie all'Osservazione 2.3.26 possiamo identificare questi due oggetti. Infatti, dx_p^j è un'applicazione lineare da $T_p M$ a valori in $\mathbb{R}$, per cui è un elemento di $T_p^* M$; inoltre,

$$\mathrm{d}x_p^j\left(\left.\frac{\partial}{\partial x^h}\right|_p\right) = \frac{\partial x^j}{\partial x^h}(p) = \delta_h^j\,,$$

per cui $\mathrm{d}x_p^j = \mathrm{d}x^j|_p$.

Osservazione 3.1.15. Come diventerà ancora più chiaro a partire dal Capitolo 6, in Geometria Differenziale è importante mantenere distinti vettori colonna e vettori riga, ovvero non identificare $\mathbb{R}^n$ con il suo duale $(\mathbb{R}^n)^*$. Nello spirito dell'Esercizio 1.4, la scelta di una base fornisce un isomorfismo fra T_pM e $\mathbb{R}^n$; e la scelta della base duale corrisponde a considerare l'inversa del duale di questo isomorfismo, e quindi identifica T_p^*M con $(\mathbb{R}^n)^*$. In altre parole, le coordinate rispetto alla base duale degli elementi di T_p^*M vivono in maniera naturale in $(\mathbb{R}^n)^*$, per cui sono vettori riga, e non vettori colonna. Siccome come modello per i fibrati vettoriali usiamo $\mathbb{R}^n$ e non il suo duale, nelle formule riguardanti il fibrato cotangente siamo costretti a introdurre la trasposizione. In particolare, le funzioni di transizione del fibrato cotangente sono le inverse trasposte delle funzioni di transizione del fibrato tangente, e non semplicemente le inverse.

Nel Capitolo 1 abbiamo visto altre operazioni che possiamo effettuare sugli spazi vettoriali T_pM; possiamo per esempio costruire l'algebra tensoriale, o l'algebra esterna. Abbiamo anche visto come ottenere delle basi di questi spazi, facendo prodotti tensoriali o prodotti esterni di elementi delle basi di T_pM e T_p^*M. La multilinearità del prodotto tensoriale e del prodotto esterno ci dice anche come cambiano queste basi cambiando carte locali: otteniamo formule del tipo

$$\frac{\partial}{\partial x_\beta^{j_1}}\otimes\cdots\otimes\frac{\partial}{\partial x_\beta^{j_r}}\otimes \mathrm{d}x_\beta^{h_1}\otimes\cdots\otimes \mathrm{d}x_\beta^{h_s}$$

$$=\sum_{\substack{a_1,\ldots,a_r=1\\b_1,\ldots,b_s=1}}^{n}\frac{\partial x_\alpha^{a_1}}{\partial x_\beta^{j_1}}\cdots\frac{\partial x_\alpha^{a_r}}{\partial x_\beta^{j_r}}\frac{\partial x_\beta^{h_1}}{\partial x_\alpha^{b_1}}\cdots\frac{\partial x_\beta^{h_s}}{\partial x_\alpha^{b_s}}\frac{\partial}{\partial x_\alpha^{a_1}}\otimes\cdots\otimes\frac{\partial}{\partial x_\alpha^{a_r}}\otimes \mathrm{d}x_\alpha^{b_1}\otimes\cdots\otimes \mathrm{d}x_\alpha^{b_s}\,,$$

per cui, usando la Proposizione 3.1.7 come per i fibrati tangente e cotangente, possiamo generalizzare le Definizioni 1.3.1 e 1.4.4 e costruire (controlla!) dei nuovi fibrati vettoriali, i *fibrati tensoriali*:

Definizione 3.1.16. Sia M una varietà. Indichiamo con T_l^kM l'unione disgiunta degli spazi $T_l^k(T_pM)$ al variare di $p \in M$, e sia $\pi\colon T_l^kM \to M$ la proiezione associata. Allora T_l^kM, con la struttura naturale sopra descritta, è detto *fibrato dei $\binom{k}{l}$-tensori* su M. In particolare, $TM = T_0^1M$ e $T_1^0M = T^*M$.

Indicheremo invece con $\bigwedge^r M$ il *fibrato delle r-forme* ottenuto prendendo l'unione disgiunta degli spazi $\bigwedge^r(T_p^*M)$. In particolare, $\bigwedge^1 M = T^*M$.

Osservazione 3.1.17. Attenzione: contrariamente a quanto si sarebbe potuto aspettare, $(\bigwedge^r M)_p$ è uguale a $\bigwedge^r(T_p^*M)$ e non a $\bigwedge^r(T_pM)$, per cui $\bigwedge^r M$ è contenuto in $T_r^0 M$ invece di $T_0^r M$. Il motivo di questa scelta è che mentre il fibrato delle r-forme come definito qui è infinitamente utile in geometria differenziale (vedi, per esempio, i Capitoli 4 e 5), il fibrato ottenuto considerando gli spazi $\bigwedge^r (T_p M)$ viene usato così di rado da non meritare un simbolo speciale.

I fibrati tensoriali naturalmente non esauriscono la categoria dei fibrati vettoriali interessanti; vediamo altri due esempi.

Esempio 3.1.18 (Fibrato normale). Sia S una sottovarietà di dimensione k di una varietà n-dimensionale M. Abbiamo già osservato come per ogni $p \in S$ possiamo identificare ciascun $T_p S$ con un sottospazio vettoriale di $T_p M$. Allora il *fibrato normale* di S in M è il fibrato vettoriale N_S su S di rango $n - k$ ottenuto prendendo l'unione disgiunta degli spazi vettoriali quozienti $T_p M / T_p S$, con la proiezione naturale $\pi: N_S \to S$. Per costruire le banalizzazioni locali, scegliamo un atlante $\{(U_\alpha, \varphi_\alpha)\}$ di S in modo che ciascuna carta $(U_\alpha, \varphi_\alpha)$ provenga da una carta $(\tilde{U}_\alpha, \tilde{\varphi}_\alpha)$ di M come indicato nel Corollario 2.4.19. In particolare, posto $\tilde{\varphi}_\alpha = (x_\alpha^1, \ldots, x_\alpha^n)$, per ogni $p \in U_\alpha$ i vettori $\{\partial/\partial x_\alpha^1|_p, \ldots, \partial/\partial x_\alpha^k|_p\}$ formano una base di $T_p S$, per cui una base di $T_p M / T_p S$ è data da $\{\partial/\partial x_\alpha^{k+1}|_p + T_p S, \ldots, \partial/\partial x_\alpha^n|_p + T_p S\}$. Quindi possiamo definire una banalizzazione locale $\chi_\alpha: \pi^{-1}(U_\alpha) \to U_\alpha \times \mathbb{R}^{n-k}$ ponendo

$$\chi_\alpha \left(\sum_{j=1}^{n-k} v^j \left(\left. \frac{\partial}{\partial x_\alpha^{k+j}} \right|_p + T_p S \right) \right) = (p, v) \, ,$$

e non è difficile (Esercizio 3.2) verificare che le ipotesi della Proposizione 3.1.7 sono soddisfatte.

Esempio 3.1.19. Vogliamo introdurre una famiglia di fibrati in rette sullo spazio proiettivo $\mathbb{P}^n(\mathbb{R})$. Sia $\mathcal{A} = \{(U_0, \varphi_0), \ldots, (U_n, \varphi_n)\}$ l'atlante introdotto nell'Esempio 2.1.32, e prendiamo $d \in \mathbb{Z}$. Dati h, $k \in \{0, \ldots, n\}$ definiamo $g_{hk}: U_h \cap U_k \to \mathbb{R}^*$ ponendo

$$g_{hk}(x) = \left(\frac{x^k}{x^h} \right)^d \, ,$$

dove abbiamo scritto $x = [x^0 : \cdots : x^n]$ come al solito. È immediato verificare che queste funzioni soddisfano (3.3)–(3.5); quindi, grazie alla Proposizione 3.1.8, sono le funzioni di transizione di un (unico) fibrato in rette su $\mathbb{P}^n(\mathbb{R})$, che indicheremo con E_d.

Chiaramente (perché?), $E_0 = \mathbb{P}^n(\mathbb{R}) \times \mathbb{R}$ è il fibrato in rette banale. Più in generale, si può dimostrare che se d è pari allora E_d è banale; vedi l'Esercizio 3.13.

Concludiamo questa sezione con alcune costruzioni utili di fibrati vettoriali.

Esempio 3.1.20 (Fibrato pull-back). Sia $F\colon M \to N$ un'applicazione differenziabile, e $\pi\colon E \to N$ un fibrato vettoriale di rango r su N. Se $p \in M$ poniamo $(F^*E)_p = E_{F(p)}$ e denotiamo con F^*E l'unione disgiunta degli $(F^*E)_p$ al variare di $p \in M$, con la proiezione canonica $\tilde{\pi}\colon F^*E \to M$. Allora F^*E ha una struttura naturale di fibrato vettoriale di rango r su M, detto *fibrato pull-back* (o *fibrato indotto* o *fibrato immagine inversa*) di E rispetto a F.

Infatti, sia $\mathcal{B} = \{(V_\beta, \psi_\beta, \xi_\beta)\}$ un atlante di N che banalizza E, e scegliamo un atlante $\mathcal{A} = \{(U_\alpha, \varphi_\alpha)\}$ di M tale che per ogni α esista un indice $\beta(\alpha)$ con $F(U_\alpha) \subseteq V_{\beta(\alpha)}$. Indichiamo con $L\colon F^*E \to E$ l'applicazione tautologica che associa a $w \in (F^*E)_p$ se stesso in $E_{F(p)}$; infine, indichiamo con π_2 la proiezione sulla seconda coordinata in qualsiasi prodotto della forma $V_\beta \times \mathbb{R}^r$. Definiamo ora $\chi_\alpha\colon \tilde{\pi}^{-1}(U_\alpha) \to U_\alpha \times \mathbb{R}^r$ ponendo

$$\chi_\alpha(w) = \Big(\tilde{\pi}(v), \pi_2\big(\xi_{\beta(\alpha)}(L(w))\big)\Big) \, .$$

Si verifica subito (controlla) che

$$\chi_\alpha \circ \chi_{\alpha'}^{-1}(p, v) = \big(p, g_{\beta(\alpha)\beta(\alpha')}(F(p))v\big) \, ,$$

dove $g_{\beta\beta'}$ sono le funzioni di transizione di E rispetto a $\mathcal{B}$, per cui possiamo applicare la Proposizione 3.1.7.

Infine, nota che il diagramma

$$
\begin{array}{ccc}
F^*E & \xrightarrow{\ L\ } & E \\
{\scriptstyle \tilde{\pi}}\downarrow & & \downarrow{\scriptstyle \pi} \\
M & \xrightarrow{\ F\ } & N
\end{array}
$$

commuta.

Esempio 3.1.21 (Somma diretta e prodotto tensoriale). Siano E ed F due fibrati vettoriali su una varietà M, di rango rispettivamente r ed s, e sia $\mathcal{A} = \{(U_\alpha, \varphi_\alpha)\}$ un atlante che banalizza entrambi, con funzioni di transizione rispettivamente $g_{\alpha\beta}$ e $h_{\alpha\beta}$.

Il *fibrato somma diretta* $E \oplus F$ è il fibrato di rango $r + s$ avente come fibre le somme dirette delle fibre, cioè $(E \oplus F)_p = E_p \oplus F_p$ per ogni $p \in M$, e con funzioni di transizione rispetto ad $\mathcal{A}$ date da $(g_{\alpha\beta}, h_{\alpha\beta})$.

Invece, il *fibrato prodotto tensoriale* $E \otimes F$ è il fibrato di rango rs con come fibre i prodotti tensoriali delle fibre, cioè $(E \otimes F)_p = E_p \otimes F_p$, e con funzioni di transizione rispetto ad $\mathcal{A}$ date da $g_{\alpha\beta} \otimes h_{\alpha\beta}$, dove qui $\otimes$ indica il prodotto di Kronecker delle due matrici (vedi la Definizione 1.E.6 e l'Esercizio 1.42), e stiamo identificando $\mathbb{R}^r \otimes \mathbb{R}^s$ con $\mathbb{R}^{rs}$. Non è difficile (Esercizio 3.5) dimostrare che $E \oplus F$ e $E \otimes F$ non dipendono dall'atlante usato per definirli.

Gli Esercizi 3.1, 3.4 e 3.6 descrivono altre costruzioni di fibrati vettoriali (restrizione, sottospazio, quoziente, duale, e, sotto certe condizioni, nucleo e immagine).

3.2 Sezioni di fibrati e tensori

Per studiare un fibrato vettoriale risulta molto utile esaminare le applicazioni dalla base a valori nello spazio totale del fibrato che associano a ogni punto della base un elemento della fibra su quel punto.

Definizione 3.2.1. Sia $\pi\colon E \to M$ un fibrato vettoriale su una varietà M. Una *sezione* di E è un'applicazione differenziabile $s\colon M \to E$ tale che $\pi \circ s = \mathrm{id}_M$, cioè tale che $s(p) \in E_p$ per ogni $p \in M$. Lo spazio vettoriale delle sezioni di E verrà indicato con $\mathcal{E}(M)$. La sezione $O_E \in \mathcal{E}(M)$ che a ogni punto $p \in M$ associa il vettore nullo $O_p \in E_p$ è detta *sezione nulla* di E. Se $U \subset M$ è un aperto di M, un'applicazione differenziabile $s\colon U \to E$ tale che $\pi \circ s = \mathrm{id}_U$ sarà detta *sezione locale* di E su U; a volte una sezione definita su tutto M sarà chiamata *sezione globale*.

Osservazione 3.2.2. Se $E = M \times \mathbb{R}^r$ è il fibrato banale di rango r, allora lo spazio delle sezioni $\mathcal{E}(M)$ è canonicamente isomorfo allo spazio $C^\infty(M, \mathbb{R}^r)$ delle applicazioni differenziabili a valori in $\mathbb{R}^r$. Infatti, se $s \in \mathcal{E}(M)$ è una sezione allora $\pi_2 \circ s \in C^\infty(M, \mathbb{R}^r)$, dove $\pi_2\colon M \times \mathbb{R}^r \to \mathbb{R}^r$ è la proiezione sulla seconda coordinata; viceversa, se $F \in C^\infty(M, \mathbb{R}^r)$ allora $p \mapsto \big(p, F(p)\big)$ è una sezione di $M \times \mathbb{R}^r$. Quindi in un certo senso le sezioni di un fibrato vettoriale sono una generalizzazione delle applicazioni differenziabili a valori in $\mathbb{R}^r$.

Osservazione 3.2.3. Ogni fibrato vettoriale ammette sezioni. Per esempio, abbiamo già incontrato la sezione nulla; e non è difficile costruirne molte altre. Sia $\pi\colon E \to M$ un fibrato vettoriale di rango r, e $\chi\colon \pi^{-1}(U) \to U \times \mathbb{R}^r$ una banalizzazione locale. Scegliamo una qualsiasi applicazione differenziabile $F\colon U \to \mathbb{R}^r$ e sia $\rho \in C^\infty(M)$ tale che $\mathrm{supp}(\rho) \subset U$. Allora l'applicazione $s\colon M \to E$ data da

$$s(p) = \begin{cases} \chi^{-1}\big(p, \rho(p)F(p)\big) & \text{se } p \in U \,, \\ O_p & \text{se } p \in M \setminus \mathrm{supp}(\rho) \,, \end{cases}$$

è chiaramente una sezione di E.

È invece molto più difficile costruire sezioni di un fibrato vettoriale che non si annullano mai; e a volte è proprio impossibile (vedi l'Osservazione 3.2.10 e l'Esercizio 5.45).

Le sezioni del fibrato tangente, e più in generale dei fibrati tensoriali, hanno nomi particolari.

Definizione 3.2.4. Un *campo vettoriale* su una varietà M è una sezione del fibrato tangente TM. Lo spazio vettoriale dei campi vettoriali su M verrà indicato con $\mathcal{T}(M)$. Una *k-forma differenziale* (o *forma differenziale* di *grado k*) su M è una sezione del fibrato $\bigwedge^k M$. Lo spazio vettoriale delle k-forme differenziali su M verrà indicato con $A^k(M)$; altre notazioni in uso sono $\mathcal{E}^k(M)$ e $\Omega^k(M)$.

Un *campo tensoriale di tipo* $\binom{k}{l}$ (o $\binom{k}{l}$-*tensore*) su M è una sezione del fibrato $T_l^k M$. Lo spazio vettoriale dei $\binom{k}{l}$-tensori verrà indicato con $T_l^k(M)$. Un elemento di $T_k^0(M)$, cioè un $\binom{0}{k}$-tensore, sarà detto *campo tensoriale covariante*.

Osservazione 3.2.5. Se $X \in \mathcal{T}(M)$ è un campo vettoriale e $p \in M$, a volte scriveremo X_p invece di $X(p)$. Analogamente, se $\omega \in A^k(M)$ è una k-forma, a volte scriveremo ω_p invece di $\omega(p)$.

Osservazione 3.2.6. Si vede facilmente (Esercizio 3.23) che il prodotto tensoriale, definito puntualmente, di un $\binom{k}{l}$-tensore con un $\binom{h}{m}$-tensore è un $\binom{k+h}{l+m}$-tensore, e che il prodotto esterno (sempre definito puntualmente) di una h-forma differenziale con una k-forma differenziale è una $(h+k)$-forma differenziale (su questo vedi anche la Sezione 4.1).

Sia (U, φ) una carta in $p \in M$, e scriviamo $\varphi = (x^1, \dots, x^n)$ come al solito. Abbiamo quindi delle sezioni locali $\partial_1, \dots, \partial_n$ di TM definite su U ponendo

$$\partial_j(p) = \left. \frac{\partial}{\partial x^j} \right|_p \in T_p M \ .$$

Se $X \in \mathcal{T}(M)$ è un campo vettoriale qualsiasi e $p \in U$, allora $X(p)$ dev'essere una combinazione lineare di $\partial_1(p), \dots, \partial_n(p)$, per cui possiamo trovare funzioni $a^1, \dots, a^n : U \to \mathbb{R}$ tali che

$$X(p) = \sum_{j=1}^n a^j(p) \partial_j(p) \ .$$

Siccome $\big(a^1(p), \dots, a^n(p) \big) = \mathrm{d}\varphi_p\big(X(p) \big)$, le funzioni a^j sono di classe C^∞.

Osservazione 3.2.7. A volte scriveremo anche

$$X = \sum_{j=1}^n \hat{a}^j \partial_j \ ,$$

dove le $\hat{a}^j$ sono funzioni C^∞ definite su un aperto di $\mathbb{R}^n$ (l'immagine della carta locale), e non su un aperto di M (il dominio della carta locale). In altre parole, $\hat{a}^j(x) = a^j \circ \varphi^{-1}(x)$ per ogni $x \in \varphi(U)$.

Se $(\tilde{U}, \tilde{\varphi})$ è un'altra carta con $U \cap \tilde{U} \neq \varnothing$, e indichiamo con $\tilde{\partial}_1, \dots, \tilde{\partial}_n$ le corrispondenti sezioni locali di TM, sappiamo che

$$\tilde{\partial}_h = \sum_{k=1}^n \frac{\partial x^k}{\partial \tilde{x}^h} \partial_k$$

su $U \cap \tilde{U}$. Quindi se scriviamo $X = \sum_j a^j \partial_j = \sum_h \tilde{a}^h \tilde{\partial}_h$ troviamo

$$a^j = \sum_{h=1}^{n} \frac{\partial x^j}{\partial \tilde{x}^h}\, \tilde{a}^h \,, \tag{3.8}$$

che è la formula che ci dice come cambiano i coefficienti di un campo vettoriale al cambiare della carta (vedi anche l'Esercizio 3.9 per un viceversa).

Dunque la scelta di coordinate locali fornisce una base dello spazio tangente che varia in modo differenziabile sul corrispondente aperto coordinato; è un primo esempio di riferimento locale per un fibrato vettoriale.

Definizione 3.2.8. Sia $\pi\colon E \to M$ un fibrato vettoriale di rango r sulla varietà M, e $U \subseteq M$ un aperto di M. Un *riferimento locale* per E su U è una r-upla $\sigma_1, \ldots, \sigma_r \in \mathcal{E}(U)$ di sezioni di E su U tali che $\{\sigma_1(p), \ldots, \sigma_r(p)\}$ sia una base di E_p per ogni $p \in U$.

Osservazione 3.2.9. Dare un riferimento locale è equivalente a dare una banalizzazione locale. Infatti, sia $\chi\colon \pi^{-1}(U) \to U \times \mathbb{R}^r$ una banalizzazione locale di un fibrato vettoriale E di rango r. Ponendo $\sigma_j(p) = \chi^{-1}(p, e_j)$, dove e_j è il j-esimo vettore della base canonica di $\mathbb{R}^r$, otteniamo chiaramente un riferimento locale per E su U. Viceversa, se $\{\sigma_1, \ldots, \sigma_r\}$ è un riferimento locale per E su U, definiamo $\xi\colon U \times \mathbb{R}^r \to \pi^{-1}(U)$ ponendo

$$\xi(p, w) = w^1 \sigma_1(p) + \cdots + w^r \sigma_r(p) \in E_p \,.$$

Chiaramente ξ è bigettiva, di classe C^∞, e $\chi = \xi^{-1}$ è una banalizzazione locale. L'unica cosa non del tutto ovvia è verificare che χ sia di classe C^∞. Per dimostrarlo scegliamo una qualsiasi banalizzazione $\tilde{\chi}$ nell'intorno di $p \in U$, e sia $\{\tilde{\sigma}_1, \ldots, \tilde{\sigma}_r\}$ il corrispondente riferimento locale. Inoltre, poniamo $\tilde{\chi}_o = \pi_2 \circ \tilde{\chi}$, dove $\pi_2\colon U \times \mathbb{R}^r \to \mathbb{R}^r$ è la proiezione sulla seconda coordinata, in modo da avere $\tilde{\chi}(v) = (p, \tilde{\chi}_o(v))$. Scriviamo $\tilde{\chi}_o(\sigma_j) = (a_j^1, \ldots, a_j^r)$; allora (a_j^h) è una matrice invertibile con elementi di classe C^∞, per cui anche la sua inversa $B = (b_h^j)$ ha tutti gli elementi di classe C^∞, e si ha $\tilde{\sigma}_h = \sum_j b_h^j \sigma_j$. Ma allora se $v \in E_p$ abbiamo

$$v = \sum_{h=1}^{r} \tilde{v}^h \tilde{\sigma}_h = \sum_{h,j=1}^{r} \tilde{v}^h b_h^j \sigma_j \,,$$

dove $(\tilde{v}^1, \ldots, \tilde{v}^r) = \tilde{\chi}_o(v)$. Dunque $v = \xi(p, w)$ con $w = B\tilde{\chi}_o(v)$, e quindi

$$\chi(v) = \bigl(p, B\tilde{\chi}_o(v)\bigr)$$

è di classe C^∞, come voluto.

Osservazione 3.2.10. Una conseguenza della precedente osservazione è che un fibrato vettoriale è (isomorfo al fibrato) banale se e solo se ammette un riferimento globale (cioè costituito da sezioni globali). In particolare, un fibrato in rette è (isomorfo al fibrato) banale se e solo se ammette una sezione che non si annulla in nessun punto.

Osservazione 3.2.11. Se $\pi\colon E \to M$ è un fibrato vettoriale, chiaramente un'applicazione $\tau\colon M \to E$ tale che $\pi \circ \tau = \mathrm{id}_M$ è una sezione di E se e solo se è differenziabile. Per verificare se una tale τ è differenziabile, basta controllarlo localmente, e per far questo possiamo usare i riferimenti locali. Infatti, se $\{\sigma_1, \ldots, \sigma_r\}$ è un riferimento locale su $U \subseteq M$, possiamo scrivere $\tau|_U = \sum_j \tau^j \sigma_j$ per opportune funzioni $\tau_1, \ldots, \tau_r\colon U \to \mathbb{R}$, ed è chiaro che se $\tau_1, \ldots, \tau_r$ sono di classe C^∞ allora anche τ lo è (per il viceversa vedi l'Esercizio 3.11).

Siano χ_α e χ_β due banalizzazioni locali, definite rispettivamente su aperti U_α e U_β con $U_\alpha \cap U_\beta \neq \varnothing$, e siano $\{\sigma_{1,\alpha}, \ldots, \sigma_{r,\alpha}\}$ e $\{\sigma_{1,\beta}, \ldots, \sigma_{r,\beta}\}$ i corrispondenti riferimenti locali. Se per $j = 1, \ldots, r$ scriviamo

$$\sigma_{j,\beta} = \sum_{k=1}^{r} (g_{\alpha\beta})_j^k\, \sigma_{k,\alpha} \tag{3.9}$$

per opportune funzioni $(g_{\alpha\beta})_j^k \in C^\infty(U_\alpha \cap U_\beta)$, abbiamo

$$\left(p, \sum_{k=1}^{r} (g_{\alpha\beta})_j^k e_k \right) = \chi_\alpha \left(\sum_{k=1}^{r} (g_{\alpha\beta})_j^k \sigma_{k,\alpha} \right) = \chi_\alpha(\sigma_{j,\beta}) = \chi_\alpha \circ \chi_\beta^{-1}(p, e_j)$$

$$= (p, g_{\alpha\beta}(p) e_j)\,,$$

dove $g_{\alpha\beta}$ è la funzione di transizione da χ_α a χ_β, per cui le $(g_{\alpha\beta})_j^k$ sono proprio le componenti della funzione di transizione $g_{\alpha\beta}$.

Sia ora $\sigma \in \mathcal{E}(U_\alpha \cap U_\beta)$ una qualunque sezione locale di E, e scriviamo

$$\sigma = \sum_{j=1}^{r} a_\alpha^j \sigma_{j,\alpha} = \sum_{h=1}^{r} a_\beta^h \sigma_{h,\beta}\,,$$

per opportune funzioni a_α^j, $a_\beta^h \in C^\infty(U_\alpha \cap U_\beta)$. Allora la (3.9) ci dice che

$$a_\alpha^j = \sum_{h=1}^{r} (g_{\alpha\beta})_h^j\, a_\beta^h \tag{3.10}$$

è la formula che esprime come cambiano i coefficienti di una sezione al cambiare della banalizzazione locale.

Viceversa, dato un atlante $\mathcal{A} = \{(U_\alpha, \varphi_\alpha, \chi_\alpha)\}$ che banalizza E con funzioni di transizione $\{g_{\alpha\beta}\}$, si verifica facilmente (Esercizio 3.10) che una famiglia di applicazioni differenziabili $a_\alpha = (a_\alpha^1, \ldots, a_\alpha^r)\colon U_\alpha \to \mathbb{R}^r$ che soddisfa (3.10) definisce una sezione globale $\sigma \in \mathcal{E}(M)$ ponendo

$$\forall p \in U_\alpha \qquad \sigma(p) = \sum_{j=1}^{r} a_\alpha^j(p) \sigma_{j,\alpha}(p)\,,$$

dove $\{\sigma_{1,\alpha}, \ldots, \sigma_{r,\alpha}\}$ è il riferimento locale corrispondente alla banalizzazione χ_α.

Esempio 3.2.12 (Funzioni omogenee). Una funzione $f\colon \mathbb{R}^{n+1} \to \mathbb{R}$ è detta *omogenea* di *grado* $d \in \mathbb{Z}$, o *d-omogenea*, se $f(\lambda x) = \lambda^d f(x)$ per ogni $\lambda \in \mathbb{R}^*$ e $x \in \mathbb{R}^{n+1}$. È evidente che ogni funzione 0-omogenea $f\colon \mathbb{R}^{n+1} \to \mathbb{R}$ definisce una funzione $\tilde{f} \in C^\infty(\mathbb{P}^n(\mathbb{R}))$ tale che $\tilde{f} \circ \pi = f$, dove $\pi\colon \mathbb{R}^{n+1} \setminus \{O\} \to \mathbb{P}^n(\mathbb{R})$ è la proiezione naturale. Viceversa, ogni funzione 0-omogenea è chiaramente della forma $\tilde{f} \circ \pi$ per un'opportuna funzione C^∞ definita sullo spazio proiettivo. Ricordando l'Osservazione 3.2.2, abbiamo definito un isomorfismo fra lo spazio delle funzioni 0-omogenee su $\mathbb{R}^{n+1}$ e lo spazio delle sezioni del fibrato banale $E_0 = \mathbb{P}^n(\mathbb{R}) \times \mathbb{R}$.

Vogliamo ora far vedere che, più in generale, c'è un naturale isomorfismo fra lo spazio delle funzioni d-omogenee su $\mathbb{R}^{n+1}$ e lo spazio $\mathcal{E}_d(\mathbb{P}^n(\mathbb{R}))$ delle sezioni del fibrato in rette $\pi_d\colon E_d \to \mathbb{P}^n(\mathbb{R})$ introdotto nell'Esempio 3.1.19. Infatti, sia $f\colon \mathbb{R}^{n+1} \to \mathbb{R}$ una funzione d-omogenea, e per $h = 0, \dots, n$ definiamo $\tilde{f}_h\colon U_h \to \mathbb{R}$ nel seguente modo:

$$\forall x \in U_h \qquad \tilde{f}_h(x) = f([x]_h) \,,$$

dove $[x]_h \in \mathbb{R}^{n+1}$ è l'unico elemento $y \in \mathbb{R}^{n+1}$ tale che $\pi(y) = x$ e $y^h = 1$, e $U_h = \{x \in \mathbb{P}^n(\mathbb{R}) \mid x^h \neq 0\}$ come al solito. Ora, se $x \in U_h \cap U_k$ si ha

$$[x]_h = \frac{x^k}{x^h}[x]_k \,;$$

quindi

$$\tilde{f}_h(x) = f\left(\frac{x^k}{x^h}[x]_k\right) = \left(\frac{x^k}{x^h}\right)^d \tilde{f}_k(x) \,.$$

Questo vuol dire che le $\tilde{f}_0, \dots, \tilde{f}_n$ soddisfano (3.10), e quindi definiscono una sezione globale $\tilde{f}$ di E_d.

Viceversa, data $\tilde{f} \in \mathcal{E}_d(\mathbb{P}^n(\mathbb{R}))$ siano $\tilde{f}_h\colon U_j \to \mathbb{R}$ le componenti di $\tilde{f}$ rispetto al riferimento locale associato alla banalizzazione locale corrispondente alle funzioni di transizione introdotte nell'Esempio 3.1.19. Quindi le $\tilde{f}_h$ soddisfano (3.10), cioè

$$\forall x \in U_h \cap U_k \qquad \tilde{f}_h(x) = \left(\frac{x^k}{x^h}\right)^d \tilde{f}_k(x). \tag{3.11}$$

Definiamo allora $f\colon \mathbb{R}^{n+1} \to \mathbb{R}$ ponendo $f(O) = 0$ e $f(y) = (y^h)^d \tilde{f}_j(\pi(y))$ per un qualsiasi $h = 0, \dots, n$ tale che $y^h \neq 0$. Grazie alla (3.11) si vede subito che f è ben definita, ed è chiaramente d-omogenea.

Esempio 3.2.13 (Fibrato tangente del tangente). Se M è una varietà di dimensione n, allora TM è una varietà di dimensione $2n$, per cui possiamo considerare il fibrato tangente del fibrato tangente $\tilde{\pi}\colon T(TM) \to TM$ di rango $2n$ su TM. Vogliamo descrivere dei riferimenti locali naturali per $T(TM)$. Abbiamo visto che una carta locale (U, φ) per M induce una banalizzazione locale $\chi\colon \pi^{-1}(U) \to U \times \mathbb{R}^n$ e un riferimento locale $\{\partial_1, \dots, \partial_n\}$ per TM con

$$\chi(v) = \big(p, (v^1, \ldots, v^n)\big) \quad \text{se e solo se} \quad v = v^1 \partial_1|_p + \cdots + v^n \partial_n|_p \in T_pM \,,$$

dove $\pi: TM \to M$ è la proiezione naturale. Inoltre, se poniamo $\tilde{\chi} = (\varphi, \mathrm{id}) \circ \chi$ otteniamo una carta locale $\big(\pi^{-1}(U), \tilde{\chi}\big)$ di TM. Scrivendo $\varphi = (x^1, \ldots, x^n)$ è chiaro che $\tilde{\chi}(v) = \big(x^1(p), \ldots, x^n(p), v^1, \ldots, v^n\big)$ per ogni $v \in T_pM$ e $p \in U$. Dunque alla carta locale $\tilde{\chi}$ di TM possiamo associare il riferimento locale $\{\partial/\partial x^1, \ldots, \partial/\partial x^n, \partial/\partial v^1, \ldots, \partial/\partial v^n\}$ di $T(TM)$ sopra $\pi^{-1}(U) = TU$.

Per capire meglio chi sono $\partial/\partial x^h$ e $\partial/\partial v^k$ vediamo come si comportano rispetto al differenziale della proiezione π. Ora, se $f \in C^\infty(U)$ è chiaro (perché?) che

$$\left.\frac{\partial}{\partial x^h}\right|_v (f \circ \pi) = \partial_h|_p(f) \quad \text{e} \quad \left.\frac{\partial}{\partial v^k}\right|_v (f \circ \pi) = 0 \qquad (3.12)$$

quale che sia $v \in T_pU$. D'altra parte, se data $g \in C^\infty(\mathbb{R}^n)$ definiamo $\tilde{g} \in C^\infty(TU)$ ponendo $\tilde{g} = g \circ \pi_2 \circ \chi$, dove $\pi_2: U \times \mathbb{R}^n \to \mathbb{R}^n$ è la proiezione sulla seconda coordinata, chiaramente abbiamo

$$\left.\frac{\partial}{\partial x^h}\right|_v (\tilde{g}) = 0 \quad \text{e} \quad \left.\frac{\partial}{\partial v^k}\right|_v (\tilde{g}) = \frac{\partial g}{\partial v^k}\big(\pi_2(\chi(v))\big)$$

per ogni $v \in T_pU$. In altre parole, i $\partial/\partial x^h$ riproducono le derivate nelle coordinate di M, mentre i $\partial/\partial v^k$ danno le derivate delle funzioni ristrette ai singoli spazi tangenti.

In termini più formali, (3.12) è equivalente a

$$\mathrm{d}\pi_v\left(\frac{\partial}{\partial x^h}\right) = \partial_h|_{\pi(v)} \quad \text{e} \quad \mathrm{d}\pi_v\left(\frac{\partial}{\partial v^k}\right) = O_{\pi(v)} \,.$$

In particolare, $\{\partial/\partial v^1, \ldots, \partial/\partial v^n\}$ è un riferimento locale per il *fibrato verticale*

$$\mathcal{V} = \mathrm{Ker}(\mathrm{d}\pi) \subset T(TM) \,.$$

Nota che mentre il fibrato verticale è ben definito indipendentemente dalla carta locale scelta, non esiste una definizione canonica per un "fibrato orizzontale" $\mathcal{H} \subset T(TM)$ tale che $T(TM) = \mathcal{H} \oplus \mathcal{V}$; per esempio, è facile dimostrare (vedi l'Esercizio 3.3) che, in generale, se $\tilde{\varphi} = (\tilde{x}^1, \ldots, \tilde{x}^n)$ è un'altra carta locale allora $\mathrm{Span}(\partial/\partial x^1, \ldots, \partial/\partial x^n) \neq \mathrm{Span}(\partial/\partial \tilde{x}^1, \ldots, \partial/\partial \tilde{x}^n)$. Ne riparleremo nel Capitolo 6 quando introdurremo il concetto di connessione (vedi in particolare la Sezione 6.3).

Esempio 3.2.14. Se $\varphi = (x^1, \ldots, x^n)$ è una carta locale su M, allora le 1-forme $\{\mathrm{d}x^1, \ldots, \mathrm{d}x^n\}$ definite come base duale di $\{\partial_1, \ldots, \partial_n\}$ (o come differenziale delle coordinate locali; vedi l'Osservazione 3.1.14) formano un riferimento locale del fibrato cotangente. La Proposizione 1.4.19 allora implica che un riferimento locale per il fibrato $\bigwedge^k M$ delle k-forme è dato dalle forme

$$\mathrm{d}x^{i_1} \wedge \cdots \wedge \mathrm{d}x^{i_k}$$

con $1 \leq i_1 < \cdots < i_k \leq n$, per cui ogni k-forma si può scrivere localmente come

$$\omega = \sum_{1 \leq i_1 < \cdots < i_k \leq n} a_{i_1 \ldots i_k} \, \mathrm{d}x^{i_1} \wedge \cdots \wedge \mathrm{d}x^{i_k}$$

per opportune funzioni $a_{i_1 \ldots i_k}$.

In particolare, quando $k = n$ un riferimento locale per il fibrato in rette $\bigwedge^n M$ è dato dalla n-forma $\mathrm{d}x^1 \wedge \cdots \wedge \mathrm{d}x^n$. Se $\tilde{\varphi} = (\tilde{x}^1, \ldots, \tilde{x}^n)$ è un'altra carta locale, usando la (3.7) e ricordando l'Osservazione 1.4.20 troviamo subito che

$$\mathrm{d}\tilde{x}^1 \wedge \cdots \wedge \mathrm{d}\tilde{x}^n = \det \left(\frac{\partial \tilde{x}^h}{\partial x^k} \right) \mathrm{d}x^1 \wedge \cdots \wedge \mathrm{d}x^n \ . \tag{3.13}$$

Osservazione 3.2.15. Per ogni $f \in C^\infty(M)$ il differenziale $\mathrm{d}f \colon TM \to T\mathbb{R}$ può essere interpretato come una 1-forma differenziale, ponendo, come nell'Osservazione 2.3.26,

$$\mathrm{d}f_p(X) = X(\mathbf{f}_p)$$

per ogni $X \in T_pM$, dove $\mathbf{f}_p$ è il germe in p rappresentato da (M, f). In particolare, se (U, φ) con $\varphi = (x^1, \ldots, x^n)$ è una carta locale in p otteniamo

$$\mathrm{d}f_p = \sum_{j=1}^n \frac{\partial f}{\partial x^j}(p) \, \mathrm{d}x^j \ .$$

Più in generale, se $F \colon M \to N$ è un'applicazione C^∞ fra varietà, prendiamo una carta (U, φ) con $\varphi = (x^1, \ldots, x^n)$ in M e una carta (V, ψ) con $\psi = (y^1, \ldots, y^s)$ in M con $F(U) \subseteq V$, e poniamo $F^h = y^h \circ F$. Allora

$$\mathrm{d}F^h = \sum_{k=1}^n \frac{\partial F^h}{\partial x^k} \, \mathrm{d}x^k \ .$$

Un tensore di tipo $\binom{h}{k}$ definito su uno spazio vettoriale V prende come argomenti h elementi di V^* e k elementi di V, e restituisce un numero. Analogamente, un campo di tensoriale di tipo $\binom{h}{k}$ può essere calcolato punto per punto su h 1-forme e k campi vettoriali, ottenendo una funzione. Viceversa, perché un'applicazione con argomenti h 1-forme e k campi vettoriali e valore una funzione su M sia indotta da un campo tensoriale di tipo $\binom{h}{k}$ occorre come minimo che il suo valore in un punto p dipenda soltanto dal valore dei suoi argomenti nel punto p e non da come si comportano altrove (come succederebbe invece se stessimo calcolando una derivata). Un risultato non difficile ma importante è che per ottenere questo è sufficiente (e necessario) richiedere la $C^\infty(M)$-multilinearità:

Proposizione 3.2.16. *Sia M una varietà. Allora:*

(i) *Un'applicazione $\tilde{\tau} \colon A^1(M)^h \times \mathcal{T}(M)^k \to C^\infty(M)$ è $C^\infty(M)$-multilineare se e solo se esiste un campo tensoriale $\tau \in \mathcal{T}_k^h(M)$ tale che*

$$\tilde{\tau}(\omega^1, \ldots, \omega^h, X_1, \ldots, X_k)(p) = \tau_p\Big(\omega^1(p), \ldots, \omega^h(p), X_1(p), \ldots, X_k(p)\Big)$$

$$(3.14)$$

per tutti gli $\omega^1, \ldots, \omega^h \in A^1(M)$, $X_1, \ldots, X_k \in T(M)$ e $p \in M$.

(ii) *Un'applicazione $\hat{\tau}\colon T(M)^k \to T^h(M)$ è $C^\infty(M)$-multilineare se e solo se esiste un campo tensoriale $\tau \in T_k^h(M)$ tale che*

$$\hat{\tau}(X_1, \ldots, X_k)(p)(\omega_p^1, \ldots, \omega_p^h) = \tau_p(\omega_p^1, \ldots, \omega_p^h, X_1(p), \ldots, X_k(p))$$

per tutti gli $\omega_p^1, \ldots, \omega_p^h \in T_p^* M$, $X_1, \ldots, X_k \in T(M)$ e $p \in M$.

Dimostrazione. (i) Dato $\tau \in T_k^h(M)$, cominciamo col dimostrare che l'applicazione

$$p \mapsto \tau_p\big(\omega^1(p), \ldots, \omega^h(p), X_1(p), \ldots, X_k(p)\big)$$

è di classe $C^\infty(M)$ per ogni $\omega^1, \ldots, \omega^h \in A^1(M)$ e $X_1, \ldots, X_k \in T(M)$. Infatti, se (U, φ) è una carta locale in p, localmente scriviamo $\omega^i = \sum_r \omega_r^i \, dx^r$, $X_j = \sum_s X_j^s \partial_s$ e

$$\tau = \sum_{u_1, \ldots, u_h, v_1, \ldots, v_k} \tau_{v_1 \ldots v_k}^{u_1 \ldots u_h} \partial_{u_1} \otimes \cdots \otimes \partial_{u_h} \otimes dx^{v_1} \otimes \cdots \otimes dx^{v_k} , \qquad (3.15)$$

con ω_r^i, X_j^s, $\tau_{v_1 \ldots v_k}^{u_1 \ldots u_h} \in C^\infty(U)$. Allora abbiamo

$$\tau(\omega^1, \ldots, \omega^h, X_1, \ldots, X_k)|_U = \sum_{u_1, \ldots, u_h, v_1, \ldots, v_k} \tau_{v_1 \ldots v_k}^{u_1 \ldots u_h} \omega_{u_1}^1 \cdots \omega_{u_h}^h X_1^{v_1} \cdots X_k^{v_k} ,$$

che è chiaramente di classe C^∞. La stessa formula ci dice anche che l'applicazione $\tilde{\tau}$ definita da (3.14) è $C^\infty(M)$-multilineare.

Viceversa, supponiamo di avere una $\hat{\tau}\colon A^1(M)^h \times T(M)^k \to C^\infty(M)$ che sia $C^\infty(M)$-multilineare; vogliamo far vedere che proviene da un campo tensoriale. Prima di tutto, dimostriamo che se $\omega^1 \equiv O$ in un intorno U di un punto $p \in M$ allora $\hat{\tau}(\omega^1, \ldots, \omega^h, X_1, \ldots, X_k)(p) = 0$ per ogni $\omega^2, \ldots, \omega^h \in A^1(M)$ e ogni $X_1 \ldots, X_k \in T(M)$. Infatti, il Corollario 2.7.3 ci fornisce una funzione $g \in C^\infty(M)$ tale che $g(p) = 1$ e $g|_{M \setminus U} \equiv 0$. Allora $g \omega^1 \equiv O$ e quindi

$$
\begin{aligned}
\hat{\tau}(\omega^1, \ldots, \omega^h, X_1, \ldots, X_k)(p) &= g(p)\hat{\tau}(\omega^1, \ldots, \omega^h, X_1, \ldots, X_k)(p) \\
&= \hat{\tau}(g\omega^1, \ldots, \omega^h, X_1, \ldots, X_k)(p) \\
&= \hat{\tau}(O, \ldots, \omega^h, X_1, \ldots, X_k)(p) \\
&= \hat{\tau}(0 \cdot O, \ldots, \omega^h, X_1, \ldots, X_k)(p) \\
&= 0 \cdot \hat{\tau}(O, \ldots, \omega^h, X_1, \ldots, X_k)(p) = 0 .
\end{aligned}
$$

In particolare, se $\tilde{\omega}^1$ e $\bar{\omega}^1$ sono tali che $\tilde{\omega}^1 \equiv \bar{\omega}^1$ in un intorno U di un punto p, applicando questo argomento a $\omega^1 = \tilde{\omega}^1 - \bar{\omega}^1$ troviamo

$$\hat{\tau}(\tilde{\omega}^1, \ldots, \omega^h, X_1, \ldots, X_k)(p) = \hat{\tau}(\bar{\omega}^1, \ldots, \omega^h, X_1, \ldots, X_k)(p) .$$

Lo stesso ragionamento si applica chiaramente a $\omega^2, \ldots, \omega^h$ e a $X_1, \ldots, X_k$, per cui per calcolare $\hat{\tau}(\omega^1, \ldots, \omega^h, X_1, \ldots, X_k)(p)$ ci basta conoscere il comportamento di $\omega^1, \ldots, \omega^h, X_1, \ldots, X_k$ in un intorno di p. In altre parole, per ogni aperto $U \subseteq M$ la $\hat{\tau}$ definisce un'applicazione $\hat{\tau}_U \colon A^1(U)^h \times \mathcal{T}(U)^k \to C^\infty(U)$ che è $C^\infty(U)$-multilineare.

Supponiamo adesso di prendere $p \in M$ e $\omega^1 \in A^1(M)$ tali che $\omega_p^1 = O$, e scegliamo una carta locale (U, φ) centrata in p. Allora possiamo scrivere $\omega^1|_U = \sum_r \omega_r^1 \, \mathrm{d}x^r$ per opportune $\omega_r^1 \in C^\infty(U)$ con $\omega_r^1(p) = 0$. Dunque

$$\hat{\tau}(\omega^1, \ldots, \omega^h, X_1, \ldots, X_k)(p) = \hat{\tau}_U(\omega^1|_U, \ldots, \omega^h|_U, X_1|_U, \ldots, X_k|_U)(p)$$

$$= \hat{\tau}_U \left(\sum_{r=1}^{n} \omega_r^1 \, \mathrm{d}x^r, \omega^2|_U, \ldots, \omega^h|_U, X_1|_U, \ldots, X_k|_U \right)(p)$$

$$= \sum_{r=1}^{n} \omega_r^1(p) \hat{\tau}_U(\mathrm{d}x^r, \omega^2|_U, \ldots, \omega^h|_U, X_1|_U, \ldots, X_k|_U)(p)$$

$$= 0 \,.$$

Argomentando come sopra, e ripetendo il ragionamento per $\omega^2, \ldots, \omega^h$ e per $X_1, \ldots, X_k$, vediamo quindi che $\hat{\tau}(\omega^1, \ldots, \omega^h, X_1, \ldots, X_k)(p)$ dipende esclusivamente dal valore di $\omega^1, \ldots, \omega^h, X_1, \ldots, X_k$ in p. Quindi per ogni $p \in M$ la $\hat{\tau}$ induce un'applicazione $\mathbb{R}$-multilineare $(T_p^* M)^h \times (T_p M)^k \to \mathbb{R}$, cioè un elemento di $T_k^h(T_p M)$. In altre parole, abbiamo dimostrato che $\hat{\tau}$ definisce un'unica sezione τ di $T_k^h M$ che soddisfa (3.14); per concludere dobbiamo solo dimostrare che τ è di classe C^∞. Scriviamo τ in coordinate locali come in (3.15); allora

$$\tau_{v_1 \ldots v_k}^{u_1 \ldots u_h} = \hat{\tau}_U(\mathrm{d}x^{u_1}, \ldots, \mathrm{d}x^{u_h}, \partial_{v_1}, \ldots, \partial_{v_k}) \in C^\infty(U) \,,$$

e da questo segue facilmente (vedi l'Osservazione 3.2.11) che τ è di classe C^∞.

(ii) Un'applicazione $\hat{\tau} \colon \mathcal{T}(M)^k \to \mathcal{T}^h(M)$ è $C^\infty(M)$-multilineare se e solo se l'applicazione $\tilde{\tau} \colon A^1(M)^h \times \mathcal{T}(M)^k \to C^\infty(M)$ definita ponendo

$$\tilde{\tau}(\omega^1, \ldots, \omega^h, X_1, \ldots, X_k) = \hat{\tau}(X_1, \ldots, X_k)(\omega^1, \ldots, \omega^h)$$

è $C^\infty(M)$-multilineare. La tesi segue allora dalla parte (i).   □

3.3 Flusso di un campo vettoriale

In questa sezione studieremo più in dettaglio i campi vettoriali, cioè le sezioni del fibrato tangente. Cominciamo dandone una caratterizzazione equivalente.

Definizione 3.3.1. Sia A un'algebra sul campo $\mathbb{K}$. Una *derivazione* di A è un'applicazione $\mathbb{K}$-lineare $D \colon A \to A$ che soddisfa la *regola di Leibniz*:

$$\forall a, b \in A \qquad D(ab) = aD(b) + bD(a) \,.$$

Proposizione 3.3.2. *Lo spazio vettoriale $\mathcal{T}(M)$ dei campi vettoriali su una varietà M è isomorfo allo spazio delle derivazioni della $\mathbb{R}$-algebra $C^\infty(M)$.*

Dimostrazione. Sia $X \in \mathcal{T}(M)$ un campo vettoriale. Per ogni $f \in C^\infty(M)$ otteniamo un'altra funzione $Xf: M \to \mathbb{R}$ ponendo

$$(Xf)(p) = X_p(\mathbf{f}) \,,$$

dove $\mathbf{f} \in C^\infty(p)$ è il germe rappresentato da f. Nelle coordinate locali date da una carta locale $\varphi = (x^1, \ldots, x^n)$, scrivendo $X = \sum_j X^j \partial_j$ troviamo

$$Xf = \sum_j X^j \, \frac{\partial(f \circ \varphi^{-1})}{\partial x^j}$$

per cui $Xf \in C^\infty(M)$, ed è assolutamente chiaro che $f \mapsto Xf$ è una derivazione.

Viceversa, sia $X: C^\infty(M) \to C^\infty(M)$ una derivazione. Prima di tutto dimostriamo che se $f \in C^\infty(M)$ è zero in un intorno U di p allora $(Xf)(p) = 0$. Infatti, sia $h \in C^\infty(M)$ tale che $h(p) = 0$ e $h|_{M \setminus U} \equiv 1$ (Corollario 2.7.3). Allora $hf \equiv f$, per cui

$$(Xf)(p) = X(hf)(p) = h(p)(Xf)(p) + f(p)(Xh)(p) = 0 \,.$$

Questo vuol dire che se f e g coincidono in un intorno di p abbiamo $(Xf)(p) = (Xg)(p)$. Siccome ogni funzione definita in un intorno di un punto può essere estesa a una funzione definita su tutto M (Corollario 2.7.5), per ogni aperto $U \subseteq M$ la X definisce una derivazione $X: C^\infty(U) \to C^\infty(U)$, e per ogni $p \in M$ una derivazione $X_p: C^\infty(p) \to \mathbb{R}$, e quindi abbiamo associato a X una sezione di TM. Siccome in coordinate locali $X_p = \sum_j X(x^j)(p)\partial_j(p)$, si vede subito (Osservazione 3.2.11) che questa sezione è di classe C^∞. Quindi abbiamo ottenuto un campo vettoriale, ed è chiaro che questa costruzione è l'inversa di quella descritta sopra. □

Questo risultato suggerisce l'esistenza di una relazione stretta fra campi vettoriali ed equazioni differenziali. Per concretizzare questo legame cominciamo richiamando il fondamentale teorema di esistenza e unicità locale delle soluzioni di un sistema di equazioni differenziali ordinarie (per una dimostrazione vedi [37, pagg. 150–157] e [21, pagg. 65–86]):

Teorema 3.3.3. *Per ogni aperto $U \subseteq \mathbb{R}^n$ e funzioni $X^1, \ldots, X^n \in C^\infty(U)$ si ha:*

(i)   *per ogni $t_0 \in \mathbb{R}$ e $x_0 \in U$ esistono $\delta > 0$ e un intorno aperto $U_0 \subseteq U$ di x_0 tali che per ogni $x \in U_0$ esiste una curva $\sigma_x: (t_0 - \delta, t_0 + \delta) \to U$ soluzione del problema di Cauchy*

$$\begin{cases} \dfrac{\mathrm{d}\sigma^j}{\mathrm{d}t}(t) = X^j\big(\sigma(t)\big) & \text{per } j = 1, \ldots, n \,, \\[2mm] \sigma(t_0) = x \,; \end{cases} \tag{3.16}$$

(ii) *l'applicazione* $\Theta\colon (t_0 - \delta, t_0 + \delta) \times U_0 \to U$ *data da* $\Theta(t, x) = \sigma_x(t)$ *è di classe* C^∞;

(iii) *due soluzioni di* (3.16) *coincidono sempre nell'intersezione dei loro domini di definizione.*

Vediamo come tradurre questo risultato sulle varietà.

Definizione 3.3.4. Sia $X \in \mathcal{T}(M)$ un campo vettoriale su una varietà M, e $p \in M$. Una curva $\sigma\colon I \to M$, dove $I \subseteq \mathbb{R}$ è un intervallo contenente l'origine, tale che $\sigma(0) = p$ e

$$\sigma'(t) = X\big(\sigma(t)\big)$$

per ogni $t \in I$ è detta *curva integrale* (o *traiettoria*) di X *uscente da* p.

Sia (U, φ) una carta locale centrata in $p \in M$, e $X \in \mathcal{T}(M)$ un campo vettoriale. In coordinate locali, possiamo scrivere $X = \sum_j X^j \partial_j$. Se $\sigma\colon (-\varepsilon, \varepsilon) \to M$ è una curva uscente da p, cioè tale che $\sigma(0) = p$, possiamo scegliere ε abbastanza piccolo in modo che tutto il sostegno di σ sia contenuto in U, e quindi possiamo scrivere $\varphi \circ \sigma = (\sigma^1, \ldots, \sigma^n)$. Usando l'Esempio 2.3.14 otteniamo

$$\sigma'(t) = \sum_{j=1}^{n} (\sigma^j)'(t) \left. \frac{\partial}{\partial x^j} \right|_{\sigma(t)} .$$

Quindi σ è una curva integrale di X se e solo se la curva $\varphi \circ \sigma$ in $\varphi(U)$ risolve il problema di Cauchy

$$\begin{cases} \dfrac{\mathrm{d}\sigma^j}{\mathrm{d}t} = X^j\big(\varphi \circ \sigma(t)\big) & \text{per } j = 1, \ldots, n , \\ \varphi \circ \sigma(0) = O . \end{cases}$$

Allora il Teorema 3.3.3 implica il seguente teorema fondamentale:

Teorema 3.3.5. *Sia* $X \in \mathcal{T}(M)$ *un campo vettoriale su una varietà* M. *Allora esistono un unico intorno aperto* $\mathcal{U}$ *di* $\{0\} \times M$ *in* $\mathbb{R} \times M$ *e un'unica applicazione* $\Theta\colon \mathcal{U} \to M$ *di classe* C^∞ *che soddisfano le seguenti proprietà:*

(i)   *per ogni* $p \in M$ *l'insieme* $\mathcal{U}^p = \{t \in \mathbb{R} \mid (t, p) \in \mathcal{U}\}$ *è un intervallo aperto contenente* 0;

(ii) *per ogni* $p \in M$ *la curva* $\theta^p\colon \mathcal{U}^p \to M$ *definita da* $\theta^p(t) = \Theta(t, p)$ *è l'unica curva integrale massimale di* X *uscente da* p;

(iii) *per ogni* $t \in \mathbb{R}$ *l'insieme* $\mathcal{U}_t = \{p \in M \mid (t, p) \in \mathcal{U}\}$ *è un aperto di* M;

(iv) *se* $p \in \mathcal{U}_t$, *allora* $p \in \mathcal{U}_{s+t}$ *se e solo se* $\Theta(t, p) \in \mathcal{U}_s$, *e in questo caso*

$$\theta_s\big(\theta_t(p)\big) = \theta_{s+t}(p) ,$$

dove $\theta_t\colon \mathcal{U}_t \to M$ *è definita da* $\theta_t(p) = \Theta(t, p)$. *In particolare,* $\theta_0 = \mathrm{id}$ *e* $\theta_t\colon \mathcal{U}_t \to \mathcal{U}_{-t}$ *è un diffeomorfismo con inversa* θ_{-t}.

Inoltre:

(v) *per ogni* $(t, p) \in \mathcal{U}$, *si ha*

$$\mathrm{d}(\theta_t)_p(X) = X_{\theta_t(p)} ;$$

(vi) *per ogni* $f \in C^\infty(M)$ *e* $p \in M$ *si ha*

$$\frac{\mathrm{d}}{\mathrm{d}t}(f \circ \theta^p)\Big|_{t=0} = (Xf)(p) .$$

Dimostrazione. Cominciamo col notare che il Teorema 3.3.3 implica, grazie a quanto visto sopra lavorando in coordinate locali, che per ogni $p \in X$ una curva integrale di X uscente da p esiste sempre.

Siano $\sigma, \tilde{\sigma}: I \to M$ due curve integrali di X tali che $\sigma(t_0) = \tilde{\sigma}(t_0)$ per qualche $t_0 \in I$, e sia $J \subseteq I$ l'insieme degli $t \in I$ tali che $\sigma(t) = \tilde{\sigma}(t)$. Allora l'insieme J è non vuoto, chiuso, ed è anche aperto, grazie al Teorema 3.3.3.(ii); quindi $J = I$, e dunque due curve integrali che coincidono in un punto coincidono nell'intersezione dei loro domini di definizione.

Per ogni $p \in M$ indichiamo allora con $\mathcal{U}^p$ l'unione di tutti gli intervalli aperti $I \subseteq \mathbb{R}$ contenenti 0 su cui sia definita una curva integrale uscente da p. Chiaramente, $\mathcal{U}^p$ è un intervallo aperto contenente l'origine, e l'argomento precedente ci dice (perché?) che esiste una curva integrale $\theta^p: \mathcal{U}^p \to M$ di X uscente da p definita su tutto $\mathcal{U}^p$, e che questa è la curva integrale massimale uscente da p.

Poniamo allora $\mathcal{U} = \{(t, p) \in \mathbb{R} \times M \mid t \in \mathcal{U}^p\}$, e definiamo $\Theta: \mathcal{U} \to M$ ponendo $\Theta(t, p) = \theta^p(t)$. Inoltre, poniamo $\mathcal{U}_t = \{p \in M \mid (t, p) \in \mathcal{U}\}$, e definiamo $\theta_t: \mathcal{U}_t \to M$ con $\theta_t(p) = \Theta(t, p)$. In questo modo abbiamo ottenuto (i), (ii) e l'unicità di $\mathcal{U}$ e Θ; vediamo di dimostrare (iv).

Per definizione, $\mathcal{U}_0 = M$ e $\theta_0 = \mathrm{id}_M$. Prendiamo ora $p \in M$ e $t \in \mathcal{U}^p$, e poniamo $q = \theta^p(t)$. Allora la curva $\sigma: \mathcal{U}^p - t \to M$ definita da

$$\sigma(s) = \theta^p(s + t) ,$$

dove $\mathcal{U}^p - t = \{s \in \mathbb{R} \mid s + t \in \mathcal{U}^p\}$, è ancora una curva integrale di X. Infatti,

$$\sigma'(s) = \frac{\mathrm{d}\theta^p}{\mathrm{d}s}(s + t) = X\big(\theta^p(t + s)\big) = X\big(\sigma(s)\big) .$$

Quindi necessariamente $\sigma(s) = \theta^q(s)$, cioè $\theta^{\theta^p(t)}(s) = \theta^p(s + t)$, ovvero $\Theta\big(s, \Theta(t, p)\big) = \Theta(s + t, p)$, o anche

$$\theta_{s+t}(p) = \theta_s\big(\theta_t(p)\big) ,$$

e $\mathcal{U}^p - t \subseteq \mathcal{U}^q$. Siccome $0 \in \mathcal{U}^p$, otteniamo $-t \in \mathcal{U}^q$, e $\theta^q(-t) = p$. Applicando questo ragionamento a $(-t, q)$ invece di (t, p), otteniamo che $\mathcal{U}^q + t \subseteq \mathcal{U}^p$, e quindi $\mathcal{U}^p - t = \mathcal{U}^{\Theta(t,p)}$, che vuol dire esattamente che $\Theta(t, p) \in \mathcal{U}_s$ se e solo se $p \in \mathcal{U}_{s+t}$. Quindi (iv) è dimostrata.

Ora facciamo vedere che $\mathcal{U}$ è aperto in $\mathbb{R} \times M$, da cui segue (iii), e che Θ è di classe C^∞. Sia $\mathcal{W} \subseteq \mathcal{U}$ l'insieme dei $(t, p) \in \mathcal{U}$ tale che esista un intorno di (t, p) della forma $I \times U$, con I intervallo aperto contenente 0 e t, e U intorno aperto di p in M, su cui Θ sia definita e di classe C^∞. Chiaramente ci basta dimostrare che $\mathcal{W} = \mathcal{U}$.

Prima di tutto, il Teorema 3.3.3 ci dice che $(0, p) \in \mathcal{W}$ per ogni $p \in M$. Supponiamo per assurdo che esista $(t_0, p_0) \in \mathcal{U} \setminus \mathcal{W}$. Siccome $t_0 \neq 0$, possiamo assumere per semplicità $t_0 > 0$; il caso $t_0 < 0$ sarà analogo. Sia $\tau = \sup\{t \in \mathbb{R} \mid (t, p_0) \in \mathcal{W}\}$; per costruzione, $0 < \tau \leq t_0$. Siccome $t_0 \in \mathcal{U}^{p_0}$, abbiamo $\tau \in \mathcal{U}^{p_0}$; poniamo $q_0 = \theta^{p_0}(\tau)$. Il Teorema 3.3.3 ci fornisce un $\delta > 0$ e un intorno U_0 di q_0 tale che Θ sia definita e di classe C^∞ su $(-\delta, \delta) \times U_0$. Scegliamo $t_1 < \tau$ tale che $t_1 + \delta > \tau$ e $\theta^{p_0}(t_1) \in U_0$. Siccome $t_1 < \tau$, abbiamo $(t_1, p_0) \in \mathcal{W}$, e quindi esiste un intorno $(-\varepsilon, t_1 + \varepsilon) \times U_1$ di (t_1, p_0) su cui Θ è definita e di classe C^∞. Inoltre, possiamo anche scegliere U_1 in modo che $\Theta(\{t_1\} \times U_1) \subseteq U_0$.

Dunque, se $p \in U_1$ abbiamo che $\theta_{t_1}(p)$ è definito e dipende C^∞ da p. Inoltre, essendo $\theta_{t_1}(p) \in U_0$, abbiamo che $\theta_{t-t_1} \circ \theta_{t_1}(p)$ è definito e dipende C^∞ da $p \in U_1$ e $t \in (t_1 - \delta, t_1 + \delta)$. Ma (iii) ci dice che $\theta_{t-t_1} \circ \theta_{t_1}(p) = \theta_t(p)$; quindi abbiamo esteso Θ in modo C^∞ a un aperto della forma $(-\varepsilon, t_1 + \delta) \times U_1$, per cui $(t_1 + \delta, p_0) \in \mathcal{W}$, contro la definizione di τ. Questa contraddizione mostra che $\mathcal{W} = \mathcal{U}$, come voluto.

La (vi) è ora immediata: infatti,

$$(Xf)(p) = \mathrm{d}f_p(X) = \frac{\mathrm{d}}{\mathrm{d}t}(f \circ \theta^p)\Big|_{t=0} \ ,$$

in quanto θ^p è una curva con $\theta^p(0) = p$ e $(\theta^p)'(0) = X(p)$.

Infine, dimostriamo (v). Preso $(t_0, p_0) \in \mathcal{U}$ e posto $q = \theta_{t_0}(p_0)$, per ogni germe $\mathbf{f} \in C^\infty(q)$ si ha

$$\mathrm{d}(\theta_{t_0})_{p_0}(X)(\mathbf{f}) = X_{p_0}(\mathbf{f} \circ \theta_{t_0}) = \frac{\mathrm{d}}{\mathrm{d}t}(f \circ \theta_{t_0} \circ \theta^{p_0})\Big|_{t=0} = \frac{\mathrm{d}}{\mathrm{d}t}f\big(\theta_{t_0+t}(p_0)\big)\Big|_{t=0}$$

$$= \frac{\mathrm{d}}{\mathrm{d}t}f\big(\theta^{p_0}(t_0 + t)\big)\Big|_{t=0} = X_{\theta^{p_0}(t_0)}(\mathbf{f}) \ ,$$

e ci siamo. $\qquad\square$

Definizione 3.3.6. L'applicazione $\Theta: \mathcal{U} \to M$ introdotta nel teorema precedente è detta *flusso locale* del campo vettoriale X. Il campo $X \in \mathcal{T}(M)$ è detto *completo* se $\mathcal{U} = \mathbb{R} \times M$, cioè se tutte le curve integrali di X sono definite per tutti i tempi.

Inoltre, un campo vettoriale $Y \in \mathcal{T}(M)$ è detto X-*invariante* se

$$\mathrm{d}(\theta_t)_p(Y) = Y_{\theta_t(p)}$$

per ogni (t, p) nel dominio del flusso locale Θ di X. Per esempio, il Teorema 3.3.5.(v) dice che ogni campo vettoriale è invariante rispetto a se stesso.

3.4 Parentesi di Lie

L'interpretazione dei campi vettoriali come derivazioni dell'algebra delle funzioni differenziabili permette di introdurre una nuova operazione sullo spazio vettoriale dei campi vettoriali.

Se X e Y sono due campi vettoriali su una varietà M, a ogni $f \in C^\infty(M)$ possiamo associare la funzione $X(Yf)$. Ora, $f \mapsto X(Yf)$ non è una derivazione (e quindi non è un campo vettoriale): infatti

$$X(Y(fg)) = X(fY(g) + gY(f))$$
$$= fX(Yg) + (X(f)Y(g) + X(g)Y(f)) + gX(Yf) .$$

Ma questa stessa formula mostra che $XY - YX$ è una derivazione: infatti

$$(XY - YX)(fg) = fX(Yg) + gX(Yf) - fY(Xg) - gY(Xf)$$
$$= f(XY - YX)(g) + g(XY - YX)(f) .$$

Dunque la Proposizione 3.3.2 implica che $XY - YX$ è un campo vettoriale.

Definizione 3.4.1. La *parentesi di Lie* di due campi $X, Y \in \mathcal{T}(M)$ è il campo vettoriale $[X,Y] = XY - YX$ definito da

$$\forall f \in C^\infty(M) \qquad [X,Y](f) = X(Yf) - Y(Xf) .$$

Diremo che due campi vettoriali $X, Y \in \mathcal{T}(M)$ *commutano* se $[X,Y] \equiv O$.

La prossima proposizione raccoglie proprietà basilari della parentesi di Lie.

Proposizione 3.4.2. *Se X, Y e Z sono campi vettoriali su una varietà M, $a, b \in \mathbb{R}$ e $f, g \in C^\infty(M)$, si ha:*
(i) $[X,Y] = -[Y,X]$ *(anticommutatività);*
(ii) $[aX + bY, Z] = a[X,Z] + b[Y,Z]$ *(linearità);*
(iii) $[X,[Y,Z]] + [Y,[Z,X]] + [Z,[X,Y]] = 0$ *(identità di Jacobi);*
(iv) $[fX, gY] = fg[X,Y] + f(Xg)Y - g(Yf)X;$
(v)   *se in coordinate locali abbiamo $X = \sum_h X^h \partial_h$ e $Y = \sum_k Y^k \partial_k$ allora*

$$[X,Y] = \sum_{h,k=1}^{n} \left(X^h \frac{\partial Y^k}{\partial x^h} - Y^h \frac{\partial X^k}{\partial x^h} \right) \partial_k .$$

In particolare, $[\partial_h, \partial_k] = 0$.

Dimostrazione. (i) e (ii) sono ovvie. Poi si ha

$$[X,[Y,Z]] = XYZ - XZY - YZX + ZYX ,$$
$$[Y,[Z,X]] = YZX - YXZ - ZXY + XZY ,$$
$$[Z,[X,Y]] = ZXY - ZYX - XYZ + YXZ ,$$

e sommando si ottiene la (iii). Inoltre,

$$[fX, gY] = fX(gY) - gY(fX) = fg(XY) + f(Xg)Y - fg(YX) - g(Yf)X$$
$$= fg[X, Y] + f(Xg)Y - g(Yf)X,$$

e anche (iv) è dimostrata. Il teorema di Schwartz sulle derivate seconde implica che

$$[\partial_h, \partial_k](f) = \frac{\partial^2(f \circ \varphi^{-1})}{\partial x^h \partial x^k} - \frac{\partial^2(f \circ \varphi^{-1})}{\partial x^k \partial x^h} \equiv 0,$$

dove $\varphi = (x^1, \dots, x^n)$ è la carta locale che stiamo usando, per cui $[\partial_h, \partial_k] = 0$, e (v) segue dalle precedenti.   □

Ora, se Θ è il flusso locale di un campo vettoriale $X \in \mathcal{T}(M)$, e $Y \in \mathcal{T}(M)$ è un altro campo vettoriale, l'applicazione $Y \circ \Theta$ è di classe C^∞. Ma allora $t \mapsto \mathrm{d}(\theta_{-t})_{\theta_t(p)}(Y)$ è una funzione C^∞ a valori in T_pM che dipende in modo C^∞ dal punto p, e che misura la variazione del campo Y lungo la curva integrale di X uscente da p. Questo suggerisce un modo di misurare la derivata di Y nella direzione di X:

Definizione 3.4.3. Siano $X, Y \in \mathcal{T}(M)$ due campi vettoriali su una varietà M. La *derivata di Lie* di Y lungo X è il campo vettoriale $\mathcal{L}_X Y \in \mathcal{T}(M)$ definito da

$$\mathcal{L}_X Y(p) = \frac{\mathrm{d}}{\mathrm{d}t} \mathrm{d}(\theta_{-t})_{\theta_t(p)}(Y)\Big|_{t=0} = \lim_{t \to 0} \frac{\mathrm{d}(\theta_{-t})_{\theta_t(p)}(Y) - Y_p}{t}$$

per ogni $p \in M$.

Osservazione 3.4.4. Se $Y \in \mathcal{T}(M)$ è un campo X-invariante, chiaramente $\mathcal{L}_X Y \equiv O$. Viceversa, nella Proposizione 3.7.3 dimostreremo che se $\mathcal{L}_X Y \equiv O$ allora Y è X-invariante.

Non è difficile dimostrare direttamente (Esercizio 3.36) che $\mathcal{L}_X Y$ è effettivamente un campo vettoriale. Ma non è necessario farlo: infatti, il risultato tutt'altro che evidente che vogliamo dimostrare ora è che la derivata di Lie di Y lungo X è esattamente uguale a $[X, Y]$ (da cui segue in particolare che è un campo vettoriale). Ci servirà un altro lemma di divisione:

Lemma 3.4.5. *Siano dati un aperto $U \subseteq M$ di una varietà M, un numero $\delta > 0$, e una funzione $h: (-\delta, \delta) \times U \to \mathbb{R}$ di classe C^∞ con $h(0, q) = 0$ per ogni $q \in U$. Allora esiste una $g: (-\delta, \delta) \times U \to \mathbb{R}$ di classe C^∞ tale che*

$$h(t, q) = tg(t, q)$$

e $g(0, q) = \frac{\partial h}{\partial t}(0, q)$ per ogni $q \in U$.

Dimostrazione. Basta porre

$$g(t,q) = \int_0^1 \frac{\partial h}{\partial t}(ts,q)\,\mathrm{d}s \;;$$

infatti

$$tg(t,q) = \int_0^1 \frac{\partial h}{\partial t}(ts,q)\,\mathrm{d}(ts) = h(t,q) - h(0,q) = h(t,q)\,.$$

$\square$

Allora:

Proposizione 3.4.6. *Siano* X, $Y \in \mathcal{T}(M)$ *due campi vettoriali su una varietà* M. *Allora* $\mathcal{L}_X Y = [X,Y]$.

Dimostrazione. Indichiamo con $\Theta\colon \mathcal{U} \to M$ il flusso locale di X. Dato $p \in M$, scegliamo $\delta > 0$ e un intorno U_0 di p tali che $(-\delta,\delta) \times U_0 \subseteq \mathcal{U}$. Sia (U,f) un rappresentante di un germe in p, dove abbiamo scelto U ed eventualmente diminuito δ in modo che $\Theta\big((-\delta,\delta) \times U\big) \subseteq U_0$. Definiamo $h\colon (-\delta,\delta) \times U \to \mathbb{R}$ ponendo $h(t,q) = f(q) - f\big(\theta_{-t}(q)\big)$, e sia $g\colon (-\delta,\delta) \times U \to \mathbb{R}$ la funzione data dal lemma precedente. Allora ricordando il Teorema 3.3.5.(vi) otteniamo

$$f \circ \theta_{-t}(q) = f(q) - tg(t,q) \quad \text{e} \quad g(0,q) = Xf(q)\,,$$

per cui

$$\mathrm{d}(\theta_{-t})_{\theta_t(p)}(Y)(f) = Y_{\theta_t(p)}(f \circ \theta_{-t}) = (Yf)\big(\theta_t(p)\big) - t(Yg_t)\big(\theta_t(p)\big)\,,$$

dove abbiamo posto $g_t(q) = g(t,q)$. Quindi

$$\begin{aligned}
\lim_{t\to 0} \frac{1}{t}[\mathrm{d}(\theta_{-t})_{\theta_t(p)}(Y) - Y_p](f) &= \lim_{t\to 0} \frac{(Yf)\big(\theta_t(p)\big) - (Yf)(p)}{t} - (Yg_0)(p) \\
&= \frac{\mathrm{d}}{\mathrm{d}t}\big((Yf)\circ \theta^p\big)\Big|_{t=0} - Y_p(Xf) \\
&= X(Yf)(p) - Y(Xf)(p) = [X,Y](f)(p)\,,
\end{aligned}$$

grazie nuovamente al Teorema 3.3.5.(vi), e ci siamo. $\square$

Concludiamo questa sezione introducendo un ultimo concetto utile.

Definizione 3.4.7. Se $F\colon M \to N$ è un diffeomorfismo, e $X \in \mathcal{T}(M)$, allora indichiamo con $\mathrm{d}F(X)$ il campo vettoriale su N definito ponendo

$$\forall q \in N \qquad \mathrm{d}F_q(X) = \mathrm{d}F_{F^{-1}(q)}(X_{F^{-1}(q)})\,. \tag{3.17}$$

Se $F: M \to N$ non è un diffeomorfismo, la formula (3.17) non si può applicare: se F non è surgettiva esistono dei $q \in N$ per cui $F^{-1}(q)$ è vuoto, e se F non è iniettiva potrebbero esistere $p_1, p_2 \in M$ per cui $q = F(p_1) = F(p_2)$ ma $dF_{p_1}(X_{p_1}) \neq dF_{p_2}(X_{p_2})$, per cui (3.17) non darebbe un modo univoco per definire un vettore tangente in q. Introduciamo allora la seguente

Definizione 3.4.8. Sia $F: M \to N$ un'applicazione di classe C^∞ fra due varietà. Diremo che un campo vettoriale $V \in \mathcal{T}(N)$ è F-*correlato* a un campo vettoriale $X \in \mathcal{T}(M)$ se $V_{F(p)} = dF_p(X_p)$ per ogni $p \in M$.

Chiaramente, se F è un diffeomorfismo allora $dF(X)$ è l'unico campo vettoriale su N che è F-correlato a X, ma se F non è un diffeomorfismo potrebbero esistere più campi vettoriali F-correlati a X, o potrebbe non esisterne nessuno (vedi l'Esercizio 3.30). In ogni caso, ci sarà utile il seguente

Lemma 3.4.9. *Siano* $F: M \to N$ *un'applicazione differenziabile,* $X \in \mathcal{T}(M)$ *e* $V \in \mathcal{T}(N)$. *Allora:*

(i) V *è* F-*correlato a* X *se e solo se* $X(f \circ F) = (Vf) \circ F$ *per ogni funzione* f *di classe* C^∞ *in un aperto di* N;

(ii) *se* V *è* F-*correlato a* X *e* $W \in \mathcal{T}(N)$ *è* F-*correlato a* $Y \in \mathcal{T}(M)$ *allora* $[V, W]$ *è* F-*correlato a* $[X, Y]$;

(iii) *se* F *è un diffeomorfismo e* $Y \in \mathcal{T}(M)$ *allora* $[dF(X), dF(Y)] = dF[X, Y]$.

Dimostrazione. (i) Per ogni $p \in M$ e ogni funzione f di classe C^∞ in un intorno di $F(p)$ si ha $X(f \circ F)(p) = (dF_p X_p)(f)$ e $(Vf) \circ F(p) = V_{F(p)}(f)$. Quindi $X(f \circ F) = (Vf) \circ F$ se e solo se $dF_p(X_p) = V_{F(p)}$ per ogni $p \in M$.

(ii) Sia f una funzione differenziabile definita in un aperto di N. Allora la parte (i) ci dice che $XY(f \circ F) = X((Wf) \circ F) = (VWf) \circ F$ e $YX(f \circ F) = (WVf) \circ F$; quindi $[X, Y](f \circ F) = ([V, W]f) \circ F$, e di nuovo la parte (i) ci dice che $[V, W]$ è F-correlato a $[X, Y]$.

(iii) Segue subito da (ii) prendendo $V = dF(X)$ e $W = dF(Y)$. $\square$

3.5 Algebre di Lie

In questa sezione studieremo la struttura, particolarmente interessante, dei campi vettoriali sui gruppi di Lie.

Definizione 3.5.1. Un campo vettoriale $X \in \mathcal{T}(G)$ su un gruppo di Lie G è *invariante a sinistra* se si ha $dL_h(X) = X$ per ogni $h \in G$, cioè se

$$\forall h, x \in G \qquad d(L_h)_x(X_x) = X_{hx}\,,$$

dove $L_h: G \to G$ è la traslazione sinistra.

Lemma 3.5.2. *Sia G un gruppo di Lie di elemento neutro $e \in G$. Allora:*

(i) *l'applicazione $X \mapsto X(e)$ è un isomorfismo fra il sottospazio di $\mathcal{T}(M)$ co-stituito dai campi vettoriali invarianti a sinistra e lo spazio tangente $T_e G$;*

(ii) *se $X, Y \in \mathcal{T}(G)$ sono invarianti a sinistra, allora anche $[X, Y]$ lo è.*

Dimostrazione. (i) Se $X \in \mathcal{T}(G)$ è invariante a sinistra, chiaramente abbiamo

$$X_h = \mathrm{d}(L_h)_e(X_e)$$

per ogni $h \in G$, per cui X è completamente determinato dal suo valo-re in e. Viceversa, se scegliamo $v \in T_e G$ e definiamo $X \in \mathcal{T}(G)$ ponendo $X_h = \mathrm{d}(L_h)_e(v) \in T_h G$ per ogni $h \in G$ otteniamo (controlla!) un campo vettoriale invariante a sinistra che vale v nell'elemento neutro.

(ii) Se X e Y sono campi vettoriali invarianti a sinistra il Lemma 3.4.9 dice che

$$dL_h[X, Y] = [dL_h X, dL_h Y] = [X, Y]$$

per ogni $h \in G$, per cui anche $[X, Y]$ è invariante a sinistra.   □

Dunque lo spazio tangente all'identità di un gruppo di Lie eredita dai campi vettoriali invarianti a sinistra un'ulteriore struttura algebrica data dalla parentesi di Lie.

Definizione 3.5.3. Uno spazio vettoriale V dotato di un'ulteriore operazione $[\cdot, \cdot] : V \times V \to V$ che soddisfa le proprietà (i)-(iii) della Proposizione 3.4.2, cioè tale che:

(a) $[v, w] = -[w, v]$ *(anticommutatività)*;

(b) $[au + bv, w] = a[u, w] + b[v, w]$ *(linearità)*;

(c) $\big[u, [v, w]\big] + \big[v, [w, u]\big] + \big[w, [u, v]\big] = 0$ *(identità di Jacobi)*,

è detto *algebra di Lie*.

Se V e W sono algebre di Lie, un *morfismo* di algebre di Lie è un'applicazione lineare $L : V \to W$ tale che $[L(v_1), L(v_2)] = L[v_1, v_2]$ per ogni $v_1, v_2 \in V$.

Esempio 3.5.4. Sia A un'algebra non commutativa sul campo $\mathbb{K}$. Allora possiamo fornire A di una struttura di algebra di Lie tramite il *commutatore* $[\cdot, \cdot] : A \times A \to A$ definito da

$$\forall X, Y \in A \qquad [X, Y] = XY - YX \, ;$$

si verifica subito che il commutatore soddisfa le proprietà (a)-(c) della De-finizione 3.5.3. In particolare, lo spazio vettoriale delle matrici $M_{n,n}(\mathbb{K})$ con questa struttura di algebra di Lie verrà indicato con $\mathfrak{gl}(n, \mathbb{K})$.

Esempio 3.5.5. La Proposizione 3.4.2 dice esattamente che lo spazio dei campi vettoriali su una varietà considerato con la parentesi di Lie è un'algebra di Lie.

Nel caso dei gruppi di Lie, il sottospazio dei campi vettoriali invarianti a sinistra induce una struttura di algebra di Lie particolarmente importante:

Definizione 3.5.6. Sia G un gruppo di Lie di elemento neutro $e \in G$. Per ogni $v \in T_e G$, indichiamo con $X^v \in \mathcal{T}(G)$ l'unico campo vettoriale invariante a sinistra tale che $X^v(e) = v$. Allora lo spazio tangente all'elemento neutro, considerato con la sua struttura di spazio vettoriale e con l'operazione $[\cdot, \cdot] : T_e G \times T_e G \to T_e G$ definita da $[v, w] = [X^v, X^w](e)$, è detto *algebra di Lie* $\mathfrak{g}$ del gruppo G.

Un primo assaggio della relazione fra gruppi di Lie e algebre di Lie è dato dal seguente

Lemma 3.5.7. *Siano G e H gruppi di Lie di algebre di Lie rispettivamente $\mathfrak{g}$ e $\mathfrak{h}$, e $F : G \to H$ un omomorfismo di gruppi di Lie. Allora $\mathrm{d}F_e : \mathfrak{g} \to \mathfrak{h}$ è un morfismo di algebre di Lie.*

Dimostrazione. Dati $X, Y \in \mathfrak{g}$, indichiamo con $\tilde{X}, \tilde{Y} \in \mathcal{T}(G)$ i corrispondenti campi invarianti a sinistra, e con $\hat{X}, \hat{Y} \in \mathcal{T}(H)$ i campi invarianti a sinistra corrispondenti a $\mathrm{d}F_e(X)$ e $\mathrm{d}F_e(Y)$. Dobbiamo dimostrare che

$$\mathrm{d}F_e[\tilde{X}, \tilde{Y}](e) = [\hat{X}, \hat{Y}](e) . \tag{3.18}$$

La prima osservazione è che $\hat{X}$ è F-correlato a $\tilde{X}$ (e analogamente per $\hat{Y}$ e $\tilde{Y}$). Infatti, essendo F un omomorfismo di gruppi di Lie abbiamo $F \circ L_g = L_{F(g)} \circ F$ per ogni $g \in G$, e quindi

$$\mathrm{d}F_g(\tilde{X}_g) = \mathrm{d}F_g\big(\mathrm{d}(L_g)_e(X)\big) = \mathrm{d}(L_{F(g)})_e\big(\mathrm{d}F_e(X)\big) = \hat{X}_{F(g)} .$$

Quindi (3.18) segue subito dal Lemma 3.4.9. □

Viceversa, vedremo (Teorema 3.8.3) che, se G è semplicemente connesso, ogni morfismo fra le algebre di Lie è indotto da un omomorfismo di gruppi di Lie; inoltre, un gruppo di Lie semplicemente connesso è completamente determinato dalla sua algebra di Lie (Corollario 3.8.4). Dimostreremo questi risultati nella Sezione 3.8; qui invece concludiamo determinando l'algebra di Lie di qualche esempio.

Definizione 3.5.8. Sia G un gruppo di Lie di dimensione n, indichiamo con $\mathfrak{g}$ la sua algebra di Lie, e sia $\mathcal{B} = \{v_1, \ldots, v_n\}$ una base di $\mathfrak{g}$ come spazio vettoriale. Allora per ogni $i, j = 1, \ldots, n$ devono esistere $c_{ij}^1, \ldots, c_{ij}^n \in \mathbb{R}$ tali che

$$[v_i, v_j] = \sum_{k=1}^n c_{ij}^k v_k .$$

Le costanti $c_{ij}^k \in \mathbb{R}$ sono dette *costanti di struttura* di $\mathfrak{g}$ rispetto alla base $\mathcal{B}$.

Esempio 3.5.9. Sia $G = GL(n, \mathbb{R})$ il gruppo delle matrici invertibili a coefficienti reali; vogliamo dimostrare che la sua algebra di Lie è l'algebra $\mathfrak{gl}(n, \mathbb{R})$ introdotta nell'Esempio 3.5.4. Siccome G è un aperto di $\mathbb{R}^{n^2}$, lo spazio tangente nell'identità a G è canonicamente isomorfo come spazio vettoriale a $\mathfrak{gl}(n, \mathbb{R})$; dobbiamo dimostrare che anche le strutture di algebra di Lie coincidono. Per ogni $a = (a_i^j) \in \mathfrak{gl}(n, \mathbb{R})$ indichiamo con $\tilde{a} \in \mathcal{T}(G)$ la sua estensione come campo vettoriale invariante a sinistra. Se $x = (x_h^k) \in G$ e $\mathbf{f} \in C^\infty(x)$, abbiamo

$$\tilde{a}_x(\mathbf{f}) = \mathrm{d}(L_x)_I(a)(\mathbf{f}) = a(\mathbf{f} \circ L_x) = \sum_{i,j=1}^n a_i^j \frac{\partial(f \circ L_x)}{\partial y_i^j}(I)$$

$$= \sum_{i,j=1}^n a_i^j \sum_{h,k=1}^n \frac{\partial f}{\partial x_h^k}(x) \sum_{r=1}^n \frac{\partial(x_r^k y_h^r)}{\partial y_i^j} = \sum_{i,j,h,k,r=1}^n a_i^j x_r^k \delta_j^r \delta_h^i \frac{\partial f}{\partial x_h^k}(x)$$

$$= \sum_{h,j,k=1}^n x_j^k a_h^j \frac{\partial f}{\partial x_h^k}(x) ,$$

per cui

$$\tilde{a}_x = R_a(x) = xa .$$

Da questo segue facilmente che $[\tilde{a}, \tilde{b}]_x = x(ab - ba)$, per cui effettivamente la struttura di algebra di Lie è data dal commutatore:

$$\forall a, b \in \mathfrak{gl}(n, \mathbb{R}) \qquad [a, b] = ab - ba .$$

In particolare, se indichiamo con $\mathcal{B} = \{E_{ij}\}_{i,j=1,\dots,n}$ la base canonica di $\mathfrak{gl}(n, \mathbb{R})$, dove E_{ij} è la matrice con 1 al posto (i, j) e 0 altrove, cioè

$$(E_{ij})_s^r = \delta_i^r \delta_{js} ,$$

le costanti di struttura di $\mathfrak{gl}(n, \mathbb{R})$ rispetto a $\mathcal{B}$ sono date da

$$c_{(ij)(hk)}^{(rs)} = \delta_i^r \delta_k^s \delta_{jh} - \delta_h^r \delta_j^s \delta_{ik} .$$

Esempio 3.5.10. Se V è uno spazio vettoriale di dimensione n su $\mathbb{R}$, il gruppo di Lie $G = GL(V)$ è chiaramente isomorfo a $GL(n, \mathbb{R})$, e la sua algebra di Lie $\mathfrak{gl}(V)$ è isomorfa a $\mathfrak{gl}(n, \mathbb{R})$. In particolare, $\mathfrak{gl}(V) = \mathrm{Hom}(V, V)$ come spazio vettoriale, e la struttura di algebra di Lie è di nuovo data dal commutatore.

Com'è prevedibile, l'algebra di Lie di un sottogruppo di Lie G può essere identificata a una sottoalgebra dell'algebra di Lie di G.

Definizione 3.5.11. Una *sottoalgebra* di un'algebra di Lie $\mathfrak{g}$ è un sottospazio vettoriale $\mathfrak{h}$ di $\mathfrak{g}$ tale che $[v, w] \in \mathfrak{h}$ per ogni $v, w \in \mathfrak{h}$.

Proposizione 3.5.12. *Sia G un gruppo di Lie di algebra di Lie $\mathfrak{g}$, e sia $H \subseteq G$ un sottogruppo di Lie. Allora $\mathfrak{h} = T_e H \subseteq \mathfrak{g}$ è una sottoalgebra di $\mathfrak{g}$ canonicamente isomorfa all'algebra di Lie di H.*

Dimostrazione. Per definizione, l'inclusione $\iota\colon H \to G$ è un omomorfismo di gruppi di Lie; quindi, per il Lemma 3.5.7, $d\iota_e$ è un morfismo di algebre di Lie. Siccome $\mathfrak{h}$ è esattamente l'immagine di $d\iota_e$, che è iniettivo, abbiamo la tesi. $\qquad\square$

Esempio 3.5.13. Vogliamo determinare l'algebra di Lie del gruppo di Lie $SL(n,\mathbb{R})$ (vedi gli Esempi 2.1.40 e 2.5.16). Grazie alla Proposizione 3.5.12, è sufficiente determinare lo spazio tangente a $SL(n,\mathbb{R})$ nell'identità I_n che, per la Proposizione 2.4.23.(ii), coincide con il nucleo di $d(\det)_{I_n}$. Ora, i conti fatti nell'Esempio 2.1.40 mostrano (controlla) che

$$\forall A \in GL(n,\mathbb{R})\, \forall X \in M_{n,n}(\mathbb{R}) \quad d(\det)_A(X) = (\det A)\mathrm{tr}(A^{-1}X)\,.$$

In particolare, prendendo $A = I_n$ troviamo $d(\det)_{I_n}(X) = \mathrm{tr}(X)$. Quindi l'algebra di Lie di $SL(n,\mathbb{R})$, che indicheremo con $\mathfrak{sl}(n,\mathbb{R})$, è data dalle matrici a traccia nulla:

$$\mathfrak{sl}(n,\mathbb{R}) = \{X \in \mathfrak{gl}(n,\mathbb{R}) \mid \mathrm{tr}(X) = 0\}\,.$$

Nello stesso modo si dimostra che l'algebra di Lie $\mathfrak{sl}(n,\mathbb{C})$ di $SL(n,\mathbb{C})$ è data dalle matrici complesse a traccia nulla.

In maniera analoga (Esercizi 3.58 e 3.59) si dimostra che l'algebra di Lie $\mathfrak{o}(n)$ del gruppo ortogonale $O(n)$ è data dalle matrici antisimmetriche

$$\mathfrak{o}(n) = \{X \in \mathfrak{gl}(n,\mathbb{R}) \mid X + X^T = O\}\,,$$

e che l'algebra di Lie $\mathfrak{u}(n)$ del gruppo unitario $U(n)$ è data dalle matrici antihermitiane

$$\mathfrak{u}(n) = \{X \in \mathfrak{gl}(n,\mathbb{C}) \mid X + X^* = O\}\,.$$

3.6 Sottogruppi di Lie

In questa sezione vogliamo studiare la struttura dei sottogruppi di un gruppo di Lie, iniziando con un caso particolarmente importante:

Definizione 3.6.1. Sia G un gruppo di Lie connesso. Un *sottogruppo a un parametro* di G è una applicazione $\theta\colon \mathbb{R} \to G$ di classe C^∞ che sia un omomorfismo di gruppi. In altre parole, richiediamo che $\theta(0) = e$ sia l'identità di G, e che $\theta(t + s) = \theta(t) \cdot \theta(s)$ per ogni $s,\,t \in \mathbb{R}$.

I sottogruppi a un parametro sono esattamente le curve integrali di campi vettoriali invarianti a sinistra:

Lemma 3.6.2. *Sia G un gruppo di Lie di algebra di Lie $\mathfrak{g}$. Preso $X \in \mathfrak{g}$, sia $\tilde{X} \in \mathcal{T}(G)$ il campo vettoriale invariante a sinistra associato a X. Allora:*

(i) la curva integrale di $\tilde{X}$ uscente da e è un sottogruppo a un parametro di G;

(ii) viceversa, se $\theta\colon \mathbb{R} \to G$ è un semigruppo a un parametro con $\theta'(0) = X$, allora θ è la curva integrale di $\tilde{X}$ uscente da e. In particolare, se $X \neq O$ allora θ è un'immersione, per cui $\theta(\mathbb{R})$ è un sottogruppo di Lie di G.

Dimostrazione. (i) Sia $\sigma\colon (-\varepsilon, \varepsilon) \to G$ la curva integrale massimale di $\tilde{X}$ uscente da e. Vogliamo dimostrare che per ogni $t_0 \in (-\varepsilon, \varepsilon)$ la curva $\gamma\colon (-\varepsilon, \varepsilon) \to G$ data da $\gamma(t) = \sigma(t_0)\sigma(t)$ è una curva integrale di $\tilde{X}$ uscente da $\sigma(t_0)$. Infatti si ha

$$\gamma'(t) = \mathrm{d}(L_{\sigma(t_0)})_{\sigma(t)}\big(\sigma'(t)\big) = \mathrm{d}(L_{\sigma(t_0)})_{\sigma(t)}\big(\tilde{X}(\sigma(t))\big) = \tilde{X}\big(\gamma(t)\big) \,,$$

come voluto. Ma l'unicità delle curve integrali ci dice che allora $\gamma(t) = \sigma(t_0+t)$, cioè

$$\sigma(t_0 + t) = \sigma(t_0)\sigma(t)$$

per ogni t_0, $t \in (-\varepsilon, \varepsilon)$. In particolare questo implica che ε dev'essere necessariamente infinito (perché?), e che σ è un sottogruppo a un parametro.

(ii) Supponiamo che θ sia un sottogruppo a un parametro con $\theta'(0) = X$. Allora $\theta(t_0 + t) = L_{\theta(t_0)}\theta(t)$, per cui

$$\theta'(t_0) = \frac{\mathrm{d}}{\mathrm{d}t}(L_{\theta(t_0)} \circ \theta)\bigg|_{t=0} = \mathrm{d}(L_{\theta(t_0)})_e\big(\theta'(0)\big) = \mathrm{d}(L_{\theta(t_0)})_e(X) = \tilde{X}\big(\theta(t_0)\big) \,,$$

e quindi θ è la curva integrale di $\tilde{X}$ uscente da e. $\qquad\square$

In particolare, quindi, per ogni $X \in \mathfrak{g}$ esiste un unico sottogruppo a un parametro $\theta_X\colon \mathbb{R} \to G$ tale che $\theta'_X(0) = X$: è la curva integrale di $\tilde{X}$ uscente da e.

Definizione 3.6.3. Sia G un gruppo di Lie. Dato $X \in \mathfrak{g}$, la curva integrale $\theta_X\colon \mathbb{R} \to G$ uscente da e del campo vettoriale invariante a sinistra $\tilde{X}$ associato a X è detta *sottogruppo a un parametro generato* da X. L'*applicazione esponenziale* di G è l'applicazione $\exp\colon \mathfrak{g} \to G$ data da $\exp(X) = \theta_X(1)$.

Osservazione 3.6.4. Se $s \in \mathbb{R}$, abbiamo che $t \mapsto \theta_X(st)$ è un semigruppo a un parametro tangente a sX in 0; quindi $\exp(sX) = \theta_X(s)$. In altre parole, tutti i sottogruppi a un parametro di G sono della forma $t \mapsto \exp(tX)$ per qualche $X \in \mathfrak{g}$; e, viceversa, la curva integrale uscente da e tangente a $X \in \mathfrak{g}$ è data da $t \mapsto \exp(tX)$.

Esempio 3.6.5. Sia $G = GL(n, \mathbb{R})$, per cui $\mathfrak{g} = \mathfrak{gl}(n, \mathbb{R})$. Allora per ogni $X \in \mathfrak{gl}(n, R)$ possiamo definire l'applicazione $\theta_X\colon \mathbb{R} \to GL(n, \mathbb{R})$ ponendo

$$\theta_X(t) = e^{tX} \,,$$

dove e^{tX} è il solito esponenziale di matrici. Si verifica subito che θ_X è un sottogruppo a un parametro con $\theta'_X(0) = X$, per cui l'applicazione esponenziale di $GL(n, \mathbb{R})$ è l'usuale esponenziale di matrici.

Lo stesso argomento lo si può applicare a $GL(V)$, dove V è un qualsiasi spazio vettoriale di dimensione finita, usando come definizione di esponenziale di un endomorfismo $L \in \mathfrak{gl}(V) = \mathrm{End}(V)$ la

$$e^L = \sum_{k=0}^{\infty} \frac{1}{k!} L^k ,$$

dove L^k indica la composizione di L con se stesso k volte.

La prossima proposizione contiene le proprietà principali dell'applicazione esponenziale:

Proposizione 3.6.6. *Sia G un gruppo di Lie di algebra di Lie $\mathfrak{g}$. Allora:*

(i) *l'applicazione esponenziale* $\exp\colon \mathfrak{g} \to G$ *è di classe C^∞;*

(ii) *il differenziale* $\mathrm{d}(\exp)_{O_e}\colon \mathfrak{g} \to \mathfrak{g}$ *è l'identità, dove stiamo identificando lo spazio tangente a $\mathfrak{g}$ in O_e con $\mathfrak{g}$ stessa;*

(iii) $\exp$ *è un diffeomorfismo fra un intorno di $O_e \in \mathfrak{g}$ e un intorno di $e \in G$;*

(iv) *se $F\colon G \to H$ è un omomorfismo di gruppi di Lie, allora $\exp \circ \mathrm{d}F_e = F \circ \exp$, cioè il diagramma*

$$
\begin{array}{ccc}
\mathfrak{g} & \xrightarrow{\ \mathrm{d}F_e\ } & \mathfrak{h} \\
{\scriptstyle \exp}\downarrow & & \downarrow{\scriptstyle \exp} \\
G & \xrightarrow[\ F\ ]{} & H
\end{array}
$$

commuta, dove $\mathfrak{h}$ è l'algebra di Lie di H;

(v) *il flusso Θ del campo vettoriale invariante a sinistra $\tilde{X}$ indotto da $X \in \mathfrak{g}$ è dato dalla moltiplicazione a destra per $\exp(tX)$, cioè $\theta_t = R_{\exp(tX)}$.*

Dimostrazione. (i) Per ogni $X \in \mathfrak{g}$, indichiamo con Θ_X il flusso del corrispondente campo vettoriale invariante a sinistra $\tilde{X}$. Allora $\exp(X) = \Theta_X(1, e)$, per cui dobbiamo dimostrare che l'applicazione $X \mapsto \Theta_X(1, e)$ è di classe C^∞.

Per far ciò, introduciamo un campo vettoriale $\boldsymbol{X}$ sulla varietà prodotto $G \times \mathfrak{g}$ ponendo

$$\boldsymbol{X}_{g,X} = (X_g, O) \in T_g G \oplus T_X \mathfrak{g} \cong T_{(g,X)}(G \times \mathfrak{g}) .$$

Si vede subito (controlla) che il flusso $\boldsymbol{\Theta}$ di $\boldsymbol{X}$ è dato da

$$\boldsymbol{\Theta}\big(t, (g, X)\big) = \big(\Theta_X(t, g), X\big) .$$

In particolare $\exp(X) = \pi_1\big(\boldsymbol{\Theta}\big(1, (e, X)\big)\big)$, dove $\pi_1\colon G \times \mathfrak{g} \to G$ è la proiezione sulla prima coordinata; quindi $\exp$ dipende C^∞ da X, in quanto $\boldsymbol{\Theta}$ è di classe C^∞ per il Teorema 3.3.5.

(ii) Fissato $X \in \mathfrak{g}$, sia $\sigma\colon \mathbb{R} \to \mathfrak{g}$ la curva $\sigma(t) = tX$. Allora $\sigma'(0) = X$ e

$$\mathrm{d}(\exp)_{O_e}(X) = (\exp \circ \sigma)'(0) = \frac{\mathrm{d}}{\mathrm{d}t} \exp(tX)\Big|_{t=0} = X ,$$

dove la prima eguaglianza segue dalla Proposizione 2.3.27 e l'ultima egua-glianza segue dal Lemma 3.6.2 e dalla Osservazione 3.6.4.

(iii) Segue immediatamente da (ii) e dal teorema della funzione inversa Corollario 2.3.29.

(iv) È sufficiente dimostrare che $\sigma(t) = F(\exp(tX))$ è il sottogruppo a un parametro in H generato da $\mathrm{d}F_e(X)$, quale che sia $X \in \mathfrak{g}$. Prima di tutto, σ è un sottogruppo a un parametro: infatti

$$\sigma(s)\sigma(t) = F(\exp(sX))F(\exp(tX)) = F(\exp(sX)\exp(tX))$$
$$= F(\exp((s+t)X)) = \sigma(s+t)\,,$$

dove abbiamo usato il fatto che F è un omomorfismo di gruppi e il fatto che $t \mapsto \exp(tX)$ è un sottogruppo a un parametro. Infine, $\sigma'(0) = \mathrm{d}F_e(X)$ segue subito dal fatto che $\exp(tX)$ è il semigruppo a un parametro generato da X.

(v) Dato $g \in G$ poniamo $\theta^g(t) = R_{\exp(tX)}(g) = g\exp(tX)$; la tesi è allora equivalente a far vedere che θ^g è la curva integrale di $\tilde{X}$ uscente da g. Ma infatti $\theta^g(t) = L_g(\exp(tX))$, per cui

$$(\theta_g)'(t) = \mathrm{d}(L_g)_{\exp(tX)}\left(\frac{\mathrm{d}}{\mathrm{d}t}\exp(tX)\right) = \mathrm{d}(L_g)_{\exp(tX)}(\tilde{X}_{\exp(tX)})$$
$$= \tilde{X}_{g\exp(tX)} = \tilde{X}(\theta_g(t))\,,$$

grazie all'invarianza a sinistra di $\tilde{X}$.   □

Fra i sottogruppi di un gruppo di Lie, particolarmente importanti sono i sottogruppi (topologicamente) chiusi. Una prima idea del motivo è data dalla seguente proposizione (che vale anche per gruppi topologici, cioè gruppi con una topologia rispetto a cui le operazioni sono continue):

Proposizione 3.6.7. *Sia G un gruppo di Lie. Allora:*

(i)   *se H è un sottogruppo algebrico di G che è (topologicamente) aperto allora è anche chiuso;*

(ii)   *ogni intorno aperto connesso $U \subset G$ dell'elemento neutro e genera la componente connessa G_0 di G contenente e, nel senso che ogni elemento di G_0 si ottiene come prodotto di un numero finito di elementi di U;*

(iii) *se un sottogruppo algebrico H ha parte interna non vuota allora è aperto, e quindi anche chiuso.*

Dimostrazione. (i) Infatti, se $H \subseteq G$ è un sottogruppo aperto, allora

$$G \setminus H = \bigcup_{g \notin H} gH$$

è aperto, per cui H è anche chiuso.

(ii) Se U è un intorno aperto connesso di e, il sottogruppo generato da U è

$$\langle U \rangle = \bigcup_{n \in \mathbb{N}} U^n \,,$$

dove U^n è l'insieme di tutti i possibili prodotti di n elementi di U. Siccome $e \in U$, questa è un'unione crescente di connessi; quindi $\langle U \rangle$ è un sottogruppo connesso aperto, e dunque chiuso, di G, cioè è una componente connessa di G. Contenendo l'elemento neutro, dev'essere $\langle U \rangle = G_0$, come affermato.

(iii) Sia $U \subseteq H$ aperto. Se $u \in U$, allora $u^{-1}U$ è un intorno aperto dell'elemento neutro contenuto in H; quindi $L_h(u^{-1}U)$ per ogni $h \in H$ è un aperto contenuto in H e contenente h. Quindi H è aperto, e dunque chiuso per la parte (i). $\square$

Possiamo ora dimostrare che i sottogruppi di Lie regolari di un gruppo di Lie coincidono esattamente con i sottogruppi algebrici chiusi, come annunciato nell'Osservazione 2.5.15:

Teorema 3.6.8. *Sia G un gruppo di Lie, e H un suo sottogruppo algebrico. Allora le seguenti affermazioni sono equivalenti:*

(i) *H è un sottogruppo di Lie regolare di G;*
(ii) *H è una sottovarietà di G;*
(iii) *H è chiuso in G.*

Dimostrazione. (i)$\Longrightarrow$(ii): ovvio.

(ii)$\Longrightarrow$(iii): essendo H una sottovarietà di G, possiamo trovare una carta (U, φ) di G nell'elemento neutro e adattata ad H (Corollario 2.4.19), cioè tale che $\varphi(U \cap H) = \varphi(U) \cap (\mathbb{R}^m \times \{O\})$, dove $m = \dim H$. In particolare, $U \cap H = \varphi^{-1}\big(\varphi(U) \cap (\mathbb{R}^m \times \{O\})\big)$ è chiuso in U. Scegliamo poi un intorno aperto $W \subset G$ di e tale che

$$W^{-1}W = \{w_1^{-1}w_2 \mid w_1, w_2 \in W\}$$

sia contenuto in U; questo intorno esiste perché l'applicazione $(g_1, g_2) \mapsto g_1^{-1}g_2$ da $G \times G$ in G è continua e manda la coppia (e, e) in e.

Sia $\{h_\nu\}$ una successione in H che converge a $g \in G$; per dimostrare che H è chiuso ci basta far vedere che $g \in H$. Siccome gW è un intorno di g, esiste $\nu_0 \in \mathbb{N}$ tale che $h_\nu \in gW$ per $\nu \geq \nu_0$. Ma allora $g^{-1}h_\nu \in W$ e

$$h_{\nu_0}^{-1}h_\nu = (g^{-1}h_{\nu_0})^{-1}g^{-1}h_\nu \in W^{-1}W \cap H \subseteq U \cap H$$

per ogni $\nu \geq \nu_0$. Chiaramente, $h_{\nu_0}^{-1}h_\nu \to h_{\nu_0}^{-1}g$; inoltre

$$h_{\nu_0}^{-1}g = (g^{-1}h_{\nu_0})^{-1} \in W^{-1} \subseteq W^{-1}W \subseteq U \,.$$

Abbiamo osservato sopra che $U \cap H$ è chiuso in U; quindi $h_{\nu_0}^{-1}h_\nu \to h_{\nu_0}^{-1}g$ implica $h_{\nu_0}^{-1}g \in U \cap H$, e quindi $g = h_{\nu_0}h_{\nu_0}^{-1}g \in H$, come voluto.

(iii)$\Longrightarrow$(i): dobbiamo dimostrare che H è una sottovarietà di G. Sia $\mathfrak{g}$ l'algebra di Lie di G, e definiamo $\mathfrak{h} \subseteq \mathfrak{g}$ ponendo

$$\mathfrak{h} = \{X \in \mathfrak{g} \,|\, \text{esiste una curva } \sigma \colon \mathbb{R} \to G \text{ con } \sigma(0) = e,\ \sigma'(0) = X \text{ e } \sigma(\mathbb{R}) \subseteq H\}.$$

L'idea è che se H è una sottovarietà allora $\mathfrak{h}$ coincide con lo spazio tangente ad H in e, cioè con l'algebra di Lie di H.

Cominciamo col dimostrare che $\mathfrak{h}$ è un sottospazio vettoriale di $\mathfrak{g}$. Prendiamo $X_j = \sigma_j'(0) \in \mathfrak{h}$ e $\lambda_j \in \mathbb{R}$ per $j = 1, 2$, e definiamo $\sigma \colon \mathbb{R} \to G$ ponendo $\sigma(t) = \sigma_1(\lambda_1 t)\sigma_2(\lambda_2 t)$. Allora $\sigma(t) \in H$ per ogni $t \in \mathbb{R}$ e $\sigma'(0) = \lambda_1 X_1 + \lambda_2 X_2$ (dove abbiamo usato l'Esercizio 2.119), per cui $\lambda_1 X_1 + \lambda_2 X_2 \in \mathfrak{h}$.

Adesso vogliamo dimostrare che per ottenere $\mathfrak{h}$ è sufficiente limitarsi ai sottogruppi a un parametro, cioè che

$$\mathfrak{h} = \{X \in \mathfrak{g} \,|\, \exp(tX) \in H \text{ per ogni } t \in \mathbb{R}\}. \tag{3.19}$$

Che $\mathfrak{h}$ contenga l'insieme a secondo membro è ovvio. Per il viceversa, dimostriamo preliminarmente la seguente affermazione:

(A) *se esistono una successione $\{X_\nu\} \subset \mathfrak{g}$ convergente a $X \in \mathfrak{g}$ e una successione $\{t_\nu\} \subset \mathbb{R}$ con $t_\nu \to 0^+$ tali che $\exp(t_\nu X_\nu) \in H$ per ogni $\nu \in \mathbb{N}^*$, allora $\exp(tX) \in H$ per ogni $t \in \mathbb{R}$.*

Sia $t > 0$. Per ν abbastanza grande esiste un intero $m_\nu \in \left(\frac{t}{t_\nu} - 1, \frac{t}{t_\nu}\right] \cap \mathbb{N}$; quindi $m_\nu t_\nu \to t$ e $m_\nu t_\nu X_\nu \to tX$. Essendo H chiuso otteniamo

$$\exp(tX) = \lim_{\nu \to +\infty} \exp(m_\nu t_\nu X_\nu) = \lim_{\nu \to +\infty} \exp(t_\nu X_\nu)^{m_\nu} \in H,$$

come voluto. Infine, siccome $\exp(-tX) = \exp(tX)^{-1}$, abbiamo $\exp(tX) \in H$ anche per $t < 0$.

Adesso, prendiamo $X = \sigma'(0) \in \mathfrak{h}$; allora $\tau(t) = \exp^{-1}\bigl(\sigma(t)\bigr) \in \mathfrak{g}$ è definito per t sufficientemente piccolo, grazie alla Proposizione 3.6.6.(iii). Dunque la Proposizione 3.6.6.(ii) implica

$$X = \sigma'(0) = \frac{\mathrm{d}}{\mathrm{d}t}\exp\bigl(\tau(t)\bigr)\Big|_{t=0} = \tau'(0) = \lim_{\nu \to \infty} \nu\tau(1/\nu).$$

Poniamo $t_\nu = 1/\nu$ e $X_\nu = \nu\tau(1/\nu)$; allora

$$\exp(t_\nu X_\nu) = \exp\bigl(\tau(1/\nu)\bigr) = \sigma(1/\nu) \in H$$

per ogni $\nu > 0$, e quindi (A) implica $\exp(tX) \in H$ per ogni $t \in \mathbb{R}$. Dunque $\mathfrak{h}$ è contenuto nel secondo membro di (3.19), e l'uguaglianza è dimostrata.

L'idea è ora usare l'esponenziale per costruire una carta adattata a H in e, e poi usare le traslazioni sinistre per ottenere un atlante adattato ad H.

Sia $\mathfrak{k}$ un supplementare di $\mathfrak{h}$ in $\mathfrak{g}$, in modo da avere $\mathfrak{g} = \mathfrak{h} \oplus \mathfrak{k}$. Prima di tutto, dimostriamo che esiste un intorno W dell'origine in $\mathfrak{k}$ tale che $\exp(W) \cap H = \{e\}$. Se non esistesse, potremmo trovare una successione

$\{Y_\nu\} \subset \mathfrak{k} \setminus \{O\}$ con $Y_\nu \to O$ e $\exp(Y_\nu) \in H$ per ogni $\nu \in \mathbb{N}$. Scegliamo una norma qualsiasi $\|\cdot\|$ in $\mathfrak{g}$, e sia $Z_\nu = Y_\nu/\|Y_\nu\|$. A meno di una sotto-successione, potremmo supporre che $Z_\nu \to Z \in \mathfrak{k}$, con $\|Z\| = 1$. Ma per costruzione $\exp(\|Y_\nu\|Z_\nu) = \exp(Y_\nu) \in H$ e $\|Y_\nu\| \to 0$; quindi, sempre (A) da-rebbe $\exp(tZ) \in H$ per ogni $t \in \mathbb{R}$. Ma questo implicherebbe $Z \in \mathfrak{h} \cap \mathfrak{k} = \{O\}$, contraddizione.

Sia ora $\psi \colon \mathfrak{h} \times \mathfrak{k} \to G$ data da $\psi(X,Y) = \exp(X)\exp(Y)$. Usando la Propo-sizione 3.6.6.(ii) si verifica subito (controlla) che φ è un diffeomorfismo fra un intorno $V \times W$ di (O,O) e un intorno U di e; inoltre, per quanto appena visto, a meno di rimpicciolire W possiamo anche supporre che $\exp(W) \cap H = \{e\}$. Vogliamo allora dimostrare che $U \cap H = \exp(V)$.

Che $\exp(V) \subseteq U \cap H$ segue subito da (3.19). Viceversa, sia $h \in U \cap H$; essendo $h \in U$, esistono unici $X \in V$ e $Y \in W$ tali che $h = \exp(X)\exp(Y)$. Quindi

$$\exp(Y) = \exp(-X)h \in \exp(W) \cap H = \{e\} \; ;$$

ma allora $Y = O$ e $h = \exp(X) \in \exp(V)$.

Sia allora $\varphi = \psi|_U^{-1}$. Allora (identificando $\mathfrak{g}$ con $\mathbb{R}^n$) abbiamo dimo-strato che (U,φ) è una carta di G centrata in e adattata ad H. Ma allora $\left\{\left(L_h(U), \varphi \circ L_{h^{-1}}\right)\right\}$ è una carta di G centrata in $h \in H$ adattata ad H; il Corollario 2.4.19 implica allora che H è una sottovarietà di G, come voluto. □

Vale la pena osservare che non tutti i sottogruppi algebrici di un gruppo di Lie sono chiusi, e questo vale anche per i sottogruppi a un parametro:

Esempio 3.6.9. Sia $G = \mathbb{T}^2$ il toro bidimensionale, e sia $\theta \colon \mathbb{R} \to \mathbb{T}^2$ data da

$$\theta(t) = \left(\mathrm{e}^{2\pi i t}, \mathrm{e}^{2\pi i \alpha t}\right),$$

dove $\alpha \in \mathbb{R} \setminus \mathbb{Q}$ è irrazionale. Si verifica immediatamente che θ è un sottogruppo a un parametro, per cui la sua immagine è un sottogruppo algebrico di $\mathbb{T}^2$. Ora dimostreremo che $\theta(\mathbb{R})$ è denso in $\mathbb{T}^2$; quindi, in particolare, non è chiuso.

La prima osservazione è che per ogni $\delta > 0$ possiamo trovare $k_\delta \in \mathbb{Z}$ tale che $|\mathrm{e}^{2\pi i \alpha k_\delta} - 1| < \delta$. Infatti, essendo S^1 compatto, l'insieme $\{\mathrm{e}^{2\pi i \alpha n}\}_{n \in \mathbb{Z}}$ ha un punto limite $z_0 \in S^1$; quindi possiamo trovare $n_1, n_2 \in \mathbb{Z}$ tali che $|\mathrm{e}^{2\pi i \alpha n_j} - z_0| < \delta/2$ per $j = 1, 2$. Poniamo $k_\delta = n_1 - n_2$; allora

$$|\mathrm{e}^{2\pi i \alpha k_\delta} - 1| = |\mathrm{e}^{-2\pi i \alpha n_2}(\mathrm{e}^{2\pi i \alpha n_1} - \mathrm{e}^{2\pi i \alpha n_2})| = |\mathrm{e}^{2\pi i \alpha n_1} - \mathrm{e}^{2\pi i \alpha n_2}| < \delta \,, \quad (3.20)$$

come voluto. Ricordando inoltre che

$$\forall t \in [-1/2, 1/2] \qquad |t| \le |\mathrm{e}^{2\pi i t} - 1| \le 2\pi|t| \,,$$

questo vuol dire che esiste $m_\delta \in \mathbb{Z}$ tale che $0 < |k_\delta \alpha - m_\delta| < 1/2$ (le disuguaglianze sono strette perché $\alpha \notin \mathbb{Q}$) e

$$|k_\delta \alpha - m_\delta| < \delta \,.$$

Ora, sia $(e^{2\pi i t_0}, e^{2\pi i t_1}) \in \mathbb{T}^2$ un punto qualsiasi; se $n \in \mathbb{Z}$ abbiamo

$$\|\theta(t_0 + n) - (e^{2\pi i t_0}, e^{2\pi i t_1})\| = |e^{2\pi i \alpha(t_0 + n)} - e^{2\pi i t_1}| = |e^{2\pi i (b + n\alpha)} - 1|\,,$$

dove $b \in [0, 1)$ è la parte frazionaria di $\alpha t_0 - t_1$ (e $\|\cdot\|$ è la norma euclidea in $\mathbb{C}^2$). Per far vedere che l'immagine di θ è densa ci basta allora far vedere che per ogni $\varepsilon > 0$ esiste $n \in \mathbb{Z}$ tale che $|e^{2\pi i(b + n\alpha)} - 1| < \varepsilon$. Se $b = 0$ questo segue subito da (3.20) con $\delta = \varepsilon$; supponiamo allora $b > 0$ e prendiamo $\delta = \varepsilon/2\pi$ (che, senza perdita di generalità, possiamo supporre minore di $1/2$). Sia $h \in \mathbb{N}$ tale che $0 < h \le \frac{b}{|k_\delta \alpha - m_\delta|} < h + 1$; allora

$$0 \le b - h|k_\delta \alpha - m_\delta| < |k_\delta \alpha - m_\delta| < \delta = \frac{1}{2\pi}\varepsilon < \frac{1}{2}\,.$$

Quindi prendendo $n = \pm h k_\delta$, dove il segno è scelto in modo che

$$\pm(k_\delta \alpha - m_\delta) = -|k_\delta \alpha - m_\delta|\,,$$

otteniamo

$$|e^{2\pi i(b + n\alpha)} - 1| = |e^{2\pi i(b - h|k_\delta \alpha - m_\delta|)} - 1| \le 2\pi(b - h|k_\delta \alpha - m_\delta|) < \varepsilon\,,$$

e ci siamo.

3.7 Il teorema di Frobenius

Questa sezione è dedicata alla dimostrazione di un risultato fondamentale per lo studio dei campi vettoriali su una varietà: il teorema di Frobenius.

Cominciamo ponendoci un problema preliminare: supponiamo di avere su una varietà M di dimensione n un riferimento locale $\{X_1, \ldots, X_n\}$ del fibrato tangente TM. Quando esiste una carta locale φ di M tale che $X_1 = \partial_1, \ldots, X_n = \partial_n$? Una condizione necessaria è data dalla Proposizione 3.4.2.(v): si deve avere $[X_i, X_j] \equiv O$ per ogni $i, j = 1, \ldots, n$. Vogliamo dimostrare che questa condizione è (essenzialmente) anche sufficiente; per farlo procederemo per gradi.

Definizione 3.7.1. Sia $X \in \mathcal{T}(M)$ un campo vettoriale su una varietà M. Diremo che $p \in M$ è un *punto singolare* di X se $X_p = O_p$; diremo che p è un *punto regolare* altrimenti.

Proposizione 3.7.2. *Sia $p \in M$ un punto regolare di un campo vettoriale $X \in \mathcal{T}(M)$. Allora esiste una carta locale (U, φ) centrata in p tale che $X|_U \equiv \partial/\partial x^1$.*

Dimostrazione. Essendo un problema locale possiamo supporre $M = \mathbb{R}^n$ e $p = O$. Inoltre, siccome $X_p \ne O_p$, a meno di permutare le coordinate possiamo anche supporre che la prima coordinata di X non si annulli in p. Il nostro obiettivo è trovare una carta locale (U, φ) in O tale che si abbia

$$X_q = \mathrm{d}(\varphi^{-1})_{\varphi(q)} \left(\left. \frac{\partial}{\partial x^1} \right|_{\varphi(q)} \right)$$

per ogni $q \in U$.

Sia $\Theta : \mathcal{U} \to \mathbb{R}^n$ il flusso locale di X, e scegliamo $\varepsilon > 0$ e un intorno aperto U_0 dell'origine tali che $(-\varepsilon, \varepsilon) \times U_0 \subseteq \mathcal{U}$. Poniamo $S_0 = U_0 \cap \{x^1 = 0\}$, e $S = \{x' \in \mathbb{R}^{n-1} \mid (0, x') \in S_0\} \subseteq \mathbb{R}^{n-1}$. Definiamo allora $\psi : (-\varepsilon, \varepsilon) \times S \to \mathbb{R}^n$ con

$$\psi(t, x') = \theta_t(0, x') \ .$$

L'idea è dimostrare che $\mathrm{d}\psi(\partial/\partial t) \equiv X \circ \psi$ e che $\mathrm{d}\psi_{(0, O')}$ è invertibile; allora ψ sarà localmente invertibile, e l'inversa locale φ di ψ ci fornirà la carta locale cercata.

Dato $(t_0, x_0') \in (-\varepsilon, \varepsilon) \times S$ e $f \in C^\infty((-\varepsilon, \varepsilon) \times U_0)$ abbiamo

$$\mathrm{d}\psi_{(t_0, x_0')} \left(\left. \frac{\partial}{\partial t} \right|_{(t_0, x_0')} \right)(f) = \left. \frac{\partial}{\partial t}(f \circ \psi) \right|_{(t_0, x_0')} = \left. \frac{\partial}{\partial t} f\big(\theta_t(0, x_0')\big) \right|_{t = t_0}$$
$$= (Xf)\big(\psi(t_0, x_0')\big) \ ,$$

per cui $\mathrm{d}\psi(\partial/\partial t) \equiv X \circ \psi$, come voluto.

Infine, siccome $\psi(0, x') = (0, x')$ per ogni $x' \in S$, abbiamo

$$\mathrm{d}\psi_{(0, O')} \left(\frac{\partial}{\partial x^i} \right) = \left. \frac{\partial}{\partial x^i} \right|_O$$

per ogni $i = 2, \dots, n$. Quindi $\mathrm{d}\psi_{(0, O')}$ manda una base di $T_{(0, O')}\mathbb{R}^n$ in una base di $T_O \mathbb{R}^n$ (ricorda che la prima coordinata di X_O è non nulla!), per cui $\mathrm{d}\psi_{(0, O')}$ è invertibile come richiesto, e ci siamo. $\square$

Per trattare il caso generale ci servirà la seguente:

Proposizione 3.7.3. *Siano X, $Y \in \mathcal{T}(M)$ due campi vettoriali su una varietà M. Indichiamo con $\Theta : \mathcal{U} \to M$ il flusso locale di X, e con $\Psi : \mathcal{V} \to M$ il flusso locale di Y. Allora le seguenti affermazioni sono equivalenti:*

(i) *$[X, Y] = O$;*

(ii) *Y è X-invariante;*

(iii) *X è Y-invariante;*

(iv) *$\psi_s \circ \theta_t = \theta_t \circ \psi_s$ non appena uno dei due membri è definito.*

Dimostrazione. Se Y è X-invariante l'Osservazione 3.4.4 implica $\mathcal{L}_X Y = O$, e quindi $[X, Y] = O$, per la Proposizione 3.4.6.

Viceversa, supponiamo che si abbia $[X, Y] = O$; dobbiamo dimostrare che Y è X-invariante. Sia $p \in M$ qualsiasi, e sia $V : \mathcal{U}^p \to T_p M$ data da

$$V(t) = \mathrm{d}(\theta_{-t})_{\theta_t(p)}(Y) \ ;$$

per far vedere che Y è X-invariante ci basta dimostrare che V è costante. Ma infatti per ogni $t_0 \in \mathcal{U}^p$ si ha

$$
\begin{aligned}
\frac{\mathrm{d}V}{\mathrm{d}t}(t_0) &= \frac{\mathrm{d}}{\mathrm{d}t}\mathrm{d}(\theta_{-t})_{\theta_t(p)}(Y)\Big|_{t=t_0} = \frac{\mathrm{d}}{\mathrm{d}s}\mathrm{d}(\theta_{-t_0-s})_{\theta_{t_0+s}(p)}(Y)\Big|_{s=0} \\
&= \frac{\mathrm{d}}{\mathrm{d}s}\mathrm{d}(\theta_{-t_0})_{\theta_{t_0}(p)} \circ \mathrm{d}(\theta_{-s})_{\theta_s(\theta_{t_0}(p))}(Y)\Big|_{s=0} \\
&= \mathrm{d}(\theta_{-t_0})_{\theta_{t_0}(p)}\left(\frac{\mathrm{d}}{\mathrm{d}s}\mathrm{d}(\theta_{-s})_{\theta_s(\theta_{t_0}(p))}(Y)\Big|_{s=0}\right) \\
&= \mathrm{d}(\theta_{-t_0})_{\theta_{t_0}(p)}(\mathcal{L}_X Y) = O \ ,
\end{aligned}
$$

per cui $V(t) \equiv V(0) = Y_p$ e ci siamo.

Abbiamo dimostrato che (i) è equivalente a (ii); essendo $[Y, X] = -[X, Y]$, in modo analogo si dimostra che (i) è equivalente a (iii).

Dimostriamo ora che (iii) implica (iv). Scegliamo $s \in \mathbb{R}$ e $p \in \mathcal{V}_s$, e consideriamo la curva $\sigma: I \to M$ ottenuta ponendo $\sigma = \psi_s \circ \theta^p$, dove $I \subseteq \mathbb{R}$ è un intervallo contenente l'origine su cui σ è definita. Allora per ogni $t \in I$ abbiamo

$$\sigma'(t) = (\psi_s \circ \theta^p)'(t) = \mathrm{d}(\psi_s)_{\theta^p(t)}\big((\theta^p)'(t)\big) = \mathrm{d}(\psi_s)_{\theta^p(t)}(X_{\theta^p(t)}) = X\big(\sigma(t)\big) \ ,$$

dove l'ultima eguaglianza segue dal fatto che X è Y-invariante. Ma allora questo vuol dire che σ è la curva integrale di X uscente da $\psi_s(p)$, per cui

$$
\begin{aligned}
\psi_s \circ \theta_t(p) = \Psi\big(s, \Theta(t, p)\big) &= \psi_s\big(\theta^p(t)\big) \\
&= \sigma(t) = \theta^{\psi_s(p)}(t) = \Theta\big(t, \Psi(s, p)\big) = \theta_t \circ \psi_s(p) \ ,
\end{aligned}
$$

come voluto.

Infine, supponiamo che valga (iv). Allora

$$
\begin{aligned}
\mathrm{d}(\psi_s)_p(X) &= \frac{\mathrm{d}}{\mathrm{d}t}(\psi_s \circ \theta^p)\Big|_{t=0} = \frac{\mathrm{d}}{\mathrm{d}t}(\psi_s \circ \theta_t(p))\Big|_{t=0} = \frac{\mathrm{d}}{\mathrm{d}t}\big(\theta_t(\psi_s(p))\big)\Big|_{t=0} \\
&= (\theta^{\psi_s(p)})'(0) = X_{\psi_s(p)} \ ,
\end{aligned}
$$

per cui X è Y-invariante, come voluto.　　　　　　　□

Possiamo allora dimostrare:

Teorema 3.7.4. *Siano $X_1, \ldots, X_k \in \mathcal{T}(M)$ campi vettoriali linearmente indipendenti in ogni punto di una varietà M di dimensione n. Allora le seguenti affermazioni sono equivalenti:*

(i) *per ciascun $p \in M$ esiste una carta locale (U, φ) centrata in p tale che $X_j|_U = \partial/\partial x^j$ per $j = 1, \ldots, k$;*

(ii) $[X_i, X_j] \equiv O$ per $i, j = 1, \ldots, k$.

Dimostrazione. Abbiamo già notato che (i) implica (ii); supponiamo allora che (ii) valga. Essendo un problema locale, possiamo supporre $M = \mathbb{R}^n$ e $p = O$. A meno di permutare le coordinate, possiamo anche supporre che $\{X_1|_p, \ldots, X_k|_p, \partial/\partial x^{k+1}|_p, \ldots, \partial/\partial x^n|_p\}$ sia una base di T_pM. Indichiamo con Θ_j il flusso locale di X_j, per $j = 1, \ldots, k$. Ragionando per induzione su k si dimostra facilmente che esistono $\varepsilon > 0$ e un intorno W di $p = O$ tali che la composizione $(\theta_k)_{t_k} \circ \cdots \circ (\theta_1)_{t_1}$ sia ben definita su W per ogni $t_1, \ldots, t_k \in (-\varepsilon, \varepsilon)$.

Poniamo $S = \{(x^{k+1}, \ldots, x^n) \in \mathbb{R}^{n-k} \mid (0, \ldots, 0, x^{k+1}, \ldots, x^n) \in W\}$, e definiamo $\psi : (-\varepsilon, \varepsilon)^k \times S \to \mathbb{R}^n$ con

$$\psi(t^1, \ldots, t^k, x^{k+1}, \ldots, x^n) = (\theta_k)_{t^k} \circ \cdots \circ (\theta_1)_{t^1}(0, \ldots, 0, x^{k+1}, \ldots, x^n) \,.$$

Dimostriamo prima di tutto che

$$d\psi\left(\frac{\partial}{\partial t^i}\right) = X_i \tag{3.21}$$

per $i = 1, \ldots, k$. Infatti, se $f \in C^\infty(\mathbb{R}^n)$ e $x \in (-\varepsilon, \varepsilon)^k \times S$ la proposizione precedente ci dà

$$d\psi_x\left(\frac{\partial}{\partial t^i}\right)(f) = \frac{\partial}{\partial t^i}(f \circ \psi)\Big|_x$$

$$= \frac{\partial}{\partial t^i} f\big((\theta_k)_{t^k} \circ \cdots \circ (\theta_1)_{t^1}(0, \ldots, 0, x^{k+1}, \ldots, x^n)\big)\Big|_x$$

$$= \frac{\partial}{\partial t^i} f\big((\theta_i)_{t^i} \circ (\theta_k)_{t^k} \circ \cdots \circ (\theta_{i+1})_{t^{i+1}} \circ (\theta_{i-1})_{t^{i-1}} \circ (\theta_1)_{t^1}(0, \ldots, 0, x^{k+1}, \ldots, x^n)\big)\Big|_x$$

$$= (X_i f)\big(\psi(x)\big) \,,$$

e (3.21) è dimostrata. Per concludere la dimostrazione ci basta far vedere che $d\psi_O$ è invertibile, perché in tal caso ψ è invertibile in un intorno dell'origine, e l'inversa φ di ψ è la carta locale cercata. Ma infatti siccome $\psi(0, \ldots, 0, x^{k+1}, \ldots, x^n) = (0, \ldots, 0, x^{k+1}, \ldots, x^n)$, vediamo subito che

$$d\psi_O\left(\frac{\partial}{\partial x^j}\right) = \frac{\partial}{\partial x^j}\Big|_O$$

per $j = k+1, \ldots, n$; la tesi quindi segue da (3.21) insieme all'ipotesi che $\{X_1|_p, \ldots, X_k|_p, \partial/\partial x^{k+1}|_p, \ldots, \partial/\partial x^n|_p\}$ sia una base di T_pM. $\qquad\square$

Questo era solo l'antipasto. Una conseguenza del Teorema 3.3.5 è che dato un campo vettoriale mai nullo $X \in \mathcal{T}(M)$ possiamo decomporre la varietà M nell'unione disgiunta delle curve integrali di X: ogni punto di M appartiene a una e una sola curva integrale. Inoltre, ciascuna curva integrale è un'immersione (in quanto abbiamo supposto che X non abbia punti singolari). Se ci dimentichiamo della parametrizzazione delle curve integrali, possiamo riformulare il risultato in questo modo: da una parte abbiamo selezionato in modo C^∞ un sottospazio uni-dimensionale in ciascun spazio tangente T_pM (il sottospazio generato da X_p); dall'altra abbiamo che ogni punto è contenuto nell'immagine dell'immersione di una varietà 1-dimensionale tangente in ogni punto a questi sottospazi unidimensionali. Il teorema di Frobenius è la generalizzazione di questo enunciato al caso di sottospazi k-dimensionali.

Introduciamo una serie di definizioni, necessarie per giungere a un enunciato preciso del teorema di Frobenius.

Definizione 3.7.5. Una *distribuzione* k-dimensionale su una varietà M è un sottoinsieme $\mathcal{D} \subset TM$ del fibrato tangente tale che $\mathcal{D}_p = \mathcal{D} \cap T_pM$ è un sottospazio k-dimensionale di T_pM per ogni $p \in M$. Diremo che la distribuzione k-dimensionale $\mathcal{D}$ è *liscia* se per ogni $p \in M$ esiste un intorno aperto $U \subseteq M$ di p e k campi vettoriali locali $Y_1, \ldots, Y_k \in \mathcal{T}(U)$ tali che $\mathcal{D}_p = \mathrm{Span}\big(Y_1(p), \ldots, Y_k(p)\big)$ per ogni $p \in U$. La k-upla $(Y_1, \ldots, Y_k)$ è detta *riferimento locale* per $\mathcal{D}$ su U.

Definizione 3.7.6. Una *sezione locale* di una distribuzione liscia $\mathcal{D}$ su un aperto $U \subseteq M$ di una varietà M è un campo vettoriale $X \in \mathcal{T}(U)$ tale che $X_p \in \mathcal{D}_p$ per ogni $p \in U$. Indicheremo con $\mathcal{T}_\mathcal{D}(U)$ lo spazio delle sezioni locali di $\mathcal{D}$ sull'aperto U. Diremo che la distribuzione liscia $\mathcal{D}$ è *involutiva* se $[X,Y] \in \mathcal{T}_\mathcal{D}(U)$ per ogni $X, Y \in \mathcal{T}_\mathcal{D}(U)$ e ogni aperto $U \subseteq M$.

Definizione 3.7.7. Sia $\mathcal{D} \subseteq TM$ una distribuzione liscia. Una *sottovarietà integrale* di $\mathcal{D}$ è una sottovarietà immersa (vedi la Definizione 2.4.10 e l'Osservazione 2.4.21) $S \hookrightarrow M$ tale che $T_pS = \mathcal{D}_p$ per ogni $p \in S$. Diremo che $\mathcal{D}$ è *integrabile* se ogni punto di M è contenuto in una sottovarietà integrale di $\mathcal{D}$.

Proposizione 3.7.8. *Ogni distribuzione liscia integrabile è involutiva.*

Dimostrazione. Sia $\mathcal{D} \subseteq TM$ una distribuzione integrabile, e $X, Y \in \mathcal{T}_\mathcal{D}(U)$ due sezioni di $\mathcal{D}$ su un aperto U. Preso $p \in U$, sia S una sottovarietà integrale di $\mathcal{D}$ contenente p. Siccome X e Y sono sezioni di $\mathcal{D}$, abbiamo $X_q, Y_q \in T_qS$ per ogni $q \in S \cap U$; l'Esercizio 3.34 ci dice allora che $[X,Y]_p \in T_pN = \mathcal{D}_p$. Siccome questo vale per qualsiasi $p \in U$, otteniamo $[X,Y] \in \mathcal{T}_\mathcal{D}(U)$, come voluto. $\square$

Come già succedeva per le curve integrali, le sottovarietà integrali sono (almeno localmente) a due a due disgiunte e, in un certo senso, parallele. Per precisare questo concetto ci servono un altro paio di definizioni.

Definizione 3.7.9. Sia $\mathcal{D} \subseteq TM$ una distribuzione liscia k-dimensionale in una varietà di dimensione n. Una carta locale (U, φ) è *piatta* per $\mathcal{D}$ se:

(a) $\varphi(U) = V' \times V''$ con V' aperto in $\mathbb{R}^k$ e V'' aperto in $\mathbb{R}^{n-k}$, e

(b) $(\partial/\partial x^1, \ldots, \partial/\partial x^k)$ è un riferimento locale per $\mathcal{D}$ su U.

Se (U, φ) è una carta piatta per $\mathcal{D}$, gli insiemi della forma

$$\{x \in U \mid x^{k+1} = c^{k+1}, \ldots, x^n = c^n\}$$

con $c^{k+1}, \ldots, c^n \in \mathbb{R}$ fissati sono chiamati *fette* di U. Infine, diremo che $\mathcal{D}$ è *completamente integrabile* se per ogni $p \in M$ esiste una carta locale (U, φ) in p piatta per $\mathcal{D}$.

Lemma 3.7.10. *Ogni distribuzione liscia completamente integrabile è integrabile.*

Dimostrazione. Infatti se (U, φ) è una carta piatta per una distribuzione k-dimensionale liscia $\mathcal{D}$ allora le fette di U sono chiaramente delle sottovarietà integrali di $\mathcal{D}$. $\qquad\square$

Dunque completamente integrabile implica integrabile che implica involutiva. Il *teorema di Frobenius locale* ci assicura che queste implicazioni sono in realtà delle equivalenze:

Teorema 3.7.11 (Frobenius). *Ogni distribuzione liscia involutiva è completamente integrabile.*

Dimostrazione. Sia $\mathcal{D} \subseteq TM$ una distribuzione k-dimensionale liscia involutiva. Grazie al Teorema 3.7.4, per dimostrare che $\mathcal{D}$ è completamente integrabile ci basta trovare nell'intorno di ogni punto di M un riferimento locale di $\mathcal{D}$ composto da campi vettoriali che commutano.

Dato $p \in M$, scegliamo una carta locale (U, φ) centrata in p tale che esista un riferimento locale $(X_1, \ldots, X_k)$ per $\mathcal{D}$ su U. Inoltre, a meno di permutare le coordinate di φ, possiamo anche supporre che

$$\left\{ X_1(p), \ldots, X_k(p), \left.\frac{\partial}{\partial x^{k+1}}\right|_p, \ldots, \left.\frac{\partial}{\partial x^n}\right|_p \right\}$$

sia una base di $T_p M$. Per comodità di notazione, poniamo $X_j = \partial/\partial x^j$ per $j = k+1, \ldots, n$, e scegliamo $a_i^j \in C^\infty(U)$ tali che

$$X_i = \sum_{j=1}^n a_i^j \frac{\partial}{\partial x^j}$$

per $i = 1, \ldots, n$. La matrice (a_i^j) è invertibile in p; a meno di restringere ulteriormente U possiamo supporre che sia invertibile su tutto U, e sia (b_j^i) la sua inversa. Allora

$$\frac{\partial}{\partial x^j} = \sum_{i=1}^n b_j^i X_i = \sum_{i=1}^k b_j^i X_i + \sum_{i=k+1}^n b_j^i \frac{\partial}{\partial x^i}$$

per $j = 1, \ldots, n$. Definiamo allora $Y_j = \sum_{i=1}^{k} b_j^i X_i \in \mathcal{T}_{\mathcal{D}}(U)$ per $j = 1, \ldots, k$; per concludere ci basta dimostrare che $(Y_1, \ldots, Y_k)$ è un riferimento locale per $\mathcal{D}$ composto da campi vettoriali che commutano.

Sia $F \colon U \to \mathbb{R}^k$ data da $F = \pi \circ \varphi$, dove $\pi \colon \mathbb{R}^n \to \mathbb{R}^k$ è la proiezione sulle prime k coordinate. Allora per ogni $q \in U$ e ogni $j = 1, \ldots, k$ abbiamo

$$\mathrm{d}F_q(Y_j) = \mathrm{d}F_q(Y_j) + \sum_{i=k+1}^{n} b_j^i(q)\,\mathrm{d}F_q\left(\frac{\partial}{\partial x^i}\right) = \mathrm{d}F_q\left(\frac{\partial}{\partial x^j}\right) = \left.\frac{\partial}{\partial x^j}\right|_{F(q)}.$$

Quindi gli Y_j sono linearmente indipendenti su tutto U, per cui formano un riferimento locale per $\mathcal{D}$, e $\mathrm{d}F_q|_{\mathcal{D}_q}$ è iniettivo per ogni $q \in U$. Inoltre, il Lemma 3.4.9 implica che

$$\mathrm{d}F_q([Y_i, Y_j]) = \left[\frac{\partial}{\partial x^i}, \frac{\partial}{\partial x^j}\right](F(q)) = O$$

per ogni $q \in U$ e $i, j = 1, \ldots, k$. Ma l'involutività di $\mathcal{D}$ implica $[Y_i, Y_j](q) \in \mathcal{D}_q$; quindi essendo $\mathrm{d}F_q|_{\mathcal{D}_q}$ iniettivo troviamo $[Y_i, Y_j](q) = O_q$, come voluto. $\square$

Vogliamo ora dare una descrizione di come sono disposte le sottovarietà integrali, descrizione che ci servirà poi per dimostrare la versione globale del teorema di Frobenius.

Proposizione 3.7.12. *Sia $\mathcal{D} \subseteq TM$ una distribuzione liscia involutiva k-dimensionale in una varietà M, sia (U, φ) una carta piatta per $\mathcal{D}$, e S una sottovarietà integrale di $\mathcal{D}$. Allora $S \cap U$ è unione disgiunta al più numerabile di aperti connessi di fette di U, ciascuno dei quali è aperto in S ed embedded in M.*

Dimostrazione. Siccome l'inclusione $\iota \colon S \hookrightarrow M$ è continua, l'intersezione $S \cap U = \iota^{-1}(U)$ è aperta in S, e quindi è unione di una quantità al più numerabile di componenti connesse, ciascuna delle quali è aperta in S.

Sia V una di queste componenti connesse; cominciamo col dimostrare che è contenuta in un'unica fetta di U. Essendo (U, φ) una carta piatta per $\mathcal{D}$, per ogni $p \in U$ abbiamo $\mathcal{D}_p = \mathrm{Ker}(\mathrm{d}x^{k+1}) \cap \cdots \cap \mathrm{Ker}(\mathrm{d}x^n)$. Quindi la restrizione di $\mathrm{d}x^{k+1}, \ldots, \mathrm{d}x^n$ a TV è identicamente nulla; essendo V connesso, questo vuol dire che le funzioni $x^{k+1}, \ldots, x^n$ sono costanti su V, e quindi V è contenuto in un'unica fetta N di U.

Siccome N è una sottovarietà (embedded) di M, l'inclusione $V \hookrightarrow N$ è di classe C^∞, essendolo a valori in M. Ma allora è un'immersione iniettiva fra varietà della stessa dimensione, per cui è un diffeomorfismo locale e un omeomorfismo con l'immagine, che è aperta in N; in altre parole, è un embedding. Essendo N embedded in M, ne segue che V è embedded in M. $\square$

Nella prossima sezione avremo bisogno di una conseguenza della proposizione che ora introduciamo (confronta anche l'Esercizio 2.100).

Corollario 3.7.13. *Sia $S \subseteq N$ una sottovarietà integrale di una distribuzione involutiva k-dimensionale $\mathcal{D}$ su una varietà N, e sia $F \colon M \to N$ un'applicazione differenziabile con $F(M) \subseteq S$. Allora F è differenziabile come applicazione da M a S.*

Dimostrazione. Scelto $p \in M$ sia $q = F(p) \in S$ e scegliamo una carta piatta (U, φ) per $\mathcal{D}$ in q. Fissiamo poi una carta (V, ψ) di M centrata in p con V connesso e tale che $F(V) \subseteq U$. Posto $\varphi = (y^1, \ldots, y^n)$, la Proposizione 3.7.12 e il fatto che $F(V) \subseteq U \cap S$ implicano che $y^{k+1} \circ F, \ldots, y^n \circ F$ assumono una quantità al più numerabile di valori; essendo V connesso, questo implica che $y^{k+1} \circ F, \ldots, y^n \circ F$ sono costanti. Quindi $F(V)$ è contenuto in una fetta di U. Su questa fetta, $(y^1, \ldots, y^k)$ sono delle coordinate per S, e F, come applicazione a valori in S, è rappresentata da $(y^1 \circ F, \ldots, y^k \circ F)$, che è di classe C^∞. □

Definizione 3.7.14. Una *foliazione* di *dimensione* k di una n-varietà è una partizione $\mathcal{F}$ di M in sottovarietà immerse connesse, disgiunte e di dimensione k (dette *foglie* della foliazione) tali che per ogni punto $p \in M$ esiste una carta locale (U, φ) in p che soddisfa le seguenti condizioni:

(i) $\varphi(U) = V' \times V''$, con V' aperto in $\mathbb{R}^k$ e V'' aperto in $\mathbb{R}^{n-k}$;

(ii) ogni foglia della foliazione interseca U o nell'insieme vuoto o in una unione disgiunta al più numerabile di fette k-dimensionali di U della forma $\{x^{k+1} = c^{k+1}, \ldots, x^n = c^n\}$ per opportune costanti $c^{k+1}, \ldots, c^n \in \mathbb{R}$.

Una tale carta locale sarà detta *piatta* per la foliazione $\mathcal{F}$.

Esempio 3.7.15. Alcuni esempi di foliazioni sono:

(a) se $V \subset \mathbb{R}^n$ è un sottospazio vettoriale di dimensione k, la famiglia di tutti i sottospazi affini k-dimensionali di $\mathbb{R}^n$ paralleli a V è una foliazione di $\mathbb{R}^n$ di dimensione k;

(b) la famiglia dei raggi $R_x = \{\lambda x \mid \lambda > 0\} \subset \mathbb{R}^n$ al variare di $x \in S^{n-1}$ è una foliazione unidimensionale di $\mathbb{R}^n \setminus \{O\}$;

(c) la famiglia $S_r^{n-1} = \{x \in \mathbb{R}^n \mid \|x\| = r\}$ al variare di $r > 0$ è una foliazione $(n-1)$-dimensionale di $\mathbb{R}^n \setminus \{O\}$;

(d) se M e N sono varietà connesse, la famiglia delle sottovarietà $\{p\} \times N$ al variare di $p \in M$ è una foliazione di $M \times N$ con foglie diffeomorfe a N;

(e) per ogni $\alpha \in \mathbb{R} \setminus \mathbb{Q}$ la famiglia delle immagini delle curve $\theta_\eta \colon \mathbb{R} \to \mathbb{T}^2$ date da $\theta_\eta(t) = (\mathrm{e}^{2\pi i t}, \mathrm{e}^{2\pi i (\alpha t + \eta)})$ al variare di $\eta \in \mathbb{R}$ è una foliazione unidimensionale di $\mathbb{T}^2$ in cui tutte le foglie sono dense (vedi l'Esempio 3.6.9);

(f) la famiglia delle componenti connesse delle curve in $\mathbb{R}^2$ definite dalle equazioni
$$\begin{cases} z = (\tan y)^2 + c\,, \\ xy = (k + \frac{1}{2})\pi\,, \end{cases}$$
al variare di $c \in \mathbb{R}$ e $k \in \mathbb{Z}$ è una foliazione unidimensionale di $\mathbb{R}^2$;

(g) ruotando attorno all'asse z la foliazione precedente otteniamo una foliazione bidimensionale di $\mathbb{R}^3$, in cui qualche foglia è diffeomorfa a un piano e qualche foglia è diffeomorfa a un cilindro.

Si verifica facilmente (Esercizio 3.67) che l'unione degli spazi tangenti alle foglie di una foliazione k-dimensionale forma una distribuzione liscia k-dimensionale involutiva. La versione globale del teorema di Frobenius ci dice che è vero anche il viceversa, per cui foliazioni o distribuzioni involutive sono di fatto la stessa cosa.

Per dimostrarlo, ci serve un ultimo:

Lemma 3.7.16. *Sia $\mathcal{D} \subseteq TM$ una distribuzione liscia involutiva in una varietà M, e sia $\{N_\alpha\}$ una collezione di sottovarietà integrali connesse di $\mathcal{D}$ con intersezione non vuota. Allora $N = \bigcup_\alpha N_\alpha$ ha un'unica struttura di varietà rispetto alla quale è una sottovarietà integrale connessa di $\mathcal{D}$ tale che ciascun N_α sia aperto in N.*

Dimostrazione. Su ciascun N_α fissiamo un atlante composto da carte locali della forma $(S \cap N_\alpha, \pi \circ \varphi)$, dove S è un'unica fetta di una carta (U, φ) piatta per $\mathcal{D}$, e $\pi \colon \mathbb{R}^n \to \mathbb{R}^k$ è la proiezione sulle prime k-coordinate. Se N ha una struttura di varietà che soddisfa le richieste queste carte devono farvi parte; quindi ci basta dimostrare che mettendole insieme otteniamo un atlante di N.

Per avere la compatibilità delle carte, dobbiamo prima di tutto dimostrare che $N_\alpha \cap N_\beta$ è aperto in N_β quali che siano α e β. Prendiamo $q \in N_\alpha \cap N_\beta$, sia (U, φ) una carta in q piatta per $\mathcal{D}$, e indichiamo con V_α (rispettivamente, V_β) la componente connessa di $N_\alpha \cap U$ (rispettivamente, $N_\beta \cap U$) contenente q. La Proposizione 3.7.12 ci dice che V_α e V_β sono aperti di una fetta S di U, necessariamente la stessa per entrambi in quanto deve contenere q. Quindi $V_\alpha \cap V_\beta$ è aperto in S, e quindi in N_β, come voluto.

Siccome due fette distinte di una carta piatta sono disgiunte, se abbiamo $(S_\alpha \cap N_\alpha) \cap (S_\beta \cap N_\beta) \neq \varnothing$ allora $S_\alpha = S_\beta$. Quindi i cambiamenti di coordinate nel nostro atlante saranno della forma $\pi \circ (\psi \circ \varphi^{-1}) \circ (\pi|_{\varphi(S)})^{-1}$, definiti su aperti di $\mathbb{R}^k$ per quanto detto finora, e chiaramente di classe C^∞.

Siccome essere un'immersione è una proprietà locale, l'inclusione $N \hookrightarrow M$ è un'immersione, ed è evidente che N è una sottovarietà integrale connessa di $\mathcal{D}$.

Rimane quindi da dimostrare che la struttura di varietà così definita su N è di Hausdorff e ha una base numerabile. Se q, $q' \in N$ sono punti distinti, prendiamo intorni disgiunti U e U' in M; allora, essendo l'inclusione $N \hookrightarrow M$ continua, $U \cap N$ e $U' \cap N$ sono intorni disgiunti di q e q' in N, per cui N è di Hausdorff.

Ora, sia $\mathfrak{U} = \{U_i\}$ un ricoprimento aperto numerabile di M composto da domini di carte piatte per $\mathcal{D}$. Per far vedere che N ha una base numerabile è sufficiente far vedere che $N \cap U_i$ è contenuto in un'unione numerabile di fette di U_i per ciascun i, in quanto qualsiasi aperto di una fetta ha una base numerabile.

Fissiamo un punto $p \in M$ contenuto in tutti gli N_α, scegliamo $U_i \in \mathfrak{U}$, e sia $S \subset U_i$ una fetta di U_i contenente un punto $q \in N$. Per definizione, deve esistere un α tale che N_α contiene sia p che q. Essendo N_α connesso per archi, esiste una curva continua $\sigma \colon [0,1] \to N_\alpha$ che collega p con q. Siccome l'immagine di σ è compatta, esiste una partizione $0 = t_0 < t_1 < \cdots < t_m = 1$ di $[0,1]$ tale che $\sigma([t_{j-1}, t_j])$ è contenuto in un $U_{i_j} \in \mathfrak{U}$ per ogni $j = 1, \ldots, m$. Essendo $\sigma([t_{j-1}, t_j])$ connesso, è contenuto in un'unica componente connessa di $N_\alpha \cap U_{i_j}$, e quindi in un'unica fetta S_{i_j} di U_{i_j}.

Diremo che una fetta S di un qualche U_k è *accessibile* da p se esiste una successione finita di indici $i_0, \ldots, i_m$ e di fette $S_{i_j} \subset U_{i_j}$ tali che $p \in S_{i_0}$, $S_{i_m} = S$ e $S_{i_{j-1}} \cap S_{i_j} \neq \varnothing$ per $j = 1, \ldots, m$. Siccome ogni fetta $S_{i_{j-1}}$ è a sua volta una sottovarietà integrale di $\mathcal{D}$, per la Proposizione 3.7.12 può intersecare al più una quantità numerabile di fette di U_{i_j}. Questo vuol dire che esistono al più una quantità numerabile di fette accessibili da p; ma la discussione precedente mostra che ogni fetta che interseca N è accessibile da p, e abbiamo finito. $\qquad\square$

E infine, ecco il *teorema di Frobenius globale*:

Teorema 3.7.17. *Sia $\mathcal{D} \subseteq TM$ una distribuzione liscia involutiva in una varietà M. Allora la collezione di tutte le sottovarietà integrali massimali di $\mathcal{D}$ forma una foliazione di M.*

Dimostrazione. Per ogni $p \in M$ indichiamo con L_p l'unione di tutte le sottovarietà integrali connesse di $\mathcal{D}$ che contengono p; grazie al lemma precedente, L_p è una sottovarietà integrale connessa di $\mathcal{D}$, chiaramente massimale. Se $L_p \cap L_{p'} \neq \varnothing$, allora $L_p \cup L_{p'}$ è ancora una sottovarietà integrale connessa di $\mathcal{D}$, e quindi per massimalità $L_p = L_{p'}$. Quindi le sottovarietà integrali connesse massimali di $\mathcal{D}$ formano una partizione di M.

Se (U, φ) è una carta locale piatta per $\mathcal{D}$, allora $L_p \cap U$ è unione al più numerabile di aperti di fette di U, per la Proposizione 3.7.12. Se per una di tali fette S si avesse $L_p \cap S \neq S$, allora $L_p \cup S$ sarebbe una sottovarietà integrale connessa di $\mathcal{D}$ contenente propriamente L_p, contro la massimalità. Quindi $L_p \cap U$ è sempre unione di una quantità al più numerabile di fette di U, per cui $\{L_p \mid p \in M\}$ è una foliazione. $\qquad\square$

Gli Esercizi 4.38–4.42 mostreranno come caratterizzare le distribuzioni involutive usando le forme differenziali.

3.8 Dalle algebre di Lie ai gruppi di Lie

Abbiamo visto (Proposizione 3.5.12) che a ogni sottogruppo di Lie corrisponde una sottoalgebra di Lie. Usando il teorema di Frobenius adesso siamo in grado di dimostrare il viceversa.

Teorema 3.8.1. *Sia G un gruppo di Lie con algebra di Lie $\mathfrak{g}$. Allora per ogni sottoalgebra $\mathfrak{h}$ di $\mathfrak{g}$ esiste un unico sottogruppo di Lie connesso $H \subset G$ con algebra di Lie $\mathfrak{h}$.*

Dimostrazione. Definiamo una distribuzione $\mathcal{D} \subset TG$ ponendo

$$\forall g \in G \qquad\qquad \mathcal{D}_g = \mathrm{d}(L_g)_e(\mathfrak{h}) \ .$$

Se $\{X_1, \ldots, X_k\}$ è una base di $\mathfrak{h}$, allora $\mathcal{D}_g = \mathrm{Span}\left(\tilde{X}_1(g), \ldots, \tilde{X}_k(g)\right)$ per ogni $g \in G$, dove $\tilde{X}_j$ è, come al solito, il campo vettoriale invariante a sinistra corrispondente a X_j; quindi $\mathcal{D}$ è una distribuzione liscia. Inoltre il fatto che $\mathfrak{h}$ è una sottoalgebra implica chiaramente che $\mathcal{D}$ è involutiva; quindi, per il Teorema 3.7.11, è completamente integrabile e, per il Teorema 3.7.17, determina una foliazione $\mathcal{F}$ di G. Indichiamo con $\mathcal{F}_g$ la foglia passante per $g \in G$; se dimostriamo che $\mathcal{F}_e$ è un sottogruppo di Lie di G abbiamo finito, perché per costruzione $T_e\mathcal{F}_e = \mathfrak{h}$.

Prima di tutto notiamo che

$$\mathrm{d}(L_g)_{g'}(\mathcal{D}_{g'}) = \mathrm{Span}\left(\mathrm{d}(L_g)_{g'}\tilde{X}_1(g'), \ldots, \mathrm{d}(L_g)_{g'}\tilde{X}_k(g')\right)$$
$$= \mathrm{Span}\left(\tilde{X}_1(gg'), \ldots, \tilde{X}_k(gg')\right) = \mathcal{D}_{gg'}$$

per ogni $g, g' \in G$; quindi $\mathcal{D}$ è invariante per traslazioni a sinistra. Di conseguenza le traslazioni a sinistra mandano foglie in foglie: $L_g(\mathcal{F}_{g'}) = \mathcal{F}_{gg'}$ per ogni $g, g' \in G$.

Grazie a questa osservazione possiamo dimostrare che $H = \mathcal{F}_e$ è un sottogruppo di G. Infatti, se $h, h' \in H$ abbiamo

$$hh' = L_h(h') \in L_h(\mathcal{F}_e) = \mathcal{F}_h = H$$

e

$$h^{-1} = h^{-1}e \in L_{h^{-1}}(\mathcal{F}_e) = L_{h^{-1}}(\mathcal{F}_h) = \mathcal{F}_{h^{-1}h} = \mathcal{F}_e = H \ .$$

Per far vedere che H è un sottogruppo di Lie rimane da dimostrare che l'applicazione $(h, h') \mapsto h^{-1}h'$ è differenziabile come applicazione da $H \times H$ in H. Ma infatti, siccome H è una sottovarietà immersa, questa applicazione è chiaramente differenziabile come applicazione da $H \times H$ in G, e quindi anche come applicazione da $H \times H$ in H, grazie al Corollario 3.7.13.

Rimane da dimostrare l'unicità di H. Supponiamo, per assurdo, che $\tilde{H}$ sia un altro gruppo di Lie connesso con algebra di Lie $\mathfrak{h}$. Chiaramente $\tilde{H}$ è una sottovarietà integrale connessa di $\mathcal{D}$; quindi, per massimalità, $\tilde{H} \subseteq H$. D'altra parte, se (U, φ) è una carta piatta per $\mathcal{D}$ in e, la Proposizione 3.7.12 ci dice che $\tilde{H} \cap U$ è unione al più numerabile di aperti di fette di U. Siccome la fetta di U contenente e è aperta in H, questo vuol dire che $\tilde{H}$ contiene un intorno aperto di e in H. Ma allora la Proposizione 3.6.7.(ii) implica $\tilde{H} \supseteq H$, e abbiamo finito. $\square$

Quindi abbiamo costruito una bigezione fra sottoalgebre e sottogruppi di Lie, che fa sospettare come sia possibile studiare la struttura di un gruppo di Lie partendo dalla struttura algebrica della sua algebra di Lie. Per dimostrare un altro risultato che conferma questo sospetto ci serve una proposizione ausiliaria:

Proposizione 3.8.2. *Sia $F:G \to H$ un omomorfismo di gruppi di Lie fra i gruppi di Lie connessi G e H, di algebre di Lie rispettivamente $\mathfrak{g}$ e $\mathfrak{h}$. Allora le seguenti affermazioni sono equivalenti:*

(i)   *F è surgettivo con nucleo discreto;*

(ii) *F è un rivestimento liscio;*

(iii) *$dF_e:\mathfrak{g} \to \mathfrak{h}$ è un isomorfismo;*

(iv) *F è un diffeomorfismo locale.*

Dimostrazione. (i)$\Longrightarrow$(ii). Sia $\Gamma = \operatorname{Ker} F$. Gli Esercizi 2.129 e 2.128 dicono che $\pi:G \to G/\Gamma$ è un rivestimento liscio. Inoltre F induce un isomorfismo algebrico $\tilde{F}:G/\Gamma \to H$, che è liscio grazie all'Esercizio 2.83.(ii); quindi $F = \tilde{F} \circ \pi$ è un rivestimento liscio.

(ii)$\Longrightarrow$(iii). Ovvio.

(iii)$\Longrightarrow$(iv). Per il teorema della funzione inversa, F è un diffeomorfismo in un intorno di e. Siccome omomorfismi di gruppi di Lie hanno rango costante (Esercizio 2.131), questo implica che $\dim G = \dim H = \operatorname{rk} dF$, e quindi F è un diffeomorfismo locale.

(iv)$\Longrightarrow$(i). Se F è un diffeomorfismo locale, $F^{-1}(h)$ è discreto per ogni $h \in H$; quindi in particolare $\operatorname{Ker} F = F^{-1}(e)$ è discreto. Inoltre, l'immagine di F contiene un intorno aperto dell'elemento neutro di H; essendo H connesso, la Proposizione 3.6.7.(ii) implica che F è surgettivo. $\square$

Quindi:

Teorema 3.8.3. *Siano G e H due gruppi di Lie, con algebre di Lie rispettivamente $\mathfrak{g}$ e $\mathfrak{h}$, e supponiamo che G sia semplicemente connesso. Allora per ogni morfismo di algebre di Lie $L:\mathfrak{g} \to \mathfrak{h}$ esiste un unico omomorfismo di gruppi di Lie $F:G \to H$ tale che $dF_e = L$.*

Dimostrazione. È facile vedere (Esercizio 3.55) che l'algebra di Lie del gruppo di Lie $G \times H$ è isomorfa a $\mathfrak{g} \times \mathfrak{h}$. Sia

$$\mathfrak{k} = \{(X, L(X)) \mid X \in \mathfrak{g}\}$$

il grafico di L. Il fatto che L è un morfismo implica che $\mathfrak{k}$ è una sottoalgebra di $\mathfrak{g} \times \mathfrak{h}$: infatti

$$[(X, L(X)), (Y, L(Y))] = ([X, Y], [L(X), L(Y)]) = ([X, Y], L[X, Y]) \ .$$

Il Teorema 3.8.1 ci fornisce quindi un sottogruppo di Lie connesso K di $G \times H$ con algebra di Lie $\mathfrak{k}$.

Indichiamo con $\pi_1 \colon G \times H \to G$ e $\pi_2 \colon G \times H \to H$ le proiezioni; sono chiaramente morfismi di gruppi di Lie. Sia $\varphi = \pi_1|_K \colon K \to G$. Notiamo che $d\varphi_{(e,e)} = d(\pi_1)_{(e,e)}|_{\mathfrak{k}}$, e che il nucleo di $d(\pi_1)_{(e,e)}$ è $\{O\} \times \mathfrak{h}$; siccome $\mathfrak{k} \cap (\{O\} \times \mathfrak{h}) = \{(O, O)\}$, ne segue che $d\varphi_{(e,e)} \colon \mathfrak{k} \to \mathfrak{g}$ è iniettivo e quindi (essendo $\dim \mathfrak{k} = \dim \mathfrak{g}$) un isomorfismo. La Proposizione 3.8.2 allora implica che π è un rivestimento liscio e quindi, essendo G semplicemente connesso, un isomorfismo di gruppi di Lie. Inoltre $d\varphi_{(e,e)}\big(X, L(X)\big) = X$, per cui

$$d(\pi_2)_{(e,e)} \circ d(\varphi^{-1})_e(X) = L(X) . \tag{3.22}$$

Poniamo allora $F = \pi_2|_K \circ \varphi^{-1} \colon G \to H$. Per costruzione è un omomorfismo di gruppi di Lie; inoltre (3.22) dice esattamente che $dF_e = L$, come voluto.

Rimane da dimostrare l'unicità. Supponiamo che $\tilde{F} \colon G \to H$ sia un altro omomorfismo di gruppi di Lie con $d\tilde{F}_e = L$. La Proposizione 3.6.6.(iv) implica che

$$\forall X \in \mathfrak{g} \qquad \tilde{F}\big(\exp(X)\big) = \exp\big(L(X)\big) = F\big(\exp(X)\big) .$$

Quindi F e $\tilde{F}$ coincidono sull'immagine dell'applicazione esponenziale che, per la Proposizione 3.6.6.(ii) contiene un intorno aperto dell'elemento neutro; ma allora la Proposizione 3.6.7.(ii) implica che $\tilde{F} \equiv F$ su tutto G.   □

Di conseguenza i gruppi di Lie semplicemente connessi sono completamente determinati dalla loro algebra di Lie:

Corollario 3.8.4. *Due gruppi di Lie semplicemente connessi sono isomorfi se e solo se hanno algebre di Lie isomorfe.*

Dimostrazione. Una direzione è ovvia. Viceversa, se $L \colon \mathfrak{g} \xrightarrow{\sim} \mathfrak{h}$ è un isomorfismo fra le algebre di Lie dei gruppi di Lie semplicemente connessi G e H, allora il Teorema 3.8.3 ci fornisce due omomorfismi di gruppi di Lie $F \colon G \to H$ e $F_1 \colon H \to G$ con $dF_e = L$ e $d(F_1)_e = L^{-1}$. In particolare $d(F_1 \circ F)_e = \mathrm{id}_{\mathfrak{g}}$, e l'unicità nel Teorema 3.8.3 implica $F_1 \circ F = \mathrm{id}_G$. Analogamente $F \circ F_1 = \mathrm{id}_H$, e quindi F è un isomorfismo di gruppi di Lie, come voluto.   □

Osservazione 3.8.5. Si può dimostrare (*teorema di Ado;* vedi, per esempio, [36]) che ogni algebra di Lie $\mathfrak{g}$ di dimensione finita (come spazio vettoriale) è isomorfa a una sottoalgebra di $\mathfrak{gl}(n, \mathbb{R})$ per n abbastanza grande. Il Teorema 3.8.1 ci fornisce allora un sottogruppo di Lie connesso G di $GL(n, \mathbb{R})$ con algebra di Lie $\mathfrak{g}$. Sia (Proposizione 2.5.13) $\tilde{G}$ un gruppo di Lie semplicemente connesso che riveste G; chiaramente (perché?) l'algebra di Lie di $\tilde{G}$ è isomorfa a $\mathfrak{g}$, per cui abbiamo costruito un gruppo di Lie semplicemente connesso (unico a meno di isomorfismi) con algebra di Lie $\mathfrak{g}$. In altre parole, esiste una bigezione fra (classi di isomorfismo di) algebre di Lie di dimensione finita e (classi di isomorfismo di) gruppi di Lie semplicemente connessi.

Non è difficile vedere (Esercizio 3.63) che i gruppi di Lie connessi (per quelli sconnessi vedi l'Esercizio 3.64) di algebra di Lie $\mathfrak{g}$ sono tutti isomorfi a gruppi della forma $\tilde{G}/\Gamma$, dove $\tilde{G}$ è il gruppo di Lie semplicemente connesso di algebra di Lie $\mathfrak{g}$, e $\Gamma \subset \tilde{G}$ è un sottogruppo discreto contenuto nel centro di $\tilde{G}$ (dove ricordiamo che il *centro* di un gruppo è l'insieme degli elementi che commutano con ogni elemento del gruppo). Quindi lo studio dei gruppi di Lie connessi si riduce allo studio delle algebre di Lie e dei sottogruppi discreti dei gruppi di Lie semplicemente connessi.

Questo è solo l'inizio di una teoria estremamente ricca; rimandiamo a [36] o [12] per maggiori dettagli.

3.9 Fibrati principali

Concludiamo questo capitolo discutendo altri tipi di fibrati, più generali dei fibrati vettoriali.

L'idea che sottende il concetto di fibrato principale è la seguente. Sia $\pi \colon E \to M$ un fibrato vettoriale di rango r. A ogni $p \in M$ possiamo associare l'insieme $\mathcal{P}_p$ di tutte le basi di E_p; indichiamo con $\mathcal{P}$ l'unione disgiunta dei $\mathcal{P}_p$ al variare di $p \in M$, e con $\tilde{\pi} \colon \mathcal{P} \to M$ la proiezione canonica. Le banalizzazioni locali di E inducono banalizzazioni locali di $\mathcal{P}$: se $\{\sigma_1, \ldots, \sigma_r\}$ è un riferimento locale di E su un aperto U, allora possiamo definire una bigezione $\tilde{\chi} \colon \tilde{\pi}^{-1}(U) \to U \times GL(r, \mathbb{R})$ associando a ciascuna base $\{e_1, \ldots, e_r\} \in \mathcal{P}_p$ la coppia (p, A), dove $A = (a_h^k) \in GL(n, \mathbb{R})$ è l'unica matrice tale che

$$e_h = \sum_{k=1}^{r} a_h^k \sigma_k(p) \,.$$

Inoltre, anche senza bisogno di banalizzazioni locali, $GL(r, \mathbb{R})$ agisce transitivamente su ciascuna fibra di $\mathcal{P}$ tramite la formula

$$(A, \{e_1, \ldots, e_r\}) \mapsto \left\{ \sum_{k=1}^{r} a_1^k e_k, \ldots, \sum_{k=1}^{r} a_r^k e_k \right\} \,.$$

In particolare, quindi, le fibre di $\tilde{\pi} \colon \mathcal{P} \to M$ sono isomorfe a $GL(r, \mathbb{R})$, che a sua volta agisce su ciascuna fibra. Questo è un tipico esempio di fibrato principale, che a sua volta è un caso particolare di fibrato (non necessariamente vettoriale).

Definizione 3.9.1. Sia S una varietà differenziabile. Un *fibrato* di *fibra tipica* S su una varietà M è un'applicazione differenziabile surgettiva $\pi \colon E \to M$ fra una varietà E (detta *spazio totale* del fibrato) e la varietà M (detta *base* del fibrato) tale che per ogni $p \in M$ esista un intorno U di p in M e un diffeomorfismo $\chi \colon \pi^{-1}(U) \to U \times S$, detto *banalizzazione locale* di E, tale che il diagramma

$$
\begin{array}{ccc}
\pi^{-1}(U) & \xrightarrow{\ \chi\ } & U \times S \\
{\scriptstyle \pi} \downarrow & \swarrow {\scriptstyle \pi_1} & \\
U & &
\end{array}
$$

commuti, dove abbiamo indicato con $\pi_1: U \times S \to U$ la proiezione sulla prima coordinata.

Una collezione $\mathcal{A} = \{(U_\alpha, \chi_\alpha)\}$ di banalizzazioni locali tali che $\{U_\alpha\}$ sia un ricoprimento aperto di M è detto *atlante del fibrato*. Se $U_\alpha \cap U_\beta \neq \varnothing$, chiaramente possiamo scrivere

$$\chi_\alpha \circ \chi_\beta^{-1}(p, s) = \big(p, \psi_{\alpha\beta}(p)(s)\big)$$

per ogni $p \in U_\alpha \cap U_\beta$ e $s \in S$, per applicazioni $\psi_{\alpha\beta}: U_\alpha \cap U_\beta \to \mathrm{Diff}(S)$ opportune dette *funzioni di transizione* dell'atlante $\mathcal{A}$, dove $\mathrm{Diff}(S)$ è il gruppo dei diffeomorfismi di S con se stesso. Le funzioni di transizione soddisfano le *condizioni di cociclo*

$$\psi_{\alpha\alpha} \equiv \mathrm{id}_S$$

e

$$\psi_{\alpha\beta}(p) \circ \psi_{\beta\gamma}(p) = \psi_{\alpha\gamma}(p)$$

per ogni $p \in U_\alpha \cap U_\beta \cap U_\gamma$.

Un fibrato $\pi: E \to M$ è (perché?) sempre una sommersione surgettiva. Viceversa, sommersioni surgettive proprie forniscono esempi di fibrati:

Proposizione 3.9.2. *Sia M una varietà connessa. Allora ogni sommersione surgettiva propria $\pi: E \to M$ è un fibrato.*

Dimostrazione. Dobbiamo trovare una banalizzazione locale per ogni $p_0 \in M$. Partiamo da una carta locale (U, φ) centrata in p_0 con $\varphi(U) = \mathbb{R}^n$. Per ogni $p \in U$ definiamo $X_p \in \mathcal{T}(U)$ ponendo $X_p(q) = (\mathrm{d}\varphi_q)^{-1}(\varphi(p))$, dove stiamo identificando ciascun spazio tangente in $\mathbb{R}^n$ con $\mathbb{R}^n$ stesso. In particolare, il flusso Θ_{X_p} di X_p è definito su $\mathbb{R} \times U$ ed è dato da

$$\Theta_{X_p}(t, q) = \varphi^{-1}\big(\varphi(q) + t\varphi(p)\big) .$$

Siccome π è una sommersione, il Corollario 2.4.18.(ii) ci fornisce per ogni $\tilde{q} \in \pi^{-1}(U)$ una carta locale $(V_{\tilde{q}}, \psi_{\tilde{q}})$ centrata in $\tilde{q}$ e una carta locale $(U_{\tilde{q}}, \varphi_{\tilde{q}})$ centrata in $\pi(\tilde{q})$ con $U_{\tilde{q}} \subseteq U$ tali che $\varphi_{\tilde{q}} \circ \pi \circ \psi_{\tilde{q}}^{-1}$ sia la proiezione sulle prime n coordinate. Quindi anche il differenziale di π in queste coordinate è la proiezione sulle prime n coordinate; questo implica che possiamo trovare un campo vettoriale $Y_{p,\tilde{q}} \in \mathcal{T}(V_{\tilde{q}})$ tale che

$$\forall \tilde{p} \in V_{\tilde{q}} \qquad \mathrm{d}\pi_{\tilde{p}}\big(Y_{p,\tilde{q}}(\tilde{p})\big) = X_p\big(\pi(\tilde{p})\big) .$$

Sia $\{\rho_{\tilde{q}}\}$ una partizione dell'unità subordinata al ricoprimento aperto $\{V_{\tilde{q}}\}$ di $\pi^{-1}(U)$, e poniamo

$$Y_p = \sum_{\tilde{q} \in \pi^{-1}(U)} \rho_{\tilde{q}} Y_{p,\tilde{q}} \in \mathcal{T}\big(\pi^{-1}(U)\big) .$$

Per costruzione abbiamo quindi $\mathrm{d}\pi_{\tilde{p}}(Y_p) = X_p\big(\pi(\tilde{p})\big)$ per ogni $\tilde{p} \in \pi^{-1}(U)$. Indichiamo con Ξ_{Y_p} il flusso di Y_p; l'Esercizio 3.31 ci assicura che

$$(\Theta_{X_p})_t \circ \pi = \pi \circ (\Xi_{Y_p})_t$$

per ogni $t \in \mathbb{R}$ per cui il flusso di Y_p è definito. Ma questo vuol dire che il flusso di Y_p manda fibre in fibre; e quindi, essendo X_p un campo completo in U, usando il fatto che π è propria possiamo dimostrare che anche il flusso di Y_p è definito per tutti i tempi. Infatti, supponiamo che $\tilde{p} \in \pi^{-1}(U)$ sia tale che il flusso di Y_p uscente da $\tilde{p}$ sia definito sull'intervallo $(-t_0, t_0)$ con $0 < t_0 < +\infty$. Allora $\pi\big((\Xi_{Y_p})^{\tilde{p}}((-t_0, t_0))\big)$ è contenuto nel compatto $(\Theta_{X_p})^{\pi(\tilde{p})}([-t_0, t_0])$; essendo π propria, questo vuol dire che $(\Xi_{Y_p})^{\tilde{p}}((-t_0, t_0))$ è relativamente compatto in $\pi^{-1}(U)$, e l'Esercizio 3.24 ci assicura che Y_p è completo.

Poniamo ora $S = \pi^{-1}(p_0)$, e definiamo $\psi\colon U \times S \to \pi^{-1}(U)$ ponendo

$$\psi(p, \tilde{p}) = \Xi_{Y_p}(1, \tilde{p}) \ .$$

Prima di tutto notiamo che

$$\pi\big(\psi(p, \tilde{p})\big) = \Theta_{X_p}(1, p_0) = p \ ; \tag{3.23}$$

quindi $\psi(p, \tilde{p}) = \psi(p', \tilde{p}')$ implica $p = p'$ e dunque, essendo curve integrali dello stesso campo vettoriale uscenti da punti diversi disgiunte, $\tilde{p} = \tilde{p}'$, cioè ψ è iniettiva. Inoltre, se $\tilde{q} \in \pi^{-1}(U)$ allora

$$\pi\big(\Xi_{Y_{\pi(\tilde{q})}}(-1, \tilde{q})\big) = \Theta_{X_{\pi(\tilde{q})}}\big(-1, \pi(\tilde{q})\big) = p_0 \ ;$$

quindi $\tilde{p} = \Xi_{Y_{\pi(\tilde{q})}}(-1, \tilde{q}) \in S$ e $\tilde{q} = \psi\big(\pi(\tilde{q}), \tilde{p}\big)$, per cui ψ è surgettiva. Per dimostrare che è un diffeomorfismo rimane da dimostrare che è un diffeomorfismo locale, cioè che ha differenziale iniettivo.

Indichiamo con $\{\partial_1, \dots, \partial_n\}$ il riferimento locale indotto da φ. Allora (3.23) implica

$$\mathrm{d}\pi\big(\mathrm{d}\psi((\partial_j, O))\big) = \partial_j \ ;$$

quindi i $\mathrm{d}\psi\big((\partial_j, O)\big)$ sono linearmente indipendenti e nessuna loro combinazione lineare (non banale) è contenuta nel nucleo di $\mathrm{d}\pi$. D'altra parte, se p è fissato $\Xi_{Y_p}(1, \cdot)$ è un diffeomorfismo che manda fibre in fibre; quindi $\mathrm{d}\psi$ manda $\{O\} \times T_{\tilde{p}}S$ in modo iniettivo nello spazio tangente alla fibra su $\Theta_{X_p}(1, p_0)$, che è il nucleo di $\mathrm{d}\pi$. Ne segue che $\mathrm{d}\psi$ è iniettivo, per cui ψ è un diffeomorfismo.

Poniamo $\chi = \psi^{-1}\colon \pi^{-1}(U) \to U \times S$; grazie anche a (3.23) χ è una banalizzazione locale. In particolare, tutte le fibre di π su U sono diffeomorfe a S.

Ripetendo questo ragionamento per ogni $p_0 \in M$ otteniamo un atlante del fibrato; infatti la connessione di M e il fatto che tutte le fibre in una banalizzazione locale sono diffeomorfe ci assicura (perché?) che tutte le fibre di π sono diffeomorfe a S. $\square$

Partendo da due fibrati su una stessa varietà, è possibile costruire un fibrato sulla stessa varietà con fibra tipica il prodotto cartesiano delle fibre tipiche dei due fibrati di partenza.

Definizione 3.9.3. Date due applicazioni $f_1: M_1 \to N$ ed $f_2: M_2 \to N$, il loro *prodotto fibrato* è l'insieme

$$M_1 \times_N M_2 = \{(p_1, p_2) \in M_1 \times M_2 \mid f_1(p_1) = f_2(p_2)\},$$

con la proiezione $\pi: M_1 \times_N M_2 \to N$ data da $\pi(p_1, p_2) = f_1(p_1) = f_2(p_2)$.

Osservazione 3.9.4. Se $\pi_1: E_1 \to M$ e $\pi_2: E_2 \to M$ sono due fibrati vettoriali, allora $E_1 \times_M E_2$ coincide con il fibrato somma diretto $E_1 \oplus E_2$ introdotto nell'Esempio 3.1.21.

Lemma 3.9.5. *Siano $\pi_1: E_1 \to M$ e $\pi_2: E_2 \to M$ due fibrati di fibra tipica rispettivamente S_1 ed S_2. Allora $\pi: E_1 \times_M E_2 \to M$ è un fibrato di fibra tipica $S_1 \times S_2$.*

Dimostrazione. Prima di tutto mostriamo che $E_1 \times_M E_2$ è una sottovarietà di $E_1 \times E_2$. Indichiamo con $\pi_1 \times \pi_2: E_1 \times E_2 \to M \times M$ l'applicazione $\pi_1 \times \pi_2(x_1, x_2) = (\pi_1(x_1), \pi_2(x_2))$, e sia

$$\Delta = \{(p, p) \in M \times M \mid p \in M\}$$

la diagonale di $M \times M$. Chiaramente abbiamo $E_1 \times_M E_2 = (\pi_1 \times \pi_2)^{-1}(\Delta)$; inoltre, essendo π_1 e π_2 sommersioni, $\pi_1 \times \pi_2$ è banalmente trasversa a Δ (vedi la Definizione 2.E.4). Quindi l'Esercizio 2.94 ci assicura che $E_1 \times_M E_2$ è una sottovarietà di $E_1 \times E_2$, e l'applicazione π è chiaramente differenziabile.

Siano ora $\{(U_\alpha, \chi_\alpha^j)\}$ atlanti di fibrato per $\pi_j: E_j \to M$, con $j = 1, 2$, dove senza perdita di generalità possiamo usare lo stesso ricoprimento aperto di M per entrambi i fibrati. Allora possiamo definire $\chi_\alpha: \pi^{-1}(U_\alpha) \to U_\alpha \times (S_1 \times S_2)$ ponendo

$$\chi_\alpha(x_1, x_2) = (\pi_1(x_1), (\chi_\alpha^1)_2(x_1), (\chi_\alpha^2)_2(x_2)),$$

dove $(\chi_\alpha^j)_2$ è la seconda componente di χ_α^j. Le χ_α sono diffeomorfismi, con inversa

$$(\chi_\alpha)^{-1}(p, s_1, s_2) = ((\chi_\alpha^1)^{-1}(p, s_1), (\chi_\alpha^2)^{-1}(p, s_2)).$$

Quindi

$$\chi_\alpha \circ \chi_\beta^{-1}(p, s_1, s_2) = (p, \psi_{\alpha\beta}^1(p)(s_1), \psi_{\alpha\beta}^2(p)(s_2)),$$

dove $\psi_{\alpha\beta}^j$ sono le funzioni di transizione per il fibrato $\pi_j: E_j \to M$, per cui $\{(U_\alpha, \chi_\alpha)\}$ è un atlante di fibrato per $E_1 \times_M E_2$. $\quad\square$

Un tipo particolare (e particolarmente importante) di fibrati è dato dai G-fibrati, dove G è un gruppo di Lie, e le funzioni di transizione sono date da un'azione del gruppo G sulla fibra tipica S.

Definizione 3.9.6. Sia G un gruppo di Lie. Una *G-struttura* su un fibrato $\pi\colon E \to M$ di fibra tipica S è dato da:

(a) un'azione $\theta\colon G \times S \to S$ di G su S;
(b) un atlante di fibrato $\mathcal{A} = \{(U_\alpha, \chi_\alpha)\}$ e una famiglia di applicazioni differenziabili $\varphi_{\alpha\beta}\colon U_\alpha \cap U_\beta \to G$, dette *funzioni di transizione* della *G*-struttura rispetto ad $\mathcal{A}$, tali che le funzioni di transizione $\{\psi_{\alpha\beta}\}$ di $\mathcal{A}$ siano date dall'azione di G:

$$\psi_{\alpha\beta}(p, s) = \theta\big(\varphi_{\alpha\beta}(p), s\big) = \varphi_{\alpha\beta}(p) \cdot s$$

per ogni $p \in U_\alpha \cap U_\beta$ e $s \in S$. Un tale atlante $\mathcal{A}$ verrà detto *G-atlante*. Un *G-fibrato* è un fibrato $\pi\colon E \to M$ di fibra tipica S con una *G*-struttura.

Osservazione 3.9.7. Ovviamente le funzioni di transizione di una *G*-struttura soddisfano le condizioni di cociclo

$$\varphi_{\alpha\alpha} \equiv e$$

e

$$\forall p \in U_\alpha \cap U_\beta \qquad \varphi_{\alpha\beta}(p)\varphi_{\beta\gamma}(p) = \varphi_{\alpha\gamma}(p) \,.$$

Esempio 3.9.8. Si vede facilmente (controlla) che un fibrato vettoriale di rango r è un $GL(r, \mathbb{R})$-fibrato di fibra tipica $\mathbb{R}^r$.

Un fibrato principale è un *G*-fibrato con fibra tipica G e azione data dalle traslazioni sinistre:

Definizione 3.9.9. Sia G un gruppo di Lie. Un *fibrato principale* di *gruppo di struttura* G (anche chiamato *G-fibrato principale*) è un *G*-fibrato $\pi\colon P \to M$ di fibra tipica G e in cui l'azione $\theta\colon G \times G \to G$ è data dalla traslazione sinistra. In questo caso un *G*-atlante si chiama *atlante di fibrato principale*.

Un fibrato principale di gruppo G ammette sempre un'azione destra di G:

Definizione 3.9.10. Sia $\pi\colon P \to M$ un fibrato principale di gruppo G. L'*azione principale destra* di G su P è l'azione $r\colon P \times G \to P$ espressa, rispetto a un atlante $\{(U_\alpha, \chi_\alpha)\}$ di fibrato principale, da

$$r\big(\chi_\alpha^{-1}(p, g), g'\big) = \chi_\alpha^{-1}(p, gg') \,.$$

Siccome traslazioni sinistre e traslazioni destre commutano, l'azione r è ben definita. Quando non ci sono ambiguità, scriveremo $u \cdot g$ per $r(u, g)$.

Osservazione 3.9.11. L'azione principale destra è chiaramente libera. Inoltre, per ogni $u_p \in P_p$ l'applicazione $r_{u_p} = r(u_p, \cdot)\colon G \to P_p$ è un diffeomorfismo; indichiamo con $\tau_{u_p}\colon P_p \to G$ l'inversa. Ponendo

$$\forall (u, v) \in P \times_M P \qquad \tau(u, v) = \tau_u(v)$$

otteniamo un'applicazione $\tau\colon P \times_M P \to G$ la cui espressione locale (rispetto a un atlante $\{(U_\alpha, \chi_\alpha)\}$ di fibrato principale) è data da

$$\tau\big(\chi_\alpha^{-1}(p, g), \chi_\alpha^{-1}(p, g')\big) = g^{-1}g' \,,$$

per cui τ è differenziabile. Inoltre, τ è completamente determinata dall'equazione implicita

$$r\big(u, \tau(u, v)\big) = v \,;$$

in particolare, $\tau(u, u) = e$ e $\tau(u \cdot g, v \cdot g') = g^{-1}\tau(u, v)g'$.

L'analogo della Proposizione 3.9.2 per i fibrati principali è la seguente:

Proposizione 3.9.12. *Sia $\pi\colon P \to M$ una sommersione surgettiva, e supponiamo di avere un gruppo di Lie G che agisce liberamente su P in modo che le orbite dell'azione coincidano con le fibre di π. Allora $\pi\colon P \to M$ è un fibrato principale di gruppo G.*

Dimostrazione. A meno di usare l'inversione nel gruppo, possiamo supporre che l'azione di G sia destra. L'Esercizio 2.81.(i) fornisce un ricoprimento aperto $\{U_\alpha\}$ di M e sezioni locali $\sigma_\alpha\colon U_\alpha \to P$ di π. Definiamo $\xi_\alpha\colon U_\alpha \times G \to \pi^{-1}(U_\alpha)$ ponendo

$$\xi_\alpha(p, g) = \sigma_\alpha(p) \cdot g \,.$$

Le ipotesi sull'azione ci assicurano che ξ_α è differenziabile, bigettiva e con differenziale invertibile (controlla); quindi è un diffeomorfismo con l'immagine. Sia $\chi_\alpha\colon \pi^{-1}(U_\alpha) \to U_\alpha \times G$ l'inversa di ξ_α; rimane da dimostrare che $\{(U_\alpha, \chi_\alpha)\}$ è un atlante di fibrato principale.

Sia $\tau\colon P \times_M P \to G$ data dall'equazione implicita $r\big(u, \tau(u, v)\big) = v$, dove r è l'azione destra di G. Il teorema della funzione implicita (Corollario 2.3.31) ci assicura che τ è ben definita e differenziabile. Inoltre abbiamo

$$\tau(u, v \cdot g) = \tau(u, v)g \qquad \text{e} \qquad \chi_\alpha(u) = \big(p, \tau(\sigma_\alpha(p), u)\big)$$

per ogni $p \in U_\alpha$ e $u, v \in \pi^{-1}(p)$. Quindi

$$\chi_\alpha \circ \chi_\beta^{-1}(p, g) = \chi_\alpha\big(\sigma_\beta(p) \cdot g\big) = \big(p, \tau(\sigma_\alpha(p), \sigma_\beta(p) \cdot g)\big) = \big(p, \tau(\sigma_\alpha(p), \sigma_\beta(p))g\big) \,,$$

e $\{(U_\alpha, \chi_\alpha)\}$ è un atlante di fibrato principale con funzioni di transizione $\varphi_{\alpha\beta} = \tau(\sigma_\alpha, \sigma_\beta)$. $\square$

L'esempio primario di fibrato principale, come anticipato all'inizio della sezione, è il fibrato dei riferimenti di un fibrato vettoriale.

Esempio 3.9.13 (Fibrato dei riferimenti di un fibrato vettoriale). Sia $\pi\colon E \to M$ un fibrato principale di rango r, e definiamo $GL(\mathbb{R}^r, E)$ come l'unione disgiunta al variare di $p \in M$ degli spazi $GL(\mathbb{R}^r, E_p)$ di tutte le applicazioni lineari invertibili da $\mathbb{R}^r$ in E_p; nota che un'applicazione lineare invertibile in $GL(\mathbb{R}^r, E_p)$ è univocamente determinata dall'immagine della base canonica, che dev'essere una base di E_p, per cui $GL(\mathbb{R}^r, E_p)$ è in corrispondenza biunivoca con l'insieme delle basi di E_p.

Sia $\tilde{\pi}: GL(\mathbb{R}^r, E) \to M$ la proiezione canonica; vogliamo dimostrare che è un fibrato principale di gruppo $GL(r, \mathbb{R})$. Prima di tutto dobbiamo mettere su $GL(\mathbb{R}^r, E)$ una struttura di varietà che renda $\tilde{\pi}$ una sommersione surgettiva. Sia $\{(U_\alpha, \varphi_\alpha)\}$ un atlante che banalizza E, e sia $\{e_{1,\alpha}, \ldots, e_{r,\alpha}\}$ il riferimento locale associato alla banalizzazione su U_α. Allora definiamo un'applicazione differenziabile $\chi_\alpha: \tilde{\pi}^{-1}(U_\alpha) \to \varphi_\alpha(U_\alpha) \times GL(r, \mathbb{R})$ ponendo

$$\chi_\alpha(L_p) = \big(\varphi_\alpha(p), A_\alpha(L_p)\big)$$

per ogni $L_p \in GL(\mathbb{R}^r, E_p)$, dove $p \in U_\alpha$ e $A_\alpha(L_p)$ è la matrice che rappresenta L_p rispetto alla base canonica di $\mathbb{R}^r$ e alla base $\{e_{1,\alpha}(p), \ldots, e_{r,\alpha}(p)\}$ di E_p. L'applicazione χ_α è differenziabile (perché?), e invertibile: l'inversa è data da

$$\chi_\alpha^{-1}(x, A)(y) = \sum_{i=1}^r \left(\sum_{j=1}^r a_j^i y_j \right) e_{i,\alpha}\big(\varphi_\alpha^{-1}(x)\big) \ .$$

In altre parole, $\chi_\alpha^{-1}(x, A)$ è l'applicazione lineare da $\mathbb{R}^r$ a E_p rappresentata dalla matrice A rispetto alla base canonica di $\mathbb{R}^r$ e alla base $\{e_{1,\alpha}(p), \ldots, e_{r,\alpha}(p)\}$ di E_p, dove $p = \varphi_\alpha^{-1}(x)$.

Si verifica facilmente (controlla) che $\mathcal{A} = \{(\tilde{\pi}^{-1}(U_\alpha), \chi_\alpha)\}$ è un atlante per $GL(\mathbb{R}^r, E)$; e il fatto che $\tilde{\pi}$ è un sommersione segue subito dall'eguaglianza $\pi_1 \circ \chi_\alpha = \varphi_\alpha \circ \tilde{\pi}$ valida su $\tilde{\pi}^{-1}(U_\alpha)$, dove π_1 è la proiezione sulla prima coordinata.

Verificando che $\mathcal{A}$ è un atlante dovresti aver scritto formule che mostrano come $GL(\mathbb{R}^r, E)$ sia un $GL(r, \mathbb{R})$-fibrato principale. Possiamo anche verificarlo usando la Proposizione 3.9.12. Infatti, possiamo definire un'azione $r: GL(\mathbb{R}^r, E) \times G \to GL(\mathbb{R}^r, E)$ ponendo

$$r(L_p, A) = L_p \circ A$$

per ogni $L_p \in GL(\mathbb{R}^r, E_p)$ e $A \in GL(r, \mathbb{R})$. Le ipotesi della Proposizione 3.9.12 sono tutte verificate, e quindi $GL(\mathbb{R}^r, E)$ è un $GL(r, \mathbb{R})$-fibrato principale, detto il *fibrato dei riferimenti* del fibrato vettoriale E.

Concludiamo questa sezione mostrando come, in certi casi, sia viceversa possibile associare un fibrato vettoriale a un fibrato principale. Il risultato generale che lo rende possibile è il seguente:

Teorema 3.9.14. *Sia* $\pi: P \to M$ *un* G*-fibrato principale, e* $\theta: G \times S \to S$ *un'azione sinistra del gruppo di struttura* G *sulla varietà* S. *Allora:*

(i)   *l'applicazione* $R: (P \times S) \times G \to P \times S$ *data da*

$$R\big((u, s), g\big) = (u \cdot g, g^{-1} \cdot s)$$

è un'azione destra libera di G *su* $P \times S$;

(ii) *lo spazio quoziente $P \times_G S = (P \times S)/G$ ha un'unica struttura di varietà differenziabile rispetto a cui l'applicazione quoziente $\psi: P \times S \to P \times_G S$ sia una sommersione;*

(iii) *se $\pi_1: P \times S \to P$ è la proiezione sulla prima coordinata, il diagramma*

$$
\begin{array}{ccc}
P \times S & \xrightarrow{\ \psi\ } & P \times_G S \\
{\scriptstyle \pi_1}\big\downarrow & & \big\downarrow{\scriptstyle \overline{\pi}} \\
P & \xrightarrow{\ \pi\ } & M
\end{array}
$$

definisce un'applicazione $\overline{\pi}: P \times_G S \to M$ che è un G-fibrato di fibra tipica S e azione sinistra θ;

(iv) *$\psi: P \times S \to P \times_G S$ è un G-fibrato principale con azione principale destra R;*

(v) *un atlante di fibrato principale per $\pi: P \to M$ è anche un G-atlante per $\overline{\pi}: P \times_G S \to M$.*

Dimostrazione. Che R sia un'azione destra è ovvio, ed è libera perché l'azione principale destra di G su P lo è. Quindi (i) è dimostrata; se l'azione fosse anche propria, (ii) seguirebbe dal Teorema 2.6.15. In generale, però, l'azione non è propria, e quindi dobbiamo procedere in un altro modo (il ragionamento iniziale della dimostrazione del Teorema 2.6.15 comunque rimane valido per dimostrare l'unicità della struttura differenziabile).

Prima di tutto notiamo che $\pi \circ \pi_1$ è costante sulle orbite di R, in quanto l'azione principale destra conserva le fibre, e quindi $\overline{\pi}: P \times_G S \to M$ è ben definita come applicazione.

Sia $\{(U_\alpha, \chi_\alpha)\}$ un atlante di fibrato principale per $\pi: P \to M$, con funzioni di transizione $\varphi_{\alpha\beta}: U_\alpha \cap U_\beta \to G$. Definiamo $\overline{\xi}_\alpha: U_\alpha \times S \to \overline{\pi}^{-1}(U_\alpha)$ ponendo

$$
\overline{\xi}_\alpha(p, s) = \psi\big(\chi_\alpha^{-1}(p, e), s\big) \ .
$$

Chiaramente $\overline{\pi} \circ \overline{\xi}_\alpha = \pi_1$, per cui $\overline{\xi}_\alpha$ rispetta le fibre. Ora vogliamo dimostrare che $\overline{\xi}_\alpha(p, \cdot): S \to \overline{\pi}^{-1}(p)$ è bigettiva per ogni $p \in U_\alpha$. In altre parole, dobbiamo dimostrare che per ogni punto $\psi(u, s') \in \overline{\pi}^{-1}(p)$ esiste un unico $s \in S$ tale che $\psi(u, s') = \psi(\chi_\alpha^{-1}(p, e), s)$. Quest'ultima eguaglianza è equivalente a richiedere l'esistenza di $g \in G$ tale che

$$
(u \cdot g, g^{-1}s') = \big(\chi_\alpha^{-1}(p, e), s\big) \ ;
$$

ricordando l'Osservazione 3.9.11 vediamo subito che l'unica soluzione è

$$
g = \tau\big(u, \chi_\alpha^{-1}(p, e)\big) \quad \text{e} \quad s = g^{-1} \cdot s' \ .
$$

Quindi le $\overline{\xi}_\alpha$ sono bigettive; indichiamo con $\overline{\chi}_\alpha: \overline{\pi}^{-1}(U_\alpha) \to U_\alpha \times S$ le inverse. Abbiamo

$$
\begin{aligned}
\overline{\chi}_\beta^{-1}(p, s) &= \psi\big(\chi_\beta^{-1}(p, e), s\big) \\
&= \psi\big(\chi_\alpha^{-1}(p, \varphi_{\alpha\beta}(p)e), s\big) = \psi\big(\chi_\alpha^{-1}(p, e) \cdot \varphi_{\alpha\beta}(p), s\big) \\
&= \psi\big(\chi_\alpha^{-1}(p, e), \varphi_{\alpha\beta}(p) \cdot s\big) = \overline{\chi}_\alpha^{-1}\big(p, \varphi_{\alpha\beta}(p) \cdot s\big) \ .
\end{aligned}
$$

In particolare, $\{(U_\alpha, \overline{\chi}_\alpha)\}$ risulta essere un G-atlante per $P \times_G S$, e vi induce una struttura di varietà differenziabile (perché?) e di G-fibrato. La definizione di $\overline{\xi}_\alpha$ mostra subito che ψ è differenziabile e una sommersione rispetto a questa struttura, e $\overline{\pi}$ è differenziabile grazie all'Esercizio 2.83.

Abbiamo quindi dimostrato (i), (ii), (iii) e (v), e (iv) segue immediatamente dalla Proposizione 3.9.12. $\square$

Definizione 3.9.15. Sia $\pi: P \to M$ un G-fibrato principale, e $\theta: G \times S \to S$ un'azione sinistra del gruppo di struttura G sulla varietà S. Il G-fibrato $\overline{\pi}: P \times_G S \to M$ costruito nel teorema precedente si chiama *fibrato associato* all'azione θ, e lo indicheremo con $P[S, \theta]$.

Ed ecco infine la costruzione promessa:

Esempio 3.9.16. Sia $\pi: P \to M$ un G-fibrato principale, e sia $\rho: G \to GL(V)$ una rappresentazione di G, cioè un omomorfismo di G nel gruppo degli automorfismi lineari di uno spazio vettoriale V (vedi l'Osservazione 2.6.6 e l'Esercizio 2.121). Una rappresentazione è un'azione sinistra di G su V; quindi possiamo costruire il G-fibrato associato $P[V, \rho]$. Ma $P[V, \rho]$ ha fibra tipica V, e le funzioni di transizione sono (grazie alla rappresentazione ρ) a valori in $GL(V)$; quindi $P[V, \rho]$ è un fibrato vettoriale.

Osservazione 3.9.17. Sia $\pi: E \to M$ un fibrato vettoriale di rango r. Allora possiamo costruire il $GL(r, \mathbb{R})$-fibrato principale $GL(\mathbb{R}^r, E)$, e il fibrato vettoriale associato $GL(\mathbb{R}^r, E)[\mathbb{R}^r, \mathrm{id}]$, usando la rappresentazione identica di $GL(r, \mathbb{R})$ in se stesso. Allora $GL(\mathbb{R}^r, E)[\mathbb{R}^r, \mathrm{id}]$ è isomorfo al fibrato vettoriale E.

Infatti, l'applicazione canonica $j: GL(\mathbb{R}^n, E) \times \mathbb{R}^n \to E$ data da

$$j(L_p, x) = L_p(x) \in E_p$$

è chiaramente costante sulle orbite dell'azione destra di $GL(r, \mathbb{R})$, per cui definisce un morfismo surgettivo di fibrati vettoriali $\overline{j}: GL(\mathbb{R}^n, E)[\mathbb{R}^r, \mathrm{id}] \to E$ di uguale rango, e quindi un isomorfismo di fibrati.

Esercizi

FIBRATI VETTORIALI

Esercizio 3.1 (Citato nella Sezione 3.1 e nell'Esercizio 3.4). Sia $\pi: E \to M$ un fibrato vettoriale di rango r sulla varietà M, e $S \subset M$ una sottovarietà. Dimostra che $\pi_S: E|_S \to S$, dove $E|_S = \pi^{-1}(S)$ e $\pi_S = \pi|_{\pi^{-1}(S)}$, è un fibrato vettoriale di rango r su S, detto *restrizione* di E a S, e che se $\iota: S \to M$ indica l'inclusione allora $\iota^* E = E|_S$. [*Suggerimento:* usa l'Esercizio 2.94.]

Esercizio 3.2 (Usato nell'Esempio 3.1.18). Verifica che la costruzione del fibrato normale descritta nell'Esempio 3.1.18 definisce un fibrato vettoriale.

Esercizio 3.3 (Usato nell'Esempio 3.2.13). Date carte locali $\varphi = (x^1, \ldots, x^n)$ e $\tilde{\varphi} = (\tilde{x}^1, \ldots, \tilde{x}^n)$ con domini non disgiunti su una varietà M, siano $\{\partial/\partial x^1, \ldots, \partial/\partial v^n\}$ e $\{\partial/\partial\tilde{x}^1, \ldots, \partial/\partial\tilde{v}^n\}$ i corrispondenti riferimenti locali su $T(TM)$ introdotti nell'Esempio 3.2.13. Determina l'espressione, analoga a (3.9), dei $\partial/\partial\tilde{x}^h$ e dei $\partial/\partial\tilde{v}^k$ come combinazione lineare di $\partial/\partial x^1, \ldots, \partial/\partial v^n$, e trova un esempio in cui $\mathrm{Span}(\partial/\partial x^1, \ldots, \partial/\partial x^n) \neq \mathrm{Span}(\partial/\partial\tilde{x}^1, \ldots, \partial/\partial\tilde{x}^n)$.

Esercizio 3.4 (Citato nella Sezione 3.1 e negli Esercizi 3.6 e 3.65).

(i)   Definisci i concetti di sottofibrato di un fibrato vettoriale e di quoziente di un fibrato per un suo sottofibrato, e verifica che il fibrato normale N_S introdotto nell'Esempio 3.1.18 può essere identificato con il fibrato quoziente $TM|_S/TS$, dove $TM|_S$ è la restrizione di TM a S.

(ii) Definisci il concetto di fibrato duale, e verifica che il fibrato cotangente è il duale del fibrato tangente.

Esercizio 3.5 (Usato nell'Esempio 3.1.21). Verifica che i fibrati somma diretta e prodotto tensoriale sono indipendenti dall'atlante usato per definirli.

Esercizio 3.6 (Citato nella Sezione 3.1 e usato nella Definizione 6.3.1). Sia (L, F) un morfismo fra i fibrati vettoriali $\pi: E \to M$ e $\tilde{\pi}: \tilde{E} \to \tilde{M}$. Supponendo che L abbia rango costante, cioè che $\dim L(E_p)$ non dipenda da $p \in M$, dimostra che $\mathrm{Ker}(L, F) = \{v \in E \mid L(v) = O_{F(p)}\} \subseteq E$ è un sottofibrato di E (vedi l'Esercizio 3.4), e che $\mathrm{Im}(L, F) = L(E) \subseteq \tilde{E}$ è un sottofibrato di E.

Esercizio 3.7. Siano $\pi: E \to M$ e $\pi': E' \to M$ due fibrati vettoriali su una varietà M. Dimostra che un'applicazione $\mathcal{F}: \mathcal{E}(M) \to \mathcal{E}'(M)$ è $C^\infty(M)$-lineare se e solo se esiste un morfismo $F: E \to E'$ di fibrati tale che $\mathcal{F}(s) = F \circ s$ per ogni $s \in \mathcal{E}(M)$.

Esercizio 3.8. Dimostra che $T_l^h M \otimes T_m^k M$ è isomorfo a $T_{l+m}^{h+k} M$.

SEZIONI DI FIBRATI

Esercizio 3.9 (Citato nella Sezione 3.2). Sia $\mathcal{A} = \{(U_\alpha, \varphi_\alpha)\}$ un atlante su una n-varietà M. Supponiamo di avere per ogni α una n-upla di funzioni $a_\alpha = (a_\alpha^1, \ldots, a_\alpha^n) \in C^\infty(U_\alpha, \mathbb{R}^n)$ in modo che su $U_\alpha \cap U_\beta$ le a_α e le a_β siano legate da (3.8). Dimostra che la formula $X = \sum_j a_\alpha^j \partial_{j,\alpha}$, dove $\partial_{j,\alpha} = \partial/\partial x_\alpha^j$, definisce un campo vettoriale globale $X \in \mathcal{T}(M)$.

Esercizio 3.10 (Citato nella Sezione 3.2). Sia $\mathcal{A} = \{(U_\alpha, \varphi_\alpha)\}$ un atlante su M, e $g_{\alpha\beta}: U_\alpha \cap U_\beta \to GL(r, \mathbb{R})$ una famiglia di funzioni di transizione per un fibrato E. Supponi di avere per ogni α una r-upla di funzioni differenziabili $a_\alpha = (a_\alpha^1, \ldots, a_\alpha^r) \in C^\infty(U_\alpha, \mathbb{R}^r)$ in modo che su $U_\alpha \cap U_\beta$ le a_α e le a_β siano legate da (3.10). Dimostra che esiste un'unica sezione σ di E tale che le a_α^j siano i coefficienti di σ relativi a un appropriato riferimento locale su U_α.

Esercizio 3.11 (Citato nell'Osservazione 3.2.11). Sia $\pi\colon E \to M$ un fibrato vettoriale su M, e $\sigma\colon M \to E$ un'applicazione (non necessariamente C^∞) tale che $\pi \circ \sigma = \mathrm{id}_M$. Dimostra che σ è C^∞ se e solo se per ogni riferimento locale $\{\sigma_1, \ldots, \sigma_r\}$ di E su $U \subseteq M$ si può scrivere $\sigma = a^1\sigma_1 + \cdots + a^r\sigma_r$ con $a^1, \ldots, a^r \in C^\infty(U)$ se e solo se questo avviene per una famiglia di riferimenti locali i cui domini di definizione formano un ricoprimento aperto di M.

Esercizio 3.12. Sia $\pi\colon E \to M$ un fibrato vettoriale su una varietà M; sia inoltre $K \subseteq M$ compatto, e $U \subseteq M$ un intorno aperto di K. Dimostra che per ogni sezione $\sigma \in \mathcal{E}(U)$ esiste una sezione $\tilde{\sigma} \in \mathcal{E}(M)$ tale che $\tilde{\sigma}|_K \equiv \sigma|_K$.

Esercizio 3.13 (Citato nell'Esempio 3.1.19). Per $d \in \mathbb{N}$ sia E_d il fibrato in rette su $\mathbb{P}^n(\mathbb{R})$ introdotto nell'Esempio 3.1.19. Dimostra che:

(i) E_d è isomorfo al fibrato $E_1 \otimes \cdots \otimes E_1$ (con d fattori);
(ii) se d è pari allora E_d è banale;
(iii) se d è dispari allora E_d è isomorfo a E_1;
(iv) E_1 non è banale.

[*Suggerimento:* un fibrato in rette è banale se e solo se ammette una sezione mai nulla.]

Esercizio 3.14. Sia $F\colon M \to N$ un'applicazione differenziabile, e $\pi\colon E \to N$ un fibrato vettoriale di rango r su N. Dimostra che lo spazio delle sezioni su M del fibrato pull-back F^*E (vedi l'Esempio 3.1.20) è isomorfo allo spazio delle applicazioni $\sigma\colon M \to E$ di classe C^∞ tali che $\sigma(p) \in E_{F(p)}$ per ogni $p \in M$.

Esercizio 3.15. Sia $\sigma\colon M \to T_k^h M$ una sezione (non necessariamente C^∞). Dimostra che σ è C^∞ se e solo se per ogni aperto $U \subseteq M$, ogni k-upla di campi vettoriali $X_1, \ldots, X_k \in \mathcal{T}(U)$ e ogni h-upla di 1-forme $\omega^1, \ldots, \omega^h \in A^1(U)$ la funzione $p \mapsto \sigma_p\big(\omega_p^1, \ldots, \omega_p^h, X_1(p), \ldots, X_k(p)\big)$ è di classe C^∞.

Esercizio 3.16. Dimostra che un'applicazione $\bar{\tau}\colon A^1(M)^h \times \mathcal{T}(M)^k \to \mathcal{T}^l(M)$ è $C^\infty(M)$-multilineare se e solo se esiste un campo tensoriale $\tau \in T_k^{h+l}(M)$ tale che

$$\bar{\tau}(\omega^1, \ldots, \omega^h, X_1, \ldots, X_k)(p)(\eta_p^1, \ldots, \eta_p^l)$$
$$= \tau_p\big(\eta_p^1, \ldots, \eta_p^l, \omega_p^1, \ldots, \omega_p^h, X_1(p), \ldots, X_k(p)\big)$$

per ogni $\eta_p^1, \ldots, \eta_p^l \in T_p^*M$, $\omega^1, \ldots, \omega^h \in A^1(M)$, $X_1, \ldots, X_k \in \mathcal{T}(M)$ e ogni $p \in M$.

Esercizio 3.17. Sia $\tau \in T_k^h(M)$ un campo tensoriale di tipo $\binom{h}{k}$. Scelti $1 \leq i \leq h$ e $1 \leq j \leq k$, siano $\omega^1, \ldots, \omega^i \in A^1(M)$ delle 1-forme, e $X_1, \ldots, X_j \in \mathcal{T}(M)$ dei campi vettoriali. Dimostra che l'applicazione

$$p \mapsto \tau_p\big(\omega_p^1, \ldots, \omega_p^i, \cdot, X_1(p), \ldots, X_j(p), \cdot\big)$$

può essere interpretata in modo naturale come un campo tensoriale di tipo $\binom{h-i}{k-j}$.

Esercizio 3.18. Sia $\pi\colon E \to M$ un fibrato vettoriale di rango k su una varietà M, e siano $\sigma_1, \ldots, \sigma_l \in \mathcal{E}(U)$ sezioni di E su un aperto $U \subseteq M$ tali che $\{\sigma_1(q), \ldots, \sigma_l(q)\}$ siano linearmente indipendenti per ogni $q \in U$. Dimostra che per ogni $p \in U$ possiamo trovare un intorno $V \subseteq U$ di p e sezioni $\sigma_{l+1}, \ldots, \sigma_k \in \mathcal{E}(V)$ tali che $\{\sigma_1, \ldots, \sigma_k\}$ sia un riferimento locale di E su V.

Esercizio 3.19. Per ogni $z \in S^{2n-1} \subset \mathbb{C}^n$ sia $\sigma_z\colon \mathbb{R} \to S^{2n-1}$ la curva $\sigma(t) = e^{it}z$. Dimostra che ponendo $X_z = \sigma_z'(0)$ si ottiene un campo vettoriale mai nullo $X \in \mathcal{T}(S^{2n-1})$.

Definizione 3.E.1. Diremo che una varietà M è *parallelizzabile* se TM è un fibrato banale.

Esercizio 3.20 (Utile per gli Esercizi 3.21 e 3.61). Sia $\mathbb{H} = \mathbb{C} \times \mathbb{C}$, considerato come spazio vettoriale su $\mathbb{R}$, e definiamo un prodotto bilineare $\mathbb{H} \times \mathbb{H} \to \mathbb{H}$ con

$$\forall (a,b),(c,d) \in \mathbb{H} \qquad (a,b)(c,d) = (ac - \bar{d}b, da + b\bar{c})$$

Inoltre, per ogni $p = (a,b) \in \mathbb{H}$ poniamo $p^* = (\bar{a}, -b)$.

(i) Verifica che con questo prodotto $\mathbb{H}$ è un'algebra associativa ma non commutativa di dimensione 4 su $\mathbb{R}$, chiamata algebra dei *quaternioni*.

(ii) Dimostra che $(pq)^* = q^*p^*$ per ogni p, $q \in \mathbb{H}$.

(iii) Dimostra che $\langle p, q \rangle = \frac{1}{2}(p^*q + q^*p)$ è un prodotto scalare definito positivo su $\mathbb{H}$, e che la norma associata soddisfa $\|pq\| = \|p\| \|q\|$.

(iv) Dimostra che $\mathbb{H}$ è un corpo non commutativo, in cui l'inverso di $p \in \mathbb{H}\setminus\{O\}$ è dato da $p^{-1} = \|p\|^{-2}p^*$.

(v) Dimostra che l'insieme $\mathcal{S}$ dei quaternioni di norma unitaria è un gruppo di Lie rispetto alla moltiplicazione quaternionica, e che è diffeomorfo a S^3.

(vi) Diremo che un quaternione è *immaginario* se $p^* = -p$. Dimostra che se $p \in \mathbb{H}$ è immaginario e $q \in \mathcal{S}$ allora $qp \in T_q\mathcal{S}$ (dove stiamo identificando $T_q\mathcal{S}$ con un sottospazio di $\mathbb{H}$, come al solito).

(vii) Sia $\{\mathbf{1}, \mathbf{i}, \mathbf{j}, \mathbf{k}\}$ la base (come spazio vettoriale reale) di $\mathbb{H}$ data da

$$\mathbf{1} = (1,0), \quad \mathbf{i} = (i,0), \quad \mathbf{j} = (0,1), \quad \mathbf{k} = (0,i),$$

e definiamo X_1, X_2, $X_3 \in \mathcal{T}(\mathbb{H})$ ponendo

$$X_1(q) = q\mathbf{i}, \quad X_2(q) = q\mathbf{j}, \quad X_3(q) = q\mathbf{k}.$$

Dimostra che le restrizioni di X_1, X_2 e X_3 a $\mathcal{S}$ formano un riferimento globale per $T\mathcal{S}$, e deducine che S^3 è parallelizzabile.

Esercizio 3.21. Sia $\mathbb{O} = \mathbb{H} \times \mathbb{H}$, considerato come spazio vettoriale su $\mathbb{R}$, e definiamo un prodotto bilineare $\mathbb{O} \times \mathbb{O} \to \mathbb{O}$ con

$$\forall (p,q),(r,s) \in \mathbb{O} \qquad (p,q)(r,s) = (pr - s^*q, sp + qr^*). \qquad (3.24)$$

(i)   Dimostra che $\mathbb{O}$ è un'algebra non associativa e non commutativa di dimensione 8 su $\mathbb{R}$, chiamata l'algebra degli *ottetti di Cayley*.

(ii) Dimostra che S^7 è parallelizzabile, imitando quanto fatto nell'Esercizio 3.20.

Esercizio 3.22. Definisci su $\mathbb{S} = \mathbb{O} \times \mathbb{O}$ un prodotto bilineare con la formula (3.24), dove se $(p, q) \in \mathbb{O}$ allora $(p, q)^* = (p^*, -q)$. Dimostra che in questo modo si ottiene un'algebra non associativa e non commutativa di dimensione 16 su $\mathbb{R}$ (detta l'algebra dei *sedenioni*). Perché procedendo come nei due esercizi precedenti non si ottiene un riferimento globale per TS^{15}?

Esercizio 3.23 (Usato nell'Osservazione 3.2.6 e citato nell'Esercizio 3.37). Dimostra che il prodotto tensoriale, definito puntualmente, di un $\binom{k}{l}$-tensore con un $\binom{h}{m}$-tensore è un $\binom{k+h}{l+m}$-tensore, e che il prodotto esterno (sempre definito puntualmente) di una h-forma differenziale con una k-forma differenziale è una $(h + k)$-forma differenziale.

FLUSSI

Esercizio 3.24 (Usato nella Proposizione 3.9.2). Dimostra che un campo vettoriale $X \in \mathcal{T}(M)$ di flusso Θ è completo se e solo se per ogni $p \in M$ e ogni $t_0 \in \mathbb{R}$ l'insieme $\theta^p\big((-t_0, t_0)\big)$ è relativamente compatto in M. Deducine che se M è compatto allora ogni campo vettoriale su M è completo.

Esercizio 3.25. Determina esplicitamente il flusso dei seguenti campi vettoriali su $\mathbb{R}^2$:

(i) $y\frac{\partial}{\partial x} + \frac{\partial}{\partial y}$;

(ii) $x\frac{\partial}{\partial x} + 3y\frac{\partial}{\partial y}$;

(iii) $x\frac{\partial}{\partial x} - y\frac{\partial}{\partial y}$;

(iv) $y\frac{\partial}{\partial x} + x\frac{\partial}{\partial y}$.

Esercizio 3.26. Dimostra che il gruppo dei diffeomorfismi di una varietà connessa M agisce transitivamente su M facendo vedere che per ogni coppia di punti $p, q \in M$ esiste un diffeomorfismo $F: M \to M$ tale che $F(p) = q$. [*Suggerimento:* dimostra prima che se $M = B^n$, la palla unitaria in $\mathbb{R}^n$, allora esiste $X \in \mathcal{T}(B^n)$ a supporto compatto tale che $\theta_1(p) = q$, dove Θ è il flusso di X.]

Definizione 3.E.2. Una curva $\sigma: \mathbb{R} \to M$ in una varietà M è *periodica* se esiste $T > 0$ tale che $\sigma(t) = \sigma(t + T)$ per ogni $t \in \mathbb{R}$.

Esercizio 3.27. Sia $X \in \mathcal{T}(M)$ un campo vettoriale, e σ una curva integrale massimale di X.

(i)   Dimostra che se σ non è costante allora o è iniettiva o è periodica.

(ii) Dimostra che se σ è periodica non costante allora esiste un unico numero positivo T_0 (il *periodo* di σ) tale che $\sigma(t) = \sigma(t')$ se e solo se $t - t' = kT_0$ per qualche $k \in \mathbb{Z}$.

(iii) Dimostra che se σ non è costante allora è un'immersione, e l'immagine di σ ha una struttura naturale di varietà 1-dimensionale diffeomorfa a $\mathbb{R}$ o a S^1.

Definizione 3.E.3. Sia $S \subset M$ una sottovarietà di una varietà M. Diremo che un campo vettoriale $X \in \mathcal{T}(M)$ è *trasverso* a S se $X_p \notin T_pS$ per ogni $p \in S$.

Esercizio 3.28. Siano $S \subset M$ una sottovarietà compatta, e $X \in \mathcal{T}(M)$ un campo vettoriale trasverso a S. Dimostra che esiste un $\varepsilon > 0$ tale che il flusso di X si restringa a un diffeomorfismo fra $(-\varepsilon, \varepsilon) \times S$ e un intorno di S in M.

Esercizio 3.29. Siano $S \subset M$ una sottovarietà di una varietà M, e $X \in \mathcal{T}(M)$ un campo vettoriale trasverso a S. Dimostra che per ogni $f \in C^\infty(M)$ e $\varphi \in C^\infty(S)$ esiste un intorno U di S in M e un'unica $u \in C^\infty(U)$ tale che $Xu = f$ e $u|_S = \varphi$. [*Suggerimento:* Studia prima il caso $M = S \times \mathbb{R}$ e $X = \frac{\partial}{\partial t}$, e poi usa il flusso di X per ricondurti a questo caso.]

CAMPI CORRELATI

Esercizio 3.30 (Citato nella Sezione 3.4).

(i) Trova un esempio di applicazione differenziabile $F: M \to N$ e di campo vettoriale $X \in \mathcal{T}(M)$ per cui non esistono campi vettoriali F-correlati a X.

(ii) Trova un esempio di applicazione differenziabile $F: M \to N$ e di campo vettoriale $X \in \mathcal{T}(M)$ per cui esistono più di un campo vettoriale F-correlato a X.

Esercizio 3.31 (Usato nella Proposizione 3.9.2). Sia $F: M \to N$ un'applicazione di classe C^∞ fra varietà, $X \in \mathcal{T}(M)$ e $Y \in \mathcal{T}(N)$. Indichiamo con $\Theta: \mathcal{U} \to M$ il flusso locale di X, e con $\Psi: \mathcal{V} \to N$ il flusso locale di Y. Dimostra che Y è F-correlato a X se e solo se per ogni $t \in \mathbb{R}$ si ha $\psi_t \circ F = F \circ \theta_t$ su $\mathcal{U}_t$.

Esercizio 3.32. Se $\pi: M \to N$ è una sommersione e $X \in \mathcal{T}(N)$, dimostra che esiste un campo vettoriale $Y \in \mathcal{T}(M)$ che è π-correlato a X. È unico?

Esercizio 3.33. Sia $\pi: M \to N$ una sommersione surgettiva. Se $X \in \mathcal{T}(M)$ è tale che $\mathrm{d}\pi_p(X_p) = \mathrm{d}\pi_q(X_q)$ ogni volta che $\pi(p) = \pi(q)$, dimostra che esiste un unico $Y \in \mathcal{T}(N)$ che è π-correlato a X.

Esercizio 3.34 (Usato nella Proposizione 3.7.8). Sia $\iota: S \hookrightarrow M$ una sottovarietà immersa in una varietà M. Dimostra che per ogni $X \in \mathcal{T}(M)$ tale che $X_p \in T_pS$ per ogni $p \in S$ esiste un unico campo vettoriale $X|_S \in \mathcal{T}(S)$ che è ι-correlato a X. Deduci che se $X, Y \in \mathcal{T}(M)$ sono tali che $X_p, Y_p \in T_pS$ per ogni $p \in S$ allora $[X, Y]_p \in T_pS$ per ogni $p \in S$.

Esercizio 3.35 (Usato nell'Esempio 6.6.10). Sia $N \hookrightarrow M$ una sottovarietà di una varietà M, e $X, Y \in \mathcal{T}(N)$. Dimostra che se $U \subseteq M$ è un intorno aperto di N e $\tilde{X}, \tilde{Y} \in \mathcal{T}(U)$ sono tali che $\tilde{X}|_N = X$ e $\tilde{Y}|_N = Y$ allora $[\tilde{X}, \tilde{Y}]|_N = [X, Y] \in \mathcal{T}(N)$.

DERIVATA DI LIE

Esercizio 3.36 (Citato nella Sezione 3.4). Siano $X, Y \in \mathcal{T}(M)$ due campi vettoriali su una varietà M. Dimostra direttamente (cioè senza ricorrere alle parentesi di Lie) che $\mathcal{L}_X Y$ è un campo vettoriale su M.

Definizione 3.E.4. Sia $F: M \to N$ di classe C^∞, e $\tau \in \mathcal{T}_k^0(N)$ un campo tensoriale covariante. Il *pull-back* di τ tramite F è il campo tensoriale covariante $F^*\tau \in \mathcal{T}_k^0(M)$ definito da

$$\forall p \in M \qquad (F^*\tau)_p = T_\bullet(\mathrm{d}F_p)(\tau_{F(p)}) \,,$$

dove $T_\bullet(\mathrm{d}F_p): T_k^0(T_{F(p)}N) \to T_k^0(T_pM)$ è il morfismo definito nell'Esercizio 1.48 indotto da $\mathrm{d}F_p: T_pM \to T_{F(p)}M$.

Esercizio 3.37. Siano $F: M \to N$ e $G: N \to S$ applicazioni differenziabili, $\sigma \in \mathcal{T}_h^0(N)$, $\tau \in \mathcal{T}_k^0(N)$ e $f \in C^\infty(N)$. Dimostra che:
(i) $F^*\tau$ è effettivamente una sezione di classe C^∞ di $T_k^0(M)$;
(ii) si ha
$$(F^*\tau)_p(X_1, \dots, X_k) = \tau_{F(p)}(\mathrm{d}F_p(X_1), \dots, \mathrm{d}F_p(X_k))$$
per ogni $p \in M$ e $X_1, \dots, X_k \in \mathcal{T}(M)$;
(iii) $F^*(f\tau) = (f \circ F)F^*\tau$;
(iv) $F^*(\sigma \otimes \tau) = F^*\sigma \otimes F^*\tau$ (vedi l'Esercizio 3.23 per la definizione di prodotto tensoriale di campi tensoriali);
(v) $F^*: \mathcal{T}_k^0(N) \to \mathcal{T}_k^0(M)$ è $\mathbb{R}$-lineare;
(vi) $(G \circ F)^* = F^* \circ G^*$ e $(\mathrm{id}_N)^* = \mathrm{id}$.

Esercizio 3.38 (Citato negli Esercizi 3.39 e 4.36 e nella Sezione 6.8). Siano $\tau \in \mathcal{T}_k^0(M)$ un campo tensoriale covariante, e $X \in \mathcal{T}(M)$ un campo vettoriale di flusso Θ. Dimostra che ponendo

$$(\mathcal{L}_X\tau)_p = \frac{\mathrm{d}}{\mathrm{d}t}(\theta_t^*\tau)_p\Big|_{t=0} = \lim_{t \to 0} \frac{\theta_t^*(\tau_{\theta_t(p)}) - \tau_p}{t} \,,$$

dove $\theta_t^*\tau$ è il pullback di τ tramite θ_t (vedi la Definizione 3.E.4) si definisce un campo tensoriale covariante $\mathcal{L}_X\tau \in \mathcal{T}_k^0(M)$, detto *derivata di Lie* di τ lungo X.

Esercizio 3.39 (Usato nel Lemma 6.8.10 e citato nella Definizione 6.E.8). Dimostra le seguenti proprietà della derivata di Lie di campi tensoriali covarianti introdotta nell'Esercizio 3.38, dove $X, Y \in \mathcal{T}(M)$, $f \in C^\infty(M) = \mathcal{T}_0^0(M)$, e σ e τ sono campi tensoriali covarianti:

(i) $\mathcal{L}_X f = X(f)$;

(ii) $\mathcal{L}_X(f\tau) = (\mathcal{L}_X f)\tau + f\mathcal{L}_X\tau$;

(iii) $\mathcal{L}_X(\sigma \otimes \tau) = (\mathcal{L}_X\sigma) \otimes \tau + \sigma \otimes (\mathcal{L}_X\tau)$;

(iv) se $\tau \in T_k^0(M)$ e $Y_1,\ldots,Y_k \in \mathcal{T}(M)$ allora

$$(\mathcal{L}_X\tau)(Y_1,\ldots,Y_k) = X\big(\tau(Y_1,\ldots,Y_k)\big) - \tau([X,Y_1],Y_2,\ldots,Y_k)$$
$$- \cdots - \tau(Y_1,\ldots,Y_{k-1},[X,Y_k])\ ;$$

(v) $\mathcal{L}_X(df) = d(\mathcal{L}_X f)$;

(vi) se Θ è il flusso di X e (t_0,p) appartiene al dominio di Θ allora

$$\frac{d}{dt}\theta_t^*\big(\tau_{\theta_t(p)}\big)\bigg|_{t=t_0} = \theta_{t_0}^*\big((\mathcal{L}_X\tau)_{\theta_{t_0}(p)}\big)\ ;$$

(vii) τ è invariante rispetto al flusso di X, cioè $\theta_t^*\big(\tau_{\theta_t(p)}\big) = \tau_p$ per ogni (t,p) nel dominio di Θ, se e solo se $\mathcal{L}_X\tau \equiv O$.

GRUPPI DI LIE

Esercizio 3.40. Dimostra che ogni gruppo di Lie è parallelizzabile.

Esercizio 3.41. Dimostra che l'azione di un gruppo di Lie connesso su uno spazio discreto è necessariamente banale.

Esercizio 3.42 (Utile per gli Esercizi 3.44 e 3.63). Dimostra che ogni sottogruppo normale discreto di un gruppo di Lie connesso G è contenuto nel centro di G.

Esercizio 3.43 (Utile per l'Esercizio 3.44). Sia $\pi\colon \tilde{G} \to G$ un rivestimento liscio di gruppi di Lie che sia anche un omomorfismo di gruppi di Lie. Dimostra che il gruppo degli automorfismi del rivestimento (Definizione 2.E.5) è isomorfo al nucleo di π. [*Suggerimento:* dimostra che il rivestimento è normale, e ricorda l'Esercizio 2.115.]

Esercizio 3.44. Dimostra che il gruppo fondamentale di un gruppo di Lie connesso è necessariamente abeliano. [*Suggerimento:* usa gli Esercizi 3.42 e 3.43, e il fatto che il gruppo fondamentale è isomorfo al gruppo degli automorfismi del rivestimento universale.]

Esercizio 3.45 (Utile per l'Esercizio 3.64). Dimostra che la componente connessa contenente l'elemento neutro di un gruppo di Lie G è un sottogruppo normale di G.

Esercizio 3.46 (Utile per l'Esercizio 3.80). Sia G un gruppo di Lie, e indichiamo con $\mu\colon G \times G \to G$ la moltiplicazione e $\iota\colon G \to G$ l'inversione.

(i)   Dimostra che con l'operazione

$$(g, X_g) \cdot (h, Y_h) = \mathrm{d}(R_h)_g(X_g) + \mathrm{d}(L_g)_h(Y_h)$$

per ogni g, $h \in G$ e $X_g \in T_g G$ e $Y_h \in T_h G$ il fibrato tangente TG diventa un gruppo di Lie, dove L_g è la traslazione sinistra e R_h la traslazione destra.

(ii) Poniamo su $\mathfrak{g} \times G$ l'operazione

$$(X, g) \cdot (Y, h) = \big(X + \mathrm{d}(C_g)_e Y, gh \big),$$

dove $C_g \colon G \to G$ è il coniugio $C_g(h) = ghg^{-1}$. Dimostra che con questa operazione $\mathfrak{g} \times G$ è un gruppo di Lie, isomorfo a TG tramite l'omomorfismo $(X, g) \mapsto \mathrm{d}(R_g)_e X$.

APPLICAZIONE ESPONENZIALE

Esercizio 3.47. Sia G un gruppo di Lie di algebra di Lie $\mathfrak{g}$. Dimostra che per ogni X, $Y \in \mathfrak{g}$ esiste un'applicazione differenziabile $Z \colon (-\varepsilon, \varepsilon) \to \mathfrak{g}$ tale che $Z(0) = O$ e

$$(\exp tX)(\exp tY) = \exp t\big(X + Y + Z(t) \big)$$

per ogni $t \in (-\varepsilon, \varepsilon)$.

Esercizio 3.48. Sia $H \subset G$ un sottogruppo di Lie connesso di un gruppo di Lie connesso G, e siano $\mathfrak{h} \subset \mathfrak{g}$ le loro algebre di Lie. Dimostra che H è normale in G se e solo se

$$(\exp X)(\exp Y)\big(\exp(-X)\big) \in H$$

per ogni $X \in \mathfrak{g}$ e $Y \in \mathfrak{h}$.

Esercizio 3.49. Calcola l'applicazione esponenziale dei gruppi di Lie abeliani $\mathbb{R}^n$ e $\mathbb{T}^n$.

Esercizio 3.50. Sia G un gruppo di Lie di algebra di Lie $\mathfrak{g}$, e sia $\mathfrak{g} = \mathfrak{h} \oplus \mathfrak{k}$ una decomposizione di $\mathfrak{g}$ come somma di sottospazi complementari. Dimostra che l'applicazione $\psi \colon \mathfrak{h} \oplus \mathfrak{k} \to G$ data da $\psi(X, Y) = (\exp X)(\exp Y)$ è un diffeomorfismo fra un intorno dell'origine in $\mathfrak{g}$ e un intorno di e in G.

Esercizio 3.51. Dimostra che

$$\forall A \in GL(n, \mathbb{R}) \qquad \det \mathrm{e}^A = \mathrm{e}^{\mathrm{tr}\, A}.$$

Esercizio 3.52. Sia $GL^+(n, \mathbb{R})$ il sottogruppo di $GL(n, \mathbb{R})$ delle matrici di determinante positivo.

(i)   Dimostra che $GL^+(n, \mathbb{R})$ è aperto e connesso.

(ii) Dimostra che ogni $A \in GL^+(n, \mathbb{R})$ che appartiene a $\exp\big(\mathfrak{gl}(n, \mathbb{R})\big)$ ammette una radice quadrata, cioè esiste $B \in GL^+(n, \mathbb{R})$ tale che $A = B^2$.

(iii) Dimostra che $\exp\colon \mathfrak{gl}(2,\mathbb{R}) \to GL^+(2,\mathbb{R})$ non è surgettiva.

Esercizio 3.53 (Utile per l'Esercizio 3.54). Dimostra che un omomorfismo continuo $\varphi\colon G \to H$ fra due gruppi di Lie è necessariamente differenziabile. [*Suggerimento:* Dimostra prima di tutto che ogni sottogruppo a un parametro continuo è differenziabile.]

Esercizio 3.54. Dimostra che ogni omomorfismo bigettivo continuo $\varphi\colon G \to H$ fra due gruppi di Lie è necessariamente un diffeomorfismo. [*Suggerimento:* dato un intorno aperto V di e in G, sia K un intorno compatto di e in G tale che $KK^{-1} \subseteq V$. Scegli $\{g_j\}_{j\in\mathbb{N}}$ tali che $G = \bigcup_j g_j K$. Usa il teorema di Baire per dimostrare che esiste un j tale che $\varphi(g_j)\varphi(K)$ ha parte interna non vuota, per cui $\varphi(K)$ ha parte interna non vuota. Deduci da questo che φ è aperta, e poi usa l'Esercizio 3.53.]

ALGEBRE DI LIE

Esercizio 3.55 (Usato nel Teorema 3.8.3). Siano G e H due gruppi di Lie, con algebre di Lie rispettivamente $\mathfrak{g}$ e $\mathfrak{h}$. Dimostra che l'algebra di Lie di $G \times H$ è isomorfa all'algebra $\mathfrak{g} \times \mathfrak{h}$, con l'operazione

$$[(g_1, h_1), (g_2, h_2)] = ([g_1, g_2], [h_1, h_2]) \ .$$

Esercizio 3.56. Se $F\colon G \to H$ è un omomorfismo di gruppi di Lie di algebra di Lie rispettivamente $\mathfrak{g}$ e $\mathfrak{h}$, dimostra che il nucleo di $dF_e\colon \mathfrak{g} \to \mathfrak{h}$ è l'algebra di Lie del nucleo di F.

Esercizio 3.57 (Citato nell'Esercizio 3.58). Siano

$$\mathfrak{sl}(n,\mathbb{K}) = \{X \in \mathfrak{gl}(n,\mathbb{K}) \mid \operatorname{tr} X = 0\}$$

il sottospazio delle matrici quadrate a traccia nulla su un campo $\mathbb{K}$ qualsiasi, e

$$\mathfrak{o}(n,\mathbb{K}) = \{X \in \mathfrak{gl}(n,\mathbb{K}) \mid X^T + X = O\}$$

il sottospazio delle matrici antisimmetriche. Dimostra che $X, Y \in \mathfrak{sl}(n,\mathbb{K})$ implica $[X,Y] \in \mathfrak{sl}(n,\mathbb{K})$, e che $X, Y \in \mathfrak{o}(n,\mathbb{K})$ implica $[X,Y] \in \mathfrak{o}(n,\mathbb{K})$, per cui $\mathfrak{sl}(n,\mathbb{K})$ e $\mathfrak{o}(n,\mathbb{K})$ sono delle algebre di Lie.

Esercizio 3.58 (Citato nella Sezione 3.5 e usato nell'Esempio 7.5.12). Dimostra che l'algebra di Lie del gruppo ortogonale $O(n)$ è l'algebra $\mathfrak{o}(n) = \mathfrak{o}(n,\mathbb{R})$ delle matrici antisimmetriche (vedi l'Esercizio 3.57). Dimostra inoltre che l'algebra di Lie di $SO(n)$ coincide con $\mathfrak{o}(n)$.

Esercizio 3.59 (Citato nella Sezione 3.5). Dimostra che l'algebra di Lie del gruppo unitario $U(n)$ è l'algebra

$$\mathfrak{u}(n) = \{X \in \mathfrak{gl}(n,\mathbb{C}) \mid X + X^* = O\}$$

delle matrici antihermitiane. Dimostra inoltre che l'algebra di Lie di $SU(n)$ è data da $\mathfrak{su}(n) = \mathfrak{u}(n) \cap \mathfrak{sl}(n,\mathbb{C})$.

Esercizio 3.60. Il *gruppo simplettico* è il sottogruppo $Sp(n, \mathbb{R}) \subset GL(2n, R)$ delle matrici $A \in GL(2n, \mathbb{R})$ tali che $A^T J A = J$, dove $J \in GL(2n, \mathbb{R})$ è la matrice

$$J = \begin{vmatrix} O & I_n \\ -I_n & O \end{vmatrix} .$$

Dimostra che $Sp(n, \mathbb{R})$ è un sottogruppo di Lie di $GL(2n, \mathbb{R})$, calcolane la dimensione, e determina la sua algebra di Lie $\mathfrak{sp}(n, \mathbb{R}) \subset \mathfrak{gl}(2n, \mathbb{R})$. Infine, definisci e dimostra i risultati analoghi per il *gruppo simplettico complesso* $Sp(n, \mathbb{C}) \subset GL(n, \mathbb{C})$.

Definizione 3.E.5. Sia $\mathbb{H}$ l'algebra dei quaternioni (vedi l'Esercizio 3.20). Per ogni $u = (u^1, \dots, u^n) \in \mathbb{H}^n$ e $a \in \mathbb{H}$ poniamo $ua = (u^1 a, \dots, u^n a)$. Diremo che un'applicazione $\mathbb{R}$-lineare $A \colon \mathbb{H} \to \mathbb{H}$ è $\mathbb{H}$-*lineare* se

$$A(ua) = A(u)a$$

per ogni $u \in \mathbb{H}^n$ e $a \in \mathbb{H}$. Definiamo poi una forma $\mathbb{R}$-bilineare su $\mathbb{H}^n$ ponendo

$$\langle u, v \rangle = \sum_j (u^j)^* v^j \; ;$$

diremo che un'applicazione $\mathbb{H}$-lineare A è $\mathbb{H}$-*unitaria* se

$$\langle A(u), A(v) \rangle = \langle u, v \rangle$$

per ogni $u, v \in \mathbb{H}^n$. Infine, indicheremo con $Sp(n)$ il gruppo delle applicazioni $\mathbb{H}$-unitarie su $\mathbb{H}^n$.

Esercizio 3.61. Dimostra che $Sp(n)$ è un gruppo di Lie che può essere identificato con $Sp(n, \mathbb{C}) \cap U(2n)$, e determina la sua algebra di Lie $\mathfrak{sp}(n)$.

Esercizio 3.62. Siano G e H due gruppi di Lie, con algebre di Lie $\mathfrak{g}$ e $\mathfrak{h}$ rispettivamente, e sia $F \colon G \to H$ un omomorfismo di gruppi di Lie. Dimostra che per ogni $X \in \mathcal{T}(G)$ invariante a sinistra esiste un unico $Y = F_*(X) \in \mathcal{T}(H)$ che è F-correlato a X, e che l'applicazione $F_* \colon \mathfrak{g} \to \mathfrak{h}$ definita da $F_*(X_e) = (F_* X)_e$ è un morfismo di algebre di Lie.

Esercizio 3.63 (Usato nell'Osservazione 3.8.5). Sia G un gruppo di Lie connesso con algebra di Lie $\mathfrak{g}$. Dimostra che G è isomorfo a un gruppo della forma $\tilde{G}/\Gamma$, dove $\tilde{G}$ è un gruppo di Lie semplicemente connesso di algebra di Lie $\mathfrak{g}$, e $\Gamma \subset \tilde{G}$ è un sottogruppo discreto contenuto nel centro di $\tilde{G}$. *[Suggerimento:* usa l'Esercizio 3.42.]

Definizione 3.E.6. Diremo che un gruppo di Lie G è un'*estensione* di un gruppo di Lie G_0 tramite un gruppo di Lie H se esiste un omomorfismo di gruppi di Lie surgettivo $\psi \colon G \to H$ con nucleo isomorfo a G_0.

Esercizio 3.64 (Citato nell'Osservazione 3.8.5). Dimostra che un gruppo di Lie sconnesso con algebra di Lie $\mathfrak{g}$ è l'estensione di un gruppo di Lie connesso tramite un gruppo di Lie discreto. [*Suggerimento:* usa l'Esercizio 3.45.]

DISTRIBUZIONI E FOLIAZIONI

Esercizio 3.65. Dimostra che una distribuzione k-dimensionale su una varietà M è una distribuzione liscia se e solo se è un sottofibrato vettoriale (vedi l'Esercizio 3.4) di TM di rango k.

Esercizio 3.66. Dimostra che una distribuzione liscia $\mathcal{D}$ è involutiva se e solo se per ogni $p \in M$ esiste un riferimento locale $(Y_1, \ldots, Y_k)$ per $\mathcal{D}$ su un intorno aperto U di p tale che $[Y_i, Y_j] \in \mathcal{T}_\mathcal{D}(U)$ per ogni $i, j = 1, \ldots, k$.

Esercizio 3.67 (Citato nella Sezione 3.7). Dimostra che l'unione degli spazi tangenti alle foglie di una foliazione k-dimensionale forma una distribuzione liscia k-dimensionale involutiva.

Esercizio 3.68. Sia $\mathcal{D} \subset T\mathbb{R}^3$ la distribuzione generata dai campi vettoriali

$$X = x\frac{\partial}{\partial x} + \frac{\partial}{\partial y} + x(y+1)\frac{\partial}{\partial z}, \quad Y = \frac{\partial}{\partial x} + y\frac{\partial}{\partial z}.$$

Dimostra che $\mathcal{D}$ è involutiva, e determina una carta locale piatta centrata nell'origine per la foliazione indotta da $\mathcal{D}$.

Esercizio 3.69. Sia $Q = \{(x, yz) \in \mathbb{R}^3 \mid x, y, z > 0\} \subset \mathbb{R}^3$, e sia $\mathcal{D} \subset TQ$ la distribuzione generata dai campi vettoriali

$$X = y\frac{\partial}{\partial z} - z\frac{\partial}{\partial y}, \quad Y = z\frac{\partial}{\partial x} - x\frac{\partial}{\partial z}.$$

Dimostra che $\mathcal{D}$ è involutiva, e determina una carta locale piatta centrata nell'origine per la foliazione indotta da $\mathcal{D}$.

Esercizio 3.70. Sia $\mathcal{D} \subset T\mathbb{R}^3$ la distribuzione generata dai campi vettoriali

$$X = \frac{\partial}{\partial x} + yz\frac{\partial}{\partial z}, \quad Y = \frac{\partial}{\partial y}.$$

Determina una sottovarietà integrale di $\mathcal{D}$ passante per l'origine, e determina se $\mathcal{D}$ è involutiva.

Esercizio 3.71. Sia $\mathcal{D}$ una distribuzione involutiva su una varietà M. Dimostra che una sottovarietà integrale di $\mathcal{D}$ connessa e chiusa (in M) è necessariamente una foglia della foliazione indotta da $\mathcal{D}$.

Esercizio 3.72. Dimostra che le componenti connesse degli insiemi di livello di una sommersione $F : M \to N$ formano una foliazione di M.

Esercizio 3.73. Sia $\theta\colon G \times M \to M$ un'azione libera e propria di un gruppo di Lie connesso su una varietà M. Dimostra che le orbite di G formano una foliazione di M, e trova un esempio in cui questo non è vero se l'azione non è libera.

FIBRATI

Definizione 3.E.7. Diremo che due applicazioni differenziabili $f_1\colon M_1 \to N$ e $f_2\colon M_2 \to N$ sono *trasverse* in $q \in N$ se

$$d(f_1)_{p_1}(T_{p_1}M_1) + d(f_2)_{p_2}(T_{p_2}M_2) = T_qN$$

ogni volta che $f_1(p_1) = f_2(p_2) = q$; nota che questa condizione è banalmente soddisfatta se $q \notin f_1(M_1) \cap f_2(M_2)$. Diremo poi che f_1 ed f_2 sono *trasverse* se lo sono in ogni $q \in N$.

Esercizio 3.74. Siano $f_1\colon M_1 \to N$ e $f_2\colon M_2 \to N$ due applicazioni differenziabili trasverse. Dimostra che il prodotto fibrato $M_1 \times_N M_2$ è una sottovarietà di $M_1 \times M_2$. [*Suggerimento:* usa l'Esercizio 2.94.]

Esercizio 3.75. Sia $\pi\colon E \to M$ un fibrato di fibra tipica S, e $F\colon N \to M$ un'applicazione differenziabile, e indichiamo con $F^*\pi\colon N \times_M E \to N$ e $\pi^*F\colon N \times_M E \to E$ le proiezioni naturali. Dimostra che $F^*\pi\colon N \times_M E \to N$ è un fibrato di fibra tipica S (detto *fibrato pullback*) e che π^*F è un diffeomorfismo che rispetta le fibre.

Esercizio 3.76. Sia G un gruppo di Lie, e $H \subset G$ un sottogruppo chiuso. Dimostra che la proiezione naturale $\pi\colon G \to G/H$ è un fibrato principale di gruppo di struttura H. [*Suggerimento:* ricorda l'Esercizio 2.133.]

Esercizio 3.77. Sia $\bar{\pi}\colon E \to M$ un G-fibrato di fibra tipica S e azione sinistra $\theta\colon G \times S \to S$. Dimostra che esiste un G-fibrato principale $\pi\colon P \to M$ tale che $E = P[S, \theta]$.

Esercizio 3.78 (Citato nell'Esercizio 3.79). Sia $\pi\colon P \to M$ un G-fibrato principale e $\theta\colon G \times S \to S$ un'azione sinistra su una varietà S. Indichiamo con $C^\infty\big(P, (S, \theta)\big)^G$ l'insieme delle applicazioni differenziabili $f\colon P \to S$ che sono *G-equivarianti* nel senso che $f(u \cdot g) = g^{-1} \cdot f(u)$ per ogni $u \in P$ e $g \in G$. Dimostra che $C^\infty\big(P, (S, \theta)\big)^G$ è in corrispondenza biunivoca con l'insieme delle sezioni di $P[S, \theta]$.

Definizione 3.E.8. Una *trasformazione di gauge* di un fibrato principale $\pi\colon P \to M$ di gruppo di struttura G è un diffeomorfismo $\xi\colon P \to P$ tale che $\pi \circ \xi = \pi$ e $\xi(u \cdot g) = \xi(u) \cdot g$ per ogni $u \in P$ e $g \in G$.

Esercizio 3.79. Sia $\pi\colon P \to M$ un fibrato principale di gruppo di struttura G. Dimostra che il gruppo delle trasformazioni di gauge è in corrispondenza biunivoca con l'insieme $C^\infty\big(P, (G, C)\big)^G$ introdotto nell'Esercizio 3.78, dove $C\colon G \times G \to G$ è l'azione sinistra data dal coniugio: $C(g, h) = ghg^{-1}$.

Definizione 3.E.9. Il *fibrato verticale* associato a un fibrato $\pi\colon E \to M$ è dato da $VE = \operatorname{Ker} \mathrm{d}\pi \subset TE$.

Esercizio 3.80. Sia $\pi\colon P \to M$ un fibrato principale di gruppo di struttura G, e $\theta\colon G \times S \to S$ un'azione sinistra di G su una varietà S. Dimostra che:

(i) $\mathrm{d}\pi\colon TP \to TM$ è un fibrato principale di gruppo di struttura TG (vedi l'Esercizio 3.46);

(ii) il fibrato verticale $\overline{\pi}\colon VP \to P$ è isomorfo al fibrato banale $P \times \mathfrak{g}$, dove $\mathfrak{g}$ è l'algebra di Lie di G; [*Suggerimento:* usa l'applicazione $(u, X) \mapsto \mathrm{d}(r_u)_e X$, dove $r_u(g) = u \cdot g$.]

(iii) $\pi \circ \overline{\pi}\colon VP \to M$ è un fibrato principale di gruppo di struttura TG;

(iv) il fibrato tangente di $P[S, \theta]$ è dato da $TP[TS, \mathrm{d}\theta]$.

4

Forme differenziali e integrazione

Le forme differenziali su una varietà hanno una struttura molto ricca che (come vedremo anche nel prossimo capitolo) permette di studiare a fondo la struttura delle varietà differenziabili. Prima di tutto, il prodotto esterno di tensori induce immediatamente un prodotto esterno fra forme differenziali, dando all'insieme delle forme differenziali su una varietà una struttura di algebra graduata associativa e anticommutativa. Inoltre, possiamo usare le applicazioni differenziali per trasportare, tramite l'operazione di pull-back, forme differenziali dal codominio dell'applicazione al dominio dell'applicazione.

Introdurremo poi le varietà orientabili, cioè quelle in cui è possibile orientare in modo coerente tutti gli spazi tangenti, e vedremo come l'orientabilità di una n-varietà sia equivalente all'esistenza di una n-forma mai nulla; dimostreremo anche che una varietà non orientabile ammette un rivestimento canonico orientabile a due fogli (per cui, in particolare, ogni varietà semplicemente connessa è orientabile). Vedremo inoltre come sia possibile definire l'integrale di forme differenziali a supporto compatto su varietà orientabili.

Ma l'ingrediente cruciale che rende le forme differenziali particolarmente utili è il differenziale esterno, un'applicazione lineare che manda k-forme in $(k + 1)$-forme generalizzando il concetto di differenziale di funzioni (pensate come 0-forme). Usando il differenziale esterno è possibile studiare contemporaneamente forme di grado diverso, introducendo con tecniche differenziali una struttura algebrica sullo spazio delle forme differenziali che è in grado di rivelare proprietà topologiche della varietà. I dettagli li vedremo nel prossimo capitolo; concluderemo questo capitolo dimostrando il fondamentale Teorema di Stokes, che mescola differenziale esterno ed integrazione generalizzando a varietà qualsiasi i classici teoremi di Gauss-Green e della divergenza, per non parlare del teorema fondamentale del calcolo integrale.

Abate M., Tovena F.: Geometria Differenziale.
DOI 10.1007/978-88-470-1920-1_4
© Springer-Verlag Italia 2011

4.1 Operazioni sulle forme differenziali

Nel Capitolo 3 abbiamo visto alcune operazioni che si possono effettuare con i campi vettoriali. Come invece vedremo in questo capitolo, la struttura algebrica delle forme differenziali è molto più ricca; iniziamo introducendo un prodotto naturale.

Definizione 4.1.1. Data una n-varietà M, indichiamo con

$$A^\bullet(M) = \bigoplus_{r=0}^{n} A^r(M)$$

lo spazio delle forme differenziali su M. Il *prodotto esterno* di due forme $\eta, \omega \in A^\bullet(M)$ è la forma differenziale $\eta \wedge \omega$ definita da

$$\forall p \in M \qquad \eta \wedge \omega(p) = \eta(p) \wedge \omega(p) \ .$$

In particolare, le proprietà del prodotto esterno dei tensori alternanti viste nel Capitolo 1 implicano subito (controlla!) le seguenti proprietà del prodotto esterno di forme differenziali:

(a) è associativo;
(b) è distributivo rispetto alla somma;
(c) commuta col prodotto per scalari, cioè $(\lambda\eta) \wedge \omega = \lambda(\eta \wedge \omega) = \eta \wedge (\lambda\omega)$ per ogni $\lambda \in \mathbb{R}$ e $\eta, \omega \in A^\bullet(M)$;
(d) è *graduato,* cioè se $\eta \in A^r(M)$ e $\omega \in A^s(M)$ sono rispettivamente una r-forma e una s-forma allora $\eta \wedge \omega \in A^{r+s}(M)$ è una $(r+s)$-forma;
(e) è *anticommutativo,* nel senso che

$$\forall \eta \in A^r(M), \forall \omega \in A^s(M) \qquad \eta \wedge \omega = (-1)^{rs}\omega \wedge \eta \ .$$

Queste proprietà si riassumono dicendo che $A^\bullet(M)$ è un'*algebra graduata associativa* e *anticommutativa* (vedi, più oltre, la Definizione 5.1.8).

Esempio 4.1.2. Se

$$\eta = x^1 x^2 \, \mathrm{d}x^3 + \mathrm{e}^{x^3} \, \mathrm{d}x^1 \wedge \mathrm{d}x^2 \quad \text{e} \quad \omega = x^3 \, \mathrm{d}x^2 + \cos(x^1 + x^2) \, \mathrm{d}x^1 \wedge \mathrm{d}x^2 \wedge \mathrm{d}x^3$$

sono due forme differenziali su $M = \mathbb{R}^3$ allora

$$\eta \wedge \omega = -x^1 x^2 x^3 \, \mathrm{d}x^2 \wedge \mathrm{d}x^3 \ .$$

Osservazione 4.1.3. L'Esempio 3.2.14 ci dice che se (U, φ) è una carta locale su una varietà M con $\varphi = (x^1, \ldots, x^n)$ allora ogni r-forma $\omega \in A^r(M)$ si può scrivere localmente come

$$\omega|_U = \sum_{1 \le i_1 < \cdots < i_r \le n} \omega_{i_1 \ldots i_r} \, \mathrm{d}x^{i_1} \wedge \cdots \wedge \mathrm{d}x^{i_r} \ ,$$

per opportune funzioni $\omega_{i_1 \ldots i_r} \in C^\infty(U)$.

Abbiamo notato nella Sezione 3.3 che, in generale, è difficile trasportare campi vettoriali da una varietà a un'altra usando applicazioni differenziabili. Uno dei vantaggi delle forme differenziali è che sono invece molto semplici da trasportare:

Definizione 4.1.4. Sia $\omega \in A^r(N)$ una r-forma sulla varietà N, e $F\colon M \to N$ un'applicazione C^∞. Il *pull-back* di ω lungo F è la r-forma $F^*\omega \in A^r(M)$ definita da

$$(F^*\omega)_p(v_1, \ldots, v_r) = \omega_{F(p)}\big(\mathrm{d}F_p(v_1), \ldots, \mathrm{d}F_p(v_r)\big) \tag{4.1}$$

per ogni $v_1, \ldots, v_r \in T_pM$. Si verifica subito (Esercizio 4.1) che $F^*\omega$ è r-lineare, alternante e di classe C^∞, per cui è effettivamente una r-forma su M. Se $\iota\colon M \hookrightarrow N$ è una sottovarietà, scriveremo anche $\omega|_M$ per $\iota^*\omega$.

La prossima proposizione contiene le proprietà principali del pull-back di forme differenziali.

Proposizione 4.1.5. *Sia $F\colon M \to N$ un'applicazione di classe C^∞ fra varietà. Allora:*

(i) *$F^*\colon A^r(N) \to A^r(M)$ è lineare per ogni $r \geq 0$, e quindi definisce per linearità un'applicazione lineare $F^*\colon A^\bullet(N) \to A^\bullet(M)$;*

(ii) *$F^*(\eta \wedge \omega) = F^*\eta \wedge F^*\omega$ per ogni η, $\omega \in A^\bullet(N)$;*

(iii) *se (V, ψ) è una carta locale in N con $\psi = (y^1, \ldots, y^n)$, e*

$$\omega|_V = \sum_{i_1 < \cdots < i_r} \omega_{i_1 \ldots i_r} \mathrm{d}y^{i_1} \wedge \cdots \wedge \mathrm{d}y^{i_r}$$

è l'espressione in coordinate locali di una r-forma $\omega \in A^r(N)$, allora

$$F^*\omega|_{F^{-1}(V)} = \sum_{i_1 < \cdots < i_r} (\omega_{i_1 \ldots i_r} \circ F)\, \mathrm{d}F^{i_1} \wedge \cdots \wedge \mathrm{d}F^{i_r} \,,$$

dove $F^i = y^i \circ F$ per $i = 1, \ldots, n$;

(iv) *se $g_1, \ldots, g_r \in C^\infty(N)$ allora*

$$F^*(\mathrm{d}g_1 \wedge \cdots \wedge \mathrm{d}g_r) = \mathrm{d}(g_1 \circ F) \wedge \cdots \wedge \mathrm{d}(g_r \circ F) \,;$$

(v) *se $\dim M = \dim N = n$, e (U, φ), rispettivamente (V, ψ), sono carte locali su M, rispettivamente N, con $\varphi = (x^1, \ldots, x^n)$, $\psi = (y^1, \ldots, y^n)$ e $F(U) \subseteq V$, allora*

$$F^*(f\, \mathrm{d}y^1 \wedge \cdots \wedge \mathrm{d}y^n) = (f \circ F) \det(\mathrm{d}\tilde{F})\, \mathrm{d}x^1 \wedge \cdots \wedge \mathrm{d}x^n$$

per ogni $f \in C^\infty(V)$, dove $\tilde{F} = \psi \circ F \circ \varphi^{-1}$;

(vi) *se $G\colon N \to S$ è un'altra applicazione C^∞ allora $(G \circ F)^* = F^* \circ G^*$. In particolare, se F è un diffeomorfismo allora F^* è un isomorfismo di algebre con inversa $(F^*)^{-1} = (F^{-1})^*$.*

Dimostrazione. (i) Ovvio.

(ii) Segue subito dal fatto che sia il prodotto esterno di forme sia il pull-back sono definiti puntualmente.

(iii) Infatti se $p \in F^{-1}(V)$ e $v_1, \ldots, v_r \in T_p M$ abbiamo

$$
\begin{aligned}
(F^* \omega)_p(v_1, \ldots, v_r) &= \omega_{F(p)}\big(\mathrm{d}F_p(v_1), \ldots, \mathrm{d}F_p(v_r)\big) \\
&= \sum_{i_1 < \cdots < i_r} \omega_{i_1 \ldots i_r}\big(F(p)\big)\, \mathrm{d}y^{i_1} \wedge \cdots \wedge \mathrm{d}y^{i_r}\big(\mathrm{d}F_p(v_1), \ldots, \mathrm{d}F_p(v_r)\big) \\
&= \sum_{i_1 < \cdots < i_r} \omega_{i_1 \ldots i_r}\big(F(p)\big)\, \mathrm{d}F^{i_1} \wedge \cdots \wedge \mathrm{d}F^{i_r}(v_1, \ldots, v_r) \,,
\end{aligned}
$$

dove l'ultima eguaglianza segue dal fatto che $\mathrm{d}F^i = \mathrm{d}(y^i \circ F) = \mathrm{d}y^i \circ \mathrm{d}F$ e dalla definizione di prodotto esterno.

(iv) Segue subito da (ii) e da $F^*(\mathrm{d}g) = \mathrm{d}(g \circ F)$ per ogni $g \in C^\infty(N)$.

(v) La (iii) ci dice che

$$
F^*(f\, \mathrm{d}y^1 \wedge \cdots \wedge \mathrm{d}y^n) = (f \circ F)\, \mathrm{d}F^1 \wedge \cdots \wedge \mathrm{d}F^n \,.
$$

D'altra parte, l'Osservazione 3.2.15 ci dice che

$$
\mathrm{d}F^h = \sum_{k=1}^n \frac{\partial F^h}{\partial x^k}\, \mathrm{d}x^k \,;
$$

siccome il differenziale $\mathrm{d}\tilde{F}$ è rappresentato dalla matrice Jacobiana $\left(\frac{\partial F^h}{\partial x^k}\right)$, la tesi segue dall'Osservazione 1.4.20.

(vi) Segue subito dall'identità $\mathrm{d}(G \circ F)_p = \mathrm{d}G_{F(p)} \circ \mathrm{d}F_p$, e dal fatto ovvio che $\mathrm{id}^* = \mathrm{id}$. $\qquad\qquad\square$

Esempio 4.1.6. Sia $F \colon \mathbb{R}^2 \to \mathbb{R}^3$ data da $F(x, y) = (xy, x^2, y^3)$, e $\omega \in A^2(\mathbb{R}^3)$ data da $\omega = y\, \mathrm{d}x \wedge \mathrm{d}z$. Allora

$$
F^* \omega = 3x^2 y^3\, \mathrm{d}x \wedge \mathrm{d}y \,.
$$

Un'ultima operazione effettuabile con le forme differenziali che ci servirà in seguito è la seguente:

Definizione 4.1.7. Sia $X \in \mathcal{T}(M)$ un campo vettoriale su una varietà M. La *contrazione* (o *moltiplicazione interna*) con X è l'applicazione $C^\infty(M)$-lineare $i_X \colon A^k(M) \to A^{k-1}(M)$ definita da

$$
i_X \omega(Y_1, \ldots, Y_{k-1}) = \omega(X, Y_1, \ldots, Y_{k-1})
$$

per $k \geq 1$, con la convenzione che $\iota_X \equiv O$ su $A^0(M)$. Scriveremo anche $X \lrcorner\, \omega$ per $i_X \omega$.

L'Esercizio 4.5 contiene le principali proprietà della contrazione.

4.2 Orientabilità

In una varietà n-dimensionale le n-forme svolgono un ruolo in un certo senso analogo a quello giocato dal determinante in $\mathbb{R}^n$. Per esempio, come vedremo in questa sezione, possono essere utilizzate per caratterizzare le varietà orientabili.

Com'è noto, orientare uno spazio vettoriale V (di dimensione finita su $\mathbb{R}$) significa scegliere una base *ordinata* di V, e due basi inducono la stessa orientazione se e solo se la matrice di cambiamento di base ha determinante positivo. In altre parole, un'orientazione di V è una classe d'equivalenza di basi orientate, dove due basi orientate sono equivalenti se e solo se la matrice di cambiamento di base ha determinante positivo. Chiaramente, uno spazio vettoriale ha solo due orientazioni possibili; inoltre, fissata un'orientazione, una base ordinata di V è positiva se appartiene a (o induce) quell'orientazione, ed è negativa altrimenti.

Sia ora (U, φ) una carta locale in una varietà M; questa carta per ciascun $p \in U$ determina un'orientazione su $T_p M$ dicendo che $\{\partial_1|_p, \ldots, \partial_n|_p\}$ è una base positiva di $T_p M$. Siccome i campi vettoriali ∂_j dipendono C^∞ da $p \in U$, è ragionevole dire che la carta locale (U, φ) induce un'orientazione su $T_p M$ che dipende C^∞ da $p \in U$. Siccome la matrice di cambiamento di base fra i riferimenti locali indotti da due carte locali è la matrice Jacobiana del cambiamento di coordinate, la prossima definizione rappresenta in modo ragionevole l'idea di orientare in maniera differenziabile tutti gli spazi tangenti di una varietà.

Definizione 4.2.1. Diremo che due carte $(U_\alpha, \varphi_\alpha)$ e (U_β, φ_β) di una varietà M sono *equiorientate* se il determinante del differenziale del cambiamento di coordinate $\varphi_\alpha \circ \varphi_\beta^{-1}$ è positivo in tutti i punti di $\varphi_\beta(U_\alpha \cap U_\beta)$.

Un atlante $\mathcal{A} = \{(U_\alpha, \varphi_\alpha)\}$ è *orientato* se ogni coppia di carte in $\mathcal{A}$ è equiorientata. Due atlanti orientati sono *equiorientati* se la loro unione è ancora un atlante orientato.

Una varietà M è *orientabile* se ammette un atlante orientato. Un'*orientazione* di M è una classe d'equivalenza di atlanti orientati rispetto alla relazione di equiorientabilità (che è una relazione d'equivalenza; vedi l'Esercizio 4.6). Una *varietà orientata* è una coppia data da una varietà e un'orientazione su di essa, ottenuta per esempio scegliendo un atlante orientato.

Osservazione 4.2.2. C'è un procedimento molto semplice per passare da una carta locale a un'altra che induce sullo stesso aperto l'orientazione opposta: basta scambiare due coordinate. Più precisamente, se (U, φ) è una carta locale con $\varphi = (x^1, \ldots, x^{n-1}, x^n)$, allora $(U, \overline{\varphi})$ dove $\overline{\varphi} = (x^1, \ldots, x^n, x^{n-1})$, induce su U l'orientazione opposta.

Esempio 4.2.3. Un atlante costituito da una sola carta è banalmente orientato, per cui qualsiasi varietà con un atlante costituito da una sola carta (cioè qualsiasi varietà diffeomorfa a un aperto di $\mathbb{R}^n$) è ovviamente orientabile.

Esempio 4.2.4. Sia M una varietà con un atlante $\mathcal{A}$ costituito da due carte (U_0, φ_0) e (U_1, φ_1) con $U_0 \cap U_1$ connesso; allora M è orientabile.

Infatti, $\det \mathrm{Jac}(\varphi_1 \circ \varphi_0^{-1})$ ha segno costante su $\varphi_0(U_0 \cap U_1)$, in quanto non si annulla mai e $U_0 \cap U_1$ è connesso. Se il segno è positivo allora $\mathcal{A}$ è orientato e abbiamo finito. Se invece il segno è negativo basta sostituire (U_1, φ_1) con $(U_1, \overline{\varphi_1})$, dove $\overline{\varphi_1}$ è costruita scambiando due coordinate come nell'Osservazione 4.2.2.

In particolare, le sfere S^n per $n \geq 2$ sono tutte orientabili, in quanto l'atlante dato dalle proiezioni stereografiche (vedi l'Esempio 2.1.28) è proprio composto da due carte con intersezione connessa dei domini. Anche S^1 è orientabile, come puoi facilmente verificare direttamente (Esercizio 4.8).

Esempio 4.2.5. Le varietà 1-dimensionali sono tutte orientabili, in quanto diffeomorfe a $\mathbb{R}$ (se non compatte) o a S^1 (se compatte); vedi l'Esercizio 4.15.

Vogliamo introdurre ora un modo diverso e molto utile di definire l'orientabilità di una varietà. Torniamo per un attimo a ragionare sugli spazi vettoriali. Sia $\{e_1, \ldots, e_n\}$ una base di uno spazio vettoriale V, e indichiamo con $\{e^1, \ldots, e^n\}$ la base duale di V^*. Se $\{v_1, \ldots, v_n\}$ è un'altra base di V, la (1.13) ci dice che

$$e^1 \wedge \cdots \wedge e^n(v_1, \ldots, v_n) = \det A ,$$

dove A è la matrice di cambiamento di base; ne segue che $\{v_1, \ldots, v_n\}$ determina la stessa orientazione di $\{e_1, \ldots, e_n\}$ se e solo se $e^1 \wedge \cdots \wedge e^n(v_1, \ldots, v_n) > 0$.

Questo suggerisce che dovrebbe essere possibile usare le n-forme differenziali per determinare se una n-varietà è orientabile.

Definizione 4.2.6. Una *forma* (o *elemento*) *di volume* su una varietà n-dimensionale M è una n-forma $\nu \in A^n(M)$ mai nulla.

Osservazione 4.2.7. Dire che $\nu \in A^n(M)$ è una n-forma mai nulla equivale (perché?) a dire che $\nu_p(v_1, \ldots, v_n) \neq 0$ per ogni $p \in M$ e ogni base $\{v_1, \ldots, v_n\}$ di $T_p M$.

Osservazione 4.2.8. Vedremo nella prossima sezione come sia possibile usare una n-forma mai nulla per definire il volume di una varietà compatta, giustificando il nome di "forma di volume per queste forme differenziali.

Osservazione 4.2.9. Se M una varietà n-dimensionale, allora $\bigwedge^n M$ è un fibrato vettoriale di rango 1. Di conseguenza, se $\nu \in A^n(M)$ è una forma di volume allora ν_p è un generatore di $(\bigwedge^n M)_p$ per ogni $p \in M$. In particolare, per ogni n-forma $\omega \in A^n(M)$ esiste $f \in C^\infty(M)$ tale che $\omega = f\nu$.

Possiamo quindi dimostrare che l'orientabilità è equivalente all'esistenza di una forma di volume:

Proposizione 4.2.10. *Sia M una varietà n-dimensionale. Allora M è orientabile se e solo se ammette una forma di volume.*

Dimostrazione. Supponiamo che M abbia una forma di volume $\nu \in A^n(M)$; vogliamo costruire un atlante orientato. Indichiamo con $\mathcal{A}$ l'insieme delle carte $(U_\alpha, \varphi_\alpha)$ compatibili con la struttura differenziabile data e tali che

$$\nu_p(\partial_{1,\alpha}|_p, \ldots, \partial_{n,\alpha}|_p) > 0 \qquad (4.2)$$

per ogni $p \in U_\alpha$; vogliamo dimostrare che $\mathcal{A}$ è un atlante orientato.

Prima di tutto, sia (U, φ) è una carta con dominio U connesso. Allora $p \mapsto \nu_p(\partial_1|_p, \ldots, \partial_n|_p)$ è una funzione C^∞ mai nulla su U, e quindi di segno costante. Se il segno è positivo, $(U, \varphi) \in \mathcal{A}$; se invece è negativo, allora $(U, \overline{\varphi}) \in \mathcal{A}$, dove $\overline{\varphi}$ è ottenuta da φ scambiando due coordinate come nell'Osservazione 4.2.2. Siccome ogni punto di M è contenuto in una carta con dominio connesso, abbiamo dimostrato che $\mathcal{A}$ è un atlante.

Per dimostrare che è un atlante orientato, siano $(U_\alpha, \varphi_\alpha)$, $(U_\beta, \varphi_\beta) \in \mathcal{A}$. Allora (2.5) e l'alternanza di ν implicano che

$$\nu(\partial_{1,\beta}, \ldots, \partial_{n,\beta}) = \det\left(\frac{\partial x_\alpha^h}{\partial x_\beta^k}\right) \nu(\partial_{1,\alpha}, \ldots, \partial_{n,\alpha})$$

su $U_\alpha \cap U_\beta$. Quindi (4.2) ci dice che due carte in $\mathcal{A}$ sono necessariamente equiorientate, e ci siamo.

Viceversa, sia $\mathcal{A} = \{(U_\alpha, \varphi_\alpha)\}$ un atlante orientato, e sia $\{\rho_\alpha\}$ una partizione dell'unità subordinata a questo atlante. Poniamo

$$\nu = \sum_\alpha \rho_\alpha \, dx_\alpha^1 \wedge \cdots \wedge dx_\alpha^n \,.$$

Le proprietà delle partizioni dell'unità ci assicurano (perché?) che $\nu \in A^n(M)$ è globalmente definita; dobbiamo dimostrare che non è mai nulla. Ora, ciascuna $dx_\alpha^1 \wedge \cdots \wedge dx_\alpha^n$ non si annulla mai; inoltre

$$dx_\alpha^1 \wedge \cdots \wedge dx_\alpha^n = \det\left(\frac{\partial x_\alpha^h}{\partial x_\beta^k}\right) dx_\beta^1 \wedge \cdots \wedge dx_\beta^n$$

su $U_\alpha \cap U_\beta$, per cui $dx_\alpha^1 \wedge \cdots \wedge dx_\alpha^n$ e $dx_\beta^1 \wedge \cdots \wedge dx_\beta^n$ differiscono per un fattore moltiplicativo strettamente positivo, in quanto l'atlante è orientato. Quindi nell'intorno di ogni punto ν è somma di un numero finito di termini non nulli che sono tutti un multiplo positivo l'uno dell'altro, per cui ν non si può mai annullare. $\square$

La dimostrazione di questo risultato mostra esplicitamente come associare un atlante orientato (e quindi un'orientazione) a una forma di volume, e suggerisce le seguenti definizioni.

Definizione 4.2.11. Sia $\nu \in A^n(M)$ una forma di volume su una varietà M. Diremo che una base $\{v_1, \ldots, v_n\}$ di T_pM è *positiva* se $\nu_p(v_1, \ldots, v_n) > 0$; *negativa* altrimenti. Una carta (U, φ) sarà detta *orientata* se $\{\partial_1, \ldots, \partial_n\}$ è una base positiva di T_pM per ogni $p \in U$. L'atlante costituito da tutte le carte orientate (compatibili con la struttura differenziale data) sarà detto *atlante associato* a ν. Infine, l'orientazione determinata dall'atlante orientato associato a ν verrà detta *orientazione indotta*.

Osservazione 4.2.12. Se $\nu \in A^n(M)$ è una forma di volume, allora (perché?) per ogni $f \in C^\infty(M)$ *positiva* la n-forma mai nulla $f\nu$ induce la stessa orientazione di ν, mentre $-f\nu$ induce l'orientazione opposta.

Osservazione 4.2.13. Sia (U, φ) una carta su una varietà M orientata da una forma di volume $\nu \in A^n(M)$, e scriviamo $\varphi = (x^1, \ldots, x^n)$. Allora $dx^1 \wedge \cdots \wedge dx^n$ è una n-forma mai nulla su U, per cui deve esistere $f \in C^\infty(U)$ tale che $dx^1 \wedge \cdots \wedge dx^n = f\nu|_U$. Siccome

$$1 \equiv dx^1 \wedge \cdots \wedge dx^n(\partial_1, \ldots, \partial_n) = f\nu(\partial_1, \ldots, \partial_n) \, ,$$

ne segue che (U, φ) è una carta orientata se e solo se $f > 0$ su U, cioè se e solo se $dx^1 \wedge \cdots \wedge dx^n$ è un multiplo positivo di $\nu|_U$.

Esempio 4.2.14. Vogliamo costruire una forma di volume sulla sfera S^n. Considerando S^n come sottovarietà di $\mathbb{R}^{n+1}$, per ogni $p \in S^n$ possiamo identificare T_pS^n con il sottospazio di $\mathbb{R}^{n+1}$ ortogonale (rispetto al prodotto scalare canonico) a p. In particolare, se $\{v_1, \ldots, v_n\}$ è una base di $T_pS^n \subset \mathbb{R}^{n+1}$ la matrice $A \in M_{n+1,n+1}(\mathbb{R})$ che ha come colonne p, $v_1, \ldots, v_n$ ha determinante diverso da 0. Lo sviluppo di Laplace di questo determinante rispetto alla prima colonna è

$$0 \neq \det(A) = \sum_{j=1}^{n+1} (-1)^{j+1} p^j \det(A_j^1) \, ,$$

dove A_j^1 è la matrice ottenuta cancellando la prima colonna e la riga j-esima dalla matrice A. Ora, si verifica subito (Esercizio 1.71) che

$$\det(A_j^1) = dx^1 \wedge \cdots \wedge \widehat{dx^j} \wedge \cdots \wedge dx^{n+1}(v_1, \ldots, v_n) \, ,$$

dove il cappuccio indica che dx^j non è presente nel prodotto esterno. Di conseguenza la n-forma $\nu \in A^n(S^n)$ ottenuta restringendo

$$\nu_p = \sum_{j=1}^{n+1} (-1)^{j+1} p^j \, dx^1 \wedge \cdots \wedge \widehat{dx^j} \wedge \cdots \wedge dx^{n+1}$$

a T_pS^n è una forma di volume su S^n, in quanto $\nu_p(v_1, \ldots, v_n) = \det(A) \neq 0$.

Esempio 4.2.15. Supponiamo di avere un atlante $\mathcal{A} = \{(U_0, \varphi_0), (U_1, \varphi_1)\}$ di una varietà M che soddisfa le seguenti condizioni:

1. U_0 e U_1 sono connessi;
2. $U_0 \cap U_1$ ha esattamente due componenti connesse V_+ e V_-;
3. $\det \mathrm{Jac}(\varphi_1 \circ \varphi_0^{-1}) > 0$ su $\varphi_0(V_+)$ e $\det \mathrm{Jac}(\varphi_1 \circ \varphi_0^{-1}) < 0$ su $\varphi_0(V_-)$.

Vogliamo dimostrare che M non è orientabile.

Supponiamo per assurdo che esista una forma di volume $\nu \in A^n(M)$. Siccome U_0 e U_1 sono connessi, per $\alpha = 0, 1$ esiste $f_\alpha \in C^\infty(U_\alpha)$ mai nulla e con segno costante tale che $\mathrm{d}x_\alpha^1 \wedge \cdots \wedge \mathrm{d}x_\alpha^n = f_\alpha \nu|_{U_\alpha}$, dove $\varphi_\alpha = (x_\alpha^1, \ldots, x_\alpha^n)$ come al solito. Ma da questo segue che $\mathrm{d}x_1^1 \wedge \cdots \wedge \mathrm{d}x_1^n$ è un multiplo di $\mathrm{d}x_0^1 \wedge \cdots \wedge \mathrm{d}x_0^n$ di segno costante su *tutto* $U_0 \cap U_1$, contraddicendo l'ipotesi 3.

Un esempio di varietà che soddisfa le condizioni 1.–3. è il nastro di Möbius; vedi l'Esercizio 4.13.

Esempio 4.2.16 (Orientabilità degli spazi proiettivi). Vogliamo dimostrare che $\mathbb{P}^n(\mathbb{R})$ è orientabile se e solo se n è dispari. Sia $\pi \colon S^n \to \mathbb{P}^n(\mathbb{R})$ la restrizione a $S^n \subset \mathbb{R}^{n+1}$ della proiezione naturale di $\mathbb{R}^{n+1} \setminus \{O\}$ su $\mathbb{P}^n(\mathbb{R})$; chiaramente π è un rivestimento a due fogli di $\mathbb{P}^n(\mathbb{R})$. Indichiamo poi con $A \colon S^n \to S^n$ l'applicazione antipodale $A(p) = -p$. Per costruzione, $\pi \circ A = \pi$, per cui il gruppo degli automorfismi del rivestimento π è costituito dall'identità e da A.

Prima di tutto vogliamo dimostrare che una forma $\omega \in A^\bullet(S^n)$ è il pull-back (rispetto a π) di una forma $\eta \in A^\bullet\big(\mathbb{P}^n(\mathbb{R})\big)$ se e solo se $A^*\omega = \omega$ (questo è un caso particolare dell'Esercizio 4.2). Supponiamo che $\omega = \pi^*\eta$; allora usando la Proposizione 4.1.5.(v) otteniamo

$$A^*\omega = A^*\pi^*\eta = (\pi \circ A)^*\eta = \pi^*\eta = \omega \ .$$

Viceversa, supponiamo che $A^*\omega = \omega$; vogliamo trovare una forma η su $\mathbb{P}^n(\mathbb{R})$ tale che $\pi^*\eta = \omega$. Dato $q \in \mathbb{P}^n(\mathbb{R})$, sia $V \subset \mathbb{P}^n(\mathbb{R})$ un intorno connesso ben rivestito di q; se indichiamo con U una componente connessa di $\pi^{-1}(V)$ allora $\pi^{-1}(V)$ è l'unione disgiunta di U e $A(U)$. Poniamo

$$\eta|_V = (\pi|_U^{-1})^*\omega|_U \ ;$$

per dimostrare che questo definisce una forma su $\mathbb{P}^n(\mathbb{R})$ basta far vedere (perché?) che $(\pi|_{A(U)}^{-1})^*\omega|_{A(U)} = (\pi|_U^{-1})^*\omega|_U$. Ora, $\pi \circ A = \pi$ implica che $A \circ (\pi|_U)^{-1} = (\pi|_{A(U)})^{-1}$; quindi

$$(\pi|_{A(U)}^{-1})^*\omega|_{A(U)} = (\pi|_U^{-1})^* A^*(\omega|_{A(U)}) = (\pi|_U^{-1})^*\omega|_U \ ,$$

come voluto, dove l'ultima uguaglianza segue da $A^*\omega = \omega$.

Sia ora $\nu \in A^n(S^n)$ la forma di volume introdotta nell'Esempio 4.2.14; si verifica subito (controlla) che

$$A^*\nu = (-1)^{n+1}\nu \ ;$$

in particolare se n è dispari A conserva l'orientazione, mentre la inverte se n è pari. Inoltre se n è dispari $A^*\nu = \nu$, per cui esiste una n-forma $\eta \in A^n\big(\mathbb{P}^n(\mathbb{R})\big)$

tale che $\nu = \pi^*\eta$. Ma π è un diffeomorfismo locale; in particolare dπ manda basi in basi, per cui η è una forma mai nulla, e $\mathbb{P}^n(\mathbb{R})$ è orientabile.

Viceversa, supponiamo che $\mathbb{P}^n(\mathbb{R})$ sia orientabile, e sia $\eta \in A^n\big(\mathbb{P}^n(\mathbb{R})\big)$ una forma di volume. Allora $\pi^*\eta$ è una forma di volume per S^n, per cui esiste $f \in C^\infty(S^n)$ mai nulla tale che $\pi^*\eta = f\nu$. Quindi

$$f\nu = \pi^*\eta = A^*\pi^*\eta = A^*(f\nu) = (f \circ A)A^*\nu = (-1)^{n+1}(f \circ A)\nu \,,$$

cioè $f(p) = (-1)^{n+1}f(-p)$ per ogni $p \in S^n$. Se n fosse pari questo impliche-rebbe $f(p) = -f(-p)$ e quindi, per connessione, f dovrebbe annullarsi da qualche parte, impossibile. Quindi n è dispari, e ci siamo.

Concludiamo questa sezione descrivendo una procedura standard per ottenere una varietà orientabile a partire da una non orientabile; per enunciare il risultato preciso ci servono una definizione e un lemma.

Definizione 4.2.17. Sia $F: M \to N$ un diffeomorfismo locale fra due varietà orientate. Diremo che F *conserva l'orientazione* se per ogni $p \in M$ l'immagine tramite dF_p di una base positiva di T_pM è una base positiva di $T_{F(p)}N$; e diremo che F *inverte l'orientazione* se per ogni $p \in M$ l'immagine tramite dF_p di una base positiva di T_pM è una base negativa di $T_{F(p)}N$.

Lemma 4.2.18. *Sia* $F: M \to N$ *un diffeomorfismo locale fra due varietà orientate. Allora* F *conserva l'orientazione (rispettivamente, inverte l'orientazione) se e solo se per ogni coppia* (U, φ) *e* (V, ψ) *di carte orientate rispettivamente in* M *ed* N *tali che* $F(U) \subseteq V$ *abbiamo* $\det\big(\mathrm{Jac}(\tilde{F})\big) > 0$ *(rispettivamente,* $\det\big(\mathrm{Jac}(\tilde{F})\big) < 0$) *su* $\varphi(U)$, *dove* $\tilde{F} = \psi \circ F \circ \varphi^{-1}$.

Dimostrazione. Per costruzione, la matrice di cambiamento di base dalla base (positiva per ipotesi) indotta da ψ alla base immagine tramite dF della base (anch'essa positiva) indotta da φ è data da $\mathrm{Jac}(\tilde{F})$, e la tesi segue subito. $\square$

Proposizione 4.2.19. *Sia* M *una varietà connessa non orientabile. Allora esiste un rivestimento liscio a due fogli* $\pi: \widetilde{M} \to M$ *tale che* $\widetilde{M}$ *sia una varietà connessa orientabile. Inoltre il gruppo di automorfismi del rivestimento è isomorfo a* $\mathbb{Z}_2$, *e se* $F: \widetilde{M} \to \widetilde{M}$ *è l'automorfismo diverso dall'identità allora* F *inverte l'orientazione di* $\widetilde{M}$.

Dimostrazione. Per ogni $p \in M$ indichiamo con $+_p$ e $-_p$ le due possibili orientazioni su T_pM; inoltre, se $\{e_1, \dots, e_n\}$ è una base di T_pM indichiamo con $[e_1 \dots e_n]$ l'orientazione indotta da questa base. Infine, indichiamo con $\widetilde{M}$ l'unione disgiunta delle coppie $(p, +_p)$ e $(p, -_p)$, cioè

$$\widetilde{M} = \bigcup_{p \in M} \{(p, +_p), (p, -_p)\} \,,$$

e sia $\pi: \widetilde{M} \to M$ data da $\pi(p, \pm_p) = p$. Vogliamo definire su $\widetilde{M}$ una struttura di varietà soddisfacente le richieste.

Sia $\mathcal{A} = \{(U_\alpha, \varphi_\alpha)\}$ un atlante di M tale che ogni U_α sia connesso, e contenente abbastanza carte in modo che per ogni $p \in M$ esistano due carte locali $(U_\alpha, \partial_\alpha)$, $(U_{\alpha'}, \partial_{\alpha'}) \in \mathcal{A}$ in p tali che $[\partial_{1,\alpha}|_p \ldots \partial_{n,\alpha}|_p] = +_p$ e $[\partial_{1,\alpha'}|_p \ldots \partial_{n,\alpha'}|_p] = -_p$. Per ogni $(U_\alpha, \varphi_\alpha) \in \mathcal{A}$ definiamo $\psi_\alpha \colon \varphi_\alpha(U_\alpha) \to \widetilde{M}$ ponendo

$$\psi_\alpha(x) = \left(\varphi_\alpha^{-1}(x), [\partial_{1,\alpha}|_{\varphi_\alpha^{-1}(x)} \ldots \partial_{n,\alpha}|_{\varphi_\alpha^{-1}(x)}]\right) .$$

Ogni ψ_α è chiaramente iniettiva; la sua inversa è data da $\tilde{\varphi}_\alpha = \varphi_\alpha \circ \pi$, definita su $\tilde{U}_\alpha = \psi_\alpha\big(\varphi_\alpha(U_\alpha)\big)$. Allora $\tilde{\mathcal{A}} = \{(\tilde{U}_\alpha, \tilde{\varphi}_\alpha)\}$ è un atlante su $\widetilde{M}$. Infatti, copre $\widetilde{M}$ per l'ipotesi su $\mathcal{A}$, e le carte sono compatibili in quanto

$$\tilde{\varphi}_\alpha \circ \tilde{\varphi}_\beta^{-1} = \varphi_\alpha \circ \pi \circ \psi_\beta = \varphi_\alpha \circ \varphi_\beta^{-1} .$$

Siccome $\varphi_\alpha \circ \pi \circ \tilde{\varphi}_\alpha^{-1} = \mathrm{id}$, la proiezione π è differenziabile e chiaramente surgettiva. Inoltre se $-\tilde{U}_\alpha \subset \widetilde{M}$ è definito da $(p, \pm_p) \in -\tilde{U}_\alpha$ se e solo se $(p, \mp_p) \in \tilde{U}_\alpha$, allora $\pi^{-1}(U_\alpha) = \tilde{U}_\alpha \cup (-\tilde{U}_\alpha)$, e π ristretto sia a $\tilde{U}_\alpha$ che a $-\tilde{U}_\alpha$ è un diffeomorfismo con U_α; quindi π è un rivestimento liscio a due fogli.

Ora, se $\tilde{U}_\alpha \cap \tilde{U}_\beta \neq \varnothing$ allora $U_\alpha \cap U_\beta \neq \varnothing$ e in ogni punto di $U_\alpha \cap U_\beta$ si ha $[\partial_{1,\alpha} \ldots \partial_{n,\alpha}] = [\partial_{1,\beta} \ldots \partial_{n,\beta}]$, per cui

$$\det \mathrm{Jac}(\tilde{\varphi}_\alpha \circ \tilde{\varphi}_\beta^{-1}) = \det \mathrm{Jac}(\varphi_\alpha \circ \varphi_\beta^{-1}) > 0 ,$$

e quindi $\tilde{\mathcal{A}}$ è orientato.

Se $\widetilde{M}$ non fosse connessa, la restrizione di π a ciascuna componente connessa sarebbe un rivestimento a un foglio, cioè un diffeomorfismo, e M sarebbe orientabile, contraddizione.

Essendo π un rivestimento a due fogli, il gruppo di automorfismi di π è necessariamente $\mathbb{Z}_2$. L'automorfismo F è dato da $F(p, \pm_p) = (p, \mp_p)$, e si verifica subito che F inverte l'orientazione. Infatti, preso $p \in M$, sia (U, φ) una carta in p tale che $[\partial_1 \ldots \partial_n] = +_p$, e indichiamo con $(U, \overline{\varphi})$ la carta ottenuta invertendo le ultime due coordinate di φ. Allora

$$\begin{aligned}
\widetilde{\overline{\varphi}} \circ F \circ \tilde{\varphi}^{-1}(x) &= \widetilde{\overline{\varphi}} \circ F\big(\varphi^{-1}(x), +_{\varphi^{-1}(x)}\big) = \widetilde{\overline{\varphi}}\big(\varphi^{-1}(x), -_{\varphi^{-1}(x)}\big) \\
&= \overline{\varphi} \circ \varphi^{-1}(x) = (x^1, \ldots, x^n, x^{n-1}) ,
\end{aligned}$$

e la tesi segue dal Lemma 4.2.18. $\square$

Corollario 4.2.20. *Ogni varietà connessa semplicemente connessa è orientabile.*

Dimostrazione. Se non fosse orientabile, per la proposizione precedente dovrebbe avere un rivestimento a due fogli connesso e quindi non potrebbe essere semplicemente connessa. $\square$

4.3 Integrazione di forme differenziali

Il motivo per cui una n-forma mai nulla si chiama forma di volume è che permette di integrare le funzioni a supporto compatto su una varietà. Questo perché, come discuteremo fra un attimo, su una varietà orientata di dimensione n è sempre possibile integrare n-forme a supporto compatto; e allora se ν è una forma di volume e g è una funzione a supporto compatto, possiamo definire l'integrale di g come l'integrale di $g\nu$.

Ma andiamo per gradi. Cominciamo con una definizione:

Definizione 4.3.1. Sia M una varietà. Il *supporto* supp(ω) di una forma $\omega \in A^\bullet(M)$ è la chiusura dell'insieme dei $p \in M$ per cui $\omega_p \neq O$.

Continuiamo ricordando la formula di cambiamento di variabile negli integrali multipli (vedi [32, pag. 362] per una dimostrazione):

Teorema 4.3.2. *Sia* $F: U \to V$ *un diffeomorfismo fra due aperti di* $\mathbb{R}^n$, *e* $f \in C^\infty(V)$ *a supporto compatto. Allora*

$$\int_{F(U)} f \, dx^1 \cdots dx^n = \int_U (f \circ F) |\det \operatorname{Jac}(F)| \, dx^1 \cdots dx^n . \qquad (4.3)$$

Se $\eta = f \, dx^1 \wedge \cdots \wedge dx^n$ è una n-forma con supporto compatto in un aperto V di $\mathbb{R}^n$, per definizione l'integrale di η su V è dato da

$$\int_V \eta = \int_V f \, dx^1 \cdots dx^n , \qquad (4.4)$$

dove il secondo membro è l'usuale integrale di Lebesgue. Il conto cruciale che permette di estendere questa definizione di integrale alle n-forme a supporto compatto su varietà orientate qualsiasi è il seguente:

Lemma 4.3.3. *Sia* M *una varietà* n-*dimensionale orientata, e* $\omega \in A^n(M)$ *una* n-*forma a supporto compatto. Supponiamo di avere due carte orientate* (U, φ) *e* $(\tilde{U}, \tilde{\varphi})$ *tali che il supporto di* ω *sia contenuto in* $U \cap \tilde{U}$. *Allora*

$$\int_{\varphi(U)} (\varphi^{-1})^* \omega = \int_{\tilde{\varphi}(\tilde{U})} (\tilde{\varphi}^{-1})^* \omega .$$

Dimostrazione. Scriviamo

$$(\varphi^{-1})^* \omega = f \, dx^1 \wedge \cdots \wedge dx^n \quad \text{e} \quad (\tilde{\varphi}^{-1})^* \omega = \tilde{f} \, d\tilde{x}^1 \wedge \cdots \wedge d\tilde{x}^n$$

per opportune funzioni $f \in C^\infty(\varphi(U))$ e $\tilde{f} \in C^\infty(\tilde{\varphi}(U))$. Siccome

$$(\tilde{\varphi}^{-1})^* \omega = (\varphi \circ \tilde{\varphi}^{-1})^* (\varphi^{-1})^* \omega ,$$

troviamo

$$\tilde{f} = f \circ (\varphi \circ \tilde{\varphi}^{-1}) \det \mathrm{Jac}(\varphi \circ \tilde{\varphi}^{-1}) \,,$$

grazie alla Proposizione 4.1.5.(iv). Siccome le carte sono orientate, abbiamo $\det \mathrm{Jac}(\varphi \circ \tilde{\varphi}^{-1}) > 0$, per cui (4.3), (4.4) e il fatto che il supporto di ω è contenuto in $U \cap \tilde{U}$ ci danno

$$
\begin{aligned}
\int_{\tilde{\varphi}(\tilde{U})} (\tilde{\varphi}^{-1})^* \omega &= \int_{\tilde{\varphi}(U \cap \tilde{U})} (\tilde{\varphi}^{-1})^* \omega = \int_{\tilde{\varphi}(U \cap \tilde{U})} \tilde{f} \, d\tilde{x}^1 \cdots d\tilde{x}^n \\
&= \int_{\tilde{\varphi}(U \cap \tilde{U})} f \circ (\varphi \circ \tilde{\varphi}^{-1}) \det \mathrm{Jac}(\varphi \circ \tilde{\varphi}^{-1}) \, d\tilde{x}^1 \cdots d\tilde{x}^n \\
&= \int_{\tilde{\varphi}(U \cap \tilde{U})} f \circ (\varphi \circ \tilde{\varphi}^{-1}) \big| \det \mathrm{Jac}(\varphi \circ \tilde{\varphi}^{-1}) \big| \, d\tilde{x}^1 \cdots d\tilde{x}^n \\
&= \int_{\varphi(U \cap \tilde{U})} f \, dx^1 \cdots dx^n = \int_{\varphi(U)} (\varphi^{-1})^* \omega \,,
\end{aligned}
$$

come voluto.   □

Quindi se $\omega \in A^n(M)$ è una n-forma con supporto compatto contenuto nel dominio di una carta orientata (U, φ) qualsiasi, possiamo definire $\int_M \omega$ ponendo

$$\int_M \omega = \int_{\varphi(U)} (\varphi^{-1})^* \omega \,,$$

in quanto l'integrale a secondo membro non dipende dalla carta locale usata. La definizione dell'integrale per forme a supporto compatto qualunque si ottiene allora usando le partizioni dell'unità:

Lemma 4.3.4. *Sia M una varietà n-dimensionale orientata, e scegliamo un atlante orientato $\mathcal{A} = \{(U_\alpha, \varphi_\alpha)\}$ e una partizione dell'unità $\{\rho_\alpha\}$ subordinata a questo atlante. Allora per ogni n-forma $\omega \in A^n(M)$ a supporto compatto il numero*

$$\sum_\alpha \int_M \rho_\alpha \omega \tag{4.5}$$

non dipende né dall'atlante orientato scelto né dalla partizione dell'unità scelta.

Dimostrazione. Prima di tutto notiamo che siccome il supporto di ω è compatto, e i supporti delle funzioni della partizione dell'unità formano un ricoprimento localmente finito, la somma in (4.5) contiene solo un numero finito di termini non nulli, per cui è ben definita.

Sia $\tilde{\mathcal{A}} = \{(\tilde{U}_\beta, \tilde{\varphi}_\beta)\}$ un altro atlante orientato di M, e $\{\tilde{\rho}_\beta\}$ una partizione dell'unità a lui subordinata. Per ogni α abbiamo

$$\int_M \rho_\alpha \omega = \int_M \left(\sum_\beta \tilde{\rho}_\beta \right) \rho_\alpha \omega = \sum_\beta \int_M \tilde{\rho}_\beta \rho_\alpha \omega \,,$$

e sommando su α otteniamo

$$\sum_\alpha \int_M \rho_\alpha \omega = \sum_{\alpha,\beta} \int_M \tilde{\rho}_\beta \rho_\alpha \omega \ .$$

L'integrando di ciascun addendo a secondo membro ha supporto compatto contenuto nel dominio di una singola carta (U_α oppure $\tilde{U}_\beta$, per esempio), per cui il valore di ciascun addendo non dipende dalla carta usata per calcolarlo.

In maniera analoga otteniamo

$$\sum_\beta \int_M \tilde{\rho}_\beta \omega = \sum_{\alpha,\beta} \int_M \rho_\alpha \tilde{\rho}_\beta \omega \ ,$$

e la tesi segue. $\square$

Definizione 4.3.5. Sia M una varietà orientata n-dimensionale. L'*integrale* di una n-forma $\omega \in A^n(M)$ a supporto compatto su M è definito da

$$\int_M \omega = \sum_\alpha \int_M \rho_\alpha \omega \ ,$$

dove $\{\rho_\alpha\}$ è una qualsiasi partizione dell'unità subordinata a un qualsiasi atlante orientato $\mathcal{A} = \{(U_\alpha, \varphi_\alpha)\}$. Inoltre, se $\nu \in A^n(M)$ è una forma di volume che induce l'orientazione di M e $f \in C^\infty(M)$ è a supporto compatto, poniamo

$$\int_M f = \int_M f\nu \ .$$

Se M è compatta, diremo ν-*volume* di M il numero $\mathrm{vol}_\nu(M) = \int_M \nu$.

Osservazione 4.3.6. Il ν-volume di una varietà compatta orientata da una forma di volume ν è sempre un numero positivo. Infatti, se $\{\rho_\alpha\}$ è una partizione dell'unità subordinata a un atlante orientato $\{(U_\alpha, \varphi_\alpha)\}$, scrivendo $\nu|_{U_\alpha} = f_\alpha \, dx_\alpha^1 \wedge \cdots \wedge dx_\alpha^n$ si ha

$$\mathrm{vol}_\nu(M) = \int_M \nu = \sum_\alpha \int_{\varphi_\alpha(U_\alpha)} \rho_\alpha f_\alpha \, dx_\alpha^1 \cdots dx_\alpha^n > 0$$

perché $f_\alpha > 0$ su U_α grazie all'Osservazione 4.2.13.

Osservazione 4.3.7. Sia M una varietà orientata, e indichiamo con $-M$ la varietà M con l'orientazione opposta. Allora

$$\int_{-M} \omega = -\int_M \omega \tag{4.6}$$

per ogni $\omega \in A^n(M)$ a supporto compatto. Infatti, sia (U, φ) una carta positiva di M, e $(U, \overline{\varphi})$ la carta negativa ottenuta scambiando due coordinate come nell'Osservazione 4.2.2. Allora la formula di cambiamento di variabile negli integrali multipli implica

$$\int_{\varphi(U)} (\varphi^{-1})^* \omega = - \int_{\overline{\varphi}(U)} (\overline{\varphi}^{-1})^* \omega \,,$$

e da questo (4.6) segue subito.

Una conseguenza della definizione è che i diffeomorfismi che conservano l'orientazione conservano anche gli integrali:

Proposizione 4.3.8. *Sia* $F: M \to N$ *un diffeomorfismo fra varietà orientate di dimensione* n, *e supponiamo che* F *conservi l'orientazione (rispettivamente, inverta l'orientazione). Allora*

$$\int_M F^* \omega = \int_N \omega \qquad \left(\text{rispettivamente,} \int_M F^* \omega = - \int_N \omega \right)$$

per ogni $\omega \in A^n(N)$ *a supporto compatto.*

Dimostrazione. Supponiamo prima di tutto che F conservi l'orientazione. In particolare, se $\{\rho_\alpha\}$ è una partizione dell'unità subordinata a un atlante orientato $\{(V_\alpha, \psi_\alpha)\}$ per N allora $\{\rho_\alpha \circ F\}$ è una partizione dell'unità subordinata all'atlante orientato (perché?) $\{(F^{-1}(V_\alpha), \psi_\alpha \circ F)\}$ per M. Quindi

$$\int_M F^* \omega = \sum_\alpha \int_M (\rho_\alpha \circ F) F^* \omega = \sum_\alpha \int_{\psi_\alpha(V_\alpha)} (F^{-1} \circ \psi_\alpha^{-1})^* (\rho_\alpha \circ F) F^* \omega$$

$$= \sum_\alpha \int_{\psi_\alpha(V_\alpha)} (\psi_\alpha^{-1})^* \rho_\alpha \omega = \int_N \omega \,,$$

come voluto.

Se invece F inverte l'orientazione, allora $\{(F^{-1}(V_\alpha), \psi_\alpha \circ F)\}$ induce l'orientazione opposta rispetto a quella data di M, e quindi la tesi segue dall'Osservazione 4.3.7. □

Osservazione 4.3.9. Abbiamo visto come integrare n-forme su n-varietà orientabili; in modo analogo è possibile integrare k-forme su k-sottovarietà (immerse o embedded) orientabili.

Sia M una varietà (non necessariamente orientabile), e $F: S \to M$ una sottovarietà immersa, con S orientabile. Supponiamo inoltre che F sia propria (cioè che l'immagine inversa di compatti sia compatta). Allora se $\omega \in A^k(M)$ ha supporto compatto in M la k-forma $F^* \omega$ ha supporto compatto in S; quindi possiamo definire l'integrale $\int_F \omega$ di ω sulla sottovarietà immersa ponendo

$$\int_F \omega = \int_S F^* \omega \,.$$

In particolare, se $\iota: S \hookrightarrow M$ è una sottovarietà (embedded) orientata, $\iota^* \omega$ è semplicemente la restrizione di ω a S, per cui scriveremo semplicemente $\int_S \omega$ invece di $\int_\iota \omega$ o $\int_S \omega|_S$.

Negli Esercizi 4.27–4.32 discuteremo come definire un integrale su varietà non orientabili.

4.4 Differenziale esterno

Se $f \in C^\infty(M)$ è una funzione differenziabile su M (ovvero una 0-forma), il differenziale df induce un'applicazione $C^\infty(M)$-lineare $df: T(M) \to C^\infty(M)$, cioè, grazie alla Proposizione 3.2.16.(i), una 1-forma differenziale. Quindi abbiamo un'applicazione lineare $d: A^0(M) \to A^1(M)$ data in coordinate locali da

$$df = \sum_{j=1}^{n} \frac{\partial f}{\partial x^j} \, dx^j \ .$$

Una delle principali proprietà delle forme differenziali è che possiamo estendere quest'applicazione a tutto $A^\bullet(M)$, cioè possiamo definire in maniera coerente il differenziale di qualsiasi forma differenziale:

Teorema 4.4.1. *Sia M una n-varietà. Allora esiste un'unica applicazione lineare* $d: A^\bullet(M) \to A^\bullet(M)$ *soddisfacente le quattro condizioni seguenti:*

(a) $d\big(A^r(M)\big) \subseteq A^{r+1}(M)$ *per ogni* $r \in \mathbb{N}$;

(b) *se* $f \in C^\infty(M) = A^0(M)$ *allora* $df \in A^1(M)$ *è il differenziale di* f;

(c) *se* $\omega \in A^r(M)$ *e* $\eta \in A^s(M)$ *allora*

$$d(\omega \wedge \eta) = d\omega \wedge \eta + (-1)^r \omega \wedge d\eta \ ;$$

(d) $d \circ d = O$.

Questa applicazione soddisfa anche le seguenti proprietà:

(i) d *è locale: se* $\omega \equiv \omega'$ *su un aperto* U *di* M, *allora* $(d\omega)|_U \equiv (d\omega')|_U$;

(ii) d *commuta con la restrizione: se* $U \subseteq M$ *è aperto, allora* $d(\omega|_U) = (d\omega)|_U$;

(iii) *più in generale,* d *commuta con i pull-back: se* $F: M \to N$ *è di classe* C^∞ *e* $\omega \in A^r(N)$, *allora* $d(F^*\omega) = F^*(d\omega)$;

(iv) *se* $\omega \in A^1(M)$ *è una 1-forma e* $X, Y \in T(M)$, *allora*

$$d\omega(X,Y) = X\big(\omega(Y)\big) - Y\big(\omega(X)\big) - \omega([X,Y]) \ ;$$

(v) *se* $(x^1, \ldots, x^n)$ *sono coordinate locali in un aperto di* M, *allora*

$$d\left(\sum_{1 \le i_1 < \cdots < i_r \le n} \omega_{i_1 \ldots i_r} \, dx^{i_1} \wedge \cdots \wedge dx^{i_r} \right)$$

$$= \sum_{1 \le i_1 < \cdots < i_r \le n} d\omega_{i_1 \ldots i_r} \wedge dx^{i_1} \wedge \cdots \wedge dx^{i_r} \qquad (4.7)$$

$$= \sum_{1 \le i_1 < \cdots < i_r \le n} \sum_{j=1}^{n} \frac{\partial \omega_{i_1 \ldots i_r}}{\partial x^j} \, dx^j \wedge dx^{i_1} \wedge \cdots \wedge dx^{i_r} \ .$$

Dimostrazione. Iniziamo con il caso particolare in cui esista una carta globale (M, φ), con $\varphi = (x^1, \ldots, x^n)$, e definiamo d: $A^r(M) \to A^{r+1}(M)$ per ogni $r \in \mathbb{N}$ con la (4.7); in particolare, $\mathrm{d}|_{A^r(M)} \equiv O$ per ogni $r \geq n$. Chiaramente d è lineare e soddisfa (a) e (b); dobbiamo dimostrare che soddisfa (c) e (d). Per far ciò introduciamo la seguente notazione: se $I = (i_1, \ldots, i_r)$ è un multiindice, scriveremo $\mathrm{d}x^I$ per $\mathrm{d}x^{i_1} \wedge \cdots \wedge \mathrm{d}x^{i_r}$. Inoltre, useremo il simbolo $\sum_I'$ per indicare la somma su tutti multiindici $I = (i_1, \ldots, i_r)$ crescenti, cioè tali che $1 \leq i_1 < \cdots < i_r \leq n$. Quindi con queste notazioni la (4.7) diventa

$$\mathrm{d}\left(\sum_I' \omega_I \, \mathrm{d}x^I\right) = \sum_I' \mathrm{d}\omega_I \wedge \mathrm{d}x^I \ .$$

In particolare, abbiamo $\mathrm{d}(f \, \mathrm{d}x^I) = \mathrm{d}f \wedge \mathrm{d}x^I$ per ogni multiindice crescente I, e quindi (perché?) per ogni multiindice I, anche non crescente.

Per dimostrare (c), grazie alla linearità possiamo supporre $\omega = f \, \mathrm{d}x^I$ e $\eta = g \, \mathrm{d}x^J$. Allora

$$\begin{aligned}
\mathrm{d}(\omega \wedge \eta) &= \mathrm{d}(fg \, \mathrm{d}x^I \wedge \mathrm{d}x^J) = \mathrm{d}(fg) \wedge \mathrm{d}x^I \wedge \mathrm{d}x^J \\
&= \mathrm{d}f \wedge \mathrm{d}x^I \wedge g \, \mathrm{d}x^J + \mathrm{d}g \wedge f \, \mathrm{d}x^I \wedge \mathrm{d}x^J \\
&= (\mathrm{d}f \wedge \mathrm{d}x^I) \wedge \eta + (-1)^r \omega \wedge (\mathrm{d}g \wedge \mathrm{d}x^J) \\
&= \mathrm{d}\omega \wedge \eta + (-1)^r \omega \wedge \mathrm{d}\eta \ ,
\end{aligned}$$

dove il fattore $(-1)^r$ compare perché $\mathrm{d}g$ è una 1-forma mentre $\mathrm{d}x^I$ è una r-forma.

Per dimostrare (d), supponiamo prima $r = 0$. Allora

$$\begin{aligned}
\mathrm{d}(\mathrm{d}f) &= \mathrm{d}\left(\sum_{j=1}^n \frac{\partial f}{\partial x^j} \, \mathrm{d}x^j\right) = \sum_{i,j=1}^n \frac{\partial^2 f}{\partial x^i \partial x^j} \, \mathrm{d}x^i \wedge \mathrm{d}x^j \\
&= \sum_{1 \leq i < j \leq n} \left[\frac{\partial^2 f}{\partial x^i \partial x^j} - \frac{\partial^2 f}{\partial x^j \partial x^i}\right] \mathrm{d}x^i \wedge \mathrm{d}x^j = O \ .
\end{aligned}$$

Sia ora $r > 0$ qualsiasi. Allora usando il caso $r = 0$ e la proprietà (c) otteniamo

$$\begin{aligned}
\mathrm{d}(\mathrm{d}\omega) &= \mathrm{d}\left(\sum_J' \mathrm{d}\omega_J \wedge \mathrm{d}x^{j_1} \wedge \cdots \wedge \mathrm{d}x^{j_r}\right) \\
&= \sum_J' \mathrm{d}(\mathrm{d}\omega_J) \wedge \mathrm{d}x^{j_1} \wedge \cdots \wedge \mathrm{d}x^{j_r} \\
&\quad + \sum_J' \sum_{i=1}^r (-1)^i \, \mathrm{d}\omega_J \wedge \mathrm{d}x^{j_1} \wedge \cdots \wedge \mathrm{d}(\mathrm{d}x^{j_i}) \wedge \cdots \wedge \mathrm{d}x^{j_r} \\
&= O \ .
\end{aligned}$$

Quindi abbiamo ottenuto un'applicazione lineare soddisfacente (a)–(d), e chiaramente valgono anche (i), (ii) e (v); si possono anche dimostrare le proprietà (iii) e (iv), ma lo rimandiamo al caso generale.

Vediamo ora l'unicità della d, sempre in questo caso particolare. Supponiamo che $\tilde{\mathrm{d}}\colon A^\bullet(M) \to A^\bullet(M)$ sia un'altra applicazione lineare che soddisfa (a)–(d). Presa una r-forma $\omega = \sum'_J \omega_J \, \mathrm{d}x^J \in A^r(M)$, usando (b), (c) e (d) troviamo

$$
\begin{aligned}
\tilde{\mathrm{d}}\omega &= \sum_J{}' \tilde{\mathrm{d}}\omega_J \wedge \mathrm{d}x^{j_1} \wedge \cdots \wedge \mathrm{d}x^{j_r} + (-1)^0 \sum_J{}' \omega_J \tilde{\mathrm{d}}(\mathrm{d}x^{j_1} \wedge \cdots \wedge \mathrm{d}x^{j_r}) \\
&= \sum_J{}' \mathrm{d}\omega_J \wedge \mathrm{d}x^{j_1} \wedge \cdots \wedge \mathrm{d}x^{j_r} \\
&\quad + \sum_J{}' \omega_J \sum_{i=1}^{r} (-1)^{i-1} \, \mathrm{d}x^{j_1} \wedge \cdots \wedge \tilde{\mathrm{d}}(\mathrm{d}x^{j_i}) \wedge \cdots \wedge \mathrm{d}x^{j_r} \\
&= \mathrm{d}\omega + \sum_J{}' \omega_J \sum_{i=1}^{r} (-1)^{i-1} \, \mathrm{d}x^{j_1} \wedge \cdots \wedge \tilde{\mathrm{d}}(\tilde{\mathrm{d}}x^{j_i}) \wedge \cdots \wedge \mathrm{d}x^{j_r} \\
&= \mathrm{d}\omega \,,
\end{aligned}
$$

come voluto. In particolare, $\mathrm{d}\omega$ *non dipende dalla carta globale usata in* (4.7).

Ora sia M una varietà qualsiasi. Se $U \subseteq M$ è il dominio di una carta locale, quanto visto ci dà un'unica applicazione lineare $d_U\colon A^\bullet(U) \to A^\bullet(U)$ che soddisfa (a)–(d), (i), (ii) e (v). Sull'intersezione $U \cap U'$ dei domini di due carte locali abbiamo

$$
(d_U\omega)|_{U \cap U'} = d_{U \cap U'}\omega = (d_{U'}\omega)|_{U \cap U'} \,,
$$

grazie a (ii) e all'unicità di d_U e $d_{U'}$. Quindi possiamo definire un'applicazione lineare $\mathrm{d}\colon A^\bullet(M) \to A^\bullet(M)$ ponendo

$$
(\mathrm{d}\omega)_p = d_U(\omega|_U)_p
$$

per ogni $\omega \in A^r(M)$, $p \in M$ e carta (U, φ) in p, e d soddisfa (a)–(d), (i), (ii) e (v).

Dimostriamo ora l'unicità nel caso generale. Sia $\tilde{\mathrm{d}}\colon A^\bullet(M) \to A^\bullet(M)$ un'altra applicazione lineare che soddisfa (a)–(d). Cominciamo col dimostrare che $\tilde{\mathrm{d}}$ soddisfa anche (i). Chiaramente basta far vedere che se $\eta \in A^r(M)$ è tale che $\eta|_U \equiv O$ per un qualche aperto $U \subseteq M$, allora $(\mathrm{d}\eta)|_U \equiv O$. Sia $p \in U$ qualunque, e sia $g \in C^\infty(M)$ una funzione con $g \equiv 1$ in un intorno di p e $g|_{M \setminus U} \equiv 0$ (vedi la Proposizione 2.7.2). Allora $g\eta \equiv O$ su tutto M, per cui

$$
O = \tilde{\mathrm{d}}(g\eta)_p = \mathrm{d}g_p \wedge \eta_p + g(p)\tilde{\mathrm{d}}\eta_p = \tilde{\mathrm{d}}\eta_p \,.
$$

Essendo p generico, otteniamo $\tilde{\mathrm{d}}\eta|_U \equiv O$.

Sia ora (U, φ) una carta locale qualsiasi, e definiamo un'applicazione lineare $\tilde{\mathrm{d}}_U\colon A^\bullet(U) \to A^\bullet(U)$ ponendo $(\tilde{\mathrm{d}}_U\omega)_p = (\tilde{\mathrm{d}}\tilde{\omega})_p$ per ogni $p \in U$ e $\omega \in A^r(U)$, dove $\tilde{\omega} \in A^r(M)$ è una r-forma globale che coincide con ω in un intorno di p. L'estensione $\tilde{\omega}$ esiste grazie all'Esercizio 3.12, e $\tilde{\mathrm{d}}_U\omega$ non dipende dall'estensione scelta grazie alla proprietà (i) di $\tilde{\mathrm{d}}$. Chiaramente, $\tilde{\mathrm{d}}_U$ soddisfa (a)–(d); ma allora, per quanto già visto, $\tilde{d}_U = d_U$. In particolare, se $\omega \in A^r(M)$, $p \in M$ e (U, φ) è una carta in p, possiamo usare ω stessa come estensione di $\omega|_U$ e quindi

$$(d\omega)_p = (d_U \omega|_U)_p = (\tilde{d}_U \omega|_U)_p = (\tilde{d}\omega)_p .$$

Essendo p e ω generici, otteniamo $\tilde{d} \equiv d$, e l'unicità è dimostrata.

Passiamo ora a verificare (iii). Grazie a (i), ci basta dimostrare (iii) nell'intorno di ciascun punto, per cui possiamo supporre di avere coordinate globali $(x^1, \dots, x^n)$. Per linearità, possiamo anche supporre che ω sia della forma $\omega = f \, dx^{i_1} \wedge \cdots \wedge dx^{i_r}$. Allora la Proposizione 4.1.5.(iv) dà

$$\begin{aligned}
F^*(d\omega) &= F^*(df \wedge dx^{i_1} \wedge \cdots \wedge dx^{i_r}) \\
&= d(f \circ F) \wedge d(x^{i_1} \circ F) \wedge \cdots \wedge d(x^{i_r} \circ F) \\
&= d\big((f \circ F)\, d(x^{i_1} \circ F) \wedge \cdots \wedge d(x^{i_r} \circ F)\big) = d(F^*\omega) ,
\end{aligned}$$

come voluto.

Infine, dobbiamo verificare (iv). Grazie alla linearità e alla proprietà (i), ci basta (perché?) considerare il caso $\omega = u \, dv$. Allora

$$\begin{aligned}
d\omega(X, Y) &= du \wedge dv(X, Y) = du(X)dv(Y) - du(Y)dv(X) \\
&= X(u)Y(v) - X(v)Y(u) \\
&= X(u)Y(v) + uX\big(Y(v)\big) \\
&\quad -Y(u)X(v) - uY\big(X(v)\big) - u\big[X\big(Y(v)\big) - Y\big(X(v)\big)\big] \\
&= X\big(uY(v)\big) - Y\big(uX(v)\big) - u[X, Y](v) \\
&= X\big(\omega(Y)\big) - Y\big(\omega(X)\big) - \omega([X, Y]) ,
\end{aligned}$$

e abbiamo finito. $\qquad\qquad\qquad\qquad\qquad\qquad\qquad\qquad\qquad\qquad\qquad\qquad\qquad$ □

Definizione 4.4.2. L'applicazione lineare d$: A^\bullet(M) \to A^\bullet(M)$ la cui esistenza è dimostrata nel Teorema 4.4.1 è detta *differenziale esterno* di M.

Esempio 4.4.3. Se $\omega = x \, dy \wedge dz + y \, dz \wedge dx + z \, dx \wedge dy \in A^2(\mathbb{R}^3)$ allora $d\omega = 3 \, dx \wedge dy \wedge dz \in A^3(\mathbb{R}^3)$.

Osservazione 4.4.4. La condizione $d \circ d = O$ generalizza due fatti ben noti dell'Analisi Matematica classica.

Se f è una funzione C^∞ in un aperto di $\mathbb{R}^3$, allora

$$df = \frac{\partial f}{\partial x^1} \, dx^1 + \frac{\partial f}{\partial x^2} \, dx^2 + \frac{\partial f}{\partial x^3} \, dx^3 ,$$

per cui è naturale (saremo più precisi quando introdurremo le metriche Riemanniane; vedi la Definizione 6.7.5) identificare df con il gradiente di f, che è il campo vettoriale

$$\nabla f = \left(\frac{\partial f}{\partial x^1}, \frac{\partial f}{\partial x^2}, \frac{\partial f}{\partial x^3} \right) .$$

Analogamente, a un campo vettoriale $X = (X^1, X^2, X^3)$ definito sullo stesso aperto possiamo associare la 1-forma $\eta_X = X^1 \, dx^1 + X^2 \, dx^2 + X^3 \, dx^3$. In tal caso abbiamo

$$d\eta_X = \left(\frac{\partial X^2}{\partial x^1} - \frac{\partial X^1}{\partial x^2} \right) dx^1 \wedge dx^2$$

$$+ \left(\frac{\partial X^3}{\partial x^2} - \frac{\partial X^2}{\partial x^3} \right) dx^2 \wedge dx^3 + \left(\frac{\partial X^1}{\partial x^3} - \frac{\partial X^3}{\partial x^1} \right) dx^3 \wedge dx^1 \, ,$$

per cui in un certo senso $d\eta_X$ rappresenta il rotore del campo X. Quindi in questo caso $d(df) = O$ esprime il fatto classico che il rotore di un gradiente è identicamente nullo.

Ora, a un campo $Y = (Y^1, Y^2, Y^3)$ possiamo associare anche la 2-forma $\omega_Y = Y^3 \, dx^1 \wedge dx^2 + Y^1 \, dx^2 \wedge dx^3 + Y^2 \, dx^3 \wedge dx^1$; in tal caso

$$d\omega_Y = \left(\frac{\partial Y^1}{\partial x^1} + \frac{\partial Y^2}{\partial x^2} + \frac{\partial Y^3}{\partial x^3} \right) dx^1 \wedge dx^2 \wedge dx^3$$

chiaramente rappresenta la divergenza di Y. Ora, se come Y prendiamo il rotore del campo X, la forma ω_Y associata è esattamente quella che avevamo indicato con $d\eta_X$; quindi $d(d\eta_X) = O$ esprime il fatto classico che la divergenza di un rotore è identicamente nulla.

Usando il differenziale esterno possiamo identificare due classi di forme differenziali particolarmente importanti:

Definizione 4.4.5. Diremo che una k-forma $\omega \in A^k(M)$ su una varietà M è *chiusa* se $d\omega = O$; diremo che è *esatta* se esiste una $(k-1)$-forma $\eta \in A^{k-1}(M)$ tale che $d\eta = \omega$. Indicheremo con $Z^k(M)$ il sottospazio delle k-forme chiuse, e con $B^k(M)$ il sottospazio delle k-forme esatte, con la convenzione che $B^0(M) = O$.

Esempio 4.4.6. Una 0-forma (cioè una funzione) è chiusa se e solo se ha differenziale identicamente nullo, cioè se e solo se è localmente costante. Quindi $Z^0(M)$ è lo spazio delle funzioni localmente costanti (cioè costanti sulle componenti connesse) di M.

Su una varietà n-dimensionale M ogni n-forma è banalmente chiusa, per cui $Z^n(M) = A^n(M)$.

Siccome $d \circ d \equiv O$, ogni forma esatta è chiusa, cioè $B^k(M) \subseteq Z^k(M)$. L'uguaglianza $Z^k(M) = B^k(M)$ equivale a richiedere che l'equazione $d\eta = \omega$ nell'incognita η abbia soluzione per ogni $\omega \in A^k(M)$ che soddisfa la condizione di compatibilità $d\omega = 0$, per cui è un enunciato sull'esistenza di soluzioni di particolari equazioni differenziali.

Esempio 4.4.7. Dire che $Z^1(\mathbb{R}^2) = B^1(\mathbb{R}^2)$ significa dire che ogni 1-forma $\omega = \omega_1 dx^1 + \omega_2 dx^2 \in A^1(\mathbb{R}^2)$ che soddisfa la condizione di compatibilità $d\omega = 0$ è il differenziale di una funzione $f \in C^\infty(\mathbb{R}^2)$. In altre parole, $Z^1(\mathbb{R}^2) = B^1(\mathbb{R}^2)$ equivale a dire che il sistema di equazioni differenziali

$$\begin{cases} \dfrac{\partial f}{\partial x^1} = \omega_1 \,, \\[2mm] \dfrac{\partial f}{\partial x^2} = \omega_2 \,, \end{cases}$$

ammette soluzione non appena le due funzioni ω_1 e ω_2 soddisfano la condizione di compatibilità

$$\frac{\partial \omega_1}{\partial x^2} = \frac{\partial \omega_2}{\partial x^1} \,.$$

Come vedremo nel prossimo capitolo, sorprendentemente la differenza fra $Z^k(M)$ e $B^k(M)$ dipende soltanto dalla topologia di M, ed è uno dei principali invarianti delle varietà:

Definizione 4.4.8. Il *k-esimo gruppo di coomologia di de Rham* di una varietà M è definito come il quoziente $H^k(M) = Z^k(M)/B^k(M)$. Se sarà necessario ricordare esplicitamente che si tratta della coomologia di de Rham scriveremo $H^k_{dR}(M)$ invece di $H^k(M)$. Infine, scriveremo

$$H^\bullet(M) = \bigoplus_{k=0}^{\dim M} H^k(M) \,,$$

e se $\omega \in Z^k(M)$, indicheremo con $[\omega] = \omega + B^k(M) \in H^k(M)$ la classe di coomologia rappresentata da ω. Diremo anche che due k-forme chiuse che rappresentano la stessa classe di coomologia (cioè che differiscono per una forma esatta) sono *coomologhe*.

Osservazione 4.4.9. I gruppi di coomologia di de Rham, oltre a essere dei gruppi abeliani, sono chiaramente degli spazi vettoriali. La dimensione del k-esimo gruppo di coomologia di una varietà M è spesso chiamata *k-esimo numero di Betti* della varietà.

Studieremo in dettaglio la coomologia di de Rham nel prossimo capitolo.

4.5 Il teorema di Stokes

Terminiamo questo capitolo dimostrando un risultato fondamentale (il teorema di Stokes) che collega il differenziale esterno con l'integrazione di forme differenziali.

Per avere l'enunciato più generale del teorema di Stokes ci serve il concetto di varietà con bordo.

Definizione 4.5.1. Il *semispazio superiore* $\mathbb{H}^n \subset \mathbb{R}^n$ di dimensione n è

$$\mathbb{H}^n = \{(x^1,\ldots,x^n) \in \mathbb{R}^n \mid x^n \geq 0\} \,.$$

Il *bordo* $\partial\mathbb{H}^n$ di $\mathbb{H}^n$ è l'iperpiano $\{x^n = 0\}$; l'*interno* di $\mathbb{H}^n$ è $\mathbb{H}^n \setminus \partial\mathbb{H}^n$.

Definizione 4.5.2. Sia M un insieme. Una *n-carta di bordo* è una coppia (U, φ), dove $U \subseteq M$ e $\varphi \colon U \to V$ è una bigezione con un aperto V di $\mathbb{H}^n$ tale che $V \cap \partial \mathbb{H}^n \neq \varnothing$. Invece, una *n-carta interna* è una coppia (U, φ), dove $U \subseteq M$ e $\varphi \colon U \to V$ è una bigezione con un aperto V di $\mathbb{H}^n$ tale che $V \cap \partial \mathbb{H}^n = \varnothing$; siccome l'interno di $\mathbb{H}^n$ è diffeomorfo a $\mathbb{R}^n$, il concetto di n-carta interna è equivalente a quello di n-carta usuale.

Due carte $(U_\alpha, \varphi_\alpha)$ e (U_β, φ_β), di bordo o interne, sono *compatibili* se $\varphi_\alpha(U_\alpha \cap U_\beta)$ e $\varphi_\beta(U_\alpha \cap U_\beta)$ sono aperti di $\mathbb{H}^n$ (non necessariamente di $\mathbb{R}^n$!) e $\varphi_\alpha \circ \varphi_\beta^{-1} \colon \varphi_\beta(U_\alpha \cap U_\beta) \to \varphi_\alpha(U_\alpha \cap U_\beta)$ è un diffeomorfismo di classe C^∞ come applicazione fra sottoinsiemi di $\mathbb{R}^n$ nel senso della Definizione 2.7.4, e quindi si estende a un diffeomorfismo C^∞ fra un intorno aperto (in $\mathbb{R}^n$) di $\varphi_\beta(U_\alpha \cap U_\beta)$ e un intorno aperto (in $\mathbb{R}^n$) di $\varphi_\alpha(U_\alpha \cap U_\beta)$.

Una *varietà con bordo* di *dimensione n* è data da una coppia $(M, \mathcal{A})$, dove M è un insieme e $\mathcal{A} = \{(U_\alpha, \varphi_\alpha)\}$ è una famiglia di applicazioni n-carte, interne o di bordo, compatibili a due a due e tali che $M = \bigcup_\alpha U_\alpha$; inoltre supporremo sempre che la topologia indotta da $\mathcal{A}$ su M come nella Proposizione 2.1.8 sia di Hausdorff e a base numerabile. La famiglia $\mathcal{A}$ sarà detta *atlante di varietà con bordo* di *dimensione n*. L'insieme dei punti $p \in M$ che appartengono a $\varphi_\alpha^{-1}(\partial \mathbb{H}^n)$ per qualche carta di bordo $(U_\alpha, \varphi_\alpha)$ è il *bordo ∂M* di M; il complementare $\mathrm{Int}(M) = M \setminus \partial M$ del bordo è detto *interno* della varietà con bordo M. A volte, le varietà nel senso della Definizione 2.1.5 sono dette *varietà senza bordo*.

Osservazione 4.5.3. Se due carte di bordo $(U_\alpha, \varphi_\alpha)$ e (U_β, φ_β) sono compatibili, $\varphi_\alpha \circ \varphi_\beta^{-1}$ è un'applicazione aperta, per cui manda il bordo nel bordo; di conseguenza (perché?) il bordo di una varietà con bordo è ben definito (cioè se $p \in \varphi_\alpha^{-1}(\partial \mathbb{H}^n)$ per qualche carta di bordo allora $p \in \varphi_\beta^{-1}(\partial \mathbb{H}^n)$ per tutte le carte di bordo contenenti p). Inoltre, la restrizione di $\varphi_\alpha \circ \varphi_\beta^{-1}$ a $\partial \mathbb{H}^n$ è ancora C^∞; quindi le restrizioni a ∂M delle carte di bordo formano un atlante di ∂M di dimensione $n-1$ (dove stiamo identificando $\partial \mathbb{H}^n$ con $\mathbb{R}^{n-1}$ nel modo ovvio); quindi ∂M ha una struttura naturale di varietà $(n-1)$-dimensionale. Infine, le carte interne chiaramente definiscono una struttura di varietà n-dimensionale (senza bordo) su $\mathrm{Int}(M)$.

Osservazione 4.5.4. Anche in questo caso dovremmo definire il concetto di struttura differenziale di varietà con bordo tramite gli atlanti massimali, e dimostrare che ogni atlante di varietà con bordo determina un'unica struttura differenziabile di varietà con bordo come fatto nella Sezione 2.1; ti lasciamo i dettagli per esercizio (Esercizio 4.43).

Esempio 4.5.5. Sia $\rho \colon \mathbb{R}^n \to \mathbb{R}$ una funzione C^∞ e supponiamo che 0 sia un valore regolare di ρ, cioè che $\rho^{-1}(0)$ non contenga punti critici di ρ (e quindi sia una ipersuperficie di $\mathbb{R}^n$). Allora l'insieme $\overline{D} = \{x \in \mathbb{R}^n \mid \rho(x) \geq 0\}$ è una varietà con bordo $\partial D = \rho^{-1}(0)$ e interno $D = \{x \in \mathbb{R}^n \mid \rho(x) > 0\}$.

Per dimostrarlo, dobbiamo trovare un atlante. Come carta interna è sufficiente prendere (D, id_D); vediamo le carte di bordo. Sia $p \in \partial D$; siccome p

non è un punto critico di ρ, esiste un intorno U di p in $\mathbb{R}^n$ su cui ρ ha rango costante 1. Quindi il Teorema 2.4.17 del rango ci assicura che, a meno di rimpicciolire U, possiamo trovare una carta (U, φ) di $\mathbb{R}^n$ centrata in p e una carta (V, ψ) in $\mathbb{R}$ centrata nell'origine tali che $\psi \circ \rho = \varphi^n$ su U. In particolare, $\rho(x) = 0$ se e solo se $\varphi^n(x) = 0$, cioè $\varphi(U \cap \partial D) = \varphi(U) \cap \partial \mathbb{H}^n$; inoltre, a meno di cambiare segno a φ^n possiamo anche supporre ψ crescente, per cui $\rho(x) > 0$ se e solo se $0 < \psi(\rho(x)) = \varphi^n(x)$, e quindi $\varphi(U \cap D) = \varphi(U) \cap \mathrm{Int}(\mathbb{H}^n)$. Dunque $(U \cap \overline{D}, \varphi)$ è una carta di bordo di $\overline{D}$, e due carte di bordo costruite in questo modo sono chiaramente compatibili, in quanto ottenute come restrizione di carte di $\mathbb{R}^n$. Abbiamo quindi costruito un atlante per $\overline{D}$, come voluto.

In modo analogo si dimostra (Esercizio 4.45) che se $\rho\colon M \to \mathbb{R}$ è una funzione C^∞ su una varietà M con 0 come valore regolare allora l'insieme $\{p \in M \mid \rho(p) \geq 0\}$ è una varietà con bordo. Per esempio, se M è una varietà connessa allora (Esercizio 4.46) il cilindro finito $C = M \times [-1, 1]$ è una varietà con bordo, e ∂C ha due componenti connesse entrambe diffeomorfe a M.

Definizione 4.5.6. Un *dominio regolare* di una varietà (senza bordo) M è una varietà con bordo $D \subset M$ della forma $D = \{p \in M \mid \rho(p) \geq 0\}$, dove $\rho \in C^\infty(M)$ ha 0 come valore regolare. La funzione ρ è detta *funzione di definizione* di D.

Introduciamo ora il concetto di orientazione per varietà con bordo.

Definizione 4.5.7. Un *atlante orientato* di una varietà con bordo è un atlante in cui i determinanti jacobiani dei cambiamenti di coordinate sono tutti positivi. Una varietà con bordo con un atlante orientato è detta *orientata*.

Vogliamo far vedere che il bordo di una varietà orientata è automaticamente orientato. Per farlo ci serve il seguente:

Lemma 4.5.8. *Siano U_0, $U_1 \subseteq \mathbb{H}^n$ aperti di $\mathbb{H}^n$ con $\tilde{U}_j \neq \varnothing$ per $j = 0, 1$, dove $\tilde{U}_j = U_j \cap \partial \mathbb{H}^n$. Sia $F\colon U_0 \to U_1$ un diffeomorfismo con determinante jacobiano sempre positivo. Allora il determinante jacobiano di $\tilde{F} = F|_{\tilde{U}_0}\colon \tilde{U}_0 \to \tilde{U}_1$, visto come diffeomorfismo di aperti di $\mathbb{R}^{n-1}$, è sempre positivo.*

Dimostrazione. Scriviamo $x = (x', x^n)$, con $x' = (x^1, \ldots, x^{n-1})$, e analogamente $F = (F', F^n)$, con $F' = (F^1, \ldots, F^{n-1})$; dunque $\tilde{F}(x') = F'(x', 0)$. Per ogni $(x', 0) \in U_0 \cap \partial \mathbb{H}^n$ abbiamo

$$0 < \det \mathrm{Jac}\, F(x', 0) = \det \begin{vmatrix} \mathrm{Jac}\, \tilde{F}(x') & \frac{\partial F'}{\partial x^n}(x', 0) \\ \frac{\partial F^n}{\partial x'}(x', 0) & \frac{\partial F^n}{\partial x^n}(x', 0) \end{vmatrix}.$$

Ora, $F(\tilde{U}_0) \subseteq \tilde{U}_1$ implica $F^n(x', 0) \equiv 0$; quindi

$$0 < \det \mathrm{Jac}\, F(x', 0) = \frac{\partial F^n}{\partial x^n}(x', 0) \cdot \det \mathrm{Jac}\, \tilde{F}(x').$$

Infine, siccome F manda $U_0 \cap \mathbb{H}^n$ in $U_1 \cap \mathbb{H}^n$, otteniamo $\frac{\partial F^n}{\partial x^n}(x', 0) > 0$, e la tesi segue. $\square$

Questo lemma ci assicura che l'atlante di ∂M indotto da un'atlante orientato di M è ancora orientato; possiamo quindi introdurre la seguente:

Definizione 4.5.9. Sia M una varietà con bordo di dimensione n, orientata da un atlante orientato $\mathcal{A}$, e indichiamo con $\partial\mathcal{A}$ l'atlante orientato indotto da $\mathcal{A}$ su ∂M. L'*orientazione indotta* su ∂M è allora quella data da $\partial\mathcal{A}$ se n è pari, quella opposta se n è dispari.

Osservazione 4.5.10. La differenza di orientazione fra pari e dispari è necessaria per ottenere un enunciato del teorema di Stokes senza segni.

Possiamo definire il concetto di funzione C^∞ su una varietà con bordo M (e di applicazioni C^∞ fra varietà con bordo) usando le carte locali esattamente come fatto per le varietà senza bordo; questo ci permette di definire i germi di funzione C^∞ in un punto $p \in \partial M$ di bordo, e quindi anche lo spazio tangente (come insieme delle derivazioni dei germi di funzioni C^∞) in un punto di bordo. Questo spazio tangente T_pM ha dimensione uguale a quella di M e contiene un sottospazio canonicamente isomorfo a $T_p(\partial M)$. Infatti, per costruzione l'inclusione $\iota\colon \partial M \hookrightarrow M$ è differenziabile ed è un'immersione (Esercizio 4.48); quindi possiamo identificare $T_p(\partial M)$ con la sua immagine tramite $d\iota_p$, che è il sottospazio di T_pM delle derivazioni che si annullano sui germi di funzione che sono costanti su ∂M. In termini di carte locali, se (U, φ) è una carta di bordo in p allora $T_p(\partial M)$ è generato da $\{\partial_1|_p, \dots, \partial_{n-1}|_p\}$. Gli Esercizi 4.47–4.49 contengono maggiori dettagli sulla struttura del fibrato tangente a una varietà con bordo.

Avendo definito il fibrato tangente a una varietà con bordo M di dimensione n, possiamo definire anche le forme differenziali su M, per esempio come applicazioni $C^\infty(M)$-multilineari alternanti sullo spazio dei campi vettoriali (ricorda la Proposizione 3.2.16).

Osservazione 4.5.11. In particolare, se ω è una k-forma su una varietà con bordo M di dimensione n possiamo considerare la restrizione $\omega|_{\partial M} = \iota^*\omega$ al bordo di M; nota però che $\omega|_{\partial M}$ potrebbe annullarsi anche se ω non è nulla. Un esempio banale di questo fenomeno è dato dalle n-forme, in quanto ∂M ha dimensione $n-1$; ma può accadere anche per k-forme con $k < n$. Per esempio, se $p \in \partial\mathbb{H}^n$ allora, come osservato sopra, $T_p\partial M$ è generato da $\{\partial_1|_p, \dots, \partial_{n-1}|_p\}$; quindi ogni forma del tipo $\eta \wedge dx^n \in A^\bullet(\mathbb{H}^n)$ si annulla identicamente se ristretta a $\partial\mathbb{H}^n$.

Supponiamo ora che M sia una varietà con bordo orientata di dimensione n, ed η una n-forma con supporto compatto in M (e non necessariamente compatto nell'interno di M; il supporto di η può intersecare il bordo di M). Allora le argomentazioni usate nella Sezione 4.3 per definire l'integrale di η su M si applicano identiche parola per parola, per cui

$$\int_M \eta$$

risulta ben definito anche su varietà con bordo orientate. Analogamente, se ω è una $(n-1)$-forma con supporto compatto in M, la restrizione $\omega|_{\partial M}$ è una $(n-1)$-forma a supporto compatto sulla $(n-1)$-varietà orientata (senza bordo) ∂M; quindi è ben definito l'integrale di $\omega|_{\partial M}$ su ∂M, che indicheremo con

$$\int_{\partial M} \omega \, ,$$

sottintendendo la restrizione (in accordo con l'Osservazione 4.3.9). Inoltre, porremo per convenzione $\int_{\partial M} \omega = 0$ quando $\partial M = \varnothing$, cioè quando M è una varietà senza bordo.

Con queste precisazioni siamo ora in grado di enunciare e dimostrare l'importante *teorema di Stokes,* una generalizzazione del teorema fondamentale del calcolo integrale, del teorema di Gauss-Green e del teorema della divergenza:

Teorema 4.5.12 (Stokes). *Sia M una varietà orientata di dimensione n con bordo, e consideriamo ∂M con l'orientazione indotta. Sia ω una $(n-1)$-forma con supporto compatto in M. Allora*

$$\int_M d\omega = \int_{\partial M} \omega \, . \qquad (4.8)$$

Dimostrazione. Cominciamo col dimostrarlo quando $M = \mathbb{R}^n$. Per linearità, e a meno di permutare le coordinate, possiamo supporre $\omega = f \, dx^1 \wedge \cdots \wedge dx^{n-1}$. Quindi $d\omega = (-1)^{n-1} \frac{\partial f}{\partial x^n} \, dx^1 \wedge \cdots \wedge dx^n$. Il teorema di Fubini sugli integrali multipli allora ci dice che

$$\int_{\mathbb{R}^n} d\omega = (-1)^{n-1} \int_{\mathbb{R}^{n-1}} \left(\int_{-\infty}^{+\infty} \frac{\partial f}{\partial x^n} \, dx^n \right) dx^1 \cdots dx^{n-1} \, .$$

Ma

$$\int_{-\infty}^{\infty} \frac{\partial f}{\partial x^n}(x', x^n) \, dx^n = \lim_{t \to +\infty} [f(x', t) - f(x', -t)] = 0$$

perché f ha supporto compatto. Quindi $\int_{\mathbb{R}^n} d\omega = 0$; essendo $\mathbb{R}^n$ senza bordo, abbiamo dimostrato (4.8) in questo caso.

Consideriamo ora il caso $M = \mathbb{H}^n$, e scriviamo

$$\omega = \sum_{j=1}^{n} g_j(x', x^n) \, dx^1 \wedge \cdots \wedge \widehat{dx^j} \wedge \cdots \wedge dx^n \, ,$$

dove l'accento circonflesso indica che quell'elemento è assente dal prodotto esterno. Prima di tutto, notiamo che

$$\omega|_{\partial \mathbb{H}^n} = g_n(x', 0) \, dx^1 \wedge \cdots \wedge dx^{n-1}$$

perché, come notato nell'Osservazione 4.5.11, gli addendi contenenti dx^n si annullano quando ristretti a $\partial \mathbb{H}^n$. Di conseguenza

$$\int_{\partial \mathbb{H}^n} \omega = (-1)^n \int_{\mathbb{R}^{n-1}} g_n(x', 0) \, dx^1 \cdots dx^{n-1} \,,$$

dove il segno tiene traccia della relazione fra l'orientazione indotta su $\partial \mathbb{H}^n$ e l'orientazione naturale di $\mathbb{R}^{n-1}$ (vedi anche l'Osservazione 4.3.7).

Calcolando il differenziale esterno di ω troviamo

$$d\omega = \left[\sum_{j=1}^n (-1)^{j-1} \frac{\partial g_j}{\partial x^j}(x', x^n) \right] dx^1 \wedge \cdots \wedge dx^n \,.$$

Ora, se $1 \leq j \leq n-1$ si ha

$$\int_{-\infty}^{+\infty} \frac{\partial g_j}{\partial x^j}(x', x^n) \, dx^j$$
$$= \lim_{x^j \to +\infty} [g_j(x^1, \ldots, x^j, \ldots, x^n) - g_j(x^1, \ldots, -x^j, \ldots, x^n)] = 0$$

perché g_j è a supporto compatto in $\mathbb{H}^n$. Quindi per $j = 1, \ldots, n-1$ si ha

$$\int_{\mathbb{H}^n} \frac{\partial g_j}{\partial x^j}(x', x^n) \, dx^1 \cdots dx^n$$
$$= \int_0^{+\infty} \left(\int_{\mathbb{R}^{n-2}} \left(\int_{-\infty}^{+\infty} \frac{\partial g_j}{\partial x^j}(x', x^n) \, dx^j \right) dx^1 \cdots \widehat{dx^j} \cdots dx^{n-1} \right) dx^n$$
$$= 0 \,.$$

Inoltre

$$\int_0^{+\infty} \frac{\partial g_n}{\partial x^n}(x', x^n) \, dx^n = \lim_{t \to +\infty} g_n(x', t) - g_n(x', 0) = -g_n(x', 0) \,,$$

sempre perché g_n è a supporto compatto in $\mathbb{H}^n$. Quindi

$$\int_{\mathbb{H}^n} d\omega = (-1)^{n-1} \int_{\mathbb{H}^n} \frac{\partial g_n}{\partial x^n}(x', x^n) \, dx^1 \cdots dx^n$$
$$= (-1)^{n-1} \int_{\mathbb{R}^{n-1}} \left(\int_0^{+\infty} \frac{\partial g_n}{\partial x^n}(x', x^n) \, dx^n \right) dx^1 \cdots dx^{n-1}$$
$$= (-1)^n \int_{\mathbb{R}^{n-1}} g_n(x', 0) \, dx^1 \cdots dx^{n-1} = \int_{\partial \mathbb{H}^n} \omega \,,$$

e ci siamo anche in questo caso.

Infine, sia M qualsiasi, e scegliamo un atlante orientato $\mathcal{A} = \{(U_\alpha, \varphi_\alpha)\}$ con $\varphi_\alpha(U_\alpha) = \mathbb{R}^n$ o $\mathbb{H}^n$ per ogni α (Esercizio 4.44), e sia $\{\rho_\alpha\}$ una partizione dell'unità subordinata ad $\mathcal{A}$. Scriviamo $\omega = \sum_\alpha \rho_\alpha \omega$; per linearità, basta quindi dimostrare (4.8) per ciascun $\rho_\alpha \omega$, che è una forma a supporto compatto contenuto in U_α. Ma allora ricordando che il differenziale esterno commuta coi pull-back otteniamo

$$\int_M \mathrm{d}(\rho_\alpha \omega) = \int_{U_\alpha} \mathrm{d}(\rho_\alpha \omega) = \int_{\varphi_\alpha(U_\alpha)} (\varphi^{-1})^* \mathrm{d}(\rho_\alpha \omega)$$

$$= \int_{\varphi_\alpha(U_\alpha)} \mathrm{d}(\varphi^{-1})^*(\rho_\alpha \omega) = \int_{\partial \varphi_\alpha(U_\alpha)} (\varphi^{-1})^*(\rho_\alpha \omega)$$

$$= \int_{\varphi_\alpha(U_\alpha \cap \partial M)} (\varphi^{-1})^*(\rho_\alpha \omega) = \int_{\partial M} \rho_\alpha \omega \ ,$$

come voluto, dove abbiamo usato (4.8) per $\mathbb{R}^n$ ed $\mathbb{H}^n$.   □

Osservazione 4.5.13. Sia $D \subset \mathbb{R}^2$ un dominio regolare limitato nel piano. Il bordo di D è una 1-varietà compatta; quindi (Esercizio 4.15) è diffeomorfo a S^1. In altre parole, esiste una curva $\sigma \colon [0,1] \to \mathbb{R}^2$ liscia regolare semplice chiusa con sostegno il bordo di D; possiamo anche supporre che σ conservi l'orientazione (vedi l'Esercizio 4.53 per un viceversa).

Siano f, $g \in C^\infty(D)$, e consideriamo la 1-forma $\omega = f\,\mathrm{d}x + g\,\mathrm{d}y \in A^1(D)$. Allora $\mathrm{d}\omega = \left(\frac{\partial g}{\partial x} - \frac{\partial f}{\partial y}\right)\mathrm{d}x \wedge \mathrm{d}y$ e $\int_{\partial D} \omega = \int_\sigma f\,\mathrm{d}x + g\,\mathrm{d}y$; quindi il teorema di Stokes in questo caso diventa

$$\int_\sigma f\,\mathrm{d}x + g\,\mathrm{d}y = \int_D \left(\frac{\partial g}{\partial x} - \frac{\partial f}{\partial y}\right)\mathrm{d}x\,\mathrm{d}y \ ,$$

cioè il classico teorema di Gauss-Green (vedi [9, pag. 569]).

Osservazione 4.5.14. Nel Capitolo 6, quando parleremo di integrazione sulle varietà Riemanniane, vedremo (Esercizio 6.37) come anche il classico teorema della divergenza sia un caso particolare del teorema di Stokes.

Concludiamo con alcune conseguenze immediate del teorema di Stokes per forme chiuse ed esatte, su cui torneremo nel prossimo capitolo:

Corollario 4.5.15. *Sia M una n-varietà orientata senza bordo. Allora:*

(i) *se $\omega \in A^n(M)$ è esatta a supporto compatto allora $\int_M \omega = 0$. In particolare, se M è compatta e $\nu \in A^n(M)$ è una forma di volume su M allora ν non è esatta per cui $H^n(M) \neq (O)$;*

(ii) *più in generale, se $S \subset M$ è una k-sottovarietà compatta senza bordo e $\omega \in Z^k(M)$ è tale che $\int_S \omega \neq 0$, allora ω non è esatta e S non è il bordo di una $(k+1)$-sottovarietà di M.*

Dimostrazione. (i) La prima affermazione segue da (4.8) perché $\partial M = \varnothing$. La seconda affermazione segue perché le Osservazioni 4.3.6 e 4.3.7 ci assicurano che $\int_M \nu \neq 0$.

(ii) Se $\omega = \mathrm{d}\eta$ allora $\omega|_S = \mathrm{d}(\eta|_S)$ per cui $\int_S \omega = \int_S \mathrm{d}\eta = 0$ in quanto $\partial S = \varnothing$. Analogamente, se fosse $S = \partial \tilde{S}$ per qualche $(k+1)$-sottovarietà $\tilde{S}$ di M avremmo $\int_S \omega = \int_{\tilde{S}} \mathrm{d}\omega = 0$ perché ω è chiusa.   □

Esercizi

FORME DIFFERENZIALI E PULL-BACK

Esercizio 4.1 (Usato nella Definizione 4.1.4). Sia $F: M \to N$ un'applicazione differenziabile fra varietà, e $\omega \in A^r(N)$. Dimostra che $F^*\omega$ definita in (4.1) è effettivamente una r-forma su M.

Esercizio 4.2 (Citato nell'Esempio 4.2.16). Sia $\pi: M \to N$ un rivestimento liscio il cui gruppo di automorfismi agisca transitivamente sulle fibre (cioè per ogni $p_1, p_2 \in M$ tali che $\pi(p_1) = \pi(p_2)$ esiste un diffeomorfismo $\gamma: M \to M$ tale che $\pi \circ \gamma = \pi$ e $\gamma(p_1) = p_2$). Dimostra che una forma differenziale $\omega \in A^\bullet(M)$ si esprime come $\pi^*\eta$ per una qualche forma $\eta \in A^\bullet(N)$ se e solo se $\gamma^*\omega = \omega$ per ogni automorfismo γ del rivestimento.

Esercizio 4.3 (Usato nell'Esempio 5.3.8). Sia $p: M \to N$ un rivestimento liscio. Dimostra che $p^*: A^\bullet(N) \to A^\bullet(M)$ è iniettiva.

Esercizio 4.4. Siano $\omega^1, \ldots, \omega^k \in A^1(M)$ delle 1-forme linearmente indipendenti in ogni punto di M. Supponiamo che $\alpha^1, \ldots, \alpha^k \in A^1(M)$ siano delle altre 1-forme tali che

$$\sum_{j=1}^k \alpha^j \wedge \omega^j = O \; .$$

Dimostra che ciascuna α^j si può scrivere come combinazione lineare di $\omega^1, \ldots, \omega^k$ con coefficienti in $C^\infty(M)$.

Esercizio 4.5 (Citato nella Sezione 4.1). Sia $X \in \mathcal{T}(M)$ un campo vettoriale su una varietà M. Dimostra che:

(i) $i_X \circ i_X = O$;
(ii) $i_X(\omega \wedge \eta) = (i_X\omega) \wedge \eta + (-1)^k \omega \wedge (i_X\eta)$ per ogni $\omega \in A^k(M)$ e $\eta \in A^\bullet(M)$.

ORIENTAZIONE

Esercizio 4.6 (Usato nella Definizione 4.2.1). Dimostra che la relazione di equiorientabilità è una relazione di equivalenza sull'insieme degli atlanti orientati di una varietà.

Esercizio 4.7. Dimostra che una varietà orientabile con $c \geq 1$ componenti connesse ammette esattamente 2^c orientazioni.

Esercizio 4.8 (Citato nell'Esempio 4.2.4). Dimostra che S^1 è orientabile.

Esercizio 4.9 (Citato nell'Esercizio 4.22). Dimostra che il prodotto di due varietà orientabili è orientabile.

Esercizio 4.10. Sia M una varietà parallelizzabile, cioè tale che TM sia il fibrato banale. Dimostra che M è orientabile.

Esercizio 4.11. Sia $F\colon M \to N$ un diffeomorfismo locale fra due varietà di dimensione n. Dimostra che se $\nu \in \mathcal{A}^n(N)$ è una forma di volume su N allora $F^*\nu$ è una forma di volume su M. Deduci che un rivestimento liscio di una varietà orientabile è orientabile.

Esercizio 4.12. Sia $F\colon M \to N$ un diffeomorfismo locale fra due varietà orientate di dimensione n. Dimostra che F conserva l'orientazione se e solo se $F^*\nu$ determina l'orientazione data su M per ogni forma di volume $\nu \in A^n(N)$ che determina l'orientazione data su N.

Esercizio 4.13 (Citato nell'Esempio 4.2.15 e negli Esercizi 4.20 e 5.10). Sia $I = [0,1]$, e $p\colon I \to S^1$ data da $p(t) = e^{2\pi i t}$. Indichiamo inoltre con $\pi_1\colon I \times \mathbb{R} \to I$ la proiezione sul primo fattore. Sia $\sim$ la relazione d'equivalenza su $I \times \mathbb{R}$ che identifica i punti $(0, y) \in \{0\} \times \mathbb{R}$ con i punti $(1, -y) \in \{1\} \times \mathbb{R}$. Poniamo $E = (I \times \mathbb{R})/\sim$. Siccome $p \circ \pi_1\colon I \times \mathbb{R} \to S^1$ è costante sulle classi d'equivalenza di $\sim$, otteniamo un'applicazione continua surgettiva $\pi\colon E \to S^1$. Dimostra che questo è un fibrato vettoriale di rango 1 su S^1 (detto *nastro di Möbius*), che E è una varietà non orientabile, e deduci che E non è un fibrato banale.

Esercizio 4.14. Sia E un fibrato vettoriale di rango r su una varietà n-dimensionale M. Indichiamo con $O_E \subset E$ l'immagine della sezione nulla, e poniamo $E_* = E \setminus O_E$. Il *proiettivizzato* $\mathbb{P}(E)$ è l'insieme ottenuto quozientando E_* rispetto alla relazione d'equivalenza $v \sim w$ se e solo se esiste $\lambda \in \mathbb{R}^*$ tale che $v = \lambda w$. Dimostra che $\mathbb{P}(E)$ ha una naturale struttura di varietà di dimensione $r + n - 1$ tale che la proiezione naturale $\pi\colon \mathbb{P}(E) \to M$ sia C^∞. Inoltre, dimostra che $\pi^{-1}(p)$ è diffeomorfo a $\mathbb{P}^{r-1}(\mathbb{R})$ per ogni $p \in M$. Infine dimostra che la varietà $\widetilde{M}$ introdotta nella Proposizione 4.2.19 è diffeomorfa a $\mathbb{P}(\bigwedge^n M)$.

Esercizio 4.15 (Citato nell'Osservazione 2.2.14 e nell'Esempio 4.2.5, e utilizzato nell'Osservazione 4.5.13). Sia M una varietà connessa di dimensione 1. Dimostra che M è diffeomorfa a $\mathbb{R}$ oppure a S^1 nel seguente modo:

(i)   Dimostra la tesi quando M è orientabile costruendo un campo vettoriale su M mai nullo e applicando l'Esercizio 3.27.

(ii) Dimostra che M è sempre orientabile, facendo vedere che il suo rivestimento universale è diffeomorfo a $\mathbb{R}$ e che ogni diffeomorfismo di $\mathbb{R}$ che inverte l'orientazione ha necessariamente un punto fisso.

Esercizio 4.16 (Citato nell'Esercizio 4.23). Sia G un gruppo di Lie. Dimostra che G è orientabile, e che ha esattamente due orientazioni tali che tutte le traslazioni sinistre L_g conservino l'orientazione.

Definizione 4.E.1. Sia $\pi\colon E \to M$ un fibrato vettoriale di rango r. Diremo che E è *orientabile* se per ogni atlante che banalizza E è possibile scegliere le banalizzazioni in modo che le funzioni di transizione abbiano tutte determinante positivo.

Esercizio 4.17 (Citato nell'Esercizio 5.34). Dimostra che lo spazio totale di un fibrato vettoriale orientabile su una varietà orientabile è orientabile.

ORIENTABILITÀ DI IPERSUPERFICI

Definizione 4.E.2. Sia $F\colon S \to M$ una sottovarietà immersa in una varietà M. Un *campo vettoriale lungo* S è un'applicazione $X\colon S \to TM$ differenziabile tale che $X(p) \in T_{F(p)}M$ per ogni $p \in S$. Diremo che X è *trasverso a* S se inoltre $X(p) \notin dF_p(T_pS)$ per ogni $p \in S$.

Esercizio 4.18 (Utile per gli Esercizi 4.19, 4.52, 6.34 e 6.27). Sia $F\colon S \to M$ un'ipersuperficie immersa in una varietà M orientata da una forma di volume $\nu \in A^n(M)$. Supponi che esista un campo vettoriale $N\colon S \to TM$ trasverso lungo S. Dimostra che la forma $\nu_S = F^*(N \lrcorner \nu)$ definita da

$$(\nu_S)_p(v_1, \ldots, v_{n-1}) = \nu_{F(p)}\big(N(p), dF_p(v_1), \ldots, dF_p(v_{n-1})\big)$$

per ogni $p \in S$ e $v_1, \ldots, v_{n-1} \in T_pS$ è una forma di volume su S, per cui S è orientabile.

Esercizio 4.19. Sia $S = f^{-1}(a)$ un'ipersuperficie di livello di una funzione differenziabile $f\colon \Omega \to \mathbb{R}$ con $a \in \mathbb{R}$ valore regolare, dove $\Omega \subseteq \mathbb{R}^n$ è aperto. Dimostra che S è orientabile (vedi anche l'Esercizio 6.34). [*Suggerimento:* usa l'Esercizio 4.18.]

Esercizio 4.20. Sia

$$\Omega = \{(x, y, z) \in \mathbb{R}^3 \mid (\sqrt{x^2 + y^2} - 2)^2 + z^2 < 1\} \subset \mathbb{R}^3 \,,$$

e sia $F\colon \mathbb{R}^2 \to \Omega$ data da

$$F(u, v)$$
$$= \big((\cos 2\pi u)(2 + \cos \pi u \tanh v), (\sin 2\pi u)(2 + \cos \pi u \tanh v), \sin \pi u \tanh v\big) \,.$$

Dimostra che:

(i) F induce un embedding $G\colon E \to \Omega$, dove E è lo spazio totale del nastro di Möbius introdotto nell'Esercizio 4.13;

(ii) $S = F(\mathbb{R}^2)$ è una sottovarietà chiusa di Ω;

(iii) non esiste un campo vettoriale trasverso lungo S;

(iv) S non è l'ipersuperficie di livello rispetto a un valore regolare di una funzione differenziabile definita su Ω.

INTEGRAZIONE

Esercizio 4.21. Sia M una varietà orientata (con bordo o senza bordo) di dimensione n, e $\omega \in A^n(M)$ a supporto compatto. Supponi di avere k carte locali $(U_1, \varphi_1), \ldots, (U_k, \varphi_k)$ e aperti $V_j \subset U_j$ per $j = 1, \ldots, k$ che soddisfano le condizioni seguenti:

(i) $\overline{V_j} \subset U_j$ è compatto per $j = 1, \ldots, k$;
(ii) il bordo di $D_j = \varphi(\overline{V_j}) \subset \mathbb{R}^n$ ha misura zero in $\mathbb{R}^n$;
(iii) se $i \neq j$ allora $V_i \cap V_j = \varnothing$;
(iv) il supporto di ω è contenuto in $\overline{V_1} \cup \cdots \cup \overline{V_k}$.

Dimostra che

$$\int_M \omega = \sum_{j=1}^{k} \int_{D_j} (\phi_j^{-1})^* \omega \,.$$

Esercizio 4.22. Sia $\mathbb{T}^2 = S^1 \times S^1 \subset \mathbb{R}^4$ il 2-toro realizzato come

$$\mathbb{T}^2 = \{(x, y, z, w) \in \mathbb{R}^4 \mid x^2 + y^2 = z^2 + w^2 = 1\}\,,$$

con l'orientazione prodotto (vedi l'Esercizio 4.9). Posto

$$\omega = xzw \, dy \wedge dw \in A^2(\mathbb{R}^4)\,,$$

calcola $\int_{\mathbb{T}^2} \omega$.

INTEGRAZIONE SU GRUPPI DI LIE

Definizione 4.E.3. Sia G un gruppo di Lie. Una k-forma $\omega \in A^k(G)$ è *invariante a sinistra* se $L_g^* \omega = \omega$ per ogni $g \in G$, è *invariante a destra* se $R_g^* \omega = \omega$ per ogni $g \in G$, ed è *biinvariante* se è invariante a destra e a sinistra.

Definizione 4.E.4. Sia G un gruppo di Lie di algebra di Lie $\mathfrak{g}$. La *rappresentazione aggiunta* $\mathrm{Ad}\colon G \to GL(\mathfrak{g})$ è data da $\mathrm{Ad}(g) = \mathrm{d}(C_g)_e\colon \mathfrak{g} \to \mathfrak{g}$ per ogni $g \in G$, dove $C_g\colon G \to G$ è il coniugio $C_g(h) = ghg^{-1}$.

Esercizio 4.23 (Utile per l'Esercizio 6.14). Dimostra che un'orientazione di un gruppo di Lie è invariante a sinistra (nel senso dell'Esercizio 4.16) se e solo se è indotta da una forma di volume invariante a sinistra. In particolare, forme di volume invarianti a sinistra esistono sempre.

Esercizio 4.24. Sia G un gruppo di Lie di dimensione n, e $\omega \in A^n(G)$ una n-forma invariante a sinistra. Dimostra che $R_g^* \omega = \det(\mathrm{Ad}(g^{-1}))\omega$ per ogni $g \in G$. Deduci che G ammette una n-forma biinvariante se e solo se $\det(\mathrm{Ad}(g^{-1})) = 1$ per ogni $g \in G$.

Definizione 4.E.5. Un gruppo di Lie G è *unimodulare* se $|\det(\mathrm{Ad}(g^{-1}))| = 1$ per ogni $g \in G$.

Esercizio 4.25. Dimostra che ogni gruppo di Lie compatto è unimodulare.

Esercizio 4.26. Sia G un gruppo di Lie, e sia ν una forma di volume invariante a sinistra. Dimostra che:

(i) si ha

$$\int_G (f \circ L_g)\nu = \int_G f\nu$$

per ogni $f \in C^\infty(G)$ a supporto compatto e ogni $g \in G$;

(ii) si ha

$$\int_G (f \circ R_g)\nu = |\det(\mathrm{Ad}(g))| \int_G f\nu$$

per ogni $f \in C^\infty(G)$ a supporto compatto e ogni $g \in G$;

(iii) se G è compatto allora ammette un'unica forma di volume ν_0 biinvariante tale che $\int_G \nu_0 = 1$. La forma ν_0 è detta *forma di volume di Haar* del gruppo G.

DENSITÀ *(Esercizi citati nella Sezione 4.3)*

Definizione 4.E.6. Sia V uno spazio vettoriale di dimensione n su $\mathbb{R}$. Una *densità* su V è una funzione $\mu \colon V^n \to \mathbb{R}$ tale che

$$\mu\big(L(v_1), \ldots, L(v_n)\big) = |\det L|\mu(v_1, \ldots, v_n)$$

per ogni $L \in \mathrm{End}(V)$ e ogni $v_1, \ldots, v_n \in V$. Indichiamo con $\Omega(V)$ l'insieme delle densità su V. Diremo che una densità $\mu \in \Omega(V)$ è *positiva* se $\mu(v_1, \ldots, v_n) > 0$ per ogni base $\{v_1, \ldots, v_n\}$ di V.

Esercizio 4.27. Sia V uno spazio vettoriale di dimensione n su $\mathbb{R}$. Dimostra che:

(i) $\Omega(V)$ ha una naturale struttura di spazio vettoriale;
(ii) se $\mu_1, \mu_2 \in \Omega(V)$ sono tali che $\mu_1(v_1, \ldots, v_n) = \mu_2(v_1, \ldots, v_n)$ per una base $\{v_1, \ldots, v_n\}$ di V, allora $\mu_1 \equiv \mu_2$;
(iii) se $\omega \in \bigwedge^n V^*$ allora $|\omega|$ è una densità positiva;
(iv) $\dim \Omega(V) = 1$, ed è generato da $|\omega|$ quale che sia $\omega \in \bigwedge^n V^*$ non nulla.

Esercizio 4.28 (Usato nella Definizione 4.E.7). Sia M una varietà di dimensione n, e indichiamo con $\Omega(M)$ l'unione disgiunta degli spazi $\Omega(T_pM)$ al variare di $p \in M$. Dimostra che $\Omega(M)$ ha una naturale struttura di fibrato in rette su M.

Definizione 4.E.7. Sia M una n-varietà. Il fibrato in rette $\Omega(M)$ definito nell'Esercizio 4.28 è detto *fibrato delle densità* di M. Una *densità* su M è una sezione di $\Omega(M)$. Una densità μ su M è *positiva* se $\mu_p \in \Omega(T_pM)$ è positiva per ogni $p \in M$.

Esercizio 4.29. Dimostra che ogni varietà M ha una densità positiva.

Esercizio 4.30. Sia $F: M \to N$ un'applicazione differenziabile fra n-varietà. Data una densità μ su N, definiamo $F^*\mu: M \to \Omega(M)$ ponendo

$$(F^*\mu)_p(v_1, \dots, v_n) = \mu_{F(p)}\big(dF_p(v_1), \dots, dF_p(v_n)\big)$$

per ogni $p \in M$ e $v_1, \dots, v_n \in T_pM$. Dimostra che:
(i) $F^*\mu$ è una densità in M;
(ii) se $f \in C^\infty(N)$ allora $F^*(f\mu) = (f \circ F)F^*\mu$;
(iii) se $\omega \in A^n(N)$ allora $F^*|\omega| = |F^*\omega|$;
(iv) se $G: S \to M$ è un'altra applicazione differenziabile fra n-varietà allora $(F \circ G)^*\mu = G^*(F^*\mu)$;
(v)   se (U, φ), rispettivamente (V, ψ), sono carte locali su M, rispettivamente su N, con $\varphi = (x^1, \dots, x^n)$, $\psi = (y^1, \dots, y^n)$ e $F(U) \subseteq V$, allora

$$F^*(f|dy^1 \wedge \cdots \wedge dy^n|) = (f \circ F)|\det(d\tilde{F})||dx^1 \wedge \cdots \wedge dx^n|$$

per ogni $f \in C^\infty(V)$, dove $\tilde{F} = \psi \circ F \circ \varphi^{-1}$.

Esercizio 4.31 (Utile per l'Esercizio 4.32). Sia M una varietà n-dimensionale, e μ una densità a supporto compatto. Supponiamo di avere due carte (U, φ) e $(\tilde{U}, \tilde{\varphi})$ tali che il supporto di μ sia contenuto in $U \cap \tilde{U}$. Allora

$$\int_{\varphi(U)} (\varphi^{-1})^*\mu = \int_{\tilde{\varphi}(\tilde{U})} (\tilde{\varphi}^{-1})^*\mu \,,$$

dove se $\mu_0 = f|dx^1 \wedge \cdots \wedge dx^n|$ è una densità a supporto compatto in un aperto $\Omega \subseteq \mathbb{R}^n$ poniamo

$$\int_\Omega \mu_0 = \int_\Omega f \, dx^1 \cdots dx^n \,.$$

Esercizio 4.32. Sia M una varietà n-dimensionale. Definisci (usando l'Esercizio 4.31 e procedendo in modo analogo a quanto visto per n-forme a supporto compatto su varietà orientate) l'integrale $\int_M \mu$ di una densità μ a supporto compatto su M in modo da soddisfare le seguenti tre proprietà:
(i) $\mu \mapsto \int_M \mu$ è lineare;
(ii) l'integrale di densità positive è strettamente positivo;
(iii) se $F: N \to M$ è un diffeomorfismo allora $\int_M \mu = \int_N F^*\mu$.

DIFFERENZIALE ESTERNO

Esercizio 4.33. Sia M una varietà, e $\omega \in A^r(M)$. Dimostra che

$$d\omega(X_1, \dots, X_{r+1})$$

$$= \sum_{j=1}^{r+1} (-1)^{j-1} X_j \big(\omega(X_1, \ldots, \widehat{X_j}, \ldots, X_{r+1}) \big)$$

$$+ \sum_{1 \le i < j \le r+1} (-1)^{i+j} \omega \big([X_i, X_j], X_1, \ldots, \widehat{X_i}, \ldots, \widehat{X_j}, \ldots, X_{r+1} \big) \ ,$$

per ogni $X_1, \ldots, X_{r+1} \in \mathcal{T}(M)$, dove l'accento circonflesso indica elementi omessi dalla lista.

Esercizio 4.34. Sia $\{E_1, \ldots, E_n\}$ un riferimento locale per il fibrato tangente TM di una n-varietà M sopra un aperto U, e indichiamo con $\{\epsilon^1, \ldots, \epsilon^n\}$ il riferimento locale duale di T^*M sopra U. Siano inoltre $c_{ij}^k \in C^\infty(U)$ tali che

$$[E_i, E_j] = \sum_{k=1}^{n} c_{ij}^k E_k$$

per i, j, $k = 1, \ldots, n$. Dimostra che

$$\mathrm{d}\epsilon^k = - \sum_{i,j=1}^{n} c_{ij}^k \, \epsilon^i \wedge \epsilon^j$$

per $k = 1, \ldots, n$.

Esercizio 4.35. Sia $\alpha \colon \mathbb{R} \times \mathbb{R}^n \to \mathbb{R}^n$ data da

$$\alpha(t, x) = \alpha_t(x) = tx \ ,$$

e indichiamo con $I \in \mathcal{T}(\mathbb{R}^n)$ il campo vettoriale dato da $I(x) = x$ per ogni $x \in \mathbb{R}^n$, dove stiamo identificando in modo naturale $T_x \mathbb{R}^n$ con $\mathbb{R}^n$. Sia infine $\omega \in A^k(\mathbb{R}^n)$ una k-forma chiusa, con $k \ge 1$.

(i)   Dimostra che $\frac{1}{t} \alpha_t^* i_I \omega$ è una ben definita $(k-1)$-forma per ogni $t \in \mathbb{R}$.

(ii) Posto

$$\eta = \int_0^1 \frac{1}{t} \alpha_t^* i_I \omega \, \mathrm{d}t \ ,$$

dove l'integrale è fatto componente per componente, dimostra che

$$\mathrm{d}\eta = \omega \ .$$

DERIVATA DI LIE

Esercizio 4.36. Se $X \in \mathcal{T}(M)$ è un campo vettoriale su una varietà M, indichiamo con $\mathcal{L}_X$ indica la derivata di Lie lungo X (vedi l'Esercizio 3.38). Dimostra che:

(i) $\mathcal{L}_X(\omega \wedge \eta) = (\mathcal{L}_X \omega) \wedge \eta + \omega \wedge (\mathcal{L}_X \eta)$ per ogni ω, $\eta \in A^\bullet(M)$;

(ii) se $\omega \in A^k(M)$ e $X, Y_1, \ldots, Y_k \in \mathcal{T}(M)$ allora

$$(\mathcal{L}_X\omega)(Y_1, \ldots, Y_k) = X\big(\omega(Y_1, \ldots, Y_k)\big) - \sum_{j=1}^{k} \omega(Y_1, \ldots, [X, Y_j], \ldots, Y_k) \ ;$$

(iii) $[\mathcal{L}_X, \mathcal{L}_Y]\omega = \mathcal{L}_{[X,Y]}\omega$ per ogni $X, Y \in \mathcal{T}(M)$ e $\omega \in A^\bullet(M)$, dove $[\mathcal{L}_X, \mathcal{L}_Y] = \mathcal{L}_X \circ \mathcal{L}_Y - \mathcal{L}_Y \circ \mathcal{L}_X$;

(iv) $[\mathcal{L}_X, i_Y] = i_{[X,Y]}$ per ogni $X, Y \in \mathcal{T}(M)$, dove $[\mathcal{L}_X, i_Y] = \mathcal{L}_X \circ i_Y - i_Y \circ \mathcal{L}_X$.

Esercizio 4.37 (Usato nel Lemma 6.8.10, nel Teorema 6.8.11, e nell'Esercizio 6.55). Sia $X \in \mathcal{T}(M)$ un campo vettoriale su una varietà M, e $\omega \in A^\bullet(M)$. Dimostra la *formula di Cartan:*

$$\mathcal{L}_X\omega = X \lrcorner (\mathrm{d}\omega) + \mathrm{d}(X \lrcorner \omega) \ .$$

[*Suggerimento:* procedi per induzione sul grado di ω.] Deduci che

$$\mathcal{L}_X(\mathrm{d}\omega) = \mathrm{d}(\mathcal{L}_X\omega) \ .$$

DISTRIBUZIONI *(Esercizi citati nella Sezione 3.7)*

Esercizio 4.38. Sia $\mathcal{D} \subseteq TM$ una distribuzione k-dimensionale su una n-varietà M. Dimostra che $\mathcal{D}$ è liscia se e solo se per ogni punto $p \in M$ esistono un intorno U di p e $\omega^1, \ldots, \omega^{n-k} \in A^1(U)$ tali che

$$\mathcal{D}_q = \operatorname{Ker} \omega_q^1 \cap \cdots \cap \operatorname{Ker} \omega_q^{n-k} \tag{4.9}$$

per ogni $q \in U$.

Definizione 4.E.8. Sia $\mathcal{D} \subseteq TM$ una distribuzione k-dimensionale liscia su una n-varietà M, e $U \subseteq M$ aperto. Delle 1-forme $\omega^1, \ldots, \omega^{n-k} \in A^1(M)$ che soddisfano (4.9) saranno dette *forme di definizione locali* per $\mathcal{D}$. Diremo inoltre che una p-forma $\eta \in A^p(M)$ annichila $\mathcal{D}$ se $\eta(X_1, \ldots, X_p) \equiv O$ per ogni $X_1, \ldots, X_p \in \mathcal{T}_\mathcal{D}(M)$. Indicheremo con $\mathcal{I}_M^p(\mathcal{D}) \subseteq A^p(M)$ il sottospazio delle p-forme che annichilano $\mathcal{D}$, e porremo $\mathcal{I}_M^\bullet(\mathcal{D}) = \mathcal{I}_M^0(\mathcal{D}) \oplus \cdots \oplus \mathcal{I}_M^n(\mathcal{D})$.

Esercizio 4.39. Sia $\mathcal{D} \subseteq TM$ una distribuzione k-dimensionale liscia su una n-varietà M. Dimostra che una p-forma $\eta \in A^p(M)$ annichila $\mathcal{D}$ se e solo se ogni volta che esistono delle forme di definizione locali $\omega^1, \ldots, \omega^{n-k} \in A^1(U)$ per $\mathcal{D}$ su un aperto $U \subseteq M$ allora

$$\eta|_U = \sum_{i=1}^{n-k} \omega^i \wedge \beta_i$$

per opportune $(p-1)$-forme $\beta_1, \ldots, \beta_{n-k} \in A^{p-1}(U)$.

Esercizio 4.40. Sia $\mathcal{D} \subseteq TM$ una distribuzione k-dimensionale liscia su una n-varietà M. Dimostra che $\mathcal{D}$ è involutiva se e solo se per ogni aperto $U \subseteq M$ si ha $d\big(\mathcal{I}_U^1(\mathcal{D})\big) \subseteq \mathcal{I}_U^2(\mathcal{D})$.

Esercizio 4.41. Sia $\mathcal{D} \subseteq TM$ una distribuzione k-dimensionale liscia su una n-varietà M. Dimostra che $\mathcal{D}$ è involutiva se e solo se per ogni aperto $U \subseteq M$ e ogni $(n-k)$-upla di forme di definizione locali $\omega^1, \ldots, \omega^{n-k} \in A^1(U)$ per $\mathcal{D}$ sopra U esistono delle 1-forme $\alpha_j^i \in A^1(U)$ tali che

$$d\omega^i = \sum_{j=1}^{n-k} \omega^j \wedge \alpha_j^i$$

per $i = 1, \ldots, n-k$.

Definizione 4.E.9. Un sottospazio vettoriale $\mathcal{I} \subseteq A^\bullet(M)$ è un *ideale* se $\omega \wedge \eta \in \mathcal{I}$ per ogni $\omega \in A^\bullet(M)$ e ogni $\eta \in \mathcal{I}$.

Esercizio 4.42. Sia $\mathcal{D} \subseteq TM$ una distribuzione k-dimensionale liscia su una n-varietà M. Dimostra che $\mathcal{I}_M(\mathcal{D})$ è un ideale di $A^\bullet(M)$, e che $\mathcal{D}$ è involutiva se e solo se $d\big(\mathcal{I}_M(\mathcal{D})\big) \subseteq \mathcal{I}_M(\mathcal{D})$.

VARIETÀ CON BORDO

Esercizio 4.43 (Citato nell'Osservazione 4.5.4). Definisci, in analogia con la Definizione 2.1.6, i concetti di compatibilità fra atlanti di varietà con bordo, e di struttura differenziabile di varietà con bordo. Dimostra poi che ogni atlante di varietà con bordo è contenuto in una e una sola struttura differenziabile di varietà con bordo, e che due atlanti di varietà con bordo sono contenuti nella stessa struttura differenziabile di varietà con bordo.

Esercizio 4.44 (Usato nel Teorema 4.5.12). Sia M una n-varietà con bordo. Dimostra che per ogni $p \in \partial M$ esiste una n-carta di bordo (U, φ) con $p \in U$ e $\varphi(U) = \mathbb{H}^n$, e che per ogni $p \in \text{Int}(M)$ esiste una n-carta interna (U, φ) con $p \in U$ e $\varphi(U) = \mathbb{R}^n$.

Esercizio 4.45 (Citato nell'Esempio 4.5.5). Dimostra che se $\rho \colon M \to \mathbb{R}$ è una funzione C^∞ su una varietà M con 0 come valore regolare allora l'insieme $\{p \in M \mid \rho(p) \geq 0\}$ è una varietà con bordo.

Esercizio 4.46 (Usato nell'Esempio 4.5.5). Dimostra che se M è una varietà allora il cilindro finito $C = M \times [-1, 1]$ è una varietà con bordo. Dimostra inoltre che se M è connessa allora ∂C ha esattamente due componenti connesse entrambe diffeomorfe a M.

Esercizio 4.47 (Citato nella Sezione 4.5; usato negli Esercizi 4.48–4.49). Definisci i concetti di funzioni differenziabili su una varietà con bordo e di applicazioni differenziabili fra varietà con bordo, e usali per definire lo spazio tangente a una varietà con bordo anche nei punti di bordo. Dimostra che se M è una varietà con bordo di dimensione n allora T_pM è uno spazio vettoriale di dimensione n anche quando $p \in \partial M$.

Esercizio 4.48 (Citato nella Sezione 4.5). Sia M una varietà con bordo. Dimostra che l'inclusione $\iota: \partial M \hookrightarrow M$ è un'immersione C^∞, e verifica che per ogni $p \in \partial M$ il sottospazio $\mathrm{d}\iota_p(T_p\partial M)$ coincide con l'insieme delle derivazioni $X \in T_pM$ tali che $X(\mathbf{f}) = 0$ per ogni germe $\mathbf{f} \in C^\infty(p)$ per cui $\mathbf{f} \circ \iota$ è costante.

Esercizio 4.49 (Citato nella Sezione 4.5). Sia M una varietà con bordo. Dimostra che il fibrato tangente di M ha una naturale struttura di varietà con bordo.

Definizione 4.E.10. Sia M una varietà con bordo, e $p \in \partial M$. Diremo che $v \in T_pM$ è *interno* se $v \notin T_p(\partial M)$ ed esiste una curva liscia $\sigma: [0, \varepsilon) \to M$ tale che $\sigma(0) = p$ e $\sigma'(0) = v$; diremo che è *esterno* se $-v$ è interno.

Esercizio 4.50. Sia M una varietà con bordo, $p \in \partial M$ e (U, φ) una carta di bordo in p. Dimostra che $v \in T_pM$ è interno (rispettivamente, esterno) se e solo se la n-esima coordinata di v rispetto alla base $\{\partial_1|_p, \ldots, \partial_n|_p\}$ è strettamente positiva (rispettivamente, strettamente negativa).

Esercizio 4.51 (Citato nell'Esercizio 4.52). Sia M una varietà con bordo. Dimostra che esiste un campo vettoriale esterno lungo ∂M, cioè un'applicazione differenziabile $N: \partial M \to TM$ tale che $N_p \in T_pM$ è esterno per ogni $p \in M$.

Esercizio 4.52. Sia M una varietà n-dimensionale con bordo orientata da una forma di volume $\nu \in A^n(M)$, e sia $N: \partial M \to TM$ un campo vettoriale esterno lungo ∂M (vedi l'Esercizio 4.51). Dimostra che la forma di volume $N \lrcorner \nu$ (vedi l'Esercizio 4.18) induce su ∂M l'orientazione indotta da quella di M, come definita nella Definizione 4.5.9.

Esercizio 4.53 (Citato nell'Osservazione 4.5.13). Sia $\sigma: [0, 1] \to \mathbb{R}^2$ una curva liscia regolare semplice chiusa nel piano; dimostra che il sostegno di σ è il bordo di un dominio regolare del piano.

5

Coomologia

Questo capitolo è dedicato allo studio della coomologia di de Rham di una varietà, un oggetto algebrico definito per via differenziale (tramite il differenziale esterno di forme) che codifica proprietà topologiche della varietà: i gruppi di coomologia di de Rham possono infatti essere pensati come insiemi di soluzioni di speciali equazioni differenziali, modulo soluzioni banali, e quindi nascono come oggetti algebrici (spazi vettoriali) definiti per via analitica (tramite equazioni differenziali). Dimostreremo però il teorema di de Rham, che dice che varietà topologicamente omeomorfe hanno coomologia di de Rham isomorfa, per cui la coomologia di de Rham risulta essere un invariante topologico.

Per arrivare alla dimostrazione del teorema di de Rham dovremo introdurre diverse idee fondamentali della geometria contemporanea. Prima di tutto, gli spazi di forme differenziali assieme al differenziale esterno sono un primo esempio di *complesso differenziale,* una struttura algebrica alla base della Topologia Algebrica moderna, e così diffusa da essere diventata oggetto di studio di una vera e propria branca dell'algebra, l'Algebra Omologica.

Una proprietà algebrica fondamentale dei complessi differenziali è la possibilità di associare a qualsiasi successione esatta corta di complessi differenziali una successione esatta lunga in coomologia, che fornisce un collegamento canonico fra fenomeni che avvengono in dimensioni diverse. Nel caso delle varietà, una delle successioni esatte lunghe più importanti costruite con questo metodo è la *successione di Mayer-Vietoris,* che collega la coomologia di de Rham dell'unione $U \cup V$ di aperti con la coomologia dei singoli aperti U e V e della loro intersezione. Usando un'altra tecnica di Algebra Omologica, la coomologia di un complesso doppio, estenderemo la successione di Mayer-Vietoris al *principio di Mayer-Vietoris,* che riguarda la coomologia di famiglie numerabili qualsiasi di aperti; e in questo modo faremo vedere che la coomologia di de Rham di una varietà compatta ha dimensione finita, e dimostreremo il teorema di Künneth, che esprime la coomologia del prodotto di varietà a partire dalla coomologia dei fattori.

Per dedurre il teorema di de Rham introdurremo infine i concetti di *fascio* e di *coomologia di Čech* a coefficienti in un fascio, concetti cruciali per la

Abate M., Tovena F.: Geometria Differenziale.
DOI 10.1007/978-88-470-1920-1_5
© Springer-Verlag Italia 2011

Geometria Algebrica e la Geometria Complessa moderna, soprattutto quando si vogliono gestire le relazioni fra proprietà locali e globali di una varietà.

Lungo la strada calcoleremo anche la coomologia degli spazi euclidei (*lemma di Poincaré*), delle sfere e degli spazi proiettivi; discuteremo l'invarianza omotopica della coomologia; parleremo della *coomologia a supporto compatto*, ottenuta considerando solo forme differenziali a supporto compatto; e dimostreremo la *dualità di Poincaré*, che mostra come la coomologia a supporto compatto di una varietà orientabile sia, in un senso preciso, duale alla coomologia di de Rham.

5.1 La successione esatta lunga in coomologia

In questo capitolo vogliamo studiare in dettaglio la struttura della coomologia di de Rham di una varietà M. Ricordiamo velocemente le definizioni: nella Sezione 4.4 abbiamo introdotto il differenziale esterno d: $A^\bullet(M) \to A^\bullet(M)$, un'applicazione lineare con le seguenti proprietà fondamentali:

(a) $d(A^k(M)) \subseteq A^{k+1}(M)$ per ogni $k \in \mathbb{N}$;
(b) $d(\omega \wedge \eta) = d\omega \wedge \eta + (-1)^r \omega \wedge d\eta$ per ogni $\omega \in A^r(M)$ e ogni $\eta \in A^\bullet(M)$;
(c) $d(F^*\omega) = F^*(d\omega)$ per ogni $\omega \in A^*(M)$ e ogni applicazione differenziabile $F: N \to M$;
(d) $d \circ d = O$.

Indicheremo con $Z^k(M) \subseteq A^k(M)$ il nucleo di d, costituito dalle k-forme chiuse; e con $B^k(M) = d(A^{k-1}(M)) \subseteq A^k(M)$ l'immagine di d, costituito dalle k-forme esatte, con la convenzione $B^0(M) = O$. La proprietà (d) assicura che $B^k(M) \subseteq Z^k(M)$ per ogni $k \in \mathbb{N}$; il k-esimo gruppo di coomologia di de Rham è allora il quoziente $H^k(M) = Z^k(M)/B^k(M)$. Se $\omega \in Z^k(M)$, indicheremo con $[\omega] = \omega + B^k(M) \in H^k(M)$ la classe di coomologia rappresentata da ω.

Osservazione 5.1.1. Parleremo di "gruppo di coomologia perché spesso saremo principalmente interessati alla struttura di gruppo abeliano (o di modulo su $\mathbb{Z}$) di $H^k(M)$, anche se più precisamente $H^k(M)$ è uno spazio vettoriale (cioè un modulo su $\mathbb{R}$).

Osservazione 5.1.2. Vale la pena notare esplicitamente che varietà diffeomorfe hanno chiaramente (perché?) coomologia isomorfa. Un risultato tutt'altro evidente che dimostreremo nella Sezione 5.9 sarà che varietà *omeomorfe* hanno coomologia isomorfa (Teorema 5.9.19).

Esempio 5.1.3 (Coomologia di $\mathbb{R}$). Vogliamo calcolare la coomologia di $\mathbb{R}$, cominciando con $H^0(\mathbb{R})$. Le 0-forme sono funzioni. L'unica 0-forma esatta è la funzione nulla; invece, una 0-forma f è chiusa se e solo se $df \equiv 0$, cioè se e solo se è (localmente, e quindi globalmente in quanto $\mathbb{R}$ è connesso) costante. Quindi $H^0(\mathbb{R}) = Z^0(\mathbb{R}) = \mathbb{R}$.

Siccome $\mathbb{R}$ ha dimensione 1, chiaramente $H^k(\mathbb{R}) = O$ per $k > 1$. Per lo stesso motivo, le 1-forme su $\mathbb{R}$ sono tutte (banalmente) chiuse; vogliamo mostrare che sono anche esatte. Infatti, data $\omega = f\,\mathrm{d}x \in A^1(\mathbb{R})$, poniamo

$$g(x) = \int_0^x f(t)\,\mathrm{d}t \; ;$$

allora si vede subito che $\mathrm{d}g = \omega$. Quindi $H^1(\mathbb{R}) = O$, e riassumendo,

$$H^k(\mathbb{R}) = \begin{cases} \mathbb{R} & \text{se } k = 0 \,, \\ O & \text{se } k > 0 \,. \end{cases}$$

Osservazione 5.1.4 (Coomologia delle unioni disgiunte). Se $M = M_0 \coprod M_1$ è unione di due aperti M_0 e M_1 disgiunti, allora chiaramente ogni forma differenziale su M può essere identificata con una coppia di forme differenziali, una su M_0 e l'altra su M_1. Quindi $A^\bullet(M) = A^\bullet(M_0) \oplus A^\bullet(M_1)$. Siccome il differenziale esterno è un operatore locale, questa decomposizione induce un'analoga decomposizione in coomologia, per cui

$$H^\bullet(M_0 \coprod M_1) = H^\bullet(M_0) \oplus H^\bullet(M_1) \,.$$

Analogamente, se M è unione di una famiglia $\{M_\alpha\}$ di aperti a due a due disgiunti, abbiamo

$$H^\bullet\left(\coprod_\alpha M_\alpha\right) = \prod_\alpha H^\bullet(M_\alpha) \,,$$

dove usiamo il prodotto diretto invece della somma diretta perché una classe di coomologia in M può avere componenti non nulle in tutte le varietà M_α (vedi l'Osservazione 1.1.17 per la differenza fra prodotto diretto e somma diretta di un numero infinito di spazi vettoriali).

Osservazione 5.1.5 (Coomologia 0-dimensionale). Il ragionamento fatto all'inizio dell'Esempio 5.1.3 mostra che $H^0(M) = \mathbb{R}$ per ogni varietà connessa M. Più in generale, se $M = \coprod_{\alpha \in A} M_\alpha$ è la decomposizione di una varietà M nelle sue componenti connesse, dove A è un insieme finito o numerabile, l'Osservazione 5.1.4 ci dice che $H^0(M) = \mathbb{R}^A$.

Vedremo nelle prossime sezioni come calcolare la coomologia di varietà più complicate; qui vogliamo invece osservare che la proprietà (b) del differenziale esterno ci permette di introdurre una struttura di algebra (graduata, associativa, anticommutativa) su $H^\bullet(M) = \bigoplus_k H^k(M)$. Infatti, se $\omega \in Z^r(M)$ e $\eta \in Z^s(M)$ sono forme chiuse abbiamo

$$\mathrm{d}(\omega \wedge \eta) = \mathrm{d}\omega \wedge \eta + (-1)^r \omega \wedge \mathrm{d}\eta = O \,,$$

per cui anche $\omega \wedge \eta$ è chiusa. Inoltre, se $\omega' = \omega + \mathrm{d}\phi$ è coomologa a ω e η è chiusa abbiamo

$$\omega' \wedge \eta = \omega \wedge \eta + \mathrm{d}(\phi \wedge \eta) \,,$$

per cui $\omega' \wedge \eta$ rappresenta la stessa classe di coomologia di $\omega \wedge \eta$. Possiamo quindi introdurre una nozione di prodotto nella coomologia di de Rham.

Definizione 5.1.6. Il *prodotto cup* $\wedge\colon H^\bullet(M) \times H^\bullet(M) \to H^\bullet(M)$ di due classi di coomologia è definito da

$$[\omega] \wedge [\eta] = [\omega \wedge \eta]$$

per ogni $[\omega]$, $[\eta] \in H^\bullet(M)$.

Le proprietà del prodotto cup sono ovvie conseguenze delle analoghe proprietà del prodotto esterno di forme viste nella Sezione 4.1. Per riassumerle, introduciamo una terminologia che ci servirà in seguito.

Definizione 5.1.7. Un gruppo abeliano (spazio vettoriale, eccetera) $C^\bullet$ è *graduato* su $\mathbb{N}$ se si può scrivere come somma diretta di sottogruppi (sottospazi, eccetera) nella forma

$$C^\bullet = \bigoplus_{k \in \mathbb{N}} C^k \ ;$$

Una *k-cocatena* (o *cocatena* di *grado k*) è un elemento di C^k. In modo analogo si definisce un gruppo abeliano (spazio vettoriale, eccetera) graduato su $\mathbb{Z}$.

Definizione 5.1.8. Un'*algebra graduata* è uno spazio vettoriale graduato $C^\bullet$ dotato di un prodotto $\wedge\colon C^\bullet \times C^\bullet \to C^\bullet$ che lo renda un'algebra e tale che $C^k \wedge C^h \subseteq C^{h+k}$ per ogni h, $k \in \mathbb{N}$. Diremo inoltre che $C^\bullet$ è un'algebra graduata *associativa* se il prodotto è associativo, e che è *anticommutativa* se

$$\forall a \in C^h \, \forall b \in C^k \qquad b \wedge a = (-1)^{hk} a \wedge b \ .$$

Esempio 5.1.9. Se M è una varietà allora $H^\bullet(M)$ con il prodotto cup è un'algebra graduata associativa e anticommutativa.

L'esistenza del prodotto cup e del differenziale esterno indicano chiaramente come sia utile studiare contemporaneamente tutti i gruppi di coomologia. Per poterlo fare efficacemente, nel resto di questa sezione studieremo astrattamente alcune proprietà di gruppi graduati dotati di un'applicazione con proprietà analoghe a quelle del differenziale esterno, introducendo tecniche di quella parte dell'algebra chiamata *Algebra Omologica*.

Osservazione 5.1.10. Nel seguito useremo la parola "morfismo per indicare un'applicazione fra due insiemi con struttura che conserva la struttura. Per esempio, un morfismo fra gruppi sarà un omomorfismo, un morfismo fra spazi vettoriali sarà un'applicazione lineare, e così via.

Definizione 5.1.11. Un *morfismo graduato* di *grado* $d \in \mathbb{Z}$ fra gruppi (spazi vettoriali, eccetera) graduati è un morfismo $F\colon C^\bullet \to D^\bullet$ che modifica la graduazione di d livelli, cioè tale che $F(C^k) \subseteq D^{k+d}$ per ogni $k \in \mathbb{N}$; scriveremo anche $F\colon C^\bullet \to D^{\bullet+d}$. Se $d = 0$ parleremo di *morfismo graduato*.

Definizione 5.1.12. Un *complesso differenziale* (o *complesso di cocatene*) è una coppia $(C^\bullet, d)$ composta da un gruppo abeliano (spazio vettoriale, eccetera) graduato $C = \bigoplus_{k \in \mathbb{N}} C^k$ e da un morfismo graduato $d \colon C^\bullet \to C^{\bullet+1}$ di grado 1, detto *differenziale,* tale che

$$d \circ d = O \,.$$

A volte scriveremo d^k al posto di $d|_{C^k}$.

Definizione 5.1.13. Sia $(C^\bullet, d)$ un complesso differenziale. Un *k-cociclo* è un elemento di $Z^k = Z^k(C) = \operatorname{Ker} d^k \subseteq C^k$; un *k-cobordo* è un elemento di $B^k = B^k(C) = \operatorname{Im} d^{k-1} \subseteq C^k$ (dove per convenzione poniamo $B^0 = O$). La condizione $d \circ d = O$ implica che $B^k \subseteq Z^k$ per ogni $k \in \mathbb{N}$; il *k-esimo gruppo di coomologia* $H^k(C)$ del complesso differenziale è allora definito come il quoziente $H^k(C) = Z^k(C)/B^k(C)$. Infine, la *coomologia* del complesso è il gruppo (spazio vettoriale, eccetera) graduato

$$H^\bullet(C) = \bigoplus_{k \in \mathbb{N}} H^k(C) \,.$$

Indicheremo con $[c] \in H^k(C)$ la classe del cociclo $c \in Z^k(C)$, e diremo che due cocicli sono *coomologhi* se rappresentano la stessa classe in coomologia, cioè se differiscono per un cobordo.

Esempio 5.1.14. Sia M una varietà. Allora la coppia $\big(A^\bullet(M), \mathrm{d}\big)$ è un complesso differenziale la cui coomologia è proprio la coomologia di de Rham. Un k-cociclo è una k-forma chiusa; un k-cobordo è una k-forma esatta. Nota che $A^k(M) = O$ se $k > \dim M$.

Osservazione 5.1.15. Un *complesso di catene* è una coppia $(C^\bullet, d)$ composta da un gruppo abeliano graduato e da un differenziale $d \colon C^\bullet \to C^{\bullet-1}$ di grado -1, cioè d è tale che $d \circ d = O$ e $d(C^k) \subseteq C^{k-1}$.

Definizione 5.1.16. Siano $(A^\bullet, d_A)$ e $(B^\bullet, d_B)$ due complessi differenziali. Un *morfismo di cocatene* è un morfismo graduato $F \colon A^\bullet \to B^{\bullet+d}$ di grado d che commuta con i differenziali: $F \circ d_A = d_B \circ F$.

Esempio 5.1.17. Se $F \colon M \to N$ è un'applicazione differenziabile fra varietà, allora $F^* \colon A^\bullet(N) \to A^\bullet(M)$ è un morfismo di cocatene.

Se $F \colon A^\bullet \to B^{\bullet+d}$ è un morfismo di cocatene, chiaramente (controlla) abbiamo

$$F\big(Z^k(A)\big) \subseteq Z^{k+d}(B) \qquad \text{e} \qquad F\big(B^k(A)\big) \subseteq B^{k+d}(B)$$

per ogni $k \in \mathbb{N}$. Quindi F induce un morfismo graduato $F^* \colon H^\bullet(A) \to H^{\bullet+d}(B)$ semplicemente ponendo $F^*([c]) = [F(c)]$ per ogni $c \in Z^\bullet(A)$.

Definizione 5.1.18. Sia $F: A^\bullet \to B^{\bullet + d}$ un morfismo di cocatene fra complessi differenziali. Il morfismo graduato $F^*: H^\bullet(A) \to H^{\bullet + d}(B)$ appena definito è detto *morfismo indotto in coomologia* da F.

Esempio 5.1.19. In particolare, un'applicazione differenziabile $F: M \to N$ fra varietà induce un morfismo in coomologia $F^*: H^\bullet(N) \to H^\bullet(M)$, detto *pull-back*. Per semplicità di notazione, useremo lo stesso simbolo per indicare sia il pull-back di forme che il pull-back di classi di coomologia di de Rham.

In particolare, una successione di morfismi di cocatene

$$A^\bullet \xrightarrow{\ F\ } B^\bullet \xrightarrow{\ G\ } C^\bullet$$

induce una successione di morfismi graduati

$$H^\bullet(A) \xrightarrow{\ F^*\ } H^\bullet(B) \xrightarrow{\ G^*\ } H^\bullet(C) \ .$$

Lo studio di successioni di morfismi graduati sarà così importante in questo capitolo da richiedere l'introduzione di terminologia apposita.

Definizione 5.1.20. Una successione

$$\cdots \longrightarrow V_{j-1} \xrightarrow{\ f_j\ } V_j \xrightarrow{\ f_{j+1}\ } V_{j+1} \longrightarrow \cdots$$

di morfismi di gruppi abeliani (spazi vettoriali, eccetera) è *esatta in V_j* se $\operatorname{Ker} f_{j+1} = \operatorname{Im} f_j$; ed è *esatta* se lo è in tutti i suoi elementi.

In particolare, una successione esatta della forma

$$O \longrightarrow U \xrightarrow{\ f\ } V \xrightarrow{\ g\ } W \longrightarrow O \tag{5.1}$$

sarà detta *successione esatta corta*.

Osservazione 5.1.21. Dire che una successione della forma

$$O \longrightarrow U \xrightarrow{\ f\ } V$$

è esatta è equivalente a dire che $f: U \to V$ è iniettiva; e dire che una successione della forma

$$V \xrightarrow{\ g\ } W \longrightarrow O$$

è esatta equivale a dire che $g: V \to W$ è surgettiva. In particolare, nella successione esatta corta (5.1) il morfismo f è iniettivo, il morfismo g è surgettivo e W è isomorfo al quoziente $V/f(U)$.

Proviamo un lemma algebrico che ci servirà in seguito.

Lemma 5.1.22. *Sia*

$$U \xrightarrow{f} V \xrightarrow{g} W$$

una successione esatta di spazi vettoriali. Allora la successione duale

$$U^* \xleftarrow{f^*} V^* \xleftarrow{g^*} W^*$$

è ancora esatta.

Dimostrazione. Da $g \circ f = O$ segue subito $f^* \circ g^* = O$, per cui $\operatorname{Im} g^* \subseteq \operatorname{Ker} f^*$. Viceversa, sia $\varphi \in \operatorname{Ker} f^*$; dobbiamo trovare $\psi \in W^*$ tale che $\varphi = g^*(\psi)$, cioè tale che $\varphi(v) = \psi(g(v))$ per ogni $v \in V$.

Scegliamo dei sottospazi V_1 di V e W_1 di W tali che $V = \operatorname{Im} f \oplus V_1$ e $W = \operatorname{Im} g \oplus W_1$; l'esattezza della successione ci assicura che g induce un isomorfismo fra V_1 e $\operatorname{Im} g$. Quindi ogni $w \in W$ di scrive in modo unico come somma $w = g(v_1) + w_1$ con $v_1 \in V_1$ e $w_1 \in W_1$. Definiamo allora $\psi \in W^*$ ponendo $\psi(w) = \varphi(v_1)$. Per costruzione abbiamo $\varphi(v_1) = \psi(g(v_1))$ per ogni $v_1 \in V_1$. D'altra parte, dire che $\varphi \in \operatorname{Ker} f^*$ significa che φ si annulla su $\operatorname{Im} f$; quindi per ogni $v \in \operatorname{Im} f = \operatorname{Ker} g$ abbiamo $\psi(g(v)) = \psi(O) = O = \varphi(v)$. Ne segue che $\varphi = \psi \circ g$ su tutto V, e ci siamo. $\square$

Il risultato più importante di questa sezione (che è quello che ha dato vita all'Algebra Omologica) è che una successione esatta corta di morfismi di cocatene induce una successione esatta (lunga) che collega fra loro tutti i gruppi di coomologia:

Teorema 5.1.23. *Sia*

$$O \longrightarrow A^\bullet \xrightarrow{F} B^\bullet \xrightarrow{G} C^\bullet \longrightarrow O \qquad (5.2)$$

una successione esatta corta di morfismi di cocatene. Allora esiste un morfismo graduato $d^*\colon H^\bullet(C) \to H^{\bullet+1}(A)$ di grado 1 tale che la successione

$$\cdots \longrightarrow H^k(A) \xrightarrow{F^*} H^k(B) \xrightarrow{G^*} H^k(C) \xrightarrow{d^*} H^{k+1}(A) \longrightarrow \cdots$$
$$(5.3)$$

è esatta.

Dimostrazione. Il fatto che (5.2) sia una sequenza esatta corta di morfismi di cocatene equivale a dire che il seguente diagramma è commutativo a righe esatte:

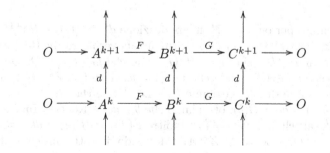

Sia $c \in Z^k(C)$; vogliamo associargli un $a \in Z^{k+1}(A)$ in modo che a elementi coomologhi corrispondano elementi coomologhi. Siccome G è surgettiva, troviamo $b \in B^k$ tale che $G(b) = c$. La commutatività del diagramma ci dice che $G(db) = dG(b) = dc = O$; quindi $db \in \operatorname{Ker} G = \operatorname{Im} F$, per cui esiste un unico $a \in A^{k+1}$ tale che $F(a) = db$. Inoltre, $F(da) = dF(a) = d(db) = O$; essendo F iniettiva troviamo $da = O$, cioè $a \in Z^{k+1}(A)$.

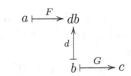

Mostriamo ora che l'applicazione $c \mapsto [a]$ è ben definita, cioè che scegliendo un diverso $b \in B^k$ otteniamo elementi coomologhi in $Z^{k+1}(A)$. Infatti, se $b' \in B^k$ è un'altra cocatena tale che $G(b') = c$, sia $a' \in Z^{k+1}(A)$ l'unica cocatena tale che $F(a') = db'$. Siccome $G(b - b') = O$, esiste un unico $a'' \in A^k$ tale che $b' - b = F(a'')$. Quindi $db' = db + dF(a'') = F(a + da'')$ da cui segue che $a' = a + da''$. In altre parole, $a' - a \in B^{k+1}(A)$, e la classe di coomologia $[a] \in H^{k+1}(A)$ dipende solo da $c \in Z^k(C)$ e non dalla scelta di $b \in B^k$.

Per far vedere che abbiamo definito un morfismo da $H^k(C)$ a $H^{k+1}(A)$ rimane da verificare che se $c \in B^k(C)$ allora $a \in B^{k+1}(A)$. Ma infatti se $c = dc'$ per qualche $c' \in C^{k-1}$, scriviamo $c' = G(b'')$ con $b'' \in B^{k-1}$; allora $c = dG(b'') = G(db'')$, per cui possiamo prendere $b = db''$, che implica $db = O$ e $a = O \in B^{k+1}(A)$ come voluto.

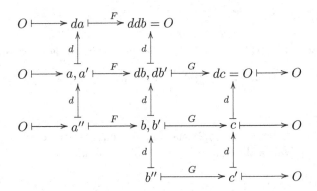

Abbiamo definito per ogni $k \in \mathbb{N}$ un'applicazione $d^* \colon H^k(C) \to H^{k+1}(A)$, che è ovviamente (controlla) un morfismo; rimane da verificare che (5.3) è esatta.

Esattezza in $H^k(B)$: sia $[b] \in H^k(B)$ tale che $G^*([b]) = O$. Questo significa che esiste $c \in C^{k-1}$ tale che $G(b) = dc$, dove $b \in Z^k(B)$ è un qualsiasi rappresentante di $[b]$. Scegliamo $b' \in B^{k-1}$ tale che $G(b') = c$; siccome $G(db') = dG(b') = dc = G(b)$, otteniamo che $b - db' \in \operatorname{Ker} G = \operatorname{Im} F$, per cui esiste $a \in A^k$ tale che $b - db' = F(a)$. Inoltre $F(da) = dF(a) = db - ddb' = O$, per cui $da = O$, cioè $a \in Z^k(A)$. Mettendo il tutto insieme abbiamo

$[b] = F^*([a])$, per cui $\operatorname{Ker} G^* \subseteq \operatorname{Im} F^*$. Per il viceversa, se $a \in Z^k(A)$ abbiamo $G(F(a)) = O$, e quindi $\operatorname{Im} F^* \subseteq \operatorname{Ker} G^*$, come voluto.

Esattezza in $H^k(C)$: prima di tutto, se $[c] = G^*([b])$ con $b \in Z^k(B)$, abbiamo $db = O$ e quindi la costruzione del morfismo d^* implica subito che $d^*[c] = O$, cioè $\operatorname{Im} G^* \subseteq \operatorname{Ker} d^*$. Viceversa, sia $[c] \in H^k(C)$ tale che $d^*[c] = O$. Questo vuol dire che, preso $b \in B^k$ tale che $G(b) = c$, deve esistere $a \in A^k$ tale che $F(da) = db$. Poniamo $b' = b - F(a)$; allora $G(b') = G(b) = c$ e $db' = db - dF(a) = db - F(da) = O$. Quindi $b' \in Z^k(B)$; quindi $[c] = G^*([b'])$, per cui $\operatorname{Ker} d^* \subseteq \operatorname{Im} G^*$, come voluto.

Esattezza in $H^{k+1}(A)$: se $[a] = d^*[c] \in H^{k+1}(A)$, per costruzione abbiamo $F(a) \in B^{k+1}(B)$, cioè $F^*([a]) = O$ e $\operatorname{Im} d^* \subseteq \operatorname{Ker} F^*$. Infine, prendiamo $[a] \in H^{k+1}(A)$ tale che $F^*([a]) = O$. Questo vuol dire che se $a \in Z^{k+1}(A)$ è un rappresentante di $[a]$, abbiamo $F(a) = db$ per un opportuno $b \in B^k$. Sia $c = G(b)$; siccome $dc = dG(b) = G(db) = G(F(a)) = O$, abbiamo $c \in Z^k(C)$, e per costruzione $d^*[c] = [a]$. Quindi $\operatorname{Ker} F^* \subseteq \operatorname{Im} d^*$, e abbiamo finito. $\square$

Osservazione 5.1.24. La tecnica utilizzata in questa dimostrazione (che consiste a ogni passo nel fare l'unica scelta permessa dai morfismi a disposizione) si chiama *inseguimento nel diagramma* (in inglese, *diagram chasing*).

Definizione 5.1.25. La successione (5.3) è detta *successione esatta lunga in coomologia* indotta dalla successione esatta corta (5.2), e il morfismo d^* è chiamato *morfismo di connessione*.

Nelle prossime sezioni useremo sistematicamente questo risultato, cominciando col far vedere come dia delle tecniche utili per il calcolo esplicito dei gruppi di coomologia di de Rham.

5.2 La successione di Mayer-Vietoris

Un esempio di utilizzo della successione esatta lunga in coomologia è la successione di Mayer-Vietoris, uno degli strumenti più utili per il calcolo della coomologia.

Sia $\mathcal{U} = \{U_0, U_1\}$ un ricoprimento aperto di una varietà M, formato da soli due aperti $U_0, U_1 \subseteq M$. Indichiamo con $U_0 \coprod U_1$ l'unione disgiunta di U_0 e U_1, con $\iota_j : U_0 \cap U_1 \to U_0 \coprod U_1$ l'inclusione di $U_0 \cap U_1$ in U_j (per $j = 0, 1$), e con $\jmath : U_0 \coprod U_1 \to M$ l'inclusione. Abbiamo quindi una successione di inclusioni

$$M \xleftarrow{\;\jmath\;} U_0 \coprod U_1 \underset{\iota_1}{\overset{\iota_0}{\rightleftarrows}} U_0 \cap U_1$$

che induce una successione di restrizioni di forme

$$A^\bullet(M) \xrightarrow{\;\jmath^*\;} A^\bullet(U_0) \oplus A^\bullet(U_1) \underset{\iota_1}{\overset{\iota_0}{\rightrightarrows}} A^\bullet(U_0 \cap U_1).$$

Prendendo la differenza degli ultimi due morfismi otteniamo la *successione di Mayer-Vietoris*:

$$O \longrightarrow A^\bullet(M) \xrightarrow{j^*} A^\bullet(U_0) \oplus A^\bullet(U_1) \xrightarrow{\iota_1^* - \iota_0^*} A^\bullet(U_0 \cap U_1) \longrightarrow O$$
$$\eta \longmapsto (\eta|_{U_0}, \eta|_{U_1}) \tag{5.4}$$
$$(\omega, \tau) \longmapsto (\tau - \omega)|_{U_0 \cap U_1}$$

Il punto cruciale è che la successione di Mayer-Vietoris è esatta:

Teorema 5.2.1. *Sia* $\mathcal{U} = \{U_0, U_1\}$ *un ricoprimento aperto di una varietà* M. *Allora la successione di Mayer-Vietoris* (5.4) *è esatta, e quindi induce una successione esatta lunga in coomologia*

$$\cdots \longrightarrow H^k(M) \longrightarrow H^k(U_0) \oplus H^k(U_1) \longrightarrow H^k(U_0 \cap U_1) \xrightarrow{d^*} H^{k+1}(M) \longrightarrow \cdots \tag{5.5}$$

Dimostrazione. L'esattezza di (5.4) in $A^\bullet(M)$ è evidente. Anche l'esattezza in $A^\bullet(U_0) \oplus A^\bullet(U_1)$ è facile: abbiamo $(\tau - \omega)|_{U_0 \cap U_1} = O$ se e solo se τ e ω coincidono in $U_0 \cap U_1$ se e solo se sono la restrizione di una forma globalmente definita su tutto M.

Per dimostrare l'esattezza in $A^\bullet(U_0 \cap U_1)$, sia $\{\rho_0, \rho_1\}$ una partizione dell'unità subordinata a $\mathcal{U}$. Data $\omega \in A^\bullet(U_0 \cap U_1)$, notiamo che $\rho_1 \omega$ è ben definita come forma su U_0. Analogamente $\rho_0 \omega \in A^\bullet(U_1)$, e si ha

$$(\iota_1^* - \iota_0^*)(-\rho_1 \omega, \rho_0 \omega) = (\rho_0 + \rho_1)\omega = \omega \,,$$

per cui (5.4) è esatta.

Infine, l'esistenza della successione esatta lunga segue dal Teorema 5.1.23. $\square$

Definizione 5.2.2. La successione (5.5) è detta *successione esatta lunga di Mayer-Vietoris* indotta dal ricoprimento $\{U_0, U_1\}$.

Osservazione 5.2.3. Calcoliamo esplicitamente il morfismo di connessione d^* della successione esatta lunga di Mayer-Vietoris. Sia $\{\rho_0, \rho_1\}$ una partizione dell'unità subordinata al ricoprimento aperto $\{U_0, U_1\}$, e sia $[\omega] \in H^k(U_0 \cap U_1)$ rappresentata dalla forma chiusa $\omega \in Z^k(U_0 \cap U_1)$. La forma ω è immagine tramite $\iota_1^* - \iota_0^*$ della coppia $(-\rho_1 \omega, \rho_0 \omega)$, il cui differenziale esterno è $(-d(\rho_1 \omega), d(\rho_0 \omega))$. Notiamo che

$$d(\rho_j \omega) = d\rho_j \wedge \omega$$

in quanto ω è chiusa, e che $d\rho_0 + d\rho_1 \equiv O$ in $U_0 \cap U_1$; quindi

$$d^*[\omega] = \begin{cases} -[d\rho_1 \wedge \omega] & \text{in } U_0 \,, \\ [d\rho_0 \wedge \omega] & \text{in } U_1 \,. \end{cases}$$

In particolare, il supporto di $d^*[\omega]$ è contenuto in $U_0 \cap U_1$.

Esempio 5.2.4 (Coomologia di S^1). Come primo esempio di applicazione della successione di Mayer-Vietoris calcoliamo la coomologia di S^1.

Prima di tutto, l'Osservazione 5.1.5 ci dice che $H^0(S^1) = \mathbb{R}$; inoltre $H^k(S^1) = O$ per $k > 1$ perché S^1 ha dimensione 1.

Sia $\{U_0, U_1\}$ il ricoprimento aperto di S^1 dato da $U_0 = (-1/2 - \varepsilon, 1/2 + \varepsilon)$ e $U_1 = (1/2 - \varepsilon, 3/2 + \varepsilon)$, dove $\varepsilon \in (0, 1/2)$ e ovviamente stiamo identificando S^1 con $\mathbb{R}/\mathbb{Z}$. Siccome U_0 e U_1 sono diffeomorfi a $\mathbb{R}$, l'Esempio 5.1.3 ci dice che $H^0(U_j) = \mathbb{R}$ e $H^k(U_j) = O$ per $j = 0, 1$ e ogni $k > 0$. Inoltre $U_0 \cap U_1$ consiste di due intervalli aperti, per cui l'Osservazione 5.1.4 ci dà $H^0(U_0 \cap U_1) = \mathbb{R}^2$ e $H^k(U_0 \cap U_1) = O$ per $k > 0$. La successione (5.5) diventa quindi

$$\mathbb{R} \longrightarrow \mathbb{R} \oplus \mathbb{R} \overset{\delta}{\longrightarrow} \mathbb{R} \oplus \mathbb{R} \overset{d^*}{\longrightarrow} H^1(S^1) \longrightarrow O$$

per cui $H^1(S^1) \cong (\mathbb{R} \oplus \mathbb{R})/\operatorname{Im} \delta$, dove $\delta \colon H^0(U_0) \oplus H^0(U_1) \to H^0(U_0 \cap U_1)$ è il morfismo indotto in coomologia da $\iota_1^* - \iota_0^*$. Chiaramente, $\delta(a, b) = (b - a, b - a)$; quindi $\dim \operatorname{Im} \delta = 1$, e $H^1(S^1) \cong \mathbb{R}$. Riassumendo,

$$H^k(S^1) = \begin{cases} \mathbb{R} & \text{se } k = 0, 1 \, ; \\ O & \text{se } k > 1 \, . \end{cases}$$

Possiamo anche trovare un generatore di $H^1(S^1)$. Sia $\alpha = (1, 0) \in H^0(U_0 \cap U_1)$; chiaramente $\alpha \notin \operatorname{Im} \delta$, per cui $d^*\alpha$ è un generatore di $H^1(S^1)$. Ricordando l'Osservazione 5.2.3, $d^*\alpha$ è rappresentato dalla 1-forma

$$\omega = \begin{cases} d\rho_0 & \text{su } (1/2 - \varepsilon, 1/2 + \varepsilon) \, , \\ O & \text{altrimenti}, \end{cases}$$

dove $\{\rho_0, \rho_1\}$ è una partizione dell'unità subordinata a $\{U_0, U_1\}$.

5.3 Il lemma di Poincaré

Il passo successivo consiste nel calcolare la coomologia di $\mathbb{R}^n$. Per farlo, avremo bisogno di un'altra tecnica generale di Algebra Omologica.

Definizione 5.3.1. Siano $F, G \colon A^\bullet \to B^\bullet$ due morfismi di cocatene. Un *operatore d'omotopia* fra F e G è un morfismo graduato $K \colon A^\bullet \to B^{\bullet-1}$ di grado -1 tale che

$$F - G = d_B \circ K \pm K \circ d_A \, ,$$

dove il segno può dipendere dal grado delle cocatene. In altre parole, K è un operatore di omotopia se per ogni $k \in \mathbb{N}$ esiste $\varepsilon_k \in \{-1, 1\}$ tale che

$$F(a) - G(a) = d_B\big(K(a)\big) + \varepsilon_k K\big(d_A a\big)$$

per ogni $a \in A^k$.

Se esiste un operatore di omotopia fra F e G diremo che F e G sono *omotopi*.

Osservazione 5.3.2. L'uso del termine "omotopia in questo contesto è dovuto alla Proposizione 5.4.3.

L'uso principale dei morfismi di omotopia è contenuto nella seguente:

Proposizione 5.3.3. *Due morfismi di cocatene omotopi inducono lo stesso morfismo in coomologia.*

Dimostrazione. Sia $K: A^{\bullet} \to B^{\bullet}$ un operatore d'omotopia fra due morfismi di cocatene F, $G: A^{\bullet} \to B^{\bullet}$. Se $a \in Z^k(A)$ abbiamo

$$F(a) = G(a) + (d_B \circ K \pm K \circ d_A)(a) = G(a) + d_B\big(K(a)\big) ,$$

per cui $[F(a)] = [G(a)]$. $\qquad\qquad\qquad\qquad\qquad\qquad\qquad\qquad\qquad$ $\Box$

Corollario 5.3.4. *Sia (A, d) un complesso differenziale, e supponiamo esista un morfismo graduato $K: A^{\bullet} \to A^{\bullet-1}$ di grado -1 tale che $d \circ K \pm K \circ d = \mathrm{id}$. Allora $H^{\bullet}(A) = O$.*

Dimostrazione. Infatti K è un operatore di omotopia fra l'identità e il morfismo nullo, e la tesi segue dalla Proposizione 5.3.3. $\qquad\qquad\qquad\qquad$ $\Box$

La prima applicazione degli operatori di omotopia è il seguente:

Teorema 5.3.5. *Sia M una varietà. Indichiamo con $\pi: M \times \mathbb{R} \to M$ la proiezione sul primo fattore, e con $\sigma: M \to M \times \mathbb{R}$ la sezione $\sigma(p) = (p, t_0)$, dove $t_0 \in \mathbb{R}$ è fissato. Allora $\pi^*: H^{\bullet}(M) \to H^{\bullet}(M \times \mathbb{R})$ è un isomorfismo, con inversa data da $\sigma^*: H^{\bullet}(M \times \mathbb{R}) \to H^{\bullet}(M)$.*

Dimostrazione. Da $\pi \circ \sigma = \mathrm{id}$ segue subito $\sigma^* \circ \pi^* = \mathrm{id}$; dobbiamo dimostrare che $\pi^* \circ \sigma^* = \mathrm{id}$ a livello di coomologia, tenendo presente che $\sigma \circ \pi \neq \mathrm{id}$ e che $\pi^* \circ \sigma^* \neq \mathrm{id}$ al livello delle forme. L'idea è costruire un operatore d'omotopia fra id e $\pi^* \circ \sigma^*$, e applicare la Proposizione 5.3.3.
Per ogni $k \geq 1$ definiamo $K: A^k(M \times \mathbb{R}) \to A^{k-1}(M \times \mathbb{R})$ ponendo

$$(K\omega)_{(p,t)} = \int_{t_0}^{t} \left(\frac{\partial}{\partial t} \lrcorner \omega \right)_{(p,s)} \mathrm{d}s ,$$

dove $\lrcorner$ è l'operatore di contrazione (vedi la Definizione 4.1.7), e $\partial/\partial t$ è pensato come campo vettoriale su $M \times \mathbb{R}$ tangente alle fibre $\{p\} \times \mathbb{R}$. In altre parole, se $\omega \in A^k(M \times \mathbb{R})$ e $Y_1, \ldots, Y_{k-1} \in \mathcal{T}(M \times \mathbb{R})$ allora

$$K\omega(Y_1, \ldots, Y_{k-1})(p, t) = \int_{t_0}^{t} \omega_{(p,s)} \left(\frac{\partial}{\partial t}, Y_1, \ldots, Y_{k-1} \right) \mathrm{d}s .$$

Il nostro obiettivo è dimostrare che

$$(\mathrm{id} - \pi^* \circ \sigma^*)\omega = (\mathrm{d}K + K\mathrm{d})\omega \qquad\qquad\qquad (5.6)$$

per ogni $\omega \in A^k(M \times \mathbb{R})$. Essendo d un operatore locale, è sufficiente dimostrare questa uguaglianza su ciascun aperto della forma $U \times \mathbb{R}$, dove (U, φ) è una carta locale di M; quindi possiamo lavorare in coordinate locali.

Ora, ogni k-forma differenziale in $U \times \mathbb{R}$ si scrive in modo unico come combinazione lineare dei seguenti due tipi di forme:

$$ f\,\mathrm{d}x^{i_1} \wedge \cdots \wedge \mathrm{d}x^{i_k} \qquad e \qquad f\,\mathrm{d}t \wedge \mathrm{d}x^{i_1} \wedge \cdots \wedge \mathrm{d}x^{i_{k-1}} \,, $$

dove $f \in C^\infty(U \times \mathbb{R})$ e $(x^1, \ldots, x^n)$ sono coordinate locali in U, per cui $(x^1, \ldots, x^n, t)$ sono coordinate locali in $U \times \mathbb{R}$; in particolare, per semplicità di notazione stiamo indicando con lo stesso simbolo $\mathrm{d}x^j$ (dove x^j è considerata come coordinata locale in $U \times \mathbb{R}$) e $\pi^*\mathrm{d}x^j$ (dove x^j è considerata come coordinata locale in U). Per dimostrare (5.6) ci basta allora verificarla separatamente per ciascuna di queste forme.

Notiamo prima di tutto che $\mathrm{d}x^i\left(\frac{\partial}{\partial t}\right) \equiv 0$ implica che

$$ K(f\,\mathrm{d}x^{i_1} \wedge \cdots \wedge \mathrm{d}x^{i_k}) \equiv O \,. $$

Invece $\mathrm{d}t(\frac{\partial}{\partial t}) \equiv 1$ implica

$$ K(f\,\mathrm{d}t \wedge \mathrm{d}x^{i_1} \wedge \cdots \wedge \mathrm{d}x^{i_{k-1}}) = \left(\int_{t_0}^t f(p, s)\,\mathrm{d}s\right) \mathrm{d}x^{i_1} \wedge \cdots \wedge \mathrm{d}x^{i_{k-1}} \,. $$

Inoltre, $\sigma^*(\mathrm{d}x^j) = \mathrm{d}x^j$ e $\sigma^*(\mathrm{d}t) = O$, per cui

$$ \pi^* \circ \sigma^*(f\,\mathrm{d}x^{i_1} \wedge \cdots \wedge \mathrm{d}x^{i_k}) = f(p, t_0)\,\mathrm{d}x^{i_1} \wedge \cdots \wedge \mathrm{d}x^{i_k} $$

e

$$ \pi^* \circ \sigma^*(f\,\mathrm{d}t \wedge \mathrm{d}x^{i_1} \wedge \cdots \wedge \mathrm{d}x^{i_{k-1}}) = O \,. $$

Prendiamo ora $\omega = f\,\mathrm{d}x^{i_1} \wedge \cdots \wedge \mathrm{d}x^{i_k}$. Allora $K\omega = O$; d'altra parte,

$$ \mathrm{d}\omega = \sum_{j=1}^n \frac{\partial f}{\partial x^j}\mathrm{d}x^j \wedge \mathrm{d}x^{i_1} \wedge \cdots \wedge \mathrm{d}x^{i_k} + \frac{\partial f}{\partial t}\,\mathrm{d}t \wedge \mathrm{d}x^{i_1} \wedge \cdots \wedge \mathrm{d}x^{i_k} \,, $$

per cui

$$ \begin{aligned} (\mathrm{d}K + K\mathrm{d})\omega = K\mathrm{d}\omega &= \left(\int_{t_0}^t \frac{\partial f}{\partial t}(p, s)\,\mathrm{d}s\right) \mathrm{d}x^{i_1} \wedge \cdots \wedge \mathrm{d}x^{i_k} \\ &= f(p, t)\,\mathrm{d}x^{i_1} \wedge \cdots \wedge \mathrm{d}x^{i_k} - f(p, t_0)\,\mathrm{d}x^{i_1} \wedge \cdots \wedge \mathrm{d}x^{i_k} \\ &= \omega - \pi^* \circ \sigma^*(\omega) \,, \end{aligned} $$

e in questo caso (5.6) è verificata.

Sia infine $\omega = f\,\mathrm{d}t \wedge \mathrm{d}x^{i_1} \wedge \cdots \wedge \mathrm{d}x^{i_{k-1}}$. Abbiamo già notato che $\pi^* \circ \sigma^*(\omega) = O$; inoltre

$$Kd\omega = K\left[-\sum_{j=1}^{n}\frac{\partial f}{\partial x^j}\,dt \wedge dx^j \wedge dx^{i_1}\wedge\cdots\wedge dx^{i_{k-1}}\right]$$

$$= -\sum_{j=1}^{n}\left(\int_{t_0}^{t}\frac{\partial f}{\partial x^j}(p,s)\,ds\right)dx^j \wedge dx^{i_1}\wedge\cdots\wedge dx^{i_{k-1}}\,.$$

D'altra parte,

$$dK\omega = d\left[\left(\int_{t_0}^{t}f(p,s)\,ds\right)dx^{i_1}\wedge\cdots\wedge dx^{i_{k-1}}\right]$$

$$= f\,dt \wedge dx^{i_1}\wedge\cdots\wedge dx^{i_{k-1}}$$

$$+\sum_{j=1}^{n}\left(\int_{t_0}^{t}\frac{\partial f}{\partial x^j}(p,s)\,ds\right)dx^j \wedge dx^{i_1}\wedge\cdots\wedge dx^{i_{k-1}}$$

$$= \omega - Kd\omega\,,$$

per cui (5.6) è verificata anche in questo caso. $\square$

Come prima conseguenza otteniamo la coomologia di $\mathbb{R}^n$:

Corollario 5.3.6 (Lemma di Poincaré). *La coomologia di $\mathbb{R}^n$ è data da*

$$H^k(\mathbb{R}^n) = \begin{cases} \mathbb{R} & se\ k = 0\,, \\ O & se\ k > 0\,. \end{cases}$$

Dimostrazione. Segue subito dall'Esempio 5.1.3 e dalla Proposizione 5.3.5, ragionando per induzione su n. $\square$

Usando la successione di Mayer-Vietoris ricaviamo anche la coomologia delle sfere e degli spazi proiettivi:

Esempio 5.3.7 (Coomologia di S^n). Sia $n \geq 2$ e scriviamo $S^n = U_0 \cup U_1$, dove

$$U_0 = \{x \in S^n \mid x^{n+1} > -\varepsilon\} \subset \mathbb{R}^{n+1} \qquad e \qquad U_1 = \{x \in S^n \mid x^{n+1} < \varepsilon\}$$

per qualche $\varepsilon > 0$. Nota che $U_0 \cap U_1$ è diffeomorfo a $S^{n-1} \times \mathbb{R}$; quindi la Proposizione 5.3.5 implica $H^\bullet(U_0 \cap U_1) = H^\bullet(S^{n-1})$. Inoltre U_0 e U_1 sono diffeomorfi a $\mathbb{R}^n$, per cui $H^\bullet(U_0) = H^\bullet(U_1) = H^\bullet(\mathbb{R}^n)$. La successione di Mayer-Vietoris

$$H^{k-1}(U_0) \oplus H^{k-1}(U_1) \to H^{k-1}(U_0 \cap U_1) \xrightarrow{d^*} H^k(S^n) \to H^k(U_0) \oplus H^k(U_1)$$

diventa

$$\text{per } k \geq 2:\qquad O \longrightarrow H^{k-1}(S^{n-1}) \xrightarrow{\ d^*\ } H^k(S^n) \longrightarrow O \qquad (5.7)$$

per $k = 1$: $\mathbb{R} \oplus \mathbb{R} \xrightarrow{\iota_1^* - \iota_0^*} \mathbb{R} \xrightarrow{d^*} H^1(S^n) \longrightarrow O$ (5.8)

dove $(\iota_1^* - \iota_0^*)(\lambda, \mu) = \mu - \lambda$. In particolare, $\iota_1^* - \iota_0^*$ è surgettiva, per cui l'esattezza di (5.8) implica che d^* è il morfismo nullo; dovendo (sempre per l'esattezza) essere anche surgettivo, ne segue che $H^1(S^n) = O$.

L'esattezza della successione (5.7) ci dice invece che $H^k(S^n) = H^{k-1}(S^{n-1})$ per ogni $k \geq 2$. Ragionando per induzione su n e usando l'Esempio 5.2.4 otteniamo infine

$$H^k(S^n) = \begin{cases} \mathbb{R} & \text{se } k = 0, n, \\ O & \text{altrimenti.} \end{cases}$$

Esempio 5.3.8 (Coomologia degli spazi proiettivi reali). Fissato $n \geq 2$, indichiamo con $\pi \colon S^n \to \mathbb{P}^n(\mathbb{R})$ la proiezione solita. Cominciamo con il dimostrare che il morfismo di pull-back $\pi^* \colon H^\bullet\big(\mathbb{P}^n(\mathbb{R})\big) \to H^\bullet(S^n)$ è iniettivo. Sia $[\omega] \in H^k\big(\mathbb{P}^n(\mathbb{R})\big)$ tale che $\pi^*[\omega] = O$. Questo vuol dire che esiste una forma $\tilde{\eta} \in H^{k-1}(S^n)$ tale che $\pi^*\omega = \mathrm{d}\tilde{\eta}$; vogliamo trovare una forma $\eta \in H^{k-1}\big(\mathbb{P}^n(\mathbb{R})\big)$ tale che $\omega = \mathrm{d}\eta$.

Sia $A \colon S^n \to S^n$ l'applicazione antipodale $A(p) = -p$, e poniamo

$$\hat{\eta} = \frac{1}{2}(\tilde{\eta} + A^*\tilde{\eta}) \,.$$

Essendo $A \circ A = \mathrm{id}$ ricaviamo $A^*\hat{\eta} = \hat{\eta}$; quindi (vedi l'Esempio 4.2.16) esiste $\eta \in H^{k-1}\big(\mathbb{P}^n(\mathbb{R})\big)$ tale che $\hat{\eta} = \pi^*\eta$. Inoltre da $\pi \circ A = \pi$ ricaviamo

$$\pi^*\mathrm{d}\eta = \mathrm{d}\hat{\eta} = \frac{1}{2}(\mathrm{d}\tilde{\eta} + \mathrm{d}A^*\tilde{\eta}) = \frac{1}{2}(\pi^*\omega + A^*\mathrm{d}\tilde{\eta}) = \frac{1}{2}(\pi^*\omega + A^*\pi^*\omega) = \pi^*\omega \,,$$

e l'iniettività di π^* al livello delle forme (vedi l'Esercizio 4.3) implica $\omega = \mathrm{d}\eta$, come voluto.

Una volta stabilito che $\pi^* \colon H^\bullet\big(\mathbb{P}^n(\mathbb{R})\big) \to H^\bullet(S^n)$ è iniettivo, l'Esempio 5.3.7 ci dice subito che $H^k\big(\mathbb{P}^n(\mathbb{R})\big) = O$ per $k \neq 0, n$. L'Osservazione 5.1.5 ci dice che $H^0\big(\mathbb{P}^n(\mathbb{R})\big) = \mathbb{R}$; rimane da calcolare la coomologia in grado n.

Ricordando che $H^n(S^n) = \mathbb{R}$, sempre l'iniettività di π^* ci dice che $H^n\big(\mathbb{P}^n(\mathbb{R})\big)$ può essere uguale solo a $\mathbb{R}$ oppure a O. Se n è dispari, sappiamo (Esempio 4.2.16) che $\mathbb{P}^n(\mathbb{R})$ è orientabile; allora il Corollario 4.5.15.(i) del teorema di Stokes ci dice che $H^n\big(\mathbb{P}^n(\mathbb{R})\big) = \mathbb{R}$.

Infine, sia n pari; vogliamo dimostrare che $H^n\big(\mathbb{P}^n(\mathbb{R})\big) = O$. Usando l'iniettività di π^*, questo è equivalente a dire che per ogni $\omega \in A^n\big(\mathbb{P}^n(\mathbb{R})\big)$ la forma $\pi^*\omega \in H^n(S^n)$ è esatta.

Fissiamo una forma di volume ν su S^n. Allora il teorema di Stokes ci dice che l'integrale su S^n induce un'applicazione lineare $\int_{S^n} \colon H^n(S^n) \to \mathbb{R}$ data da $\int_{S^n}[\eta] = \int_{S^n} \eta$. L'Osservazione 4.3.6 ci assicura che $\int_{S^n}[\nu] > 0$; in particolare, l'applicazione $\int_{S^n}$ non è l'applicazione nulla. Ma $\dim H^n(S^n) = 1$; quindi $\int_{S^n}$ è un isomorfismo fra $H^n(S^n)$ e $\mathbb{R}$. In altre parole, abbiamo dimostrato (perché?) che una n-forma $\eta \in A^n(S^n)$ è esatta se e solo se $\int_{S^n} \eta = 0$ (questo è un caso particolare della dualità di Poincaré che studieremo nella Sezione 5.6).

Tornando al nostro problema, dobbiamo dimostrare che $\int_{S^n} \pi^* \omega = 0$. Ma $A^* \pi^* \omega = \pi^* \omega$; quindi

$$\int_{S^n} \pi^* \omega = \int_{S^n} A^* \pi^* \omega = - \int_{S^n} \pi^* \omega \ ,$$

dove l'ultima uguaglianza segue dalla Proposizione 4.3.8 e dal fatto che quando n è pari l'applicazione A inverte l'orientazione, come notato nell'Esempio 4.2.16. Quindi $\int_{S^n} \pi^* \omega = 0$, come voluto, per cui ω è esatta.

Riassumendo, abbiamo dimostrato che

$$H^k \big(\mathbb{P}^n(\mathbb{R}) \big) = \begin{cases} \mathbb{R} & \text{se } k = 0 \text{ oppure } k = n \text{ con } n \text{ dispari,} \\ O & \text{altrimenti.} \end{cases}$$

Vedi l'Esercizio 5.2 per un altro modo di calcolare la coomologia di $\mathbb{P}^n(\mathbb{R})$ che usa direttamente la successione di Mayer-Vietoris.

5.4 Invarianza omotopica

Torniamo ora alla situazione generale, dimostrando un'altra proprietà importante della coomologia di de Rham: l'invarianza per omotopia.

Definizione 5.4.1. Un'*omotopia liscia* fra due applicazioni differenziabili F_0, $F_1 \colon M \to N$ è un'applicazione differenziabile $H \colon M \times \mathbb{R} \to N$ tale che $F_0 = H(\cdot, 0)$ e $F_1 = H(\cdot, 1)$. In tal caso diremo che F_0 e F_1 sono C^∞-*omotope*.

Osservazione 5.4.2. Chiaramente, delle omotopie liscie ci interessa solo il comportamento su $M \times [0, 1]$. Avremmo quindi potuto definire le omotopie liscie come applicazioni differenziabili definite su un intorno aperto U qualsiasi di $M \times [0, 1]$ in $M \times \mathbb{R}$, ma questo non ci avrebbe dato una definizione più generale. Infatti, un tale intorno U contiene sempre un aperto della forma $M \times (-\varepsilon, 1 + \varepsilon)$, e non è difficile (Esercizio 2.147) trovare un diffeomorfismo Ψ fra $M \times (-\varepsilon, 1 + \varepsilon)$ e $M \times \mathbb{R}$ che sia l'identità su $M \times [0, 1]$; quindi se $H \colon M \times (-\varepsilon, 1 + \varepsilon) \to N$ è un'omotopia liscia fra F e G, anche $H \circ \Psi^{-1} \colon M \times \mathbb{R} \to N$ è un'omotopia liscia fra F e G.

Proposizione 5.4.3. *Due applicazioni* C^∞-*omotope inducono lo stesso morfismo in coomologia.*

Dimostrazione. Sia $H \colon M \times \mathbb{R} \to N$ un'omotopia liscia fra due applicazioni differenziabili F_0, $F_1 \colon M \to N$. Indichiamo con $\pi \colon M \times \mathbb{R} \to M$ la proiezione sul primo fattore, e con σ_0, $\sigma_1 \colon M \to M \times \mathbb{R}$ le sezioni $\sigma_j(p) = (p, j)$ per $j = 0, 1$. Notiamo che $\sigma_0^* = \sigma_1^*$ in coomologia, in quanto (Teorema 5.3.5) sono entrambe uguali a $(\pi^*)^{-1}$; inoltre, $F_j = H \circ \sigma_j$ per $j = 0, 1$. Quindi

$$F_0^* = (H \circ \sigma_0)^* = \sigma_0^* \circ H^* = \sigma_1^* \circ H^* = (H \circ \sigma_1)^* = F_1^* \ ,$$

e ci siamo. $\qquad\square$

Definizione 5.4.4. Diremo che due varietà M e N sono C^∞-*omotopicamente equivalenti* se esistono due applicazioni differenziabili $F\colon M \to N$ e $G\colon N \to M$ tali che $F \circ G$ e $G \circ F$ siano C^∞-omotope all'identità di N, rispettivamente M. Una varietà C^∞-omotopicamente equivalente a un punto è detta C^∞-*contraibile*.

Definizione 5.4.5. Una *retrazione liscia* di una varietà M su una sottovarietà S è un'applicazione differenziabile $r\colon M \to S$ che sia l'identità su S, cioè tale che $r \circ \iota\colon S \to S$ sia l'identità di S, dove $\iota\colon S \to M$ è l'inclusione. Se esiste una retrazione liscia r di M su S diremo che S è un *retratto liscio* di M. Se inoltre la composizione $\iota \circ r\colon M \to M$ è C^∞-omotopa all'identità di M diremo che r è una *retrazione di deformazione liscia* e che S è un *retratto di deformazione liscio* di M. Chiaramente in questo caso M e S sono C^∞-omotopicamente equivalenti.

Osservazione 5.4.6. Una retrazione liscia di una varietà M può essere definita anche come un'applicazione differenziabile $\rho\colon M \to M$ tale che $\rho \circ \rho = \rho$. Non è difficile dimostrare (vedi l'Esercizio 2.109) che l'immagine di una retrazione liscia ρ è necessariamente una sottovarietà chiusa di M su cui ρ è l'identità, per cui siamo nel caso della precedente definizione.

Corollario 5.4.7. *Due varietà C^∞-omotopicamente equivalenti hanno coomologia di de Rham isomorfa. In particolare, se S è un retratto di deformazione di M allora $H^\bullet(M) = H^\bullet(S)$.*

Dimostrazione. Segue subito dalla Proposizione 5.4.3.   □

Esempio 5.4.8. Vogliamo dimostrare che S^n è un retratto di deformazione liscio di $\mathbb{R}^{n+1} \setminus \{O\}$. Sia $\rho\colon \mathbb{R}^{n+1} \setminus \{O\} \to S^n$ data da $\rho(x) = x/\|x\|$, e sia $H\colon (\mathbb{R}^{n+1} \setminus \{O\}) \times \mathbb{R} \to \mathbb{R}^{n+1} \setminus \{O\}$ data da

$$H(x,t) = \bigl(1 - a(t)\bigr)x + a(t)\frac{x}{\|x\|} ,$$

dove $a \in C^\infty(\mathbb{R})$ è

$$a(t) = \frac{h(t)}{h(t) + h(1 - t)} \tag{5.9}$$

e $h \in C^\infty(\mathbb{R})$ è la funzione data in (2.13), identicamente nulla sulla semiretta negativa e uguale a $e^{-1/t}$ nella semiretta positiva. Di conseguenza, a è identicamente nulla nella semiretta negativa, identicamente uguale a 1 in $[1, +\infty)$, e cresce monotonicamente da 0 a 1 in $[0, 1]$. In particolare, $H(0, x) = x$ e $H(1, x) = \rho(x)$, per cui H è un'omotopia liscia fra l'identità e ρ, come voluto.

Osservazione 5.4.9. In realtà vale un risultato molto più forte del Corollario 5.4.7: varietà C^0-omotopicamente equivalenti hanno coomologia di de Rham isomorfa (dove la definizione di C^0-equivalenza omotopica si ottiene da quella di C^∞-equivalenza omotopica usando applicazioni continue invece di applicazioni differenziabili). Infatti, si può dimostrare che due varietà sono C^0-omotopicamente equivalenti se e solo se sono C^∞-omotopicamente equivalenti (vedi l'Esercizio 5.20).

In particolare, questo implica il *teorema di de Rham:* varietà omeomorfe hanno coomologia di de Rham isomorfa. Noi dimostreremo il teorema di de Rham in altro modo (usando la coomologia dei fasci) nella Sezione 5.9.

Concludiamo questa sezione con un'altra conseguenza del Teorema 5.3.5. Lì abbiamo calcolato la coomologia di $M \times \mathbb{R}$ a partire dalla coomologia di M. Ora, $M \times \mathbb{R}$ può essere pensato come un caso particolare di due costruzioni: un fibrato vettoriale su M, o un prodotto di M con un'altra varietà. Il prossimo corollario ci dice come calcolare la coomologia dei fibrati vettoriali; nella Sezione 5.7 vedremo invece come calcolare la coomologia di un prodotto.

Corollario 5.4.10. *Sia* $\pi\colon E \to M$ *un fibrato vettoriale su una varietà* M. *Allora* $\pi^*\colon H^\bullet(M) \to H^\bullet(E)$ *è un isomorfismo.*

Dimostrazione. Se identifichiamo M con l'immagine della sezione nulla in E, la proiezione $\pi\colon E \to M$ diventa la retrazione $r(v) = O_{\pi(v)}$; per la Proposizione 5.4.3 ci basta allora dimostrare che r è una retrazione di deformazione di E.

Sia $a \in C^\infty(\mathbb{R})$ la funzione data in (5.9), che è tale che $a|_{(-\infty,0]} \equiv 0$, $a|_{[1,+\infty)} \equiv 1$, e $a|_{[0,1]}\colon [0,1] \to [0,1]$ è un diffeomorfismo. Definiamo allora $H\colon E \times \mathbb{R} \to E$ ponendo $H(v,t) = a(t)v$; si vede subito che H è un'omotopia liscia fra $\iota \circ r$ e l'identità, dove ι è l'inclusione della sezione nulla in E, e ci siamo. $\square$

5.5 Coomologia a supporto compatto

Se M è una n-varietà compatta orientabile senza bordo, il Teorema 4.5.12 di Stokes ci dice che $\int_M d\omega = 0$ per ogni $(n-1)$-forma ω; quindi l'integrale $\int_M\colon A^n(M) \to \mathbb{R}$ assume uguale valore su n-forme coomologhe (cioè che differiscono per una forma esatta), e quindi induce un'applicazione ben definita $\int_M\colon H^n(M) \to \mathbb{R}$. In particolare, come già osservato nel Corollario 4.5.15, in questo modo si dimostra che $H^n(M) \neq O$; e l'Esempio 5.3.8 contiene un'altra applicazione di $\int_M$ per il calcolo della coomologia.

Questo suggerisce che sarebbe utile avere un qualche tipo di operatore d'integrazione in coomologia anche su varietà (orientabili) non compatte. Ora, se M non è compatta, l'eguaglianza $\int_M d\omega = 0$ vale solo per le forme a supporto compatto; possiamo allora provare a definire una coomologia usando le forme a supporto compatto.

Definizione 5.5.1. Sia M una varietà. Indichiamo con $A_c^\bullet(M) \subseteq A^\bullet(M)$ lo spazio vettoriale graduato delle forme a supporto compatto in M. A volte scriveremo $C_c^\infty(M)$ al posto di $A_c^0(M)$.

Siccome il differenziale esterno di una forma a supporto compatto è ancora a supporto compatto, la restrizione $d \colon A_c^\bullet(M) \to A_c^\bullet(M)$ del differenziale esterno ad $A_c^\bullet(M)$ rende $A_c^\bullet(M)$ un complesso differenziale. Poniamo $Z_c^\bullet(M) = \operatorname{Ker} d|_{A_c^\bullet(M)}$ e $B_c^\bullet(M) = \operatorname{Im} d|_{A_c^\bullet(M)}$; la corrispondente coomologia $H_c^\bullet(M) = Z_c^\bullet(M)/B_c^\bullet(M)$ è detta *coomologia a supporto compatto* di M.

Osservazione 5.5.2. Chiaramente $H_c^\bullet(M) = H^\bullet(M)$ per ogni varietà compatta M; ma su varietà non compatte le due coomologie possono essere diverse. Infatti, una forma a supporto compatto è chiusa se e solo se è chiusa come forma *tout-court*, cioè $Z_c^\bullet(M) = Z^\bullet(M) \cap A_c^\bullet(M)$; ma una forma a supporto compatto esatta come forma non è detto che sia esatta come forma a supporto compatto, in quanto potrebbe essere il differenziale esterno solo di forme *non* a supporto compatto. In particolare, $B_c^\bullet(M)$ potrebbe essere strettamente più piccolo di $B^\bullet(M) \cap A_c^\bullet(M)$.

Esempio 5.5.3 (Coomologia a supporto compatto di $\mathbb{R}$). Vogliamo calcolare la coomologia a supporto compatto di $\mathbb{R}$, cominciando con $H_c^0(\mathbb{R})$. Come per la coomologia di de Rham usuale, le 0-forme sono funzioni, l'unica 0-forma esatta è la funzione nulla, e una 0-forma f è chiusa se e solo se $df \equiv 0$, cioè se e solo se è costante. Ma l'unica funzione costante a supporto compatto in $\mathbb{R}$ è la funzione nulla; quindi $H_c^0(\mathbb{R}) = O$.

Le 1-forme a supporto compatto su $\mathbb{R}$ sono tutte (banalmente) chiuse; vogliamo capire quando sono esatte come forme a supporto compatto. Supponiamo che si abbia $\omega = df$, con $f \in A_c^0(\mathbb{R})$; allora

$$\int_{\mathbb{R}} \omega = \int_{-\infty}^{+\infty} f'(t)\,dt = \lim_{t \to +\infty}[f(t) - f(-t)] = 0 \,,$$

perché f è a supporto compatto (questo è un caso molto particolare del teorema di Stokes, ovviamente). Quindi l'integrale su $\mathbb{R}$ definisce un'applicazione lineare $\int_{\mathbb{R}} \colon H_c^1(\mathbb{R}) \to \mathbb{R}$; vogliamo dimostrare che è un isomorfismo.

È surgettiva: se $f \in C_c^\infty(\mathbb{R})$ è una funzione non-negativa (non identicamente nulla) a supporto compatto, chiaramente $\int_{\mathbb{R}} f\,dt > 0$, per cui $\int_{\mathbb{R}}$ non è l'applicazione nulla (e dunque è surgettiva, essendo $\mathbb{R}$ di dimensione 1).

È iniettiva: sia $\omega = g\,dt \in A_c^1(\mathbb{R})$ con $\int_{\mathbb{R}} \omega = 0$; vogliamo dimostrare che $\omega = df$ per un'opportuna $f \in C_c^\infty(\mathbb{R})$. La funzione $g \in C_c^\infty(\mathbb{R})$ ha supporto compatto, contenuto diciamo nell'intervallo $[a,b]$. Poniamo

$$f(t) = \int_{-\infty}^{t} g(s)\,ds \,;$$

essendo $\int_{\mathbb{R}} g\,dt = 0$, segue che f ha supporto compatto contenuto in $[a,b]$, e chiaramente $df = \omega$. Quindi $\int_{\mathbb{R}} \colon H_c^1(\mathbb{R}) \to \mathbb{R}$ è un isomorfismo, e $H_c^1(\mathbb{R}) = \mathbb{R}$.

Riassumendo,

$$H_c^k(\mathbb{R}) = \begin{cases} \mathbb{R} & \text{se } k = 1 \,, \\ O & \text{se } k \neq 1 \,. \end{cases}$$

Nota che il generatore naturale di $H_c^1(\mathbb{R})$ è rappresentato da una qualsiasi 1-forma a supporto compatto con integrale 1.

Osservazione 5.5.4 (Coomologia a supporto compatto delle unioni disgiunte). Se M è unione disgiunta di una famiglia $\{M_\alpha\}$ di aperti a due a due disgiunti, allora una forma $\omega \in A_c^\bullet(M)$ ha supporto (compatto) contenuto solo in un numero finito di M_α. Questo implica che

$$H_c^\bullet\left(\coprod_\alpha M_\alpha\right) = \bigoplus_\alpha H_c^\bullet(M_\alpha)\,,$$

che è un comportamento diverso da quello della coomologia usuale visto nell'Osservazione 5.1.4.

Osservazione 5.5.5 (Coomologia a supporto compatto 0-dimensionale). Il ragionamento fatto all'inizio dell'Esempio 5.5.3 mostra che $H_c^0(M) = O$ per ogni varietà M connessa non compatta, e $H_c^0(M) = \mathbb{R}$ per ogni varietà M connessa compatta.

Più in generale, sia $M = \left(\coprod_{\alpha \in A} M_\alpha\right) \coprod \left(\coprod_{\beta \in B} M_\beta\right)$ la decomposizione di una varietà M in componenti connesse, dove le M_α sono compatte e le M_β sono non compatte. Allora l'Osservazione 5.5.4 implica che $H_c^0(M) = \mathbb{R}^{(A)}$, cioè è la somma diretta di tante copie di $\mathbb{R}$ quante sono le componenti connesse compatte.

Osservazione 5.5.6. Se $F \colon M \to N$ è di classe C^∞ e $\omega \in A_c^\bullet(M)$ è una forma a supporto compatto, *non è detto* che $F^*\omega$ sia ancora a supporto compatto, in quanto $\mathrm{supp}(F^*\omega) = F^{-1}(\mathrm{supp}\,\omega)$. Quindi in generale l'operatore di pull-back sulla coomologia a supporto compatto è definito solo per applicazioni proprie (vedi la Definizione 2.6.12), non per applicazioni differenziabili qualsiasi.

Una conseguenza di questa osservazione è che per definire una successione di Mayer-Vietoris per la coomologia a supporto compatto non possiamo usare il pull-back delle inclusioni (la restrizione a un aperto di una forma a supporto compatto non è necessariamente a supporto compatto nell'aperto). Utilizzeremo allora un altro operatore, l'operatore di estensione, che non era disponibile per la coomologia usuale.

Definizione 5.5.7. Sia $U \subseteq M$ un aperto di una varietà M, e indichiamo con $j \colon U \hookrightarrow M$ l'inclusione. L'*operatore di estensione* $j_* \colon A_c^\bullet(U) \to A_c^\bullet(M)$ è l'operatore che associa a una forma ω a supporto compatto in U la forma $j_*\omega$ a supporto compatto in M ottenuta estendendo ω a zero fuori da U, cioè

$$(j_*\omega)_p = \begin{cases} \omega_p & \text{se } p \in U, \\ O & \text{se } p \notin \mathrm{supp}(\omega). \end{cases}$$

Sia $\mathcal{U} = \{U_0, U_1\}$ un ricoprimento aperto di una varietà M composto di due soli aperti U_0, $U_1 \subseteq M$. Usando l'operatore di estensione possiamo allora definire la *successione di Mayer-Vietoris a supporto compatto*

$$O \longleftarrow A_c^\bullet(M) \xleftarrow{\ s\ } A_c^\bullet(U_0) \oplus A_c^\bullet(U_1) \xleftarrow{\ \delta\ } A_c^\bullet(U_0 \cap U_1) \longleftarrow O\ ,$$
$$(5.10)$$

dove $s\colon A_c^\bullet(U_0) \oplus A_c^\bullet(U_1) \to A_c^*(M)$ è definita da $s(\omega_0, \omega_1) = j_*\omega_0 + j_*\omega_1$, e $\delta\colon A_c^\bullet(U_0 \cap U_1) \to A_c^\bullet(U_0) \oplus A_c^\bullet(U_1)$ è definita da $\delta(\eta) = (-j_*\eta, j_*\eta)$.

Teorema 5.5.8. *Sia $\mathcal{U} = \{U_0, U_1\}$ un ricoprimento aperto di una varietà M. Allora la successione di Mayer-Vietoris a supporto compatto (5.10) è esatta, e quindi induce una successione esatta lunga in coomologia*

$$\cdots \longleftarrow H_c^k(M) \longleftarrow H_c^k(U_0) \oplus H_c^k(U_1) \longleftarrow H_c^k(U_0 \cap U_1) \xleftarrow{\ d_*\ } H_c^{k-1}(M) \longleftarrow \cdots$$
$$(5.11)$$

Inoltre, anche la successione duale

$$\cdots \longrightarrow H_c^k(M)^* \longrightarrow H_c^k(U_0)^* \oplus H_c^k(U_1)^* \longrightarrow H_c^k(U_0 \cap U_1)^* \xrightarrow{\ d^*\ } H_c^{k-1}(M)^* \longrightarrow \cdots$$
$$(5.12)$$

è esatta.

Dimostrazione. L'esattezza di (5.10) in $A_c^\bullet(U_0 \cap U_1)$ è evidente. Anche l'esattezza in $A_c^\bullet(U_0) \oplus A_c^\bullet(U_1)$ è facile: $s(\omega_0, \omega_1) = O$ se e solo se $j_*\omega_0 = -j_*\omega_1$, che accade se e solo se $\omega_1 = j_*\eta$ dove η ha supporto compatto contenuto in $U_0 \cap U_1$.

Per dimostrare l'esattezza in $A_c^\bullet(M)$, sia $\{\rho_0, \rho_1\}$ una partizione dell'unità subordinata a $\mathcal{U}$. Data $\omega \in A_c^\bullet(M)$, notiamo che $\rho_0\omega$ è ben definita come forma a supporto compatto in U_0; analogamente $\rho_1\omega \in A_c^\bullet(U_0)$. Inoltre,

$$s(\rho_0\omega, \rho_1\omega) = (\rho_0 + \rho_1)\omega = \omega\ ,$$

per cui (5.10) è esatta.

L'esistenza della successione esatta lunga (5.11) segue dal Teorema 5.1.23; l'esattezza della successione duale (5.12) segue dal Lemma 5.1.22.   □

Definizione 5.5.9. La successione (5.11) è detta *successione esatta lunga di Mayer-Vietoris a supporto compatto* indotta dal ricoprimento $\{U_0, U_1\}$.

Osservazione 5.5.10. Calcoliamo esplicitamente il morfismo di connessione d_* in (5.11). Sia $\{\rho_0, \rho_1\}$ una partizione dell'unità subordinata al ricoprimento aperto $\{U_0, U_1\}$, e sia $[\omega] \in H_c^{k-1}(M)$ rappresentata dalla forma chiusa $\omega \in Z_c^{k-1}(M)$. La forma ω è immagine tramite s_* della coppia $(\rho_0\omega, \rho_1\omega)$, il cui differenziale esterno è $\big(d(\rho_0\omega), d(\rho_1\omega)\big)$. Notiamo che

$$d(\rho_j\omega) = d\rho_j \wedge \omega$$

in quanto ω è chiusa, e che $\mathrm{d}\rho_j \equiv O$ in $M \setminus (U_0 \cap U_1)$; quindi le forme $\mathrm{d}(\rho_j\omega)$ sono a supporto compatto in $U_0 \cap U_1$, e $\mathrm{d}(\rho_0\omega) = -\mathrm{d}(\rho_1\omega)$ in $U_0 \cap U_1$. Dunque $d_*[\omega]$ è rappresentato dalla forma chiusa $\tau \in A_c^\bullet(U_0 \cap U_1)$ data da

$$\tau = \mathrm{d}\rho_1 \wedge \omega = -\mathrm{d}\rho_0 \wedge \omega .$$

Per arrivare a calcolare la coomologia a supporto compatto di $\mathbb{R}^n$ ci serve un risultato analogo al Teorema 5.3.5.

Sia $\epsilon \in H_c^1(\mathbb{R})$ il generatore naturale della coomologia a supporto compatto di $\mathbb{R}$; per quanto visto nell'Esempio 5.5.3 questo vuol dire che $\epsilon = [e\,\mathrm{d}t]$, dove $e \in C_c^\infty(\mathbb{R})$ e $\int_{\mathbb{R}} e(t)\,\mathrm{d}t = 1$.

Se M è una varietà, sia $e_* \colon H_c^\bullet(M) \to H_c^{\bullet+1}(M \times \mathbb{R})$ dato da

$$e_*([\eta]) = [\eta] \wedge \epsilon ,$$

dove (con un lieve abuso di notazione) a secondo membro stiamo indicando con ϵ e η il pull-back di queste forme rispetto alle proiezioni $M \times \mathbb{R} \to \mathbb{R}$ e $M \times \mathbb{R} \to M$. Allora:

Teorema 5.5.11. *Per ogni varietà M il morfismo $e_* \colon H_c^\bullet(M) \to H_c^{\bullet+1}(M \times \mathbb{R})$ è un isomorfismo.*

Dimostrazione. Dobbiamo costruire un'inversa di e_*. Cominciamo definendo $\pi_\# \colon A_c^\bullet(M \times \mathbb{R}) \to A_c^{\bullet-1}(M)$ ponendo

$$\forall \omega \in A_c^k(M \times \mathbb{R}) \qquad (\pi_\#\omega)_p = (-1)^{k-1} \int_{-\infty}^{\infty} \left(\frac{\partial}{\partial t} \lrcorner \omega \right)_{(p,t)} \mathrm{d}t ,$$

e $\pi_\# f = O$ se $f \in A_c^0(M \times \mathbb{R})$ è una 0-forma a supporto compatto. In altre parole, se $\omega \in A_c^k(M \times \mathbb{R})$ e $Y_1, \ldots, Y_{k-1} \in \mathcal{T}(M)$ allora

$$\pi_\#\omega(Y_1, \ldots, Y_{k-1})(p) = (-1)^{k-1} \int_{-\infty}^{\infty} \omega_{(p,t)} \left(\frac{\partial}{\partial t}, Y_1, \ldots, Y_{k-1} \right) \mathrm{d}t ,$$

dove $Y_1, \ldots, Y_{k-1}$ e $\partial/\partial t$ sono considerati come campi vettoriali su $M \times \mathbb{R}$ nel modo ovvio, e l'integrale è ben definito perché ω è a supporto compatto.

Vogliamo dimostrare che $\pi_\#$ è un morfismo di cocatene, cioè commuta col differenziale esterno, e che il morfismo $\pi_* \colon H_c^\bullet(M \times \mathbb{R}) \to H_c^{\bullet-1}(M)$ indotto in coomologia è l'inverso di e_*.

Cominciamo col dimostrare che $\pi_\#$ è un morfismo di cocatene. Siccome il differenziale esterno è un operatore locale, possiamo lavorare usando coordinate locali $(x^1, \ldots, x^n)$ definite su un aperto $U \subseteq M$. Ora, ogni k-forma a supporto compatto in $U \times \mathbb{R}$ si scrive in modo unico come combinazione lineare dei seguenti due tipi di forme:

$$f\,\mathrm{d}x^{i_1} \wedge \cdots \wedge \mathrm{d}x^{i_k} \qquad \text{e} \qquad f\,\mathrm{d}x^{i_1} \wedge \cdots \wedge \mathrm{d}x^{i_{k-1}} \wedge \mathrm{d}t ,$$

con $f \in C_c^\infty(M \times \mathbb{R})$ (e, con il solito abuso di notazione, stiamo considerando $(x^1, \ldots, x^n, t)$ come coordinate locali su $U \times \mathbb{R}$). In particolare, abbiamo

$$\pi_\#(f\,\mathrm{d}x^{i_1} \wedge \cdots \wedge \mathrm{d}x^{i_k}) = O$$

perché $\mathrm{d}x^i(\frac{\partial}{\partial t}) \equiv O$, e

$$\pi_\#(f\,\mathrm{d}x^{i_1} \wedge \cdots \wedge \mathrm{d}x^{i_{k-1}} \wedge \mathrm{d}t) = \left(\int_{-\infty}^{\infty} f(p,t)\,\mathrm{d}t\right) \mathrm{d}x^{i_1} \wedge \cdots \wedge \mathrm{d}x^{i_{k-1}} ,$$

perché $\mathrm{d}t(\frac{\partial}{\partial t}) \equiv 1$.

Sulle forme del primo tipo abbiamo quindi

$$
\begin{aligned}
\pi_\#\big(\mathrm{d}(f\,\mathrm{d}x^{i_1} \wedge \cdots \wedge \mathrm{d}x^{i_k})\big) &= \pi_\#\left(\sum_{j=1}^{n} \frac{\partial f}{\partial x^j}\,\mathrm{d}x^j \wedge \mathrm{d}x^{i_1} \wedge \cdots \wedge \mathrm{d}x^{i_k}\right) \\
&\quad + \pi_\#\left(\frac{\partial f}{\partial t}\,\mathrm{d}t \wedge \mathrm{d}x^{i_1} \wedge \cdots \wedge \mathrm{d}x^{i_k}\right) \\
&= \left(\int_{-\infty}^{\infty} \frac{\partial f}{\partial t}(p,t)\,\mathrm{d}t\right) \mathrm{d}x^{i_1} \wedge \cdots \wedge \mathrm{d}x^{i_k} \\
&= O = \mathrm{d}\pi_\#(f\,\mathrm{d}x^{i_1} \wedge \cdots \wedge \mathrm{d}x^{i_k}) ,
\end{aligned}
$$

in quanto

$$\int_{-\infty}^{\infty} \frac{\partial f}{\partial t}(p,t)\,\mathrm{d}t = \lim_{t \to +\infty} \big(f(p,t) - f(p,-t)\big) = 0 \tag{5.13}$$

perché f è a supporto compatto.

Analogamente, sulle forme del secondo tipo, otteniamo

$$
\begin{aligned}
\pi_\#\big(\mathrm{d}(f\,\mathrm{d}x^{i_1} \wedge \cdots \wedge \mathrm{d}x^{i_{k-1}} \wedge \mathrm{d}t)\big) & \\
&\hspace{-6em}= \pi_\#\left(\sum_{j=1}^{n} \frac{\partial f}{\partial x^j}\,\mathrm{d}x^j \wedge \mathrm{d}x^{i_1} \wedge \cdots \wedge \mathrm{d}x^{i_{k-1}} \wedge \mathrm{d}t\right) \\
&\hspace{-6em}= \sum_{j=1}^{n} \left(\int_{-\infty}^{\infty} \frac{\partial f}{\partial x^j}(p,t)\,\mathrm{d}t\right) \mathrm{d}x^j \wedge \mathrm{d}x^{i_1} \wedge \cdots \wedge \mathrm{d}x^{i_{k-1}} \\
&\hspace{-6em}= \mathrm{d}\pi_\#(f\,\mathrm{d}x^{i_1} \wedge \cdots \wedge \mathrm{d}x^{i_{k-1}} \wedge \mathrm{d}t) .
\end{aligned}
$$

Quindi $\pi_\# \circ \mathrm{d} = \mathrm{d} \circ \pi_\#$, e, come preannunciato, $\pi_\#$ induce un morfismo graduato in coomologia $\pi_*\colon H_c^\bullet(M \times \mathbb{R}) \to H_c^{\bullet-1}(M)$.

Dobbiamo ora dimostrare che e_* e π_* sono uno inverso dell'altro. Indichiamo con $e_\#\colon A_c^\bullet(M) \to A_c^{\bullet+1}(M)$ il morfismo di cocatene $e_\#(\eta) = \eta \wedge e\,\mathrm{d}t$ che induce in coomologia e_*. Prima di tutto, osserviamo che

$$\pi_\#(\eta \wedge e\,\mathrm{d}t) = \eta$$

per ogni $\eta \in A_c^\bullet(M)$, perché $\int_{\mathbb{R}} e(t)\, dt = 1$; quindi $\pi_* \circ e_* = \mathrm{id}$. Dunque per far vedere che $e_* \circ \pi_* = \mathrm{id}$ ci basta costruire un operatore di omotopia $K\colon A_c^\bullet(M \times \mathbb{R}) \to A_c^{\bullet-1}(M \times \mathbb{R})$ fra id ed $e_\# \circ \pi_\#$. Definiamo l'operatore K ponendo

$$(K\omega)_{(p,t)} = \int_{-\infty}^t \left(\frac{\partial}{\partial t} \lrcorner\, \omega \right)_{(p,s)} ds - E(t) \int_{-\infty}^\infty \left(\frac{\partial}{\partial t} \lrcorner\, \omega \right)_{(p,s)} ds \,,$$

dove

$$E(t) = \int_{-\infty}^t e(s)\, ds \,;$$

vogliamo verificare che $dK + Kd = \mathrm{id} - e_\# \circ \pi_\#$.

Di nuovo, possiamo lavorare in coordinate locali, dove abbiamo

$$K(f\, dx^{i_1} \wedge \cdots \wedge dx^{i_k}) = O$$

e

$$K(f\, dx^{i_1} \wedge \cdots \wedge dx^{i_{k-1}} \wedge dt)$$
$$= (-1)^{k-1} \left(\int_{-\infty}^t f(p,s)\, ds - E(t) \int_{-\infty}^\infty f(p,s)\, ds \right) dx^{i_1} \wedge \cdots \wedge dx^{i_{k-1}} \,.$$

Cominciamo con $\omega = f\, dx^{i_1} \wedge \cdots \wedge dx^{i_k}$. Allora (5.13) ci dà

$$(dK + Kd)\omega = Kd\omega$$
$$= K\left((-1)^k \frac{\partial f}{\partial t} dx^{i_1} \wedge \cdots \wedge dx^{i_k} \wedge dt + \sum_{j=1}^n \frac{\partial f}{\partial x^j} dx^j \wedge dx^{i_1} \wedge \cdots \wedge dx^{i_k} \right)$$
$$= \left(\int_{-\infty}^t \frac{\partial f}{\partial t}(p,s)\, ds - E(t) \int_{-\infty}^\infty \frac{\partial f}{\partial t}(p,s)\, ds \right) dx^{i_1} \wedge \cdots \wedge dx^{i_k}$$
$$= f(p,t)\, dx^{i_1} \wedge \cdots \wedge dx^{i_k}$$
$$= \omega = (\mathrm{id} - e_\# \circ \pi_\#)\omega \,,$$

per cui in questo caso ci siamo.

Prendiamo adesso $\omega = f\, dx^{i_1} \wedge \cdots \wedge dx^{i_{k-1}} \wedge dt$. Allora

$$(\mathrm{id} - e_\# \circ \pi_\#)\omega = \omega - \left(\int_{-\infty}^\infty f(p,s)\, ds \right) dx^{i_1} \wedge \cdots \wedge dx^{i_{k-1}} \wedge e\, dt \,;$$

$$dK\omega = (-1)^{k-1} d\left[\left(\int_{-\infty}^t f(p,s)\, ds - E(t) \int_{-\infty}^\infty f(p,s)\, ds \right) dx^{i_1} \wedge \cdots \wedge dx^{i_{k-1}} \right]$$
$$= \omega + (-1)^{k-1} \sum_{j=1}^n \left(\int_{-\infty}^t \frac{\partial f}{\partial x^j}(p,s)\, ds \right) dx^j \wedge dx^{i_1} \wedge \cdots \wedge dx^{i_{k-1}}$$
$$- \left(\int_{-\infty}^\infty f(p,s)\, ds \right) dx^{i_1} \wedge \cdots \wedge dx^{i_{k-1}} \wedge e\, dt$$

$$+(-1)^k E(t) \sum_{j=1}^{n} \left(\int_{-\infty}^{\infty} \frac{\partial f}{\partial x^j}(p,s)\,\mathrm{d}s \right) \mathrm{d}x^j \wedge \mathrm{d}x^{i_1} \wedge \cdots \wedge \mathrm{d}x^{i_{k-1}} \ ;$$

$$K\mathrm{d}\omega = \sum_{j=1}^{n} K \left(\frac{\partial f}{\partial x^j}\,\mathrm{d}x^j \wedge \mathrm{d}x^{i_1} \wedge \cdots \wedge \mathrm{d}x^{i_{k-1}} \wedge \mathrm{d}t \right)$$

$$= (-1)^k \sum_{j=1}^{n} \left(\int_{-\infty}^{t} \frac{\partial f}{\partial x^j}(p,s)\,\mathrm{d}s \right) \mathrm{d}x^j \wedge \mathrm{d}x^{i_1} \wedge \cdots \wedge \mathrm{d}x^{i_{k-1}}$$

$$-(-1)^k E(t) \sum_{j=1}^{n} \left(\int_{-\infty}^{\infty} \frac{\partial f}{\partial x^j}(p,s)\,\mathrm{d}s \right) \mathrm{d}x^j \wedge \mathrm{d}x^{i_1} \wedge \cdots \wedge \mathrm{d}x^{i_{k-1}} \ ,$$

e ci siamo anche in questo caso. □

Come conseguenza otteniamo la coomologia a supporto compatto di $\mathbb{R}^n$:

Corollario 5.5.12 (Lemma di Poincaré per la coomologia a supporto compatto). *La coomologia a supporto compatto di $\mathbb{R}^n$ è data da*

$$H_c^k(\mathbb{R}^n) = \begin{cases} \mathbb{R} & se\ k = n\,, \\ O & se\ k \neq n\,. \end{cases}$$

Dimostrazione. Segue subito dall'Esempio 5.5.3 e dal Teorema 5.5.11, ragionando per induzione su n. □

Osservazione 5.5.13. Sia $e\colon \mathbb{R} \to \mathbb{R}^+$ una funzione C^∞ a supporto compatto con $\int_{\mathbb{R}} e\,\mathrm{d}t = 1$, e poniamo

$$\epsilon = e(x^1) \cdots e(x^n)\,\mathrm{d}x^1 \wedge \cdots \wedge \mathrm{d}x^n\,.$$

Allora $\epsilon \in A_c^n(\mathbb{R}^n)$ è tale che $\int_{\mathbb{R}^n} \epsilon = 1$, per cui il Corollario 4.5.15.(i) ci assicura che la classe $[\epsilon] \in H_c^n(\mathbb{R}^n)$ è un generatore della coomologia a supporto compatto di $\mathbb{R}^n$.

5.6 La dualità di Poincaré

Il principale obiettivo di questa sezione è dimostrare un'importante dualità fra la coomologia usuale e la coomologia a supporto compatto: la *dualità di Poincaré*, una profonda conseguenza del teorema di Stokes che dice che i gruppi di coomologia possono essere canonicamente identificati con i duali dei gruppi di coomologia a supporto compatto.

Ora, il Lemma 1.2.10 dice che per costruire un isomorfismo fra uno spazio vettoriale di dimensione finita e il duale di un altro è sufficiente avere a disposizione una forma blineare non degenere; quindi vogliamo costruire un'applicazione bilineare non degenere definita su gruppi di coomologia di una varietà M. Nella Sezione 5.1 abbiamo introdotto il prodotto cup fra due classi di coomologia, come analogo in coomologia del prodotto esterno di forme. Siccome (controlla) il prodotto esterno di una forma qualsiasi con una forma a supporto compatto è una forma a supporto compatto, il prodotto cup definisce un prodotto

$$\wedge \colon H^h(M) \times H^k_c(M) \to H^{h+k}_c(M)$$

per ogni h, $k \geq 0$.

Supponiamo ora che M sia anche orientata (e senza bordo). Il Teorema 4.5.12 ci assicura che per ogni $\eta \in A^{n-1}_c(M)$ a supporto compatto si ha

$$\int_M \mathrm{d}\eta = 0 \ .$$

Di conseguenza, l'integrazione di n-forme a supporto compatto induce (perché?) un'operatore lineare $\int_M \colon H^n_c(M) \to \mathbb{R}$.

Mettendo insieme queste due cose, possiamo introdurre la seguente definizione:

Definizione 5.6.1. Sia M una varietà n-dimensionale orientata (senza bordo). Allora per ogni $0 \leq k \leq n$ indicheremo con

$$\int_M \colon H^k(M) \otimes H^{n-k}_c(M) \to \mathbb{R}$$

la forma bilineare data da

$$(\omega, \eta) \mapsto \int_M \omega \wedge \eta \ .$$

Indicheremo con lo stesso simbolo anche il morfismo indotto

$$\int_M \colon H^k(M) \to H^{n-k}_c(M)^* \ .$$

Il nostro obiettivo è dimostrare che $\int_M$ è un isomorfismo canonico fra $H^k(M)$ e il duale di $H^{n-k}_c(M)$. Il passo principale del ragionamento è contenuto nella seguente

Proposizione 5.6.2. *Siano U, $V \subset M$ due aperti di una varietà n-dimensionale orientata M. Allora il diagramma*

$$\cdots \longrightarrow H^k(U \cup V) \xrightarrow{j^*} H^k(U) \oplus H^k(V) \xrightarrow{\iota_1^* - \iota_0^*} H^k(U \cap V) \xrightarrow{d^*} H^{k+1}(U \cup V) \longrightarrow \cdots$$
$$\downarrow{\scriptstyle \int_{U \cup V}} \qquad\qquad \downarrow{\scriptstyle \int_U + \int_V} \qquad\qquad \downarrow{\scriptstyle \int_{U \cap V}} \qquad\qquad \downarrow{\scriptstyle \int_{U \cup V}}$$
$$\cdots \rightarrow H^{n-k}_c(U \cup V)^* \xrightarrow{s^*} H^{n-k}_c(U)^* \oplus H^{n-k}_c(V)^* \xrightarrow{\delta^*} H^{n-k}_c(U \cap V)^* \xrightarrow{(d_*)^*} H^{n-k-1}_c(U \cup V)^* \rightarrow \cdots$$

ottenuto combinando la successione di Mayer-Vietoris (5.5) con la successione duale di Mayer-Vietoris a supporto compatto (5.12) è commutativo a meno del segno.

Osservazione 5.6.3. Supponiamo di avere un diagramma

$$
\begin{array}{ccc}
A & \xrightarrow{\ f\ } & B \\
{\scriptstyle \varphi}\downarrow & & \downarrow{\scriptstyle \psi} \\
C^* & \xrightarrow{\ g^*\ } & D^*
\end{array}
\qquad (5.14)
$$

dove φ è indotta dalla forma bilineare $\langle\cdot,\cdot\rangle_1 \colon A \times C \to \mathbb{R}$ e ψ è indotta dalla forma bilineare $\langle\cdot,\cdot\rangle_2 \colon B \times D \to \mathbb{R}$. Allora (controlla) dire che il diagramma (5.14) è commutativo a meno del segno è equivalente a dire che

$$
\langle a, g(d)\rangle_1 = \pm\langle f(a), d\rangle_2
$$

per ogni $a \in A$ e $d \in D$, dove il segno è indipendente da a e d.

Dimostrazione (della Proposizione 5.6.2). Grazie all'osservazione precedente, la commutatività nel quadrato a sinistra è equivalente alla formula

$$
\int_{U\cup V} \omega \wedge (j_*\eta_1 + j_*\eta_2) = \int_U \omega|_U \wedge \eta_1 + \int_V \omega|_V \wedge \eta_2 \,,
$$

che è verificata per ogni $\omega \in H^k(U \cap V)$, $\eta_1 \in H_c^{n-k}(U)$ e $\eta_2 \in H_c^{n-k}(V)$.

La commutatività nel quadrato centrale è invece equivalente alla formula

$$
\int_U \omega_1 \wedge (-j_*\eta) + \int_V \omega_2 \wedge j_*\eta = \int_{U\cap V} (\omega_2|_{U\cap V} - \omega_1|_{U\cap V}) \wedge \eta \,,
$$

chiaramente valida per ogni $\omega_1 \in H^k(U)$, $\omega_2 \in H^k(V)$ e $\eta \in H_c^k(U \cap V)$.

Infine, la commutatività a meno del segno nel quadrato a destra è conseguenza della formula

$$
\int_{U\cap V} \omega \wedge d_*\eta = (-1)^{k+1} \int_{U\cup V} d^*\omega \wedge \eta \,,
$$

per $\omega \in H^k(U \cap V)$ e $\eta \in H_c^{n-k-1}(U \cup V)$, che dobbiamo dimostrare. Sia $\{\rho_U, \rho_V\}$ una partizione dell'unità subordinata al ricoprimento $\{U, V\}$. Quanto visto nell'Osservazione 5.5.10 ci dice che

$$
\int_{U\cap V} \omega \wedge d_*\eta = \int_{U\cap V} \omega \wedge \mathrm{d}\rho_V \wedge \eta = (-1)^k \int_{U\cap V} \mathrm{d}\rho_V \wedge \omega \wedge \eta \,.
$$

D'altra parte, l'Osservazione 5.2.3 ci dice che

$$
\int_{U\cup V} d^*\omega \wedge \eta = -\int_{U\cap V} \mathrm{d}\rho_V \wedge \omega \wedge \eta \,,
$$

e ci siamo. $\qquad\qquad\qquad\qquad\qquad\qquad\qquad\qquad\qquad\qquad \square$

Il diagramma della proposizione precedente ci permetterà di dimostrare che se la dualità di Poincaré vale per due aperti e per la loro intersezione allora vale anche per la loro unione; siccome la dualità di Poincaré è (grazie ai lemmi di Poincaré) facile per $\mathbb{R}^n$, la tesi seguirà utilizzando un opportuno ricoprimento aperto della varietà costituito da aperti diffeomorfi a $\mathbb{R}^n$.

Per realizzare questo programma ci serviranno due lemmi tecnici. Il primo è di carattere algebrico:

Lemma 5.6.4 (dei cinque). *Sia dato il seguente diagramma commutativo di morfismi con le righe esatte:*

$$
\begin{array}{ccccccccc}
A & \xrightarrow{f_1} & B & \xrightarrow{f_2} & C & \xrightarrow{f_3} & D & \xrightarrow{f_4} & E \\
\downarrow{\alpha} & & \downarrow{\beta} & & \downarrow{\gamma} & & \downarrow{\delta} & & \downarrow{\epsilon} \\
A' & \xrightarrow{f_1'} & B' & \xrightarrow{f_2'} & C' & \xrightarrow{f_3'} & D' & \xrightarrow{f_4'} & E'
\end{array}
$$

Supponiamo che β e δ siano degli isomorfismi. Allora:

(i) *se α è surgettivo allora γ è iniettivo;*

(ii) *se ϵ è iniettivo allora γ è surgettivo.*

In particolare, se α, β, δ ed ϵ sono isomorfismi, anche γ è un isomorfismo.

Dimostrazione. (i) Sia $c \in C$ tale che $\gamma(c) = O$. Essendo il diagramma commutativo, abbiamo $\delta(f_3(c)) = f_3'(\gamma(c)) = O$; siccome δ è un isomorfismo, otteniamo $f_3(c) = O$. L'esattezza della riga superiore implica $c = f_2(b)$ per qualche $b \in B$; inoltre $O = \gamma(f_2(b)) = f_2'(\beta(b))$. Per l'esattezza della riga inferiore, esiste $a' \in A'$ tale che $\beta(b) = f_1'(a')$. Essendo α surgettivo, troviamo $a \in A$ tale che $a' = \alpha(a)$; quindi $\beta(b) = f_1'(\alpha(a)) = \beta(f_1(a))$. Ma β è un isomorfismo; quindi $b = f_1(a)$ e $c = f_2(b) = f_2(f_1(a)) = O$ per l'esattezza della riga superiore, per cui γ è iniettivo.

(ii) Sia $c' \in C'$. Essendo δ un isomorfismo, esiste un unico $d \in D$ tale che $\delta(d) = f_3'(c')$. Per la commutatività del diagramma e l'esattezza della riga inferiore, $\epsilon(f_4(d)) = f_4'(\delta(d)) = f_4'(f_3'(c')) = O$; essendo ϵ iniettivo, troviamo $f_4(d) = O$. Quindi esiste $c \in C$ tale che $f_3(c) = d$. Di nuovo per la commutatività del diagramma troviamo $f_3'(c') = \delta(d) = \delta(f_3(c)) = f_3'(\gamma(c))$; quindi $c' - \gamma(c) \in \operatorname{Ker} f_3'$. L'esattezza ci dice che esiste $b' \in B'$ con $f_2'(b') = c' - \gamma(c)$; essendo β un isomorfismo troviamo $b \in B$ tale che $b' = \beta(b)$. Infine, la commutatività del diagramma assicura che $\gamma(f_2(b)) = f_2'(\beta(b)) = f_2'(b') = c' - \gamma(c)$, per cui $c' = \gamma(c + f_2(b))$, e γ è surgettiva. $\square$

Il secondo invece riguarda la topologia delle varietà:

Lemma 5.6.5. *Sia M una varietà di dimensione n, e $\mathcal{P}$ una famiglia di sottoinsiemi aperti di M tale che:*

(i) *$\varnothing \in \mathcal{P}$;*

(ii) *se U_1, U_2, $U_1 \cap U_2 \in \mathcal{P}$ allora $U_1 \cup U_2 \in \mathcal{P}$;*

(iii) *se* $\{U_\alpha\} \subset \mathcal{P}$ *è una famiglia numerabile di aperti a due a due disgiunti di* $\mathcal{P}$ *allora* $\coprod_\alpha U_\alpha \in \mathcal{P}$;

(iv) *se* $U \subseteq M$ *è diffeomorfo a* $\mathbb{R}^n$ *allora* $U \in \mathcal{P}$.

Allora $M \in \mathcal{P}$.

Dimostrazione. La dimostrazione richiede diversi passi.

(a) *Se* $U_1, \ldots, U_k \in \mathcal{P}$ *sono tali che tutte le loro intersezioni appartengono a* $\mathcal{P}$ *allora* $U_1 \cup \cdots \cup U_k \in \mathcal{P}$. Procediamo per induzione su k. Per $k = 2$ è l'ipotesi (ii). Supponiamo sia vero per $k - 1$ aperti; in particolare, $U = U_1 \cup \cdots \cup U_{k-1} \in \mathcal{P}$. Sempre per ipotesi induttiva abbiamo

$$U \cap U_k = \bigcup_{j=1}^{k-1} U_j \cap U_k \in \mathcal{P} \ ;$$

quindi la proprietà (ii) ci dice che $U \cup U_k \in \mathcal{P}$, come voluto.

(b) *Sia* $\{U_j\} \subset \mathcal{P}$ *una famiglia numerabile localmente finita di aperti a chiusura compatta contenuti in* $\mathcal{P}$, *tale che tutte le intersezioni di un numero finito di elementi della famiglia appartengono a* $\mathcal{P}$; *allora* $U = \bigcup_j U_j \in \mathcal{P}$. L'idea è realizzare U come unione numerabile di elementi a due a due disgiunti di $\mathcal{P}$ e poi applicare (iii).

Poniamo $I_0 = \{0\}$ e $W_0 = U_0$. Poi per $k > 0$ definiamo per induzione un sottoinsieme $I_k \subset \mathbb{N}$ e un aperto W_k ponendo

$$I_k = (\{k\} \cup \{j \in \mathbb{N} \mid j > k, \ U_j \cap W_{k-1} \neq \varnothing\}) \setminus \bigcup_{j=0}^{k-1} I_j$$

e $W_k = \bigcup_{j \in I_k} U_k$, con la convenzione che $W_k = \varnothing$ se $I_k = \varnothing$. Cominciamo col dimostrare, per induzione, che ogni I_k è un insieme finito e che ogni W_k è un aperto a chiusura compatta contenuto in $\mathcal{P}$. Per $k = 0$ questo è ovvio. Supponiamo sia vero per $k - 1$. In particolare, $\overline{W_{k-1}}$ è compatto; quindi interseca solo un numero finito di U_j con $j \geq k$, in quanto la famiglia $\{U_j\}$ è localmente finita (vedi l'Esercizio 2.140). Di conseguenza I_k è finito, per cui W_k, essendo un'unione finita di aperti a chiusura compatta, è un aperto a chiusura compatta; inoltre appartiene a $\mathcal{P}$, per la parte (a) se non è vuoto, e per (i) se lo è.

Per costruzione, $\bigcup_k I_k = \mathbb{N}$; quindi $\bigcup_k W_k = U$. Supponiamo ora che $W_k \cap W_h \neq \varnothing$ per qualche $k > h$; allora $h = k-1$. Infatti, se fosse $W_k \cap W_h \neq \varnothing$ per qualche $h < k - 1$, dovrebbe esistere $j \geq k > h + 1$ con $j \in I_k$ tale che $U_j \cap W_h \neq \varnothing$; ma allora $j \in I_0 \cup \cdots \cup I_{h+1}$, impossibile. Notiamo inoltre che $W_k \cap W_{k-1}$ è un'unione finita di intersezioni di coppie di elementi della famiglia $\{U_j\}$; quindi appartiene anch'esso a $\mathcal{P}$ grazie ad (a).

Poniamo allora:

$$W_p = \bigcup_{j \in \mathbb{N}} W_{2j} \qquad e \qquad W_d = \bigcup_{j \in \mathbb{N}} W_{2j+1} \ .$$

Sia W_p che W_d sono unione numerabile di elementi a due a due disgiunti di $\mathcal{P}$; quindi, per la proprietà (iii), appartengono a $\mathcal{P}$. Infine,

$$W_p \cap W_d = \bigcup_{j=1}^{\infty} W_{2j} \cap W_{2j-1}$$

è un'unione di elementi di $\mathcal{P}$ a due a due disgiunti; quindi anche $U = W_p \cup W_d$ appartiene a $\mathcal{P}$, come richiesto.

(c) *Se* (U, φ) *è una carta locale allora* $U \in \mathcal{P}$. Poniamo $V = \varphi(U) \subseteq \mathbb{R}^n$. Ragionando come nel Lemma 2.7.10 possiamo trovare un ricoprimento aperto localmente finito numerabile $\{W_j\}$ di V tale che ogni W_j sia un *policilindro*, cioè della forma

$$W_j = (a_1, b_1) \times \cdots \times (a_n, b_n)$$

per opportuni intervalli aperti limitati $(a_1, b_1), \ldots, (a_n, b_n) \subset \mathbb{R}$; possiamo inoltre supporre che ciascun W_j abbia chiusura compatta contenuta in V. Un policilindro è chiaramente diffeomorfo a $\mathbb{R}^n$; inoltre un'intersezione finita di policilindri è ancora un policilindro, e quindi ogni intersezione finita dei W_j è diffeomorfa a $\mathbb{R}^n$.

La famiglia $\{\varphi^{-1}(W_j)\}$ è allora un ricoprimento aperto numerabile localmente finito di U composto da aperti a chiusura compatta tali che ogni intersezione finita è diffeomorfa a $\mathbb{R}^n$, e quindi appartenente a $\mathcal{P}$ per la proprietà (iv); allora (b) ci assicura che $U \in \mathcal{P}$.

(d) $M \in \mathcal{P}$. Infatti, il Lemma 2.7.10 ci fornisce un atlante numerabile localmente finito $\{(W_\beta, \varphi_\beta)\}$ con i W_β a chiusura compatta. Siccome ogni intersezione finita non vuota di domini di carte locali è ancora il dominio di una carta locale, (c) ci assicura che sia i W_β sia le loro intersezioni finite appartengono a $\mathcal{P}$; ma allora $M = \bigcup_\beta W_\beta \in \mathcal{P}$ grazie a (b), e abbiamo finito. $\square$

Possiamo finalmente dimostrare la *dualità di Poincaré*:

Teorema 5.6.6 (Dualità di Poincaré). *Sia* M *una varietà* n-*dimensionale orientata. Allora per ogni* $0 \leq k \leq n$ *l'applicazione*

$$\int_M : H^k(M) \to H_c^{n-k}(M)^* \tag{5.15}$$

è un isomorfismo.

Dimostrazione. Sia

$$\mathcal{P} = \{\varnothing\} \cup \Big\{ U \subseteq M \mid U \text{ aperto e } \int_U : H^k(U) \to H_c^{n-k}(U)^*$$
$$\text{è un isomorfismo per ogni } 0 \leq k \leq n \Big\}$$

la famiglia di aperti di M per cui la tesi è vera; il nostro obiettivo è dimostrare che $M \in \mathcal{P}$. Chiaramente, per far ciò è sufficiente verificare che $\mathcal{P}$ soddisfa le condizioni (i)–(iv) del Lemma 5.6.5.

La condizione (i) è ovvia; vediamo la condizione (ii). Siano U e V due aperti di M tali che U, V, $U \cap V \in \mathcal{P}$. La Proposizione 5.6.2 ci fornisce allora un diagramma commutativo (a meno del segno) della forma

$$
\begin{array}{ccccccccc}
H^{k-1}(U) \oplus H^{k-1}(V) & \longrightarrow & H^{k-1}(U \cap V) & \longrightarrow & H^k(U \cup V) & \longrightarrow & H^k(U) \oplus H^k(V) & \longrightarrow & H^k(U \cap V) \\
\downarrow & & \downarrow & & \downarrow & & \downarrow & & \downarrow \\
H_c^{n-k+1}(U)^* \oplus H_c^{n-k+1}(V)^* & \twoheadrightarrow & H_c^{n-k+1}(U \cap V)^* & \twoheadrightarrow & H_c^{n-k}(U \cup V)^* & \twoheadrightarrow & H_c^{n-k}(U)^* \oplus H_c^{n-k}(V)^* & \twoheadrightarrow & H_c^{n-k}(U \cap V)^*
\end{array}
$$

in cui la prima, seconda, quarta e quinta freccia verticale sono degli isomorfismi. Il Lemma 5.6.4 ci assicura allora che anche la terza freccia centrale è un isomorfismo, per cui $U \cup V \in \mathcal{P}$ come voluto.

Per (iii), sia $\{U_k\}$ una famiglia numerabile di elementi a due a due disgiunti di $\mathcal{P}$, e poniamo $U = \coprod_k U_k$. Le Osservazioni 5.1.4 e 5.5.4 ci dicono che le restrizioni inducono isomorfismi $r \colon H^\bullet(U) \to \prod_k H^\bullet(U_k)$ ed $s \colon H_c^\bullet(U) \to \bigoplus_k H_c^\bullet(U_k)$; dato che il duale della somma diretta è il prodotto diretto dei duali (vedi la Proposizione 1.1.20), abbiamo anche un isomorfismo $s^* \colon \prod_k H_c^\bullet(U_k)^* \to H_c^\bullet(U)^*$. Inoltre il diagramma

$$
\begin{array}{ccc}
H^\bullet(U) & \xrightarrow{\ r\ } & \prod_k H^\bullet(U_k) \\
{\scriptstyle \int_U} \downarrow & & \downarrow {\scriptstyle \prod_k \int_{U_k}} \\
H_c^{n-\bullet}(U)^* & \xleftarrow{\ s^*\ } & \prod_k H_c^{n-\bullet}(U_k)^*
\end{array}
$$

è commutativo (controlla), dove $\prod_k \int_{U_k}$ è il prodotto diretto delle applicazioni $\int_{U_k}$ (vedi l'Osservazione 1.1.7). Siccome, per ipotesi, ciascun $\int_{U_k}$ è un isomorfismo fra $H^\bullet(U_k)$ e $H_c^{n-\bullet}(U_k)$, anche

$$
\int_U = s^* \circ \Big(\prod_k \int_{U_k} \Big) \circ r
$$

è un isomorfismo, e quindi $U \in \mathcal{P}$.

Infine, per verificare (iv) ci basta (perché?) dimostrare la tesi per $\mathbb{R}^n$. Grazie ai Lemmi di Poincaré 5.3.6 e 5.5.12, è sufficiente dimostrare che $\int_{\mathbb{R}^n} \colon H^0(\mathbb{R}^n) \to H_c^n(\mathbb{R}^n)^*$ è un isomorfismo; essendo dominio e codominio spazi vettoriali di dimensione 1, basta far vedere che $\int_M$ non è l'applicazione nulla. Ma infatti se $[\epsilon] \in H_c^n(\mathbb{R}^n)$ è il generatore introdotto nell'Osservazione 5.5.13 e $1 \in H^0(\mathbb{R}^n)$ allora il valore di $\int_M$ applicato a 1 e calcolato in $[\epsilon]$ è dato da

$$
\int_{\mathbb{R}^n} \epsilon = 1 \neq 0 \, ,
$$

e abbiamo finito. $\square$

Se M è compatta, la coomologia a supporto compatto coincide con la coomologia usuale, e quindi la dualità di Poincaré diventa:

Corollario 5.6.7. *Sia M una varietà n-dimensionale orientata compatta. Allora per ogni $0 \le k \le n$ l'applicazione*

$$\int_M : H^k(M) \to H^{n-k}(M)^*$$

è un isomorfismo.

Osservazione 5.6.8. Se i gruppi di coomologia di una varietà n-dimensionale M hanno dimensione finita (per esempio se M è compatta: vedi la Proposizione 5.8.3 nella prossima sezione) prendendo i duali otteniamo anche

$$H_c^k(M) \cong H^{n-k}(M)^*$$

per ogni $0 \le k \le n$. Questo non è necessariamente vero se la coomologia non ha dimensione finita. Il problema è dovuto al fatto che in generale il duale di un prodotto diretto di spazi vettoriali non è la somma diretta dei duali (Osservazione 1.1.21); di conseguenza, se $M = \coprod_\alpha M_\alpha$ è un'unione disgiunta numerabile di n-varietà di tipo finito, non è detto che $H_c^k(M)$, che è la somma diretta delle coomologie a supporto compatto degli M_α, sia isomorfa al duale di $H^{n-k}(M)$, che è il duale del prodotto diretto delle coomologie degli M_α.

Concludiamo la sezione determinando la coomologia in dimensione massima.

Corollario 5.6.9. *Sia M una varietà connessa di dimensione n. Allora:*

(i)   *se M è orientabile e compatta allora $H^n(M) = \mathbb{R}$;*

(ii) *se M è orientabile e non compatta allora $H^n(M) = O$;*

(iii) *se M non è orientabile allora $H^n(M) = O$;*

(iv) *se M è orientabile allora $H_c^n(M) = \mathbb{R}$;*

(v)   *se M non è orientabile allora $H_c^n(M) = O$.*

Dimostrazione. Le parti (i) e (ii) seguono subito da $H^n(M) \cong H_c^0(M)^*$ e dall'Osservazione 5.5.5.

Per la parte (iii), sia $\pi: \tilde{M} \to M$ il rivestimento orientabile a due fogli dato dalla Proposizione 4.2.19, e $A: \tilde{M} \to \tilde{M}$ l'automorfismo non banale del rivestimento, che sappiamo invertire l'orientazione. Prima di tutto, dimostriamo (procedendo come nell'Esempio 5.3.8) che $\pi^*: H^n(M) \to H^n(\tilde{M})$ è iniettivo. Sia $\omega \in A^n(M)$ tale che $\pi^*[\omega] = O$; questo vuol dire che esiste $\tilde{\eta} \in A^n(\tilde{M})$ tale che $\pi^*\omega = d\tilde{\eta}$. Poniamo $\hat{\eta} = \frac{1}{2}(\tilde{\eta} + A^*\tilde{\eta})$. Essendo $A \circ A = \mathrm{id}$, otteniamo $A^*\hat{\eta} = \hat{\eta}$; quindi (Esercizio 4.2) esiste $\eta \in A^{n-1}(M)$ tale che $\hat{\eta} = \pi^*\eta$. Infine, da $\pi \circ A = \pi$ ricaviamo $d\hat{\eta} = \pi^*\omega$; essendo $d\hat{\eta} = \pi^*d\eta$, l'iniettività di π^* al livello delle forme (Esercizio 4.3) ci dice che $\omega = d\eta$, cioè $[\omega] = O$, come voluto.

Se M non è compatta, neanche $\tilde{M}$ lo è, e quindi (iii) in questo caso segue da (ii). Se M è compatta, anche $\tilde{M}$ lo è, per cui dobbiamo ragionare ancora un poco. Prendiamo $\omega \in A^n(M)$; grazie all'iniettività di π^* in coomologia, per dimostrare che $[\omega] = O$ basta far vedere che $[\pi^*\omega] = O$ in $\tilde{M}$. Ora, $A^*\pi^*\omega = \pi^*\omega$; siccome A inverte l'orientazione, la Proposizione 4.3.8 ci dice che

$$\int_{\tilde{M}} \pi^*\omega = -\int_{\tilde{M}} A^*\pi^*\omega = -\int_{\tilde{M}} \pi^*\omega \ ,$$

per cui $\int_{\tilde{M}} \pi^*\omega = 0$. Ma allora la dualità di Poincaré per $\tilde{M}$ implica che $[\pi^*\omega] = O$, e ci siamo.

Per (iv) e (v), se M è compatta non c'è nulla di nuovo da dire; supponiamo allora che M non sia compatta. Se è orientabile, $H_c^n(M)^*$ è isomorfo a $H^0(M) = \mathbb{R}$, per cui (iv) segue. Se M non è orientabile, otteniamo (v) ragionando esattamente come in (iii); l'unica osservazione da fare è che siccome $H_c^n(\tilde{M}) = \mathbb{R}$ ha dimensione finita, in questo caso l'integrazione su $\tilde{M}$ fornisce anche un isomorfismo fra $H_c^n(\tilde{M})$ e il duale di $H^0(M)$.   □

5.7 Il teorema di Künneth

Obiettivo di questa sezione è calcolare la coomologia del prodotto di due spazi a partire dalla coomologia dei fattori, usando un procedimento analogo a quello usato per dimostrare la dualità di Poincaré. Non ti stupirà che per farlo abbiamo bisogno di ulteriori definizioni e lemmi algebrici.

Lemma 5.7.1. *Sia W uno spazio vettoriale di dimensione finita, e V uno spazio vettoriale qualsiasi. Sia poi $\{e_1, \ldots, e_n\}$ una base di W, dove $n = \dim W$. Allora per ogni elemento $\alpha \in V \otimes W$ esistono unici $v^1, \ldots, v^n \in V$ tali che $\alpha = \sum_{j=1}^n v^j \otimes e_j$.*

Dimostrazione. Ogni $\alpha \in V \otimes W$ si può scrivere nella forma $\alpha = \sum_{k=1}^r v^k \otimes w_k$ per opportuni $v^k \in V$, $w_k \in W$ e $r \in \mathbb{N}$. Scrivendo $w_k = \sum_j a_k^j e_j$ otteniamo

$$\alpha = \sum_{j=1}^n \left(\sum_{k=1}^r a_k^j v^k \right) \otimes e_j \ ,$$

e l'esistenza è dimostrata.

Per l'unicità, è sufficiente dimostrare che $\sum_j v^j \otimes e_j = O$ implica $v^h = O$ per $h = 1, \ldots, n$. Ma infatti se $\{e^1, \ldots, e^n\}$ è la base duale di W^* per ogni $h = 1, \ldots, n$ abbiamo

$$\forall \phi \in V^* \qquad \phi(v^h) = \sum_{j=1}^r v^j \otimes e_j(\phi, e^h) = 0 \ ,$$

e quindi $v^h = O$.   □

Corollario 5.7.2. *Sia* $\{V_\alpha\}_\alpha$ *una famiglia di spazi vettoriali, e* W *uno spazio vettoriale di dimensione finita. Allora* $\prod_\alpha (V_\alpha \otimes W)$ *è canonicamente isomorfo a* $(\prod_\alpha V_\alpha) \otimes W$.

Dimostrazione. Fissata una base $\{e_1, \dots, e_n\}$ di W, il Lemma 5.7.1 ci assicura che l'applicazione $\Psi \colon \prod_\alpha (V_\alpha \otimes W) \to (\prod_\alpha V_\alpha) \otimes W$ definita ponendo

$$\Psi\left(\left(\sum_{j=1}^n v_\alpha^j \otimes e_j\right)_\alpha\right) = \sum_{j=1}^n (v_\alpha^j)_\alpha \otimes e_j$$

è un isomorfismo, e si verifica facilmente (controlla) che Ψ è indipendente dalla base scelta. □

Lemma 5.7.3. *Sia*

$$U \xrightarrow{\ f\ } V \xrightarrow{\ g\ } Z$$

una successione esatta di spazi vettoriali, e W *uno spazio vettoriale di dimensione finita. Allora la successione*

$$U \otimes W \xrightarrow{\ f \otimes \mathrm{id}\ } V \otimes W \xrightarrow{\ g \otimes \mathrm{id}\ } Z \otimes W$$

è ancora esatta.

Dimostrazione. Sia $\alpha \in \mathrm{Ker}(g \otimes \mathrm{id})$; dobbiamo trovare $\beta \in U \otimes W$ tale che $f \otimes \mathrm{id}(\beta) = \alpha$.

Data una base $\{e_1, \dots, e_n\}$ di W, il Lemma 5.7.1 ci dice che esistono unici $v^1, \dots, v^n \in V$ tali che $\alpha = \sum_j v^j \otimes e_j$. Siccome

$$O = g \otimes \mathrm{id}(\alpha) = \sum_{j=1}^n g(v^j) \otimes e_j \ ,$$

sempre il Lemma 5.7.1 ci assicura che $g(v^1), \dots, g(v^n) \in \mathrm{Ker}\, g$; quindi esistono $u^1, \dots, u^n \in U$ tali che $f(u^j) = v^j$ per $j = 1, \dots, n$. Allora ponendo $\beta = \sum_j u^j \otimes e_j$ otteniamo $f \otimes \mathrm{id}(\beta) = \alpha$, e ci siamo. □

Quello che vogliamo dimostrare è che la coomologia di un prodotto cartesiano è (sotto opportune ipotesi) il prodotto tensoriale delle coomologie.

Definizione 5.7.4. Il *prodotto tensoriale* di due spazi vettoriali graduati $A^\bullet$ e $B^\bullet$ è lo spazio vettoriale graduato $A^\bullet \otimes B^\bullet$ definito da

$$(A^\bullet \otimes B^\bullet)^n = \sum_{p+q=n} A^p \otimes B^q$$

per ogni $n \in \mathbb{N}$.

E ora possiamo enunciare e dimostrare il *teorema di Künneth*.

Teorema 5.7.5 (Künneth). *Siano M ed N due varietà, e supponiamo che N abbia coomologia di dimensione finita. Allora*

$$H^\bullet(M \times N) = H^\bullet(M) \otimes H^\bullet(N) \,,$$

cioè

$$H^k(M \times N) = \bigoplus_{p+q=k} H^p(M) \otimes H^q(N) \qquad (5.16)$$

per $0 \le k \le \dim M + \dim N$.

Dimostrazione. Se $U \subseteq M$ è aperto, indichiamo con $\pi_1 \colon U \times N \to M$ e $\pi_2 \colon U \times N \to N$ le proiezioni sui due fattori. Definiamo poi un morfismo $\psi^U \colon A^\bullet(U) \otimes A^\bullet(N) \to A^\bullet(U \times N)$ ponendo

$$\psi^U(\omega \otimes \eta) = \pi_1^*\omega \wedge \pi_2^*\eta \,,$$

ed estendendo per linearità. Si verifica subito (controlla) che ψ^U manda $Z^\bullet(U) \otimes Z^\bullet(N)$ in $Z^\bullet(U \times N)$, e $B^\bullet(U) \otimes Z^\bullet(N)$ e $Z^\bullet(U) \otimes B^\bullet(N)$ in $B^\bullet(U \times N)$, per cui ψ^U induce un morfismo in coomologia

$$\psi_*^U \colon H^\bullet(U) \otimes H^\bullet(N) \to H^\bullet(U \times N) \,;$$

il nostro obiettivo è dimostrare che ψ_*^M è un isomorfismo.

Poniamo

$$\mathcal{P} = \{\varnothing\} \cup \{U \subseteq M \mid U \text{ aperto e } \psi_*^U \text{ isomorfismo}\} \,;$$

se dimostriamo che $\mathcal{P}$ soddisfa le proprietà (i)–(iv) del Lemma 5.6.5 abbiamo finito.

La proprietà (i) è ovvia. Per (ii), siano U, $V \subseteq M$ aperti, e supponiamo che U, V, $U \cap V \in \mathcal{P}$; vogliamo dimostrare che $U \cup V \in \mathcal{P}$. Fissiamo $n \ge 0$, e sia $0 \le p \le n$. Dalla successione di Mayer-Vietoris

$$\cdots \to H^p(U \cup V) \to H^p(U) \oplus H^p(V) \to H^p(U \cap V) \to H^{p+1}(U \cup V) \to \cdots$$

tensorizzando per $H^{n-p}(N)$ otteniamo la successione

$$\cdots \to H^p(U \cup V) \otimes H^{n-p}(N) \to \big(H^p(U) \otimes H^{n-p}(N)\big) \oplus \big(H^p(U) \otimes H^{n-p}(N)\big)$$

$$\to H^p(U \cap V) \otimes H^{n-p}(N) \to H^{p+1}(U \cup V) \otimes H^{n-p}(N) \to \cdots$$

che è ancora esatta grazie al Lemma 5.7.3, in quanto $H^{n-p}(N)$ ha dimensione finita. Sommando su p otteniamo quindi la successione esatta

$$\cdots \to \bigoplus_{p=0}^{n} H^p(U \cup V) \otimes H^{n-p}(N) \to \bigoplus_{p=0}^{n} \big(H^p(U) \otimes H^{n-p}(N)\big) \oplus \big(H^p(U) \otimes H^{n-p}(N)\big)$$

$$\to \bigoplus_{p=0}^{n} H^p(U \cap V) \otimes H^{n-p}(N) \to \bigoplus_{p=0}^{n} H^{p+1}(U \cup V) \otimes H^{n-p}(N) \to \cdots$$

Se riusciamo a dimostrare che il diagramma

$$
\begin{array}{ccc}
\vdots & & \vdots \\
\downarrow & & \downarrow \\
\displaystyle\bigoplus_{p=0}^{n} H^p(U\cup V)\otimes H^{n-p}(N) & \xrightarrow{\;\psi_*^{U\cup V}\;} & H^n\big((U\cup V)\times N\big) \\
\downarrow & & \downarrow \\
\displaystyle\bigoplus_{p=0}^{n}\Big(H^p(U)\otimes H^{n-p}(N)\Big)\oplus\Big(H^p(V)\otimes H^{n-p}(N)\Big) & \xrightarrow{\;\psi_*^{U}\oplus\psi_*^{V}\;} & H^n(U\times N)\oplus H^n(V\times N) \\
\downarrow & & \downarrow \\
\displaystyle\bigoplus_{p=0}^{n} H^p(U\cap V)\otimes H^{n-p}(N) & \xrightarrow{\;\psi_*^{U\cap V}\;} & H^n\big((U\cap V)\times N\big) \\
\downarrow & & \downarrow \\
\displaystyle\bigoplus_{p=0}^{n} H^{p+1}(U\cup V)\otimes H^{n-p}(N) & \xrightarrow{\;\psi_*^{U\cup V}\;} & H^{n+1}\big((U\cup V)\times N\big) \\
\downarrow & & \downarrow \\
\vdots & & \vdots
\end{array}
$$

è commutativo, il lemma dei cinque (Lemma 5.6.4) ci dirà che $U\cup V\in\mathcal{P}$, e avremo ottenuto la proprietà (ii). L'unico quadrato la cui commutatività non è ovvia è

$$
\begin{array}{ccc}
\displaystyle\bigoplus_{p=0}^{n} H^p(U\cap V)\otimes H^{n-p}(N) & \xrightarrow{\;\psi_*^{U\cap V}\;} & H^n\big((U\cap V)\times N\big) \\
{\scriptstyle d^*\otimes\mathrm{id}}\Big\downarrow & & \Big\downarrow{\scriptstyle d^*} \\
\displaystyle\bigoplus_{p=0}^{n} H^{p+1}(U\cup V)\otimes H^{n-p}(N) & \xrightarrow{\;\psi_*^{U\cup V}\;} & H^{n+1}\big((U\cup V)\times N\big)
\end{array} \quad .
$$

Prendiamo $[\omega]\otimes[\eta]\in H^p(U\cap V)\otimes H^{n-p}(N)$. Allora

$$
\psi_*^{U\cup V}(d^*\otimes\mathrm{id})([\omega]\otimes[\eta]) = \pi_1^* d^*[\omega]\wedge\pi_2^*[\eta]
$$

e

$$
d^*\psi_*^{U\cup V}([\omega]\otimes[\eta]) = d^*\big[\pi_1^*\omega\wedge\pi_2^*\eta\big] \; .
$$

Sia $\{\rho_U,\rho_V\}$ una partizione dell'unità subordinata al ricoprimento $\{U,V\}$ di $U\cup V$, in modo che $\{\pi_1^*\rho_U,\pi_1^*\rho_V\}$ sia una partizione dell'unità subordinata al ricoprimento $\{U\times N,V\times N\}$ di $(U\cup V)\times N$. Ricordando la formula per d^* ottenuta nell'Osservazione 5.2.3 troviamo

$$
\begin{aligned}
d^*\big[\pi_1^*\omega\wedge\pi_2^*\eta\big] &= \big[\mathrm{d}\big((\pi_1^*\rho_U)\pi_1^*\omega\wedge\pi_2^*\eta\big)\big] \\
&= [\mathrm{d}\pi_1^*(\rho_U\omega)\wedge\pi_2^*[\eta]] = \pi_1^*[\mathrm{d}(\rho_U\omega)]\wedge\pi_2^*[\eta] \\
&= \pi_1^* d^*[\omega]\wedge\pi_2^*[\eta]
\end{aligned}
$$

come voluto, dove abbiamo utilizzato il fatto che η è chiusa.

Abbiamo quindi dimostrato la proprietà (ii). Per la proprietà (iii), sia $\{U_\alpha\} \subset \mathcal{P}$ una famiglia numerabile di elementi di $\mathcal{P}$ a due a due disgiunti. In particolare abbiamo l'isomorfismo

$$\prod_\alpha \psi_*^{U_\alpha} \colon \prod_\alpha \big(H^\bullet(U_\alpha) \otimes H^\bullet(N)\big) \to \prod_\alpha H^\bullet(U_\alpha \times N) \ .$$

Essendo $H^\bullet(N)$ di dimensione finita, il Corollario 5.7.2 ci fornisce un isomorfismo canonico $\Psi \colon (\prod_\alpha H^\bullet(U_\alpha)) \otimes H^\bullet(N) \to \prod_\alpha \big(H^\bullet(U_\alpha) \otimes H^\bullet(N)\big)$. Inoltre, l'Osservazione 5.1.4 implica che possiamo identificare $\prod_\alpha H^\bullet(U_\alpha)$ con $H^\bullet(\coprod_\alpha U_\alpha)$, e $\prod_\alpha H^\bullet(U_\alpha \times N)$ con $H^\bullet((\coprod_\alpha U_\alpha) \times N)$. Combinando queste identificazioni otteniamo un isomorfismo

$$\left(\prod_\alpha \psi_*^{U_\alpha}\right) \circ \Psi \colon H^\bullet\left(\coprod_\alpha U_\alpha\right) \otimes H^\bullet(N) \to H^\bullet\left(\left(\coprod_\alpha U_\alpha\right) \times N\right) \ ,$$

e si vede immediatamente (controlla) che questo isomorfismo coincide con $\psi_*^{\coprod_\alpha U_\alpha}$, per cui abbiamo dimostrato anche la proprietà (iii).

Rimane da dimostrare la proprietà (iv), che è equivalente a dire che

$$\psi_*^{\mathbb{R}^n} \colon H^\bullet(\mathbb{R}^n) \otimes H^\bullet(N) \to H^\bullet(\mathbb{R}^n \times N)$$

è un isomorfismo. Ora, $H^\bullet(\mathbb{R}^n) = \mathbb{R}$; quindi $H^\bullet(\mathbb{R}^n) \otimes H^\bullet(N) = H^\bullet(N)$, e l'applicazione $\psi_*^{\mathbb{R}^n}$ si riduce a $\psi_*^{\mathbb{R}^n}(\eta) = \pi_2^*\eta$, che è un isomorfismo per il Corollario 5.4.10.

Abbiamo quindi dimostrato che la famiglia $\mathcal{P}$ gode delle proprietà (i)–(iv) del Lemma 5.6.5; quindi $M \in \mathcal{P}$, cioè ψ_M^* è un isomorfismo, come voluto. $\square$

Esempio 5.7.6. La formula (5.16) non vale senza una qualche ipotesi di dimensione finita sulla coomologia di uno dei fattori. Infatti, prendiamo per esempio $M = N = \mathbb{N}$. Allora $H^0(M \times N)$ è lo spazio di tutte le matrici infinite $\{a_{ij}\}_{i,j,\in\mathbb{N}}$ con coefficienti in $\mathbb{R}$, mentre $H^0(M) \otimes H^0(N)$ è lo spazio delle somme *finite* di matrici di rango 1. Siccome una somma finita di matrici di rango 1 ha rango finito, mentre $H^0(M \times N)$ contiene matrici di rango infinito, $H^0(M \times N)$ è strettamente più grande di $H^0(M) \otimes H^0(N)$.

5.8 Il principio di Mayer-Vietoris

I ragionamenti fatti nell'Esempio 5.3.7 e nelle dimostrazioni della dualità di Poincaré e del teorema di Künneth suggeriscono che, usando la successione di Mayer-Vietoris, potrebbe essere possibile ricostruire la coomologia di una varietà partendo dalla combinatoria di un atlante con domini delle carte diffeomorfi a $\mathbb{R}^n$ e con intersezioni controllate. Lo strumento tecnico che permette di realizzare questo programma è quello di ricoprimento aciclico.

Definizione 5.8.1. Un *ricoprimento aciclico* (o *ricoprimento di Leray*) di una varietà n-dimensionale M è un ricoprimento aperto $\{U_\alpha\}$ di M tale che ogni intersezione finita non vuota $U_{\alpha_0} \cap \cdots \cap U_{\alpha_r}$ ha coomologia banale, nel senso che

$$H^k(U_{\alpha_0} \cap \cdots \cap U_{\alpha_r}) = \begin{cases} \mathbb{R} & \text{se } k = 0 \,, \\ O & \text{se } k > 0 \,, \end{cases}$$

non appena $U_{\alpha_0} \cap \cdots \cap U_{\alpha_r} \neq \varnothing$.

Una varietà con un ricoprimento aciclico finito sarà detta *di tipo finito*.

Esempio 5.8.2. Se $V \subseteq \mathbb{R}^n$ è un aperto di $\mathbb{R}^n$, nel corso della dimostrazione del Lemma 5.6.5 abbiamo costruito un ricoprimento $\mathfrak{W} = \{W_j\}$ di V costituito da policilindri. Siccome un'intersezione finita non vuota di policilindri è sempre un policilindro, e i policilindri sono diffeomorfi a $\mathbb{R}^n$, il ricoprimento $\mathfrak{W}$ è un ricoprimento aciclico.

Più in generale, se (U, φ) è una carta locale e $\{W_j\}$ è un ricoprimento aciclico di $V = \varphi(U)$, per esempio costruito con policilindri, allora $\{\varphi^{-1}(W_j)\}$ è un ricoprimento aciclico di U. Infine, un ricoprimento in cui ogni intersezione finita è C^∞-contraibile è un ricoprimento aciclico.

L'idea è che, siccome la coomologia di qualsiasi intersezione finita di aperti di un ricoprimento aciclico è banale, l'uso di successioni di Mayer-Vietoris per unioni di aperti del ricoprimento potrebbe ricondurre la coomologia della varietà alla combinatoria delle intersezioni degli aperti del ricoprimento.

Per poter effettivamente usare questa idea sarà necessario introdurre un macchinario algebrico che permetta di gestire successioni di Mayer-Vietoris che coinvolgono più di due aperti; ma come primo esempio di applicazione di questa idea mostriamo che varietà di tipo finito hanno coomologia di de Rham di dimensione finita.

Proposizione 5.8.3. *La coomologia di de Rham una varietà di tipo finito è di dimensione finita.*

Dimostrazione. Sia $\mathfrak{U} = \{U_0, \ldots, U_r\}$ un ricoprimento aciclico finito di M, e procediamo per induzione su r.

Se $r = 1$ la tesi è ovvia. Supponiamo allora la tesi vera per tutte le varietà con un ricoprimento aciclico composto da $r - 1$ aperti, e poniamo $U = U_1 \cup \cdots \cup U_{r-1}$ e $V = U_r$. Per ipotesi induttiva, le coomologie di U e di V hanno dimensione finita. Inoltre, $\{U_1 \cap U_r, \ldots, U_{r-1} \cap U_r\}$ è un ricoprimento aciclico di $U \cap V$ composto da $r-1$ aperti; quindi anche la coomologia di $U \cap V$ ha dimensione finita. Dalla successione di Mayer-Vietoris

$$\cdots \longrightarrow H^{k-1}(U \cap V) \xrightarrow{d^*} H^k(U \cup V) \xrightarrow{r} H^k(U) \oplus H^k(V) \longrightarrow \cdots$$

deduciamo

$$H^k(U \cup V) \cong \operatorname{Ker} r \oplus \operatorname{Im} r \cong \operatorname{Im} d^* \oplus \operatorname{Im} r \,.$$

Siccome $H^k(U)$, $H^k(V)$ e $H^{k-1}(U \cap V)$ hanno dimensione finita, allora anche $\operatorname{Im} d^*$ e $\operatorname{Im} r$, e quindi $H^k(U \cup V) = H^k(M)$, hanno dimensione finita, ed è fatta. $\qquad \qquad \square$

Esempio 5.8.4. Sia $M = \mathbb{R}^2 \setminus (\mathbb{N} \times \{0\})$. Essendo M connesso, $H^0(M) = \mathbb{R}$; vogliamo dimostrare che invece $H^1(M)$ ha dimensione infinita, per cui M non è di tipo finito. Cominciamo facendo vedere il seguente fatto: *se U e V sono due aperti connessi con intersezione connessa e tale che $H^1(U \cap V) = O$ allora $H^1(U \cup V) = H^1(U) \oplus H^1(V)$.* Infatti, la successione di Mayer-Vietoris in questo caso ci dà

$$\mathbb{R} \oplus \mathbb{R} \xrightarrow{\iota_1^* - \iota_0^*} \mathbb{R} \xrightarrow{d^*} H^1(U \cup V) \xrightarrow{\jmath^*} H^1(U) \oplus H^1(V) \longrightarrow O\,,$$

dove $(\iota_1^* - \iota_0^*)(\lambda, \mu) = \mu - \lambda$. In particolare, $\iota_1^* - \iota_0^*$ è surgettiva, per cui d^* è l'applicazione nulla. Ma allora, sempre per l'esattezza, $\jmath^*$ è iniettiva e surgettiva, cioè un isomorfismo.

Definiamo ora i seguenti aperti:

$$U = \big((-\infty, 3/4) \times \mathbb{R}\big) \setminus \{(0,0)\}$$

e

$$V = \big((1/4, +\infty) \times \mathbb{R}\big) \setminus \{(n,0) \mid n \geq 1\}\,.$$

Si vede facilmente (controlla) che V è diffeomorfo a M. Invece, U è diffeomorfo a $\mathbb{R}^2 \setminus \{(0,0)\}$ (Esercizio 2.148), che ha S^1 come retratto di deformazione liscio (Esempio 5.4.8); quindi $H^0(U) = H^1(U) = \mathbb{R}$. Inoltre $U \cap V$ è una striscia verticale, per cui è diffeomorfa a $\mathbb{R}^2$ e $H^1(U \cap V) = O$. Essendo $U \cup V = M$, il fatto appena dimostrato ci dice che

$$H^1(M) = H^1(U) \oplus H^1(V) = \mathbb{R} \oplus H^1(M)\,.$$

Se $H^1(M)$ avesse dimensione finita, questo chiaramente non potrebbe accadere; quindi $H^1(M)$ deve avere dimensione infinita, e M non è una varietà di tipo finito.

Una domanda naturale a questo punto è quando esistono ricoprimenti aciclici. La risposta è: sempre. Per enunciare il risultato preciso, e perché ci servirà in seguito, premettiamo una definizione.

Definizione 5.8.5. Un *insieme diretto* è un insieme I con un ordine parziale $\leq$ tale che per ogni a, $b \in I$ esiste $c \in I$ con $c \leq a$ e $c \leq b$. Un sottoinsieme $J \subseteq I$ è *cofinale* se per ogni $i \in I$ esiste $j \in J$ tale che $j \leq i$.

Esempio 5.8.6. L'insieme dei ricoprimenti aperti di uno spazio topologico è un insieme diretto rispetto all'ordine parziale $\mathcal{V} \leq \mathcal{U}$ se e solo se $\mathcal{V}$ è un raffinamento di $\mathcal{U}$, perché due ricoprimenti aperti $\mathcal{U} = \{U_\alpha\}$ e $\mathcal{V} = \{V_\beta\}$ hanno $\mathcal{U} \cap \mathcal{V} = \{U_\alpha \cap V_\beta\}$ come raffinamento comune.

Esempio 5.8.7. Un altro esempio di insieme diretto che ci servirà in seguito è dato dalla famiglia degli intorni aperti di un punto in uno spazio topologico, rispetto all'ordine parziale dato dall'inclusione. In particolare, un sistema fondamentale di intorni è esattamente un sottoinsieme cofinale.

Possiamo quindi enunciare il teorema che ci assicura l'esistenza dei ricoprimenti aciclici:

Teorema 5.8.8. *Ogni varietà ha un ricoprimento aciclico; in particolare, le varietà compatte sono di tipo finito. Più precisamente, i ricoprimenti aciclici sono cofinali nell'insieme di tutti i ricoprimenti aperti di una varietà, rispetto all'ordine parziale dato dalla relazione di raffinamento.*

Vedremo la dimostrazione completa di questo teorema solo nella Sezione 7.3, quando introdurremo delle tecniche di geometria Riemanniana (vedi il Teorema 7.3.6). Lo strumento tecnico che permetterà la dimostrazione di questo teorema è quello di aperto *geodeticamente convesso,* che è l'analogo per le varietà Riemanniane del concetto di aperto convesso di $\mathbb{R}^n$. In breve, un aperto di una varietà Riemanniana è geodeticamente convesso se contiene la geodetica che congiunge due qualsiasi dei suoi punti. È quindi chiaro che l'intersezione di due aperti geodeticamente convessi è geodeticamente convesso; siccome si può dimostrare che, esattamente come accade per gli aperti convessi, un aperto geodeticamente convesso è C^∞-contraibile, ne segue che un ricoprimento formato da aperti geodeticamente convessi è aciclico. Inoltre, vedremo anche che ogni punto di una varietà ha un sistema fondamentale d'intorni costituito da aperti geodeticamente convessi; quindi ogni ricoprimento aperto ha un raffinamento costituito da aperti geodeticamente convessi, e questo ci assicura che i ricoprimenti aciclici non solo esistono ma sono cofinali.

Per estendere gli argomenti basati sulla successione di Mayer-Vietoris dal caso di ricoprimenti composti da due (o da un numero finito di) aperti al caso di ricoprimenti numerabili qualunque ci serviranno alcuni nuovi concetti di Algebra Omologica.

Definizione 5.8.9. Un *complesso doppio* è una terna $(K^{\bullet,\bullet}, d, \delta)$ composta da un gruppo abeliano (spazio vettoriale, eccetera) $K^{\bullet,\bullet}$ con una doppia graduazione, cioè che si decompone in una somma diretta

$$K^{\bullet,\bullet} = \bigoplus_{p,q \in \mathbb{N}} K^{p,q}$$

di sottogruppi (sottospazi, eccetera), e da due morfismi d, $\delta \colon K \to K$ che soddisfano le seguenti proprietà:

(i) $d(K^{p,q}) \subseteq K^{p,q+1}$ e $\delta(K^{p,q}) \subseteq K^{p+1,q}$ per ogni p, $q \in \mathbb{N}$;
(ii) $d \circ d = O$ e $\delta \circ \delta = O$;
(iii) $d \circ \delta = \delta \circ d$.

In altre parole, un complesso doppio è un diagramma commutativo

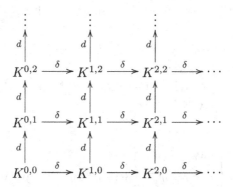

in cui sia le righe che le colonne sono complessi differenziali. Se $a \in K^{p,q}$, diremo che a ha *bigrado* (p, q).

C'è un modo naturale per associare a un complesso doppio $(K^{\bullet,\bullet}, d, \delta)$ un complesso differenziale. Prima di tutto, sia $K^{\bullet} = \bigoplus_{n \in \mathbb{N}} K^n$ ottenuto ponendo

$$K^n = \bigoplus_{p+q=n} K^{p,q} \,.$$

Poi definiamo $D \colon K^{\bullet} \to K^{\bullet+1}$ ponendo

$$D|_{K^{p,q}} = \delta + (-1)^p d \,.$$

Allora $D(K^n) \subseteq K^{n+1}$, e per ogni $\phi \in K^{p,q}$ si ha

$$D\big(D(\phi)\big) = D\big(\delta\phi + (-1)^p d\phi\big) = \delta\delta\phi + (-1)^{p+1} d\delta\phi + (-1)^p \delta d\phi + dd\phi = O \,;$$

quindi $D \circ D = O$ e $(K^{\bullet}, D)$ è un complesso differenziale.

Definizione 5.8.10. Sia $(K^{\bullet,\bullet}, d, \delta)$ un complesso doppio. Il complesso differenziale $(K^{\bullet}, D)$ appena definito è il *complesso differenziale indotto* da $(K^{\bullet,\bullet}, d, \delta)$. La *coomologia* del complesso doppio $(K^{\bullet,\bullet}, d, \delta)$ è per definizione la coomologia $H_D^{\bullet}(K)$ del complesso $(K^{\bullet}, D)$ indotto.

Osservazione 5.8.11. Un elemento $\phi \in K^n$ è, per definizione, una somma

$$\phi = \phi^{0,n} + \phi^{1,n-1} + \cdots + \phi^{n-1,1} + \phi^{n,0}$$

con $\phi^{p,q} \in K^{p,q}$. Quindi

$$D\phi = d\phi^{0,n} + (\delta\phi^{0,n} - d\phi^{1,n-1}) + \cdots + (\delta\phi^{n-1,1} + (-1)^n d\phi^{n,0}) + \delta\phi^{n,0} \,,$$

per cui

$$(D\phi)^{p,q} = \begin{cases} d\phi^{0,n} & \text{se } p=0 \text{ e } q=n+1 \text{ ;} \\ \delta\phi^{p-1,q} + (-1)^p d\phi^{p,q-1} & \text{se } 0 < p < n+1 \text{ e } q=n+1-p \text{ ;} \\ \delta\phi^{n,0} & \text{se } p=n+1 \text{ e } q=0 \text{ .} \end{cases}$$

In particolare,

$$D\phi = O \iff \begin{cases} d\phi^{0,n} = O \text{ ,} \\ \delta\phi^{p,q} = (-1)^p \, d\phi^{p+1,q-1} & \text{per } 0 \le p < n \text{ ,} \\ \delta\phi^{n,0} = O \text{ ;} \end{cases} \qquad (5.17)$$

e

$$\phi = D\eta \iff \begin{cases} \phi^{0,n} = d\eta^{0,n-1} \text{ ,} \\ \phi^{p,q} = \delta\eta^{p-1,q} + (-1)^p \, d\eta^{p,q-1} & \text{per } 0 < p < n \text{ ,} \\ \phi^{n,0} = \delta\eta^{n-1,0} \text{ .} \end{cases} \qquad (5.18)$$

Una utile conseguenza di queste formule è il

Lemma 5.8.12. *Sia* $(K^{\bullet,\bullet}, d, \delta)$ *un complesso doppio con righe esatte. Allora ogni classe di coomologia* $[\omega] \in H^n_D(K)$ *è rappresentata da un elemento* $\omega \in K^{0,n}$ *che è d-chiuso e δ-chiuso.*

Dimostrazione. Sia $\omega_0 = \omega^{0,n} + \cdots + \omega^{n,0} \in K^n$ un D-cociclo rappresentante $[\omega]$. Siccome $D\omega_0 = O$, la (5.17) ci dice che $\delta\omega^{n,0} = O$; l'esattezza delle righe implica quindi che esiste $\phi \in K^{n-1,0}$ tale che $\omega^{n,0} = \delta\phi$. Poniamo $\omega_1 = \omega_0 - D\phi$; allora ω_1 è ancora un D-cociclo rappresentante $[\omega]$, ma senza componente in $K^{n,0}$. La (5.17) dice allora che la componente in $K^{n-1,1}$ di ω_1 è δ-chiusa; l'esattezza delle righe implica che è anche δ-esatta, e quindi come prima possiamo sottrarre a ω_1 un D-cobordo in modo da ottenere un rappresentante di $[\omega]$ senza componenti né in $K^{n,0}$ né in $K^{n-1,1}$.

Procedendo in questo modo otteniamo un rappresentante $\omega \in K^{0,n}$ di $[\omega]$; e, usando ancora (5.17), da $D\tilde{\omega} = O$ deduciamo $d\omega = O$ e $\delta\omega = O$, ed è fatta. $\qquad \square$

Un complesso doppio con righe esatte può essere usato per calcolare la coomologia di un complesso differenziale inserito come colonna iniziale del complesso doppio, formando un complesso doppio aumentato:

Definizione 5.8.13. Un *complesso doppio aumentato* è dato da un complesso doppio $(K^{\bullet,\bullet}, d, \delta)$, un complesso differenziale $(A^\bullet, d)$ e un morfismo $r\colon A^\bullet \to K^{\bullet,\bullet}$ che soddisfano le seguenti condizioni:

(i) $r(A^q) \subseteq K^{0,q}$ per ogni $q \in \mathbb{N}$;
(ii) r è iniettivo;
(iii) $r \circ d = d \circ r$;
(iv) $\delta \circ r = O$.

In altre parole, un complesso doppio aumentato è un diagramma commutativo

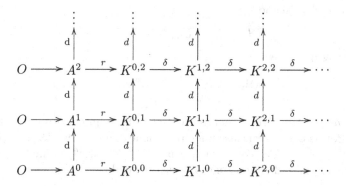

in cui sia le righe che le colonne sono complessi differenziali.

Teorema 5.8.14. *Sia* $r\colon (A^{\bullet}, \mathrm{d}) \to (K^{\bullet,\bullet}, d, \delta)$ *un complesso doppio aumentato a righe esatte. Allora* r *induce un isomorfismo fra* $H^{\bullet}(A)$ *e* $H_D^{\bullet}(K)$.

Dimostrazione. Siccome

$$D \circ r = (\delta + d) \circ r = d \circ r = r \circ \mathrm{d} \,,$$

il morfismo r è un morfismo di cocatene, e quindi induce un morfismo $r^*\colon H^{\bullet}(A) \to H_D^{\bullet}(K)$ in coomologia; vogliamo dimostrare che r^* è un isomorfismo.

Sia $[\omega] \in H_D^n(K)$. Per il Lemma 5.8.12, possiamo trovare un δ-cociclo e d-cociclo $\omega \in K^{0,n}$ rappresentante $[\omega]$. L'esattezza delle righe ci fornisce allora un $\phi \in A^n$ tale che $r(\phi) = \omega$. Inoltre $r(\mathrm{d}\phi) = dr(\phi) = d\omega = O$; essendo r iniettivo troviamo $\mathrm{d}\phi = O$. Quindi ϕ è un d-cociclo tale che $r^*[\phi] = [\omega]$, per cui r^* è surgettiva.

Per dimostrare che r^* è iniettivo, sia $[\phi] \in H^n(A)$ tale che $r^*[\phi] = O$. Questo vuol dire che $\mathrm{d}\phi = O$ e $r(\phi) = D\eta$ per un opportuno $\eta \in K^{n-1}$. Siccome $r(\phi) \in K^{0,n}$, la (5.18) ci dice che $\delta\eta^{n-1,0} = O$. L'esattezza delle righe ci fornisce $\psi \in K^{n-2,0}$ tale che $\delta\psi = \eta^{n-1,0}$, e quindi sottraendo $D\psi$ a η possiamo supporre che $\eta^{n-1,0} = O$.

Procedendo in questo modo, possiamo trovare $\tilde{\eta} \in K^{0,n-1}$ tale che $D\tilde{\eta} = r(\phi)$. In particolare, $\delta\tilde{\eta} = O$, per cui l'esattezza delle righe ci fornisce $\psi \in A^{n-1}$ tale che $r(\psi) = \tilde{\eta}$. Quindi $r(\mathrm{d}\psi) = Dr(\psi) = D\tilde{\eta} = r(\phi)$, per cui l'iniettività di r implica $\phi = \mathrm{d}\psi$. Dunque $[\phi] = O$ e r^* è iniettivo, come voluto. $\qquad\square$

Vogliamo applicare questo risultato per calcolare la coomologia di de Rham di una varietà generalizzando la successione di Mayer-Vietoris al caso di un ricoprimento aperto numerabile. Per far ciò abbiamo bisogno di costruire un complesso doppio aumentato.

Definizione 5.8.15. Sia $\mathfrak{U} = \{U_\alpha\}_{\alpha \in J}$ un ricoprimento aperto numerabile (o finito) di una varietà M, dove J è un insieme ordinato. Per $r \in \mathbb{N}$ e $\alpha_0, \ldots, \alpha_r \in J$ poniamo

$$U_{\alpha_0 \ldots \alpha_r} = U_{\alpha_0} \cap \cdots \cap U_{\alpha_r} \,.$$

Per $p, q \in \mathbb{N}$ poniamo

$$C^p(\mathfrak{U}, A^q) = \prod_{\alpha_0 < \cdots < \alpha_p} A^q(U_{\alpha_0 \ldots \alpha_p}) \,.$$

Osservazione 5.8.16. Un elemento $\phi \in C^p(\mathfrak{U}, A^q)$ è quindi ottenuto assegnando una q-forma $\phi_{\alpha_0 \ldots \alpha_p}$ su ciascuna intersezione di $p+1$ aperti $U_{\alpha_0}, \ldots, U_{\alpha_p} \in \mathfrak{U}$ con $\alpha_0 < \cdots < \alpha_p$. Per convenzione, dato $\phi \in C^p(\mathfrak{U}, A^q)$ definiremo $\phi_{\alpha_0 \ldots \alpha_p}$ anche quando gli indici non sono ordinati ponendo

$$\phi_{\alpha_{\tau(0)} \ldots \alpha_{\tau(p)}} = \text{sgn}(\tau) \phi_{\alpha_0 \ldots \alpha_p} \tag{5.19}$$

per ogni permutazione $\tau \in \mathfrak{S}_p$; in particolare $\phi_{\alpha_0 \ldots \alpha_p} = O$ non appena $\alpha_i = \alpha_j$ per qualche $i \neq j$.

Il differenziale esterno induce un differenziale d$: C^p(\mathfrak{U}, A^q) \to C^p(\mathfrak{U}, A^{q+1})$ agendo componente per componente. Per avere un complesso doppio, ci serve un differenziale orizzontale.

Lemma 5.8.17. *Sia* $\mathfrak{U} = \{U_\alpha\}$ *un ricoprimento aperto numerabile di una varietà* M. *Per ogni* $\phi \in C^p(\mathfrak{U}, A^q)$ *poniamo*

$$(\delta\phi)_{\alpha_0 \ldots \alpha_{p+1}} = \sum_{j=0}^{p+1} (-1)^j (\phi_{\alpha_0 \ldots \widehat{\alpha_j} \ldots \alpha_{p+1}})|_{U_{\alpha_0 \ldots \alpha_{p+1}}} \,, \tag{5.20}$$

dove l'accento circonflesso indica l'omissione di un indice. Allora $\phi \mapsto \delta\phi$ *definisce un differenziale* $\delta\colon C^p(\mathfrak{U}, A^q) \to C^{p+1}(\mathfrak{U}, A^q)$ *che commuta con* d.

Dimostrazione. Per vedere che $\delta \circ \delta = O$ basta osservare che

$$(\delta^2\phi)_{\alpha_0 \ldots \alpha_{p+2}} = \sum_{j=0}^{p+2} (-1)^j (\delta\phi)_{\alpha_0 \ldots \widehat{\alpha_j} \ldots \alpha_{p+2}}$$

$$= \sum_{j=0}^{p+2} \sum_{i=0}^{j-1} (-1)^j (-1)^i \phi_{\alpha_0 \ldots \widehat{\alpha_i} \ldots \widehat{\alpha_j} \ldots \alpha_{p+2}}$$

$$+ \sum_{j=0}^{p+2} \sum_{i=j+1}^{p+2} (-1)^j (-1)^{i-1} \phi_{\alpha_0 \ldots \widehat{\alpha_j} \ldots \widehat{\alpha_i} \ldots \alpha_{p+2}}$$

$$= \sum_{0 \leq i < j \leq p+2} (-1)^{i+j} \phi_{\alpha_0 \ldots \widehat{\alpha_i} \ldots \widehat{\alpha_j} \ldots \alpha_{p+2}}$$

$$- \sum_{0 \leq j < i \leq p+2} (-1)^{i+j} \phi_{\alpha_0 \ldots \widehat{\alpha_j} \ldots \widehat{\alpha_i} \ldots \alpha_{p+2}}$$

$$= O \,,$$

dove per semplicità di scrittura abbiamo omesso le restrizioni. Infine, che si abbia $d \circ \delta = \delta \circ d$ è ovvio. $\qquad\square$

Osservazione 5.8.18. Possiamo usare (5.20) per definire δ anche senza supporre che gli indici siano ordinati; infatti se ϕ soddisfa (5.19) anche $\delta\phi$ lo soddisfa. Chiaramente, è sufficiente verificarlo per le trasposizioni. Omettendo nuovamente di scrivere le restrizioni abbiamo

$$(\delta\phi)_{\alpha_0 \ldots \alpha_h \ldots \alpha_k \ldots \alpha_{p+1}}$$

$$= \sum_{j=0}^{h-1} (-1)^j \phi_{\alpha_0 \ldots \widehat{\alpha_j} \ldots \alpha_h \ldots \alpha_k \ldots \alpha_{p+1}}$$

$$+ (-1)^h \phi_{\alpha_0 \ldots \widehat{\alpha_h} \ldots \alpha_k \ldots \alpha_{p+1}} + \sum_{j=h+1}^{k-1} (-1)^j \phi_{\alpha_0 \ldots \alpha_h \ldots \widehat{\alpha_j} \ldots \alpha_k \ldots \alpha_{p+1}}$$

$$+ (-1)^k \phi_{\alpha_0 \ldots \alpha_h \ldots \widehat{\alpha_k} \ldots \alpha_{p+1}} + \sum_{j=k+1}^{p+1} (-1)^j \phi_{\alpha_0 \ldots \alpha_h \ldots \alpha_k \ldots \widehat{\alpha_j} \ldots \alpha_{p+1}}$$

$$= - \sum_{j=0}^{h-1} (-1)^j \phi_{\alpha_0 \ldots \widehat{\alpha_j} \ldots \alpha_k \ldots \alpha_h \ldots \alpha_{p+1}}$$

$$+ (-1)^h (-1)^{k-h+1} \phi_{\alpha_0 \ldots \alpha_k \ldots \widehat{\alpha_h} \ldots \alpha_{p+1}} - \sum_{j=h+1}^{k-1} (-1)^j \phi_{\alpha_0 \ldots \alpha_k \ldots \widehat{\alpha_j} \ldots \alpha_h \ldots \alpha_{p+1}}$$

$$+ (-1)^k (-1)^{h-k+1} \phi_{\alpha_0 \ldots \widehat{\alpha_k} \ldots \alpha_h \ldots \alpha_{p+1}} - \sum_{j=k+1}^{p+1} (-1)^j \phi_{\alpha_0 \ldots \alpha_k \ldots \alpha_h \ldots \widehat{\alpha_j} \ldots \alpha_{p+1}}$$

$$= - (\delta\phi)_{\alpha_0 \ldots \alpha_k \ldots \alpha_h \ldots \alpha_{p+1}} \; ,$$

come voluto.

Definizione 5.8.19. Sia $\mathfrak{U}$ un ricoprimento aperto numerabile di una varietà M. Il complesso doppio $(C^\bullet(\mathfrak{U}, A^\bullet), d, \delta)$ è detto *complesso doppio di Mayer-Vietoris* associato al ricoprimento $\mathfrak{U}$.

Per applicare il Teorema 5.8.14 dobbiamo aumentare il complesso doppio di Mayer-Vietoris. Sia $r \colon A^\bullet(M) \to C^0(\mathfrak{U}, A^\bullet)$ il morfismo dato da $r(\omega)_\alpha = \omega|_{U_\alpha}$ per ogni $\alpha \in J$. L'iniettività di r segue subito dal fatto che $\mathfrak{U}$ è un ricoprimento. Inoltre

$$\big(\delta r(\omega)\big)_{\alpha_0 \alpha_1} = (\omega|_{U_{\alpha_1}} - \omega_{U_{\alpha_0}})|_{U_{\alpha_0 \alpha_1}} = O \; ;$$

quindi $r \colon \big(A^\bullet(M), d\big) \to \big(C^\bullet(\mathfrak{U}, A^\bullet), d, \delta\big)$ è un complesso doppio aumentato.

Definizione 5.8.20. Sia $\mathfrak{U}$ un ricoprimento aperto numerabile di una varietà M. Il complesso doppio aumentato $r \colon \big(A^\bullet(M), d\big) \to \big(C^\bullet(\mathfrak{U}, A^\bullet), d, \delta\big)$ è detto *complesso doppio aumentato di Mayer-Vietoris* associato al ricoprimento $\mathfrak{U}$.

Il *principio di Mayer-Vietoris* dichiara allora che il complesso doppio aumentato di Mayer-Vietoris ha righe esatte:

Teorema 5.8.21. *Sia $\mathfrak{U}$ un ricoprimento aperto numerabile di una varietà M. Allora il complesso doppio aumentato di Mayer-Vietoris associato a $\mathfrak{U}$ ha righe esatte. In particolare, il morfismo $r\colon A^\bullet(M) \to C^\bullet(\mathfrak{U}, A^\bullet)$ induce un isomorfismo fra la coomologia di de Rham $H^\bullet(M)$ di M e la coomologia del complesso doppio di Mayer-Vietoris.*

Dimostrazione. Dobbiamo dimostrare che, per ogni $q \geq 0$, la successione

$$O \longrightarrow A^q(M) \xrightarrow{\ r\ } C^0(\mathfrak{U}, A^q) \xrightarrow{\ \delta\ } C^1(\mathfrak{U}, A^q) \xrightarrow{\ \delta\ } C^2(\mathfrak{U}, A^q) \longrightarrow \cdots$$

è esatta. L'esattezza in $A^q(M)$ è l'iniettività di r; l'esattezza in $C^0(\mathfrak{U}, A^q)$ segue da $\delta \circ r = O$ e dal fatto che se $\phi \in C^0(\mathfrak{U}, A^q)$ è tale che $\delta\phi = O$ allora ponendo $\tilde{\phi}|_{U_\alpha} = \phi_\alpha$ si ottiene una q-forma globale $\tilde{\phi} \in A^q(M)$ tale che $r(\tilde{\phi}) = \phi$.

Grazie al Corollario 5.3.4, per dimostrare l'esattezza del resto della successione basta trovare un morfismo graduato $K\colon C^\bullet(\mathfrak{U}, A^q) \to C^{\bullet-1}(\mathfrak{U}, A^q)$ di grado -1 tale che $\delta \circ K + K \circ \delta = \mathrm{id}$.

Scegliamo una partizione dell'unità $\{\rho_\alpha\}$ subordinata al ricoprimento $\mathfrak{U}$, e per $\phi \in C^p(\mathfrak{U}, A^q)$ poniamo

$$(K\phi)_{\alpha_0 \dots \alpha_{p-1}} = \sum_\alpha j_*(\rho_\alpha \phi_{\alpha\alpha_0 \dots \alpha_{p-1}})\,,$$

dove j_* è l'operatore di estensione (Definizione 5.5.7) da $U_\alpha \cap U_{\alpha_0 \dots \alpha_{p-1}}$ a $U_{\alpha_0 \dots \alpha_{p-1}}$. Allora

$$(\delta K\phi)_{\alpha_0 \dots \alpha_p} = \sum_{j=0}^{p} (-1)^j (K\phi)_{\alpha_0 \dots \widehat{\alpha_j} \dots \alpha_p}$$

$$= \sum_{j=0}^{p} \sum_\alpha (-1)^j j_*(\rho_\alpha \phi_{\alpha\alpha_0 \dots \widehat{\alpha_j} \dots \alpha_p})\,;$$

$$(K\delta\phi)_{\alpha_0 \dots \alpha_p} = \sum_\alpha j_*\big(\rho_\alpha (\delta\phi)_{\alpha\alpha_0 \dots \alpha_p}\big)$$

$$= \left(\sum_\alpha \rho_\alpha\right) \phi_{\alpha_0 \dots \alpha_p} + \sum_\alpha \sum_{j=0}^{p} (-1)^{j+1} j_*(\rho_\alpha \phi_{\alpha\alpha_0 \dots \widehat{\alpha_j} \dots \alpha_p})$$

$$= \phi_{\alpha_0 \dots \alpha_p} - (\delta K\phi)_{\alpha_0 \dots \alpha_p}\,,$$

e ci siamo. L'ultima affermazione segue dal Teorema 5.8.14. $\qquad\square$

Il motivo che rende questo risultato utile è che la coomologia del complesso doppio di Mayer-Vietoris associato a un ricoprimento aciclico dipende solo

dalla combinatoria delle intersezioni degli aperti del ricoprimento. Per veder-
lo, cominciamo col notare che a ogni complesso doppio $(K^{\bullet,\bullet}, d, \delta)$ possiamo
associare un altro complesso doppio $(\tilde{K}^{\bullet,\bullet}, \tilde{d}, \tilde{\delta})$ ottenuto scambiando righe e
colonne, cioè ponendo

$$\tilde{K}^{p,q} = K^{q,p}, \quad \tilde{d}|_{\tilde{K}^{p,q}} = (-1)^p \delta \quad \text{e} \quad \tilde{\delta}|_{\tilde{K}^{p,q}} = (-1)^q d .$$

Chiaramente, $\tilde{K}^{\bullet} = K^{\bullet}$; inoltre se $\phi \in \tilde{K}^{p,q} = K^{q,p}$ troviamo

$$\tilde{D}\phi = \tilde{\delta}\phi + (-1)^p \tilde{d}\phi = (-1)^q d\phi + \delta\phi = D\phi ;$$

quindi $(K^{\bullet,\bullet}, d, \delta)$ e $(\tilde{K}^{\bullet,\bullet}, \tilde{d}, \tilde{\delta})$ hanno esattamente la stessa coomologia.

Inoltre, aumentare il complesso doppio $(\tilde{K}^{\bullet,\bullet}, \tilde{d}, \tilde{\delta})$ equivale ad aggiun-
gere una riga iniziale al complesso doppio originale, cioè ad avere un com-
plesso differenziale $(C^{\bullet}, \delta)$ e un morfismo graduato $i: C^{\bullet} \to K^{\bullet,\bullet}$ tali che il
diagramma

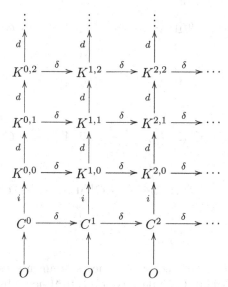

sia commutativo con righe e colonne che sono complessi differenziali. Il Teorema 5.8.14 quindi ci dice che se le colonne di questo complesso aumentato
sono esatte allora la coomologia del complesso doppio $K^{\bullet,\bullet}$ è isomorfa alla
coomologia del complesso $C^{\bullet}$.

Una scelta naturale per il complesso $C^{\bullet}$ è $C^p = \mathrm{Ker}(d|_{K^{p,0}})$, usando co-
me differenziale la restrizione del differenziale δ del complesso doppio, e come morfismo $i: C^{\bullet} \to K^{\bullet,0}$ l'inclusione. Nel caso del complesso doppio di
Mayer-Vietoris, il nucleo del differenziale d in $C^p(\mathfrak{U}, A^0)$ è composto dalle
funzioni localmente costanti (cioè costanti sulle componenti connesse delle
intersezioni $U_{\alpha_0 \dots \alpha_p}$). Questo ci porta alla seguente definizione:

Definizione 5.8.22. Sia $\mathfrak{U} = \{U_\alpha\}$ un ricoprimento aperto numerabile di una varietà M. Per $p \geq 0$ indichiamo con

$$C^p(\mathfrak{U}, \mathbb{R}) = \mathrm{Ker}\big(d|_{C^p(\mathfrak{U}, A^0)}\big) \subset C^p(\mathfrak{U}, A^0)$$

lo spazio vettoriale delle funzioni localmente costanti sulle intersezioni di $p+1$ elementi del ricoprimento. Il complesso differenziale $\big(C^\bullet(\mathfrak{U}, \mathbb{R}), \delta\big)$ è detto *complesso di Čech* del ricoprimento $\mathfrak{U}$, e la sua coomologia $\check{H}^\bullet(\mathfrak{U}, \mathbb{R})$ è la *coomologia di Čech* del ricoprimento $\mathfrak{U}$.

È importante notare che la coomologia di Čech di un ricoprimento dipende soltanto dalla combinatoria del ricoprimento, cioè dalla struttura delle intersezioni dei vari aperti del ricoprimento.

Abbiamo quindi il seguente diagramma commutativo:

Nota che il complesso di Čech non è necessariamente esatto; e infatti in generale la coomologia di Čech del ricoprimento $\mathfrak{U}$ non è banale.

Esempio 5.8.23. Supponiamo che $\mathfrak{U} = \{U_\alpha\}_{\alpha \in J}$ sia un ricoprimento aperto numerabile di una varietà M, composto da aperti connessi. Un elemento $\phi \in C^0(\mathfrak{U}, \mathbb{R})$ è dato dall'assegnazione di un numero reale $\phi_\alpha \in \mathbb{R}$ per ogni $\alpha \in J$. Quindi $\delta\phi = O$ se e solo se $\phi_\alpha = \phi_\beta$ ogni volta che $U_\alpha \cap U_\beta \neq \varnothing$. Segue subito che $\check{H}^0(\mathfrak{U}, \mathbb{R}) = \mathbb{R}^A$, dove A è l'insieme delle componenti connesse di M; confronta con l'Osservazione 5.1.5.

La colonna p-esima del complesso doppio di Mayer-Vietoris aumentato con il complesso di Čech è quindi

$$O \longrightarrow C^p(\mathfrak{U}, \mathbb{R}) \overset{i}{\longrightarrow} C^p(\mathfrak{U}, A^0) \overset{d}{\longrightarrow} C^p(\mathfrak{U}, A^1) \overset{d}{\longrightarrow} C^p(\mathfrak{U}, A^2) \longrightarrow \cdots$$

Questa successione è esatta in $C^p(\mathfrak{U}, \mathbb{R})$ e $C^p(\mathfrak{U}, A^0)$ per costruzione. L'ostruzione all'esattezza della successione in $C^p(\mathfrak{U}, A^q)$ per $q \geq 1$ è invece data dai gruppi di coomologia q-esima delle intersezioni di $p + 1$ elementi di $\mathfrak{U}$. Di conseguenza, se $\mathfrak{U}$ è un ricoprimento qualsiasi non è detto che le colonne del complesso doppio di Mayer-Vietoris siano esatte, per cui la coomologia di Čech di $\mathfrak{U}$ non è necessariamente isomorfa alla coomologia del complesso doppio di Mayer-Vietoris.

Ma se $\mathfrak{U}$ è un ricoprimento aciclico, allora la coomologia di tutte le intersezioni è banale; quindi le colonne del complesso doppio di Mayer-Vietoris sono esatte, e il Teorema 5.8.14 dice che la coomologia di Čech di un ricoprimento aciclico è isomorfa alla coomologia del complesso doppio. Ma il Teorema 5.8.21 implica che quest'ultima è sempre isomorfa alla coomologia di de Rham della varietà; quindi abbiamo dimostrato:

Corollario 5.8.24. *La coomologia di Čech di un ricoprimento aciclico di una varietà M è sempre isomorfa alla coomologia di de Rham di M.*

Osservazione 5.8.25. In particolare, due ricoprimenti aciclici di una varietà hanno sempre coomologie di Čech isomorfe.

Il Corollario 5.8.24 non ci permette ancora di dedurre che la coomologia di de Rham è un invariante topologico di una varietà, in quanto il concetto di ricoprimento aciclico è ancora un concetto differenziale e non topologico (la definizione è formulata in termini della coomologia di de Rham delle intersezioni). Però nella prossima sezione vedremo che, in realtà, la coomologia di Čech di un ricoprimento aciclico è un invariante topologico della varietà; e questo implicherà che anche la coomologia di de Rham lo è, e avremo dimostrato il teorema di de Rham.

5.9 Coomologia dei fasci e teorema di de Rham

La costruzione della coomologia di Čech di un ricoprimento è un caso particolare di una costruzione molto più generale, che descriveremo in questa sezione. Iniziamo introducendo una nozione fondamentale nella geometria contemporanea.

Definizione 5.9.1. Un *prefascio* $\mathcal{F}$ su uno spazio topologico X è un'applicazione che associa a ogni aperto $U \subseteq X$ un gruppo (spazio vettoriale, modulo, anello, eccetera) $\mathcal{F}(U)$, detto il gruppo delle *sezioni di $\mathcal{F}$ su U*, e a ogni inclusione di aperti $\iota_V^U : U \hookrightarrow V$ un morfismo $\mathcal{F}(\iota_V^U) = \rho_V^U : \mathcal{F}(V) \to \mathcal{F}(U)$, detto *restrizione,* in modo che le seguenti proprietà siano soddisfatte:

(a) $\rho_U^U = \mathrm{id}_U$ per ogni aperto $U \subseteq X$;

(b) $\rho_V^U \circ \rho_W^V = \rho_W^U$ ogni volta che $U \subseteq V \subseteq W \subseteq X$.

Se $s \in \mathcal{F}(V)$ e $U \subseteq V$, spesso scriveremo $s|_U$ per $\rho_V^U(s)$.

Un prefascio $\mathcal{F}$ è detto *fascio* se sono inoltre soddisfatte tre ulteriori condizioni:

(c) $\mathcal{F}(\varnothing) = \{e\}$, il gruppo banale;

(d) se $\{U_j\}_{j \in J}$ è un ricoprimento aperto dell'aperto $U \subseteq X$, e s, $t \in \mathcal{F}(U)$ sono tali che $s|_{U_j} = t|_{U_j}$ per tutti i $j \in J$, allora $s = t$ (in altre parole, le sezioni sono univocamente definite dalle loro restrizioni locali);

(e) se $\{U_j\}_{j \in J}$ è un ricoprimento aperto dell'aperto $U \subseteq X$, e $s_j \in \mathcal{F}(U_j)$ sono sezioni tali che $s_i|_{U_i \cap U_j} = s_j|_{U_i \cap U_j}$ per ogni i, $j \in J$, allora esiste $s \in \mathcal{F}(U)$ tale che $s|_{U_j} = s_j$ per ogni $j \in J$ (in altre parole, sezioni locali compatibili si incollano).

A volte si usa la notazione $\Gamma(U, \mathcal{F})$ per indicare $\mathcal{F}(U)$. Gli elementi di $\mathcal{F}(X)$ sono detti *sezioni globali* di $\mathcal{F}$. L'Esercizio 5.54 spiega l'utilizzo della parola "sezione" in questo contesto.

Esempio 5.9.2. Sia M una varietà. Allora possiamo definire un fascio $\mathcal{E}_M$ associando a ogni aperto $U \subseteq M$ l'anello $\mathcal{E}_M(U) = C^\infty(U)$ delle funzioni differenziabili definite su U, e a ogni inclusione di aperti l'operatore di restrizione. Il fascio $\mathcal{E}_M$ (a volte indicato con $\mathcal{C}^\infty$) è detto *fascio dei germi di funzioni differenziabili* su M; nell'Esempio 5.9.9 giustificheremo questa terminologia.

Osservazione 5.9.3. In modo analogo si può definire il fascio dei germi di funzioni C^k per qualsiasi $k \in \mathbb{N}$, o il fascio $\mathcal{A}_M^p$ dei germi di k-forme su M, o il fascio dei germi di funzioni analitiche reali su una varietà analitica reale, o il fascio $\mathcal{O}$ delle funzioni olomorfe su una varietà complessa.

Esempio 5.9.4. Sia G un gruppo qualsiasi. Il *fascio banale* di gruppo G su uno spazio topologico X è ottenuto assegnando (all'insieme vuoto il gruppo banale e) a ciascun aperto U di X il gruppo delle funzioni localmente costanti su U a valori in G (cioè il gruppo delle funzioni continue da U a G, dove consideriamo G con la topologia discreta), e usando come ρ_V^U per ogni coppia di aperti $U \subseteq V \subseteq X$ l'operatore di restrizione delle funzioni da V a U.

Esempio 5.9.5. Sia $\mathcal{F}$ il prefascio su $\mathbb{R}$ che associa a ogni aperto $U \subseteq \mathbb{R}$ l'anello delle funzioni continue *limitate* su U, e a ogni inclusione di aperti l'operatore di restrizione. In questo caso $\mathcal{F}$ è un prefascio ma non un fascio, in quanto la proprietà (e) non è soddisfatta: se $U_j = (-j, j)$ per $j \in \mathbb{N}$, allora le sezioni $s_j = \mathrm{id}_\mathbb{R}|_{U_j} \in \mathcal{F}(U_j)$ sono compatibili ma non sono la restrizione di alcuna sezione globale $s \in \mathcal{F}(\mathbb{R})$.

Definizione 5.9.6. Un *morfismo* $f \colon \mathcal{F} \to \mathcal{G}$ fra due (pre)fasci $\mathcal{F}$ e $\mathcal{G}$ su uno spazio topologico X è una collezione di morfismi $f_U \colon \mathcal{F}(U) \to \mathcal{G}(U)$ che commutano con le restrizioni: $\mathcal{G}(\iota_V^U) \circ f_V = f_U \circ \mathcal{F}(\iota_V^U)$ per ogni coppia di aperti $U \subseteq V \subseteq X$. Un *isomorfismo* di fasci è un morfismo invertibile (cioè tale che f_U sia invertibile per ogni aperto $U \subseteq X$). Un *fascio costante* è un fascio isomorfo a un fascio banale.

Dato un fascio $\mathcal{F}$ su uno spazio topologico X, è possibile associare in modo unico un gruppo (spazio vettoriale, eccetera) $\mathcal{F}_x$ a ogni punto $x \in X$, generalizzando a (pre)fasci qualsiasi la costruzione dei germi di funzioni differenziabili che abbiamo studiato nella Sezione 2.3. Per farlo ci serve il concetto di limite diretto di gruppi.

Definizione 5.9.7. Un *sistema diretto di gruppi* è dato da una famiglia $\{G_i\}_{i \in I}$ di gruppi, indicizzata da un insieme diretto I, corredato da morfismi $f^i_j \colon G_j \to G_i$ definiti per ogni coppia di indici $i \le j$, che soddisfano le condizioni seguenti:

(i) $f^i_i = \mathrm{id}_{G_i}$ per ogni $i \in I$;

(ii) $f^i_j \circ f^j_k = f^i_k$ per ogni tripla di elementi $i \le j \le k$ in I.

Il *limite diretto* (o *limite induttivo*) $\varinjlim_{i \in I} G_i$ del sistema diretto $\{G_i\}_{i \in I}$ è il quoziente

$$\varinjlim_{i \in I} G_i = \coprod_{i \in I} G_i \Big/ \sim$$

dell'unione disgiunta $\coprod_{i \in I} G_i$ rispetto alla relazione d'equivalenza $\sim$ definita dicendo che $g_i \in G_i$ è equivalente a $g_j \in G_j$ se esiste $k \le i, j$ tale che $f^k_i(g_i) = f^k_j(g_j)$ in G_k; si verifica facilmente (Esercizio 5.50) che $\sim$ è una relazione d'equivalenza. Inoltre, $\varinjlim_{i \in I} G_i$ ha una naturale struttura di gruppo: se $[g_i], [g_j] \in \varinjlim_{i \in I} G_i$ sono rappresentati rispettivamente da $g_i \in G_i$ e $g_j \in G_j$, allora poniamo

$$[g_i] \cdot [g_j] = [f^k_i(g_i) \cdot f^k_j(g_j)] \, ,$$

dove $k \le i, j$. Di nuovo, si verifica facilmente (Esercizio 5.50) che quest'operazione è ben definita e determina una struttura di gruppo.

Infine, indicheremo con $f_j \colon G_j \to \varinjlim_{i \in I} G_i$ la composizione fra l'inclusione di G_j in $\coprod_{i \in I} G_i$ e la proiezione naturale sul quoziente. Se $g_i \in G_i$, spesso scriveremo $[g_i]$ invece di $f_i(g_i)$.

Se $\mathcal{F}$ è un (pre)fascio di gruppi su uno spazio topologico X, per ogni $x \in X$ otteniamo un sistema diretto di gruppi prendendo la famiglia $\{\mathcal{F}(U)\}$, indicizzata dagli aperti $U \subseteq X$ contenenti x (che è un insieme diretto rispetto all'inclusione, come visto nell'Esempio 5.8.7), con i relativi morfismi di restrizione; quindi possiamo considerarne il limite diretto.

Definizione 5.9.8. Sia $\mathcal{F}$ un (pre)fascio su uno spazio topologico X e $x \in X$. Il limite diretto $\mathcal{F}_x$ del sistema diretto di gruppi $\{\mathcal{F}(U)\}$, indicizzato dagli aperti contenenti x, è detto *spiga* di $\mathcal{F}$ in x, e gli elementi di $\mathcal{F}_x$ sono detti *germi* di sezioni di $\mathcal{F}$ in x.

Esempio 5.9.9. La spiga in un punto $p \in M$ del fascio $\mathcal{E}_M$ su una varietà differenziabile M coincide (perché?) con l'anello $C^\infty_M(p)$ dei germi di funzioni differenziabili in p.

Osservazione 5.9.10. L'Esercizio 5.54 descrive come mettere una topologia sull'unione disgiunta delle spighe di un fascio in modo che le sezioni locali possano essere interpretate come funzioni continue a valori in questa unione disgiunta.

Il nostro prossimo obiettivo è definire la coomologia di Čech a valori in un prefascio. Procederemo in modo non dissimile da quanto fatto nella Sezione 5.8, usando il concetto di limite diretto per togliere la dipendenza dai singoli ricoprimenti.

Definizione 5.9.11. Sia $\mathfrak{U} = \{U_\alpha\}_{\alpha \in J}$ un ricoprimento aperto di uno spazio topologico X, dove J è un insieme totalmente ordinato. Per $r \in \mathbb{N}$ e $\alpha_0, \ldots, \alpha_r \in J$ poniamo

$$U_{\alpha_0 \ldots \alpha_r} = U_{\alpha_0} \cap \cdots \cap U_{\alpha_r} \, .$$

Se $\mathcal{F}$ è un prefascio su X e $p \in \mathbb{N}$, il gruppo delle *p-cocatene su $\mathfrak{U}$ a valori in $\mathcal{F}$* è

$$C^p(\mathfrak{U}, \mathcal{F}) = \prod_{\alpha_0 < \cdots < \alpha_p} \mathcal{F}(U_{\alpha_0 \ldots \alpha_p}) \, .$$

Una *p*-cocatena $s \in C^p(\mathfrak{U}, \mathcal{F})$ è quindi una collezione $\{s_{\alpha_0 \ldots \alpha_p}\}$ di sezioni locali del prefascio $\mathcal{F}$; quando gli indici non sono ordinati, useremo la convenzione

$$s_{\alpha_{\tau(0)} \ldots \alpha_{\tau(p)}} = \operatorname{sgn}(\tau) s_{\alpha_0 \ldots \alpha_p}$$

per ogni permutazione $\tau \in \mathfrak{S}_p$. In particolare, $s_{\alpha_0 \ldots \alpha_p} = O$ non appena $\alpha_i = \alpha_j$ per qualche $i \neq j$.

Definizione 5.9.12. Sia $\mathfrak{U} = \{U_\alpha\}_{\alpha \in J}$ un ricoprimento aperto di uno spazio topologico X, dove J è un insieme totalmente ordinato, e $\mathcal{F}$ un prefascio di gruppi *abeliani* su X. Per ogni $p \in \mathbb{N}$ sia $\delta \colon C^p(\mathfrak{U}, \mathcal{F}) \to C^{p+1}(\mathfrak{U}, \mathcal{F})$ definita da

$$(\delta s)_{\alpha_0 \ldots \alpha_{p+1}} = \sum_{j=0}^{p+1} (-1)^j (s_{\alpha_0 \ldots \widehat{\alpha_j} \ldots \alpha_{p+1}})|_{U_{\alpha_0 \ldots \alpha_{p+1}}} \, ,$$

dove l'accento circonflesso indica l'omissione di un indice, e le restrizioni sono quelle del prefascio. Si verifica facilmente (vedi l'Esercizio 5.55) che $\delta \circ \delta = O$; quindi $\big(C^\bullet(\mathfrak{U}, \mathcal{F}), \delta\big)$ è un complesso differenziale. La coomologia $\check{H}^\bullet(\mathfrak{U}, \mathcal{F})$ di questo complesso è detta *coomologia di Čech del ricoprimento $\mathfrak{U}$ a valori in $\mathcal{F}$*.

Osservazione 5.9.13. Se $\mathcal{F}$ è il fascio banale di gruppo $\mathbb{R}$, allora $\check{H}(\mathfrak{U}, \mathcal{F})$ coincide con la coomologia di Čech $\check{H}(\mathfrak{U}, \mathbb{R})$ del ricoprimento introdotta nella Definizione 5.8.22.

Come osservato nell'Esempio 5.8.6, l'insieme dei ricoprimenti aperti di uno spazio topologico è un insieme diretto; questo suggerisce di tentare di trasformare la famiglia di coomologie $\{\check{H}^\bullet(\mathfrak{U}, \mathcal{F})\}$ in un sistema diretto di gruppi indicizzato dai ricoprimenti aperti. Per farlo, abbiamo bisogno di definire un morfismo da $\check{H}^\bullet(\mathfrak{U}, \mathcal{F})$ a $\check{H}^\bullet(\mathfrak{V}, \mathcal{F})$ ogni volta che $\mathfrak{V}$ è un raffinamento di $\mathfrak{U}$.

Definizione 5.9.14. Sia $\mathfrak{V} = \{V_\beta\}_{\beta \in B}$ un raffinamento di un ricoprimento aperto $\mathfrak{U} = \{U_\alpha\}_{\alpha \in A}$ di uno spazio topologico X. Una *funzione di raffinamento* è una $\varphi : B \to A$ tale che $V_\beta \subseteq U_{\varphi(\beta)}$ per ogni $\beta \in B$.

Dato un prefascio di gruppi abeliani $\mathcal{F}$ su X e una funzione di raffinamento $\varphi : B \to A$ definiamo $\varphi^\# : C^\bullet(\mathfrak{U}, \mathcal{F}) \to C^\bullet(\mathfrak{V}, \mathcal{F})$ ponendo

$$(\varphi^\# s)_{\beta_0 \dots \beta_p} = s_{\varphi(\beta_0) \dots \varphi(\beta_p)}|_{V_{\beta_0 \dots \beta_p}}$$

per ogni $s \in C^p(\mathfrak{U}, \mathcal{F})$ e ogni $p \in \mathbb{N}$.

Il fatto cruciale è che funzioni di raffinamento diverse inducono morfismi omotopi:

Lemma 5.9.15. *Sia $\mathfrak{V} = \{V_\beta\}_{\beta \in B}$ un raffinamento di un ricoprimento aperto $\mathfrak{U} = \{U_\alpha\}_{\alpha \in A}$ di uno spazio topologico X, e $\mathcal{F}$ un prefascio di gruppi abeliani su X.*

(i) *Sia $\varphi : B \to A$ una funzione di raffinamento. Allora l'applicazione indotta $\varphi^\# : C^\bullet(\mathfrak{U}, \mathcal{F}) \to C^\bullet(\mathfrak{V}, \mathcal{F})$ è un morfismo di cocatene, cioè commuta con δ.*

(ii) *Se φ, $\psi : B \to A$ sono due funzioni di raffinamento allora $\varphi^\#$ e $\psi^\#$ sono omotopi.*

Dimostrazione. (i) Sia $s \in C^p(\mathfrak{U}, \mathcal{F})$. Allora

$$(\delta \varphi^\# s)_{\beta_0 \dots \beta_{p+1}} = \sum_{j=0}^{p+1} (-1)^j (\varphi^\# s)_{\beta_0 \dots \widehat{\beta_j} \dots \beta_{p+1}}|_{V_{\beta_0 \dots \beta_{p+1}}}$$

$$= \sum_{j=0}^{p+1} (-1)^j (s_{\varphi(\beta_0) \dots \widehat{\varphi(\beta_j)} \dots \varphi(\beta_{p+1})}|_{V_{\beta_0 \dots \widehat{\beta_j} \dots \beta_{p+1}}})|_{V_{\beta_0 \dots \beta_{p+1}}}$$

$$= (\delta s)_{\varphi(\beta_0) \dots \varphi(\beta_{p+1})}|_{V_{\beta_0 \dots \beta_{p+1}}} = (\varphi^\# \delta s)_{\beta_0 \dots \beta_{p+1}},$$

come voluto.

(ii) Definiamo $K : C^p(\mathfrak{U}, \mathcal{F}) \to C^{p-1}(\mathfrak{V}, \mathcal{F})$ ponendo

$$(Ks)_{\beta_0 \dots \beta_{p-1}} = \sum_{j=0}^{p-1} (-1)^j s_{\varphi(\beta_0) \dots \varphi(\beta_j) \psi(\beta_j) \dots \psi(\beta_{p-1})}|_{V_{\beta_0 \dots \beta_{p-1}}} ;$$

nota che $V_{\beta_0 \dots \beta_{p-1}} \subseteq U_{\varphi(\beta_0) \dots \varphi(\beta_j) \psi(\beta_j) \dots \psi(\beta_{p-1})}$ perché $V_{\beta_j} \subseteq U_{\varphi(\beta_j)} \cap U_{\psi(\beta_j)}$. Allora

$$(\delta K s)_{\beta_0 \dots \beta_p} = \sum_{i=0}^{p} (-1)^i (Ks)_{\beta_0 \dots \widehat{\beta_i} \dots \beta_p}$$

$$= \sum_{0 \le j < i \le p} (-1)^{i+j} s_{\varphi(\beta_0) \dots \varphi(\beta_j) \psi(\beta_j) \dots \widehat{\psi(\beta_i)} \dots \psi(\beta_p)}$$

$$+ \sum_{0 \le i < j \le p} (-1)^{i+j-1} s_{\varphi(\beta_0) \dots \widehat{\varphi(\beta_i)} \dots \varphi(\beta_j) \psi(\beta_j) \dots \psi(\beta_p)} ,$$

e

$$(K\delta s)_{\beta_0...\beta_p} = \sum_{j=0}^{p}(-1)^j(\delta s)_{\varphi(\beta_0)...\varphi(\beta_j)\psi(\beta_j)...\psi(\beta_p)}$$

$$= \sum_{j=0}^{p}(-1)^j \sum_{i=0}^{j}(-1)^i s_{\varphi(\beta_0)...\widehat{\varphi(\beta_i)}...\varphi(\beta_j)\psi(\beta_j)...\psi(\beta_p)}$$

$$+ \sum_{j=0}^{p}(-1)^j \sum_{i=j}^{p}(-1)^{i+1} s_{\varphi(\beta_0)...\varphi(\beta_j)\psi(\beta_j)...\widehat{\psi(\beta_i)}...\psi(\beta_p)}$$

$$= \sum_{0 \le i < j \le p}(-1)^{i+j} s_{\varphi(\beta_0)...\widehat{\varphi(\beta_i)}...\varphi(\beta_j)\psi(\beta_j)...\psi(\beta_p)}$$

$$+ \sum_{j=0}^{p} s_{\varphi(\beta_0)...\varphi(\beta_{j-1})\psi(\beta_j)...\psi(\beta_p)}$$

$$+ \sum_{0 \le j < i \le p}(-1)^{i+j+1} s_{\varphi(\beta_0)...\varphi(\beta_j)\psi(\beta_j)...\widehat{\psi(\beta_i)}...\psi(\beta_p)}$$

$$- \sum_{i=0}^{p} s_{\varphi(\beta_0)...\varphi(\beta_i)\psi(\beta_{i+1})...\psi(\beta_p)}$$

$$= -(\delta K s)_{\beta_0...\beta_p} + s_{\psi(\beta_0)...\psi(\beta_p)} - s_{\varphi(\beta_0)...\varphi(\beta_p)} \,,$$

dove per semplicità non abbiamo indicato le restrizioni a $V_{\beta_0...\beta_p}$. Quindi

$$\psi^{\#} - \varphi^{\#} = K \circ \delta + \delta \circ K \,,$$

e K è un'operatore di omotopia fra $\psi^{\#}$ e $\varphi^{\#}$, come richiesto. $\square$

Come conseguenza di questo lemma e della Proposizione 5.3.3, per ogni raffinamento $\mathfrak{V}$ di un ricoprimento aperto $\mathfrak{U}$ abbiamo un ben definito morfismo in coomologia $\check{H}^{\bullet}(\mathfrak{U}, \mathcal{F}) \to \check{H}^{\bullet}(\mathfrak{V}, \mathcal{F})$ indipendente dalla funzione di raffinamento. Siccome la composizione di funzioni di raffinamento è chiaramente una funzione di raffinamento, abbiamo quindi ottenuto un sistema diretto di gruppi abeliani.

Definizione 5.9.16. Sia $\mathcal{F}$ un prefascio di gruppi abeliani su uno spazio topologico X. La *coomologia di Čech* $\check{H}^{\bullet}(X, \mathcal{F})$ *di* X *a valori in* $\mathcal{F}$ è il limite diretto del sistema diretto di gruppi $\{\check{H}^{\bullet}(\mathfrak{U}, \mathcal{F})\}$ indicizzato dai ricoprimenti aperti di X. In particolare, se G è un gruppo abeliano, la *coomologia di Čech* $\check{H}^{\bullet}(X, G)$ *di* X *a coefficienti in* G è la coomologia di Čech a valori nel fascio banale di gruppo G.

La coomologia di Čech di uno spazio topologico X a coefficienti in un dato gruppo G è chiaramente un invariante topologico di X. Però, così com'è definita, la coomologia di Čech sembrerebbe impossibile da calcolare esplicitamente.

Un risultato che ne semplifica notevolmente il calcolo è il seguente lemma.

Lemma 5.9.17. *Sia* $\{G_i\}_{i \in I}$ *un sistema diretto di gruppi, e* $J \subseteq I$ *un sottoinsieme cofinale. Allora* $\varinjlim_{j \in J} G_j$ *è canonicamente isomorfo a* $\varinjlim_{i \in I} G_i$.

Dimostrazione. Sia $\Psi \colon \varinjlim_{j \in J} G_j \to \varinjlim_{i \in I} G_i$ il morfismo indotto dall'inclusione $\coprod_{j \in J} G_j \hookrightarrow \coprod_{i \in I} G_i$; dobbiamo dimostrare che Ψ è un isomorfismo.

Prima di tutto, è surgettivo. Sia $[g_i] \in \varinjlim_{i \in I} G_i$ rappresentato da $g_i \in G_i$.
Essendo J cofinale, esiste $j \in J$ con $j \leq i$; poniamo $g_j = f_i^j(g_i) \in G_j$. Allora $g_j \sim g_i$ e $\Psi[g_j] = [g_i]$, dove $[g_j] \in \varinjlim_{j \in J} G_j$ è l'elemento rappresentato da g_j.

Infine, è iniettivo. Supponiamo che $g_j \in G_j$ (con $j \in J$) sia tale che $\Psi[g_j] = e \in \varinjlim_{i \in I} G_i$. Questo significa che esiste $k \in I$ con $k \leq j$ e $f_j^k(g_j) = e \in G_k$. Scegliamo $j_1 \in J$ tale che $j_1 \leq k$; allora

$$f_j^{j_1}(g_j) = f_k^{j_1}\big(f_j^k(g_j)\big) = e \in G_{j_1} \,,$$

e quindi $[g_j] = [f_j^{j_1}(g_j)] = e$ in $\varinjlim_{j \in J} G_j$, come voluto. $\qquad\square$

Il Lemma 5.9.17 e il Teorema 5.8.8 ci dicono quindi che per calcolare la coomologia di Čech in una varietà M possiamo limitarci a considerare i ricoprimenti aciclici. Nel caso particolare della coomologia a coefficienti nel fascio costante $\mathbb{R}$, il Corollario 5.8.24 ci dice inoltre che la coomologia di Čech di un ricoprimento aciclico a coefficienti in $\mathbb{R}$ è sempre canonicamente isomorfa alla coomologia di de Rham; questo suggerisce che la coomologia di Čech a coefficienti in $\mathbb{R}$ di una varietà M dovrebbe essere canonicamente isomorfa alla coomologia di de Rham di M. Per dimostrarlo rigorosamente ci serve un ultimo risultato:

Lemma 5.9.18. *Sia* $\{G_i\}_{i \in I}$ *un sistema diretto di gruppi, e* G *un altro gruppo. Supponiamo di avere una famiglia di morfismi* $\chi_i \colon G_i \to G$ *tali che* $\chi_i \circ f_j^i = \chi_j$ *per ogni coppia di indici* $i \leq j$. *Allora esiste un unico morfismo* $\chi \colon \varinjlim_{i \in I} G_i \to G$ *tale che* $\chi \circ f_i = \chi_i$ *per ogni* $i \in I$. *Inoltre,* χ *è un isomorfismo se tutti i* χ_i *lo sono.*

Dimostrazione. Siccome le immagini dei morfismi $f_i \colon G_i \to \varinjlim_{i \in I} G_i$ coprono tutto il limite diretto, il morfismo χ se esiste è univocamente determinato dalla condizione $\chi \circ f_i = \chi_i$. Per vericare che χ esiste, ci basta allora controllare che $g_i \sim g_j$ implica $\chi_i(g_i) = \chi_j(g_j)$. Infatti, $g_i \sim g_j$ se e solo se esiste $k \leq i, j$ tale che $f_i^k(g_i) = f_j^k(g_j)$; allora

$$\chi_i(g_i) = \chi_k\big(f_i^k(g_i)\big) = \chi_k\big(f_j^k(g_j)\big) = \chi_j(g_j) \,,$$

come voluto. Quindi χ esiste; ed è facile verificare (controlla) che è un morfismo.

Infine, supponiamo che tutti i χ_i siano degli isomorfismi. In particolare, sono surgettivi, per cui anche χ è surgettivo. È anche iniettivo: $\chi([g_i]) = e$ implica $\chi_i(g_i) = e$, e quindi $g_i = e$ per l'iniettività dei χ_i.   □

Possiamo quindi finalmente dimostrare l'importante *teorema di de Rham*, che implica fra le altre cose che i gruppi di cooomologia di de Rham sono degli invarianti topologici di una varietà:

Teorema 5.9.19 (de Rham). *La coomologia di de Rham di una varietà è canonicamente isomorfa alla coomologia di Čech della varietà a coefficienti in $\mathbb{R}$. In particolare, varietà omeomorfe hanno coomologia di de Rham isomorfa.*

Dimostrazione. Il Teorema 5.8.8 dice che i ricoprimenti aciclici sono cofinali nell'insieme di tutti i ricoprimenti aperti di una varietà; quindi (Lemma 5.9.17) per calcolare la coomologia di Čech a coefficienti in $\mathbb{R}$ possiamo limitarci a fare il limite diretto sui ricoprimenti aciclici.

Se $\mathfrak{U}$ è un ricoprimento aciclico della varietà M, il Corollario 5.8.24 ci fornisce un isomorfismo $\chi_{\mathfrak{U}} \colon \check{H}^\bullet(\mathfrak{U}, \mathbb{R}) \to H^\bullet(M)$, ottenuto componendo l'isomorfismo $\iota^* \colon \check{H}^\bullet(\mathfrak{U}, \mathbb{R}) \to H^\bullet\big(C^\bullet(\mathfrak{U}, A^\bullet)\big)$ indotto dall'inclusione con l'inverso dell'isomorfismo $r^* \colon H^\bullet(M) \to H^\bullet\big(C^\bullet(\mathfrak{U}, A^\bullet)\big)$ indotto dalle restrizioni. Siccome stiamo usando inclusioni e restrizioni, è chiaro (perché?) che se $\mathfrak{V}$ è un ricoprimento aciclico che raffina $\mathfrak{U}$ e $\varphi^* \colon \check{H}^\bullet(\mathfrak{U}, \mathbb{R}) \to \check{H}^\bullet(\mathfrak{V}, \mathbb{R})$ è il morfismo indotto da una funzione di raffinamento, abbiamo $\chi_{\mathfrak{V}} \circ \varphi^* = \chi_{\mathfrak{U}}$. Da questo segue (Lemma 5.9.18) che possiamo passare al limite diretto e ottenere l'isomorfismo $\chi \colon \check{H}(M, \mathbb{R}) \to H^\bullet(M)$ cercato.   □

In altre parole, i gruppi di coomologia di de Rham, pur essendo oggetti *algebrici* costruiti con tecniche *differenziali,* sono degli invarianti *topologici* delle varietà.

Esercizi

CALCOLI DI COOMOLOGIA

Esercizio 5.1. Calcola la coomologia di de Rham del complementare in $\mathbb{R}^n$ di un numero finito di punti.

Esercizio 5.2 (Citato nell'Esempio 5.3.8). Calcola la coomologia di de Rham degli spazi proiettivi reali usando direttamente la successione di Mayer-Vietoris.

Esercizio 5.3. Calcola la coomologia di de Rham degli spazi proiettivi complessi.

Esercizio 5.4 (Utile per gli Esercizi 5.11 e 5.12). Sia $n \geq 2$ e $p \in \mathbb{R}^n$. Posto $M = \mathbb{R}^n \setminus \{p\}$, dimostra che

$$H^k(M) = \begin{cases} \mathbb{R} & \text{se } k = 0,\, n-1, \\ O & \text{altrimenti.} \end{cases}$$

Esercizio 5.5. Sia $n \geq 2$. Calcola la coomologia di de Rham di $B^n \setminus \overline{B^n_{1/2}}$.

Esercizio 5.6. Sia M una varietà compatta, connessa orientabile di dimensione $n \geq 2$, e $p \in M$. Esprimi la coomologia di de Rham di $M \setminus \{p\}$ in termini della coomologia di de Rham di M.

Esercizio 5.7. Sia M una varietà connessa, non compatta oppure non orientabile, di dimensione $n \geq 2$, e $p \in M$. Esprimi la coomologia di de Rham di $M \setminus \{p\}$ in termini della coomologia di de Rham di M.

Esercizio 5.8. Siano M_1 ed M_2 due varietà n-dimensionali, e per $j = 1, 2$ scegliamo $B_j \subset M_j$ aperti diffeomorfi a B^n. Indicato con $\psi_j : B_j \to B^n$ un diffeomorfismo, poniamo $\overline{B'_j} = \psi_j^{-1}(\overline{B^n_{1/2}})$ e $M'_j = M_j \setminus \overline{B'_j}$. Sia infine $M_1 \# M_2 = (M'_1 \coprod M'_2)/\sim$, dove $\sim$ è la relazione di equivalenza che identifica $p_1 \in B_1 \setminus \overline{B'_1}$ con $p_2 \in B_2 \setminus \overline{B'_2}$ se e solo se $\psi_1(p_1) = \psi_2(p_2)$.

(i)   Dimostra che $M_1 \# M_2$ ha una naturale struttura di n-varietà, detta *somma connessa* di M_1 e M_2.

(ii) Esprimi la coomologia di de Rham di M'_1 in termini della coomologia di de Rham di M_1, distinguendo fra i casi M_1 compatta orientabile e M_1 non compatta o non orientabile. [*Suggerimento:* ricorda il Corollario 5.6.9.]

(iii) Esprimi la coomologia di de Rham di $M_1 \# M_2$ in termini della coomologia di de Rham di M_1 e M_2.

Esercizio 5.9. Una superficie di genere $g \geq 1$ è la somma connessa di g tori bidimensionali. Calcola la coomologia di de Rham di una superficie di genere g.

Esercizio 5.10. Calcola la coomologia di de Rham e la coomologia a supporto compatto del nastro di Möbius (vedi l'Esercizio 4.13).

TEOREMA DI INVARIANZA DELLA DIMENSIONE

Esercizio 5.11 (Utile per l'Esercizio 5.12). Sia $n \geq 2$ e $U \subseteq \mathbb{R}^n$ un aperto. Dimostra che $H^{n-1}(U \setminus \{p\}) \neq O$ per ogni $p \in U$. [*Suggerimento:* considera la successione di inclusioni $S \hookrightarrow U \setminus \{p\} \hookrightarrow \mathbb{R}^n \setminus \{p\}$, dove S è una piccola sfera centrata in p.]

Esercizio 5.12 (Citato nell'Osservazione 2.1.11). Dimostra che uno spazio topologico M non vuoto che ammette una struttura di varietà n-dimensionale compatibile con la topologia data non può ammettere anche una struttura di varietà m-dimensionale compatibile con la topologia data se $m \neq n$ (*Teorema di invarianza della dimensione*). [*Suggerimento:* dimostra che se ciò accadesse allora esisterebbe un aperto $U \subseteq M$ contemporaneamente omeomorfo a $\mathbb{R}^n$ e a un aperto di $\mathbb{R}^m$, e usa gli Esercizi 5.4, 5.11 e l'invarianza topologica della coomologia di de Rham per concludere.]

TEOREMA DI APPROSSIMAZIONE DI WHITNEY

Esercizio 5.13 (Utile per l'Esercizio 5.18). Sia M una varietà e $\delta: M \to \mathbb{R}^+$ una funzione continua sempre positiva. Dimostra che per ogni applicazione continua $F: M \to \mathbb{R}^k$ esiste una applicazione differenziabile $\tilde{F}: M \to \mathbb{R}^k$ tale che $\|F(p) - \tilde{F}(p)\| < \delta(p)$ per ogni $p \in M$. Inoltre, dimostra che se F è differenziabile su un sottoinsieme chiuso $A \subseteq M$ allora $\tilde{F}$ può essere scelta in modo da coincidere con F su A. [*Suggerimento:* prima di tutto, sia F_0 un'estensione C^∞ di $F|_A$ e $U_0 = \{q \in M | \|F_0(q) - F(q)\| < \delta(q)\}$. Poi costruisci una successione $\{(U_j, p_j)\}_{j \geq 1}$, dove $U_j \subset M \setminus A$ è un intorno aperto di $p_j \in M \setminus A$ in modo che $\mathfrak{U} = \{U_j\}_{j \geq 0}$ sia un ricoprimento aperto di M e $\|F(q) - F(p_j)\| < \delta(q)$ per ogni $q \in U_j$. Se $\{\rho_j\}$ è una partizione dell'unità subordinata a $\mathfrak{U}$, poni $\tilde{F} = \rho_0 F_0 + \sum_{j \geq 1} \rho_j F(p_j)$.]

Esercizio 5.14. Sia $M \subset \mathbb{R}^n$ una m-sottovarietà di $\mathbb{R}^n$. Dimostra che per ogni $p_0 \in M$ possiamo trovare un intorno aperto U di p_0 in $\mathbb{R}^n$ e un riferimento locale $\{E_1, \ldots, E_n\}$ per TU costituito da campi vettoriali ortonormali (rispetto al prodotto scalare canonico) tale che $\{E_1|_p, \ldots, E_m|_p\}$ è una base di T_pM per ogni $p \in U \cap M$.

Esercizio 5.15. Sia $M \subset \mathbb{R}^n$ una sottovarietà di $\mathbb{R}^n$. Per ogni $p \in M$ sia $N_pM = (T_pM)^\perp$ il sottospazio di $\mathbb{R}^n = T_p\mathbb{R}^n$ dei vettori ortogonali a T_pM rispetto al prodotto scalare canonico. Dimostra che l'unione disgiunta degli N_pM al variare di $p \in M$ ha una naturale struttura di fibrato vettoriale su M isomorfa al fibrato normale NM introdotto nell'Esempio 3.1.18, e che in questo modo NM può venire identificato con una sottovarietà di $T\mathbb{R}^n$.

Definizione 5.E.1. Sia $M \subset \mathbb{R}^n$ una m-sottovarietà, di fibrato normale (vedi l'Esercizio 5.15) $NM \subset T\mathbb{R}^n = \mathbb{R}^n \times \mathbb{R}^n$. Sia poi $E: NM \to \mathbb{R}^n$ data da $E(p, v) = p + v$. Un *intorno tubolare* di M è un intorno U di M in $\mathbb{R}^n$ che sia immagine diffeomorfa tramite E di un aperto $V \subset NM$ della forma $V = \{(p, v) \in NM \mid \|v\| < \delta(p)\}$ per una qualche funzione continua $\delta: M \to \mathbb{R}^+$ sempre positiva.

Esercizio 5.16 (Utile per l'Esercizio 5.18). Dimostra che ogni sottovarietà di $\mathbb{R}^n$ ammette un intorno tubolare.

Esercizio 5.17 (Utile per l'Esercizio 5.18). Sia $M \subset \mathbb{R}^n$ una sottovarietà di $\mathbb{R}^n$, e $U \supset M$ un intorno tubolare di M. Dimostra che esiste una retrazione liscia $\rho: U \to M$.

Esercizio 5.18 (Utile per gli Esercizi 5.19, 5.20 e 5.21). Dimostra il *teorema di approssimazione di Whitney:* ogni applicazione continua $F: N \to M$ fra varietà è omotopa a un'applicazione differenziabile $\tilde{F}: N \to M$. Inoltre, se F è differenziabile su un sottoinsieme chiuso $A \subseteq N$, allora l'omotopia può essere costante su A. [*Suggerimento:* per il Teorema 2.8.13 puoi assumere che M sia una sottovarietà di $\mathbb{R}^n$. Usando l'Esercizio 5.13, dimostra che esiste un intorno tubolare $U \supset M$ e un'applicazione differenziabile $\hat{F}: N \to U$, che coincide con F su A, tale che l'omotopia $(p, t) \mapsto \rho\big((1-t)F(p) + t\hat{F}(p)\big)$ sia ben definita, dove $\rho: U \to M$ è la retrazione dell'Esercizio 5.17, e poni $\tilde{F} = \rho \circ \hat{F}$.]

Esercizio 5.19 (Utile per gli Esercizi 5.20 e 5.21). Siano F, $G: M \to N$ due applicazioni differenziabili C^0-omotope. Dimostra che sono C^∞-omotope. Dimostra più in generale che se esiste un'omotopia continua fra F e G che sia l'identità su un sottoinsieme chiuso $A \subset M$, allora esiste un'omotopia C^∞ fra F e G che è l'identità su A. [*Suggerimento:* applica l'Esercizio 5.18 a un'estensione dell'omotopia continua H a $M \times (-\varepsilon, 1 + \varepsilon)$.]

Esercizio 5.20 (Citato nell'Osservazione 5.4.9). Dimostra che due varietà C^0-omotopicamente equivalenti sono C^∞-omotopicamente equivalenti. [*Suggerimento:* usa l'Esercizio 5.18 per passare da applicazioni continue ad applicazioni C^∞, e poi l'Esercizio 5.19 per passare da omotopie continue a omotopie C^∞.]

GRUPPO FONDAMENTALE E COOMOLOGIA

Esercizio 5.21 (Utile per l'Esercizio 5.22). Sia M una varietà di dimensione n. Se $\sigma: [0,1] \to M$ è una curva liscia e $\omega \in A^1(M)$ poniamo

$$\int_\gamma \omega = \int_0^1 \sigma^* \omega = \int_0^1 \omega\big(\sigma'(t)\big) \, \mathrm{d}t \,.$$

(i)   Dimostra che se ω_1, $\omega_2 \in A^1(M)$ sono coomologhe e σ è una curva chiusa allora $\int_\sigma \omega_1 = \int_\sigma \omega_2$, per cui risulta ben definito il morfismo $\int_\sigma: H^1(M) \to \mathbb{R}$.

(ii) Dimostra che se σ_1, $\sigma_2: [0,1] \to M$ sono due curve lisce chiuse con $\sigma_1(0) = \sigma_2(0) = p$ tali che esista un'omotopia $H: [0,1] \times \mathbb{R} \to M$ di classe C^∞ fra σ_0 e σ_1 tale che $H(\cdot, 0) \equiv H(\cdot, 1) \equiv p$ allora $\int_{\sigma_0} \omega = \int_{\sigma_1} \omega$ per ogni $\omega \in Z^1(M)$. [*Suggerimento:* applica il teorema di Stokes a $H^*\omega$.]

(iii) Fissato $p_0 \in M$, dimostra che ponendo

$$\Psi([\omega])([\sigma]) = \int_\sigma \omega$$

si definisce un morfismo di gruppi $\Psi: H^1(M) \to \mathrm{Hom}\big(\pi_1(M, p_0), \mathbb{R}\big)$, dove $\pi_1(M, p_0)$ è il gruppo fondamentale di M in p_0. [*Suggerimento:* gli Esercizi 5.18 e 5.19 implicano che ogni elemento del gruppo fondamentale può essere rappresentato da una curva liscia.]

(iv) Dimostra che Ψ è iniettivo. [*Nota:* con tecniche più raffinate si può dimostrare che Ψ è un isomorfismo.]

Esercizio 5.22. Dimostra che $H^1(M) = O$ per ogni varietà M con gruppo fondamentale finito. In particolare, il primo gruppo di coomologia di una varietà semplicemente connessa è nullo. [*Suggerimento:* usa l'Esercizio 5.21.]

Esercizio 5.23 (Citato nell'Esempio 5.3.8). Sia $\pi\colon \tilde{M} \to M$ un rivestimento liscio con fibra finita. Dimostra che $p^*\colon H^\bullet(M) \to H^\bullet(\tilde{M})$ è iniettivo.

OMOTOPIA E FIBRATI VETTORIALI

Esercizio 5.24 (Utile per l'Esercizio 5.25). Siano $F_0\colon M \to N$ ed $F_1\colon M \to N$ due applicazioni differenziabili C^∞-omotope, e $\pi\colon E \to N$ un fibrato vettoriale. Dimostra che F_0^*E ed F_1^*E sono isomorfi come fibrati vettoriali su M.

Esercizio 5.25. Dimostra che ogni fibrato vettoriale su una varietà C^∞-contraibile è isomorfo al fibrato banale. [*Suggerimento:* usa l'Esercizio 5.24.]

DUALE DI POINCARÉ

Esercizio 5.26 (Utile per l'Esercizio 5.44). Sia M una varietà n-dimensionale connessa e orientata, e $i\colon S \hookrightarrow M$ una k-sottovarietà chiusa orientata.

(i)   Dimostra che l'applicazione che associa a ogni $\omega \in A_c^k(M)$ l'integrale $\int_S i^*\omega$ definisce un funzionale lineare $\int_S\colon H^k(M) \to \mathbb{R}$.

(ii) Dimostra che esiste un'unica $[\eta_S] \in H^{n-k}(M)$ tale che

$$\int_S i^*\omega = \int_M \omega \wedge \eta_S$$

per ogni k-forma chiusa ω a supporto compatto. Ogni $(n-k)$-forma chiusa $\eta_S \in A^{n-k}(M)$ che rappresenta $[\eta_S]$ è detta *duale di Poincaré* della sottovarietà S.

(iii) Se η_S è un duale di Poincaré di S, dimostra che $\eta_S|_{M\setminus S}$ è esatta in $M \setminus S$.

(iv) Se $j\colon S' \hookrightarrow M$ è una $(n-k)$-sottovarietà chiusa orientata di M disgiunta da S, dimostra che $\int_{S'} \eta_{S'} = 0$.

GRADO

Esercizio 5.27. Sia $F\colon M \to N$ un'applicazione differenziabile fra varietà compatte connesse n-dimensionali orientate rispettivamente dalle n-forme $\nu_M \in A^n(M)$ e $\nu_N \in A^n(M)$. Il *grado* $\deg F \in \mathbb{R}$ di F è definito dall'eguaglianza

$$\int_M F^*\nu_N = (\deg F) \int_N \nu_N \ .$$

(i) Dimostra che $\deg F$ è ben definito, nel senso che non dipende dalla scelta delle forme di volume (ma dipende solo da F e dalle orientazioni scelte); [*Suggerimento:* usa $F^*\colon H^n(N) \to H^n(M)$ e la dualità di Poincaré.]

(ii) Dimostra che se $G\colon M \to N$ è C^∞-omotopa a F allora $\deg G = \deg F$.

Esercizio 5.28. Sia $F\colon M \to N$ un'applicazione differenziabile fra varietà compatte connesse n-dimensionali orientate, e $q \in N$ un valore regolare di F. Dimostra che

$$\deg F = \sum_{p \in F^{-1}(q)} \varepsilon(p) \,,$$

dove $\varepsilon(p) = +1$ se $\mathrm{d}F_p$ conserva l'orientazione, e $\varepsilon(p) = -1$ se $\mathrm{d}F_p$ inverte l'orientazione. Deduci che:

(i) $\deg F \in \mathbb{Z}$;

(ii) se F non è surgettiva allora $\deg F = 0$;

(iii) se F è un diffeomorfismo allora $\deg F = \pm 1$, a seconda che F preservi o inverta l'orientazione.

Esercizio 5.29. Siano $F, G\colon S^n \to S^n$ due applicazioni differenziabili. Dimostra che:

(i) se $F(p) \neq -G(p)$ per ogni $p \in S^n$ allora F e G sono C^∞-omotope;

(ii) se $F(p) \neq -p$ per ogni $p \in S^n$ allora $\deg F = 1$;

(iii) se $F(p) \neq p$ per ogni $p \in S^n$ allora $\deg F = (-1)^{n+1}$;

(iv) se n è pari allora ogni campo vettoriale $X \in \mathcal{T}(S^n)$ ha uno zero. [*Suggerimento:* se $X(p) \neq O$ per ogni $p \in S^n$ allora

$$F(p) = \frac{X(p)}{\|X(p)\|}$$

definisce un'applicazione differenziabile $F\colon S^n \to S^n$ con $F(p) \perp p$ per ogni $p \in S^n$.]

TEOREMI DI KÜNNETH E DI LERAY-HIRSCH

Esercizio 5.30. Usa il teorema di Künneth per calcolare la coomologia di de Rham del toro $\mathbb{T}^n$.

Esercizio 5.31 (Utile per l'Esercizio 5.44). Siano M_1 ed M_2 due varietà di tipo finito, e per $j = 1, 2$ indichiamo con $\pi_j\colon M_1 \times M_2 \to M_j$ le proiezioni. Dimostra che se $\{\omega^i\}_{i \in I}$ è una base di $H^\bullet(M_1)$ e $\{\tau^j\}_{j \in J}$ è una base di $H^\bullet(M_2)$, allora

$$\{\pi_1^* \omega^i \wedge \pi_2^* \tau^j\}_{(i,j) \in I \times J}$$

è una base di $H^\bullet(M_1 \times M_2)$.

Esercizio 5.32 (Teorema di Leray-Hirsch). Sia $\pi\colon E \to M$ un fibrato di fibra F. Supponi che la coomologia di F sia di dimensione finita, e che esistano delle classi di coomologia globali $e_1, \dots, e_r \in H^\bullet(E)$ che ristrette a ciascuna fibra $E_p = \pi^{-1}(p)$ siano una base della coomologia della fibra. Dimostra che $H^\bullet(E) = H^\bullet(M) \otimes H^\bullet(F)$. [*Suggerimento:* segui la falsariga della dimostrazione del Teorema di Künneth.]

ISOMORFISMO DI THOM

Esercizio 5.33 (Citato negli Esercizi 5.34 e 5.35). Se $\pi\colon E \to M$ un fibrato vettoriale di rango r, poniamo

$$A_{cv}^k(E) = \{\omega \in A^k(E) \mid \operatorname{supp}(\omega) \cap E_p \text{ è compatto in } E_p \text{ per ogni } p \in M\}.$$

(i) Dimostra che $\left(A_{cv}^\bullet(E), d\right)$ è un complesso differenziale. La sua coomologia $H_{cv}^\bullet(E)$ è detta *coomologia a supporto compatto verticale*.

(ii) Se E è orientato (vedi la Definizione 4.E.1) dimostra che integrando lungo le fibre puoi definire un morfismo $\pi_\#\colon A_{cv}^\bullet(E) \to A^{\bullet-r}(M)$ in modo analogo a quanto fatto nella dimostrazione del Teorema 5.5.11.

(iii) Dimostra che $\pi_\#$ commuta col differenziale esterno, e quindi induce un morfismo $\pi_*\colon H_{cv}^\bullet(E) \to H^{\bullet-r}(M)$.

Esercizio 5.34. Sia $\pi\colon E \to M$ un fibrato vettoriale orientato di rango r su una n-varietà M.

(i) Dimostra che

$$\pi_*\left(\pi^*\eta \wedge \omega\right) = \eta \wedge \pi_*\omega$$

per ogni $\eta \in A^h(M)$ e $\omega \in A_{cv}^k(E)$, dove $\pi_*\colon H_{cv}^\bullet(E) \to H^{\bullet-r}(M)$ è il morfismo definito nell'Esercizio 5.33.

(ii) Se inoltre M è orientata, E ha l'orientazione data dall'Esercizio 4.17, $\omega \in A_{cv}^k(E)$ e $\eta \in A_c^{m+r-k}(M)$, dimostra che

$$\int_E (\pi^*\eta) \wedge \omega = \int_M \eta \wedge \pi_*\omega.$$

Esercizio 5.35. Sia $\pi\colon E \to M$ un fibrato vettoriale orientabile di rango r su una varietà M di tipo finito. Dimostra che $\pi_*\colon H_{cv}^\bullet(E) \to H^{\bullet-r}(M)$ è un isomorfismo. L'isomorfismo inverso $T = (\pi_*)^{-1}\colon H^\bullet(M) \to H_{cv}^{\bullet+r}(E)$ è detto *isomorfismo di Thom*. [*Suggerimento:* procedi per induzione sulla cardinalità di un ricoprimento aciclico come nella dimostrazione della Proposizione 5.8.3 usando un'opportuna successione di Mayer-Vietoris per la coomologia a supporto compatto verticale, dando per buono il fatto, che dimostreremo nel Teorema 7.3.6, che esistono ricoprimenti aciclici in cui tutte le intersezioni finite sono C^∞-contraibili, e ricordando l'Esercizio 5.25.] [*Nota:* si può dimostrare che π_* è un isomorfismo anche quando M non è di tipo finito; vedi [4, Theorem 12.2].]

Esercizio 5.36. Sia $\pi: E \to M$ un fibrato vettoriale orientabile di rango r su una varietà M di tipo finito, e $T: H^\bullet(M) \to H_{cv}^{\bullet+r}(E)$ l'isomorfismo di Thom. La *classe di Thom* di E è $\Phi = T(1) \in H_{cv}^r(E)$, dove $1 \in H^0(M)$.

(i) Dimostra che $T\omega = \pi^*\omega \wedge \Phi$ per ogni $\omega \in H^\bullet(M)$.

(ii) Dimostra che Φ è l'unica classe di coomologia in $H_{cv}^r(E)$ che ristretta a una qualsiasi fibra E_p di E dia un generatore di $H_c^r(E_p) \cong \mathbb{R}$.

Esercizio 5.37. Sia $\pi: E \to M$ un fibrato vettoriale orientabile di rango r su una varietà di tipo finito M. Dimostra che $H_c^\bullet(E)$ è isomorfa a $H_c^{\bullet-r}(M)$.

CARATTERISTICA DI EULERO-POINCARÉ

Definizione 5.E.2. Sia M una varietà n-dimensionale di tipo finito. La *caratteristica di Eulero-Poincaré* di M è

$$\chi(M) = \sum_{j=0}^{n}(-1)^j \dim H^j(M) \ .$$

Esercizio 5.38. Sia

$$O \xrightarrow{f_{-1}} V_0 \xrightarrow{f_0} V_1 \xrightarrow{f_1} V_2 \longrightarrow \cdots \xrightarrow{f_{n-1}} V_n \xrightarrow{f_n} O$$

una successione di applicazioni lineari fra spazi vettoriali di dimensione finita tali che $f_j \circ f_{j-1} = O$ per ogni $j = 0, \ldots, n$, e poni $H_j = \mathrm{Ker}(f_j)/\mathrm{Im}(f_{j-1})$. Dimostra che

$$\sum_{j=0}^{n}(-1)^j \dim H_j = \sum_{j=0}^{n}(-1)^j \dim V_j \ .$$

Esercizio 5.39. Siano M ed N due varietà di tipo finito. Dimostra che

$$\chi(M \times N) = \chi(M)\chi(N) \ .$$

Esercizio 5.40. Sia $\mathfrak{U} = \{U_1, \ldots, U_r\}$ un ricoprimento aperto aciclico finito di una varietà n-dimensionale M di tipo finito. Per $j = 0, \ldots, n$ sia c_j la cardinalità dell'insieme delle $(j+1)$-uple ordinate $\alpha_0 < \cdots < \alpha_j$ tali che $U_{\alpha_0 \ldots \alpha_j} \neq \varnothing$. Dimostra che

$$\chi(M) = \sum_{j=0}^{n}(-1)^j c_j \ .$$

Esercizio 5.41 (Utile per l'Esercizio 5.45). Sia M una varietà connessa non orientabile di tipo finito, e $\pi: \tilde{M} \to M$ il rivestimento doppio dato dalla Proposizione 4.2.19. Dimostra che anche $\tilde{M}$ è di tipo finito, e che

$$\chi(\tilde{M}) = 2\chi(M) \ .$$

Esercizio 5.42. Sia M una varietà compatta orientabile di dimensione n. Dimostra che:

(i) se n è dispari allora $\chi(M) = 0$;

(ii) se $n = 2(2k + 1)$ allora $\chi(M)$ e $\dim H^{2k+1}(M)$ sono pari;

(iii) se $n = 4k$ allora $\chi(M)$ e $\dim H^{2k}(M)$ hanno la stessa parità della segnatura della forma bilineare simmetrica

$$\int_M : H^{2k}(M) \otimes H^{2k}(M) \to \mathbb{R}.$$

TEOREMA DI LEFSCHETZ

Definizione 5.E.3. Sia M una n-varietà connessa, compatta e orientata, e $F: M \to M$ di classe C^∞. Indichiamo con $F_p^*: H^p(M) \to H^p(M)$ l'applicazione lineare indotta. Il *numero di Lefschetz* $L(F)$ è dato da

$$L(F) = \sum_{p=0}^{n} (-1)^p \operatorname{tr}(F_p^*).$$

Esercizio 5.43 (Utile per l'Esercizio 5.44). Sia M una n-varietà connessa, compatta e orientata, e fissiamo una base $\{\omega^i\}_{i \in I}$ di $H^\bullet(M)$.

(i) Dimostra che esiste un'unica base $\{\tau_i\}_{i \in I}$ di $H^\bullet(M)$ tale che

$$\forall i, j \in I \qquad \int_M \omega^i \wedge \tau_j = \delta_j^i.$$

(ii) Se $F: M \to M$ è un'applicazione differenziabile, dimostra che

$$L(F) = \sum_{i \in I} (-1)^{\deg \omega^i} \int_M F^* \omega^i \wedge \tau_i.$$

Esercizio 5.44 (Utile per l'Esercizio 5.45). Sia M una n-varietà connessa, compatta e orientata, e per $j = 1, 2$ indichiamo con $\pi_j: M \times M \to M$ la proiezione sul j-esimo fattore. Sia poi $F: M \to M$ un'applicazione differenziabile.

(i) Dimostra che per ogni ω_1, $\omega_2 \in A^n(M)$ si ha

$$\int_{M \times M} \pi_1^* \omega_1 \wedge \pi_2^* \omega_2 = \left(\int_M \omega_1 \right) \left(\int_M \omega_2 \right),$$

dove su $M \times M$ consideriamo l'orientazione prodotto.

(ii) Indichiamo con $i_1: M \to M \times M$ l'inclusione $i(p) = (p, p)$, e indichiamo con $\Delta = i_1(M)$ la *diagonale* in $M \times M$. Indichiamo poi con $i_2: M \to M \times M$ l'inclusione $i_2(p) = (p, F(p))$, e con $\Gamma = i_2(M)$ il *grafico* di F. Se $\eta_\Gamma \in A^n(M \times M)$ è un duale di Poincaré (vedi l'Esercizio 5.26) di Γ in $M \times M$, dimostra che se F non ha punti fissi allora $\int_\Delta \eta_\Gamma = 0$.

(iii) Fissata una base $\{\omega^i\}_{i \in I}$ di $H^\bullet(M)$, sia $\{\tau_i\}_{i \in I}$ la base duale data dalll'Esercizio 5.43. Posto

$$\epsilon_i^{lj} = (-1)^{\deg \omega^l (\deg \tau_i + \deg \omega^j)} \quad \text{e} \quad A_i^j = \epsilon_i^{ij} \int_M \tau_i \wedge F^* \omega^j \,,$$

dimostra che

$$\eta_\Gamma = \sum_{i,j \in I} A_i^j \pi_1^* \omega^i \wedge \pi_2^* \tau_j \,.$$

[Suggerimento: ricorda l'Esercizio 5.31.]

(iv) Dimostra che

$$L(F) = \int_\Delta \eta_\Gamma \,,$$

e deduci il teorema di Lefschetz: se $F \colon M \to M$ è un'applicazione differenziabile di una varietà connessa, compatta e orientabile in sé senza punti fissi allora $L(F) = 0$.

Esercizio 5.45. Dimostra il teorema di Poincaré-Hopf: se una varietà connessa compatta M ammette un campo vettoriale mai nullo allora $\chi(M) = 0$. [Suggerimento: considera prima di tutto il caso M orientabile. Se $\chi(M) \neq 0$, applica il teorema di Lefschetz al flusso indotto da un campo vettoriale $X \in \mathcal{T}(M)$ per trovare un (punto fisso del flusso e quindi) uno zero del campo vettoriale. Se M non è orientabile, passa al rivestimento doppio orientabile e usa l'Esercizio 5.41.]

COOMOLOGIA DI DE RHAM RELATIVA

Esercizio 5.46. Sia $i \colon S \hookrightarrow M$ una sottovarietà chiusa di una varietà M, e poniamo

$$A^k(M, S) = \{\omega \in A^k(M) \mid i^* \omega = 0\} \,.$$

(i) Dimostra che $\big(A^\bullet(M, S), \mathrm{d}\big)$ è un complesso differenziale. La sua coomologia, indicata con $H^\bullet(M, S)$, è detta coomologia di de Rham relativa della coppia (M, S).

(ii) Dimostra che la successione

$$O \longrightarrow A^\bullet(M, S) \overset{\subset}{\longrightarrow} A^\bullet(M) \overset{i^*}{\longrightarrow} A^\bullet(S) \longrightarrow O$$

è esatta, e deduci l'esistenza di una successione esatta lunga

$$\cdots \to H^k(M, S) \to H^k(M) \to H^k(S) \to H^{k+1}(M, S) \to \cdots$$

detta successione esatta lunga in coomologia della coppia (M, S).

Esercizio 5.47. Sia $i \colon S \hookrightarrow M$ una sottovarietà chiusa di una varietà M, e poniamo

$$A_c^k(M, S) = \{\omega \in A_c^k(M) \mid i^* \omega = 0\} \,.$$

(i) Dimostra che $\left(A_c^\bullet(M,S),d\right)$ è un complesso differenziale. La sua coomologia, indicata con $H_c^\bullet(M,S)$, è detta *coomologia di de Rham a supporto compatto relativa* della coppia (M,S).

(ii) Dimostra che la successione

$$O \longrightarrow A_c^\bullet(M,S) \lhook\joinrel\longrightarrow A_c^\bullet(M) \xrightarrow{\;i^*\;} A_c^\bullet(S) \longrightarrow O$$

è esatta, e deduci l'esistenza di una successione esatta lunga

$$\cdots \longrightarrow H_c^k(M,S) \longrightarrow H_c^k(M) \longrightarrow H_c^k(S) \xrightarrow{\;\delta\;} H_c^{k+1}(M,S) \longrightarrow \cdots$$

detta *successione esatta lunga a supporto compatto della coppia* (M,S).

(iii) Se M è una n-varietà orientata con bordo ∂M, dimostra che l'integrazione su M definisce un funzionale $\int_M\colon H_c^n(M,\partial M) \to \mathbb{R}$.

(iv) Dimostra che il diagramma

$$H_c^{n-1}(\partial M) \xrightarrow{\;\delta\;} H_c^n(M,\partial M)$$

con i morfismi $\int_{\partial M}$ e $\int_M$ verso $\mathbb{R}$

dove $\delta\colon H_c^{n-1}(\partial M) \to H_c^n(M,\partial M)$ è il morfismo di connessione della successione esatta lunga in coomologia a supporto compatto della coppia $(M,\partial M)$, è commutativo.

COOMOLOGIA DI COMPLESSI DOPPI

Definizione 5.E.4. La H_d-*coomologia* di un complesso doppio $(K^{\bullet,\bullet},d,\delta)$ è la coomologia delle colonne:

$$H_d^q(K^{p,\bullet}) = \operatorname{Ker} d|_{K^{p,q}} / \operatorname{Im} d|_{K^{p,q-1}}\ .$$

Definizione 5.E.5. Un *morfismo* di complessi doppi è semplicemente un morfismo $f\colon(K_1^{\bullet,\bullet},d_1,\delta_1) \to (K_2^{\bullet,\bullet},d_2,\delta_2)$ che rispetta la graduazione, nel senso che $f(K_1^{p,q}) \subseteq K_2^{p,q}$ per ogni $p,\,q \in \mathbb{N}$, e che commuta con i differenziali, nel senso che $f \circ d_1 = d_2 \circ f$ e $f \circ \delta_1 = \delta_2 \circ f$.

Esercizio 5.48. Sia $f\colon(K_1^{\bullet,\bullet},d_1,\delta_1) \to (K_2^{\bullet,\bullet},d_2,\delta_2)$ un morfismo di complessi doppi. Dimostra che f induce un morfismo $f_*\colon H_D^\bullet(K_1) \to H_D^\bullet(K_2)$ in D-coomologia, e per ogni $p,\,q \in \mathbb{N}$ un morfismo $f_*\colon H_d^q(K_1^{p,\bullet}) \to H_d^q(K_2^{p,\bullet})$ in d-coomologia.

Esercizio 5.49. Sia $f\colon(K_1^{\bullet,\bullet},d_1,\delta_1) \to (K_2^{\bullet,\bullet},d_2,\delta_2)$ un morfismo di complessi doppi tale che $f_*\colon H_d^q(K_1^{p,\bullet}) \to H_d^q(K_2^{p,\bullet})$ sia un isomorfismo per ogni $p,\,q \in \mathbb{N}$. Dimostra che $f_*\colon H_D^n(K_1) \to H_D^n(K_2)$ è un isomorfismo per ogni $n \in \mathbb{N}$.

LIMITI DIRETTI E INVERSI

Esercizio 5.50. Sia $\{G_i\}_{i \in I}$ un sistema diretto di gruppi. Dimostra che la relazione $\sim$ introdotta nella Definizione 5.9.7 è una relazione d'equivalenza, e che il limite diretto $\varinjlim_{i \in I} G_i$ ha un'unica struttura di gruppo rispetto a cui le applicazioni $f_i \colon G_i \to \varinjlim_{i \in I} G_i$ siano dei morfismi.

Esercizio 5.51. Sia $\{G_i\}_{i \in I}$ un sistema diretto di gruppi. Dimostra che il limite diretto $G = \varinjlim_{i \in I} G_i$ è l'unico gruppo che soddisfa la seguente proprietà universale: per ogni gruppo H e ogni famiglia $\varphi_i \colon G_i \to H$ di morfismi tali che $\varphi_j = \varphi_i \circ f^i_j$ per ogni $i \le j$ esiste un unico morfismo $\Phi \colon G \to H$ tale che $\Phi \circ f_i = \varphi_i$ per ogni $i \in I$.

Definizione 5.E.6. Il *limite inverso* (o *limite proiettivo*) di un sistema diretto di gruppi $\{G_i\}_{i \in I}$ è il seguente sottogruppo del prodotto diretto:

$$\varprojlim G_i = \left\{ g = (g_i) \in \prod_{i \in I} G_i \;\middle|\; g_i = f^i_j(g_j) \text{ per ogni } i \le j \right\}.$$

Indichiamo con $\pi^i \colon \varprojlim G_i \to G_i$ la proiezione sull'i-esimo fattore.

Esercizio 5.52. Sia $\{G_i\}_{i \in I}$ un sistema diretto di gruppi. Dimostra che il limite inverso $G = \varprojlim G_i$ è l'unico gruppo che soddisfa la seguente proprietà universale: per ogni gruppo H e ogni famiglia $\psi^i \colon H \to G_i$ di morfismi tali che $\psi^i = f^i_j \circ \psi^j$ per ogni $i \le j$ esiste un unico morfismo $\Psi \colon H \to G$ tale che $\pi^i \circ \Psi = \psi^i$ per ogni $i \in I$.

Esercizio 5.53. Dato il sistema diretto di gruppi $\{\mathbb{R}^n\}_{n \in \mathbb{N}}$, dove $f^i_j \colon \mathbb{R}^j \to \mathbb{R}^i$ per $j \ge i$ è la proiezione sulle prime i coordinate, dimostra che $\varprojlim \mathbb{R}^n = \mathbb{R}^{\mathbb{N}}$, mentre $\varinjlim \mathbb{R}^n$ è isomorfo al sottospazio $\mathbb{R}^{(\mathbb{N})} \subset \mathbb{R}^{\mathbb{N}}$ delle successioni definitivamente nulle.

FASCI E PREFASCI

Esercizio 5.54. Sia $\mathcal{F}$ un fascio su uno spazio topologico X. Indichiamo con $\mathbf{F} = \coprod_{x \in X} \mathcal{F}_x$ l'unione disgiunta delle spighe del fascio, e con $\pi \colon \mathbf{F} \to X$ l'ovvia proiezione. Se $U \subseteq X$ è aperto, una sezione $s \in \mathcal{F}(U)$ determina un germe $s_x \in \mathcal{F}_x$ per ogni $x \in U$, e quindi un'applicazione $s \colon U \to \mathbf{F}$ tale che $s(x) \in \mathcal{F}_x$ per ogni $x \in U$. Dimostra che:

(i) esiste un'unica topologia minimale su $\mathbf{F}$ rispetto a cui tutte queste applicazioni $s \colon U \to \mathbf{F}$ sono continue e aperte;

(ii) questa topologia induce la topologia discreta su ogni spiga;

(iii) $\pi\colon \mathbf{F} \to X$ è un omeomorfismo locale rispetto a questa topologia.

L'insieme $\mathbf{F}$ con questa topologia è detto *spazio étalé* associato al fascio $\mathcal{F}$.

Esercizio 5.55. Sia $\mathfrak{U} = \{U_\alpha\}_{\alpha \in J}$ un ricoprimento aperto di uno spazio topologico X, dove J è un insieme totalmente ordinato, e $\mathcal{F}$ un prefascio su X. Procedendo come nel Lemma 5.8.17 dimostra che il morfismo δ introdotto nella Definizione 5.9.12 soddisfa $\delta \circ \delta = O$.

Esercizio 5.56. Dimostra che

$$H^p(M, \mathcal{E}_M) = O$$

per ogni $p \geq 1$ e ogni varietà M, dove $\mathcal{E}_M$ è il fascio dei germi di funzioni differenziabili. [*Suggerimento:* usa le partizioni dell'unità.]

Esercizio 5.57. Sia $\pi\colon F \to M$ un fibrato in rette su una varietà M. Indichiamo con $\mathcal{E}_M^*$ il fascio che associa a ogni aperto $U \subseteq M$ il gruppo moltiplicativo $C^\infty(U, \mathbb{R}^*)$ delle funzioni di classe C^∞ mai nulle.

(i)   Sia $\mathfrak{U}$ un atlante che banalizza F. Dimostra che le funzioni di transizione rispetto a $\mathfrak{U}$ definiscono un elemento di $\check{H}^1(\mathfrak{U}, \mathcal{E}_M^*)$, e quindi un elemento di $\check{H}^1(M, \mathcal{E}_M^*)$.

(ii) Dimostra che le funzioni di transizione relative a due atlanti che banalizzano F definiscono lo stesso elemento di $\check{H}^1(M, \mathcal{E}_M^*)$.

(iii) Viceversa, dimostra che ogni elemento di $\check{H}^1(M, \mathcal{E}_M^*)$ individua un fibrato in rette su M, unico a meno di isomorfismi.

In altre parole, l'insieme dei fibrati in rette su M modulo isomorfismi è in corrispondenza biunivoca con $\check{H}^1(M, \mathcal{E}_M^*)$. [*Suggerimento:* ricorda la Proposizione 3.1.8 e l'Osservazione 3.1.9.]

PRODOTTO CUP

Esercizio 5.58. Sia $\mathfrak{U} = \{U_\alpha\}$ un ricoprimento aperto di una varietà M. Sia

$$\smile\colon C^p(\mathfrak{U}, A^q) \times C^r(\mathfrak{U}, A^s) \to C^{p+r}(\mathfrak{U}, A^{q+s})$$

definito da

$$(\omega \smile \eta)_{\alpha_0 \ldots \alpha_{p+r}} = (-1)^{qr} \omega_{\alpha_0 \ldots \alpha_p} \wedge \eta_{\alpha_p \ldots \alpha_{p+r}}|_{U_{\alpha_0 \ldots \alpha_{p+r}}}$$

per ogni $\omega \in C^p(\mathfrak{U}, A^q)$ e $\eta \in C^r(\mathfrak{U}, A^s)$, ed esteso per bilinearità. Dimostra che per ogni $\omega \in C^p(\mathfrak{U}, A^q)$ e $\eta \in C^r(\mathfrak{U}, A^s)$ si ha:

(i) $\delta(\omega \smile \eta) = (\delta\omega) \smile \eta + (-1)^{p+q} \omega \smile (\delta\eta)$;

(ii) $\mathrm{d}(\omega \smile \eta) = (-1)^r (\mathrm{d}\omega) \smile \eta + (-1)^q \omega \smile (\mathrm{d}\eta)$;

(iii) $D(\omega \smile \eta) = (D\omega) \smile \eta + (-1)^{p+q} \omega \smile (D\eta)$.

Infine usando $\smile$ definisci una struttura prodotto su

(a) $C^{\bullet}(\mathfrak{U}, \mathbb{R})$;
(b) $\check{H}^{\bullet}(\mathfrak{U}, \mathbb{R})$;
(c) $\check{H}^{\bullet}(M, \mathbb{R})$.

che le trasforma in algebre graduate anticommutative.

Definizione 5.E.7. Il prodotto $\smile \colon \check{H}^p(M, \mathbb{R}) \times \check{H}^q(M, \mathbb{R}) \to \check{H}^{p+q}(M, \mathbb{R})$ definito nel precedente esercizio è il *prodotto cup* in coomologia di Čech.

Esercizio 5.59. Dimostra che l'isomorfismo fra la coomologia di de Rham e la coomologia di Čech dato dal teorema di de Rham è un isomorfismo di algebre graduate rispetto ai prodotti cup.

6

Strutture su varietà

Nei capitoli precedenti abbiamo studiato la Geometria Differenziale delle varietà basandoci esclusivamente sulla struttura differenziale a disposizione, senza usare strutture ulteriori. In molte situazioni, interne o esterne alla matematica, si trovano invece varietà equipaggiate con una struttura aggiuntiva, e diventa interessante studiare le conseguenze geometriche di questa struttura.

L'esempio più evidente di varietà con strutture aggiuntive è $\mathbb{R}^n$. Il prodotto scalare canonico permette di introdurre una struttura metrica su $\mathbb{R}^n$: possiamo misurare la lunghezza dei vettori tangenti, la lunghezza di curve, e la distanza fra due punti, ottenendo una struttura di spazio metrico completo su $\mathbb{R}^n$ indotta dal prodotto scalare canonico. Una struttura meno evidente (e in realtà, come vedremo, correlata in modo non banale con il prodotto scalare canonico) è conseguenza del fatto che il fibrato tangente a $\mathbb{R}^n$ è canonicamente isomorfo a $\mathbb{R}^n \times \mathbb{R}^n$, per cui i campi vettoriali si possono identificare con lo spazio $C^\infty(\mathbb{R}^n, \mathbb{R}^n)$ delle applicazioni differenziabili a valori in $\mathbb{R}^n$. Quindi se X e Y sono due campi vettoriali su $\mathbb{R}^n$ possiamo fare agire X, interpretato come derivazione, su ciascuna delle componenti di Y interpretato come applicazione differenziabile a valori in $\mathbb{R}^n$, e otteniamo (un'applicazione differenziabile a valori in $\mathbb{R}^n$ e quindi) un altro campo vettoriale, che a buon diritto possiamo pensare come la derivata di Y nella direzione di X.

La struttura indotta dal prodotto scalare canonico è un esempio di *metrica Riemanniana* su una varietà; mentre la derivazione di un campo vettoriale nella direzione data da un altro è un esempio di *connessione*. Una metrica Riemanniana permette di misurare la lunghezza di vettori tangenti, la lunghezza di curve e di introdurre una distanza fra due punti; una connessione permette di derivare campi vettoriali, e in particolare di dare una nozione di campi costanti lungo curve (che saranno chiamati *campi paralleli*). Come vedremo, su ogni varietà si possono definire infinite connessioni e infinite metriche Riemanniane, con il vantaggio di poter scegliere in ogni occasione quella più adeguata al problema specifico che si vuole risolvere. D'altra parte, però, come discuteremo soprattutto nel Capitolo 8, l'esistenza di una metrica Riemanniana o di una connessione con determinate proprietà può avere delle conseguenze

Abate M., Tovena F.: Geometria Differenziale.
DOI 10.1007/978-88-470-1920-1_6
© Springer-Verlag Italia 2011

sulla topologia della varietà; in altri termini, varietà con una data topologia possono non ammettere metriche Riemanniane che godono di certe proprietà (di curvatura, per esempio). Infine, l'esistenza di un certo tipo di struttura può implicare l'esistenza di un'altra: per esempio, a ogni metrica Riemanniana è associata una connessione particolare, la *connessione di Levi-Civita,* che è cruciale per lo studio delle proprietà metriche delle varietà equipaggiate con una metrica Riemanniana.

In questo capitolo definiremo e studieremo prima di tutto le connessioni in generale. Poi introdurremo il concetto di metrica Riemanniana, e vedremo alcune costruzioni standard legate alle metriche Riemanniane, fra cui quella che porta alla connessione di Levi-Civita. I prossimi due capitoli saranno dedicati a uno studio approfondito della geometria delle metriche Riemanniane; concluderemo invece questo capitolo con una brevissima introduzione a un'altra struttura che può essere introdotta su una varietà, la struttura simplettica.

6.1 Connessioni

Come accennato nell'introduzione, l'obiettivo di questo paragrafo è trovare un modo per derivare campi vettoriali su una varietà o, più in generale, campi vettoriali definiti lungo una curva nella varietà. Il problema è che i valori di un campo vettoriale in punti diversi appartengono a spazi vettoriali diversi, per cui non è possibile scrivere un rapporto incrementale. Storicamente, questo problema venne risolto introducendo una tecnica (il trasporto parallelo) che permette di confrontare spazi tangenti in punti diversi; noi invece faremo il percorso inverso, definendo prima cosa vuol dire derivare campi vettoriali e deducendo da questo il concetto di trasporto parallelo.

La formalizzazione moderna del concetto di derivazione di campi vettoriali su una varietà qualunque è data dalla definizione di connessione su un fibrato vettoriale.

Definizione 6.1.1. Sia $\pi\colon E \to M$ un fibrato vettoriale su una varietà M. Una *connessione* su E è un'applicazione $\nabla\colon \mathcal{T}(M) \times \mathcal{E}(M) \to \mathcal{E}(M)$, scritta

$$(X, V) \mapsto \nabla_X V \,,$$

tale che

(a) $\nabla_X V$ è $C^\infty(M)$-*lineare in* X: per ogni X_1, $X_2 \in \mathcal{T}(M)$, $V \in \mathcal{E}(M)$ e f, $g \in C^\infty(M)$ si ha

$$\nabla_{fX_1 + gX_2} V = f\nabla_{X_1} V + g\nabla_{X_2} V \,;$$

(b) $\nabla_X V$ è $\mathbb{R}$-*lineare in* V: per ogni $X \in \mathcal{T}(M)$, V_1, $V_2 \in \mathcal{E}(M)$ e a, $b \in \mathbb{R}$ si ha

$$\nabla_X(aV_1 + bV_2) = a\nabla_X V_1 + b\nabla_X V_2 \,;$$

(c) ∇ soddisfa una *regola di Leibniz*: per ogni $X \in \mathcal{T}(M)$, $V \in \mathcal{E}(M)$ e $f \in C^\infty(M)$ si ha

$$\nabla_X(fV) = f\nabla_X V + (Xf)V .$$

La sezione $\nabla_X V$ è detta *derivata covariante* di V lungo X (e il simbolo ∇ si legge "nabla"). Infine, una connessione su TM verrà chiamata *connessione lineare*, o semplicemente *connessione su M*.

Esempio 6.1.2 (Connessione piatta). Sia $E = M \times \mathbb{R}^r$ un fibrato banale sulla varietà M. Ogni sezione $V \in \mathcal{E}(M)$ è della forma $V = \sum\limits_{j=1}^{r} V^j E_j$ per opportune $V^j \in C^\infty(M)$, dove $\{E_1, \ldots, E_r\}$ è il riferimento globale di E ottenuto ponendo $E_j(p) = (p, e_j)$ per ogni $p \in M$, ed $\{e_1, \ldots, e_r\}$ è la base canonica di $\mathbb{R}^r$ (in altre parole, una sezione del fibrato banale di rango r è essenzialmente una r-upla di funzioni differenziabili). Possiamo allora definire la *connessione piatta* su E ponendo

$$\nabla_X V = \sum_{j=1}^{r} X(V^j)E_j .$$

Si verifica subito (controlla) che è effettivamente una connessione.

Usando la connessione piatta e le partizioni dell'unità è facile definire connessioni su qualsiasi fibrato:

Proposizione 6.1.3. *Qualsiasi fibrato vettoriale $\pi\colon E \to M$ ammette una connessione.*

Dimostrazione. Scegliamo un atlante $\{(U_\alpha, \varphi_\alpha, \chi_\alpha)\}$ di M che banalizza E, e sia $\{\rho_\alpha\}$ una partizione dell'unità subordinata al ricoprimento $\{U_\alpha\}$. Su ciascun U_α definiamo una connessione ∇^α ponendo

$$\forall X \in \mathcal{T}(U_\alpha) \ \forall V \in \mathcal{E}(U_\alpha) \quad \nabla^\alpha_X V = \chi_\alpha^{-1}\big(\nabla^0_X \chi_\alpha(V)\big) ,$$

dove ∇^0 è la connessione piatta su $U_\alpha \times \mathbb{R}^r$. Incolliamo ora le ∇^α definendo

$$\forall X \in \mathcal{T}(M) \ \forall V \in \mathcal{E}(M) \quad \nabla_X V = \sum_\alpha \rho_\alpha\big(\nabla^\alpha_{X|_{U_\alpha}} V|_{U_\alpha}\big) .$$

Le proprietà (a) e (b) della Definizione 6.1.1 sono chiaramente soddisfatte. Poi abbiamo

$$\begin{aligned}
\nabla_X(fV) &= \sum_\alpha \rho_\alpha \nabla^\alpha_{X|_{U_\alpha}}(fV|_{U_\alpha}) \\
&= \sum_\alpha \rho_\alpha\big(f\nabla^\alpha_{X|_{U_\alpha}} V|_{U_\alpha} + X(f)V|_{U_\alpha}\big) \\
&= f\nabla_X V + \left(\sum_\alpha \rho_\alpha\right) X(f)V = f\nabla_X V + X(f)V ,
\end{aligned}$$

per cui vale la regola di Leibniz, e quindi ∇ è una connessione. $\square$

Osservazione 6.1.4. In generale, la somma di connessioni (o il prodotto di uno scalare per una connessione) non è una connessione, in quanto si perde la regola di Leibniz.

D'altra parte, la *combinazione affine* di connessioni è una connessione: se $\nabla^1, \ldots, \nabla^k$ sono connessioni su un fibrato E e $\mu_1, \ldots \mu_k \in \mathbb{R}$ sono tali che $\mu_1 + \cdots + \mu_k = 1$, allora si verifica facilmente (controlla) che $\mu_1 \nabla^1 + \cdots + \mu_k \nabla^k$ è ancora una connessione.

Infine, la *differenza* di due connessioni è chiaramente $C^\infty(M)$-lineare in tutte le variabili.

Una derivata direzionale in un punto dipende solo dalla direzione in quel punto e dal comportamento locale dell'oggetto che stiamo derivando. Per far vedere che le connessioni hanno il diritto di essere considerate derivazioni di sezioni di un fibrato dobbiamo allora dimostrare che $\nabla_X V(p)$ dipende solo dal valore di X in $p \in M$ e dal comportamento di V in un intorno di p. In realtà, dimostreremo di più: $\nabla_X V(p)$ dipende solo da $X(p)$ e dal comportamento di V ristretto a una curva tangente a $X(p)$ in p.

Lemma 6.1.5. *Sia* $\nabla \colon \mathcal{T}(M) \times \mathcal{E}(M) \to \mathcal{E}(M)$ *una connessione sul fibrato vettoriale* $\pi \colon E \to M$.

(i) *se* $X, \tilde{X} \in \mathcal{T}(M)$ *e* $V, \tilde{V} \in \mathcal{E}(M)$ *sono tali che* $X(p) = \tilde{X}(p)$ *e* $V \equiv \tilde{V}$ *in un intorno di* $p \in M$ *allora si ha* $\nabla_X V(p) = \nabla_{\tilde{X}} \tilde{V}(p)$;

(ii) *per ogni aperto* $U \subseteq M$ *esiste un'unica connessione*

$$\nabla^U \colon \mathcal{T}(U) \times \mathcal{E}(U) \to \mathcal{E}(U)$$

su $E|_U$ *tale che per ogni* $X \in \mathcal{T}(M)$, $V \in \mathcal{E}(M)$ *e* $p \in U$ *si abbia*

$$\nabla^U_{X|_U} V|_U(p) = \nabla_X V(p) ;$$

(iii) *se per* $X \in \mathcal{T}(M)$ *e* $V, \tilde{V} \in \mathcal{E}(M)$ *esiste una curva* $\sigma \colon (-\varepsilon, \varepsilon) \to M$ *con* $\sigma(0) = p$, $\sigma'(0) = X(p)$ *e* $V \circ \sigma = \tilde{V} \circ \sigma$ *allora* $\nabla_X V(p) = \nabla_X \tilde{V}(p)$.

Dimostrazione. Prima di tutto dimostriamo che se $V \equiv O$ in un intorno U di p allora $\nabla_X V(p) = O$ per ogni $X \in \mathcal{T}(M)$. Sia $g \in C^\infty(M)$ tale che $g(p) = 1$ e $g|_{M \setminus U} \equiv 0$ (vedi il Corollario 2.7.3). Allora $gV \equiv O$, per cui $\nabla_X(gV) = \nabla_X(0 \cdot gV) = 0 \nabla_X(gV) \equiv O$ e quindi

$$O = \nabla_X(gV)(p) = g(p)\nabla_X V(p) + (Xg)(p)V(p) = \nabla_X V(p) .$$

Dunque se $V, \tilde{V} \in \mathcal{E}(M)$ sono tali che $V \equiv \tilde{V}$ in un intorno di p, abbiamo $V - \tilde{V} \equiv O$ in un intorno di p, e $\nabla_X V(p) = \nabla_X \tilde{V}(p)$ per ogni $X \in \mathcal{T}(M)$.

Dimostriamo analogamente che se $X \equiv O$ in un intorno U di p allora $\nabla_X V(p) = O$ per ogni $V \in \mathcal{E}(M)$. Infatti, se $g \in C^\infty(M)$ è la stessa funzione di prima, si ha $gX \equiv O$, per cui $\nabla_{gX} V = \nabla_{0gX} V = 0 \nabla_{gX} V \equiv O$ e quindi

$$O = \nabla_{gX} V(p) = g(p)\nabla_X V(p) = \nabla_X V(p) .$$

Da questo segue nuovamente che se $X \equiv \tilde{X}$ in un intorno di p allora $\nabla_X V(p) = \nabla_{\tilde{X}} V(p)$ quale che sia $V \in \mathcal{E}(M)$.

In particolare, quindi, il valore di $\nabla_X V$ in p dipende solo dal comportamento di X e V in un intorno di p, per cui se una connessione ∇^U come in (ii) esiste allora è unica. Ma possiamo usare questa proprietà anche per definire ∇^U. Infatti, per ogni $p \in U$ scegliamo, usando la Proposizione 2.7.2, una $\chi_p \in C^\infty(M)$ tale che $\chi_p \equiv 1$ in un intorno di p e con $\mathrm{supp}(\chi_p) \subset U$. Allora per ogni $X \in \mathcal{T}(U)$ il campo vettoriale $\chi_p X$, esteso a zero fuori da U, è un campo vettoriale globale che coincide con X in un intorno di p. In modo analogo, per ogni $V \in \mathcal{E}(U)$ possiamo considerare $\chi_p V$ come una sezione globale di E che coincide con V in un intorno di p. Quindi se definiamo $\nabla^U : \mathcal{T}(U) \times \mathcal{E}(U) \to \mathcal{E}(U)$ ponendo

$$\nabla^U_X V(p) = \nabla_{\chi_p X}(\chi_p V)(p)$$

per quanto visto otteniamo una connessione ben definita (cioè indipendente dalla scelta delle χ_p), e abbiamo dimostrato (ii).

Possiamo ora completare la dimostrazione di (i), facendo vedere che in realtà $\nabla_X V(p)$ dipende solo dal valore di X in p (e dal comportamento di V in un intorno di p). Al solito, basta far vedere che $X(p) = O$ implica $\nabla_X V(p) = O$ per ogni $V \in \mathcal{E}(M)$. Sia (U, φ) una carta locale centrata in p, e scriviamo $X|_U = \sum_{j=1}^n X^j \partial_j$, con $X^j(p) = 0$ per $j = 1, \ldots, n = \dim M$ in quanto $X(p) = O$. Per quanto detto, ha senso calcolare $(\nabla_{\partial_j} V)(p)$, e si ha

$$\nabla_X V(p) = \nabla_{\sum_j X^j \partial_j} V(p) = \sum_{j=1}^n X^j(p) \nabla_{\partial_j} V(p) = O \, .$$

Per dimostrare (iii), basta far vedere che se $V \circ \sigma \equiv O$ allora $\nabla_X V(p) = O$. Sia $\{E_1, \ldots, E_r\}$ un riferimento locale per E su un intorno U di p, e scriviamo $V = \sum_j V^j E_j$. Da $V(p) = V(\sigma(0)) = O$ ricaviamo $V^1(p) = \cdots = V^r(p) = 0$. Per quanto detto ha senso calcolare $\nabla_X E_j(p)$, e si ha

$$\nabla_X V(p) = \nabla_X \left(\sum_{j=1}^r V^j E_j \right)(p) = \sum_{j=1}^r \left[V^j(p) \nabla_X E_j(p) + X_p(V^j) E_j(p) \right]$$

$$= \sum_{j=1}^r \frac{\mathrm{d}(V^j \circ \sigma)}{\mathrm{d}t}(0) E_j(p) = O \, ,$$

come voluto. □

Osservazione 6.1.6. Per non appesantire le notazioni, nel seguito indicheremo con ∇ e non con ∇^U la connessione indotta sull'aperto $U \subseteq M$.

Osservazione 6.1.7. Nella Sezione 3.4 avevamo introdotto un altro genere di derivazione di un campo vettoriale lungo un altro campo vettoriale: la derivata di Lie. Anch'essa, come le connessioni lineari, può essere pensata come un'applicazione $\mathcal{L}: \mathcal{T}(M) \times \mathcal{T}(M) \to \mathcal{T}(M)$ che associa a una coppia (X, Y) di campi vettoriali il campo vettoriale $\mathcal{L}_X Y = [X, Y]$. Tuttavia, la derivata di Lie non è una connessione lineare. Infatti, pur soddisfacendo le condizioni (b) e (c) della Definizione 6.1.1 non soddisfa la condizione (a), in quanto non è $C^\infty(M)$-lineare nel primo argomento. Di conseguenza, per la derivata di Lie risultati analoghi al Lemma 6.1.5 non valgono, nel senso che $\mathcal{L}_X Y(p)$ dipende dal comportamento di X in tutto un intorno di p e non soltanto in p come avviene per le connessioni (vedi l'Esercizio 6.3).

Il Lemma 6.1.5.(ii) permette di dare un'espressione locale di una connessione, scegliendo coordinate locali e un riferimento locale. Infatti, sia (U, φ) una carta locale che banalizza E, e $\{E_1, \ldots, E_r\}$ un riferimento locale su U. Allora si deve poter scrivere

$$\nabla_{\partial_j} E_h = \sum_{k=1}^r \Gamma_{jh}^k E_k \, ,$$

per opportune funzioni $\Gamma_{jh}^k \in C^\infty(U)$.

Definizione 6.1.8. Le funzioni Γ_{ij}^k sono dette *simboli di Christoffel* della connessione ∇ rispetto al dato riferimento locale e alla data carta locale.

Osservazione 6.1.9. I simboli di Christoffel determinano completamente la connessione: infatti se $X \in \mathcal{T}(U)$ e $V \in \mathcal{E}(U)$ localmente possiamo scrivere $X = \sum_j X^j \partial_j$ e $V = \sum_h V^h E_h$, e abbiamo

$$\nabla_X V = \sum_{j=1}^n X^j \nabla_{\partial_j} V = \sum_{k=1}^r \left[X(V^k) + \sum_{j=1}^n \sum_{h=1}^r \Gamma_{jh}^k X^j V^h \right] E_k \, . \qquad (6.1)$$

In particolare, i simboli di Christoffel della connessione piatta su un fibrato banale sono identicamente nulli.

Il Lemma 6.1.5.(iii) ci dice che per calcolare la derivata covariante di una sezione basta conoscerne il comportamento lungo una curva. Questo ci suggerisce la seguente:

Definizione 6.1.10. Siano $\pi: E \to M$ un fibrato vettoriale e $\sigma: I \to M$ una curva in M, dove $I \subseteq \mathbb{R}$ è un intervallo. Una *sezione* di E *lungo* σ è un'applicazione $V: I \to E$ di classe C^∞ tale che $V(t) \in E_{\sigma(t)}$ per ogni $t \in I$. Lo spazio vettoriale delle sezioni di E lungo σ verrà indicato con

$$\mathcal{E}(\sigma), \text{ o con } \mathcal{T}(\sigma) \text{ se } E = TM.$$

Una sezione $V \in \mathcal{E}(\sigma)$ è *estendibile* se esistono un intorno U dell'immagine di σ e una sezione $\tilde{V} \in \mathcal{E}(U)$ con $V(t) = \tilde{V}(\sigma(t))$ per ogni $t \in I$.

Esempio 6.1.11. Sia $\sigma: I \to M$ una curva di classe C^∞. Allora il vettore tangente $\sigma': I \to TM$ dato da

$$\sigma'(t) = d\sigma\left(\frac{d}{dt}\right)$$

è un tipico esempio di sezione di TM lungo la curva σ. Inoltre, se esistono $t_1, t_2 \in I$ tali che $\sigma(t_1) = \sigma(t_2)$ ma $\sigma'(t_1) \neq \sigma'(t_2)$ allora σ' non è estendibile.

Il vero significato del Lemma 6.1.5.(iii) è contenuto nella:

Proposizione 6.1.12. *Sia* $\pi: E \to M$ *un fibrato vettoriale,* ∇ *una connessione su* E, *e* $\sigma: I \to M$ *una curva su* M. *Allora esiste un unico operatore* $D: \mathcal{E}(\sigma) \to \mathcal{E}(\sigma)$ *soddisfacente le seguenti proprietà:*

(i) *è* $\mathbb{R}$-*lineare:*
$$\forall a, b \in \mathbb{R} \qquad D(aV_1 + bV_2) = aDV_1 + bDV_2 \,;$$

(ii) *soddisfa una regola di Leibniz:*

$$\forall f \in C^\infty(I) \qquad D(fV) = f'V + fDV \,;$$

(iii) *se* $V \in \mathcal{E}(\sigma)$ *è estendibile, e* $\tilde{V}$ *è un'estensione di* V *a un intorno dell'immagine di* σ, *si ha*

$$DV(t) = \nabla_{\sigma'(t)}\tilde{V} \,.$$

Dimostrazione. Cominciamo con l'unicità. Dato $t_0 \in I$, un ragionamento analogo a quello usato per dimostrare il Lemma 6.1.5.(i) mostra che $DV(t_0)$ dipende solo dai valori di V in un intorno di t_0. Possiamo allora fissare una carta locale (U, φ) in $\sigma(t_0)$ banalizzante E, e un riferimento locale $\{E_1, \ldots, E_r\}$ di E su U, dove r è il rango di E. Scrivendo $V(t) = \sum_h V^h(t)E_h\big(\sigma(t)\big)$ e $\sigma'(t_0) = \sum_j (\sigma^j)'(t_0)\partial_j|_{\sigma(t_0)}$, dove $(\sigma^1, \ldots, \sigma^n) = \varphi \circ \sigma$, possiamo usare le proprietà di D per ottenere

$$DV(t_0) = \sum_{h=1}^{r} \left[(V^h)'(t_0)E_h\big(\sigma(t_0)\big) + V^h(t_0)D(E_h \circ \sigma)(t_0)\right]$$

$$= \sum_{h=1}^{r} \left[(V^h)'(t_0)E_h\big(\sigma(t_0)\big) + V^h(t_0)\nabla_{\sigma'(t_0)}E_h\big(\sigma(t_0)\big)\right] \qquad (6.2)$$

$$= \sum_{k=1}^{r} \left[(V^k)'(t_0) + \sum_{j=1}^{n}\sum_{h=1}^{r} \Gamma_{jh}^{k}(\sigma(t_0))(\sigma^j)'(t_0)V^h(t_0)\right] E_k\big(\sigma(t_0)\big) \,,$$

dove abbiamo usato il fatto che $E_h \circ \sigma$ è estendibile in un intorno di t_0; quindi D è univocamente determinato.

Per l'esistenza, se l'immagine di σ è contenuta in una sola carta locale banalizzante E, possiamo usare (6.2) per definire D, ed è facile verificare (controlla) che soddisfa le condizioni richieste. In generale, sia $\{U_\alpha\}$ un ricoprimento di $\sigma(I)$ con domini di carte locali banalizzanti E, e usiamo (6.2) per definire un operatore D su ciascun $\sigma^{-1}(U_\alpha)$. Nelle intersezioni, abbiamo due operatori che soddisfano (i)–(iii); per l'unicità, questi due operatori devono coincidere, e quindi abbiamo definito D globalmente su tutto I. $\square$

Definizione 6.1.13. L'operatore D definito sopra è detto *derivata covariante* lungo la curva $\sigma: I \to M$. Se $t \in I$ e $V \in \mathcal{E}(\sigma)$, scriveremo spesso $D_t V$ invece di $DV(t)$.

Se $E = M \times \mathbb{R}^r$ è il fibrato banale, ∇ è la connessione piatta, e $\sigma: I \to M$ è una curva, usando (6.2) si vede subito che $V \in \mathcal{E}(\sigma)$ soddisfa $DV \equiv O$ se e solo se tutte le componenti di V sono costanti. In altre parole, $DV \equiv O$ se $V(t)$ è sempre lo stesso vettore di $\mathbb{R}^r$ che si sposta parallelamente lungo la curva σ. Questo fatto suggerisce la seguente definizione:

Definizione 6.1.14. Sia ∇ una connessione sul fibrato vettoriale $\pi: E \to M$, e $\sigma: I \to M$ una curva. Una sezione $V \in \mathcal{E}(\sigma)$ è detta *parallela* se $DV \equiv O$.

La condizione di parallelismo è localmente un sistema lineare di equazioni differenziali ordinarie: infatti (6.2) implica che $DV \equiv O$ in una carta banalizzante E se e solo se

$$\frac{dV^k}{dt} + \sum_{j=1}^{n} \sum_{h=1}^{r} (\Gamma_{jh}^k \circ \sigma)(\sigma^j)' V^h = 0 \tag{6.3}$$

per ogni $k = 1, \ldots, r$. Citiamo a questo punto il teorema di esistenza e unicità delle soluzioni di un sistema di equazioni differenziali ordinarie lineari (vedi [32, Teoremi 1.2 e 1.6] per una dimostrazione):

Teorema 6.1.15. *Dati un intervallo $I \subseteq \mathbb{R}$, un numero naturale $k \geq 1$, un $t_0 \in I$, punti $x_0, \ldots, x_{k-1} \in \mathbb{R}^n$, e un'applicazione $A: I \times (\mathbb{R}^n)^k \to \mathbb{R}^n$ di classe C^∞ e lineare rispetto a $(\mathbb{R}^n)^k$, il problema di Cauchy*

$$\begin{cases} \dfrac{d^k V}{dt^k}(t) = A\left(t, V(t), \ldots, \dfrac{d^{k-1}V}{dt^{k-1}}(t)\right) \\ V(t_0) = x_0, \ldots, \dfrac{d^{k-1}V}{dt^{k-1}}(t_0) = x_{k-1}\,, \end{cases} \tag{6.4}$$

ammette una e una sola soluzione $V: I \to \mathbb{R}^n$ di classe C^∞.

Questo teorema ci permette di estendere parallelamente lungo una curva un qualsiasi vettore:

Lemma 6.1.16. *Sia ∇ una connessione sul fibrato vettoriale $\pi: E \to M$, e $\sigma: [a, b] \to M$ una curva in M. Allora, posto $p = \sigma(a)$, per ogni $v \in E_p$ esiste un unico campo vettoriale $V \in \mathcal{E}(\sigma)$ parallelo tale che $V(a) = v$.*

Dimostrazione. Essendo $[a, b]$ compatto possiamo trovare un numero finito di carte $(U_1, \varphi_1), \ldots, (U_k, \varphi_k)$ banalizzanti E che coprono l'immagine di σ; possiamo anche supporre che si abbia $U_j \cap \sigma([a, b]) = \sigma([s_j, t_j])$ per $j = 1, \ldots, k$, con

$$a = s_1 < s_2 < t_1 < s_3 < t_2 < \cdots < s_k < t_{k-1} < t_k = b \; .$$

Allora il Teorema 6.1.15 applicato a (6.3) ci fornisce un'unica sezione parallela V_1 lungo $\sigma|_{[s_1, t_1]}$ tale che $V_1(a) = v$. Analogamente, il Teorema 6.1.15 ci fornisce un'unica sezione parallela V_2 lungo $\sigma|_{[s_2, t_2]}$ tale che $V_2(t_1) = V_1(t_1)$; in particolare, l'unicità implica che V_1 e V_2 coincidono in $[s_2, t_1]$, definendo quindi un'unica sezione parallela lungo $\sigma|_{[s_1, t_2]}$. Procedendo in questo modo troviamo un'unica sezione V parallela lungo σ tale che $V(a) = v$. □

Questo ci permette di introdurre la seguente:

Definizione 6.1.17. Sia ∇ una connessione sul fibrato vettoriale $\pi\colon E \to M$, e $\sigma\colon [0, 1] \to M$ una curva. Poniamo $p_0 = \sigma(0)$ e $p_1 = \sigma(1)$. Dato $v \in E_{p_0}$, l'unica sezione $V \in \mathcal{E}(\sigma)$ parallela lungo σ tale che $V(0) = v \in E_{p_0}$ è detta *estensione parallela* di v lungo σ.

Il *trasporto parallelo* lungo σ (relativo a ∇) è l'applicazione $\tilde{\sigma}\colon E_{p_0} \to E_{p_1}$ definita da $\tilde{\sigma}(v) = V(1)$, dove $V \in \mathcal{E}(\sigma)$ è l'estensione parallela di $v \in E_{p_0}$.

Lemma 6.1.18. *Sia ∇ una connessione su un fibrato vettoriale $\pi\colon E \to M$, e $\sigma\colon [0, 1] \to M$ una curva. Poniamo $p_0 = \sigma(0)$ e $p_1 = \sigma(1)$. Allora il trasporto parallelo lungo σ è un isomorfismo fra E_{p_0} e E_{p_1}.*

Dimostrazione. Siccome (6.3) è un sistema lineare di equazioni differenziali ordinarie, la soluzione dipende linearmente dalle condizioni iniziali, e quindi $\tilde{\sigma}$ è un'applicazione lineare.

Poniamo ora $\sigma_-(t) = \sigma(1 - t)$, e sia D^- la derivata covariante lungo σ_-; inoltre per ogni $V \in \mathcal{E}(\sigma)$ poniamo $V^-(t) = V(1 - t)$, in modo da avere $V^- \in \mathcal{E}(\sigma^-)$. La formula (6.2) mostra subito che

$$D_t^- V^- = -D_{1-t} V \; ;$$

in particolare, V^- è parallelo lungo σ_- se e solo se V è parallelo lungo σ. Questo implica che se V è l'estensione parallela di $v \in E_{p_0}$ allora V^- è l'estensione parallela di $V(1) = \tilde{\sigma}(v) \in E_{p_1}$, per cui $\tilde{\sigma}_- = \tilde{\sigma}^{-1}$, e $\tilde{\sigma}$ è un isomorfismo. □

Osservazione 6.1.19. Il trasporto parallelo è definito anche lungo curve C^∞ a tratti (vedi la Definizione 7.2.1); basta fare la composizione dei trasporti paralleli lungo i singoli tratti lisci, usando il valore finale lungo un tratto come condizione iniziale per il tratto successivo.

Osservazione 6.1.20. Se $\sigma\colon [0, 1] \to M$ è una curva chiusa, con $\sigma(0) = \sigma(1) = p$, allora il trasporto parallelo lungo σ diventa un automorfismo di $T_p M$. L'insieme degli automorfismi così ottenuti si chiama *gruppo di olonomia* di M in p, ed è un invariante importante della connessione.

Osservazione 6.1.21. Un fatto utile è che dati una curva $\sigma \colon I \to M$, un fibrato vettoriale $\pi \colon E \to M$ di rango r e una connessione su E esiste sempre un riferimento locale parallelo lungo σ, cioè una r-upla di sezioni $E_1, \ldots, E_r \in \mathcal{E}(\sigma)$ parallele lungo σ tali che $\{E_1(t), \ldots, E_r(t)\}$ sia una base di $E_{\sigma(t)}$ per ogni $t \in I$. Infatti, basta prendere un qualsiasi $t_0 \in I$, una qualsiasi base $\{e_1, \ldots, e_r\}$ di $E_{\sigma(t_0)}$, ed estendere parallelamente $e_1, \ldots, e_r$ lungo σ.

Partendo da una connessione abbiamo quindi costruito il trasporto parallelo. Chiudiamo questa sezione mostrando che, come anticipato all'inizio, possiamo fare anche il viceversa, cioè usare il trasporto parallelo per ottenere la connessione come limite di un rapporto incrementale:

Proposizione 6.1.22. *Sia ∇ una connessione definita su un fibrato vettoriale $\pi \colon E \to M$, sia $\sigma \colon I \to M$ una curva in M, e $t_0 \in I$. Allora*

$$\forall V \in \mathcal{E}(\sigma) \qquad D_{t_0} V = \frac{\mathrm{d}}{\mathrm{d}t} \tilde{\sigma}_t^{-1}\big(V(t)\big)\Big|_{t=t_0} ,$$

dove $\tilde{\sigma}_t \colon E_{\sigma(t_0)} \to E_{\sigma(t)}$ è il trasporto parallelo lungo σ, e D è la derivata covariante lungo σ. In particolare, se $\sigma(t_0) = p$ e $\sigma'(t_0) = v \in T_p M$ allora

$$\forall V \in \mathcal{E}(M) \qquad \nabla_v V = \frac{\mathrm{d}}{\mathrm{d}t} \tilde{\sigma}_t^{-1}\big(V(\sigma(t))\big)\Big|_{t=t_0} .$$

Dimostrazione. Sia $\{E_1, \ldots, E_r\}$ un riferimento locale parallelo lungo σ (ottenuto per esempio come descritto nell'Osservazione 6.1.21), e scriviamo $V(t) = \sum_j V^j(t) E_j(t)$. Allora

$$\tilde{\sigma}_t^{-1}\big(V(\sigma(t))\big) = \sum_{j=1}^r V^j(t) E_j(t_0) ,$$

per cui

$$\frac{\mathrm{d}}{\mathrm{d}t} \tilde{\sigma}_t^{-1}\big(V(\sigma(t))\big)\Big|_{t=t_0} = \sum_{j=1}^r \frac{\mathrm{d}V^j}{\mathrm{d}t}(t_0) E_j(t_0) .$$

D'altra parte, abbiamo

$$D_{t_0}\left(\sum_{j=1}^r V^j E_j\right) = \sum_{j=1}^r \left[\frac{\mathrm{d}V^j}{\mathrm{d}t}(t_0) E_j(t_0) + V^j(t_0) D_{t_0} E_j\right]$$

$$= \sum_{j=1}^r \frac{\mathrm{d}V^j}{\mathrm{d}t}(t_0) E_j(t_0) ,$$

perché gli E_j sono paralleli lungo σ, e ci siamo. $\qquad\square$

6.2 Connessioni e forme differenziali

Quello che abbiamo scelto noi non è l'unico modo disponibile per definire il concetto di connessione; ne esistono diversi altri, tutti equivalenti, ognuno con i propri vantaggi e svantaggi. In questa e nella prossima sezione discuteremo due di queste presentazioni alternative.

Definizione 6.2.1. Sia $\pi\colon E \to M$ un fibrato vettoriale. Una *k-forma a valori in E* è una sezione del fibrato $\bigwedge^k M \otimes E$. Indicheremo con $A^k(M; E)$ lo spazio delle *k*-forme a valori in *E*.

Esempio 6.2.2. Se $\omega \in A^k(M)$ è una *k*-forma globale e $V \in \mathcal{E}(M)$ è una sezione globale di *E*, allora $\omega \otimes V$ è una sezione di $\bigwedge^k M \otimes E$, cioè una *k*-forma a valori in *E*.

Più in generale, se $\{E_1, \ldots, E_r\}$ è un riferimento locale del fibrato vettoriale *E* sull'aperto *U*, allora una *k*-forma $\omega \in A^k(M; E)$ a valori in *E* ristretta a *U* si esprime in modo unico (perché?) come

$$\omega|_U = \sum_{j=1}^r \omega^j \otimes E_j \, ,$$

dove $\omega^1, \ldots, \omega^r \in A^r(U)$ sono delle *k*-forme su *U*.

Osservazione 6.2.3. Sia $\pi\colon E \to M$ un fibrato vettoriale su una varietà *M*. Allora $T^*M \otimes E$ è canonicamente isomorfo (vedi la Proposizione 1.2.26.(iii)) al fibrato $\mathrm{Hom}(TM, E)$, per cui (vedi l'Esercizio 6.5) dare una 1-forma a valori in *E* è equivalente a dare una sezione del fibrato $\mathrm{Hom}(TM, E)$, cioè un'applicazione $C^\infty(M)$-lineare da $T(M)$ a $\mathcal{E}(M)$.

Per esempio, se la 1-forma a valori in *E* è scritta come $\omega \otimes V$ per un'opportuna 1-forma $\omega \in A^1(M)$ e un'opportuna sezione $V \in \mathcal{E}(M)$ allora (controlla) l'applicazione associata è $X \mapsto \omega(X)V$.

Se ∇ è una connessione sul fibrato vettoriale *E*, e $V \in \mathcal{E}(M)$, allora l'applicazione che associa a ciascun $X \in T(M)$ la sezione $\nabla_X V \in \mathcal{E}(M)$ è per definizione $C^\infty(M)$-lineare, per cui è indotta da una 1-forma a valori in *E*. Questo suggerisce la prima caratterizzazione alternativa delle connessioni:

Proposizione 6.2.4. *Sia* $\nabla\colon T(M) \times \mathcal{E}(M) \to \mathcal{E}(M)$ *una connessione su un fibrato vettoriale* $\pi\colon E \to M$. *Allora ponendo* $DV(X) = \nabla_X V$ *si ottiene un'applicazione* $\mathbb{R}$-*lineare* $D\colon \mathcal{E}(M) \to A^1(M; E)$ *tale che*

$$D(fV) = \mathrm{d}f \otimes V + fDV \tag{6.5}$$

per ogni $f \in C^\infty(M)$ *e ogni* $V \in \mathcal{E}(M)$. *Viceversa, ogni applicazione* $\mathbb{R}$-*lineare* $D\colon \mathcal{E}(M) \to A^1(M; E)$ *che soddisfa* (6.5) *è indotta da un'unica connessione su* E.

Dimostrazione. Che D sia ben definita e $\mathbb{R}$-lineare segue subito da quanto detto prima dell'enunciato. Per verificare (6.5) basta notare che

$$D(fV)(X) = \nabla_X(fV) = X(f)V + f\nabla_X V = \mathrm{d}f(X)V + f\nabla_X V$$
$$= [\mathrm{d}f \otimes V + f DV](X) \, ,$$

e ci siamo.

Data invece $D: \mathcal{E}(M) \to A^1(M; E)$, sia $\nabla: \mathcal{T}(M) \times \mathcal{E}(M) \to \mathcal{E}(M)$ definita da $\nabla_X V = DV(X)$. Questa ∇ è chiaramente $C^\infty(M)$-lineare in X ed $\mathbb{R}$-lineare in V; inoltre

$$\nabla_X(fV) = D(fV)(X) = [\mathrm{d}f \otimes V + f DV](X) = \mathrm{d}f(X)V + \nabla_X V$$
$$= X(f)V + \nabla_X V \, ,$$

per cui ∇ è una connessione come voluto. $\square$

Questa caratterizzazione suggerisce un altro modo per rappresentare una connessione in coordinate locali. Sia $\nabla: \mathcal{T}(M) \times \mathcal{E}(M) \to \mathcal{E}(M)$ una connessione su un fibrato vettoriale $\pi: E \to M$, e $D: \mathcal{E}(M) \to A^1(M; E)$ l'applicazione associata dalla Proposizione 6.2.4. Scegliamo un riferimento locale $\{E_1, \dots, E_r\}$ per E sopra un aperto $U \subseteq M$ banalizzante E. Allora possiamo definire una matrice $\boldsymbol{\omega} = (\omega_j^k)$ di 1-forme su U ponendo

$$DE_j = \sum_{k=1}^r \omega_j^k \otimes E_k \, ,$$

ovvero

$$\forall X \in \mathcal{T}(U) \qquad\qquad \nabla_X E_j = \sum_{k=1}^r \omega_j^k(X) E_k \, .$$

Se U è il dominio di una carta locale, in coordinate locali $(x^1, \dots, x^n)$ chiaramente abbiamo

$$\omega_j^k = \sum_{i=1}^n \Gamma_{ij}^k \, \mathrm{d}x^i \, ,$$

dove Γ_{ij}^k sono i simboli di Christoffel di ∇ rispetto al dato riferimento locale e alla data carta locale.

Definizione 6.2.5. Sia $\nabla: \mathcal{T}(M) \times \mathcal{E}(M) \to \mathcal{E}(M)$ una connessione su un fibrato vettoriale $\pi: E \to M$, e $\{E_1, \dots, E_r\}$ un riferimento locale per E su un aperto U. La matrice $\boldsymbol{\omega} = (\omega_j^k)$ di 1-forme su U appena definita è detta *matrice delle forme di connessione* rispetto al dato riferimento locale.

Sia $\{\tilde{E}_1, \dots, \tilde{E}_r\}$ un altro riferimento locale per E sopra U. Allora deve esistere una matrice invertibile $\mathbf{A} = (A_h^k)$ di funzioni C^∞ su U tali che $\tilde{E}_h = \sum_{k=1}^r A_h^k E_k$. Se indichiamo con $\tilde{\boldsymbol{\omega}} = (\tilde{\omega}_i^h)$ la matrice delle forme di connessione rispetto a questo riferimento locale abbiamo

$$\sum_{k=1}^{r} \left[\sum_{h=1}^{r} A_h^k \tilde{\omega}_i^h \right] \otimes E_k = \sum_{h=1}^{r} \tilde{\omega}_i^h \otimes \sum_{k=1}^{r} A_h^k E_k = \sum_{h=1}^{r} \tilde{\omega}_i^h \otimes \tilde{E}_h = D\tilde{E}_i$$

$$= D\left(\sum_{j=1}^{r} A_i^j E_j \right) = \sum_{j=1}^{r} \left[A_i^j DE_j + dA_i^j \otimes E_j \right]$$

$$= \sum_{k=1}^{r} \left[\sum_{j=1}^{r} A_i^j \omega_j^k + dA_i^k \right] \otimes E_k .$$

Scrivendo questa formula usando il prodotto righe per colonne di matrici otteniamo $\mathbf{A} \cdot \tilde{\boldsymbol{\omega}} = \boldsymbol{\omega} \cdot \mathbf{A} + d\mathbf{A}$, cioè

$$\tilde{\boldsymbol{\omega}} = \mathbf{A}^{-1} \cdot \boldsymbol{\omega} \cdot \mathbf{A} + \mathbf{A}^{-1} \cdot d\mathbf{A} . \qquad (6.6)$$

Viceversa, si verifica facilmente (Esercizio 6.4) che dato un ricoprimento aperto $\{U_\alpha\}$ di M banalizzante E, riferimenti locali $\{E_1^\alpha, \ldots, E_r^\alpha\}$ per E definiti su U_α, e una famiglia $\{\boldsymbol{\omega}_\alpha\}$ di matrici di 1-forme che soddisfano (6.6), con $\boldsymbol{\omega}_\alpha$ definita su U_α, allora esiste un'unica connessione ∇ su E tale che

$$\forall X \in \mathcal{T}(U_\alpha) \qquad \nabla_X E_j^\alpha = \sum_{k=1}^{r} (\omega_\alpha)_j^k(X) E_k^\alpha .$$

6.3 Connessioni e fibrati orizzontali

La seconda presentazione alternativa delle connessioni è in termini di sottofibrati orizzontali.

Definizione 6.3.1. Sia $\pi: E \to M$ un fibrato vettoriale di rango r su una n-varietà M. Il *sottofibrato verticale* $\mathcal{V} \subset TE$ è il nucleo del differenziale di π, cioè $\mathcal{V} = \ker(d\pi)$. Siccome $d\pi: TE \to TM$ è surgettiva, il fibrato verticale (che è un fibrato vettoriale su E, grazie all'Esercizio 3.6) ha rango r.

Un *sottofibrato orizzontale* è un sottofibrato $\mathcal{H} \subset TE$ di rango n tale che $TE = \mathcal{H} \oplus \mathcal{V}$, e indicheremo con $\kappa: TE \to \mathcal{V}$ la proiezione associata.

Osservazione 6.3.2. Dato $p \in M$ e $v \in E_p$, indichiamo con $j_p: E_p \to E$ l'inclusione, e con $k_v: E_p \to T_v(E_p)$ la solita identificazione canonica. Siccome $\pi \circ j_p \equiv p$, si ha $d\pi \circ dj_p \equiv O$, per cui $\mathcal{V}_v = d(j_p)_v\big(T_v(E_p)\big)$ e

$$\iota_v = d(j_p)_v \circ k_v: E_p \to \mathcal{V}_v$$

è un isomorfismo fra E_p e lo spazio verticale $\mathcal{V}_v$.

Se $\chi: \pi^{-1}(U) \to U \times \mathbb{R}^r$ è una banalizzazione locale sull'aperto $U \subseteq M$ dominio di coordinate locali $\varphi = (x^1, \ldots, x^n)$, e $\{E_1, \ldots, E_r\}$ è il riferimento locale associato a χ, allora le coordinate locali su $\pi^{-1}(U)$ sono date da

$$\tilde{\varphi}\left(\sum_{j=1}^{r} v^j E_j(p)\right) = (x^1, \ldots, x^n; v^1, \ldots, v^r)$$

dove $(x^1, \ldots, x^n) = \varphi(p)$. Indicando con $\{\partial_1, \ldots, \partial_n, \dot{\partial}_1, \ldots, \dot{\partial}_r\}$ il corrispondente riferimento locale di TE, dove $\partial_h = \partial/\partial x^h$ e $\dot{\partial}_j = \partial/\partial v^j$, chiaramente $\mathcal{V}_v$ è il sottospazio generato da $\{\dot{\partial}_1|_v, \ldots, \dot{\partial}_r|_v\}$, e

$$\iota_v\left(\sum_{j=1}^{r} w^j E_j(p)\right) = \sum_{j=1}^{r} w^j \dot{\partial}_j|_v$$

per ogni $v \in E_p$.

Un'altra formula utile per lavorare in coordinate locali è la seguente: se $V = \sum_j V^j E_j \in \mathcal{E}(U)$ allora (controlla)

$$dV = \sum_{h=1}^{n} dx^h \otimes \left[\partial_h + \sum_{j=1}^{r} \frac{\partial V^j}{\partial x^h} \dot{\partial}_j\right],$$

dove stiamo interpretando dV come un elemento di $A^1(TU; TE)$.

Contrariamente al sottofibrato verticale, il sottofibrato orizzontale non è unico; ci sono tanti modi per scegliere un sottofibrato complementare a $\mathcal{V}$. Comunque sia, se $\mathcal{H}$ è un sottofibrato orizzontale allora per costruzione $d\pi_v: \mathcal{H}_v \to T_{\pi(v)}M$ è un isomorfismo per ogni $v \in TM$.

Il nostro obiettivo è far vedere che dare una connessione è equivalente a dare un sottofibrato orizzontale che soddisfa alcune proprietà speciali. Cominciamo con

Lemma 6.3.3. *Sia $D: \mathcal{E}(M) \to A^1(M; E)$ una connessione su un fibrato vettoriale $\pi: E \to M$. Dati $p \in M$ e $v \in E_p$, siano $V, \tilde{V} \in \mathcal{E}(M)$ tali che $V(p) = \tilde{V}(p) = v$. Allora*

$$d\tilde{V}_p - \iota_v \circ (D\tilde{V})_p = dV_p - \iota_v \circ (DV)_p,$$

dove stiamo identificando come al solito $T_p^*M \otimes E_p$ con $\mathrm{Hom}(T_pM, E_p)$.

Dimostrazione. Essendo $V(p) = \tilde{V}(p) = v$ possiamo trovare $f \in C^\infty(M)$ con $f(p) = 0$ e $W \in \mathcal{E}(M)$ tali che $\tilde{V} = V + fW$. Quindi $D\tilde{V} = DV + df \otimes W + fDW$ e

$$(D\tilde{V})_p - (DV)_p = df_p \otimes W(p).$$

D'altra parte $\pi \circ V = \pi \circ \tilde{V} = \mathrm{id}$ implica $d\pi_v \circ (d\tilde{V}_p - dV_p) \equiv O$, per cui l'immagine di $d\tilde{V}_p - dV_p$ è contenuta in $\mathcal{V}_v$. Inoltre lavorando in coordinate locali (vedi l'Osservazione 6.3.2) si verifica facilmente che

$$(d\tilde{V}_p - dV_p)(w) = \iota_v(df_p(w)W(p)) = \iota_v \circ (df_p \otimes W(p))(w),$$

per ogni $w \in T_pM$, e ci siamo. $\qquad\square$

Definizione 6.3.4. Sia $\nabla \colon \mathcal{T}(M) \times \mathcal{E}(M) \to \mathcal{E}(M)$ una connessione su un fibrato vettoriale $\pi \colon E \to M$. Per ogni $v \in E$ definiamo l'applicazione $\Theta_v \colon T_{\pi(v)} M \to T_v E$ data da

$$\Theta_v(X) = \mathrm{d}V_{\pi(v)}(X) - \iota_v(\nabla_X V) \tag{6.7}$$

per ogni $X \in T_{\pi(v)}M$, dove $V \in \mathcal{E}(M)$ è una qualsiasi sezione tale che $V(\pi(v)) = v$. Il *sottofibrato orizzontale* $\mathcal{H}^\nabla$ associato a ∇ è allora definito ponendo $\mathcal{H}_v^\nabla = \Theta_v(T_{\pi(v)}M)$ per ogni $v \in E$.

Il Lemma 6.3.3 ci assicura che l'applicazione Θ_v è ben definita, e si verifica subito che in coordinate locali è data da

$$\Theta_v(X) = \sum_{h=1}^{n} X^h \partial_h + \sum_{h=1}^{n} \sum_{k,j=1}^{r} \Gamma_{hk}^j X^h v^k \dot{\partial}_j|_v \ ,$$

dove $X = \sum_h X^h \frac{\partial}{\partial x^h}$ e $v = \sum_k v^k E_k$; in particolare, $\mathcal{H}^\nabla$ è effettivamente un sottofibrato orizzontale, e la proiezione associata $\kappa^\nabla \colon TE \to \mathcal{V}$ in coordinate locali è data da

$$\kappa_v^\nabla \left(\sum_{h=1}^{n} a^h \partial_h + \sum_{j=1}^{r} b^j \dot{\partial}_j \right) = \sum_{j=1}^{r} \left(b^j - \sum_{h=1}^{n} \sum_{k=1}^{r} \Gamma_{hk}^j (\pi(v)) a^h v^k \right) \dot{\partial}_j|_v \ . \tag{6.8}$$

Non è però un sottofibrato orizzontale qualsiasi; tiene traccia della struttura di fibrato vettoriale di E. Per spiegare come, introduciamo due definizioni.

Definizione 6.3.5. Sia $\pi \colon E \to M$ un fibrato vettoriale. Se $\lambda \in \mathbb{R}$, indichiamo con $\mu_\lambda \colon E \to E$ la moltiplicazione per λ, cioè $\mu_\lambda(v) = \lambda v$. Inoltre, indichiamo con $\sigma \colon E \oplus E \to E$ la somma $\sigma(v_1, v_2) = v_1 + v_2$.

Osservazione 6.3.6. Sia $\pi \colon E \to M$ un fibrato vettoriale con sottofibrato verticale $\mathcal{V}$. Allora si verifica facilmente (Esercizio 6.8) che $\mathcal{V}_{\mu_\lambda(v)} = \mathrm{d}(\mu_\lambda)_v(\mathcal{V}_v)$ e

$$\iota_{\mu_\lambda(v)} \circ \mu_\lambda = \mathrm{d}(\mu_\lambda)_v \circ \iota_v$$

per ogni $v \in E$ e ogni $\lambda \in \mathbb{R}^*$, e che $\mathcal{V}_{\sigma(v_1,v_2)} = \mathrm{d}\sigma_{(v_1,v_2)}(\mathcal{V}_{v_1} \oplus \mathcal{V}_{v_2})$ e

$$\iota_{\sigma(v_1,v_2)} \circ \sigma = \mathrm{d}\sigma_{(v_1,v_2)} \circ (\iota_{v_1} \oplus \iota_{v_2})$$

per ogni $(v_1, v_2) \in E \oplus E$.

Definizione 6.3.7. Sia $\pi \colon E \to M$ un fibrato vettoriale, e $\mathcal{H} \subset TE$ un sottofibrato orizzontale di proiezione associata $\kappa \colon TE \to \mathcal{V}$. Diremo che $\mathcal{H}$ è *lineare* se $\kappa_{\mu_\lambda(v)} \circ \mathrm{d}(\mu_\lambda)_v = \mathrm{d}(\mu_\lambda)_v \circ \kappa_v$ per ogni $v \in E$ e ogni $\lambda \in \mathbb{R}^*$, e $\kappa_{\sigma(v_1,v_2)} \circ \mathrm{d}\sigma_{(v_1,v_2)} = \mathrm{d}\sigma_{(v_1,v_2)} \circ (\kappa_{v_1} \oplus \kappa_{v_2})$ per ogni $(v_1, v_2) \in E \oplus E$. Vedi l'Esercizio 6.9 per un'altra caratterizzazione dei fibrati orizzontali lineari.

Lavorando in coordinate locali (e usando l'Esercizio 6.10 per $E \oplus E$) si vede facilmente che (6.8) implica che $\mathcal{H}^\nabla$ è un sottofibrato lineare.

Quindi a ogni connessione abbiamo associato un fibrato orizzontale lineare. Possiamo fare anche il viceversa:

Definizione 6.3.8. Sia $\mathcal{H}$ un sottofibrato orizzontale lineare di un fibrato vettoriale $\pi: E \to M$, e sia $\kappa: TE \to \mathcal{V}$ la proiezione relativa. La *connessione* $D^\mathcal{H}$ *associata a* $\mathcal{H}$ è l'applicazione $D^\mathcal{H}: \mathcal{E}(M) \to A^1(M; E)$ definita da

$$D^\mathcal{H} V = \iota_V^{-1} \circ \kappa_V \circ \mathrm{d}V \ .$$

Usando la linearità del sottofibrato e l'Osservazione 6.3.6 otteniamo

$$D^\mathcal{H}(\lambda V) = \iota_{\mu_\lambda(V)}^{-1} \circ \kappa_{\mu_\lambda(V)} \circ \mathrm{d}(\mu_\lambda)_V \circ \mathrm{d}V = \iota_{\mu_\lambda(V)}^{-1} \circ \mathrm{d}(\mu_\lambda)_V \circ \kappa_V \circ \mathrm{d}V$$
$$= \mu_\lambda \circ \iota_V^{-1} \circ \kappa_V \circ \mathrm{d}V = \lambda D^\mathcal{H} V \ ,$$

e analogamente si dimostra che

$$D^\mathcal{H}(V_1 + V_2) = D^\mathcal{H} V_1 + D^\mathcal{H} V_2 \ ,$$

per cui $D^\mathcal{H}$ è $\mathbb{R}$-lineare. Per dimostrare che $D^\mathcal{H}$ è effettivamente una connessione, rimane da verificare la regola di Leibniz. Sia $f \in C^\infty(M)$ e $w = \sum_h w^h \frac{\partial}{\partial x^h} \in T_p M$; allora lavorando in coordinate locali e ricordando l'Osservazione 6.3.2 abbiamo

$$\mathrm{d}(fV)_p(w) = \sum_{h=1}^n w^h \partial_h|_f V + f(p) \sum_{h=1}^n \sum_{j=1}^r \frac{\partial V^j}{\partial x^h} w^h \partial_j|_{fV} + \mathrm{d}f_p(w)\iota_{fV}(V) \ ,$$

per cui usando nuovamente la linearità di $\mathcal{H}$, l'Osservazione 6.3.6, e il fatto che κ è l'identità su $\mathcal{V}$, ricaviamo (controlla) che

$$D^\mathcal{H}(fV)(w) = f(p)D^\mathcal{H}V(w) + \mathrm{d}f_p(w)V \ ,$$

come voluto.

Dunque a ogni sottofibrato orizzontale lineare $\mathcal{H}$ possiamo associare una connessione, che indicheremo con $\nabla^\mathcal{H}$. Per far vedere che abbiamo ottenuto effettivamente un'altra presentazione delle connessioni non ci resta che dimostrare:

Proposizione 6.3.9. *Sia* $\pi: E \to M$ *un fibrato vettoriale. Allora le corrispondenze* $\nabla \mapsto \mathcal{H}^\nabla$ *e* $\mathcal{H} \mapsto \nabla^\mathcal{H}$ *sono corrispondenze biunivoche, una inversa dell'altra, fra connessioni su* E *e sottofibrati orizzontali lineari di* TE.

Dimostrazione. Cominciamo con il dimostrare che $\nabla^{\mathcal{H}^\nabla} = \nabla$ per ogni connessione $\nabla: \mathcal{T}(M) \times \mathcal{E}(M) \to \mathcal{E}(M)$ su E. Infatti, (6.7) ci dice che

$$\mathrm{d}V(X) = \Theta_V(X) + \iota_V(\nabla_X V)$$

per ogni $X \in \mathcal{T}(M)$ e $V \in \mathcal{E}(M)$. Ora, $\Theta_V(X) \in \mathcal{H}_V^{\nabla}$ per definizione di $\mathcal{H}^{\nabla}$, e $\iota_V(\nabla_X V) \in \mathcal{V}_V$ per definizione di ι_V; quindi $\kappa_V^{\mathcal{H}^{\nabla}}(dV(X)) = \iota_V(\nabla_X V)$, e

$$\nabla_X^{\mathcal{H}^{\nabla}} V = D^{\mathcal{H}^{\nabla}} V(X) = \iota_V^{-1} \circ \kappa_V^{\mathcal{H}^{\nabla}} \circ dV(X) = \nabla_X V .$$

Adesso invece dimostriamo che $\mathcal{H}^{\nabla^{\mathcal{H}}} = \mathcal{H}$ per ogni sottofibrato orizzontale lineare $\mathcal{H} \subset TE$. Per costruzione, $\mathcal{H}_v^{\nabla^{\mathcal{H}}}$ è l'immagine di $T_p M$ tramite $dV - \iota_v \circ D^{\mathcal{H}} V$, dove $V \in \mathcal{E}(M)$ è tale che $V(\pi(v)) = v$. Ma $\iota_v \circ D^{\mathcal{H}} = \kappa_v^{\mathcal{H}} \circ dV$; quindi

$$dV - \iota_v \circ D^{\mathcal{H}} V = (\mathrm{id} - \kappa_v^{\mathcal{H}}) \circ dV .$$

Ma $\mathrm{id} - \kappa_v^{\mathcal{H}}$ è la proiezione su $\mathcal{H}_v$; quindi $\mathcal{H}_v^{\nabla^{\mathcal{H}}}$ è contenuto in $\mathcal{H}_v$. Trattandosi di due spazi vettoriali di uguale dimensione, devono coincidere, e abbiamo finito.   □

Osservazione 6.3.10. Esaminando con attenzione quanto fatto in questa sezione noterai che il ruolo principale è stato svolto dalla proiezione $\kappa\colon TE \to \mathcal{V}$ piuttosto che dal fibrato orizzontale $\mathcal{H}$. Questo suggerisce una generalizzazione del concetto di connessione applicabile a qualsiasi fibrato, non necessariamente vettoriale. Sia $\pi\colon E \to M$ un fibrato di fibra generica F. Il *sottofibrato verticale* è $\mathcal{V}_E = \ker d\pi \subset TE$; e una *connessione (non lineare)* è una proiezione $\kappa\colon TE \to \mathcal{V}_E$, lineare sulle fibre e che è l'identità su $\mathcal{V}_E$.

Un caso particolare di fibrato è il fibrato principale $GL(\mathbb{R}^r, E)$ dei riferimenti di un fibrato vettoriale E; allora si può dimostrare che dare una connessione su E è equivalente a dare una connessione (lineare in un senso opportuno) su $GL(\mathbb{R}^r, E)$; vedi [25, Chapter IV] o [19] per dettagli.

6.4 Connessioni sui fibrati tensoriali

Nel seguito lavoreremo principalmente con connessioni lineari, cioè con connessioni definite sul fibrato tangente TM. Una delle proprietà caratteristiche delle connessioni lineari è che inducono una connessione su ciascun fibrato tensoriale:

Proposizione 6.4.1. *Sia ∇ una connessione lineare su una varietà M. Allora esiste un unico modo di definire per ogni h, $k \in \mathbb{N}$ una connessione su $T_k^h M$, ancora indicata con ∇, in modo da soddisfare le seguenti condizioni:*

(i) *su TM la connessione ∇ coincide con la connessione lineare data;*

(ii) *su $T^0 M = C^\infty(M)$ si ha $\nabla_X(f) = X(f)$;*

(iii) *se $K_j \in T_{k_j}^{h_j}(M)$, per $j = 1, 2$ e $X \in \mathcal{T}(M)$ si ha*

$$\nabla_X(K_1 \otimes K_2) = (\nabla_X K_1) \otimes K_2 + K_1 \otimes (\nabla_X K_2) ;$$

(iv) *∇ commuta con le contrazioni introdotte nella Definizione 1.3.10.*

Inoltre, se $\eta \in A^1(M)$ *e* $X, Y \in \mathcal{T}(M)$ *si ha*

$$(\nabla_X \eta)(Y) = X\big(\eta(Y)\big) - \eta(\nabla_X Y) \,. \tag{6.9}$$

Dimostrazione. Cominciamo a verificare l'unicità. Se ∇ soddisfa (i)–(iv) allora per ogni $\eta \in A^1(M)$ e $X, Y \in \mathcal{T}(M)$ abbiamo

$$
\begin{aligned}
X\big(\eta(Y)\big) &= \nabla_X\big(\eta(Y)\big) = \nabla_X \mathcal{C}_1^1(Y \otimes \eta) \\
&= \mathcal{C}_1^1 \nabla_X (Y \otimes \eta) = \mathcal{C}_1^1(\nabla_X Y \otimes \eta + Y \otimes \nabla_X \eta) \\
&= \nabla_X \eta(Y) + \eta(\nabla_X Y) \,,
\end{aligned}
$$

per cui (6.9) è una conseguenza. Questo vuol dire che la connessione ∇ su T^*M è univocamente determinata da (i)–(iv); siccome la conosciamo anche su TM e su $C^\infty(M)$ la (iii) implica che ∇ è univocamente determinata su qualsiasi $T_k^h M$. Per l'esattezza, vale la seguente formula:

$$
\begin{aligned}
(\nabla_X K)&(\omega^1,\dots,\omega^h,Y_1,\dots,Y_k) \\
&= X\big(K(\omega^1,\dots,\omega^h,Y_1,\dots,Y_k)\big) \\
&\quad - \sum_{r=1}^h K(\omega^1,\dots,\nabla_X\omega^r,\dots,\omega^h,Y_1,\dots,Y_k) \\
&\quad - \sum_{s=1}^k K(\omega^1,\dots,\omega^h,Y_1,\dots,\nabla_X Y_s,\dots,Y_k) \,.
\end{aligned} \tag{6.10}
$$

Per verificarla è sufficiente considerare campi tensoriali decomponibili della forma

$$K = X_1 \otimes \cdots \otimes X_h \otimes \eta^1 \otimes \cdots \otimes \eta^k \,.$$

La proprietà (iii) e la formula (6.9) implicano

$$
\begin{aligned}
&\nabla_X K(\omega^1,\dots,\omega^h,Y_1,\dots,Y_k) \\
&= \sum_{r=1}^h (X_1 \otimes \cdots \otimes \nabla_X X_r \otimes \cdots \otimes X_h \otimes \eta^1 \otimes \cdots \otimes \eta^k)(\omega^1,\dots,\omega^h,Y_1,\dots,Y_k) \\
&\quad + \sum_{s=1}^k (X_1 \otimes \cdots \otimes X_h \otimes \eta^1 \otimes \cdots \otimes \nabla_X \eta^s \otimes \cdots \otimes \cdots \otimes \eta^k)(\omega^1,\dots,\omega^h,Y_1,\dots,Y_k) \\
&= \sum_{r=1}^h \omega^1(X_1) \cdots \omega^r(\nabla_X X_r) \cdots \omega^h(X_h)\eta^1(Y_1) \cdots \eta^k(Y_k) \\
&\quad + \sum_{s=1}^k \omega^1(X_1) \cdots \omega^h(X_h)\eta^1(Y_1) \cdots \nabla_X \eta^s(Y_s) \cdots \eta^k(Y_k) \\
&= \sum_{r=1}^h \omega^1(X_1) \cdots \big[X\big(\omega^r(X_r)\big) - (\nabla_X\omega^r)(X_r)\big] \cdots \omega^h(X_h)\eta^1(Y_1) \cdots \eta^k(Y_k)
\end{aligned}
$$

$$+ \sum_{s=1}^{k} \omega^1(X_1) \cdots \omega^h(X_h) \eta^1(Y_1) \cdots \left[X(\eta^s(Y_s)) - \eta^s(\nabla_X Y_s) \right] \cdots \eta^k(Y_k)$$

$$= X\left(K(\omega^1, \ldots, \omega^h, Y_1, \ldots, Y_k)\right)$$

$$- \sum_{r=1}^{h} K(\omega^1, \ldots, \nabla_X \omega^r, \ldots, \omega^h, Y_1, \ldots, Y_k)$$

$$- \sum_{s=1}^{k} K(\omega^1, \ldots, \omega^h, Y_1, \ldots, \nabla_X Y_s, \ldots, Y_k),$$

e ci siamo.

Per l'esistenza, cominciamo usando la (6.9) per definire ∇ su T^*M. Prima di tutto,

$$\nabla_X \eta(fY) = X(f)\eta(Y) + fX\left(\eta(Y)\right) - \eta\left(f\nabla_X Y + X(f)Y\right) = f\nabla_X \eta(Y),$$

per cui la Proposizione 3.2.16 ci assicura che $\nabla_X \eta$ è effettivamente una 1-forma. Siccome $\nabla_X \eta$ è chiaramente $C^\infty(M)$-lineare in X, e per ogni $Y \in \mathcal{T}(M)$ si ha

$$\nabla_X(f\eta)(Y) = X\left(f\eta(Y)\right) - f\eta(\nabla_X Y) = [X(f)\eta + f\nabla_X \eta](Y),$$

otteniamo effettivamente una connessione su T^*M. Analogamente, definiamo ∇ su ciascun $T_k^h M$ tramite la (6.10); si verifica facilmente (esercizio) che si ottiene una connessione che possiede le proprietà volute. □

Se $\sigma: (-\varepsilon, \varepsilon) \to M$ è una curva in M con $\sigma(0) = p$, la Proposizione 6.1.22 ci dice che possiamo recuperare la connessione sui fibrati tensoriali usando il trasporto parallelo su ciascun $T_k^h M$. D'altra parte, l'Osservazione 1.3.8 permette di associare al trasporto parallelo $\tilde{\sigma}_t$ lungo σ in TM un isomorfismo $T(\tilde{\sigma}_t)$ fra $(T_k^h M)_p$ e $(T_k^h M)_{\sigma(t)}$; è quindi naturale chiedersi se è possibile usare questo isomorfismo per recuperare la connessione indotta su $T_k^h M$. La risposta è, come prevedibile, positiva:

Corollario 6.4.2. *Sia ∇ una connessione lineare su una varietà M. Allora per ogni $p \in M$, $v \in T_p M$, e $K \in T_k^h(M)$ si ha*

$$\nabla_v K = \frac{d}{dt}\left[T(\tilde{\sigma}_t)^{-1}\left(K(\sigma(t))\right) \right]\Big|_{t=0} \in T_k^h(M)_p, \qquad (6.11)$$

dove $\sigma: (-\varepsilon, \varepsilon) \to M$ è una curva in M con $\sigma(0) = p$ e $\sigma'(0) = v$, e $\tilde{\sigma}_t$ è il trasporto parallelo fra $T_p M$ e $T_{\sigma(t)} M$.

Dimostrazione. Ricordando la Proposizione 6.1.22, basta verificare che il trasporto parallelo lungo σ indotto da ∇ su ciascun $T_k^h M$ (che indichiamo provvisoriamente con $\hat{\sigma}_t$) coincide con l'isomorfismo $T(\tilde{\sigma}_t)$. Scegliamo un riferimento locale $\{v_1, \ldots, v_n\}$ di TM parallelo lungo σ, e sia $\{v^1, \ldots, v^n\}$ il riferimento duale di T^*M lungo σ. Nota che anche i v^j sono paralleli rispetto a ∇: infatti la (6.9) implica

$$(D_t v^j)(v_i) = \sigma'(t)(v^j(v_i)) - v^j(D_t v_i) = O$$

per ogni i e j, per cui $Dv^j \equiv O$. Questo implica che

$$\hat{\sigma}_t(v_i(0)) = v_i(t) = \tilde{\sigma}_t(v_i(0)) \quad \text{e} \quad \hat{\sigma}_t(v^j(0)) = v^j(t) = T(\tilde{\sigma}_t)(v^j(0))$$

per ogni $1 \leq i,\ j \leq n$. Ma allora la proprietà (iii) e la definizione di $T(\tilde{\sigma}_t)$ implicano che

$$\hat{\sigma}_t(v_{i_1}(0) \otimes \cdots \otimes v_{i_h}(0) \otimes v^{j_1}(0) \otimes \cdots \otimes v^{j_k}(0))$$
$$= v_{i_1}(t) \otimes \cdots \otimes v_{i_h}(t) \otimes v^{j_1}(t) \otimes \cdots \otimes v^{j_k}(t)$$
$$= T(\tilde{\sigma}_t)(v_{i_1}(0) \otimes \cdots \otimes v_{i_h}(0) \otimes v^{j_1}(0) \otimes \cdots \otimes v^{j_k}(0)) ,$$

per ogni $1 \leq i_1, \ldots, j_k \leq n$, e quindi $\hat{\sigma}_t \equiv T(\tilde{\sigma}_t)$, come volevamo. $\square$

Ora, prendiamo $K \in \mathcal{T}_k^h(M)$. Siccome ∇ è $C^\infty(M)$-lineare in X, l'applicazione

$$(\omega^1, \ldots, \omega^h, Y_1, \ldots, Y_k, X) \mapsto \nabla_X K(\omega^1, \ldots, \omega^h, Y_1, \ldots, Y_k) \qquad (6.12)$$

è $C^\infty(M)$-multilineare in tutte le variabili, e quindi (Proposizione 3.2.16) definisce un campo tensoriale.

Definizione 6.4.3. Sia ∇ una connessione lineare su una varietà M. Dato $K \in \mathcal{T}_k^h(M)$, il campo tensoriale $\nabla K \in \mathcal{T}_{k+1}^h(M)$ definito da (6.12) si chiama *derivata covariante totale* di K. Se $\nabla K \equiv O$ diremo che K è *parallelo*.

Esempio 6.4.4. Se $f \in C^\infty(M)$ allora $\nabla f = \mathrm{d}f$. Infatti per ogni $X \in \mathcal{T}(M)$ si ha

$$\mathrm{d}f(X) = X(f) = \nabla_X f = (\nabla f)(X) .$$

Usando la derivata covariante totale possiamo generalizzare due concetti dell'Analisi classica:

Definizione 6.4.5. Sia ∇ una connessione lineare su una varietà M. Se $f \in C^\infty(M)$ il campo tensoriale

$$\nabla^2 f = \nabla(\nabla f) = \nabla(\mathrm{d}f) \in \mathcal{T}_2(M)$$

è detto *Hessiano* di f.

Definizione 6.4.6. Sia ∇ una connessione lineare su una varietà M, e prendiamo $X \in \mathcal{T}(M)$. Allora $\nabla X \in \mathcal{T}_1^1(M)$, per cui possiamo definire la funzione

$$\mathrm{div}(X) = \mathcal{C}_1^1(\nabla X) ,$$

che è detta *divergenza* di X.

Per verificare che su $\mathbb{R}^n$ questi concetti si riducono agli usuali Hessiano e divergenza, calcoliamone l'espressione in coordinate locali. Se $X, Y \in \mathcal{T}(M)$ abbiamo

$$\nabla^2 f(X, Y) = \nabla(\nabla f)(X, Y) = \big(\nabla_Y(\mathrm{d}f)\big)(X)$$
$$= Y\big(\mathrm{d}f(X)\big) - \mathrm{d}f(\nabla_Y X) = Y\big(X(f)\big) - \nabla_Y X(f) \ . \quad (6.13)$$

Quindi la matrice che rappresenta $\nabla^2 f$ in coordinate locali è data da

$$\nabla^2 f(\partial_i, \partial_j) = \frac{\partial^2 f}{\partial x^j \partial x^i} - \sum_{k=1}^{n} \Gamma_{ji}^k \frac{\partial f}{\partial x^k} \ . \quad (6.14)$$

In particolare, su $\mathbb{R}^n$ con la connessione piatta ritroviamo l'Hessiano usuale. Nota però che per connessioni generali questo Hessiano *non* è una forma bilineare simmetrica, in quanto non è detto che si abbia $\Gamma_{ji}^k = \Gamma_{ij}^k$.

Poi, (6.1) implica (controlla) che se $X = \sum_{h=1}^{n} X^h \partial_h$ allora

$$\nabla X = \sum_{k=1}^{n} \left(\mathrm{d}X^k + \sum_{j,h=1}^{n} \Gamma_{jh}^k X^h \, \mathrm{d}x^j \right) \otimes \partial_k \ ,$$

per cui

$$\mathrm{div}(X) = \sum_{k=1}^{n} \left(\frac{\partial X^k}{\partial x^k} + \sum_{h=1}^{n} \Gamma_{kh}^k X^h \right) \ ,$$

e di nuovo su $\mathbb{R}^n$ con la connessione piatta recuperiamo la solita divergenza.

6.5 Varietà Riemanniane

Come anticipato nell'introduzione a questo capitolo, un'altra struttura aggiuntiva molto utile che può essere considerata su una varietà permette di misurare le lunghezze dei vettori tangenti a una varietà e quindi (come vedremo nel Capitolo 7) di dare una struttura metrica a una varietà.

Definizione 6.5.1. Una *metrica Riemanniana* su una varietà M è un campo tensoriale $g \in \mathcal{T}_2(M)$ *simmetrico* (cioè tale che $g_p(w, v) = g_p(v, w)$ per ogni v, $w \in T_p M$ e $p \in M$) e *definito positivo* (cioè $g_p(v, v) > 0$ per ogni $v \neq O_p$). La coppia (M, g) è detta *varietà Riemanniana*. Spesso useremo anche la notazione $\langle v, w \rangle_p$ al posto di $g_p(v, w)$, e indicheremo con $\|\cdot\|_p$ la norma su $T_p M$ indotta dal prodotto scalare g_p.

In altre parole, una metrica Riemanniana associa a ogni punto $p \in M$ un prodotto scalare definito positivo $g_p : T_p M \times T_p M \to \mathbb{R}$ che dipende in modo C^∞ dal punto p.

Ci sono alcune situazioni (per esempio nello studio della relatività generale) in cui è utile studiare varietà equipaggiate con un campo tensoriale con proprietà simili a quelle di una metrica Riemanniana ma non necessariamente definito positivo.

Definizione 6.5.2. Una *metrica pseudo-Riemanniana* su una varietà M è un campo tensoriale $g \in \mathcal{T}_2(M)$ simmetrico *non degenere* (cioè tale che $g_p(v,w) = 0$ per ogni $w \in T_p M$ se e solo se $v = O_p$) ma non necessariamente definito positivo. La coppia (M, g) è detta *varietà pseudo-Riemanniana.*

Se g è una metrica pseudo-Riemanniana su una varietà n-dimensionale M connessa, diremo che g ha *segnatura* (r, s), con r, $s \in \mathbb{N}$, se la massima dimensione di un sottospazio di $T_p M$ su cui g_p è definita positiva (rispettivamente, definita negativa) è r (rispettivamente, s). Per continuità, essendo M connessa, la segnatura non dipende dal punto $p \in M$ usata per calcolarla; inoltre il teorema di Sylvester (vedi [1, Teorema 16.8]) implica che $r + s = n$. Una metrica pseudo-Riemanniana di segnatura $(1, n-1)$ è detta *metrica di Lorentz.*

Diversi dei risultati di questo capitolo riguardanti le metriche Riemanniane (per esempio la costruzione della connessione di Levi-Civita nel paragrafo 6.6) sono validi anche per le metriche pseudo-Riemanniane; indicheremo esplicitamente i casi più significativi.

Vediamo ora come si esprime una metrica Riemanniana (o, più in generale, un campo tensoriale $g \in \mathcal{T}_2(M)$ simmetrico) in coordinate locali. Fissata una carta locale (U, φ), indichiamo con $(x^1, \ldots, x^n)$ le corrispondenti coordinate locali, e con $\{\partial_1, \ldots, \partial_n\}$ il corrispondente riferimento locale di TM. Allora possiamo definire delle funzioni $g_{hk} \in C^\infty(U)$ ponendo $g_{hk} = g(\partial_h, \partial_k)$; e chiaramente abbiamo

$$g = \sum_{h,k=1}^n g_{hk}\, \mathrm{d}x^h \otimes \mathrm{d}x^k \ . \tag{6.15}$$

Inoltre, la matrice simmetrica (g_{hk}) è non degenere se e solo se g è non degenere, ed è definita positiva se e solo se g è definita positiva.

Osservazione 6.5.3. Attenzione:

> *d'ora in poi useremo la convenzione di Einstein sugli indici ripetuti.*

Se lo stesso indice appare due volte in una formula, una volta in basso e una volta in alto, supporremo sottintesa una sommatoria su tutti i possibili valori di quell'indice. Per esempio, la (6.15) verrà scritta

$$g = g_{hk}\, \mathrm{d}x^h \otimes \mathrm{d}x^k \ ,$$

sottintendendo la sommatoria su h e k che variano da 1 a n. Vale la pena avvertire che in alcuni testi si trova scritto $\mathrm{d}x^h\, \mathrm{d}x^k$ invece di $\mathrm{d}x^h \otimes \mathrm{d}x^k$, e in particolare $(\mathrm{d}x^j)^2$ invece di $\mathrm{d}x^j \otimes \mathrm{d}x^j$. Infine, la matrice inversa della matrice (g_{hk}) sarà indicata con (g^{hk}), in modo da avere

$$g_{hj} g^{jk} = g^{kj} g_{jh} = \delta_h^k \ ,$$

dove δ_h^k è, come sempre, il delta di Kronecker.

Esempio 6.5.4 ($\mathbb{R}^n$ con la metrica piatta). Identificando come al solito $T_p\mathbb{R}^n$ con $\mathbb{R}^n$ per ogni $p \in \mathbb{R}^n$, possiamo mettere su ciascuno spazio tangente il prodotto scalare canonico. In questo modo otteniamo una metrica Riemanniana su $\mathbb{R}^n$, detta *metrica euclidea* o *metrica piatta* su $\mathbb{R}^n$, data da

$$g_0 = \delta_{hk}\, \mathrm{d}x^h \otimes \mathrm{d}x^k = \mathrm{d}x^1 \otimes \mathrm{d}x^1 + \cdots + \mathrm{d}x^n \otimes \mathrm{d}x^n \ .$$

Più in generale, fissato $0 \le r \le n$ su $\mathbb{R}^n$ possiamo mettere la *metrica di Minkowski* di segnatura $(r, n-r)$, che è la metrica pseudo-Riemanniana data da

$$\mathrm{d}x^1 \otimes \mathrm{d}x^1 + \cdots + \mathrm{d}x^r \otimes \mathrm{d}x^r - \mathrm{d}x^{r+1} \otimes \mathrm{d}x^{r+1} - \cdots - \mathrm{d}x^n \otimes \mathrm{d}x^n \ .$$

Esempio 6.5.5 (La metrica prodotto). Siano (M_1, g_1) e (M_2, g_2) due varietà Riemanniane. Allora sulla varietà $M_1 \times M_2$ possiamo mettere la *metrica prodotto* $g_1 + g_2$ definita in questo modo: siccome per ogni $(p_1, p_2) \in M_1 \times M_2$ lo spazio tangente $T_{(p_1,p_2)}(M_1 \times M_2)$ è isomorfo a $T_{p_1}M_1 \oplus T_{p_2}M_2$, ogni elemento di $T_{(p_1,p_2)}(M_1 \times M_2)$ è della forma $v = (v_1, v_2)$, con $v_j \in T_{p_j}M_j$, per cui possiamo porre

$$(g_1 + g_2)_{(p_1,p_2)}(v, w) = (g_1)_{p_1}(v_1, w_1) + (g_2)_{p_2}(v_2, w_2)$$

per ogni $v = (v_1, v_2)$, $w = (w_1, w_2) \in T_{(p_1,p_2)}(M_1 \times M_2)$. Si verifica subito (controlla) che $g_1 + g_2$ è una metrica Riemanniana (e, più in generale, vedi l'Esercizio 6.12 per il prodotto di metriche pseudo-Riemanniane).

Usando le partizioni dell'unità e la metrica piatta è facile dimostrare l'esistenza di metriche Riemanniane su qualsiasi varietà:

Proposizione 6.5.6. *Ogni varietà M ammette una metrica Riemanniana.*

Dimostrazione. Sia $\{\rho_\alpha\}$ una partizione dell'unità subordinata a un atlante $\mathcal{A} = \{(U_\alpha, \varphi_\alpha)\}$ di M. Su ciascun aperto U_α introduciamo la metrica piatta g^α indotta dal sistema di coordinate: se $p \in U_\alpha$, e $v = v^j \partial_{j,\alpha}$ e $w = w^j \partial_{j,\alpha}$ è la scrittura in coordinate locali di due vettori v, $w \in T_pM$, allora poniamo $g^\alpha_p(v, w) = \sum_j v^j w^j$ (in altre parole, la matrice (g^α_{hk}) è la matrice identica). Definiamo allora un campo tensoriale $g \in \mathcal{T}_2(M)$ con

$$\forall p \in M \qquad\qquad g_p = \sum_\alpha \rho_\alpha(p) g^\alpha_p \ , \qquad\qquad (6.16)$$

dove in ciascun punto $p \in M$ solo un numero finito di addendi sono diversi da zero. È facile verificare (controlla) che questa formula definisce una metrica Riemanniana su M, in quanto la somma di campi tensoriali simmetrici definiti positivi è ancora un campo tensoriale simmetrico definito positivo. $\qquad \square$

Osservazione 6.5.7. La dimostrazione della Proposizione 6.5.6 funziona solo per costruire metriche definite positive o negative, ma *non* funziona per costruire metriche pseudo-Riemanniane di segnatura data. Infatti, anche se tutte le metriche locali g^α hanno la stessa segnatura, niente assicura che la combinazione data in (6.16) abbia ancora la stessa segnatura — anzi, potrebbe persino essere degenere. Questo non è un problema della dimostrazione, ma un fatto ineludibile: ci sono delle ostruzioni topologiche all'esistenza su una data varietà di metriche pseudo-Riemanniane di segnatura fissata. Per esempio, si può dimostrare che una varietà compatta n-dimensionale ammette una metrica pseudo-Riemanniana di segnatura $(1, n - 1)$ se e solo se ha caratteristica di Eulero-Poincaré nulla (vedi la Definizione 5.E.2 e [11, pag. 399]).

Osservazione 6.5.8. Sia (g_{hk}) la matrice che rappresenta una metrica (pseudo)Riemanniana g rispetto alla carta locale (U, φ), e $(\tilde{g}_{ij})$ la matrice che rappresenta g rispetto a un'altra carta locale $(\tilde{U}, \tilde{\varphi})$. Ricordando la (2.5) e la formula che mostra come cambia la matrice che rappresenta un prodotto scalare cambiando base otteniamo

$$(\tilde{g}_{ij}) = \left(\frac{\partial x}{\partial \tilde{x}}\right)^T \cdot (g_{hk}) \cdot \left(\frac{\partial x}{\partial \tilde{x}}\right)$$

in $U \cap \tilde{U}$, dove il $\cdot$ indica il prodotto di matrici. In altre parole abbiamo

$$\tilde{g}_{ij} = \frac{\partial x^h}{\partial \tilde{x}^i} \frac{\partial x^k}{\partial \tilde{x}^j} \, g_{hk} \ .$$

In particolare,

$$\det(\tilde{g}_{ij}) = \left[\det\left(\frac{\partial x}{\partial \tilde{x}}\right)\right]^2 \det(g_{hk}) \ . \tag{6.17}$$

Come prevedibile, le applicazioni che conservano la struttura Riemanniana hanno un nome particolare.

Definizione 6.5.9. Sia $H \colon (M, g) \to (\tilde{M}, \tilde{g})$ un'applicazione C^∞ fra due varietà (pseudo)Riemanniane della stessa dimensione. Diremo che H è un'*isometria in* $p \in M_1$ se per ogni $v, w \in T_p M_1$ si ha

$$\tilde{g}_{H(p)}(\mathrm{d}H_p(v), \mathrm{d}H_p(w)) = g_p(v, w) \ .$$

Se H è un'isometria in p, il differenziale di H in p è invertibile, e quindi H è un diffeomorfismo di un intorno di p con un intorno di $H(p)$. Diremo che H è un'*isometria locale* in $p \in M$ se p ha un intorno U tale che $H|_U$ sia un'isometria in ogni punto di U; e che è un'*isometria locale* se lo è in ogni punto di M. Infine, diremo che H è un'*isometria* se è un diffeomorfismo globale e un'isometria in ogni punto di M.

Definizione 6.5.10. Diremo che la varietà Riemanniana (M, g) è *localmente isometrica* alla varietà Riemanniana $(\tilde{M}, \tilde{g})$ se per ogni $p \in M$ esiste un'isometria di un intorno di p in M con un aperto di $\tilde{M}$. Infine, diremo che (M, g) e $(\tilde{M}, \tilde{g})$ sono *isometriche* se esiste un'isometria (globale) fra (M, g) e $(\tilde{M}, \tilde{g})$.

Definizione 6.5.11. Data una varietà (pseudo)Riemanniana (M, g), indicheremo con Iso(M) il gruppo di tutte le isometrie di M con se stessa.

Diremo che M è *omogenea* se Iso(M) agisce in modo transitivo, cioè se per ogni $p, q \in M$ esiste $H \in$ Iso(M) tale che $H(p) = q$. Diremo infine che M è *isotropa* in un punto $p \in M$ se per ogni $v, w \in T_p M$ con $g_p(v, v) = g_p(w, w)$ esiste $H \in$ Iso(M) tale che $H(p) = p$ e $dH_p(v) = w$.

Osservazione 6.5.12. Se M è omogenea, e isotropa in un punto, allora è isotropa in ogni punto (perché?).

Osservazione 6.5.13. Sia (U, φ) una carta locale in una varietà Riemanniana (M, g). Se applichiamo il procedimento di Gram-Schmidt al riferimento locale $\{\partial_1, \ldots, \partial_n\}$ otteniamo un riferimento locale ortonormale $\{E_1, \ldots, E_n\}$ per TM su U. Attenzione: di solito però *non* è possibile trovare una carta locale (U, φ) tale che il riferimento $\{\partial_1, \ldots, \partial_n\}$ sia ortonormale in U. Infatti, come vedremo nell'Osservazione 8.1.7, l'esistenza di un riferimento $\{\partial_1, \ldots, \partial_n\}$ ortonormale ha come conseguenza che la varietà Riemanniana è piatta (ha curvatura identicamente nulla), che è una condizione invariante per isometrie (e che, di solito, non è soddisfatta).

Un'immersione in una varietà Riemanniana induce una metrica Riemanniana anche nella varietà di partenza:

Definizione 6.5.14. Sia $F: M \to N$ un'immersione, e g una metrica Riemanniana su N. Definiamo per ogni $p \in M$ un prodotto scalare $(F^* g)_p$ su $T_p M$ ponendo

$$\forall v, w \in T_p M \quad (F^* g)_p(v, w) = g_{F(p)}\big(dF_p(v), dF_p(w)\big) \ .$$

È facile verificare (controlla) che $F^* g$ è una metrica Riemanniana su M, detta *metrica indotta* da g tramite F, o *metrica pull-back*.

Esempio 6.5.15 (Sottovarietà Riemanniane). Se $\iota: S \to M$ è una sottovarietà di una varietà Riemanniana (M, g), la metrica indotta $\iota^* g$ verrà a volte indicata con $g|_S$. Dunque ogni sottovarietà di una varietà Riemanniana è a sua volta una varietà Riemanniana con la metrica indotta; per esempio, questo vale per le sottovarietà di $\mathbb{R}^n$ considerato con la metrica piatta.

Osservazione 6.5.16. Se $F: M \to N$ è un'immersione e g è una metrica pseudo-Riemanniana su N non definita positiva o negativa, *non* è detto che $F^* g$ sia una metrica pseudo-Riemanniana su M; potrebbe addirittura essere identicamente nulla.

Per esempio, sia $N = \mathbb{R}^2$ con (Esempio 6.5.4) la metrica di Minkowski g di segnatura $(1, 1)$, e sia M la retta $\{x^1 = x^2\}$. Allora si vede subito che $\iota^* g \equiv O$, dove $\iota: M \hookrightarrow \mathbb{R}^2$ è l'inclusione.

Esempio 6.5.17. Sia $\pi: \tilde{M} \to M$ un rivestimento liscio, e supponiamo di avere una metrica Riemanniana g su M. Un rivestimento liscio è, in particolare, un diffeomorfismo locale, e quindi un tipo molto speciale di immersione; possiamo quindi equipaggiare $\tilde{M}$ con la metrica indotta π^*g. È facile (controlla) verificare che π^*g è l'unica metrica Riemanniana su $\tilde{M}$ che rende π un'isometria locale.

Esempio 6.5.18. Sia $\pi\colon \tilde{M} \to M$ di nuovo un rivestimento liscio, ma supponiamo stavolta di avere una metrica Riemanniana $\tilde{g}$ su $\tilde{M}$. Non è detto che esista una metrica Riemanniana g su M che renda π un'isometria locale. Infatti, supponiamo che g esista, e sia $F\colon \tilde{M} \to \tilde{M}$ un automorfismo del rivestimento (vedi la Definizione 2.E.5). Allora per ogni $\tilde{p} \in \tilde{M}$ e ogni $v,\, w \in T_{\tilde{p}}\tilde{M}$ si dovrebbe avere

$$\tilde{g}_{\tilde{p}}(v,w) = g_{\pi(\tilde{p})}\big(\mathrm{d}\pi_{\tilde{p}}(v), \mathrm{d}\pi_{\tilde{p}}(w)\big) = g_{\pi(F(\tilde{p}))}\big(\mathrm{d}\pi_{F(\tilde{p})}(\mathrm{d}F_{\tilde{p}}(v)), \mathrm{d}\pi_{F(\tilde{p})}(\mathrm{d}F_{\tilde{p}}(w))\big)$$
$$= \tilde{g}_{F(\tilde{p})}\big(\mathrm{d}F_{\tilde{p}}(v), \mathrm{d}F_{\tilde{p}}(w)\big)\ ,$$

cioè F dev'essere un'isometria per $\tilde{g}$.

Viceversa, supponiamo che ogni automorfismo del rivestimento sia un'isometria, e che il rivestimento sia normale, per cui il gruppo degli automorfismi del rivestimento agisce in maniera transitiva sulle fibre. Allora non è difficile dimostrare (Esercizio 6.19) che esiste un'unica metrica Riemanniana g su M per cui π risulti essere un'isometria locale: è sufficiente per ogni $p \in M$ e ogni $v,\, w \in T_pM$ porre

$$g_p(v,w) = \tilde{g}_{\tilde{p}}(\tilde{v}, \tilde{w})\ ,$$

dove $\tilde{p} \in \tilde{M}$ e $\tilde{v},\, \tilde{w} \in T_{\tilde{p}}\tilde{M}$ sono tali che $\pi(\tilde{p}) = p$, $\mathrm{d}\pi_{\tilde{p}}(\tilde{v}) = v$ e $\mathrm{d}\pi_{\tilde{p}}(\tilde{w}) = w$.

Usando la nozione di metrica indotta possiamo esprimere in maniera concisa quando un'immersione conserva la metrica Riemanniana:

Definizione 6.5.19. Un'immersione (embedding) $F\colon (M,g^M) \to (N,g^N)$ fra varietà Riemanniane è un'*immersione* (*embedding*) *isometrica* se $F^*g^N = g^M$.

Abbiamo visto (Teorema 2.8.13) che ogni varietà può essere realizzata come sottovarietà chiusa di un qualche $\mathbb{R}^N$, per N abbastanza grande, e quindi eredita una metrica Riemanniana indotta dalla metrica piatta di $\mathbb{R}^N$. Viene allora naturale chiedersi se in questo modo sia possibile ottenere tutte le varietà Riemanniane. La risposta, positiva, è il famoso teorema di Nash (vedi [10] per una dimostrazione):

Teorema 6.5.20 (Nash). *Ogni varietà Riemanniana ammette un embedding isometrico in* $\mathbb{R}^N$, *considerato con la metrica piatta, per N abbastanza grande.*

Un altro teorema profondo riguardante le isometrie di una varietà Riemanniana è il teorema di Myers-Steenrod (vedi [31]):

Teorema 6.5.21 (Myers, Steenrod). *Sia M una varietà Riemanniana. Allora il gruppo* $\mathrm{Iso}(M)$ *ammette una struttura di gruppo di Lie tale che l'applicazione naturale* $(H,p) \mapsto H(p)$ *sia un'azione liscia di* $\mathrm{Iso}(M)$ *su M.*

Concludiamo questa sezione descrivendo alcuni esempi importanti di varietà Riemanniane.

Esempio 6.5.22 (La sfera). Sia S_R^n la sfera di raggio $R > 0$ e centro l'origine in $\mathbb{R}^{n+1}$. La metrica su S_R^n indotta dalla metrica piatta di $\mathbb{R}^n$ è detta *metrica sferica*.

Vogliamo calcolare i coefficienti g_{ij} della metrica sferica rispetto alle coordinate sferiche introdotte nell'Esempio 2.1.29. Il riferimento locale di $T_p S_R^n$ indotto dalle coordinate sferiche è composto dai campi vettoriali locali

$$\frac{\partial}{\partial \theta^j} = R \sin \theta^{j+1} \cdots \sin \theta^n \left[\cos \theta^j \sum_{l=0}^{j-1} \cos \theta^l \sin \theta^{l+1} \cdots \sin \theta^{j-1} \frac{\partial}{\partial x^{l+1}} \right.$$

$$\left. - \sin \theta^j \frac{\partial}{\partial x^{j+1}} \right],$$

per $j = 1, \ldots, n$, dove $(x^1, \ldots, x^{n+1})$ sono le coordinate di $\mathbb{R}^{n+1}$, e dove abbiamo posto per convenzione $\theta^0 \equiv 0$. Quindi otteniamo

$$g_{ij} = \begin{cases} R^2 (\sin \theta^{i+1} \cdots \sin \theta^n)^2 & \text{se } i = j, \\ 0 & \text{se } i \neq j; \end{cases}$$

in particolare, la matrice (g_{ij}) è diagonale.

Esempio 6.5.23. Gli elementi del gruppo ortogonale $O(n+1)$ sono ovviamente delle isometrie di S_R^n. Inoltre, $O(n+1)$ agisce transitivamente sulle basi ortonomali in $T S_R^n$. In altre parole, per ogni p, $\tilde{p} \in S_R^n$ e ogni coppia di basi ortonormali $\{E_1, \ldots, E_n\}$ di $T_p S_R^n$ e $\{\tilde{E}_1, \ldots, \tilde{E}_n\}$ di $T_{\tilde{p}} S_R^n$ esiste $A \in O(n+1)$ tale che $A(p) = \tilde{p}$ e $dA_p(E_j) = \tilde{E}_j$ per $j = 1, \ldots, n$. Infatti, è sufficiente (perché?) far vedere che per ogni $p \in S_R^n$ e ogni base ortonormale $\{E_1, \ldots, E_n\}$ di $T_p S_R^n$ esiste $A \in O(n+1)$ che manda il polo nord $N = (0, \ldots, 0, R)$ in p e la base canonica $\{e_1, \ldots, e_n\}$ di $T_N S_R^n$ in $\{E_1, \ldots, E_n\}$. Ma infatti sia $\{e_1, \ldots, e_n, N/R\}$ che $\{E_1, \ldots, E_n, p/\|p\|\}$ sono basi ortonormali di $\mathbb{R}^{n+1}$, per cui esiste un'unica $A \in O(n+1)$ che manda la prima nella seconda (e $dA_N = A$, in quanto A è lineare).

Nella Sezione 8.4 faremo vedere che, come conseguenza di questo fatto, $\text{Iso}(S_R^n) = O(n+1)$.

Esempio 6.5.24. Sia $\pi \colon S^n \to \mathbb{P}^n(\mathbb{R})$ il rivestimento universale dello spazio proiettivo, con $n \geq 2$. Allora combinando gli Esempi 6.5.17 e 6.5.22 otteniamo una metrica Riemanniana sullo spazio proiettivo.

Esempio 6.5.25 (Lo spazio iperbolico). Introduciamo ora un altro esempio importante di varietà Riemanniana, in tre incarnazioni diverse.

(a) *L'iperboloide.* Sia $U_R^n = \{x \in \mathbb{R}^{n+1} \mid (x^{n+1})^2 - \|x'\|^2 = R^2, x^{n+1} > 0\}$ la falda superiore dell'iperboloide ellittico, dove $x' = (x^1, \ldots, x^n) \in \mathbb{R}^n$. Su U_R^n introduciamo il campo tensoriale simmetrico non degenere

$$g_R^1 = dx^1 \otimes dx^1 + \cdots + dx^n \otimes dx^n - dx^{n+1} \otimes dx^{n+1} \; ;$$

dimostreremo fra un attimo che g_R^1 è effettivamente definita positiva su TU_R^n, per cui è davvero una metrica Riemanniana.

(b) *La palla di Poincaré.* Sia $B_R^n = \{x \in \mathbb{R}^n \mid \|x\| < R\}$ la palla aperta di raggio R in $\mathbb{R}^n$. Su B_R^n poniamo la metrica Riemanniana

$$g_R^2 = \frac{4R^4}{(R^2 - \|x\|^2)^2} \left(dx^1 \otimes dx^1 + \cdots + dx^n \otimes dx^n\right) .$$

(c) *Il semispazio superiore di Poincaré.* Sia $H_R^n = \{x \in \mathbb{R}^n \mid x^n > 0\}$ il semispazio superiore in $\mathbb{R}^n$. Su H_R^n poniamo la metrica Riemanniana

$$g_R^3 = \frac{R^2}{(x^n)^2} \left(dx^1 \otimes dx^1 + \cdots + dx^n \otimes dx^n\right) .$$

Le tre varietà dell'Esempio 6.5.25 sono tre rappresentazioni diverse della stessa varietà Riemanniana:

Proposizione 6.5.26. *Le varietà Riemanniane* (U_R^n, g_R^1), (B_R^n, g_R^2) *e* (H_R^n, g_R^3) *sono isometriche.*

Dimostrazione. Cominciamo costruendo un'isometria $F \colon U_R^n \to B_R^n$. Dato $S = (0, \ldots, 0, -R) \in \mathbb{R}^{n+1}$ e $x \in U_R^n$, sia $F(x) \in \mathbb{R}^n \subset \mathbb{R}^{n+1}$ il punto d'intersezione fra B_R^n e la retta da S a x. Si verifica subito che

$$F(x) = \frac{R}{R + x^{n+1}} x' \in B_R^n \; ,$$

e che

$$F^{-1}(p) = \left(\frac{2R^2 p}{R^2 - \|p\|^2}, R \frac{R^2 + \|p\|^2}{R^2 - \|p\|^2} \right) .$$

Vogliamo dimostrare che $F^* g_R^2 = g_R^1$. Per far ciò ricordiamo (Proposizione 2.4.23) che $v \in T_x U_R^n$ se e solo se $x^{n+1} v^{n+1} = \langle x', v' \rangle$; inoltre,

$$dF_x(v) = \frac{R}{R + x^{n+1}} \left(v' - \frac{v^{n+1}}{R + x^{n+1}} x' \right) .$$

Quindi

$$F^* g_R^2(v, v) = g_R^2 \big(dF_x(v), dF_x(v) \big) = \frac{4R^4}{\left(R^2 - \|F(x)\|^2\right)^2} \|dF_x(v)\|^2$$

$$= \frac{4}{\left(1 - \frac{\|x'\|^2}{(R+x^{n+1})^2}\right)^2} \frac{R^2}{(R + x^{n+1})^2} \left\| v' - \frac{v^{n+1}}{R + x^{n+1}} x' \right\|^2$$

$$= \|v'\|^2 - \frac{2v^{n+1}}{R + x^{n+1}} \langle x', v' \rangle + \frac{|v^{n+1}|^2}{(R + x^{n+1})^2} \|x'\|^2$$

$$= \|v'\|^2 - |v^{n+1}|^2 = g_R^1(v, v) \; ,$$

come voluto.

Costruiamo ora un diffeomorfismo $G\colon B_R^n \to H_R^n$ imitando la trasformata di Cayley di una variabile complessa:

$$G(p) = \left(\frac{2R^2 p'}{\|p'\|^2 + (p^n - R)^2}, R \, \frac{R^2 - \|p'\|^2 - |p^n|^2}{\|p'\|^2 + (p^n - R)^2} \right),$$

dove stavolta $p' = (p^1, \ldots, p^{n-1}) \in \mathbb{R}^{n-1}$. L'inversa è data da

$$G^{-1}(q) = \left(\frac{2R^2 q'}{\|q'\|^2 + (q^n + R)^2}, R \, \frac{\|q'\|^2 + |q^n|^2 - R^2}{\|q'\|^2 + (q^n + R)^2} \right),$$

e un conto analogo al precedente (controlla) mostra che $G^* g_R^3 = g_R^2$. $\square$

Definizione 6.5.27. Una qualunque varietà Riemanniana isometrica a una delle tre varietà Riemanniane della proposizione precedente è detta *spazio iperbolico* di dimensione n.

Vedremo in seguito (nella Sezione 8.4) che $\mathbb{R}^n$, le sfere e gli spazi iperbolici sono le uniche (a meno di isometrie) varietà Riemanniane semplicemente connesse di curvatura sezionale costante.

Definizione 6.5.28. Una metrica Riemanniana g su un gruppo di Lie G è *invariante a sinistra* (rispettivamente, *invariante a destra*) se $L_h^* g = g$ (rispettivamente, $R_h^* g = g$) per ogni $h \in G$, cioè se tutte le traslazioni sinistre (destre) sono delle isometrie. Una metrica Riemanniana invariante sia a sinistra che a destra è detta *bi-invariante*.

Esempio 6.5.29. Sia G un gruppo di Lie. Scegliendo arbitrariamente un prodotto scalare definito positivo $\langle \cdot, \cdot \rangle_e$ sull'algebra di Lie $\mathfrak{g}$ di G, otteniamo (perché?) una metrica Riemanniana invariante a sinistra ponendo

$$\langle v, w \rangle_h = \left\langle (\mathrm{d}L_{h^{-1}})_h(v), (\mathrm{d}L_{h^{-1}})_h(w) \right\rangle_e.$$

per ogni $h \in G$ e ogni $v, w \in T_h G$. In maniera analoga si ottengono metriche Riemanniane invarianti a destra, ed è chiaro (perché?) che tutte le metriche Riemanniane invarianti a sinistra o a destra si ricavano in questo modo.

6.6 La connessione di Levi-Civita

Una delle proprietà cruciali per l'Analisi classica della metrica piatta è che la matrice che la rappresenta è costante, è indipendente dal punto. Questo permette di scrivere la derivata del prodotto scalare di due campi vettoriali tramite prodotti scalari dei campi vettoriali con le loro derivate covarianti (rispetto alla metrica piatta): infatti la formula

$$\frac{\partial}{\partial x^h} \sum_{j=1}^{n} X^j Y^j = \sum_{j=1}^{n} \frac{\partial X^j}{\partial x^h} Y^j + \sum_{j=1}^{n} X^j \frac{\partial Y^j}{\partial x^h}$$

valida per campi vettoriali X, $Y \in \mathcal{T}(\mathbb{R}^n)$ si può scrivere in modo più compatto come

$$Z\langle X, Y \rangle = \langle \nabla_Z X, Y \rangle + \langle X, \nabla_Z Y \rangle \tag{6.18}$$

per ogni X, Y, $Z \in \mathcal{T}(\mathbb{R}^n)$, dove ∇ è la connessione piatta e $\langle \cdot, \cdot \rangle$ è la metrica piatta.

Possiamo interpretare (6.18) come una formula di compatibilità fra la metrica piatta e la connessione piatta di $\mathbb{R}^n$. Il fatto che permette davvero (come vedremo in dettaglio nei prossimi due capitoli) di studiare la geometria delle varietà Riemanniane è che a ogni metrica (pseudo)Riemanniana è possibile associare in modo canonico una connessione compatibile con essa, ottenendo una relazione tipo (6.18). Obiettivo di questa sezione è esattamente costruire questa connessione.

Cominciamo col definire precisamente la proprietà di compatibilità che ci interessa.

Definizione 6.6.1. Una connessione ∇ su una varietà (pseudo)Riemanniana (M, g) è *compatibile con la metrica* se

$$\nabla_X \langle Y, Z \rangle = \langle \nabla_X Y, Z \rangle + \langle Y, \nabla_X Z \rangle$$

per tutti gli X, Y, $Z \in \mathcal{T}(M)$, dove ricorda che si ha $\nabla_X f = X(f)$ per ogni $f \in C^\infty(M)$.

La proposizione seguente contiene diverse caratterizzazioni alternative di questa condizione.

Proposizione 6.6.2. *Sia ∇ una connessione su una varietà (pseudo)Riemanniana (M, g). Le seguenti proprietà sono equivalenti:*

(i) *∇ è compatibile con g;*

(ii) *$\nabla g \equiv O$, cioè la metrica g è parallela rispetto a ∇;*

(iii) *in un qualunque sistema di coordinate si ha*

$$\partial_k g_{ij} = g_{lj} \Gamma^l_{ki} + g_{il} \Gamma^l_{kj} \,;$$

(iv) *per ogni coppia di campi vettoriali V e W lungo una curva σ abbiamo*

$$\frac{\mathrm{d}}{\mathrm{d}t} \langle V, W \rangle = \langle DV, W \rangle + \langle V, DW \rangle \,;$$

(v) *per ogni coppia di campi vettoriali V e W paralleli lungo una curva σ il prodotto $\langle V, W \rangle$ è costante;*

(vi) *il trasporto parallelo lungo una qualsiasi curva è un'isometria.*

Dimostrazione. (i)⟺(ii): per definizione di derivata covariante totale, ricordando (6.10) si ha

$$\nabla g(Y, Z, X) = (\nabla_X g)(Y, Z) = X\langle Y, Z\rangle - \langle \nabla_X Y, Z\rangle - \langle Y, \nabla_X Z\rangle \,,$$

e ci siamo.

(ii)⟺(iii): fissato un sistema di coordinate si ha

$$\nabla g(\partial_i, \partial_j, \partial_k) = \partial_k \langle \partial_i, \partial_j\rangle - \langle \nabla_{\partial_k} \partial_i, \partial_j\rangle - \langle \partial_i, \nabla_{\partial_k} \partial_j\rangle$$
$$= \partial_k(g_{ij}) - g_{lj}\Gamma^l_{ki} - g_{il}\Gamma^l_{kj} \,,$$

e ci siamo.

(i)⟹(iv): Basta scrivere localmente $V = V^h \partial_h \circ \sigma$, $W = W^k \partial_k \circ \sigma$, e usare il fatto che

$$\frac{\mathrm{d}}{\mathrm{d}t}\langle \partial_h, \partial_k\rangle_\sigma = \sigma'\langle \partial_h, \partial_k\rangle_\sigma \,.$$

(iv)⟹(v): se $DV = DW \equiv O$ la (iv) implica che $\langle V, W\rangle$ è costante.

(v)⟹(vi): infatti la (v) dice esattamente che il trasporto parallelo conserva la metrica.

(vi)⟹(i): scelto $p \in M$, sia σ una curva con $\sigma(0) = p$ e $\sigma'(0) = X_p$. Fissiamo una base ortonormale $\{v_1, \ldots, v_n\}$ di $T_p M$; per (vi) possiamo estendere ciascun v_j a un campo vettoriale $v_j(t)$ parallelo lungo σ in modo che $\{v_1(t), \ldots, v_n(t)\}$ sia una base ortonormale di $T_{\sigma(t)} M$ per ogni t. Scriviamo $Y\big(\sigma(t)\big) = Y^h(t)v_h(t)$ e $Z\big(\sigma(t)\big) = Z^k(t)v_k(t)$; allora

$$\nabla_{X_p}\langle Y, Z\rangle = \frac{\mathrm{d}}{\mathrm{d}t}\langle Y\big(\sigma(t)\big), Z\big(\sigma(t)\big)\rangle_{\sigma(t)}\Big|_{t=0} = \frac{\mathrm{d}}{\mathrm{d}t}\left(\sum_{h=1}^n Y^h(t)Z^h(t)\right)\Big|_{t=0}$$
$$= \sum_{h=1}^n \left(\frac{\mathrm{d}Y^h}{\mathrm{d}t}(0)Z^h(0) + Y^h(0)\frac{\mathrm{d}Z^h}{\mathrm{d}t}(0)\right)$$
$$= \left\langle \frac{\mathrm{d}Y^h}{\mathrm{d}t}(0)v_h, Z(0)\right\rangle_p + \left\langle Y(0), \frac{\mathrm{d}Z^h}{\mathrm{d}t}(0)v_h\right\rangle_p$$
$$= \langle D_0 Y, Z\rangle_p + \langle Y, D_0 Z\rangle_p$$
$$= \langle \nabla_{X_p} Y, Z\rangle_p + \langle Y, \nabla_{X_p} Z\rangle_p \,,$$

e ci siamo. □

La compatibilità con la metrica non basta a identificare univocamente una connessione. Infatti, si può dimostrare (vedi l'Esercizio 6.21) che se ∇ è una connessione compatibile con la metrica su una varietà (pseudo)Riemanniana (M, g), e $A \in \mathcal{T}^1_2(M)$ è tale che

$$\langle A(X, Y), Z\rangle + \langle Y, A(X, Z)\rangle = 0 \tag{6.19}$$

per ogni $X, Y, Z \in \mathcal{T}(M)$ allora $\nabla + A$ è ancora una connessione compatibile con la metrica.

Ora, (6.19) sta dicendo che per ogni $X \in \mathcal{T}(M)$ l'operatore $A(X, \cdot)$ è antisimmetrico. Questo fa sospettare che una connessione compatibile con la metrica che sia simmetrica in un senso opportuno se esiste dovrebbe essere unica. Il concetto giusto di simmetria è rivelato dal:

Lemma 6.6.3. *Data una connessione lineare ∇ su una varietà M, definiamo $\tau \colon \mathcal{T}(M) \times \mathcal{T}(M) \to \mathcal{T}(M)$ ponendo*

$$\tau(X,Y) = \nabla_X Y - \nabla_Y X - [X,Y] \,.$$

Allora τ è un campo tensoriale di tipo $\binom{1}{2}$.

Dimostrazione. Siccome $\tau(Y,X) = -\tau(X,Y)$, per far vedere che τ è un campo tensoriale di tipo $\binom{1}{2}$ grazie alla Proposizione 3.2.16.(ii) è sufficiente dimostrare che τ è $C^\infty(M)$-lineare nella prima variabile. Ma infatti

$$\begin{aligned}
\tau(fX,Y) &= \nabla_{fX} Y - \nabla_Y (fX) - [fX,Y] \\
&= f\nabla_X Y - f\nabla_Y X - Y(f)X - f[X,Y] + Y(f)X = f\tau(X,Y) \,.
\end{aligned}$$

$\square$

Definizione 6.6.4. La *torsione* di una connessione lineare ∇ su una varietà M è il campo tensoriale $\tau \in \mathcal{T}_2^1(M)$ definito da

$$\tau(X,Y) = \nabla_X Y - \nabla_Y X - [X,Y] \,.$$

La connessione ∇ è detta *simmetrica* se $\tau \equiv O$.

Possiamo caratterizzare la simmetria di una connessione in altri modi equivalenti:

Lemma 6.6.5. *Sia ∇ una connessione su una varietà M. Allora le seguenti affermazioni sono equivalenti:*

(i) ∇ *è simmetrica;*
(ii) *i simboli di Christoffel rispetto a un qualsiasi sistema di coordinate sono simmetrici, cioè $\Gamma_{ij}^h = \Gamma_{ji}^h$;*
(iii) *l'Hessiano $\nabla^2 f$ è simmetrico per ogni $f \in C^\infty(M)$.*

Dimostrazione. (i)$\Longleftrightarrow$(ii): Fissiamo una carta locale, e scriviamo $X = X^h \partial_h$ e $Y = Y^k \partial_k$. Allora (6.1) ci dà

$$\tau(X,Y) = X^h Y^k [\Gamma_{hk}^j - \Gamma_{kh}^j]\partial_j \,,$$

per cui $\tau(X,Y) \equiv O$ per ogni $X, Y \in \mathcal{T}(M)$ se e solo se i simboli di Christoffel sono simmetrici.

(i)$\Longleftrightarrow$(iii): Grazie a (6.13) abbiamo

$$\nabla^2 f(X,Y) - \nabla^2 f(Y,X) = -[X,Y](f) - \nabla_Y X(f) + \nabla_X Y(f) = \tau(X,Y)(f) \,,$$

e ci siamo. $\square$

Il risultato promesso, e che permette alla geometria Riemanniana di prendere davvero vita, è il seguente *teorema di Levi-Civita*:

Teorema 6.6.6 (Levi-Civita). *Su ogni varietà (pseudo)Riemanniana (M, g) esiste un'unica connessione ∇ simmetrica e compatibile con la metrica. Inoltre, ∇ soddisfa*

$$\langle \nabla_X Y, Z \rangle = \frac{1}{2} \{ X \langle Y, Z \rangle + Y \langle Z, X \rangle - Z \langle X, Y \rangle \tag{6.20}$$
$$+ \langle [X, Y], Z \rangle - \langle [Y, Z], X \rangle + \langle [Z, X], Y \rangle \}$$

per ogni X, Y, $Z \in \mathcal{T}(M)$. In particolare, se $\{E_1, \ldots, E_n\}$ è un riferimento locale ortonormale abbiamo

$$\langle \nabla_{E_i} E_j, E_k \rangle = \frac{1}{2} \{ \langle [E_i, E_j], E_k \rangle - \langle [E_j, E_k], E_i \rangle + \langle [E_k, E_i], E_j \rangle \}, \tag{6.21}$$

mentre i simboli di Christoffel di ∇ sono dati da

$$\Gamma_{ij}^k = \frac{1}{2} g^{kl} \left(\frac{\partial g_{lj}}{\partial x^i} + \frac{\partial g_{il}}{\partial x^j} - \frac{\partial g_{ij}}{\partial x^l} \right). \tag{6.22}$$

Dimostrazione. Cominciamo con l'unicità. Se ∇ è una connessione compatibile con g si deve avere

$$X \langle Y, Z \rangle = \langle \nabla_X Y, Z \rangle + \langle Y, \nabla_X Z \rangle,$$
$$Y \langle Z, X \rangle = \langle \nabla_Y Z, X \rangle + \langle Z, \nabla_Y X \rangle,$$
$$Z \langle X, Y \rangle = \langle \nabla_Z X, Y \rangle + \langle X, \nabla_Z Y \rangle.$$

Quindi se ∇ è anche simmetrica otteniamo

$$X \langle Y, Z \rangle + Y \langle Z, X \rangle - Z \langle X, Y \rangle$$
$$= \langle \nabla_X Z - \nabla_Z X, Y \rangle + \langle \nabla_Y Z - \nabla_Z Y, X \rangle + \langle \nabla_X Y + \nabla_Y X, Z \rangle$$
$$= - \langle [Z, X], Y \rangle + \langle [Y, Z], X \rangle - \langle [X, Y], Z \rangle + 2 \langle \nabla_X Y, Z \rangle,$$

e quindi ∇ è data da (6.20).

Viceversa, definiamo $\nabla \colon \mathcal{T}(M) \times \mathcal{T}(M) \to \mathcal{T}(M)$ tramite (6.20); dobbiamo verificare che otteniamo una connessione simmetrica compatibile con la metrica. Iniziamo mostrando che il secondo membro di (6.20) è $C^\infty(M)$-lineare in Z; infatti

$$\langle \nabla_X Y, fZ \rangle = \frac{1}{2} \{ X \langle Y, fZ \rangle + Y \langle fZ, X \rangle - fZ \langle X, Y \rangle$$
$$+ \langle [X, Y], fZ \rangle - \langle [Y, fZ], X \rangle + \langle [fZ, X], Y \rangle \}$$
$$= f \langle \nabla_X Y, Z \rangle + \frac{1}{2} \{ X(f) \langle Y, Z \rangle + Y(f) \langle Z, X \rangle$$
$$- Y(f) \langle Z, X \rangle - X(f) \langle Z, Y \rangle \}$$
$$= f \langle \nabla_X Y, Z \rangle.$$

Quindi $\langle \nabla_X Y, \cdot \rangle$ è una 1-forma, per cui $\nabla_X Y$ è effettivamente (perché?) un campo vettoriale.

Poi, ∇ è $C^\infty(M)$-lineare nel primo argomento:

$$
\begin{aligned}
\langle \nabla_{fX} Y, Z \rangle &= \frac{1}{2} \Big\{ fX\langle Y, Z \rangle + Y\langle Z, fX \rangle - Z\langle fX, Y \rangle \\
&\qquad + \langle [fX, Y], Z \rangle - \langle [Y, Z], fX \rangle + \langle [Z, fX], Y \rangle \Big\} \\
&= f\langle \nabla_X Y, Z \rangle + \frac{1}{2} \Big\{ Y(f)\langle Z, X \rangle - Z(f)\langle X, Y \rangle \\
&\qquad\qquad\qquad\qquad - Y(f)\langle X, Z \rangle + Z(f)\langle X, Y \rangle \Big\} \\
&= \langle f\nabla_X Y, Z \rangle,
\end{aligned}
$$

come voluto. In modo analogo (provvedi) si verifica la formula di Leibniz. Controlliamo ora la compatibilità con la metrica:

$$
\begin{aligned}
\langle \nabla_X Y, Z \rangle &+ \langle Y, \nabla_X Z \rangle \\
&= \frac{1}{2} \Big\{ X\langle Y, Z \rangle + Y\langle Z, X \rangle - Z\langle X, Y \rangle \\
&\qquad + \langle [X, Y], Z \rangle - \langle [Y, Z], X \rangle + \langle [Z, X], Y \rangle \Big\} \\
&\quad + \frac{1}{2} \Big\{ X\langle Z, Y \rangle + Z\langle Y, X \rangle - Y\langle X, Z \rangle \\
&\qquad + \langle [X, Z], Y \rangle - \langle [Z, Y], X \rangle + \langle [Y, X], Z \rangle \Big\} \\
&= X\langle Y, Z \rangle,
\end{aligned}
$$

come desiderato. Infine è facile vedere (controlla) che ∇ è anche simmetrica.

La (6.20) chiaramente implica la (6.21). Infine, siccome $[\partial_h, \partial_k] = O$ per ogni $h, k = 1, \ldots, n$, abbiamo

$$
g_{kl} \Gamma_{ij}^k = \langle \nabla_{\partial_i} \partial_j, \partial_l \rangle = \frac{1}{2} \big(\partial_i(g_{jl}) + \partial_j(g_{li}) - \partial_l(g_{ij}) \big) ,
$$

e la (6.22) segue.   □

Definizione 6.6.7. Sia M una varietà (pseudo)Riemanniana. L'unica connessione ∇ simmetrica e compatibile con la metrica si chiama *connessione di Levi-Civita* della varietà Riemanniana M.

Una conseguenza immediata dell'unicità della connessione di Levi-Civita è la seguente:

Proposizione 6.6.8. *Sia* $F: (M, g) \to (\tilde{M}, \tilde{g})$ *un'isometria fra due varietà (pseudo)Riemanniane. Allora:*

(i) *F porta la connessione di Levi-Civita ∇ di M nella connessione di Levi-Civita $\tilde{\nabla}$ di $\tilde{M}$ nel senso che*

$$\forall X, Y \in \mathcal{T}(M) \qquad dF(\nabla_X Y) = \tilde{\nabla}_{dF(X)} dF(Y) \ ;$$

(ii) *se σ è una curva in M si ha*

$$\forall V \in \mathcal{T}(\sigma) \qquad dF(DV) = \tilde{D}\big(dF(V)\big) \ ,$$

dove D (rispettivamente, $\tilde{D}$) è la derivata covariante lungo la curva σ (rispettivamente, $\tilde{\sigma} = F \circ \sigma$) indotta da ∇ (rispettivamente, $\tilde{\nabla}$).

Dimostrazione. (i) Definiamo un'applicazione $F^*\tilde{\nabla} : \mathcal{T}(M) \times \mathcal{T}(M) \to \mathcal{T}(M)$ ponendo

$$\forall X, Y \in \mathcal{T}(M) \quad (F^*\tilde{\nabla})_X Y = (dF)^{-1}\big(\tilde{\nabla}_{dF(X)} dF(Y)\big) \ .$$

Si vede subito che $F^*\tilde{\nabla}$ è una connessione su M. Inoltre

$$\begin{aligned}
\langle (F^*\tilde{\nabla})_X Y, &Z \rangle_M + \langle Y, (F^*\tilde{\nabla})_X Z \rangle_M \\
&= \big\langle (dF)^{-1}\big(\tilde{\nabla}_{dF(X)} dF(Y)\big), Z \big\rangle_M + \big\langle Y, (dF)^{-1}\big(\tilde{\nabla}_{dF(X)} dF(Z)\big) \big\rangle_M \\
&= \langle \tilde{\nabla}_{dF(X)} dF(Y), dF(Z) \rangle_{\tilde{M}} + \langle dF(Y), \tilde{\nabla}_{dF(X)} dF(Z) \rangle_{\tilde{M}} \\
&= dF(X)\big(\langle dF(Y), dF(Z) \rangle_{\tilde{M}}\big) = dF(X)\big(\langle Y, Z \rangle_M \circ F^{-1}\big) \\
&= X\langle Y, Z \rangle_M \ ,
\end{aligned}$$

per cui $F^*\tilde{\nabla}$ è compatibile con la metrica. Infine

$$\begin{aligned}
(F^*\tilde{\nabla})_X Y &- (F^*\tilde{\nabla})_Y X - [X, Y] \\
&= (dF)^{-1}\big(\tilde{\nabla}_{dF(X)} dF(Y) - \tilde{\nabla}_{dF(Y)} dF(X)\big) - [X, Y] \\
&= (dF)^{-1}\big([dF(X), dF(Y)]\big) - [X, Y] \\
&= O \ ,
\end{aligned}$$

(dove abbiamo usato il Lemma 3.4.9), per cui $F^*\tilde{\nabla}$ è simmetrica. Il Teorema 6.6.6 implica allora $F^*\tilde{\nabla} = \nabla$, come voluto.

(ii) Se si definisce $F^*\tilde{D} : \mathcal{T}(\sigma) \to \mathcal{T}(\sigma)$ con

$$(F^*\tilde{D})V = (dF)^{-1}\big(\tilde{D} dF(V)\big) \ ,$$

l'unicità di D enunciata nella Proposizione 6.1.12 (assieme a $F^*\tilde{\nabla} = \nabla$) implicano che $F^*\tilde{D} = D$, e ci siamo. $\qquad\square$

Determiniamo ora la connessione di Levi-Civita in alcuni casi particolarmente significativi.

Esempio 6.6.9. La connessione piatta è ovviamente la connessione di Levi-Civita per la metrica piatta di $\mathbb{R}^n$.

Esempio 6.6.10 (Connessione di Levi-Civita per la metrica indotta). Sia M una varietà Riemanniana con connessione di Levi-Civita ∇^M, e N una sottovarietà di M. Indicata con $\mathsf{T}\colon TM \to TN$ la proiezione ortogonale (dove per ogni $p \in N$ consideriamo T_pN come sottospazio di T_pM, e $\mathsf{T}|_{T_pM}\colon T_pM \to T_pN$ è la proiezione ortogonale rispetto al prodotto scalare dato dalla metrica su M), definiamo $\nabla^N\colon \mathcal{T}(N) \times \mathcal{T}(N) \to \mathcal{T}(N)$ ponendo

$$\forall X, Y \in \mathcal{T}(N) \qquad \nabla_X^N Y = \mathsf{T}(\nabla_X^M Y) \ .$$

In questa formula, $\nabla_X^M Y$ va inteso come una sezione su N di $TM|_N$, che è ben definita anche se X e Y sono definiti solo su N, in quanto per calcolarla è sufficiente conoscere il valore di X nei punti di N e il comportamento di Y su curve tangenti a X, che quindi possono essere prese in N.

Vogliamo dimostrare che ∇^N è la connessione di Levi-Civita di N considerato con la metrica indotta dalla metrica di M. Prima di tutto osserviamo che se $Y \in \mathcal{T}(N)$ e W è una sezione di $TM|_N$ allora

$$\langle W, Y \rangle_M = \langle \mathsf{T}(W), Y \rangle_N \ ,$$

perché $W - \mathsf{T}(W)$ è ortogonale a TN essendo T è la proiezione ortogonale. Da questo segue che

$$X(\langle Y, Z \rangle_N) = X(\langle Y, Z \rangle_M) = \langle \nabla_X^M Y, Z \rangle_M + \langle Y, \nabla_X^M Z \rangle_M$$
$$= \langle \nabla_X^N Y, Z \rangle_N + \langle Y, \nabla_X^N Z \rangle_N$$

per ogni X, Y, $Z \in \mathcal{T}(N)$, per cui ∇^N è compatibile con la metrica indotta. Infine

$$\nabla_X^N Y - \nabla_Y^N X = \mathsf{T}(\nabla_X^M Y - \nabla_Y^M X) = \mathsf{T}([X,Y]) = [X,Y] \ ,$$

dove abbiamo usato l'Esercizio 3.35 per verificare che la parentesi di Lie calcolata in M o calcolata in N dia lo stesso risultato, e quindi ∇^N è anche simmetrica.

Esempio 6.6.11. Sia g_R la metrica sferica su $S_R^n \subset \mathbb{R}^{n+1}$ (Esempio 6.5.22); vogliamo calcolare i simboli di Christoffel della connessione di Levi-Civita di g_R rispetto alle coordinate sferiche. Conservando le notazioni introdotte nell'Esempio 6.5.22 abbiamo

$$\frac{\partial g_{ij}}{\partial \theta^l} = \begin{cases} 2R^2(\sin \theta^{l+1} \cdots \sin \theta^n)^2 \dfrac{\cos \theta^l}{\sin \theta^l} & \text{se } i = j < l, \\ 0 & \text{altrimenti.} \end{cases}$$

Quindi (6.22) ci dà

$$\Gamma_{ij}^k = \begin{cases} \dfrac{\cos \theta^{\max\{i,j\}}}{\sin \theta^{\max\{i,j\}}} & \text{se } k = i < j \text{ o } k = j < i, \\ -\dfrac{1}{2}(\sin \theta^{i+1} \cdots \sin \theta^{k-1})^2 \sin(2\theta^k) & \text{se } i = j < k, \\ 0 & \text{altrimenti.} \end{cases}$$

In particolare, per la sfera unitaria in $\mathbb{R}^3$ otteniamo

$$\Gamma_{11}^1 = \Gamma_{22}^1 = \Gamma_{12}^2 = \Gamma_{21}^2 = \Gamma_{22}^2 = 0, \ \Gamma_{12}^1 = \Gamma_{21}^1 = \mathrm{ctg}\,\theta^2, \ \Gamma_{11}^2 = -\frac{1}{2}\sin(2\theta^2) \ .$$

Esempio 6.6.12. Calcoliamo i simboli di Christoffel per la connessione di Levi-Civita sullo spazio iperbolico (Esempio 6.5.25). Cominciamo con B_R^n; una base dello spazio tangente è data da $\{\partial/\partial x^1, \ldots, \partial/\partial x^n\}$, per cui

$$g_{ij} = \frac{4R^4}{(R^2 - \|x\|^2)^2}\delta_{ij}, \qquad \frac{\partial g_{ij}}{\partial x^k} = \frac{16R^4 x^k}{(R^2 - \|x\|^2)^3}\delta_{ij} \ ,$$

e quindi

$$\Gamma_{ij}^k = \begin{cases} \dfrac{2x^j}{R^2 - \|x\|^2} & \text{se } i = k, \\[2mm] \dfrac{2x^i}{R^2 - \|x\|^2} & \text{se } j = k \neq i, \\[2mm] -\dfrac{2x^k}{R^2 - \|x\|^2} & \text{se } i = j \neq k, \\[2mm] 0 & \text{altrimenti.} \end{cases}$$

Nel caso di H_R^n, la base dello spazio tangente è la stessa, ma

$$g_{ij} = \frac{R^2}{(x^n)^2}\delta_{ij}, \qquad \frac{\partial g_{ij}}{\partial x^k} = -\frac{2R^2}{(x^n)^3}\delta_{ij}\delta_{kn} \ ,$$

per cui

$$\Gamma_{ij}^k = \begin{cases} \dfrac{1}{x^n} & \text{se } i = j < k = n, \\[2mm] -\dfrac{1}{x^n} & \text{se } i = k < j = n \text{ o } j = k < i = n \text{ o } i = j = k = n, \\[2mm] 0 & \text{altrimenti.} \end{cases}$$

Esempio 6.6.13. Sia G un gruppo di Lie equipaggiato con una metrica invariante a sinistra $\langle \cdot, \cdot \rangle$, e indichiamo con $\mathfrak{g}$ l'algebra di Lie di G, e con ∇ la connessione di Levi-Civita della metrica.

Prima di tutto, la Proposizione 6.6.8 implica che ∇ è invariante a sinistra, cioè che

$$\nabla_X Y(h) = \mathrm{d}L_h\big(\nabla_{\mathrm{d}L_{h^{-1}}(X)}\mathrm{d}L_{h^{-1}}(Y)(e)\big) \tag{6.23}$$

per ogni $X, Y \in \mathcal{T}(G)$ e $h \in G$, in quanto le traslazioni sinistre sono delle isometrie.

Ora, sia $\{X_1, \ldots, X_n\}$ una base di $\mathfrak{g}$, ed estendiamo gli X_j a campi vettoriali invarianti a sinistra. Chiaramente otteniamo un riferimento globale per TG, e ogni campo vettoriale su G (non necessariamente invariante a sinistra) si scrive come combinazione lineare a coefficienti in $C^\infty(G)$ di $X_1, \ldots, X_n$. Quindi per determinare ∇ ci basta vedere quanto fa applicata agli X_j; e per l'invarianza a sinistra ci basta effettuare questo calcolo nell'elemento neutro.

Ora, l'invarianza a sinistra della metrica implica che $g_{ij} = \langle X_i, X_j \rangle$ è costante su G; quindi la (6.20) ci dice che

$$\langle \nabla_{X_i} X_j, X_k \rangle_e = \frac{1}{2} \left(g_{lk} c_{ij}^l - g_{li} c_{jk}^l + g_{lj} c_{ki}^l \right) , \tag{6.24}$$

dove le c_{ij}^l sono le costanti di struttura di $\mathfrak{g}$ rispetto alla base $\{X_1, \ldots, X_n\}$ (vedi la Definizione 3.5.8), e abbiamo determinato ∇.

Esempio 6.6.14. Sia $G = GL(n, \mathbb{R})$ il gruppo delle matrici invertibili a coefficienti reali. Prendiamo come base di $\mathfrak{gl}(n, \mathbb{R})$ la base canonica $\{E_{ij}\}$, dove E_{ij} è la matrice con 1 al posto (i, j) e 0 altrove, cioè

$$(E_{ij})_s^r = \delta_i^r \delta_{js} .$$

Abbiamo visto (Esempio 3.5.9) che le costanti di struttura di G sono

$$c_{(ij)(hk)}^{(rs)} = \delta_i^r \delta_k^s \delta_{jh} - \delta_h^r \delta_j^s \delta_{ik} .$$

Mettiamo su $\mathfrak{gl}(n, \mathbb{R})$ il prodotto scalare rispetto a cui la base canonica $\{E_{ij}\}$ è ortonormale, ed estendiamolo in modo da avere una metrica Riemanniana invariante a sinistra (che *non* è la metrica indotta dalla metrica euclidea di $\mathbb{R}^{n^2}$). Allora la (6.24) ci fornisce la connessione di Levi-Civita rispetto a questa metrica:

$$\begin{aligned} \langle \nabla_{E_{ij}} E_{hk}, E_{rs} \rangle &= \frac{1}{2} [c_{(ij)(hk)}^{(rs)} - c_{(hk)(rs)}^{(ij)} + c_{(rs)(ij)}^{(hk)}] \\ &= \frac{1}{2} [\delta_i^r \delta_k^s \delta_{jh} - \delta_h^r \delta_j^s \delta_{ik} - \delta_h^i \delta_s^j \delta_{kr} \\ &\quad + \delta_r^i \delta_k^j \delta_{hs} + \delta_r^h \delta_j^k \delta_{is} - \delta_i^h \delta_s^k \delta_{jr}] . \end{aligned}$$

Avendo a disposizione una connessione e una metrica, concludiamo questa sezione introducendo un'altra generalizzazione di un concetto dell'Analisi classica. Per farlo ci serve una definizione di algebra lineare.

Definizione 6.6.15. Sia V uno spazio vettoriale di dimensione finita dotato di un prodotto scalare definito positivo $\langle \cdot, \cdot \rangle$, e $S : V \times V \to \mathbb{R}$ una forma bilineare simmetrica. Indichiamo con $\hat{S} \in \text{End}(V)$ l'unico endomorfismo simmerico (vedi [1, Teorema 16.1]) di V tale che

$$S(v, w) = \langle \hat{S}(v), w \rangle$$

per ogni $v, w \in V$. Allora la *traccia* $\text{tr}(S)$ di S è per definizione la traccia dell'endomorfismo $\hat{S}$. Vedi anche l'Esercizio 6.33 per una definizione alternativa.

Osservazione 6.6.16. Sia $\{v_1, \ldots, v_n\}$ una base dello spazio vettoriale V, e poniamo $g_{ij} = \langle v_i, v_j \rangle$. Data una forma bilineare simmetrica $S : V \times V \to \mathbb{R}$ con endomorfismo simmetrico associato $\hat{S} \in \mathrm{End}(V)$, scrivendo $\hat{S}(v_i) = s_i^h v_h$ abbiamo

$$S(v_i, v_j) = \langle \hat{S}(v_i), v_j \rangle = g_{hj} s_i^h$$

per cui $s_i^h = g^{hj} S(v_i, v_j)$ e

$$\mathrm{tr}(S) = g^{ij} S(v_i, v_j) \,. \tag{6.25}$$

Definizione 6.6.17. Sia M una varietà Riemanniana. Il *Laplaciano* di una $f \in C^\infty(M)$ è la funzione

$$\Delta f = \mathrm{tr}(\nabla^2 f) \in C^\infty(M) \,,$$

dove ∇ è la connessione di Levi-Civita di M.

Usando (6.25) e (6.14) si trova subito un'espressione in coordinate locali per il Laplaciano:

$$\Delta f = g^{ij} \nabla^2 f(\partial_i, \partial_j) = g^{ij} \frac{\partial^2 f}{\partial x^i \partial x^j} - g^{ij} \Gamma_{ji}^k \frac{\partial f}{\partial x^k} \,,$$

che su $\mathbb{R}^n$ con metrica e connessione piatta si riduce all'usuale espressione del Laplaciano. Vedi l'Esercizio 6.39 per altre espressioni equivalenti del Laplaciano.

6.7 Altre costruzioni Riemanniane

Descriviamo ora alcune costruzioni standard che si possono effettuare usando una metrica Riemanniana. Cominciamo con la

Proposizione 6.7.1. *Sia (M, g) una n-varietà Riemanniana orientabile, e fissiamo un'orientazione. Allora esiste un'unica n-forma $\nu_g \in A^n(M)$ mai nulla tale che $\nu_g(E_1, \ldots, E_n) = 1$ per ogni $p \in M$ e ogni base ortonormale positiva $\{E_1, \ldots, E_n\}$ di $T_p M$.*

Dimostrazione. Sia $\mathcal{A} = \{(U_\alpha, \varphi_\alpha)\}$ un atlante orientato, e indichiamo con (g_{ij}^α) la matrice che rappresenta g nella carta $\varphi_\alpha = (x_\alpha^1, \ldots, x_\alpha^n)$. Sia poi $\mathcal{B} = \{E_1, \ldots, E_n\}$ un riferimento locale ortonormale (vedi l'Osservazione 6.5.13) positivo di TM sopra U_α; se poniamo $\mathrm{d}x_\alpha^h(E_k) = e_k^h$ allora abbiamo $E_k = e_k^h \partial_h$, e quindi $\det(e_k^h) > 0$ (perché $\mathcal{B}$ è positivo), e $g_{ij}^\alpha e_h^i e_k^j = \delta_{hk}$ (perché $\mathcal{B}$ è ortonormale). Prendendo il determinante di quest'ultima eguaglianza ed estraendo la radice quadrata otteniamo

$$\sqrt{\det(g_{ij}^\alpha)} \det(e_k^h) = 1 \,. \tag{6.26}$$

Supponiamo ora che esista una $\nu \in A^n(M)$ che soddisfa le ipotesi. Per ogni indice α esiste una $f_\alpha \in C^\infty(U_\alpha)$ tale che $\nu|_{U_\alpha} = f_\alpha \, \mathrm{d}x_\alpha^1 \wedge \cdots \wedge \mathrm{d}x_\alpha^n$. Ma allora

$$1 = \nu(E_1, \ldots, E_n) = f_\alpha \det(e_k^h) = \frac{f_\alpha}{\sqrt{\det(g_{ij}^\alpha)}},$$

per cui necessariamente $f_\alpha = \sqrt{\det(g_{ij}^\alpha)}$, e ν è unica.

Viceversa, definiamo

$$\nu_g^\alpha = \sqrt{\det(g_{ij}^\alpha)} \, \mathrm{d}x_\alpha^1 \wedge \cdots \wedge \mathrm{d}x_\alpha^n \in A^n(U_\alpha) \, .$$

Allora ponendo $\nu_g|_{U_\alpha} = \nu_g^\alpha$ otteniamo una n-forma globale: infatti su $U_\alpha \cap U_\beta$ (6.17) dà

$$\sqrt{\det(g_{ij}^\beta)} \, \mathrm{d}x_\beta^1 \wedge \cdots \wedge \mathrm{d}x_\beta^n = \det\left(\frac{\partial x_\alpha^h}{\partial x_\beta^k}\right) \sqrt{\det(g_{ij}^\alpha)} \det\left(\frac{\partial x_\beta^k}{\partial x_\alpha^h}\right) \mathrm{d}x_\alpha^1 \wedge \cdots \wedge \mathrm{d}x_\alpha^n$$

$$= \sqrt{\det(g_{ij}^\alpha)} \mathrm{d}x_\alpha^1 \wedge \cdots \wedge \mathrm{d}x_\alpha^n \, ,$$

per cui ν_g^α e ν_g^β coincidono su $U_\alpha \cap U_\beta$.

Chiaramente, ν_g non si annulla mai. Infine, ν_g è come richiesto: infatti, se $\mathcal{B} = \{E_1, \ldots, E_n\}$ è una base ortonormale positiva di T_pM con $p \in U_\alpha$, (6.26) implica

$$\nu_g(E_1, \ldots, E_n) = \sqrt{\det(g_{ij}^\alpha)} \det\left(\mathrm{d}x^h(E_k)\right) = \sqrt{\det(g_{ij}^\alpha)} \det(e_k^h) = 1 \, .$$

$\square$

Definizione 6.7.2. Sia (M, g) una varietà Riemanniana orientabile. La n-forma $\nu_g \in A^n(M)$ costruita nella Proposizione 6.7.1 è detta *forma di volume Riemanniano* di M.

Proseguiamo con altre costruzioni. Un prodotto scalare non degenere su uno spazio vettoriale V permette di identificare V col suo duale V^*; vediamo l'analogo sulle varietà (pseudo)Riemanniane.

Definizione 6.7.3. Sia (M, g) una varietà (pseudo)Riemanniana. Allora possiamo definire un isomorfismo naturale $^\flat : TM \to T^*M$ ponendo

$$\forall v \in T_pM \qquad v^\flat = g_p(\cdot, v) \in T_p^*M \, .$$

L'applicazione inversa sarà denotata da $^\# : T^*M \to TM$.

In coordinate locali, se $v = v^i \partial_i$ e $g = (g_{ij})$ allora

$$v^\flat = g_{ij}v^i \, \mathrm{d}x^j \, ,$$

cioè $v^\flat = \omega_j \, dx^j$ con $\omega_j = g_{ij} v^i$. Viceversa, se $\omega = \omega_i \, dx^i$ allora

$$\omega^\# = g^{ij} \omega_i \, \partial_j \, ,$$

cioè $\omega^\# = v^j \partial_j$ con $v^j = g^{ij} \omega_i$.

Osservazione 6.7.4. Il motivo della notazione musicale è che $^\flat$ abbassa gli indici mentre $^\#$ li alza. Inoltre, se $\omega \in T_p^* M$ allora $\omega^\#$ è l'unico vettore di $T_p M$ tale che

$$\omega(v) = \langle v, \omega^\# \rangle$$

per tutti i $v \in T_p M$.

Usando queste costruzioni possiamo generalizzare altri due concetti dell'Analisi Matematica classica.

Definizione 6.7.5. Sia (M, g) una varietà (pseudo)Riemanniana. Il *gradiente* di una funzione $f \in C^\infty(M)$ è il campo vettoriale

$$\mathrm{grad} f = (df)^\# \in \mathcal{T}(M) \, .$$

In altre parole, il gradiente di f è l'unico campo vettoriale su M tale che

$$\forall X \in \mathcal{T}(M) \qquad df(X) = \langle X, \mathrm{grad} f \rangle \, . \tag{6.27}$$

A volte il gradiente è indicato con il simbolo ∇f.

In coordinate locali,

$$\mathrm{grad} f = g^{ij} \frac{\partial f}{\partial x^j} \, \partial_i \, ,$$

per cui su $\mathbb{R}^n$ con la metrica piatta recuperiamo il gradiente usuale.

Definizione 6.7.6. Sia (M, g) una varietà (pseudo)Riemanniana (M, g). Il *rotore* di un campo vettoriale $X \in \mathcal{T}(M)$ è la 2-forma differenziale

$$\mathrm{rot} \, X = d(X^\flat) \, .$$

In coordinate locali, se $X = X^k \partial_k$ allora

$$\mathrm{rot} \, X = \frac{\partial(g_{ik} X^i)}{\partial x^j} \, dx^j \wedge dx^k = \sum_{1 \le j < k \le n} \left[\frac{\partial(g_{ik} X^i)}{\partial x^j} - \frac{\partial(g_{ij} X^j)}{\partial x^k} \right] dx^j \wedge dx^k \, ,$$

per cui di nuovo su $\mathbb{R}^n$ con la metrica piatta recuperiamo il rotore usuale.

Osservazione 6.7.7. Su $\mathbb{R}^3$, il fibrato $\bigwedge^2 \mathbb{R}^3$ è un fibrato banale di rango 3, per cui è isomorfo a $T\mathbb{R}^3$, che è anch'esso un fibrato banale di rango 3. Per questo motivo nell'Analisi Matematica usuale il rotore di un campo vettoriale (calcolato rispetto alla metrica piatta di $\mathbb{R}^3$) viene presentato come un campo vettoriale e non come una 2-forma, esattamente come il prodotto esterno di due vettori in $\mathbb{R}^3$ viene presentato come un vettore di $\mathbb{R}^3$ (il prodotto vettore: confronta con l'Esercizio 1.69).

Osservazione 6.7.8. La proprietà cruciale d ∘ d = O del differenziale esterno implica che il rotore di un gradiente è identicamente nullo: infatti

$$\mathrm{rot}(\mathrm{grad}f) = \mathrm{d}\big((\mathrm{d}f)^{\#}\big)^{\flat} = \mathrm{d}(\mathrm{d}f) = O \, .$$

Concludiamo questa sezione introducendo la nozione più generale di metrica Riemanniana su un fibrato vettoriale.

Definizione 6.7.9. Una *metrica lungo le fibre* su un fibrato vettoriale E è l'assegnazione per ogni punto $p \in M$ di un prodotto scalare definito positivo $\langle \cdot , \cdot \rangle_p \colon E_p \times E_p \to \mathbb{R}$ tale che la funzione $p \mapsto \langle \sigma(p), \tau(p) \rangle_p$ sia di classe C^{∞} per ogni coppia di sezioni $\sigma, \tau \in \mathcal{E}(M)$.

Osservazione 6.7.10. L'Esercizio 6.11 conferma che una metrica lungo le fibre di TM è esattamente una metrica Riemanniana.

Una metrica Riemanniana su una varietà M induce automaticamente metriche lungo le fibre su tutti i fibrati tensoriali $T_k^h M$:

Proposizione 6.7.11. *Sia (M, g) una varietà Riemanniana, e h, $k \in \mathbb{N}$. Allora esiste un'unica metrica lungo le fibre di $T_k^h M$ tale che se $\{E_1, \dots, E_n\}$ è un riferimento locale ortonormale per TM e $\{\omega^1, \dots, \omega^n\}$ è il suo riferimento duale, allora gli $E_{i_1} \otimes \cdots \otimes E_{i_h} \otimes \omega^{j_1} \otimes \cdots \otimes \omega^{j_k}$ al variare di $i_1, \dots, i_h, j_1, \dots, j_k$ in $\{1, \dots, n\}$ formano un riferimento locale ortonormale per $T_k^h M$.*

Dimostrazione. Sia (g_{ij}) la matrice che rappresenta g in una qualche carta locale (U, φ), e prendiamo $F = F_{j_1 \dots j_k}^{i_1 \dots i_h} \partial_{i_1} \otimes \cdots \otimes \partial_{i_h} \otimes \mathrm{d}x^{j_1} \otimes \cdots \otimes \mathrm{d}x^{j_k}$ e $G = G_{j_1 \dots j_k}^{i_1 \dots i_h} \partial_{i_1} \otimes \cdots \otimes \partial_{i_h} \otimes \mathrm{d}x^{j_1} \otimes \cdots \otimes \mathrm{d}x^{j_k} \in T_k^h U$. Allora ponendo

$$\langle F, G \rangle = g^{j_1 s_1} \cdots g^{j_k s_k} g_{i_1 r_1} \cdots g_{i_h r_h} F_{j_1 \dots j_k}^{i_1 \dots i_h} G_{s_1 \dots s_k}^{r_1 \dots r_h}$$

è facile verificare (confronta anche con la Proposizione 1.3.9) che otteniamo una metrica lungo le fibre che soddisfa le condizioni richieste. Siccome data una base esiste un unico prodotto scalare rispetto a cui detta base è ortonormale, la metrica così ottenuta è l'unica possibile.   □

Osservazione 6.7.12. In particolare, data una metrica Riemanniana su M otteniamo una metrica lungo le fibre di $T^* M$, e la Proposizione 1.3.9.(iv) ci dice che le applicazioni bemolle e diesis sono allora delle isometrie rispetto a queste metriche. Possiamo verificarlo anche in coordinate locali: infatti,

$$\langle \omega^{\#}, \eta^{\#} \rangle = g_{hk} g^{ih} \omega_i g^{kj} \eta_j = g^{ij} \omega_i \eta_j = \langle \omega, \eta \rangle,$$

e analogamente si vede che

$$\langle v^{\flat}, w^{\flat} \rangle = \langle v, w \rangle.$$

6.8 Varietà simplettiche

Abbandoniamo per il momento lo studio delle metriche Riemanniane per presentare un'altra struttura che possiamo mettere su una varietà, con notevoli applicazioni anche al di fuori della Matematica. Ti consigliamo di riguardare la Sezione 1.5 prima di leggere questa sezione.

Definizione 6.8.1. Una *forma simplettica* su una varietà M è una 2-forma $\omega \in A^2(M)$ chiusa e non degenere (per cui ω_p è un tensore simplettico per ogni $p \in M$). Una *varietà simplettica* è una coppia (M, ω), dove M è una varietà e $\omega \in A^2(M)$ è una forma simplettica.

Osservazione 6.8.2. Una varietà simplettica ha necessariamente dimensione pari, per la Proposizione 1.5.6. Inoltre, non tutte le varietà di dimensione pari ammettono una struttura simplettica. Infatti, si può dimostrare (vedi l'Esercizio 6.49) che ogni varietà simplettica è orientabile, e che il secondo gruppo di coomologia di una varietà simplettica compatta è necessariamente non banale.

Definizione 6.8.3. Un *simplettomorfismo* fra varietà simplettiche (M, ω) e $(\tilde{M}, \tilde{\omega})$ è un diffeomorfismo $F: M \to \tilde{M}$ tale che $F^*\tilde{\omega} = \omega$.

Se (M, ω) è una varietà simplettica, e N è un'altra varietà, un'immersione $F: N \to M$ è detta *simplettica* (rispettivamente, *isotropa, coisotropa, Lagrangiana*) se $dF_p(T_pN)$ è un sottospazio simplettico (rispettivamente, isotropo, coisotropo, Lagrangiano) di $T_{F(p)}M$ per ogni $p \in N$. In particolare, se F è simplettica allora $F^*\omega$ è una forma simplettica su N. Infine, diremo che una sottovarietà $\iota: S \hookrightarrow M$ è *simplettica* (*isotropa, coisotropa, Lagrangiana*) se l'inclusione ι lo è.

Esempio 6.8.4 (Forma simplettica standard). Se $(x^1, y^1, \ldots, x^n, y^n)$ sono le coordinate standard su $\mathbb{R}^{2n}$, allora la forma

$$\omega = \sum_{j=1}^{n} dx^j \wedge dy^j \tag{6.28}$$

è simplettica, grazie all'Esempio 1.5.2, ed è detta *forma simplettica standard* di $\mathbb{R}^{2n}$.

Esempio 6.8.5 (Il fibrato cotangente). La più importante classe di esempi di varietà simplettiche è data dai fibrati cotangenti. Sia M una varietà; cominciamo con il definire una 1-forma canonica sul fibrato cotangente $\pi: T^*M \to M$, la *forma tautologica* $\tau \in A^1(T^*M)$ data da

$$\tau_\xi = \pi^*\xi \in T_\xi^*(T^*M)$$

per ogni $\xi \in T^*M$.

Per verificare che τ è di classe C^∞ scriviamola in coordinate locali. Fissiamo una carta locale (U, φ) in M, con coordinate $\varphi = (x^1, \dots, x^n)$. Se $p \in U$, un elemento $\xi_p \in T_p^* M$ si scrive in modo unico nella forma

$$\xi_p = \xi_i \, dx^i|_p$$

con $\xi_1, \dots, \xi_n \in \mathbb{R}$, e una carta locale $\left(\pi^{-1}(U), \tilde{\varphi}\right)$ per $T^* M$ è data da $\tilde{\varphi}(\xi_p) = (x^1, \dots, x^n, \xi_1, \dots, \xi_n)$, dove $(x^1, \dots, x^n) = \varphi(p)$. Indichiamo con $\{\frac{\partial}{\partial x^1}, \dots, \frac{\partial}{\partial x^n}, \frac{\partial}{\partial \xi_1}, \dots, \frac{\partial}{\partial \xi_n}\}$ il riferimento locale di $T(T^* M)$ indotto da queste coordinate, e con $\{dx^1, \dots, dx^n, d\xi_1, \dots, d\xi_n\}$ il corrispondente riferimento duale di $T^*(T^* M)$.

In queste coordinate, la proiezione π è rappresentata da $\varphi \circ \pi \circ \tilde{\varphi}^{-1}(x, \xi) = x$; quindi $d\pi\left(\frac{\partial}{\partial x^i}\right) = \partial_i$ e $d\pi\left(\frac{\partial}{\partial \xi_i}\right) = O$ per ogni $i = 1, \dots, n$. Quindi $\pi^* dx^j = dx^j$ (dove stiamo indicando con lo stesso simbolo sia la forma su M che la forma su $T^* M$), e dunque l'espressione in coordinate locali della forma tautologica è

$$\tau_\xi = \xi_i \, dx^i|_\xi \; .$$

Essendo le coordinate di τ funzioni C^∞, anche τ lo è, e possiamo considerare la 2-forma $\omega \in A^2(T^* M)$ definita da

$$\omega = -d\tau \; .$$

Questa forma è chiusa, essendo esatta; inoltre, in coordinate locali è data da

$$\omega = dx^i \wedge d\xi_i \; ,$$

per cui è non degenere (perché? Ricorda l'Esempio 1.5.2), ed è quindi una forma simplettica su $T^* M$, come promesso.

La Proposizione 1.5.6 dice che in ogni spazio vettoriale simplettico possiamo trovare delle coordinate rispetto a cui il tensore simplettico è nella forma standard (6.28). Il nostro prossimo obiettivo è dimostrare che questo vale localmente su ogni varietà simplettica (teorema di Darboux). In altre parole, due varietà simplettiche della stessa dimensione sono sempre localmente simplettomorfe; di conseguenza, lo studio delle varietà simplettiche è interessante solo dal punto di vista globale.

La dimostrazione del teorema di Darboux che presenteremo si basa su un'idea di Moser, che ha anche diverse altre applicazioni (vedi, per esempio, l'Esercizio 6.51). L'idea consiste nell'usare il flusso di campi vettoriali dipendenti dal tempo per costruire diffeomorfismi con proprietà opportune.

Cominciamo con alcune definizioni.

Definizione 6.8.6. Un *campo vettoriale non autonomo* su una varietà M è un'applicazione differenziabile $X : I \times M \to TM$, dove $I \subseteq \mathbb{R}$ è un intervallo aperto, tale che $X(s, p) \in T_p M$ per ogni $(s, p) \in I \times M$. In particolare, per ogni $s \in I$ l'applicazione $X_s = X(s, \cdot)$ è un campo vettoriale su M.

Più in generale, un *campo tensoriale non autonomo* di tipo $\binom{k}{l}$ è un'applicazione differenziabile $K: I \times M \to T_l^k M$ tale che $K(s,p) \in (T_l^k M)_p$ per ogni $(s,p) \in I \times M$.

Osservazione 6.8.7. In questo contesto i campi vettoriali (o tensoriali) usuali sono a volte detti *autonomi*.

Il prossimo risultato generalizza ai campi vettoriali non autonomi il Teorema 3.3.5 sull'esistenza del flusso di un campo vettoriale:

Proposizione 6.8.8. *Sia $X: I \times M \to TM$ un campo vettoriale non autonomo su una varietà M. Allora esistono un unico intorno aperto $\mathcal{U}$ di $\{(s,s,p) \mid s \in I, p \in M\}$ in $I \times I \times M$ e un'applicazione differenziabile $\Theta: \mathcal{U} \to M$ tali che:*

(i) *per ogni $s \in I$ e $p \in M$ l'insieme $\mathcal{U}^{(s,p)} = \{t \in I \mid (t,s,p) \in \mathcal{U}\}$ è un intervallo aperto contenente s;*

(ii) *per ogni $s \in I$ e $p \in M$ la curva $\sigma: \mathcal{U}^{(s,p)} \to M$ data da $\sigma(t) = \Theta(t,s,p)$ è l'unica soluzione massimale del problema di Cauchy*

$$\begin{cases} \sigma'(t) = X(t, \sigma(t)) \,, \\ \sigma(s) = p \,; \end{cases} \qquad (6.29)$$

(iii) *per ogni $(t,s) \in I \times I$ l'insieme $M_{t,s} = \{p \in M \mid (t,s,p) \in \mathcal{U}\}$ è aperto in M, e l'applicazione $\theta_{t,s}: M_{t,s} \to M$ data da $\theta_{t,s}(p) = \Theta(t,s,p)$ è un diffeomorfismo fra $M_{t,s}$ e $M_{s,t}$ con inversa $\theta_{s,t}$;*

(iv) *se $(t_1, t_0, p) \in \mathcal{U}$, allora $(t_2, t_1, \theta_{t_1,t_0}(p)) \in \mathcal{U}$ se e solo se $(t_2, t_0, p) \in \mathcal{U}$ e*

$$\theta_{t_2,t_1} \circ \theta_{t_1,t_0}(p) = \theta_{t_2,t_0}(p) \,. \qquad (6.30)$$

Dimostrazione. L'idea è trasformare, aggiungendo una variabile, il problema (6.29) in un problema autonomo, a cui si può applicare il Teorema 3.3.5.

Definiamo allora un campo vettoriale $\tilde{X} \in \mathcal{T}(I \times M)$ ponendo

$$\tilde{X}_{(s,p)} = \left(\left. \frac{\partial}{\partial s} \right|_s, X(s,p) \right) \,,$$

dove s è la coordinata su I, e stiamo identificando $T_{(s,p)}(I \times M)$ con $T_s I \oplus T_p M$ come al solito. Sia $\tilde{\Theta}: \tilde{\mathcal{U}} \to I \times M$ il flusso locale di $\tilde{X}$, e scriviamo

$$\tilde{\Theta}(t, (s,p)) = \big(\chi(t,(s,p)), \xi(t,(s,p)) \big) \,,$$

dove $\chi: \tilde{\mathcal{U}} \to I$ soddisfa

$$\frac{\partial \chi}{\partial t}(t, (s,p)) = 1 \,, \qquad \chi(0, (s,p)) = s \,,$$

mentre $\xi: \tilde{U} \to M$ soddisfa

$$\frac{\partial \xi}{\partial t}\big(t,(s,p)\big) = X\big(\chi(t,(s,p)),\xi(t,(s,p))\big)\,, \qquad \xi\big(0,(s,p)\big) = p\,. \qquad (6.31)$$

In particolare, abbiamo subito che $\chi\big(t,(s,p)\big) = s + t$. Poniamo allora

$$\mathcal{U} = \Big\{(t,s,p) \mid \big(t - s,(s,p)\big) \in \tilde{\mathcal{U}}\Big\}\,.$$

Chiaramente $\mathcal{U}$ è un intorno aperto di $\{(s,s,p)\}$ in $\mathbb{R} \times I \times M$ perché $\tilde{\mathcal{U}}$ è un intorno aperto di $\{0\} \times I \times M$ in $\mathbb{R} \times I \times M$. Inoltre, se $(t,s,p) \in \mathcal{U}$ allora $t = \chi\big(t - s,(s,p)\big) \in I$, per cui $\mathcal{U} \subseteq I \times I \times M$.

Infine, definiamo $\Theta\colon \mathcal{U} \to M$ ponendo

$$\Theta(t,s,p) = \xi\big(t - s,(s,p)\big)\,.$$

Allora Θ è differenziabile perché ξ lo è, e usando (6.31) vediamo subito che le curve $\sigma = \Theta(\cdot,s,p)$ soddisfano (6.29).

Per l'unicità, dato $s \in I$, sia $\sigma\colon I_0 \to M$ una curva che soddisfa (6.29) in un intervallo $I_0 \subseteq J$ contenente s, e definiamo $\tilde{\sigma}\colon I_0 \to I \times M$ ponendo $\tilde{\sigma}(t) = \big(t,\sigma(t)\big)$. Allora si verifica facilmente che $\tilde{\sigma}$ è una curva integrale di $\tilde{X}$, e quindi, per l'unicità delle curve integrali, si deve avere $\tilde{\sigma}(t) = \tilde{\Theta}\big(t - s,(s,p)\big)$ su tutto I_0, e quindi $\sigma(t) = \Theta(t,s,p)$.

In termini di $\tilde{\mathcal{U}}$ e $\tilde{\Theta}$ possiamo scrivere

$$M_{t,s} = \big\{p \in M \mid \big(t - s,(s,p)\big) \in \tilde{\mathcal{U}}\big\}$$

e

$$\theta_{t,s}(p) = \xi\big(t - s,(s,p)\big) = \pi_2\big(\tilde{\theta}_{t-s}(s,p)\big)\,,$$

dove $\pi_2\colon I \times M \to M$ è la proiezione sulla seconda coordinata. Da questo abbiamo subito che $M_{t,s}$ è aperto e $\theta_{t,s}$ differenziabile. Inoltre $(t_1,t_0,p) \in \mathcal{U}$ se e solo se $(t_0,p) \in \tilde{\mathcal{U}}_{t_1-t_0}$ e $\big(t_2,t_1,\theta_{t_1,t_0}(p)\big) \in \mathcal{U}$ se e solo se $\tilde{\Theta}\big(t_1-t_0,(t_0,p)\big) \in \tilde{\mathcal{U}}_{t_2-t_1}$, per cui il Teorema 3.3.5.(iv) implica $(t_0,p) \in \tilde{\mathcal{U}}_{t_2-t_0}$, cioè $(t_2,t_0,p) \in \mathcal{U}$, se e solo se $\big(t_2,t_1,\theta_{t_1,t_0}(p)\big) \in \mathcal{U}$, e

$$\tilde{\theta}_{t_2-t_1}\big(\tilde{\theta}_{t_1-t_0}(t_0,p)\big) = \tilde{\theta}_{t_2-t_0}(t_0,p)\,,$$

da cui segue subito (6.30). Infine, siccome $(s,s,p) \in \mathcal{U}$ per ogni $(s,p) \in I \times M$, abbiamo che $p \in \mathcal{U}_{t,s}$ implica $\theta_{t,s}(p) \in \mathcal{U}_{s,t}$, e quindi (6.30) e il fatto ovvio che $\theta_{s,s} \equiv \mathrm{id}_M$ ci dicono che $\theta_{t,s}\colon M_{t,s} \to M_{s,t}$ è un diffeomorfismo. $\qquad \square$

Definizione 6.8.9. L'applicazione $\Theta\colon \mathcal{U} \to M$ introdotta nella Proposizione precedente è detta *flusso locale* del campo vettoriale non autonomo X.

Ricordiamo (vedi l'Esercizio 3.38) che se $X \in \mathcal{T}(M)$ e $\tau \in \mathcal{T}_k(M)$ allora la derivata di Lie $\mathcal{L}_X\tau \in \mathcal{T}_k(M)$ di τ lungo X è definita da

$$(\mathcal{L}_X\tau)(p) = \frac{\mathrm{d}}{\mathrm{d}t}\theta_t^*\tau(p)\bigg|_{t=0}\,,$$

per ogni $p \in M$, dove Θ è il flusso locale di X. Il prossimo risultato generalizza al caso di campi vettoriali e tensoriali non autonomi l'Esercizio 3.39.(vi).

Lemma 6.8.10. *Sia* $X: I \times M \to M$ *un campo vettoriale non autonomo su una varietà* M, *di flusso locale* $\Theta: \mathcal{U} \to M$, *e sia* $\tau: I \times M \to T_k^0 M$ *un campo tensoriale covariante non autonomo. Allora per ogni* $(t_1, t_0, p) \in \mathcal{U}$ *si ha*

$$\frac{\mathrm{d}}{\mathrm{d}t} \theta_{t,t_0}^* \big(\tau_t(p)\big)\bigg|_{t=t_1} = \theta_{t_1,t_0}^* \left(\mathcal{L}_{X_{t_1}} \tau_{t_1} + \frac{\mathrm{d}}{\mathrm{d}t} \tau_t \bigg|_{t=t_1} \right) (p) \,,$$

dove $\tau_t = \tau(t, \cdot)$.

Dimostrazione. La dimostrazione procede affrontando casi di volta in volta più complicati.

(i) $t_1 = t_0$ e τ autonomo. Siccome $\theta_{t_0,t_0} = \mathrm{id}_M$, dobbiamo soltanto dimostrare che

$$\frac{\mathrm{d}}{\mathrm{d}t} \theta_{t,t_0}^* \tau \bigg|_{t=t_0} = \mathcal{L}_{X_{t_0}} \tau \,. \tag{6.32}$$

Procediamo per induzione sul grado.

(i.1) $\tau = f \in C^\infty(M)$. In questo caso

$$\frac{\mathrm{d}}{\mathrm{d}t} (\theta_{t,t_0}^* f)(p)\bigg|_{t=t_0} = \frac{\partial}{\partial t} f\big(\theta(t, t_0, p)\big)\bigg|_{t=t_0} = X\big(t_0, \theta(t_0, t_0, p)\big) f = X(t_0, p) f$$

$$= (\mathcal{L}_{X_{t_0}} f)(p) \,.$$

(i.2) $\tau = \mathrm{d}f \in A^1(M)$. La prima osservazione è che la funzione

$$\theta_{t,t_0}^* f(p) = f\big(\theta(t, t_0, p)\big)$$

è di classe C^∞ in t e p, per cui l'operatore $\mathrm{d}/\mathrm{d}t$ commuta con qualsiasi $\partial/\partial x^i$ applicato a $\theta_{t,t_0}^* f$. Ricordando l'espressione in coordinate locali del differenziale esterno, questo implica che $\mathrm{d}/\mathrm{d}t$ commuta anche col differenziale esterno d, e quindi abbiamo

$$\frac{\mathrm{d}}{\mathrm{d}t} (\theta_{t,t_0}^* \mathrm{d}f)(p)\bigg|_{t=t_0} = \frac{\mathrm{d}}{\mathrm{d}t} \mathrm{d}(\theta_{t,t_0}^* f)(p)\bigg|_{t=t_0} = \mathrm{d}\left(\frac{\mathrm{d}}{\mathrm{d}t} (\theta_{t,t_0}^* f)(p)\bigg|_{t=t_0} \right)$$

$$= \mathrm{d}(\mathcal{L}_{X_{t_0}} f)(p) = (\mathcal{L}_{X_{t_0}} \mathrm{d}f)(p) \,,$$

dove nell'ultimo passaggio abbiamo usato l'Esercizio 4.37

(i.3) Supponiamo che (6.32) valga per i campi tensoriali covarianti autonomi σ e τ, e dimostriamo che è vera anche per $\sigma \otimes \tau$. Da un lato, l'Esercizio 3.39.(iii) ci dice che

$$\mathcal{L}_{X_{t_0}} (\sigma \otimes \tau) = (\mathcal{L}_{X_{t_0}} \sigma) \otimes \tau + \sigma \otimes (\mathcal{L}_{X_{t_0}} \tau) \,.$$

D'altronde, se $\sigma \in \mathcal{T}_h(M)$, $\tau \in \mathcal{T}_k(M)$ e $v_1, \ldots, v_{h+k} \in T_p M$ abbiamo

$$\theta_{t,t_0}^* (\sigma \otimes \tau)_p(v_1, \ldots, v_{h+k}) = \sigma_{\theta_{t,t_0}(p)}\big((\mathrm{d}(\theta_{t,t_0})_p(v_1), \ldots, (\mathrm{d}(\theta_{t,t_0})_p(v_h)\big)$$

$$\times \tau_{\theta_{t,t_0}(p)}\big((\mathrm{d}(\theta_{t,t_0})_p(v_{h+1}), \ldots, (\mathrm{d}(\theta_{t,t_0})_p(v_{h+k})\big) \,,$$

da cui segue subito che

$$\frac{\mathrm{d}}{\mathrm{d}t}\theta^*_{t,t_0}(\sigma \otimes \tau)\Big|_{t=t_0} = \left(\frac{\mathrm{d}}{\mathrm{d}t}\theta^*_{t,t_0}\sigma\Big|_{t=t_0}\right) \otimes \tau + \sigma \otimes \left(\frac{\mathrm{d}}{\mathrm{d}t}\theta^*_{t,t_0}\tau\Big|_{t=t_0}\right),$$

e ci siamo.

(i.iv) τ *autonomo qualsiasi*. Localmente possiamo scrivere τ come somma di tensori della forma $f\,\mathrm{d}x^{i_i} \otimes \cdots \otimes \mathrm{d}x^{i_k}$, e la tesi segue per induzione sul grado da (i.1)–(i.3).

(ii) $t_1 \neq t_0$ *e* τ *autonomo*. Scriviamo $\theta_{t,t_0} = \theta_{t,t_1} \circ \theta_{t_1,t_0}$. Siccome $\theta^*_{t_1,t_0}$ non dipende da t otteniamo

$$\frac{\mathrm{d}}{\mathrm{d}t}\theta^*_{t,t_0}\tau\Big|_{t=t_1} = \frac{\mathrm{d}}{\mathrm{d}t}\theta^*_{t_1,t_0}\theta^*_{t,t_1}\tau\Big|_{t=t_1} = \theta^*_{t_1,t_0}\frac{\mathrm{d}}{\mathrm{d}t}\theta^*_{t,t_1}\tau\Big|_{t=t_1} = \theta^*_{t_1,t_0}\mathcal{L}_{X_{t_1}}\tau .$$

(iii) τ *non autonomo*. Fissato $p \in M$, per $\varepsilon > 0$ abbastanza piccolo possiamo considerare l'applicazione differenziabile

$$H\colon (t_1 - \varepsilon, t_1 + \varepsilon) \times (t_1 - \varepsilon, t_1 + \varepsilon) \to (T^0_k M)_p$$

data da

$$H(s,t) = \theta^*_{s,t_0}\big(\tau_t(p)\big) .$$

Ora, H è a valori in uno spazio vettoriale di dimensione finita; quindi possiamo applicare la formula di derivazione di funzioni composte e il punto (ii) per ottenere

$$
\begin{aligned}
\frac{\mathrm{d}}{\mathrm{d}t}H(t,t)\Big|_{t=t_1} &= \frac{\partial H}{\partial s}(t_1,t_1) + \frac{\partial H}{\partial t}(t_1,t_1)\\[2mm]
&= \theta^*_{t_1,t_0}\mathcal{L}_{X_{t_1}}\tau_{t_1}(p) + \frac{\mathrm{d}}{\mathrm{d}t}\theta^*_{t_1,t_0}\big(\tau_t(p)\big)\Big|_{t=t_1}\\[2mm]
&= \theta^*_{t_1,t_0}\left(\mathcal{L}_{X_{t_1}}\tau_{t_1} + \frac{\mathrm{d}}{\mathrm{d}t}\tau_t\Big|_{t=t_1}\right)(p) ,
\end{aligned}
$$

e ci siamo. $\square$

Possiamo finalmente enunciare e dimostrare il teorema di Darboux:

Teorema 6.8.11 (Darboux). *Sia* (M,ω_0) *una varietà simplettica di dimensione* $2n$. *Allora per ogni* $p \in M$ *possiamo trovare una carta locale* (V,φ) *in* p *con* $\varphi = (x^1, y^1, \ldots, x^n, y^n)$ *tale che*

$$\omega_0|_V = \sum_{i=1}^{n} \mathrm{d}x^i \wedge \mathrm{d}y^i .$$

Dimostrazione. Fissato $p_0 \in M$, il nostro obiettivo è trovare una carta locale (V, φ) in p_0 tale che $\varphi^* \omega_1 = \omega_0$, dove $\omega_1 = \sum_j dx^j \wedge dy^j$ è la forma simplettica standard di $\mathbb{R}^{2n}$.

Trattandosi di un enunciato locale, possiamo supporre che M sia una palla aperta $U \subset \mathbb{R}^{2n}$. Inoltre, la Proposizione 1.5.6 ci assicura che, a meno di un cambiamento di coordinate lineare, possiamo supporre che $\omega_0|_{p_0} = \omega_1|_{p_0}$.

Poniamo $\Omega = \omega_1 - \omega_0$. Essendo Ω chiusa, il lemma di Poincaré ci assicura l'esistenza di $\eta \in A^1(U)$ tale che $d\eta = -\Omega$. Sottraendo a η, se necessario, una 1-forma con coefficienti costanti in U, senza perdita di generalità possiamo assumere $\eta_{p_0} = O$.

Ora, per ogni $t \in \mathbb{R}$ poniamo $\omega_t = \omega_0 + t\Omega \in A^1(U)$; chiaramente $d\omega_t = O$ e $\omega_t|_{p_0} \equiv \omega_0|_{p_0}$ per ogni $t \in \mathbb{R}$. In particolare, $\omega_t|_{p_0}$ è non degenere per ogni $t \in \mathbb{R}$; allora per ogni intervallo aperto limitato $I \supset [0,1]$ possiamo trovare, per compattezza, un intorno $U_1 \subset U$ tale che ω_t è non degenere su U_1 per ogni $t \in \bar{I}$. Questo implica (vedi il Lemma 1.2.10) che l'applicazione $\tilde{\omega}_t : TU_1 \to T^*U_1$ data da $\tilde{\omega}_t(v) = \omega_t(v, \cdot)$ è un isomorfismo per ogni $t \in \bar{I}$.

Definiamo allora un campo vettoriale non autonomo $X : I \times U_1 \to TU_1$ ponendo

$$X(t,p) = \tilde{\omega}_t^{-1}(\eta_p) \,,$$

per cui in particolare

$$X_t \lrcorner \omega_t \equiv \eta \,,$$

e sia $\Theta : \mathcal{U} \to U_1$ il flusso locale di X. La condizione $\eta_{p_0} = O$ implica $X(t, p_0) = O$ per ogni $t \in I$; quindi $\Theta(t, 0, p_0) = p_0$ per ogni $t \in I$, e dunque $I \times \{0\} \times \{p_0\} \subset \mathcal{U}$. Essendo $\mathcal{U}$ aperto e $[0,1]$ compatto, esiste un intorno $U_0 \subset U_1$ di p_0 tale che $[0,1] \times \{0\} \times U_0 \subset \mathcal{U}$. Allora per ogni $t_1 \in [0,1]$ il Lemma 6.8.10 implica

$$\frac{d}{dt} \theta_{t,0}^* \omega_t \Big|_{t=t_1} = \theta_{t_1,0}^* \left(\mathcal{L}_{X_{t_1}} \omega_{t_1} + \frac{d}{dt} \omega_t \Big|_{t=t_1} \right)$$

$$= \theta_{t_1,0}^* \big(X_{t_1} \lrcorner d\omega_{t_1} + d(X_{t_1} \lrcorner \omega_{t_1}) + \Omega \big)$$

$$= \theta_{t_1,0}^* (O + d\eta + \Omega) = O \,,$$

dove abbiamo usato l'Esercizio 4.37. Dunque $\theta_{t,0}^* \omega_t = \theta_{0,0}^* \omega_0 = \omega_0$ per ogni $t \in [0,1]$, e in particolare $\theta_{1,0}^* \omega_1 = \omega_0$. Per costruzione, $(1, 0, p_0) \in \mathcal{U}$; quindi la Proposizione 6.8.8.(iii) ci assicura che $\theta_{1,0}$ è un diffeomorfismo con l'immagine in un intorno V di p_0, e prendendo $\varphi = \theta_{1,0}$ abbiamo trovato la carta locale cercata. $\qquad\square$

Definizione 6.8.12. Sia (M, ω) una varietà simplettica di dimensione $2n$. Delle coordinate locali $(x^1, y^1, \dots, x^n, y^n)$ su un aperto $U \subseteq M$ tali che $\omega|_U = \sum_i dx^i \wedge dy^i$ sono dette *coordinate di Darboux*.

Concludiamo questa sezione definendo l'analogo di dimensione dispari delle varietà simplettiche.

Definizione 6.8.13. Sia M una varietà di dimensione $2k + 1$. Una *forma di contatto* è una 1-forma $\eta \in A^1(M)$ tale che $\eta \wedge (\mathrm{d}\eta)^k \neq O$, dove $(\mathrm{d}\eta)^k$ indica il prodotto esterno di $\mathrm{d}\eta$ con se stesso k-volte. La coppia (M, η), dove η è una forma di contatto, è detta *varietà di contatto*.

L'Esercizio 6.49 suggerisce in che senso una varietà di contatto è l'analogo di dimensione dispari di una varietà simplettica.

Esercizi

CONNESSIONI

Esercizio 6.1. Sia $\pi: E \to M$ un fibrato vettoriale, e $\sigma: I \to M$ una curva di classe C^∞. Sia $t_0 \in I$ tale che $\sigma'(t_0) \neq O$. Dimostra che esiste un intervallo aperto $J \subseteq I$ contenente t_0 tale che ogni $X \in \mathcal{E}(\sigma|_J)$ è estendibile.

Esercizio 6.2 (Usato nell'Osservazione 7.1.2). Sia ∇ una connessione su un fibrato vettoriale $\pi: E \to M$, e $\sigma: I \to M$ una curva di classe C^∞; indichiamo con $D: \mathcal{E}(\sigma) \to \mathcal{E}(\sigma)$ la derivata covariante lungo σ. Sia poi $h: J \to I$ di classe C^∞, dove $J \subseteq \mathbb{R}$ è un intervallo, e indichiamo con $\tilde{D}$ la derivata covariante lungo la curva $\tilde{\sigma} = \sigma \circ h$. Dimostra che per ogni $X \in \mathcal{E}(\sigma)$ si ha $X \circ h \in \mathcal{E}(\sigma \circ h)$ e

$$\tilde{D}(X \circ h) = h'(DX \circ h).$$

Esercizio 6.3 (Citato nell'Osservazione 6.1.7). Sia $\mathcal{L}: \mathcal{T}(M) \times \mathcal{T}(M) \to \mathcal{T}(M)$ la derivata di Lie $\mathcal{L}_X(Y) = [X, Y]$. Dimostra che $\mathcal{L}$ *non* è una connessione, e che esistono due campi vettoriali X, $Y \in \mathcal{T}(\mathbb{R}^2)$ tali che $X(O) = O$ ma $\mathcal{L}_X Y(O) \neq O$.

FORME DI CONNESSIONE

Esercizio 6.4. Sia $\pi: E \to M$ un fibrato vettoriale. Supponiamo di avere una famiglia di riferimenti locali $\{E^\alpha\}$ per E definiti su aperti $\{U_\alpha\}$ che ricoprono M, e di avere una famiglia di matrici di 1-forme $\{\omega^\alpha\}$, con ω^α definita su U_α, che soddisfano (6.6) sull'intersezione dei domini di definizione. Dimostra che esiste un'unica connessione ∇ su E per cui le ω^α siano le matrici delle forme di connessione rispetto ai riferimenti locali E^α.

Esercizio 6.5 (Utile per l'Osservazione 6.2.3). Sia $\pi: E \to M$ un fibrato vettoriale su una varietà M. Dimostra che:

(i) $T^*M \otimes E$ è canonicamente isomorfo (vedi la Proposizione 1.2.26.(iii)) al fibrato $\mathrm{Hom}(TM, E)$;

(ii) lo spazio delle 1-forme a valori in E è canonicamente isomorfo allo spazio delle sezioni del fibrato $\mathrm{Hom}(TM, E)$, che è canonicamente isomorfo allo spazio delle applicazioni $C^\infty(M)$-lineari da $\mathcal{T}(M)$ a $\mathcal{E}(M)$;

(iii) l'applicazione $C^\infty(M)$ lineare da $\mathcal{T}(M)$ a $\mathcal{E}(M)$ associata alla 1-forma a valori in E data da $\omega \otimes V$ per un'opportuna 1-forma $\omega \in A^1(M)$ e un'opportuna sezione $V \in \mathcal{E}(M)$ è $X \mapsto \omega(X)V$.

Esercizio 6.6. Sia ∇ una connessione lineare su una varietà Riemanniana (M, g). Dimostra che ∇ è compatibile con g se e solo se le 1-forme di connessione (ω_j^i) rispetto a qualsiasi riferimento locale $\{E_1, \dots, E_n\}$ di TM sono tali che

$$g_{jk}\omega_i^k + g_{ik}\omega_j^k = \mathrm{d}g_{ij},$$

dove $g_{ij} = g(E_i, E_j)$, come al solito. In particolare, se ∇ è compatibile con la metrica allora la matrice (ω_j^i) calcolata rispetto a un riferimento locale ortonormale è necessariamente antisimmetrica.

Esercizio 6.7. Sia ∇ una connessione lineare su una varietà M, $\{E_1, \dots, E_n\}$ un riferimento locale di TM, $\{\varphi^1, \dots, \varphi^n\}$ il riferimento duale di T^*M, e (ω_j^i) la matrice delle 1-forme di connessione. Sia infine τ la torsione di ∇, e definiamo $\tau^j \colon \mathcal{T}(M) \times \mathcal{T}(M) \to C^\infty(M)$ per $j = 1, \dots, n$ tramite la formula

$$\tau(X, Y) = \tau^j(X, Y)E_j \ .$$

Dimostra che $\tau^1, \dots, \tau^n$ sono delle 2-forme locali (dette *forme di torsione*), e dimostra la *prima equazione di struttura di Cartan:*

$$\mathrm{d}\varphi^j = \varphi^i \wedge \omega_i^j + \tau^j$$

per $j = 1, \dots, n$.

FIBRATI ORIZZONTALI

Esercizio 6.8 (*Citato nell'Osservazione 6.3.6*). Sia $\pi \colon E \to M$ un fibrato vettoriale con sottofibrato verticale $\mathcal{V}$. Dimostra che:

(i) $\mathcal{V}_{\mu_\lambda(v)} = \mathrm{d}(\mu_\lambda)_v(\mathcal{V}_v)$ e $\iota_{\mu_\lambda(v)} \circ \mu_\lambda = \mathrm{d}(\mu_\lambda)_v \circ \iota_v$ per ogni $v \in E$ e ogni $\lambda \in \mathbb{R}^*$;

(ii) $\mathcal{V}_{\sigma(v_1,v_2)} = \mathrm{d}\sigma_{(v_1,v_2)}(\mathcal{V}_{v_1} \oplus \mathcal{V}_{v_2})$ e

$$\iota_{\sigma(v_1,v_2)} \circ \mathrm{d}\sigma_{(v_1,v_2)} = \mathrm{d}\sigma_{(v_1,v_2)} \circ (\iota_{v_1} \oplus \iota_{v_2})$$

per ogni $(v_1, v_2) \in E \oplus E$.

Esercizio 6.9 (*Citato nella Definizione 6.3.7*). Dimostra che un sottofibrato orizzontale $\mathcal{H}$ è lineare se e solo se si ha $\mathcal{H}_{\mu_\lambda(v)} = \mathrm{d}(\mu_\lambda)_v(\mathcal{H}_v)$ per ogni $v \in E$ e ogni $\lambda \in \mathbb{R}$, e $\mathcal{H}_{\sigma(v_1,v_2)} = \mathrm{d}\sigma_{(v_1,v_2)}(\mathcal{H}_{v_1} \oplus \mathcal{H}_{v_2})$ per ogni $(v_1, v_2) \in E \oplus E$.

Esercizio 6.10 (*Citato nella Sezione 6.1*). Sia $\pi \colon E \to M$ un fibrato vettoriale. Costruisci un riferimento locale per $E \oplus E$ a partire da una banalizzazione locale di E.

METRICHE RIEMANNIANE

Esercizio 6.11 (Usato nell'Osservazione 6.7.10). Sia M una varietà, e supponiamo di avere per ogni $p \in M$ un prodotto scalare definito positivo $g_p \colon T_p M \times T_p M \to \mathbb{R}$. Dimostra che g è una metrica Riemanniana se e solo se $p \mapsto g_p\big(X(p), Y(p)\big)$ è di classe C^∞ per ogni $X, Y \in \mathcal{T}(M)$. Deduci che i concetti di metrica lungo le fibre di TM e di metrica Riemanniana coincidono.

Esercizio 6.12 (Citato nell'Esempio 6.5.5). Sia (M_1, g_1) una varietà pseudo-Riemanniana di segnatura (r_1, s_1), e (M_2, g_2) una varietà pseudo-Riemanniana di segnatura (r_2, s_2). Dimostra che $(M_1 \times M_2, g_1 + g_2)$ è una varietà pseudo-Riemanniana di segnatura $(r_1 + r_2, s_1 + s_2)$.

Esercizio 6.13. Sia (M, g) una varietà Riemanniana. Dimostra che la metrica lungo le fibre di $T_k^h M$ definita nella Proposizione 6.7.11 coincide con quella che si sarebbe ottenuta applicando la Proposizione 1.3.9 alla metrica Riemanniana data su ciascun spazio tangente.

Esercizio 6.14. Sia $\langle \cdot, \cdot \rangle$ una metrica Riemanniana invariante a sinistra su un gruppo di Lie compatto G, e sia ν una n-forma di volume invariante a sinistra su G (vedi l'Esercizio 4.23). Dimostra che ponendo

$$\langle\!\langle v, w \rangle\!\rangle_g = \int_G \langle (\mathrm{d}R_x)_g v, (\mathrm{d}R_x)_g w \rangle_{gx}\, \nu$$

dove $g \in G$ e $v, w \in T_g G$, si ottiene una metrica Riemanniana biinvariante su G.

ISOMETRIE

Esercizio 6.15. Dimostra che un'applicazione $H \colon (M, g) \to (\tilde{M}, \tilde{g})$ di classe C^∞ fra varietà Riemanniane è un'isometria locale se e solo se è un'isometria in ogni punto di M.

Esercizio 6.16. Costruisci un esempio di un'isometria locale che non sia un'isometria.

Esercizio 6.17. Costruisci due varietà Riemanniane (M, g) e $(\tilde{M}, \tilde{g})$ tali che (M, g) è localmente isometrica a $(\tilde{M}, \tilde{g})$ ma $(\tilde{M}, \tilde{g})$ non è localmente isometrica a (M, g).

Esercizio 6.18 (Usato nell'Esempio 8.4.9 e citato nell'Esercizio 8.15). Indichiamo con $O(n, 1)$ il gruppo delle trasformazioni lineari di $\mathbb{R}^{n+1}$ che conserva il tensore g_R^1 introdotto nell'Esempio 6.5.25.(a) considerato come forma quadratica su $\mathbb{R}^{n+1}$, e indichiamo con $O_+(n, 1)$ il sottogruppo che manda U_R^n in sé. Dimostra che gli elementi di $O_+(n, 1)$ sono isometrie di U_R^n, e che $O_+(n, 1)$ agisce transitivamente sulle basi ortonormali di TU_R^n.

Esercizio 6.19 (Usato nell'Esempio 6.5.18). Sia $\pi\colon \tilde{M} \to M$ un rivestimento liscio, e sia $\tilde{g}$ una metrica Riemanniana su $\tilde{M}$. Assumi che ogni automorfismo del rivestimento sia un'isometria per $\tilde{g}$, e che il rivestimento sia normale, per cui il gruppo degli automorfismi del rivestimento agisce in maniera transitiva sulle fibre. Dimostra che esiste un'unica metrica Riemanniana g su M per cui π risulti essere un'isometria locale.

Definizione 6.E.1. Due metriche Riemanniane g_1 e g_2 su una varietà M sono dette *conformi* se esiste una funzione $f \in C^\infty(M)$ sempre positiva tale che $g_2 = f g_1$. Due varietà Riemanniane (M_1, g_1) e (M_2, g_2) sono dette *conformemente equivalenti* se esiste un diffeomorfismo $F\colon M_1 \to M_2$, detto *equivalenza conforme,* tale che $F^* g_2$ sia conforme a g_1. Diremo che (M_1, g_1) è *localmente conforme* a (M_2, g_2) se per ogni $p \in M_1$ esistono un intorno $U \subseteq M_1$ di p e un diffeomorfismo con l'immagine $F\colon U \to M_2$ tale che $F^* g_2|_{F(U)}$ sia conforme a $g_1|_U$. Infine, diremo che (M, g) è *localmente conformemente piatta* se è localmente conforme a $\mathbb{R}^n$ con la metrica piatta, dove $n = \dim M$.

Esercizio 6.20. Dimostra che S_R^n è localmente conformemente piatta. [*Suggerimento:* usa la proiezione stereografica.]

CONNESSIONI E METRICHE

Esercizio 6.21 (Citato nella Sezione 6.6). Dimostra che se ∇ è una connessione compatibile con la metrica su una varietà Riemanniana (M, g), e $A \in \mathcal{T}_2^1(M)$ è tale che

$$\langle A(X, Y), Z \rangle + \langle Y, A(X, Z) \rangle = 0 \qquad (6.33)$$

per ogni X, Y, $Z \in \mathcal{T}(M)$ allora $\nabla + A$ è ancora una connessione compatibile con la metrica. Dimostra inoltre che se ∇^1 e ∇^2 sono due connessioni compatibili con la metrica allora $\nabla^1 - \nabla^2$ è un campo tensoriale di tipo $\binom{1}{2}$ che soddisfa (6.33).

Esercizio 6.22. Dimostra che se ∇ è una connessione lineare di torsione τ allora $\tilde{\nabla} = \nabla - \frac{1}{2}\tau$ è una connessione lineare simmetrica.

Esercizio 6.23. Trova una connessione lineare ∇ compatibile con una metrica Riemanniana g tale che la connessione $\tilde{\nabla} = \nabla - \frac{1}{2}\tau$ non sia compatibile con g, dove τ è la torsione di ∇.

Esercizio 6.24. Dimostra che se M è una superficie regolare di $\mathbb{R}^3$ equipaggiata con la metrica indotta dalla metrica piatta, allora i simboli di Christoffel introdotti nella teoria classica delle superfici (vedi [2, Definizione 4.6.1]) coincidono con quelli introdotti qui.

Esercizio 6.25. Sia $F\colon M \to N$ un'immersione globalmente iniettiva, e g una metrica Riemanniana su N. Indichiamo con ∇ la connessione di Levi-Civita su N, e per ogni $p \in M$ sia $\pi_p \colon T_{F(p)}N \to \mathrm{d}F_p(T_pM)$ la proiezione ortogonale. Definiamo $F^*\nabla \colon \mathcal{T}(M) \times \mathcal{T}(M) \to \mathcal{T}(M)$ ponendo

$$F^*\nabla_X Y(p) = (\mathrm{d}F_p)^{-1}\big(\pi_p\big(\nabla_{\mathrm{d}F_p(X)}\mathrm{d}F(Y)\big)\big) \,.$$

Dimostra che $F^*\nabla$ è la connessione di Levi-Civita della metrica F^*g su M.

Esercizio 6.26. Calcola i simboli di Christoffel della metrica g_R^1 di U_R^n rispetto alle coordinate locali

$$\varphi^{-1}(u^1, \dots, u^n) = \left(u^1, \dots, u^n, \sqrt{R^2 + \|u\|^2}\right) \,.$$

IPERSUPERFICI IN VARIETÀ RIEMANNIANE

Definizione 6.E.2. Se M è una varietà Riemanniana e $F \colon S \to M$ è una sottovarietà immersa, un *campo di versori normali lungo* S è un campo vettoriale N lungo S tale che $\|N\| \equiv 1$ e $N(p) \perp \mathrm{d}F_p(T_pS)$ per ogni $p \in S$.

Esercizio 6.27. Sia (M, g) una varietà Riemanniana orientabile, di forma di volume Riemanniano ν_g, e sia $F \colon S \to M$ una ipersuperficie immersa, con metrica indotta $\hat{g} = F^*g$. Sia N un campo di versori normale lungo S. Dimostra che, rispetto all'orientazione di S determinata da N come nell'Esercizio 4.18, la forma di volume Riemanniana di $(S, \hat{g})$ è

$$\nu_{\hat{g}} = F^*(N \lrcorner \nu_g) \,.$$

Esercizio 6.28. Sia (M, g) una varietà Riemanniana orientabile, di forma di volume Riemanniano ν_g, e sia $F \colon S \to M$ una ipersuperficie immersa, con metrica indotta $\hat{g} = F^*g$. Sia N un campo di versori normale lungo S, e X un altro campo vettoriale lungo S. Dimostra che

$$F^*(X \lrcorner \nu_g) = \langle X, N \rangle \nu_{\hat{g}} \,.$$

Esercizio 6.29 (Citato nell'Esempio 8.8.12). Sia M una varietà Riemanniana orientata, e $F \colon S \to M$ una ipersuperficie orientata immersa. Dimostra che esiste un unico campo di versori normale lungo S che determina l'orientazione data.

Esercizio 6.30. Sia M una varietà Riemanniana orientabile, e $S \subset M$ una sottovarietà. Dimostra che S è orientabile se e solo se il suo fibrato normale è banale.

Definizione 6.E.3. Sia M una varietà con bordo. Un campo vettoriale X lungo ∂M è detto *esterno* se $\mathrm{d}x^n(X_p) < 0$ per ogni $p \in \partial M$ e ogni carta di bordo $\varphi = (x^1, \dots, x^n)$ in p.

Esercizio 6.31 (Utile per gli Esercizi 6.37, 6.38 e 6.40). Sia M una varietà con bordo. Dimostra che:

(i)   se X è un campo vettoriale lungo ∂M tale che per ogni $p \in \partial M$ esiste una carta di bordo $(x^1, \dots, x^n)$ in p tale che $dx^n(X_p) < 0$ allora X è un campo esterno;

(ii)   data una metrica Riemanniana su M, esiste un unico campo di versori normali esterno lungo ∂M.

DIVERGENZA, GRADIENTE, LAPLACIANO

Esercizio 6.32. Sia ∇ una connessione sulla varietà M. Dato $X \in \mathcal{T}(M)$ e $p \in M$, sia $A_{X,p}: T_pM \to T_pM$ l'applicazione lineare data da $A_{X,p}(v) = \nabla_v X$. Dimostra che $\mathrm{div}(X)(p) = \mathrm{tr}\, A_{X,p}$.

Esercizio 6.33. Sia $S: V \times V \to \mathbb{R}$ una forma bilineare simmetrica definita su uno spazio vettoriale V di dimensione finita equipaggiato con un prodotto scalare definito positivo $\langle \cdot, \cdot \rangle$. Dimostra che la traccia di S è data da

$$\mathrm{tr}(S) = \sum_{j=1}^{n} S(v_j, v_j)\,,$$

dove $\{v_1, \dots, v_n\}$ è una qualunque base ortonormale di V.

Esercizio 6.34. Sia M una varietà orientabile, e $S = f^{-1}(a)$ un'ipersuperficie di livello di una funzione differenziabile $f \in C^\infty(M)$ con $a \in \mathbb{R}$ valore regolare. Dimostra che S è orientabile (vedi anche l'Esercizio 4.19). [*Suggerimento:* usa l'Esercizio 4.18.]

Esercizio 6.35. Sia (M, g) una varietà Riemanniana, $X \in \mathcal{T}(M)$ e $f \in C^\infty(M)$. Dimostra che

$$\mathrm{div}(fX) = f\,\mathrm{div}(X) + \langle \mathrm{grad}\, f, X \rangle\,,$$

dove la divergenza è calcolata rispetto alla connessione di Levi-Civita.

Esercizio 6.36. Sia M una varietà Riemanniana orientata di forma di volume Riemanniano ν_g, e $X \in \mathcal{T}(M)$. Dimostra che

$$\mathrm{d}(X \lrcorner \nu_g) = \mathrm{div}(X)\,\nu_g = \mathcal{L}_X \nu_g\,,$$

dove la divergenza è calcolata rispetto alla connessione di Levi-Civita.

Esercizio 6.37 (Citato nell'Osservazione 4.5.14). Sia M una varietà Riemanniana orientata con bordo, ν_g la forma di volume Riemanniana, e $X \in \mathcal{T}(M)$ a supporto compatto. Dimostra il *teorema della divergenza:*

$$\int_M \mathrm{div}(X)\,\nu_g = \int_{\partial M} \langle X, N \rangle\,\nu_{\hat{g}}\,,$$

dove N è l'unico campo di versori normali esterno lungo ∂M costruito nell'Esercizio 6.31, e $\hat{g}$ è la metrica indotta su ∂M.

Esercizio 6.38. Sia M una varietà Riemanniana orientata compatta con bordo, e ν_g la forma di volume Riemanniano. Dimostra che per ogni $X \in \mathcal{T}(M)$ e $f \in C^\infty(M)$ si ha

$$\int_M \langle \operatorname{grad} f, X \rangle \nu_g = \int_{\partial M} f \langle X, N \rangle \nu_{\hat{g}} - \int_M f \operatorname{div}(X) \nu_g \,,$$

dove N è l'unico campo di versori normali esterno lungo ∂M introdotto nell'Esercizio 6.31, e $\hat{g}$ è la metrica indotta su ∂M.

Esercizio 6.39. Sia (M, g) una varietà Riemanniana, e $f \in C^\infty(M)$. Dimostra che

$$\Delta f = \operatorname{div}(\operatorname{grad} f) \,,$$

e che in coordinate locali si ha

$$\Delta f = \frac{1}{\sqrt{G}} \frac{\partial}{\partial x^k} \left(\sqrt{G} \, g^{jk} \frac{\partial f}{\partial x^j} \right) ,$$

dove $G = \det(g_{ij})$.

Esercizio 6.40. Sia M una varietà Riemanniana orientata compatta con bordo, e ν_g la forma di volume Riemanniano. Dimostra le *identità di Green:*

$$\int_M u \Delta v \, \nu_g = \int_M \langle \operatorname{grad} u, \operatorname{grad} v \rangle \nu_g - \int_{\partial M} u N(v) \nu_{\hat{g}} \,,$$

$$\int_M (u \Delta v - v \Delta u) \nu_g = \int_{\partial M} \big(v N(u) - u N(v) \big) \nu_{\hat{g}}$$

per ogni $u, v \in C^\infty(M)$, dove N è l'unico campo di versori normali esterno lungo ∂M introdotto nell'Esercizio 6.31, e $\hat{g}$ è la metrica indotta su ∂M.

Definizione 6.E.4. Sia M una varietà Riemanniana, con o senza bordo. Una funzione $u \in C^\infty(M)$ tale che $\Delta u \equiv 0$ è detta *armonica.*

Esercizio 6.41. Sia M una varietà Riemanniana compatta, connessa e orientabile. Dimostra che:

(i) se $\partial M = \varnothing$ allora le sole funzioni armoniche su M sono le costanti;
(ii) se $\partial M \neq \varnothing$ e $u, v \in C^\infty(M)$ sono due funzioni armoniche tali che $u|_{\partial M} \equiv v|_{\partial M}$ allora $u \equiv v$.

Definizione 6.E.5. Sia M una varietà Riemanniana compatta, connessa e orientata. Una funzione $u \in C^\infty(M)$ non identicamente nulla è una *autofunzione* del Laplaciano se $\Delta u = \lambda u$ per qualche $\lambda \in \mathbb{R}$, detto *autovalore* del Laplaciano.

Nel caso in cui $\partial M \neq \varnothing$, se u è un'autofunzione del Laplaciano di autovalore λ con $u|_{\partial M} \equiv 0$, diremo che λ è un *autovalore di Dirichlet;* se invece $N(u)|_{\partial M} \equiv 0$, dove N è l'unico campo di versori normali esterno lungo ∂M, diremo che λ è un *autovalore di Neumann.*

Esercizio 6.42. Sia M una varietà Riemanniana compatta, connessa e orientata.

(i)   Se $\partial M = \varnothing$, dimostra che 0 è un autovalore del Laplaciano, e che tutti gli altri autovalori sono strettamente negativi.

(ii) Se $\partial M = \varnothing$ e u, $v \in C^\infty(M)$ sono due autofunzioni del Laplaciano relative ad autovalori distinti, dimostra che $\int_M uv\,\nu_g = 0$.

(iii) Se $\partial M \neq \varnothing$, dimostra che tutti gli autovalori di Dirichlet sono strettamente negativi.

(iv) Se $\partial M \neq \varnothing$, dimostra che 0 è un autovalore di Neumann, e che tutti gli altri autovalori di Neumann sono strettamente negativi.

OPERATORE DI HODGE

Esercizio 6.43. Sia M una n-varietà Riemanniana orientata, di forma di volume ν_g.

(i)   Dimostra che per ogni $k = 0, \ldots, n$ esiste un unico morfismo di fibrati $\star \colon \bigwedge^k M \to \bigwedge^{n-k} M$, detto *operatore di Hodge,* tale che

$$\omega \wedge \star\eta = \frac{1}{k!}\langle\omega,\eta\rangle\,\nu_g\ ,$$

dove $\langle\cdot\,,\cdot\rangle$ è la metrica lungo le fibre di $\bigwedge^k M$ indotta dalla metrica Riemanniana. [*Suggerimento:* dimostra prima di tutto l'unicità, definiscilo usando basi ortonormali, e ricorda l'Esercizio 1.82.]

(ii) Dimostra che se $f \in C^\infty(M)$ allora $\star f = f\nu_g$.

(iii) Dimostra che $\star\star\omega = (-1)^{k(n-k)}\omega$ per ogni k-forma ω.

Esercizio 6.44. Sia $\star$ l'operatore di Hodge su $\mathbb{R}^n$ considerato con la metrica e l'orientazione standard.

(i)   Calcola $\star\mathrm{d}x^i$ per $i = 1, \ldots, n$.

(ii) Calcola $\star(\mathrm{d}x^i \wedge \mathrm{d}x^j)$ quando $n = 4$.

Definizione 6.E.6. Sia M una 4-varietà Riemanniana orientata. Una 2-forma $\omega \in A^2(M)$ è detta *autoduale* se $\star\omega = \omega$, e *anti autoduale* se $\star\omega = -\omega$.

Esercizio 6.45. Dimostra che ogni 2-forma su una 4-varietà Riemanniana orientata si può scrivere in modo unico come somma di una forma autoduale e una forma anti autoduale.

Esercizio 6.46. Determina tutte le 2-forme autoduali e anti autoduali su $\mathbb{R}^4$ considerato con la metrica e l'orientazione standard.

Esercizio 6.47. Sia M una n-varietà Riemanniana orientata, di forma di volume Riemanniano ν_g. Dimostra che per ogni $X \in \mathcal{T}(M)$ si ha

$$X \lrcorner \nu_g = \star X^\flat \quad \text{e} \quad \mathrm{div}(X) = \star\mathrm{d}\star X^\flat\ .$$

Definizione 6.E.7. Sia M una n-varietà Riemanniana orientata. Il *codifferenziale esterno* $d^*: A^k(M) \to A^{k-1}(M)$ è definito per ogni $k = 1, \ldots, n$ dalla formula

$$d^* = (-1)^{n(k+1)+1} \star d \star \, ,$$

e da $d^* \equiv O$ su $A^0(M)$.

Esercizio 6.48. Sia M una n-varietà Riemanniana orientata, di forma di volume Riemanniano ν_g. Dimostra che:

(i) $d^* \circ d^* = O$;

(ii) se M è compatta, ponendo

$$\forall \omega, \eta \in A^k(M) \qquad (\omega, \eta) = \frac{1}{k!} \int_M \langle \omega, \eta \rangle \nu_g \, ,$$

dove $\langle \cdot, \cdot \rangle$ è la metrica lungo le fibre di $\bigwedge^k M$ indotta dalla metrica Riemanniana, si ottiene un prodotto scalare definito positivo su $A^k(M)$;

(iii) si ha

$$(d^* \omega, \eta) = (\omega, d\eta)$$

per ogni $\omega \in A^k(M)$ e $\eta \in A^{k-1}(M)$.

VARIETÀ SIMPLETTICHE

Esercizio 6.49 (Citato nell'Osservazione 6.8.2). Sia M una varietà di dimensione $2k$, e $\omega \in A^2(M)$. Dimostra che:

(i) ω è una forma simplettica se e solo se ω^k è una forma di volume, dove ω^k rappresenta il prodotto esterno di ω con se stessa k volte;

(ii) ogni varietà simplettica è orientabile;

(iii) se M è una varietà simplettica compatta allora $H^2(M) \neq O$.

Esercizio 6.50. Sia $\eta \in A^1(M)$, dove M è una varietà. Dimostra che η è chiusa se e solo se $\eta(M) \subset T^*M$ è una sottovarietà Lagrangiana di T^*M considerato con la struttura simplettica dell'Esempio 6.8.5.

Esercizio 6.51 (Citato nella Sezione 6.8). Sia M una n-varietà connessa, compatta e orientata, e siano ν_0, $\nu_1 \in A^n(M)$ due forme di volume inducenti l'orientazione di M. Dimostra che $\int_M \nu_1 = \int_M \nu_0$ se e solo se esiste un diffeomorfismo $F: M \to M$ che preserva l'orientazione tale che $F^* \nu_1 = \nu_0$. [*Suggerimento*: nota che esiste $\psi \in A^{n-1}(M)$ tale che $\nu_1 - \nu_0 = d\psi$, e definisci un campo vettoriale non autonomo X imponendo $X_t \lrcorner \nu_t = -\psi$, dove $\nu_t = \nu_0 + t(\nu_1 - \nu_0)$. Dimostra infine che $\theta_{t,0}^* \nu_t = \nu_0$ per ogni $t \in [0,1]$, dove Θ è il flusso di X.]

Esercizio 6.52. Sia M una varietà simplettica compatta, e ω_0, $\omega_1 \in A^1(M)$ due forme simplettiche coomologhe. Dimostra che esiste un diffeomorfismo $F: M \to M$ tale che $F^* \omega_1 = \omega_0$.

CAMPI HAMILTONIANI

Definizione 6.E.8. Sia (M, ω) una varietà simplettica, e sia $\hat{\omega} : TM \to T^*M$ l'isomorfismo indotto da ω (vedi il Lemma 1.2.10) dato da $\hat{\omega}(v) = \omega(v, \cdot)$. Per ogni $f \in C^\infty(M)$ il *campo vettoriale Hamiltoniano* associato a f è

$$X_f = \hat{\omega}^{-1}(\mathrm{d}f) .$$

In altri termini, $X_f \lrcorner \omega = \mathrm{d}f$, o anche $\omega(X_f, Y) = \mathrm{d}f(Y) = Y(f)$ per ogni $Y \in \mathcal{T}(M)$.

Viceversa, diremo che un campo vettoriale $X \in \mathcal{T}(M)$ è *Hamiltoniano* se esiste $f \in C^\infty(M)$ tale che $X = X_f$, e che è *localmente Hamiltoniano* se ogni $p \in M$ ha un intorno su cui X è Hamiltoniano. Diremo poi che $X \in \mathcal{T}(M)$ è *simplettico* se ω è invariante rispetto al flusso di X, cioè (vedi l'Esercizio 3.39) se $\mathcal{L}_X \omega = O$.

Infine, un *sistema Hamiltoniano* è una tripla (M, ω, H), dove (M, ω) è una varietà simplettica e $H \in C^\infty(M)$ è una funzione detta *Hamiltoniana* del sistema.

Esercizio 6.53. Sia (M, ω) una n-varietà simplettica, e $(x^1, y^1, \ldots, x^n, y^n)$ delle coordinate di Darboux su un aperto $U \subseteq M$. Dimostra che

$$X_f|_U = \sum_{j=1}^n \left(\frac{\partial f}{\partial y^j} \frac{\partial}{\partial x^j} - \frac{\partial f}{\partial x^j} \frac{\partial}{\partial y^j} \right)$$

per ogni $f \in C^\infty(M)$.

Esercizio 6.54. Sia (M, ω) una n-varietà simplettica, e $f \in C^\infty(M)$. Dimostra che:

(i) f è costante lungo il flusso di X_f, cioè $f\big(\theta_t(p)\big) = f(p)$ per ogni (t, p) nel dominio del flusso Θ di X_f;

(ii) X_f è tangente nei punti regolari alle ipersuperfici di livello di f.

Esercizio 6.55. Sia (M, ω) una varietà simplettica. Dimostra che:

(i) un campo vettoriale è simplettico se e solo se è localmente Hamiltoniano;

(ii) ogni campo vettoriale localmente Hamiltoniano è (globalmente) Hamiltoniano se e solo se $H^1(M) = O$.

[*Suggerimento:* usa la formula di Cartan (Esercizio 4.37) per la derivata di Lie.]

Esercizio 6.56. Sia (M, ω) una varietà simplettica. Dimostra che:

(i)   l'insieme dei campi vettoriali simplettici è una sottoalgebra di Lie di $\mathcal{T}(M)$;

(ii) l'insieme dei campi vettoriali Hamiltoniani è una sottoalgebra di Lie dell'algebra dei campi vettoriali simplettici;

(iii) il quoziente dei campi vettoriali simplettici modulo i campi vettoriali Hamiltoniani è isomorfo (come spazio vettoriale) a $H^1(M)$.

Definizione 6.E.9. Sia (M, ω) una varietà simplettica. La *parentesi di Poisson* di due funzioni $f, g \in C^\infty(M)$ è la funzione $\{f, g\} \in C^\infty(M)$ definita da una delle seguenti formule equivalenti:

$$\{f, g\} = \omega(X_f, X_g) = \mathrm{d}f(X_g) = X_g(f) \,,$$

dove X_f, rispettivamente X_g, è il campo vettoriale Hamiltoniano associato a f, rispettivamente a g,

Esercizio 6.57. Sia (M, ω) una varietà simplettica, e f, g, $h \in C^\infty(M)$. Dimostra che:

(i)   la parentesi di Poisson è $\mathbb{R}$-bilineare;
(ii) $\{f, g\} = -\{g, f\}$;
(iii) $\{\{f, g\}, h\} + \{\{g, h\}, f\} + \{\{h, f\}, g\} = 0$;
(iv) $X_{\{f, g\}} = -[X_f, X_g]$;
(v)   in coordinate di Darboux si ha

$$\{f, g\} = \sum_{j=1}^{n} \left(\frac{\partial f}{\partial x^j} \frac{\partial g}{\partial y^j} - \frac{\partial f}{\partial y^j} \frac{\partial g}{\partial x^j} \right) \,.$$

Definizione 6.E.10. Se (M, ω, H) è un sistema Hamiltoniano, una funzione $f \in C^\infty(M)$ costante su ogni curva integrale di X_H è detta *integrale primo* del sistema. Un campo vettoriale $X \in \mathcal{T}(M)$ è detto *simmetria infinitesimale* se sia ω che H sono invarianti rispetto al flusso di X.

Esercizio 6.58. Sia (M, ω, H) un sistema Hamiltoniano. Dimostra che:

(i) $f \in C^\infty(M)$ è un integrale primo se e solo se $\{H, f\} \equiv 0$;
(ii) $X \in \mathcal{T}(M)$ è una simmetria infinitesimale se e solo se è simplettico e $X(H) \equiv 0$;
(iii) se Θ è il flusso di una simmetria infinitesimale X e σ è una curva integrale del campo vettoriale Hamiltoniano X_H, allora $\theta_s \circ \sigma$ è ancora una curva integrale (ove definita) di X_H per ogni $s \in \mathbb{R}$.

Esercizio 6.59. Sia (M, ω, H) un sistema Hamiltoniano. Dimostra il *teorema di Noether*:

(i)   se f è un integrale primo, allora X_f è una simmetria infinitesimale;
(ii) viceversa, se $H^1(M) = O$ allora ogni simmetria infinitesimale è il campo vettoriale Hamiltoniano di un integrale primo, unico a meno di un addendo costante su ogni componente connessa di M.

7

Geodetiche

Questo capitolo è dedicato allo studio della struttura geometrica delle varietà Riemanniane. Il concetto chiave che ci permetterà una maggiore comprensione è quello di *geodetica* rispetto ad una connessione lineare, una curva con vettore tangente parallelo. Le geodetiche svolgono un ruolo analogo a quello svolto dai segmenti in $\mathbb{R}^n$, e (come illustreremo anche nel prossimo capitolo) sono uno strumento essenziale per l'investigazione della geometria delle varietà Riemanniane.

Cominceremo dimostrando che, in ogni punto, la scelta di un vettore tangente individua un'unica geodetica tangente al vettore assegnato, e che le geodetiche sono le traiettorie di un ben definito campo vettoriale sul fibrato tangente, detto *campo geodetico.* Le geodetiche dipendono in maniera differenziabile dalle condizioni iniziali; questo ci permetterà di definire l'*applicazione esponenziale,* un'applicazione differenziabile canonica dal fibrato tangente alla varietà che riassume in maniera sistematica il comportamento delle singole geodetiche, permettendoci di costruire delle carte locali particolarmente utili.

Come prima conseguenza, mostreremo che ogni varietà Riemanniana è uno spazio metrico; studiando le geodetiche rispetto alla connessione di Levi-Civita, definiremo infatti su ogni varietà riemanniana una distanza, detta *distanza Riemanniana*, con la proprietà che le geodetiche risulteranno essere le curve localmente di lunghezza minima. Dimostreremo anche che ogni punto di una varietà Riemanniana ammette un sistema fondamentale di intorni geodeticamente convessi, cioè contenenti la geodetica che unisce due qualsiasi suoi punti (*teorema di Whitehead*), come i convessi di $\mathbb{R}^n$ contengono il segmento che unisce due loro punti qualsiasi. Saremo quindi in grado di mantenere una promessa fatta nel Capitolo 5 mostrando che ogni ricoprimento aperto di una varietà ammette un raffinamento aciclico (vedi il Teorema 5.8.8).

Lo studio dell'applicazione esponenziale permette anche di caratterizzare le varietà Riemanniane *complete*, nelle quali ogni geodetica è definita su tutta la retta reale, cioè in cui il campo geodetico è completo: per il *teorema di Hopf-Rinow,* questo accade se e solo se la distanza Riemanniana è completa.

Abate M., Tovena F.: Geometria Differenziale.
DOI 10.1007/978-88-470-1920-1_7
© Springer-Verlag Italia 2011

Inoltre, in una varietà Riemanniana completa ogni coppia di punti può essere collegata da una geodetica di lunghezza minima.

Nell'ultima sezione studieremo l'esempio dei gruppi di Lie connessi, confrontando la nozione di applicazione esponenziale appena introdotta con quella definita nel Capitolo 3 attraverso lo studio dei sottogruppi a un parametro; vedremo che le due definizioni coincidono quando la metrica è bi-invariante nel senso della Definizione 6.5.28. I sottogruppi a un parametro sono quindi geodetiche, rispetto a opportune connessioni lineari, uscenti dall'elemento neutro; questa osservazione motiva il nome di applicazione "esponenziale". Per la dimostrazione, utilizzeremo una coppia di morfismi, definiti sul gruppo di Lie e sulla sua algebra di Lie rispettivamente, e detti *rappresentazione aggiunta* del gruppo e dell'algebra di Lie. Lo studio di questi morfismi metterà in luce ulteriori legami tra i gruppi di Lie e le loro algebre.

Infine, vale la pena di notare esplicitamente che diversi dei risultati di questo capitolo sono una generalizzazione a varietà Riemanniane di dimensione qualsiasi di fatti noti per le geodetiche di superfici immerse in $\mathbb{R}^3$: confronta, per esempio, [2, Capitolo 5].

7.1 L'applicazione esponenziale

Il concetto chiave che ci permetterà una maggiore comprensione della struttura geometrica delle varietà Riemanniane è quello di geodetica.

Definizione 7.1.1. Sia ∇ una connessione lineare su una varietà M. Una *geodetica* per ∇ è una curva $\sigma\colon I \to M$ tale che $D(\sigma') \equiv 0$. In altre parole σ è una geodetica se e solo se il vettore tangente σ' è parallelo lungo σ.

Osservazione 7.1.2. Nota che l'essere una geodetica dipende non solo dal sostegno ma anche dalla parametrizzazione. Infatti, sia $\sigma\colon I \to M$ una curva e $\tilde{\sigma} = \sigma \circ h\colon \tilde{I} \to M$ una sua riparametrizzazione, dove $h\colon \tilde{I} \to I$ è un diffeomorfismo. Allora $\tilde{\sigma}' = h'(\tilde{\sigma}' \circ h)$ e (Proposizione 6.1.12 ed Esercizio 6.2)

$$\tilde{D}(\tilde{\sigma}') = h''(\sigma' \circ h) + (h')^2(D\sigma') \circ h \,, \tag{7.1}$$

dove $\tilde{D}$ è la derivata covariante lungo $\tilde{\sigma}$, per cui $D\sigma' \equiv O$ non implica $\tilde{D}\tilde{\sigma}' \equiv O$ a meno che $h'' \equiv 0$. Vedi anche gli Esercizi 7.1, 7.2 e la Proposizione 7.2.7.

Osservazione 7.1.3. La definizione di geodetica dipende dalla scelta della connessione lineare. Gli Esercizi 7.7 e 7.8 discutono il confronto fra geodetiche relative a due differenti connessioni.

Se (U, φ) è una carta locale e scriviamo $\sigma^j = \varphi \circ \sigma = (\sigma^1, \dots, \sigma^n)$, l'equazione (6.3) (introdotta dopo la Definizione 6.1.14 di campo parallelo) assicura che la curva σ è una geodetica se e solo se soddisfa il sistema di equazioni differenziali ordinarie

$$(\sigma^k)'' + (\Gamma_{ij}^k \circ \sigma)(\sigma^i)'(\sigma^j)' = 0 , \tag{7.2}$$

per $k = 1, \ldots, n$. Si tratta di un sistema di equazioni differenziali ordinarie del secondo ordine. Possiamo trasformarlo in un sistema di equazioni differenziali ordinarie del primo ordine introducendo delle variabili ausiliarie $v^1, \ldots, v^n$ per rappresentare le componenti di σ'(vedi più oltre la dimostrazione della Proposizione 7.1.6 per il significato geometrico di questa operazione), in modo da ridurci al sistema equivalente del primo ordine

$$\begin{cases} (v^k)' + (\Gamma_{ij}^k \circ \sigma) v^i v^j = 0 , \\ (\sigma^k)' = v^k . \end{cases} \tag{7.3}$$

In particolare:

Proposizione 7.1.4. *Sia ∇ una connessione lineare su una varietà M. Allora per ogni $p \in M$ e $v \in T_p M$ esistono un intervallo $I \subseteq \mathbb{R}$ con $0 \in I$ e una geodetica $\sigma: I \to M$ tale che $\sigma(0) = p$ e $\sigma'(0) = v$. Inoltre, se $\tilde{\sigma}: \tilde{I} \to M$ è un'altra geodetica soddisfacente le stesse condizioni allora σ e $\tilde{\sigma}$ coincidono in $I \cap \tilde{I}$.*

Dimostrazione. Il Teorema 3.3.3 applicato a (7.3) ci dice che esistono $\varepsilon > 0$ e una curva $\sigma: (-\varepsilon, \varepsilon) \to U \subset M$ che sia soluzione di (7.2) con condizioni iniziali $\sigma(0) = p$ e $\sigma'(0) = v$. Inoltre, se $\tilde{\sigma}$ è un'altra geodetica che soddisfa le stesse condizioni iniziali allora σ e $\tilde{\sigma}$ coincidono in un qualche intorno di 0. Sia I_0 il massimo intervallo contenuto in $I \cap \tilde{I}$ su cui σ e $\tilde{\sigma}$ coincidono. Se I_0 è strettamente contenuto in $I \cap \tilde{I}$, esiste un estremo t_0 di I_0 contenuto in $I \cap \tilde{I}$, e possiamo applicare il solito Teorema 3.3.3 con condizioni iniziali $\sigma(t_0)$ e $\sigma'(t_0)$. Ma allora σ e $\tilde{\sigma}$ coincidono anche in un intorno di t_0, contro la definizione di I_0. Quindi $I_0 = I \cap \tilde{I}$. $\square$

Definizione 7.1.5. Sia ∇ una connessione lineare su una varietà M, $p \in M$ e $v \in T_p M$. Indicheremo con $\sigma_v: I \to M$ l'unica geodetica *massimale* (che esiste per la proposizione precedente) tale che $\sigma_v(0) = p$ e $\sigma_v'(0) = v$

Vogliamo ora studiare come le geodetiche dipendono dalle condizioni iniziali. Per far ciò, mostriamo come associare a ogni geodetica una traiettoria di un opportuno campo vettoriale definito sul fibrato tangente TM.

Una curva liscia $\sigma: I \to M$ definisce univocamente la curva dei vettori tangenti $\sigma': I \to TM$, che è una curva con sostegno contenuto nello spazio totale del fibrato tangente. Il sistema (7.2) si può allora tradurre dicendo che una curva σ è una geodetica se e solo se la curva σ' è una curva integrale di un opportuno campo vettoriale su TM:

Proposizione 7.1.6. *Sia ∇ una connessione lineare su una varietà M. Allora esiste un unico campo vettoriale $G \in \mathcal{T}(TM)$ le cui traiettorie siano tutte e sole le curve $\sigma': I \to TM$ con $\sigma: I \to M$ geodetica in M.*

Dimostrazione. Cominciamo col riscrivere (7.2) in una forma più utile ai nostri scopi. Come visto nell'Esempio 3.2.13, una carta locale (U, φ) per M determina una carta locale $(TU, \tilde{\varphi})$ di TM ponendo

$$\tilde{\varphi}(v) = (x^1, \ldots, x^n; v^1, \ldots, v^n) \in \varphi(U) \times \mathbb{R}^n$$

per ogni $p \in U$ e $v \in T_p M$, dove $(x^1, \ldots, x^n) = \varphi(p)$ e $v = \sum_j v^j \partial_j|_p$. Sia $\sigma: I \to M$ una curva con sostegno contenuto in U, in modo da poter scrivere $\varphi \circ \sigma = (\sigma^1, \ldots, \sigma^n)$. Allora la curva σ' è rappresentata in queste coordinate locali da $\tilde{\varphi} \circ \sigma' = \big(\sigma^1, \ldots, \sigma^n; (\sigma^1)', \ldots, (\sigma^n)'\big)$, in quanto $\sigma' = \sum_j (\sigma^j)' \, \partial_j|_\sigma$.

Sia ora $\gamma: I \to TM$ una qualsiasi curva con sostegno contenuto in TU, per cui possiamo scrivere

$$\tilde{\varphi} \circ \gamma(t) = \big(x^1(t), \ldots, x^n(t); v^1(t), \ldots, v^n(t)\big)$$

per opportune funzioni $x^1, \ldots, x^n, v^1, \ldots, v^n \in C^\infty(I)$. Allora γ è una curva della forma σ' per una qualche curva $\sigma: I \to U$ se e solo se $v^j \equiv (x^j)'$ per $j = 1, \ldots, n$; quindi γ è una curva della forma σ' con σ geodetica se e solo se $\tilde{\varphi} \circ \gamma$ soddisfa il sistema di equazioni differenziali ordinarie del primo ordine

$$\begin{cases} \dfrac{\mathrm{d}x^k}{\mathrm{d}t} = v^k, \\[2mm] \dfrac{\mathrm{d}v^k}{\mathrm{d}t} = -\Gamma^k_{ij}(x) v^i v^j. \end{cases} \tag{7.4}$$

Nell'Esempio 3.2.13 abbiamo visto che un riferimento locale per $T(TM)$ sopra TU è definito da $\{\partial/\partial x^1, \ldots, \partial/\partial x^n; \partial/\partial v^1, \ldots, \partial/\partial v^n\}$; la (7.4) suggerisce allora di introdurre il campo vettoriale (per il momento definito solo sopra TU e dipendente dalle coordinate locali scelte)

$$G = v^k \frac{\partial}{\partial x^k} - \Gamma^k_{ij} v^i v^j \frac{\partial}{\partial v^k} \, . \tag{7.5}$$

La (7.4) dice esattamente che $\gamma: I \to TU$ è una traiettoria di G in TU se e solo se $\sigma = \pi \circ \gamma$ è una geodetica per ∇ in U e $\gamma = \sigma'$ (dove $\pi: TM \to M$ è la proiezione canonica).

Quindi per concludere la dimostrazione rimane solo da verificare che G non dipende dalle coordinate scelte, per cui si estende a un campo vettoriale globale su TM. Per far ciò basta far vedere che per ogni $p \in M$, $v \in T_p M$ e $\mathbf{f} \in C^\infty_{TM}(v)$ il numero $G(v)(\mathbf{f})$ è indipendente dalle coordinate. Basta quindi dimostrare, per esempio, che

$$G(v)(\mathbf{f}) = \frac{\mathrm{d}(f \circ \sigma'_v)}{\mathrm{d}t}(0) \, ,$$

dove f è un qualsiasi rappresentante di $\mathbf{f}$ e σ_v è l'unica geodetica massimale uscente da p tangente a v. Ma infatti

$$\frac{\mathrm{d}(f \circ \sigma_v')}{\mathrm{d}t}(0) = \frac{\partial f}{\partial x^k}(v)(\sigma_v^k)'(0) + \frac{\partial f}{\partial v^k}(v)(\sigma_v^k)''(0)$$

$$= \frac{\partial f}{\partial x^k}(v)v^k - \frac{\partial f}{\partial v^k}(v)\Gamma_{ij}^k(p)v^i v^j = G(v)(\mathbf{f}) \ ,$$

e ci siamo. □

Definizione 7.1.7. Sia ∇ una connessione lineare su una varietà M. Il campo $G \in \mathcal{T}(TM)$ definito localmente da (7.5) è detto *campo geodetico,* e il suo flusso *flusso geodetico.*

La conseguenza principale di questo risultato è che ci permette di applicare il Teorema 3.3.5 allo studio delle geodetiche, e quindi di controllare simultaneamente il comportamento di tutte le geodetiche uscenti da un unico punto. Per enunciare al meglio questo risultato, ci servono un lemma e una definizione.

Lemma 7.1.8. *Sia ∇ una connessione lineare su una varietà M, $p \in M$, $v \in T_p M$ e $c, t \in \mathbb{R}$. Allora si ha*

$$\sigma_{cv}(t) = \sigma_v(ct) \tag{7.6}$$

non appena uno dei due membri è definito.

Dimostrazione. Se $c = 0$ non c'è nulla da dimostrare. Se $c \neq 0$, cominciamo col dimostrare che (7.6) vale non appena $\sigma_v(ct)$ esiste. Poniamo $\tilde{\sigma}(t) = \sigma_v(ct)$; chiaramente $\tilde{\sigma}(0) = p$ e $\tilde{\sigma}'(0) = cv$ per cui basta dimostrare che $\tilde{\sigma}$ è una geodetica. Ora, se indichiamo con $\tilde{D}$ la derivata covariante lungo $\tilde{\sigma}$, la formula (7.1) implica

$$\tilde{D}_t \tilde{\sigma}' = c^2 D_{ct} \sigma_v' = O \ ,$$

come voluto.

Infine, supponiamo che $\sigma_{cv}(t)$ esista, e poniamo $v_1 = cv$ e $s = ct$. Allora $\sigma_{cv}(t) = \sigma_{v_1}(c^{-1}s)$ esiste, per cui è uguale a $\sigma_{c^{-1}v_1}(s) = \sigma_v(ct)$, e ci siamo. □

Definizione 7.1.9. Sia ∇ una connessione lineare su una varietà M. Il *dominio dell'applicazione esponenziale* è l'insieme

$$\mathcal{E} = \{v \in TM \mid \sigma_v \text{ è definita in un intervallo contenente } [0,1]\} \subset TM \ .$$

L'*applicazione esponenziale* $\exp : \mathcal{E} \to M$ di ∇ è allora definita da

$$\exp(v) = \sigma_v(1) \ .$$

Inoltre, se $p \in M$ scriveremo $\mathcal{E}_p = \mathcal{E} \cap T_p M$ ed $\exp_p = \exp|_{\mathcal{E}_p}$.

Osservazione 7.1.10. Uno dei motivi per la presenza dell'aggettivo "esponenziale nel nome di questa applicazione deriva dalla teoria dei Gruppi di Lie; vedi il Teorema 7.5.10.

Usando il Teorema 3.3.5 possiamo dedurre alcune proprietà importanti dell'applicazione esponenziale:

Teorema 7.1.11. *Sia* ∇ *una connessione lineare su una varietà* M. *Allora:*

(i) *l'insieme* $\mathcal{E}$ *è un intorno aperto della sezione nulla di* TM, *e ciascun* $\mathcal{E}_p$ *è stellato rispetto all'origine;*

(ii) *per ogni* $v \in TM$ *la geodetica massimale* σ_v *è data da*

$$\sigma_v(t) = \exp(tv)$$

per tutti i $t \in \mathbb{R}$ *per cui uno dei due membri è definito;*

(iii) *l'applicazione esponenziale è di classe* C^∞.

Dimostrazione. Il Lemma 7.1.8 applicato con $t = 1$ dice esattamente che $\exp(cv) = \sigma_{cv}(1) = \sigma_v(c)$ non appena uno dei due membri è definito, per cui (ii) è soddisfatta. In particolare, se $0 \le t \le 1$ e $v \in \mathcal{E}$ abbiamo che $\exp(tv) = \sigma_{tv}(1) = \sigma_v(t)$ è definito, per cui ciascun $\mathcal{E}_p$ è stellato rispetto all'origine.

Ora, per la Proposizione 7.1.6 le geodetiche di ∇ sono la proiezione su M delle traiettorie del campo geodetico G. Indichiamo con $\Gamma: \mathcal{U} \to TM$ il flusso del campo geodetico che, grazie al Teorema 3.3.5, è definito in un intorno aperto $\mathcal{U}$ di $\{0\} \times TM$ in $\mathbb{R} \times TM$. In particolare, $v \in \mathcal{E}$ se e solo se $(1, v) \in \mathcal{U}$; ma allora si ha $\mathcal{E} = \pi_2\big(\mathcal{U} \cap (\{1\} \times TM)\big)$, dove $\pi_2: \mathbb{R} \times TM \to TM$ è la proiezione sulla seconda coordinata, per cui $\mathcal{E}$ è aperto. Infine, sempre per il Teorema 3.3.5 il flusso di G è di classe C^∞, per cui l'applicazione esponenziale, data dalla formula $\exp(v) = \pi_2\big(\Gamma(1, v)\big)$, è anch'essa di classe C^∞. $\square$

Dunque l'applicazione esponenziale è differenziabile. In particolare, identificando canonicamente $T_{O_p}(T_pM)$ con T_pM poiché T_pM è uno spazio vettoriale, il suo differenziale

$$d(\exp_p)_{O_p}: T_{O_p}(T_pM) \cong T_pM \to T_pM$$

risulta essere un endomorfismo di T_pM. Ed è un endomorfismo molto particolare:

Proposizione 7.1.12. *Sia* ∇ *una connessione lineare su una varietà* M, *e* $p \in M$. *Allora* $d(\exp_p)_{O_p} = \mathrm{id}$. *In particolare, esistono un intorno* U *di* O_p *in* T_pM *e un intorno* V *di* p *in* M *tali che* $\exp_p|_U: U \to V$ *sia un diffeomorfismo.*

Dimostrazione. Dato $v \in T_{O_p}(T_pM) = T_pM$, una curva in T_pM che parte da O_p tangente a v è $\gamma(t) = tv$. Allora

$$d(\exp_p)_{O_p}(v) = \frac{d}{dt}\exp_p\big(\gamma(t)\big)\Big|_{t=0} = \frac{d}{dt}\exp_p(tv)\Big|_{t=0} = \sigma_v'(0) = v\,.$$

La seconda affermazione segue dal Teorema 2.1.37 della funzione inversa. $\square$

Definizione 7.1.13. Sia ∇ una connessione lineare su una varietà M, e $p \in M$. Un intorno aperto V di p in M diffeomorfo tramite $\exp_p$ a un intorno stellato U di O_p in T_pM è detto *intorno normale* di p.

Tutto quanto visto finora si applica anche alla connessione di Levi-Civita di una varietà Riemanniana. Inoltre, in questo caso possiamo introdurre le definizioni seguenti:

Definizione 7.1.14. Sia ∇ la connessione di Levi-Civita di una varietà Riemanniana (M, g), e $p \in M$. Indichiamo con $B_\varepsilon(O_p) \subset T_pM$ la palla aperta rispetto alla metrica g di centro l'origine e raggio $\varepsilon > 0$ in T_pM. Il *raggio d'iniettività* $\mathrm{injrad}(p) \in \mathbb{R}^+ \cup \{+\infty\}$ di M in p è definito da

$$\mathrm{injrad}(p) = \sup\{\varepsilon > 0 \mid \exp_p|_{B_\varepsilon(O_p)} \text{ è un diffeomorfismo con l'immagine}\} \ .$$

La *palla geodetica* $B_\varepsilon(p)$ di centro p e raggio $0 < \varepsilon \leq \mathrm{injrad}(p)$ in M è l'intorno normale di p della forma $\exp_p\big(B_\varepsilon(O_p)\big)$. Il suo bordo $\partial B_\varepsilon(p) = \exp_p\big(\partial B_\varepsilon(O_p)\big)$ è detto *sfera geodetica*. Le geodetiche in $B_\varepsilon(p)$ uscenti da p sono dette *geodetiche radiali*. Se $\{E_1, \ldots, E_n\}$ è una base ortonormale di T_pM, e $\chi: T_pM \to \mathbb{R}^n$ è l'isomorfismo dato dalle coordinate rispetto a questa base, allora le coordinate $\varphi = \chi \circ \exp_p^{-1}: B_\varepsilon(p) \to \mathbb{R}^n$ sono dette *coordinate normali* centrate in p.

Osservazione 7.1.15. Vedremo in seguito (Teorema 7.2.23) che le palle geodetiche sono effettivamente delle palle rispetto a un'opportuna distanza sulla varietà Riemanniana.

Il raggio d'iniettività chiaramente dipende dal punto. Non è necessariamente continuo, ma ha estremo inferiore strettamente positivo sui compatti. Per dimostrarlo, introduciamo la seguente

Definizione 7.1.16. Il *raggio d'iniettività* di un sottoinsieme $C \subseteq M$ è il numero

$$\mathrm{injrad}(C) = \inf\{\mathrm{injrad}(q) \mid q \in C\} \ .$$

Diremo che un aperto $W \subseteq M$ è *uniformemente normale* se ha raggio d'iniettività positivo. In altre parole, W è uniformemente normale se esiste $\delta > 0$ tale che $\exp_q$ sia un diffeomorfismo in $B_\delta(O_q)$ per ogni $q \in W$.

Allora:

Proposizione 7.1.17. *Sia* ∇ *la connessione di Levi-Civita di una varietà Riemanniana* (M, g). *Allora ogni* $p \in M$ *ha un intorno aperto uniformemente normale* W.

Dimostrazione. Dati un intorno V di p e $\delta > 0$, gli insiemi

$$V_\delta = \{v \in TM \mid q = \pi(v) \in V, \|v\|_q < \delta\} \ ,$$

dove, come al solito, $\pi: TM \to M$ è la proiezione canonica, formano un sistema fondamentale d'intorni di O_p in TM. Siccome $O_p \in \mathcal{E}$, possiamo trovare V e $\delta_1 > 0$ tali che $V_{\delta_1} \subset \mathcal{E}$.

Sia $E: V_{\delta_1} \to M \times M$ data da $E(v) = \big(\pi(v), \exp_{\pi(v)}(v)\big)$; cominciamo col dimostrare che E è invertibile in un intorno di O_p.

A meno di restringere V, possiamo supporre che sia il dominio di una carta locale $\varphi = (x^1, \ldots, x^n)$ centrata in p. Come già visto nel corso della dimostrazione della Proposizione 7.1.6, φ induce coordinate locali

$$\tilde{\varphi} = (x^1, \ldots, x^n; v^1, \ldots, v^n)$$

in V_{δ_1}. Una base di $T_{O_p}V_{\delta_1}$ è quindi $\{\partial/\partial x^1, \ldots, \partial/\partial x^n, \partial/\partial v^1, \ldots, \partial/\partial v^n\}$. Una curva γ in V_{δ_1} con $\gamma(0) = O_p$ e $\gamma'(0) = \partial/\partial v^j|_{O_p}$ è $\gamma(t) = t\,\partial/\partial x^j|_p$. Quindi

$$dE_{O_p}\left(\frac{\partial}{\partial v^j}\right) = \frac{d}{dt}E\big(\gamma(t)\big)\bigg|_{t=0}$$

$$= \frac{d}{dt}\big(p, \exp_p(t\,\partial/\partial x^j|_p)\big)\bigg|_{t=0} = \left(O_p, \frac{\partial}{\partial x^j}\bigg|_p\right).$$

D'altra parte, una curva τ in V_{δ_1} con $\tau(0) = O_p$ e $\tau'(0) = \partial/\partial x^j|_{O_p}$ è $\tau(t) = O_{\exp_p(t\,\partial/\partial x^j|_p)}$; quindi

$$dE_{O_p}\left(\frac{\partial}{\partial x^j}\right) = \frac{d}{dt}\big(\exp_p(t\,\partial/\partial x^j|_p), \exp_{\exp_p(t\,\partial/\partial x^j|_p)}(O)\big)\bigg|_{t=0}$$

$$= \frac{d}{dt}\big(\exp_p(t\,\partial/\partial x^j|_p), \exp_p(t\,\partial/\partial x^j|_p)\big)\bigg|_{t=0}$$

$$= \left(\frac{\partial}{\partial x^j}\bigg|_p, \frac{\partial}{\partial x^j}\bigg|_p\right).$$

Quindi dE_{O_p}, mandando una base di $T_{O_p}V_{\delta_1}$ in una base di $T_pM \times T_pM$, è non singolare, per cui esistono un intorno $W \subseteq V$ di p e un $0 < \delta \le \delta_1$ tali che $E|_{W_\delta}$ sia un diffeomorfismo. Ma questo implica in particolare che per ogni $q \in W$ l'applicazione esponenziale $\exp_q: B_\delta(O_q) \to B_\delta(q)$ è un diffeomorfismo, e ci siamo. $\square$

Corollario 7.1.18. *Sia M una varietà Riemanniana. Allora ogni $K \subseteq M$ compatto ha raggio d'iniettività positivo.*

Dimostrazione. La proposizione precedente ci fornisce per ogni $p \in K$ un $\delta_p > 0$ e un intorno W_p di p tali che $\mathrm{injrad}(q) \ge \delta_p$ per ogni $q \in W_p$. Sia $\{W_{p_1}, \ldots, W_{p_k}\}$ un sottoricoprimento finito di K; allora

$$\mathrm{injrad}(K) \ge \min\{\delta_{p_1}, \ldots, \delta_{p_k}\} > 0 \,,$$

come affermato. $\square$

Osservazione 7.1.19. Più precisamente, si può dimostrare che il raggio d'iniettività è una funzione semicontinua inferiormente; vedi l'Esercizio 7.3.

7.2 La distanza Riemanniana

In questa sezione dimostreremo che una varietà Riemanniana è in maniera canonica uno spazio metrico; vedremo poi delle relazioni molto interessanti fra le proprietà topologiche della distanza canonica e le proprietà geometriche della varietà. Cominciamo con delle definizioni che ci serviranno per introdurre la distanza.

Definizione 7.2.1. Una curva continua $\sigma: [a, b] \to M$ in una varietà M è detta *regolare a tratti* se esiste una suddivisione $a = t_0 < t_1 < \cdots < t_k = b$ di $[a, b]$ tale che $\sigma|_{[t_{j-1}, t_j]}$ sia di classe C^∞ e regolare (cioè con vettore tangente mai nullo) o costante per $j = 1, \ldots, k$.

Definizione 7.2.2. Sia $\sigma: [a, b] \to M$ una curva regolare a tratti in una varietà Riemanniana (M, g). La *lunghezza d'arco* di σ è la funzione $s: [a, b] \to \mathbb{R}^+$ data da

$$s(t) = \int_a^t \|\sigma'(u)\|_{\sigma(u)} \, du \, ,$$

dove $\| \cdot \|_p$ è la norma di $T_p M$ indotta da g. La *lunghezza* di σ è

$$L(\sigma) = \int_a^b \|\sigma'(u)\|_{\sigma(u)} \, du \, .$$

Diremo che σ è *parametrizzata rispetto alla lunghezza d'arco* se $\|\sigma'(u)\|_{\sigma(u)} = 1$ quando $\sigma'(u)$ è definito; in particolare, σ non ha tratti costanti, e $s(t) = t - a$.

Definizione 7.2.3. Sia (M, g) una varietà Riemanniana connessa. La funzione $d: M \times M \to \mathbb{R}^+$ data da

$$d(p, q) = \inf\{L(\sigma) \mid \sigma: [a, b] \to M \text{ è una curva regolare a tratti}$$
$$\text{con } \sigma(a) = p \text{ e } \sigma(b) = q\}$$

è detta *distanza Riemanniana* su M indotta da g.

Proposizione 7.2.4. *Sia (M, g) una varietà Riemanniana connessa. Allora la funzione $d: M \times M \to \mathbb{R}^+$ appena definita è una distanza che induce la topologia della varietà.*

Dimostrazione. Dalla definizione è chiaro che $d(p, q) = d(q, p) \geq 0$ e che $d(p, p) = 0$. La disuguaglianza triangolare segue (controlla) dal fatto che possiamo combinare una curva regolare a tratti da p_1 a p_2 con una da p_2 a p_3 per ottenere una curva regolare a tratti la cui lunghezza è la somma delle lunghezze delle prime due curve.

Dimostriamo ora che se $p \neq q$ allora $d(p, q) \neq 0$. Scegliamo $p \in M$, e sia $\varphi: B_{2\varepsilon}(p) \to B_{2\varepsilon}(O) \subseteq \mathbb{R}^n$ un sistema di coordinate normali centrato in p, dove $B_{2\varepsilon}(O)$ è la palla di centro l'origine e raggio $0 < 2\varepsilon \leq \operatorname{injrad}(p)$ in $\mathbb{R}^n$ rispetto alla norma euclidea $\| \cdot \|_0$. Indichiamo con g_0 la metrica Riemanniana su $B_{2\varepsilon}(p)$ indotta tramite φ dalla metrica euclidea di $\mathbb{R}^n$: in altre parole, se $q \in B_{2\varepsilon}(p)$ e $v \in T_q M$ la norma di v rispetto a g_0 è data da

$$\|v\|_{0,q} = \|d\varphi_q(v)\|_0 .$$

In particolare, se $L_0(\sigma)$ è la lunghezza rispetto a g_0 di una curva regolare a tratti $\sigma : [a, b] \to B_{2\varepsilon}(p)$, abbiamo

$$L_0(\sigma) = L_0(\varphi \circ \sigma) \geq \|\varphi(\sigma(b)) - \varphi(\sigma(a))\| , \tag{7.7}$$

dove $L_0(\varphi \circ \sigma)$ è la lunghezza euclidea della curva $\varphi \circ \sigma$.

Ora, l'insieme

$$K = \{v \in T_q M \mid q \in \overline{B_\varepsilon(p)}, \|v\|_{0,q} = 1\} \subset TM$$

è chiaramente compatto; quindi se poniamo

$$c_p = \inf_{v \in K} \|v\|_{\pi(v)} \leq \sup_{v \in K} \|v\|_{\pi(v)} = C_p ,$$

dove $\pi : TM \to M$ è la proiezione canonica, e $\|\cdot\|_p$ è la norma su $T_p M$ indotta dalla metrica Riemanniana g, abbiamo $0 < c_p \leq C_p < +\infty$ e

$$c_p \|v\|_{0,q} \leq \|v\|_q \leq C_p \|v\|_{0,q}$$

per ogni $q \in \overline{B_\varepsilon(p)}$ e $v \in T_q M$. Di conseguenza se σ è una curva regolare a tratti la cui immagine è contenuta in $\overline{B_\varepsilon(p)}$ otteniamo

$$c_p L_0(\sigma) \leq L(\sigma) \leq C_p L_0(\sigma) . \tag{7.8}$$

Se $q \neq p$ possiamo scegliere $\varepsilon > 0$ in modo che $q \notin \overline{B_\varepsilon(p)}$. Quindi ogni curva regolare a tratti $\sigma : [a, b] \to M$ da p a q deve intersecare la sfera geodetica $\partial B_\varepsilon(p)$ in un primo punto $\sigma(t_0)$, per cui (7.7) e (7.8) danno

$$L(\sigma) \geq L(\sigma|_{[a,t_0]}) \geq c_p L_0(\sigma|_{[a,t_0]}) \geq c_p \|\varphi(\sigma(t_0))\| = c_p \varepsilon > 0 . \tag{7.9}$$

Questo vale per ogni curva regolare a tratti σ; quindi $d(p, q) \geq c_p \varepsilon > 0$, come voluto.

Rimane da far vedere che la topologia di M e quella indotta dalla distanza d coincidono. Siccome le palle geodetiche $B_\varepsilon(p)$ formano un sistema fondamentale di intorni di p per la topologia di M, e le palle metriche $B(p, \delta)$ formano un sistema fondamentale di intorni per la topologia metrica, è sufficiente far vedere che

$$B(p, c_p \varepsilon) \subseteq B_\varepsilon(p) \subseteq B(p, C_p \varepsilon)$$

per ogni $\varepsilon > 0$ abbastanza piccolo.

Prendiamo $q \in B_\varepsilon(p)$, e sia $\sigma : [0, l] \to B_\varepsilon(p)$ la geodetica radiale da p a q parametrizzata rispetto alla lunghezza d'arco misurata con g_0. In altre parole,

$\sigma(t) = \varphi^{-1}(tv)$ per un opportuno $v \in \mathbb{R}^n$ di lunghezza unitaria, per cui $l < \varepsilon$ e quindi

$$d(p,q) \leq L(\sigma) \leq C_p L_0(\sigma) = C_p l < C_p \varepsilon \,,$$

da cui segue $B_\varepsilon(p) \subseteq B(p, C_p \varepsilon)$.

Viceversa, sia $q \in B(p, c_p \varepsilon)$, per cui esiste una curva regolare a tratti σ da p a q di lunghezza strettamente minore di $c_p \varepsilon$. Se fosse $q \notin B_p(\varepsilon)$, la (7.9) darebbe $L(\sigma) \geq c_p \varepsilon$, contraddizione. Quindi $B(p, c_p \varepsilon) \subseteq B_\varepsilon(p)$, e abbiamo finito. □

Osservazione 7.2.5. Faremo vedere fra poco (Teorema 7.2.23) che in realtà vale l'uguaglianza $B_\varepsilon(p) = B(p, \varepsilon)$ per ogni $0 < \varepsilon < \operatorname{injrad}(p)$.

Le curve che realizzano la distanza meritano chiaramente un nome particolare.

Definizione 7.2.6. Una curva regolare a tratti $\sigma \colon [a, b] \to M$ su una varietà Riemanniana M è detta *minimizzante* se ha lunghezza minore o uguale a quella di qualsiasi altra curva regolare a tratti con gli stessi estremi, ovvero se e solo se $d(\sigma(a), \sigma(b)) = L(\sigma)$. La curva σ è *localmente minimizzante* se per ogni $t \in [a, b]$ esiste $\varepsilon > 0$ tale che $\sigma|_{[t-\varepsilon, t+\varepsilon]}$ è minimizzante (con le ovvie convenzioni se $t = a$ o $t = b$).

Ovviamente, ogni curva minimizzante è anche localmente minimizzante (perché?); il viceversa è falso (un esempio è dato dai cerchi massimi sulla sfera: vedi l'Esempio 7.2.25).

Il nostro obiettivo ora è dimostrare che una curva è localmente minimizzante se e solo se è una geodetica: questo risultato fornirà il legame annunciato fra la distanza Riemanniana e la geometria della varietà Riemanniana.

Cominciamo con l'osservare che tutte le geodetiche non costanti sono parametrizzate rispetto a un multiplo della lunghezza d'arco, e quindi sono in particolare curve regolari:

Lemma 7.2.7. *Se $\sigma \colon I \to M$ è una geodetica di una varietà Riemanniana M allora $\|\sigma'\|$ è costante. In particolare, σ è una curva (costante oppure) regolare.*

Dimostrazione. Infatti, indicata con D la derivata covariante lungo σ, abbiamo

$$\frac{\mathrm{d}}{\mathrm{d}t} \langle \sigma', \sigma' \rangle = 2 \langle D\sigma', \sigma' \rangle \equiv 0 \,,$$

perché stiamo usando la connessione di Levi-Civita, e ci siamo. □

Abbiamo introdotto in precedenza il concetto di campo vettoriale lungo una curva liscia. Nel seguito ci servirà l'analogo concetto per curve regolari a tratti:

Definizione 7.2.8. Sia $\sigma \colon [a, b] \to M$ una curva regolare a tratti. Un *campo vettoriale X lungo σ* è dato da:

(a) una suddivisione $a = t_0 < t_1 < \cdots < t_h = b$ di $[a, b]$ tale che $\sigma|_{[t_{j-1}, t_j]}$ sia di classe C^∞ per $j = 1, \ldots, h$; e

(b) campi vettoriali $X|_{[t_{j-1}, t_j]} \in \mathcal{T}(\sigma|_{[t_{j-1}, t_j]})$ per $j = 1, \ldots, h$.

Se i campi vettoriali si raccordano con continuità nei punti interni $t_1, \ldots, t_{k-1}$ della suddivisione, diremo che X è un campo *continuo*. Lo spazio dei campi vettoriali lungo σ è ancora indicato con $\mathcal{T}(\sigma)$. Infine, un campo vettoriale $X \in \mathcal{T}(\sigma)$ lungo σ è detto *proprio* se $X(a) = X(b) = O$.

Osservazione 7.2.9. Notiamo esplicitamente che non tutti i campi vettoriali $X \in \mathcal{T}(\sigma)$ sono continui; per esempio, il vettore tangente di una curva regolare a tratti non liscia è un campo vettoriale non continuo lungo la curva.

Per stabilire se una curva è minimizzante o meno, dovremo confrontare la sua lunghezza con quella di curve vicine. Il concetto di "curve vicine è formalizzato nella seguente

Definizione 7.2.10. Sia $\sigma: [a, b] \to M$ una curva regolare a tratti. Una *variazione* di σ è un'applicazione continua $\Sigma: (-\varepsilon, \varepsilon) \times [a, b] \to M$ tale che, posto $\sigma_s = \Sigma(s, \cdot)$, si ha:

(i) $\sigma_0 = \sigma$;

(ii) ciascuna curva σ_s, detta *curva principale*, è una curva regolare a tratti;

(iii) esiste una suddivisione $a = t_0 < t_1 < \cdots < t_k = b$ di $[a, b]$ (detta *suddivisione associata* a Σ) tale che $\Sigma_{(-\varepsilon, \varepsilon) \times [t_{j-1}, t_j]}$ è di classe C^∞ per ogni $j = 1, \ldots, k$.

Le curve *trasverse* alla variazione sono le curve $\sigma^t = \Sigma(\cdot, t)$, e sono tutte curve di classe C^∞. Infine, una variazione Σ è detta *propria* se $\sigma_s(a) = \sigma(a)$ e $\sigma_s(b) = \sigma(b)$ per ogni $s \in (-\varepsilon, \varepsilon)$.

I vettori tangenti ci forniscono due campi vettoriali lungo le curve principali e trasverse di una variazione:

Definizione 7.2.11. Sia $\Sigma: (-\varepsilon, \varepsilon) \times [a, b] \to M$ una variazione di una curva regolare a tratti $\sigma: [a, b] \to M$. Allora poniamo

$$S(s, t) = (\sigma^t)'(s) = \mathrm{d}\Sigma_{(s,t)} \left(\frac{\partial}{\partial s} \right) = \frac{\partial \Sigma}{\partial s}(s, t)$$

per ogni $(s, t) \in (-\varepsilon, \varepsilon) \times [a, b]$, e

$$T(s, t) = \sigma_s'(t) = \mathrm{d}\Sigma_{(s,t)} \left(\frac{\partial}{\partial t} \right) = \frac{\partial \Sigma}{\partial t}(s, t)$$

per ogni $(s, t) \in (-\varepsilon, \varepsilon) \times [t_{j-1}, t_j]$ e $j = 1, \ldots, k-1$, dove abbiamo scelto una suddivisione $a = t_0 < t_1 < \cdots < t_k = b$ associata a Σ. In particolare, i campi $t \mapsto S(s, t)$ e $t \mapsto T(s, t)$ sono campi vettoriali lungo σ_s, e i campi $s \mapsto S(s, t)$ e $s \mapsto T(s, t)$ sono campi vettoriali lungo σ^t. Infine, il *campo variazione* di Σ è $V = S(0, \cdot) \in \mathcal{T}(\sigma)$.

Il campo variazione è un campo continuo lungo σ. Viceversa, dato un campo vettoriale continuo lungo una curva regolare a tratti possiamo trovare una variazione che abbia quel campo come campo variazione:

Lemma 7.2.12. *Siano $\sigma\colon [a,b] \to M$ una curva regolare a tratti e $V \in \mathcal{T}(\sigma)$ un campo continuo. Allora esiste una variazione Σ di σ con V come campo variazione. Inoltre, se V è proprio si può trovare Σ propria.*

Dimostrazione. Essendo $[a,b]$ compatto, il raggio d'iniettività δ del sostegno di σ è strettamente positivo (Corollario 7.1.18), e il massimo M di $t \mapsto \|V(t)\|_{\sigma(t)}$ è finito. Se $\varepsilon = \delta/M > 0$, l'applicazione $\Sigma(s,t) = \exp\big(sV(t)\big)$ è definita su $(-\varepsilon, \varepsilon) \times [a,b]$, e quindi è una variazione di σ. Siccome

$$S(0,t) = \frac{\partial}{\partial s} \exp\big(sV(t)\big)\bigg|_{s=0} = \mathrm{d}(\exp)_{O_{\sigma(t)}}\big(V(t)\big) = V(t)\,,$$

il campo variazione coincide con V. Infine, se $V(a) = V(b) = O$ è evidente che Σ è propria. $\qquad\square$

Nel seguito ci servirà il seguente lemma elementare ma fondamentale:

Lemma 7.2.13. *Sia $\Sigma\colon (-\varepsilon,\varepsilon) \times [a,b] \to M$ una variazione di una curva regolare a tratti $\sigma\colon [a,b] \to M$ in una varietà Riemanniana M. Allora su ogni rettangolo $(-\varepsilon,\varepsilon) \times [t_{j-1}, t_j]$ su cui Σ è di classe C^∞ si ha*

$$D_s T = D_t S\,,$$

dove D_s è la derivata covariante lungo le curve trasverse, e D_t quella lungo le curve principali.

Dimostrazione. Basta fare il conto in coordinate locali. Scrivendo

$$S(s,t) = \frac{\partial \Sigma^i}{\partial s}(s,t)\, \partial_i|_{\Sigma(s,t)}\,, \qquad T(s,t) = \frac{\partial \Sigma^j}{\partial t}(s,t)\, \partial_j|_{\Sigma(s,t)}\,,$$

la formula (6.2) dà

$$
\begin{aligned}
D_s T &= \left[\frac{\partial^2 \Sigma^k}{\partial s \partial t} + (\Gamma^k_{ij} \circ \Sigma) \frac{\partial \Sigma^i}{\partial s} \frac{\partial \Sigma^j}{\partial t} \right] \partial_k|_\Sigma \\
&= \left[\frac{\partial^2 \Sigma^k}{\partial t \partial s} + (\Gamma^k_{ji} \circ \Sigma) \frac{\partial \Sigma^i}{\partial s} \frac{\partial \Sigma^j}{\partial t} \right] \partial_k|_\Sigma = D_t S\,,
\end{aligned}
$$

grazie alla simmetria della connessione di Levi-Civita. $\qquad\square$

Definizione 7.2.14. Sia $\sigma\colon [a,b] \to M$ una curva regolare a tratti, e scegliamo una suddivisione $a = t_0 < t_1 < \cdots < t_k = b$ di $[a,b]$ tale che σ sia di classe C^∞ in ciascun intervallo $[t_{j-1}, t_j]$. Per $j = 0,\ldots,k$ definiamo $\Delta_j\sigma' \in T_{\sigma(t_j)}M$ ponendo $\Delta_0\sigma' = \sigma'(a)$, $\Delta_k\sigma' = -\sigma'(b)$ e

$$\Delta_j\sigma' = \sigma'(t_j^+) - \sigma'(t_j^-)$$

per $j = 1,\ldots,k-1$, dove $\sigma'(t_j^+) = \lim_{t \to t_j^+} \sigma'(t)$, e $\sigma'(t_j^-) = \lim_{t \to t_j^-} \sigma'(t)$.

E ora siamo in grado di dimostrare una formula importante:

Teorema 7.2.15 (Prima variazione della lunghezza d'arco). *Data una curva regolare a tratti* $\sigma \colon [a,b] \to M$ *parametrizzata rispetto alla lunghezza d'arco in una varietà Riemanniana* M, *sia* $\Sigma \colon (-\varepsilon, \varepsilon) \times [a,b] \to M$ *una sua variazione con suddivisione associata* $a = t_0 < t_1 < \cdots < t_k = b$. *Indichiamo con* $V \in \mathcal{T}(\sigma)$ *il campo variazione di* Σ, *e definiamo la funzione* $L \colon (-\varepsilon, \varepsilon) \to \mathbb{R}$ *ponendo* $L(s) = L(\sigma_s)$. *Allora*

$$\frac{dL}{ds}(0) = -\int_a^b \langle V(t), D_t\sigma' \rangle \, dt - \sum_{j=0}^k \langle V(t_j), \Delta_j\sigma' \rangle \ . \tag{7.10}$$

Dimostrazione. In un intervallo $[t_{j-1}, t_j]$ dove tutto è di classe C^∞ abbiamo

$$\frac{d}{ds} L(\sigma_s|_{[t_{j-1}, t_j]}) = \int_{t_{j-1}}^{t_j} \frac{\partial}{\partial s} \langle T, T \rangle^{1/2} \, dt$$

$$= \int_{t_{j-1}}^{t_j} \frac{1}{\|T\|} \langle D_s T, T \rangle \, dt = \int_{t_{j-1}}^{t_j} \frac{1}{\|T\|} \langle D_t S, T \rangle \, dt \ ,$$

dove abbiamo usato il Lemma 7.2.13. Ponendo $s = 0$ e ricordando che $S(0,t) = V(t)$, $T(0,t) = \sigma'(t)$ e $\|\sigma'\| \equiv 1$, otteniamo

$$\frac{d}{ds} L(\sigma_s|_{[t_{j-1}, t_j]}) \bigg|_{s=0} = \int_{t_{j-1}}^{t_j} \langle D_t V, \sigma'(t) \rangle \, dt$$

$$= \int_{t_{j-1}}^{t_j} \left[\frac{d}{dt} \langle V, \sigma' \rangle - \langle V(t), D_t\sigma' \rangle \right] dt$$

$$= \langle V(t_j), \sigma'(t_j^-) \rangle - \langle V(t_{j-1}), \sigma'(t_{j-1}^+) \rangle$$

$$- \int_{t_{j-1}}^{t_j} \langle V(t), D_t\sigma' \rangle \, dt.$$

Sommando su j otteniamo la tesi. $\qquad\qquad\qquad\qquad\qquad\qquad\qquad\qquad\quad$ $\square$

Siamo ora in grado di dimostrare che ogni curva localmente minimizzante è una geodetica:

Teorema 7.2.16. *Ogni curva localmente minimizzante parametrizzata rispetto alla lunghezza d'arco in una varietà Riemanniana è una geodetica — e quindi in particolare è di classe* C^∞.

Dimostrazione. Siccome l'enunciato è locale, senza perdita di generalità possiamo supporre che $\sigma \colon [a,b] \to M$ sia una curva regolare a tratti minimizzante parametrizzata rispetto alla lunghezza d'arco; dobbiamo dimostrare che è una geodetica. Essendo una curva minimizzante, $dL(\sigma_s)/ds(0) = 0$ per ogni variazione propria Σ di σ; quindi il Lemma 7.2.12 ci assicura che il secondo membro di (7.10) è nullo per ogni campo vettoriale V proprio lungo σ.

Sia $a = t_0 < t_1 < \cdots < t_k = b$ una suddivisione di $[a, b]$ tale che σ sia di classe C^∞ in ciascun intervallo $[t_{j-1}, t_j]$, e sia $\chi_j \in C^\infty(\mathbb{R})$ una funzione tale che $\chi_j > 0$ in (t_{j-1}, t_j) e $\chi_j \equiv 0$ altrove. Allora (7.10) con $V = \chi_j D\sigma'$ diventa

$$0 = -\int_{t_{j-1}}^{t_j} \chi_j(t) \|D_t \sigma'\|^2 \, dt \,,$$

per cui $D\sigma' \equiv 0$ in ciascun intervallo $[t_{j-1}, t_j]$, e quindi σ è una geodetica all'interno di ciascuno di questi intervalli.

Ora vogliamo dimostrare che $\Delta_j \sigma' = O$ per $j = 1, \ldots, k-1$. Ma infatti basta prendere un campo vettoriale $V \in \mathcal{T}(\sigma)$ tale che $V(t_j) = \Delta_j \sigma'$ e $V(t_i) = O$ per $i \neq j$; in tal caso (7.10) si riduce a $0 = -\|\Delta_j \sigma'\|^2$, e ci siamo.

Dunque σ' è continuo; per l'unicità delle geodetiche tangenti a una data direzione otteniamo che $\sigma|_{[t_j, t_{j+1}]}$ è la continuazione di $\sigma|_{[t_{j-1}, t_j]}$ per $j-1, \ldots, k-1$, e quindi σ è liscia e una geodetica dappertutto. $\qquad\square$

In realtà abbiamo dimostrato qualcosina di più.

Definizione 7.2.17. Diremo che una curva regolare a tratti $\sigma \colon [a, b] \to M$ in una varietà Riemanniana M è un *punto critico del funzionale lunghezza* se

$$\frac{dL(\sigma_s)}{ds}(0) = 0$$

per ogni variazione propria Σ di σ.

Allora la dimostrazione del teorema precedente implica chiaramente il

Corollario 7.2.18. *Una curva regolare a tratti parametrizzata rispetto alla lunghezza d'arco in una varietà Riemanniana è un punto critico del funzionale lunghezza se e solo se è una geodetica.*

Il nostro prossimo obiettivo è dimostrare il viceversa del Teorema 7.2.16, cioè dimostrare che ogni geodetica è localmente minimizzante. Per far ciò ci serve il seguente *Lemma di Gauss*:

Lemma 7.2.19 (Gauss). *Sia M una varietà Riemanniana, $p \in M$ e $v \in \mathcal{E}_p$. Allora si ha*

$$\langle d(\exp_p)_v(v), d(\exp_p)_v(w) \rangle_{\exp_p(v)} = \langle v, w \rangle_p \tag{7.11}$$

per ogni $w \in T_p M$, dove abbiamo identificato come al solito $T_v(T_p M)$ con $T_p M$.

Dimostrazione. Cominciamo a dimostrare (7.11) per $w = v$. Una curva in $T_p M$ passante per v e tangente a v è $\tau(t) = v + tv$; quindi

$$d(\exp_p)_v(v) = \left. \frac{d}{dt} \exp_p((1+t)v) \right|_{t=0} = \left. \frac{d}{dt} \sigma_v(1+t) \right|_{t=0} = \sigma_v'(1) \,, \tag{7.12}$$

dove come sempre σ_v denota la geodetica massimale con $\sigma_v(0) = p$ e $\sigma_v'(0) = v$. Quindi

$$\langle \mathrm{d}(\exp_p)_v(v), \mathrm{d}(\exp_p)_v(v)\rangle_{\exp_p(v)} = \|\sigma_v'(1)\|^2_{\sigma_v(1)} = \langle v, v\rangle_p \,,$$

perché, grazie al Lemma 7.2.7, abbiamo $\|\sigma_v'(1)\|_{\sigma_v(1)} = \|\sigma_v'(0)\|_{\sigma_v(0)} = \|v\|_p$.

Per la linearità di $\mathrm{d}(\exp_p)_v$ ci basta allora dimostrare che se w è perpendicolare a v allora

$$\langle \mathrm{d}(\exp_p)_v(v), \mathrm{d}(\exp_p)_v(w)\rangle_{\exp_p(v)} = 0 \,.$$

Siccome $\langle w, v\rangle_p = 0$, il vettore w, considerato come vettore in $T_v(T_pM)$, è tangente in v alla sfera $\partial B_{\|v\|_p}(O_p)$ di centro l'origine e raggio $\|v\|_p$. Quindi possiamo trovare una curva $\tau\colon(-\varepsilon, \varepsilon) \to T_pM$ con $\tau(0) = v$, $\tau'(0) = w$ e $\|\tau(s)\|_p \equiv \|v\|_p$. Siccome $v \in \mathcal{E}_p$, a meno di rimpicciolire ε possiamo supporre che $\tau(s) \in \mathcal{E}_p$ per ogni s, e definire una variazione $\Sigma\colon(-\varepsilon, \varepsilon) \times [0, 1] \to T_pM$ di σ_v ponendo

$$\Sigma(s, t) = \exp_p\big(t\tau(s)\big) \,.$$

Notiamo esplicitamente che le curve principali di Σ sono geodetiche, che $\Sigma(0, 1) = \exp_p(v)$, e che

$$T(0, 1) = \mathrm{d}(\exp_p)_v(v) = \sigma_v'(1), \quad S(0, 1) = \frac{\partial}{\partial s}\exp_p\big(\tau(s)\big)\bigg|_{s=0} = \mathrm{d}(\exp_p)_v(w) \,,$$

per cui ci basta dimostrare che $\langle T(0, 1), S(0, 1)\rangle_{\exp_p(v)} = 0$. Ora,

$$\frac{\partial}{\partial t}\langle T, S\rangle_\Sigma = \langle D_tT, S\rangle_\Sigma + \langle T, D_tS\rangle_\Sigma = \langle T, D_sT\rangle_\Sigma = \frac{1}{2}\frac{\partial}{\partial s}\|T\|^2_\Sigma = 0 \,,$$

dove abbiamo usato: $D_tT \equiv O$, in quanto ciascuna σ_s è una geodetica; il Lemma 7.2.13; e

$$\|T(s, t)\|_{\Sigma(s,t)} = \|\sigma_s'(t)\|_{\sigma_s(t)} \equiv \|\sigma_s'(0)\|_p = \|\tau(s)\|_p \equiv \|v\|_p \,.$$

Dunque $\langle T, S\rangle_\Sigma$ non dipende da t; e quindi

$$\langle T(0, 1), S(0, 1)\rangle_{\exp_p(v)} = \langle T(0, 0), S(0, 0)\rangle_p = 0 \,,$$

in quanto $\sigma^0 \equiv p$ implica $S(0, 0) = (\sigma^0)'(0) = O_p$. $\square$

Vogliamo dare un'interpretazione più geometrica di questo risultato.

Definizione 7.2.20. Sia $B_\varepsilon(p) \subset M$ una palla geodetica di centro p in una varietà Riemanniana M, dove ε è tale che $0 < \varepsilon \le \mathrm{injrad}(p)$, e poniamo $B^*_\varepsilon(p) = B_\varepsilon(p) \setminus \{p\}$. Indichiamo con $r\colon B_\varepsilon(p) \to \mathbb{R}^+$ la funzione data da $r(q) = \|\exp_p^{-1}(q)\|_p$ per ogni $q \in B_\varepsilon(p)$. Chiaramente, $r \in C^\infty\big(B^*_\varepsilon(p)\big)$. Il *campo radiale* $\partial/\partial r \in \mathcal{T}\big(B^*_\varepsilon(p)\big)$ è il gradiente di r:

$$\frac{\partial}{\partial r}\bigg|_q = (\mathrm{grad}\, r)(q)$$

per ogni $q \in B^*_\varepsilon(p)$.

Osservazione 7.2.21. Dimostreremo fra poco (Teorema 7.2.23) che la funzione $r\colon B_\varepsilon(p) \to \mathbb{R}^+$ è la distanza Riemanniana dal punto p; nota intanto che $B_\delta(p) = r^{-1}([0,\delta))$ per ogni $0 \le \delta \le \varepsilon$.

Proposizione 7.2.22. *Sia $B_\varepsilon(p)$ una palla geodetica in una varietà Riemanniana M. Allora:*

(i) *per ogni $q = \exp_p(v) \in B_\varepsilon^*(p)$ si ha*

$$\left.\frac{\partial}{\partial r}\right|_q = \mathrm{d}(\exp_p)_v\left(\frac{v}{\|v\|_p}\right) = \frac{\sigma_v'(1)}{\|v\|_p} = \sigma_{v/\|v\|_p}'(\|v\|_p)\,,$$

e in particolare, $\|\partial/\partial r\| \equiv 1$;

(ii) *le geodetiche radiali uscenti da p parametrizzate rispetto alla lunghezza d'arco sono le traiettorie di $\partial/\partial r$;*

(iii) *il campo radiale è ortogonale alle sfere geodetiche $\partial B_\delta(p)$ con $\delta < \varepsilon$.*

Dimostrazione. (i) Prima di tutto, derivando l'uguaglianza

$$\sigma_{v/\|v\|_p}(t) = \sigma_v(t/\|v\|_p)$$

otteniamo

$$\sigma_{v/\|v\|_p}'(\|v\|_p) = \frac{\sigma_v'(1)}{\|v\|_p}\,;$$

quindi, ricordando la (7.12), rimane da dimostrare solo che

$$\mathrm{d}r_{\exp_p(v)}(\tilde{w}) = \frac{1}{\|v\|_p}\langle \mathrm{d}(\exp_p)_v(v), \tilde{w}\rangle_{\exp_p(v)} \tag{7.13}$$

per ogni $v \in B_\varepsilon(O_p) \setminus \{O_p\}$ e ogni $\tilde{w} \in T_{\exp_p(v)}M$.

Ora, ogni $\tilde{w} \in T_{\exp_p(v)}M$ è della forma $\tilde{w} = \mathrm{d}(\exp_p)_v(w)$ per un unico $w \in T_pM$, in quanto $\exp_p$ è un diffeomorfismo fra $B_\varepsilon(O_p)$ e $B_\varepsilon(p)$ — e stiamo identificando $T_v(T_pM)$ con T_pM come al solito. Dunque

$$\mathrm{d}r_{\exp_p(v)}(\tilde{w}) = \mathrm{d}r_{\exp_p(v)}\bigl(\mathrm{d}(\exp_p)_v(w)\bigr) = \mathrm{d}(r \circ \exp_p)_v(w) = \frac{\langle v, w\rangle_p}{\|v\|_p}\,,$$

dove l'ultima eguaglianza segue da $r \circ \exp_p = \|\cdot\|_p$, e quindi (7.13) è esattamente equivalente al Lemma 7.2.19.

(ii) Se $q = \exp_p(v) \in B_\varepsilon^*(p)$, la geodetica radiale parametrizzata rispetto alla lunghezza d'arco uscente da p passante per q è esattamente $t \mapsto \sigma_{v/\|v\|_p}(t)$, e raggiunge q per $t = \|v\|_p$. La tesi segue allora da (i).

(iii) Siccome $\partial B_\delta(p) = \exp_p\bigl(\partial B_\delta(O_p)\bigr)$, i vettori tangenti a $\partial B_\delta(p)$ nel punto $q = \exp_p(v)$ sono esattamente l'immagine tramite $\mathrm{d}\exp_p$ dei vettori tangenti a $\partial B_\delta(O_p)$ in v, i quali sono proprio i vettori ortogonali a v. La tesi segue allora dal Lemma 7.2.19. $\square$

E ora siamo arrivati ad un risultato cruciale:

Teorema 7.2.23. *Sia (M, g) una varietà Riemanniana, e scegliamo $p \in M$ e $0 < \varepsilon < \mathrm{injrad}(p)$. Allora:*

(i) *se q appartiene a una palla geodetica $B_\varepsilon(p)$ di centro p, allora la geodetica radiale da p a q è l'unica (a meno di riparametrizzazioni) curva minimizzante da p a q;*

(ii) *la funzione r introdotta nella Definizione 7.2.20 coincide con la distanza Riemanniana dal punto p, per cui ogni palla geodetica $B_\varepsilon(p)$ è la palla di centro p e raggio ε per la distanza Riemanniana di M;*

(iii) *ogni geodetica di M è localmente minimizzante.*

Dimostrazione. (i) Sia $\sigma \colon [0, \ell] \to M$ la geodetica radiale da p a q parametrizzata rispetto alla lunghezza d'arco, per cui $\sigma(t) = \exp_p(tv)$ per un opportuno vettore $v \in T_pM$ di lunghezza unitaria. Siccome si ha $L(\sigma) = \ell = r(q)$, dobbiamo dimostrare che ogni altra curva regolare a tratti da p a q ha lunghezza maggiore o uguale a ℓ, e uguale a ℓ se e solo se è una riparametrizzazione di σ.

Sia $\tau \colon [a, b] \to M$ una curva regolare a tratti da p a q parametrizzata rispetto alla lunghezza d'arco, e supponiamo per il momento che l'immagine di τ sia tutta contenuta in $B_\varepsilon(p)$. Chiaramente, possiamo anche supporre che $\tau(t) \neq p$ per $t > a$. Per la proposizione precedente possiamo scrivere τ' in tutti i punti in cui esiste come

$$\tau'(t) = \alpha(t) \left. \frac{\partial}{\partial r} \right|_{\tau(t)} + w(t) \,,$$

per un'opportuna funzione α e un'opportuno campo $w \in \mathcal{T}(\tau)$, con la proprietà che $w(t)$ è tangente alla sfera geodetica passante per $\tau(t)$. Siccome questa è una decomposizione ortogonale abbiamo

$$\|\tau'(t)\|^2 = |\alpha(t)|^2 + \|w(t)\|^2 \geq |\alpha(t)|^2 \,.$$

Inoltre, siccome le sfere geodetiche sono le ipersuperfici di livello della funzione r, abbiamo $dr(w) \equiv 0$, e quindi

$$\alpha(t) = dr\bigl(\tau'(t)\bigr) \,.$$

Di conseguenza

$$L(\tau) = \int_a^b \|\tau'(t)\| \, dt \geq \int_a^b |\alpha(t)| \, dt$$

$$\geq \int_a^b dr\bigl(\tau'(t)\bigr) \, dt = \int_a^b \frac{d(r \circ \tau)}{dt} \, dt = r(q) - r(p) = \ell \,,$$

come voluto. Inoltre, si ha uguaglianza se e solo se τ' è un multiplo positivo di $\partial/\partial r$; essendo entrambi di lunghezza unitaria, dobbiamo avere $\tau' \equiv (\partial/\partial r) \circ \tau$.

Quindi sia τ che σ sono traiettorie di $\partial/\partial r$ passanti per q al tempo $t = \ell$, e quindi $\tau = \sigma$.

Infine, se $\tau\colon [a, b] \to M$ è una qualsiasi curva regolare a tratti da p a q, sia $a_0 \in [a, b]$ l'ultimo valore t per cui $\tau(t) = p$, e $b_0 \in [a, b]$ il primo valore $t > a_0$ tale che $\tau(t) \in \partial B_\varepsilon(p)$, se esiste; altrimenti poniamo $b_0 = b$. Chiaramente, la curva $\tau|_{[a_0,b_0]}$ ha supporto contenuto in $B_\varepsilon(t)$ tranne eventualmente per il punto finale; siccome

$$L(\tau) \geq L(\tau|_{[a_0,b_0]}) \,,$$

con eguaglianza se e solo se $a_0 = a$ e $b_0 = b$, la tesi segue allora da quanto già visto.

(ii) Se $q \in B_\varepsilon(p)$, esiste un unico $v \in B_\varepsilon(O_p)$ tale che $q = \exp_p(v)$, e la geodetica minimizzante da p a q parametrizzata rispetto alla lunghezza d'arco è $\sigma_{v/\|v\|_p}$. Quindi $r(q) = \|v\|_p = L(\sigma_{v/\|v\|_p}|_{[0,\|v\|_p]}) = d(p, q)$, e r coincide con la distanza Riemanniana da p. In particolare, $B_\varepsilon(p)$ è contenuta nella palla $B(p, \varepsilon)$ di centro p e raggio ε per la distanza Riemanniana. Viceversa, se $q \in B(p, \varepsilon)$ deve esistere una curva σ da p a q di lunghezza minore di ε; ma abbiamo visto che ogni curva che esce da $B_\varepsilon(p)$ deve avere lunghezza almeno uguale a ε, per cui $q \in B_\varepsilon(p)$, e ci siamo.

(iii) Sia $\sigma\colon I \to M$ una geodetica massimale parametrizzata rispetto alla lunghezza d'arco, $t_0 \in I$ e $p = \sigma(t_0)$. Scegliamo $\varepsilon > 0$ in modo che $B_\varepsilon(p)$ sia una palla geodetica. Allora per ogni $q \in B_\varepsilon(p) \cap \sigma(I)$ la geodetica σ è la geodetica radiale da p a q, e quindi è la curva minimizzante da p a q. In altre parole, σ è localmente minimizzante nell'intorno $(t_0 - \varepsilon, t_0 + \varepsilon)$ di t_0. $\square$

Terminiamo la sezione con due esempi.

Esempio 7.2.24 (Lo spazio euclideo). Le geodetiche di $\mathbb{R}^n$ rispetto alla metrica piatta sono i segmenti (e le rette sono le geodetiche massimali), parametrizzati con velocità costante.

Esempio 7.2.25 (La sfera). Un *cerchio massimo* su S_R^n è l'intersezione di S_R^n con un piano passante per l'origine. Vogliamo far vedere che le geodetiche di S_R^n sono proprio i cerchi massimi, parametrizzati rispetto a un multiplo della lunghezza d'arco.

Sia σ una geodetica uscente dal polo nord $N = (0, \ldots, 0, 1)$ e tangente al vettore $\partial/\partial x^1$. Se l'immagine di σ non fosse contenuta nel piano π di equazione $x^2 = \cdots = x^n = 0$, la simmetria ρ rispetto a questo piano (che è un'isometria della metrica sferica) manderebbe σ in una geodetica $\rho \circ \sigma$ diversa ma sempre uscente da N e tangente a $\partial/\partial x^1$, impossibile. Quindi l'immagine di σ dev'essere contenuta in π, per cui è necessariamente una parametrizzazione a velocità costante del cerchio massimo $S_R^n \cap \pi$. Siccome, grazie all'Esempio 6.5.23, possiamo mandare con una rotazione il vettore $\partial/\partial x^1|_N$ in un qualunque vettore di TS_R^n di lunghezza unitaria, e le rotazioni mandano geodetiche in geodetiche (vedi l'Esercizio 7.4) e cerchi massimi in cerchi massimi, abbiamo finito.

In particolare, otteniamo esempi di geodetiche non minimizzanti: i cerchi massimi smettono di essere minimizzanti non appena si supera il punto diametralmente opposto. Più precisamente, abbiamo injrad$(p) = \pi R$ ed $\exp_p\big(B_{\pi R}(O_p)\big) = S_R^n \setminus \{-p\}$ per ogni $p \in S_R^n$.

Vedi l'Esercizio 7.16 per la descrizione delle geodetiche nello spazio iperbolico introdotto nell'Esempio 6.5.25, e [2, Capitolo 5] per esempi espliciti di geodetiche nelle superfici in $\mathbb{R}^3$.

7.3 Intorni geodeticamente convessi

L'obiettivo di questa sezione è dimostrare l'esistenza su varietà Riemanniane qualsiasi di un analogo dei convessi di $\mathbb{R}^n$, mantenendo una promessa fatta nella Sezione 5.8.

Definizione 7.3.1. Sia (M, g) una varietà Riemanniana. Un sottoinsieme $U \subseteq M$ è *geodeticamente convesso* se per ogni coppia di punti p, $q \in U$ l'immagine di ogni geodetica minimizzante che li congiunge è completamente contenuta in U.

Il nostro scopo è dimostrare che palle geodetiche di raggio sufficientemente piccolo sono sempre geodeticamente convesse. Per farlo ci serve una definizione ausiliaria:

Definizione 7.3.2. Una funzione $f \in C^\infty(M)$ su una varietà Riemanniana M è *strettamente convessa* se $\nabla^2 f$ è definito positivo, dove $\nabla^2 f$ è l'Hessiano di f rispetto alla connessione di Levi-Civita.

È possibile verificare se una funzione è strettamente convessa usando le geodetiche:

Lemma 7.3.3. *Sia M una varietà Riemanniana, e $f \in C^\infty(M)$. Allora f è strettamente convessa se e solo se $f \circ \sigma$ è strettamente convessa come funzione di una variabile per ogni geodetica σ in M.*

Dimostrazione. Scegliamo $p \in M$ e $v \in T_p M$, e sia $\sigma : I \to M$ una geodetica con $\sigma(0) = p$ e $\sigma'(0) = v$. Indichiamo con $\sigma'(f) : I \to \mathbb{R}$ la funzione data da

$$\sigma'(f)(t) = \sigma'(t)(f) = \frac{\mathrm{d}}{\mathrm{d}t}(f \circ \sigma)(t) \ .$$

L'equazione (6.13) ci dà

$$\nabla^2 f\big(\sigma'(t), \sigma'(t)\big) = \sigma'(t)\big(\sigma'(f)\big) - (D_t \sigma')(f) = \frac{\mathrm{d}^2}{\mathrm{d}t^2}(f \circ \sigma)(t) \ ,$$

in quanto σ è una geodetica, da cui

$$\nabla^2 f(v, v) = \frac{\mathrm{d}^2}{\mathrm{d}t^2}(f \circ \sigma)\bigg|_{t=0} \ , \tag{7.14}$$

e la tesi segue. $\qquad\square$

Un importante esempio di funzione strettamente convessa è dato dalla distanza Riemanniana:

Lemma 7.3.4. *Sia M una varietà Riemanniana connessa, e $p_0 \in M$. Indichiamo con $r \colon M \to \mathbb{R}$ la distanza Riemanniana da p_0, cioè $r(p) = d(p_0, p)$. Allora r^2 è di classe C^∞ in un intorno di p_0, e $\nabla^2 r^2(p_0)$ è definito positivo.*

Dimostrazione. Sia $0 < \varepsilon < \mathrm{injrad}(p_0)$. Allora $\exp_{p_0}^{-1}$ è ben definito su $B_\varepsilon(p_0)$, e si ha $r^2(p) = \| \exp_{p_0}^{-1}(p) \|_{p_0}^2$, per cui r^2 è di classe C^∞ in $B_\varepsilon(p_0)$. Sia ora $v \in T_{p_0}M$ un vettore non nullo, e $\sigma_v \colon (-\varepsilon, \varepsilon) \to M$ la geodetica radiale uscente da p_0 e tangente a v. Allora (7.14) ci dà

$$\nabla^2 r^2(v, v) = \frac{\mathrm{d}^2}{\mathrm{d}t^2}(r^2 \circ \sigma_v)\Big|_{t=0} = \frac{\mathrm{d}^2(t^2 \|v\|_{p_0}^2)}{\mathrm{d}t^2}\Big|_{t=0} = 2\|v\|_{t_0} > 0 \, ,$$

e ci siamo. ∎

Ora possiamo dimostrare il *teorema di Whitehead*:

Teorema 7.3.5 (Whitehead). *Sia M una varietà Riemanniana, e $p_0 \in M$. Allora esiste $\delta > 0$ tale che la palla geodetica $B_\varepsilon(p_0)$ è geodeticamente convessa per ogni $0 < \varepsilon < \delta$. Più precisamente, per ogni p, $q \in B_\varepsilon(p_0)$ la geodetica radiale che collega p e q esiste e ha immagine contenuta in $B_\varepsilon(p_0)$.*

Dimostrazione. Prima di tutto, fissiamo un $0 < \delta_1 < \mathrm{injrad}(p_0)$, e scegliamo $\delta_0 > 0$ in modo che $3\delta_0$ sia minore di δ_1 e del raggio di iniettività di $\overline{B_{\delta_1}(p_0)}$. Dati p, $q \in B_{\delta_0}(p_0)$ si ha $d(p, q) < 2\delta_0$; quindi $q \in B_{2\delta_0}(p)$, e per il Teorema 7.2.23 esiste ed è unica la geodetica radiale minimizzante che collega p e q.

Indichiamo ora con $r = d(p_0, \cdot)$ la distanza Riemanniana da p_0. Il Lemma 7.3.4 ci dice che esiste $0 < \delta < \delta_0$ tale che r^2 sia differenziabile e strettamente convessa in $B_{3\delta}(p_0)$; vogliamo dimostrare che $B_\varepsilon(p_0)$ è geodeticamente convessa per ogni $0 < \varepsilon < \delta$.

Prendiamo p, $q \in B_\varepsilon(p_0)$, e sia σ una geodetica minimizzante che li congiunge (che esiste perché $\varepsilon < \delta_0$). Se l'immagine di σ non fosse contenuta in $B_{3\delta}(p_0)$, la lunghezza di σ sarebbe (perché?) pari ad almeno 4δ; ma $d(p, q) < 2\delta$, e σ non potrebbe essere minimizzante.

Quindi l'immagine di σ è contenuta in $B_{3\delta}(p_0)$, dove r^2 è strettamente convessa. Per il Lemma 7.3.3, $r^2 \circ \sigma$ è strettamente convessa; ma una funzione strettamente convessa di una variabile reale assume massimo negli estremi, per cui

$$r^2 \circ \sigma \leq \max\{r^2(p), r^2(q)\} < \varepsilon^2 \, ,$$

e quindi l'immagine di σ è contenuta in $B_\varepsilon(p_0)$, come voluto. ∎

Siamo infine in grado di dimostrare il Teorema 5.8.8, che sarà un'immediata conseguenza del risultato seguente.

Teorema 7.3.6. *Sia M una varietà. Allora ogni ricoprimento aperto di M ammette un raffinamento che è un ricoprimento aciclico.*

Dimostrazione. Scegliamo una metrica Riemanniana qualsiasi g su M. Se $\mathfrak{U}$ è un ricoprimento aperto di M, usando il Teorema 7.3.5 e la sua dimostrazione possiamo trovare un raffinamento $\mathfrak{V} = \{V_\alpha\}$ di $\mathfrak{U}$ costituito da palle geodetiche che soddisfano le seguenti condizioni:

(a) ciascun V_α è geodeticamente convesso;
(b) per ciascun V_α esiste $\varepsilon_\alpha > 0$ tale che $V_\alpha \subset B_{\varepsilon_\alpha}(p)$ per ogni $p \in V_\alpha$.

Chiaramente, un'intersezione finita di aperti che soddisfano (a) e (b) continua a soddisfare (a) e (b); quindi per concludere la dimostrazione (grazie al Corollario 5.4.7) ci basta dimostrare che qualsiasi aperto che soddisfa (a) e (b) è C^∞-contraibile.

Supponiamo allora che $V \subseteq M$ sia un aperto che soddisfa (a) e (b), fissiamo $p_0 \in V$ e definiamo $H \colon \mathbb{R} \times V \to M$ ponendo

$$H(t, q) = \exp_{p_0}\big(a(t) \exp_{p_0}^{-1}(q)\big) \, ,$$

dove $a \in C^\infty(\mathbb{R})$ è la funzione definita nell'Esempio 5.4.8, che è identicamente nulla su $(-\infty, 0]$, identicamente uguale a 1 su $[1, +\infty)$, e cresce monoticamente da 0 a 1 in $[0, 1]$. Per la proprietà (b) l'applicazione H è ben definita e quindi di classe C^∞; per la proprietà (a) ha immagine in V. Essendo $H(0, \cdot) \equiv p_0$ e $H(1, \cdot) = \mathrm{id}_V$, abbiamo dimostrato che $\{p_0\}$ è un retratto di deformazione liscio di V, cioè V è C^∞-contraibile, come voluto. $\square$

7.4 Il teorema di Hopf-Rinow

Possiamo finalmente affrontare il problema di quando l'esponenziale è definito su tutto lo spazio tangente. Ricordiamo che una distanza d su uno spazio topologico X si dice *completa* se lo spazio metrico (X, d) è completo, cioè se ogni successione successione di Cauchy in (X, d) converge a un punto dello spazio. D'altro canto, un campo vettoriale è completo (Definizione 3.3.6) se le sue curve integrali sono definite su tutto $\mathbb{R}$. Il *teorema di Hopf-Rinow* mostra che la distanza Riemanniana è completa se e solo se il campo geodetico è completo:

Teorema 7.4.1 (Hopf-Rinow). *Sia M una varietà Riemanniana. Allora le seguenti condizioni sono equivalenti:*

(i)   *la distanza Riemanniana è completa;*
(ii) *per ogni $p \in M$ e ogni $v \in T_pM$ la geodetica σ_v è definita su tutto $\mathbb{R}$;*
(iii) *per ogni $p \in M$ l'applicazione esponenziale $\exp_p$ è definita su tutto T_pM;*
(iv) *esiste un punto $p \in M$ tale che l'applicazione esponenziale $\exp_p$ è definita su tutto T_pM;*

(v) *esiste un punto $p \in M$ tale che per ogni $v \in T_pM$ la geodetica σ_v è definita su tutto $\mathbb{R}$;*

(vi) *ogni insieme chiuso limitato di M è compatto.*

Inoltre, ciascuna di queste condizioni implica che

(vii) *ogni coppia di punti di M può essere collegata da una geodetica minimizzante.*

Dimostrazione. (i) $\Longrightarrow$ (ii): Dobbiamo dimostrare che per ogni $p \in M$ e ogni $v \in T_pM$ la geodetica σ_v è definita su tutto $\mathbb{R}$. Sia $[0, t_0)$ il più grande intervallo aperto a destra su cui σ_v è definita, e supponiamo per assurdo che t_0 sia finito. Siccome

$$d\big(\sigma_v(s), \sigma_v(t)\big) \le L(\sigma_v|_{[s,t]}) = \|v\|\,|s - t|$$

per ogni $0 \le s \le t < t_0$, se $\{t_k\} \subset [0, t_0)$ converge crescendo a t_0 la successione $\{\sigma_v(t_k)\}$ è di Cauchy in M per la distanza d, e quindi converge a un punto $q \in M$, chiaramente indipendente dalla successione scelta. Dunque ponendo $\sigma_v(t_0) = q$ otteniamo un'applicazione continua da $[0, t_0]$ in M. Sia U un intorno uniformemente normale di q, con raggio d'iniettività $\delta > 0$. Per ogni k abbastanza grande, abbiamo sia $|t_k - t_0| < \delta/\|v\|$ che $\sigma_v(t_k) \in U$. In particolare, le geodetiche radiali uscenti da $\sigma_v(t_k)$ si prolungano per una lunghezza almeno uguale a δ; siccome $L(\sigma_v|_{[t_k, t_0]}) = |t_0 - t_k|\|v\| < \delta$, la geodetica σ_v si prolunga oltre t_0, contraddizione. Quindi $t_0 = +\infty$, e σ_v è definita su $\mathbb{R}^+$. Siccome $\sigma_{-v}(t) = \sigma_v(-t)$, lo stesso ragionamento applicato a σ_{-v} dimostra che σ_v è definita su tutto $\mathbb{R}$.

(ii) $\Longrightarrow$ (iii) $\Longrightarrow$ (iv): Ovvio.

(iv) $\Longrightarrow$ (v): Per ipotesi $\exp_p(tv) = \sigma_{tv}(1)$ è definito per ogni $v \in T_pM$ e $t \in \mathbb{R}$; quindi $\sigma_v(t) = \sigma_{tv}(1)$ è definito per ogni $v \in T_pM$ e $t \in \mathbb{R}$.

(v) $\Longrightarrow$ (iv): Ovvio.

Introduciamo ora la condizione

(vii') *Esiste un punto $p \in M$ che può essere collegato a qualsiasi altro punto con una geodetica minimizzante.*

(v) $\Longrightarrow$ (vii'): Dato $q \in M$, poniamo $r = d(p, q)$, e sia $B_{2\varepsilon}(p)$ una palla geodetica di centro p tale che $q \notin \overline{B_\varepsilon(p)}$. Sia $x_0 \in \partial B_\varepsilon(p)$ un punto di minimo in $\partial B_\varepsilon(p)$ per la funzione continua $x \mapsto d(q, x)$. Possiamo scrivere $x_0 = \exp_p(\varepsilon v)$ per un opportuno $v \in T_pM$ di norma unitaria; vogliamo dimostrare che $\sigma_v(r) = q$, per cui σ_v risulta essere una geodetica minimizzante da p a q.

Poniamo

$$A = \{s \in [0, r] \mid d\big(\sigma_v(s), q\big) = r - s\}\,.$$

L'insieme A è non vuoto ($0 \in A$), ed è chiuso in $[0, r]$; se dimostriamo che $\sup A = r$ abbiamo finito. Sia $s_0 \in A$ minore di r; ci basta far vedere che $s_0 + \delta \in A$ per $\delta > 0$ abbastanza piccolo (inoltre, se $s_0 = 0$ l'argomento che stiamo per presentare dimostrerà che $\varepsilon \in A$). Prendiamo una palla geodetica $B_\delta\big(\sigma_v(s_0)\big)$; possiamo supporre che $q \notin B_\delta\big(\sigma_v(s_0)\big)$. Per costruzione,

$$d\big(p, \sigma_v(s_0)\big) \le s_0 = d(p, q) - d\big(\sigma_v(s_0), q\big) \ ,$$

che è possibile se e solo se $d\big(p, \sigma_v(s_0)\big) = s_0$. Sia $x'_0 \in \partial B_\delta\big(\sigma_v(s_0)\big)$ un punto di minimo in $\partial B_\delta\big(\sigma_v(s_0)\big)$ per la funzione $x \mapsto d(x, q)$. Allora

$$r - s_0 = d\big(\sigma_v(s_0), q\big) \le \delta + d(x'_0, q) \ ;$$

d'altra parte, se τ è una curva regolare a tratti da $\sigma_v(s_0)$ a q, suddividendo τ nella parte fino all'ultima intersezione con $\partial B_\delta\big(\sigma_v(s_0)\big)$ e nel resto, si ha

$$L(\tau) \ge \delta + \min_{x \in \partial B_\delta(\sigma_v(s_0))} d(x, q) = \delta + d(x'_0, q) \ ,$$

per cui abbiamo

$$r - s_0 = \delta + d(x'_0, q) \ ,$$

e quindi

$$d(p, x'_0) \ge d(p, q) - d(q, x'_0) = r - (r - s_0 - \delta) = s_0 + \delta \ .$$

D'altra parte, la curva $\tilde{\sigma}$ ottenuta unendo $\sigma_v|_{[0, s_0]}$ con la geodetica radiale da $\sigma_v(s_0)$ a x'_0 ha lunghezza esattamente $s_0 + \delta$; quindi $d(p, x'_0) = s_0 + \delta$. In particolare, la curva $\tilde{\sigma}$ è minimizzante, per cui è una geodetica e dunque coincide con σ_v. Ma allora $\sigma_v(s_0 + \delta) = x'_0$ e quindi

$$d\big(\sigma_v(s_0 + \delta), q\big) = d(x'_0, q) = r - (s_0 + \delta) \ ,$$

cioè $s_0 + \delta \in A$, come voluto.

(v)+(vii') $\Longrightarrow$ (vi): basta far vedere che le palle chiuse di centro p per la distanza sono compatte. Ma infatti sono contenute, grazie a (vii') e (iv), con le immagini tramite $\exp_p$ delle palle $\overline{B_r(O_p)}$, che sono compatte.

(vi) $\Longrightarrow$ (i): fissiamo un $p_0 \in M$, e sia $\{q_k\}$ una successione di Cauchy in M. In particolare, esiste $k_0 \in \mathbb{N}$ tale che $d(q_h, q_k) < 1$ per ogni h, $k \ge k_0$. Quindi

$$\forall k \ge k_0 \quad d(q_k, p_0) \le d(q_k, q_{k_0}) + d(q_{k_0}, p_0) < 1 + d(q_{k_0}, p_0) \ ,$$

per cui l'intera successione è contenuta nella palla chiusa di centro p_0 e raggio $1 + \max\{d(q_0, p_0), \ldots, d(q_{k_0}, p_0)\}$, che è compatta per ipotesi. Dunque possiamo estrarre da $\{q_k\}$ una sottosuccessione $\{q_{k_\nu}\}$ che converge a un punto $q_\infty \in M$. Ora,

$$d(q_k, q_\infty) \le d(q_k, q_{k_\nu}) + d(q_{k_\nu}, q_\infty) \ ;$$

quindi a patto di prendere k e k_ν sufficientemente grandi possiamo rendere $d(q_k, q_\infty)$ arbitrariamente piccolo, per cui l'intera successione converge a q_∞, come voluto.

(ii) $\Longrightarrow$ (vii): si ragiona come in (v) $\Longrightarrow$ (vii'). $\qquad\square$

Definizione 7.4.2. Una varietà Riemanniana la cui distanza Riemanniana è completa sarà detta *completa*.

Esempio 7.4.3. In un aperto convesso limitato Ω di $\mathbb{R}^n$, considerato con la metrica euclidea, la condizione (vii) del teorema di Hopf-Rinow è verificata, ma le altre no: infatti, due punti di Ω sono sempre collegati da una geodetica minimizzante (un segmento: ricorda l'Esempio 7.2.24) contenuta in Ω, ma nessuna geodetica è definita su tutto $\mathbb{R}$ (essendo limitato, Ω non contiene rette).

Esempio 7.4.4. Ogni varietà compatta (per esempio la sfera) è automaticamente completa.

Esempio 7.4.5 (Il cilindro piatto). Consideriamo

$$M = \{x \in \mathbb{R}^n \mid (x^1)^2 + \cdots + (x^{n-1})^2 = 1\} \, ,$$

con la metrica indotta dalla metrica euclidea di $\mathbb{R}^n$. Siccome M è omogeneo (perché?), possiamo limitarci a studiare le geodetiche uscenti dal punto $p_0 = (1, 0, \ldots, 0)$. Lo spazio tangente a M in p_0 è l'iperpiano

$$T_{p_0}M = \{v \in \mathbb{R}^n \mid v^1 = 0\} \, ,$$

e un versore normale a M in $\mathbb{R}^n$ nel punto $p \in M$ è $N(p) = (p^1, \ldots, p^{n-1}, 0)$. Sia $\sigma: I \to M$ la geodetica con $\sigma(0) = p_0$ e $\sigma'(0) = v \in T_{p_0}M$. Allora sappiamo che

$$|\sigma^1|^2 + \cdots + |\sigma^{n-1}|^2 \equiv 1 \, , \qquad |(\sigma^1)'|^2 + \cdots + |(\sigma^n)'|^2 \equiv \|v\|^2 \, ; \qquad (7.15)$$

inoltre, siccome la connessione di Levi-Civita di M è la proiezione della connessione piatta di $\mathbb{R}^n$ (vedi l'Esempio 6.6.10), l'equazione delle geodetiche diventa

$$\sigma'' = \lambda N \circ \sigma \qquad\qquad (7.16)$$

per un'opportuna funzione $\lambda \in C^\infty(I)$. In particolare, otteniamo subito l'uguaglianza $\sigma^n(t) = v^n t$, e se $\sigma_o = (\sigma^1, \ldots, \sigma^{n-1})$ l'equazione (7.16) diventa

$$\sigma_o'' = \lambda \, \sigma_o \, .$$

Derivando due volte $\|\sigma_o\|^2 \equiv 1$ troviamo $(\sigma_o'', \sigma_o) + \|\sigma_o'\|^2 \equiv 0$, per cui $\lambda = -\|v_o\|^2$, dove $v_o = (0, v^2, \ldots, v^{n-1})$. Mettendo tutto insieme ricaviamo

$$\sigma(t) = \left(\cos(\|v_o\|t), \frac{v^2}{\|v_o\|} \sin(\|v_o\|t), \ldots, \frac{v^{n-1}}{\|v_o\|} \sin(\|v_o\|t), v^n t \right) \, .$$

Terminiamo questa sezione con un'ultima osservazione: una varietà Riemanniana completa non può essere ampliata, nel senso che non può essere realizzata come aperto di una varietà Riemanniana più grande. Infatti si ha

Proposizione 7.4.6. *Sia M una varietà Riemanniana, e supponiamo che esista un embedding $F: M \to N$ in un'altra varietà Riemanniana N connessa tale che $F(M) \subset N$ sia un aperto, e F sia un'isometria fra M ed $F(M)$. Allora M non è completa.*

Dimostrazione. Scegliamo un punto $q_0 \in \partial F(M)$, e una geodetica radiale $\sigma: [0, \varepsilon) \to N$ minimizzante uscente da q_0 che interseca $F(M)$. Siccome $\sigma^{-1}(F(M))$ è un aperto di $(0, \varepsilon)$, è unione di intervalli aperti. Se (t_0, t_1) è uno di questi intervalli, necessariamente $\sigma(t_0) \in \partial F(M)$; quindi a meno di sostituire q_0 con $\sigma(t_0)$ ed ε con $t_1 - t_0$ possiamo supporre che l'immagine tramite σ dell'intervallo $(0, \varepsilon)$ sia tutta contenuta in $F(M)$.

Sia $\{t_k\} \subset (0, \varepsilon)$ una successione convergente a 0, e poniamo $q_k = \sigma(t_k)$. Allora la successione $\{q_k\}$ converge a q_0 ed è di Cauchy per la distanza Riemanniana di N. Poniamo $p_k = F^{-1}(q_k)$. La distanza in M fra p_h e p_k è minore o uguale alla lunghezza in M di $F^{-1} \circ \sigma|_{[t_h, t_k]}$; essendo F un'isometria, questa lunghezza è uguale alla lunghezza di $\sigma|_{[t_h, t_k]}$, e quindi alla distanza in N fra q_h e q_k. In particolare, quindi, la successione $\{p_k\}$ è di Cauchy per la distanza Riemanniana di M. Se M fosse completa, allora $\{p_k\}$ dovrebbe convergere a un punto $p_0 \in M$; ma allora $q_k = F(p_k) \to F(p_0) \in F(M)$, contro l'ipotesi che $\{q_k\}$ convergesse a un punto del bordo di $F(M)$. $\square$

7.5 Geodetiche nei gruppi di Lie

In questa sezione studieremo le geodetiche di un gruppo di Lie connesso G; fra l'altro, daremo una motivazione per il nome dell'applicazione esponenziale.

Osserviamo innanzitutto che, se sul gruppo di Lie G mettiamo una connessione lineare, ci troviamo con due applicazioni esponenziali a disposizione: quella introdotta nella Definizione 3.6.3 durante la discussione sui sottogruppi a un parametro, e quella che viene dalle geodetiche. Vogliamo determinare delle condizioni sotto cui queste due applicazioni coincidano (e, in particolare, il gruppo di Lie risulta una varietà Riemanniana completa).

Come abbiamo visto nel Lemma 3.6.2, i sottogruppi a un parametro sono curve integrali di campi vettoriali invarianti a sinistra; il nostro primo obiettivo è dimostrare che i sottogruppi a un parametro sono geodetiche per opportune connessioni lineari invarianti a sinistra:

Definizione 7.5.1. Sia G un gruppo di Lie. Diremo che una connessione lineare ∇ su G è *invariante a sinistra* se

$$\mathrm{d}(L_g)(\nabla_X Y) = \nabla_{\mathrm{d}(L_g)(X)} \mathrm{d}(L_g)(Y)$$

per ogni $X, Y \in \mathcal{T}(G)$ e ogni $g \in G$.

Se ∇ è una connessione invariante a sinistra sul gruppo di Lie G di algebra di Lie $\mathfrak{g}$, definiamo un'applicazione bilineare $\alpha_\nabla: \mathfrak{g} \times \mathfrak{g} \to \mathfrak{g}$ ponendo

$$\alpha_\nabla(X, Y) = \nabla_{\tilde{X}} \tilde{Y}(e) \,,$$

dove per ogni $X \in \mathfrak{g}$ il campo $\tilde{X} \in \mathcal{T}(G)$ è l'unico campo invariante a sinistra tale che $\tilde{X}(e) = X$.

Osservazione 7.5.2. Si può dimostrare (vedi l'Esercizio 7.20) che l'applicazione $\nabla \mapsto \alpha_\nabla$ è una corrispondenza biunivoca tra l'insieme delle connessioni lineari invarianti a sinistra su G e l'insieme delle applicazioni bilineari Mult$(\mathfrak{g}, \mathfrak{g}; \mathfrak{g})$.

Ecco un primo risultato nella direzione voluta:

Lemma 7.5.3. *Sia ∇ una connessione lineare invariante a sinistra su un gruppo di Lie G, e $X \in \mathfrak{g}$. Allora le seguenti affermazioni sono equivalenti:*
(i) $\alpha_\nabla(X, X) = O$;
(ii) *la geodetica σ_X uscente da e tangente a X è un sottogruppo a un parametro di G.*

Dimostrazione. Essendo ∇ invariante a sinistra, da $\alpha_\nabla(X, X) = O$ otteniamo $\nabla_{\tilde{X}} \tilde{X} \equiv O$, dove $\tilde{X} \in \mathcal{T}(G)$ è il campo vettoriale invariante a sinistra associato a X. In particolare, la curva integrale di $\tilde{X}$ uscente da e è una geodetica per ∇, e questa geodetica risulta essere un sottogruppo a un parametro grazie al Lemma 3.6.2.(i)

Viceversa, se $\sigma_X(t)$ è un sottogruppo a un parametro, il Lemma 3.6.2.(ii) ci dice che è la curva integrale di $\tilde{X}$ uscente da e; ma allora abbiamo $\nabla_{\tilde{X}} \tilde{X}(e) = O$, cioè $\alpha_\nabla(X, X) = O$. $\square$

Siccome (Esercizio 7.20) le connessioni lineari su G sono in corrispondenza biunivoca con le applicazioni bilineari in Mult$(\mathfrak{g}, \mathfrak{g}; \mathfrak{g})$, di connessioni lineari che soddisfano le condizioni di questo lemma ce ne sono a bizzeffe; per esempio quelle ottenute prendendo $\alpha_\nabla(X, Y) = c[X, Y]$ per qualche $c \in \mathbb{R}$. Ma a noi interessa sapere quando la connessione di Levi-Civita (ottenuta partendo da una metrica invariante a sinistra) soddisfa questa condizione. Per enunciare in maniera pulita il risultato, introduciamo la seguente

Definizione 7.5.4. Sia $\mathfrak{g}$ un'algebra di Lie. L'applicazione *aggiunta* di $\mathfrak{g}$ è l'applicazione lineare ad$: \mathfrak{g} \to \mathfrak{gl}(\mathfrak{g})$ dato da ad$(X)(Y) = [X, Y]$.

Osservazione 7.5.5. L'applicazione aggiunta è un morfismo di algebre di Lie, cioè
$$\mathrm{ad}([X, Y]) = [\mathrm{ad}(X), \mathrm{ad}(Y)] .$$
Infatti,
$$\begin{aligned}
\mathrm{ad}([X, Y])(Z) &= [[X, Y], Z] = [X, [Y, Z]] - [Y, [X, Z]] \\
&= \mathrm{ad}(X)\big(\mathrm{ad}(Y)(Z)\big) - \mathrm{ad}(Y)\big(\mathrm{ad}(X)(Z)\big) \\
&= [\mathrm{ad}(X), \mathrm{ad}(Y)](Z) ,
\end{aligned}$$
grazie all'identità di Jacobi.

Proposizione 7.5.6. *Sia* $\langle \cdot , \cdot \rangle$ *una metrica invariante a sinistra su un gruppo di Lie* G, *e* ∇ *la connessione di Levi-Civita. Allora le seguenti condizioni sono equivalenti:*

(i) $\alpha_\nabla(X, Y) = \frac{1}{2}[X, Y]$;

(ii) $\mathrm{ad}(X)$ *è antisimmetrico per ogni* $X \in \mathfrak{g}$;

(iii) $\exp_e = \exp$, *cioè i semigruppi a un parametro sono tutte e sole le geodetiche di* G *uscenti da* e.

Dimostrazione. Se X e Y sono due campi vettoriali invarianti a sinistra, l'invarianza a sinistra della metrica Riemanniana implica che la funzione $\langle X, Y \rangle$ è costante. Di conseguenza, il Teorema 6.6.6 ci dice che

$$\langle \alpha_\nabla(X, Y), Z \rangle = \frac{1}{2}\left[\langle [X, Y], Z \rangle + \langle \mathrm{ad}(Z)(X), Y \rangle + \langle X, \mathrm{ad}(Z)(Y) \rangle \right], \quad (7.17)$$

per cui l'equivalenza fra (i) e (ii) è evidente.

Il Corollario 7.5.3 ci dice che (iii) vale se e solo se $\alpha_\nabla(X, X) = O$ per ogni $X \in \mathfrak{g}$. Ora, (7.17) implica

$$\langle \alpha_\nabla(X, X), Z \rangle = \langle \mathrm{ad}(Z)X, X \rangle .$$

Quindi $\alpha_\nabla(X, X) = O$ per ogni $X \in \mathfrak{g}$ se e solo se $\langle \mathrm{ad}(Z)X, X \rangle = 0$ per ogni $Z, X \in \mathfrak{g}$, e questo accade se e solo se $\mathrm{ad}(Z)$ è antisimmetrico per ogni $Z \in \mathfrak{g}$.
$\square$

La cosa interessante è che tutto ciò è legato a quando una metrica invariante a sinistra è anche invariante a destra. Per dimostrarlo ci servono un paio di risultati generali sui gruppi di Lie, importanti anche indipendentemente. Il primo risultato precisa il Lemma 3.5.7:

Proposizione 7.5.7. *Sia* $\psi: G \to H$ *un omomorfismo di gruppi di Lie. Allora* $\mathrm{d}\psi_e: \mathfrak{g} \to \mathfrak{h}$ *è un morfismo delle corrispondenti algebre di Lie, e si ha*

$$\forall X \in \mathfrak{g} \qquad \psi\big(\exp(X)\big) = \exp\big(\mathrm{d}\psi_e(X)\big) . \qquad (7.18)$$

Dimostrazione. Il fatto che $\mathrm{d}\psi_e$ sia un morfismo di algebre di Lie è già stato dimostrato nel Lemma 3.5.7. Sia poi $\theta_X(t) = \exp(tX)$ il sottogruppo a un parametro in G tangente a $X \in \mathfrak{g}$. Allora $\psi \circ \theta_X$ è un sottogruppo a un parametro in H tangente a $\mathrm{d}\psi_e(X)$, per cui $\psi\big(\theta_X(t)\big) = \exp\big(t\mathrm{d}\psi_e(X)\big)$, e (7.18) segue subito.
$\square$

Ricordiamo la Definizione 4.E.4:

Definizione 7.5.8. Sia G un gruppo di Lie. Come di consueto, se $g \in G$ indichiamo con $C_g: G \to G$ il coniugio $C_g(x) = gxg^{-1}$, in modo che $C_g \circ C_h = C_{gh}$ per ogni $g, h \in G$. La *rappresentazione aggiunta* di G è l'omomorfismo $\mathrm{Ad}: G \to GL(\mathfrak{g})$ definito da $\mathrm{Ad}(g) = \mathrm{d}(C_g)_e$.

Notiamo che la (7.18) implica che

$$C_g\big(\exp(X)\big) = \exp\big(\mathrm{Ad}(g)(X)\big) \tag{7.19}$$

per ogni $X \in \mathfrak{g}$. Da questo otteniamo il

Lemma 7.5.9. *Sia G un gruppo di Lie, e $\mathrm{Ad}\colon G \to GL(\mathfrak{g})$ la sua rappresentazione aggiunta. Allora*

$$\mathrm{d}(\mathrm{Ad})_e(X) = \mathrm{ad}(X)$$

per ogni $X \in \mathfrak{g}$. In particolare, quindi,

$$\forall X \in \mathfrak{g} \qquad \mathrm{Ad}(\exp X) = e^{\mathrm{ad}(X)} \ . \tag{7.20}$$

Dimostrazione. Siccome $t \mapsto \exp(tX)$ è una curva in G tangente a X in e, abbiamo

$$\mathrm{d}(\mathrm{Ad})_e(X)(Y) = \frac{\mathrm{d}}{\mathrm{d}t}\mathrm{Ad}(\exp tX)(Y)\Big|_{t=0}$$

per ogni $X, Y \in \mathfrak{g}$. Indicando con $\tilde{Y} \in \mathcal{T}(G)$ l'estensione invariante a sinistra di Y, abbiamo

$$\mathrm{Ad}(\exp tX)(Y) = \mathrm{d}(C_{\exp(tX)})_e(Y) = \mathrm{d}(R_{\exp(-tX)})_{\exp(tX)} \circ \mathrm{d}(L_{\exp(tX)})_e(Y)$$
$$= \mathrm{d}(R_{\exp(-tX)})_{\exp(tX)}\big(\tilde{Y}(\exp(tX))\big) \ .$$

Ora, per ogni $g \in G$ si ha

$$R_{\exp(tX)}(g) = g\exp(tX) = L_g\big(\exp(tX)\big) = L_g\big(\theta_t(e)\big) = \theta_t\big(L_g(e)\big) = \theta_t(g) \ ,$$

dove θ_t è il flusso di $\tilde{X}$, l'estensione invariante a sinistra di X, e abbiamo usato l'Esercizio 7.21. Ma allora questo vuol dire che $R_{\exp(-tX)} = \theta_{-t}$, per cui

$$\mathrm{Ad}(\exp tX)(Y) = \mathrm{d}(\theta_{-t})_{\theta_t(e)}(\tilde{Y}) \ ,$$

e la Proposizione 3.4.6 ci permette di concludere che

$$\mathrm{d}(\mathrm{Ad})_e(X)(Y) = \frac{\mathrm{d}}{\mathrm{d}t}\mathrm{d}(\theta_{-t})_{\theta_t(e)}(\tilde{Y})\Big|_{t=0} = \mathcal{L}_{\tilde{X}}\tilde{Y}(e) = [X, Y] = \mathrm{ad}(X)(Y) \ ,$$

come voluto. Infine, (7.20) segue da (7.18) e dall'Esempio 3.6.5. $\qquad\square$

Siamo ora in grado di dimostrare:

Teorema 7.5.10. *Sia G un gruppo di Lie connesso, e $\langle\cdot,\cdot\rangle$ una metrica Riemanniana invariante a sinistra su G. Allora le seguenti affermazioni sono equivalenti:*

(i) *$\langle\cdot,\cdot\rangle$ è anche invariante a destra;*

(ii) *$\mathrm{Ad}(g)$ è un'isometria di $\mathfrak{g}$ per ogni $g \in G$;*

(iii) $\mathrm{ad}(X)$ è *antisimmetrica per ogni $X \in \mathfrak{g}$;*

(iv) $\exp_e = \exp$, *cioè i semigruppi a un parametro sono tutte e sole le geodetiche di G uscenti da e.*

Dimostrazione. La metrica $\langle \cdot, \cdot \rangle$ è invariante a destra se e solo se

$$\langle \mathrm{d}(R_g)_h(v), \mathrm{d}(R_g)_h(w) \rangle_{hg} = \langle v, w \rangle_h$$

per ogni g, $h \in G$ e v, $w \in T_g G$. Usando l'invarianza a sinistra della metrica, questo si riduce a dimostrare che

$$\langle \mathrm{d}(L_{hg}^{-1} \circ R_g \circ L_h)_e(X), \mathrm{d}(L_{hg}^{-1} \circ R_g \circ L_h)_e(Y) \rangle_e = \langle X, Y \rangle_e$$

per ogni h, $g \in G$ e X, $Y \in \mathfrak{g}$. Ma $L_{hg}^{-1} \circ R_g \circ L_h = C_{g^{-1}}$, e quindi $\langle \cdot, \cdot \rangle$ è invariante a destra se e solo se ogni $\mathrm{Ad}(g)$ è un'isometria di $\mathfrak{g}$.

Supponiamo ora che (ii) valga. Per il Lemma 7.5.9, allora, $e^{\mathrm{ad}(tX)}$ è un'isometria per ogni $X \in \mathfrak{g}$ e $t \in \mathbb{R}$. Siccome si verifica subito che

$$\frac{\mathrm{d}}{\mathrm{d}t} e^{\mathrm{ad}(tX)} = \mathrm{ad}(X) \circ e^{\mathrm{ad}(tX)} , \qquad (7.21)$$

derivando

$$\langle e^{\mathrm{ad}(tX)}(Y), e^{\mathrm{ad}(tX)}(Z) \rangle_e = \langle Y, Z \rangle_e$$

rispetto a t e calcolando in $t = 0$ otteniamo

$$\langle \mathrm{ad}(X)(Y), Z \rangle_e + \langle Y, \mathrm{ad}(X)(Z) \rangle_e = 0$$

per ogni X, Y, $Z \in \mathfrak{g}$, e quindi (iii) vale.

Viceversa, supponiamo che (iii) valga. Usando (7.21) troviamo

$$\frac{\mathrm{d}}{\mathrm{d}t} \langle e^{\mathrm{ad}(tX)}(Y), e^{\mathrm{ad}(tX)}(Z) \rangle_e$$
$$= \langle \mathrm{ad}(X) \circ e^{\mathrm{ad}(tX)}(Y), e^{\mathrm{ad}(tX)}(Z) \rangle_e + \langle e^{\mathrm{ad}(tX)}(Y), \mathrm{ad}(X) \circ e^{\mathrm{ad}(tX)}(Z) \rangle_e$$
$$\equiv 0 .$$

Dunque $\langle e^{\mathrm{ad}(tX)}(Y), e^{\mathrm{ad}(tX)}(Z) \rangle_e$ è una funzione costante, e calcolando per $t = 0$ e per $t = 1$ vediamo che $e^{\mathrm{ad}(X)}$ è un'isometria per ogni $X \in \mathfrak{g}$. Ma allora $\mathrm{Ad}(\exp X)$ è un'isometria per ogni $X \in \mathfrak{g}$. Ora, dalla definizione si ricava subito che $\mathrm{d}\exp_e = \mathrm{id}$; quindi l'immagine dell'esponenziale contiene un intorno U dell'elemento neutro e, e $\mathrm{Ad}(g)$ è un'isometria per ogni $g \in U$. Siccome la composizione di isometrie è un'isometria, la Proposizione 3.6.7.(ii) ci assicura allora che $\mathrm{Ad}(g)$ è un'isometria per ogni $g \in G$, e abbiamo dimostrato (ii).

Infine, l'equivalenza fra (iii) e (iv) è già stata dimostrata nella Proposizione 7.5.6. $\square$

Esempio 7.5.11. Non è difficile verificare (controlla) che la metrica euclidea su $\mathfrak{gl}(n, \mathbb{R})$, cioè quella dell'Esempio 6.6.14, si può esprimere scrivendo

$$\forall A, B \in \mathfrak{gl}(n, \mathbb{R}) \qquad \langle A, B \rangle = \operatorname{tr}(B^T A) \ .$$

Ora, se $X \in \mathfrak{gl}(n, \mathbb{R})$ abbiamo

$$\langle [X, A], B \rangle = \operatorname{tr}(B^T X A) - \operatorname{tr}(B^T A X) \ ,$$
$$\langle A, [X, B] \rangle = \operatorname{tr}(B^T X^T A) - \operatorname{tr}(X^T B^T A) \qquad (7.22)$$
$$= \operatorname{tr}(B^T X^T A) - \operatorname{tr}(B^T A X^T) \ ,$$

dove abbiamo usato il fatto che $\operatorname{tr}(CD) = \operatorname{tr}(DC)$ per ogni C, $D \in \mathfrak{gl}(n, \mathbb{R})$. Quindi in generale $\operatorname{ad}(X)$ non è antisimmetrico rispetto alla metrica euclidea, per cui i sottogruppi a un parametro visti nell'Esempio 3.6.5 non sono geodetiche per la connessione di Levi-Civita su $GL(n, \mathbb{R})$ calcolata nell'Esempio 6.6.14.

Esempio 7.5.12. Nell'Esercizio 3.58 abbiamo visto che l'algebra di Lie del gruppo $SO(n)$ è l'algebra $\mathfrak{o}(n)$ delle matrici antisimmetriche. Ma allora (7.22) ci dice che $\operatorname{ad}(X)$ è antisimmetrica rispetto al prodotto scalare dell'esempio precedente per ogni $X \in \mathfrak{o}(n)$. Quindi la metrica dell'Esempio 6.6.14 ristretta a $SO(n)$ è bi-invariante, e i sottogruppi a un parametro sono geodetiche per la corrispondente connessione di Levi-Civita.

Esercizi

GEODETICHE E APPLICAZIONE ESPONENZIALE

Esercizio 7.1 (Citato nell'Osservazione 7.1.2). Nel piano euclideo, considera le curve $\sigma_1, \sigma_2 \colon \mathbb{R}^+ \to \mathbb{R}^2$ date rispettivamente da $\sigma_1(t) = (t, t)$ e $\sigma_2(t) = (t^5, t^5)$. Dimostra che σ_1 e σ_2 hanno lo stesso sostegno, ma σ_1 è una geodetica mentre σ_2 non lo è.

Esercizio 7.2 (Citato nell'Osservazione 7.1.2). Sia $\sigma \colon I \to M$ una geodetica non costante in una varietà Riemanniana M. Se $f \colon J \to I$ è un diffeomorfismo fra intervalli di $\mathbb{R}$, dimostra che la curva $\sigma \circ f$ è una geodetica se e solo se f è una funzione affine.

Esercizio 7.3 (Citato nell'Osservazione 7.1.19). Sia (M, g) una varietà Riemanniana. Dimostra che la funzione $\operatorname{injrad} \colon M \to \mathbb{R}$ è semicontinua inferiormente, dove ricordiamo che una funzione $f \colon M \to \mathbb{R} \cup \{+\infty\}$ è *semicontinua inferiormente* se per ogni $c \in \mathbb{R}$ l'insieme $\{p \in M \mid f(p) > c\}$ è aperto.

Esercizio 7.4 (Usato nell'Esempio 7.2.25 e nella Proposizione 8.3.1). Dimostra che un'isometria locale fra varietà Riemanniane manda geodetiche in geodetiche, nel senso che se $H \colon M \to N$ è un'isometria locale allora $\sigma \colon I \to M$ è una geodetica in M se e solo se $H \circ \sigma$ è una geodetica in N.

Esercizio 7.5. Sia (M, g) una varietà Riemanniana, e sia $E \colon \mathcal{E} \to M \times M$ data da $E(v) = \big(\pi(v), \exp(v)\big)$, dove $\pi \colon TM \to M$ è la proiezione canonica. Dimostra che $\mathrm{d}E_v$ è invertibile se e solo se $\mathrm{d}(\exp_p)_v$ è invertibile, dove $p = \pi(v)$.

Esercizio 7.6. Consideriamo $\mathbb{R}^+$ con la metrica $\|t\|_h = h^{-1}|t|$ per ogni $h \in \mathbb{R}^+$ e $t \in T_h\mathbb{R}^+$, dove abbiamo identificato $T_h\mathbb{R}^+$ con $\mathbb{R}$ come al solito. Dimostra che $\exp_h \colon T_h\mathbb{R}^+ \to \mathbb{R}^+$ è data dalla formula $\exp_h(t) = he^t$.

Esercizio 7.7 (Citato nell'Osservazione 7.1.3). Date due connessioni lineari ∇ e $\tilde{\nabla}$ su una varietà M, siano B, S, $A \colon T(M) \times T(M) \to T(M)$ le applicazioni definite da $B(X, Y) = \tilde{\nabla}_X Y - \nabla_X Y$,

$$S(X, Y) = \frac{1}{2}\big(B(X, Y) + B(Y, X)\big) \quad \text{e} \quad A(X, Y) = \frac{1}{2}\big(B(X, Y) - B(Y, X)\big).$$

Indichiamo inoltre con τ la torsione di ∇, e con $\tilde{\tau}$ la torsione di $\tilde{\nabla}$. Dimostra che:

(i) B, S, $A \in \mathcal{T}_2^1(M)$;
(ii) $2A = \tilde{\tau} - \tau$;
(iii) le seguenti affermazioni sono equivalenti:

    (a) ∇ e $\tilde{\nabla}$ hanno le stesse geodetiche (cioè ogni geodetica di ∇ è anche geodetica di $\tilde{\nabla}$, e viceversa);
    (b) $B(v, v) = O$ per ogni $v \in TM$;
    (c) $S \equiv O$;
    (d) $B \equiv A$.

(iv) ∇ e $\tilde{\nabla}$ hanno le stesse geodetiche e la stessa torsione se e solo se $\nabla \equiv \tilde{\nabla}$;
(v)   esiste un'unica connessione simmetrica ∇^* che ha le stesse geodetiche di ∇.

Definizione 7.E.1. Diremo che due connessioni ∇ e $\tilde{\nabla}$ su una varietà M sono *riferite proiettivamente* se per ogni geodetica $\sigma \colon I \to M$ di ∇ esiste un diffeomorfismo $h \colon J \to I$ tale che $\sigma \circ h$ sia una geodetica di $\tilde{\nabla}$.

Esercizio 7.8 (Citato nell'Osservazione 7.1.3). Dimostra che due connessioni simmetriche ∇ e $\tilde{\nabla}$ su una varietà M sono riferite proiettivamente se e solo se esiste una 1-forma $\varphi \in A^1(M)$ tale che $\tilde{\nabla} - \nabla = \varphi \otimes \mathrm{id} + \mathrm{id} \otimes \varphi$.

Esercizio 7.9. Sia (M, g) una varietà Riemanniana, e $\sigma \colon [a, b] \to M$ una curva regolare a tratti. L'*energia* $E(\sigma)$ di σ è data da

$$E(\sigma) = \int_a^b \|\sigma'(t)\|_{\sigma(t)}^2 \, dt.$$

(i)   Dimostra che $L(\sigma)^2 \leq (b - a)E(\sigma)$, con uguaglianza se e solo se σ è parametrizzata rispetto a un multiplo della lunghezza d'arco.

(ii) Sia $\sigma_0 : [a, b] \to M$ una geodetica minimizzante che congiunge $p = \sigma(a)$ e $q = \sigma(b)$. Dimostra che $E(\sigma_0) \le E(\sigma)$, con uguaglianza se e solo se anche σ è una geodetica minimizzante.

(iii) Dimostra che σ è una geodetica se e solo se è un punto critico del funzionale energia, nel senso che per ogni variazione propria $\Sigma : (-\varepsilon, \varepsilon) \times [a, b] \to M$ di σ si ha $E'(0) = 0$, dove $E : (-\varepsilon, \varepsilon) \to \mathbb{R}^+$ è data da $E(s) = E(\sigma_s)$, e $\sigma_s = \Sigma(s, \cdot)$.

Esercizio 7.10. Sia (M, g) una varietà Riemanniana, e $f \in C^\infty(M)$. Dimostra che se $\|\mathrm{grad} f\| \equiv 1$ allora le curve integrali di $\mathrm{grad} f$ sono tutte geodetiche.

DISTANZA RIEMANNIANA

Esercizio 7.11. In una varietà Riemanniana M, sia $\sigma : [a, b] \to M$ una curva regolare a tratti di lunghezza ℓ e con $\sigma' \ne O$ dove definito. Dimostra che esiste un omeomorfismo C^∞ a tratti $h : [0, \ell] \to [a, b]$ tale che $\sigma \circ h$ sia parametrizzata rispetto alla lunghezza d'arco. [*Suggerimento:* h^{-1} è la lunghezza d'arco di σ.]

Esercizio 7.12 (Usato nella Proposizione 8.3.1). Sia $H : M \to N$ una isometria locale fra varietà Riemanniane, e $\sigma : [a, b] \to M$ una curva regolare a tratti. Dimostra che la lunghezza di σ in M è uguale alla lunghezza di $H \circ \sigma$ in N.

Esercizio 7.13. Considera la sfera S^n con la metrica sferica come nell'Esempio 7.2.25. Qual è il raggio di iniettività del punto $N = (0, \dots, 1)$?

Esercizio 7.14. Nel cilindro piatto M con la metrica dell'Esempio 7.4.5, qual è il raggio di iniettività del punto $p_0 = (1, 0, \dots, 0)$?

VARIETÀ COMPLETE

Esercizio 7.15. Dimostra che ogni varietà Riemanniana omogenea è completa.

Esercizio 7.16 (Citato nella Sezione 7.2).

(i) Dimostra che le geodetiche dello spazio iperbolico (vedi l'Esempio 6.5.25) sono (parametrizzate rispetto a un multiplo della lunghezza d'arco):

    (a) nella falda dell'iperboloide U_R^n le "iperboli massime", cioè le intersezioni di U_R^n con piani passanti per l'origine;

    (b) nella palla di Poincaré B_R^n i diametri e gli archi di circonferenza che intersecano ∂B_R^n ortogonalmente;

    (c) nel semispazio di Poincaré H_R^n le semirette verticali e le semicirconferenze con centro in ∂H_R^n.

(i) Deduci dal punto precedente che lo spazio iperbolico è completo, che il raggio d'iniettività di ogni punto è infinito, e che per ogni punto p dello spazio iperbolico l'applicazione esponenziale è un diffeomorfismo fra lo spazio tangente nel punto e l'intero spazio iperbolico.

[*Suggerimento:* per lo studio della palla di Poincaré, inizia dall'esempio del disco piano, per $n = 2$. La Proposizione 6.5.26 fornisce una isometria da U_R^2 a B_R^2 e basta descrivere le immagini delle geodetiche di U_R^2 tramite questa isometria. Il caso generale segue dall'osservazione che ogni geodetica è comunque contenuta in un piano. Per lo studio del semispazio di Poincaré conviene nuovamente iniziare dallo studio del caso $n = 2$, che risulta piú semplice utilizzando la variabile complessa.]

INTORNI GEODETICAMENTE CONVESSI

Esercizio 7.17. Costruisci un esempio di sfera geodetica non geodeticamente convessa.

Definizione 7.E.2. Un aperto U di una varietà Riemanniana è detto *strettamente geodeticamente convesso* se ogni palla geodetica contenuta in U è geodeticamente convessa e ogni coppia di punti p e q di U può essere collegato tramite un'unica geodetica minimizzante, la cui immagine sia interamente contenuta in U. Per ogni $p \in M$, il *raggio di convessità* è

$$\mathrm{convrad}(p) = \sup\{\varepsilon \in \mathbb{R} \mid B_\varepsilon(p) \text{ è fortemente geodeticamente convesso}\}\,.$$

Esercizio 7.18. (i) Dimostra che nello spazio euclideo $\mathbb{R}^n$ e nella sfera S^n un aperto U è geodeticamente convesso se e solo se è strettamente geodeticamente convesso.
(ii) Dimostra che ogni punto dello spazio euclideo ha raggio di convessità $+\infty$.
(iii) Calcola il raggio di convessità di $N = (1, 0, 0) \in S_{\mathbb{R}}^2$.

Esercizio 7.19. Dimostra che in una varietà Riemanniana M ogni punto ammette un intorno aperto strettamente geodeticamente convesso.

GEODETICHE NEI GRUPPI DI LIE

Esercizio 7.20 (Citato nell'Osservazione 7.5.2). Dimostra che esiste una corrispondenza biunivoca fra le connessioni lineari invarianti a sinistra su un gruppo di Lie G e l'insieme delle applicazioni bilineari $\alpha\colon \mathfrak{g} \times \mathfrak{g} \to \mathfrak{g}$, corrispondenza ottenuta associando alla connessione ∇ l'applicazione $\alpha_\nabla(X, Y) = \nabla_{\tilde{X}} \tilde{Y}(e)$, dove per ogni $X \in \mathfrak{g}$ il campo $\tilde{X} \in \mathcal{T}(G)$ è l'unico campo invariante a sinistra tale che $\tilde{X}(e) = X$.

Esercizio 7.21 (Usato nel Lemma 7.5.9). Dimostra che se $X \in \mathcal{T}(G)$ è un campo vettoriale invariante a sinistra su un gruppo di Lie G si ha $\theta_t \circ L_g = L_g \circ \theta_t$ per ogni $g \in G$, dove $\theta_t = \Theta(t, \cdot)$ è il flusso di X. [*Suggerimento:* ricorda l'Esercizio 3.31.]

Definizione 7.E.3. Sia $f\colon M \to G$ un'applicazione differenziabile da una varietà M in un gruppo di Lie G di algebra di Lie $\mathfrak{g}$. La *derivata logaritmica destra* di f è il morfismo $\delta f\colon TM \to \mathfrak{g}$ dato da

$$\forall v \in T_pM \qquad \delta f(v) = \mathrm{d}(R_{f(p)^{-1}})_{f(p)}\big(\mathrm{d}f_p(v)\big)\,.$$

La *derivata logaritmica sinistra* di f è il morfismo $\delta^s f\colon TM \to \mathfrak{g}$ dato da

$$\forall v \in T_pM \qquad \delta^s f(v) = \mathrm{d}(L_{f(p)^{-1}})_{f(p)}\big(\mathrm{d}f_p(v)\big)\,.$$

Scriveremo δf_p e $\delta^s f_p$ per la restrizione delle derivate logaritmiche a T_pM.

Esercizio 7.22. Siano f, $g\colon M \to G$ due applicazioni differenziabili da una varietà M in un gruppo di Lie G. Dimostra che

$$\delta(fg)_p = \delta f_p + \mathrm{Ad}\big(f(p)\big)\delta g_p$$

e

$$\delta^s(fg)_p = \delta^s g_p + \mathrm{Ad}\big(g(p)^{-1}\big)\delta^s f_p\,.$$

Esercizio 7.23. Sia G un gruppo di Lie di algebra di Lie $\mathfrak{g}$, e sia $\exp\colon \mathfrak{g} \to G$ l'applicazione esponenziale di G. Dimostra che

$$(\delta \exp)(X) = \sum_{p=0}^{\infty} \frac{1}{(p+1)!}\big(\mathrm{ad}(X)\big)^p = g(\mathrm{ad}\,X)$$

per ogni $X \in \mathfrak{g}$, dove $g\colon \mathbb{C} \to \mathbb{C}$ è data da $g(z) = (\mathrm{e}^z - 1)/z$. Deduci che $\mathrm{d}\exp_X$ è invertibile se e solo se $\mathrm{ad}\,X$ non ha autovalori della forma $2k\pi i$ con $k \in \mathbb{Z}^*$.

Esercizio 7.24. Sia G un gruppo di Lie con algebra di Lie $\mathfrak{g}$. Dimostra che per X, $Y \in \mathfrak{g}$ vicini all'origine si ha $(\exp X)(\exp Y) = \exp C(X,Y)$, dove $C(X,Y) \in \mathfrak{g}$ è dato da

$$C(X,Y) = X + Y + \sum_{n \geq 1} \frac{(-1)^n}{n+1} \int_0^1 \left(\sum_{\substack{k,l \geq 0 \\ k+l \geq 1}} \frac{t^k}{k!l!}(\mathrm{ad}\,X)^k(\mathrm{ad}\,Y)^l \right)^n X\,\mathrm{d}t$$

$$= X + Y + \frac{1}{2}[X,Y] + \frac{1}{12}\big([X,[X,Y]] - [Y,[Y,X]]\big) + \cdots$$

(*formula di Baker-Campbell-Hausdorff*).

Definizione 7.E.4. Un sottogruppo di Lie H di un gruppo di Lie G si dice *normale* in G se $g^{-1}hg \in H$ per ogni $g \in G$ e ogni $h \in H$. Un sottospazio vettoriale $\mathfrak{h}$ di un'algebra di Lie $\mathfrak{g}$ è un *ideale* in $\mathfrak{g}$ se $[X,Y] \in \mathfrak{h}$ per ogni $X \in \mathfrak{g}$ e ogni $Y \in \mathfrak{h}$.

Esercizio 7.25. (i) Dimostra che il nucleo di un morfismo di algebre di Lie è un ideale.

(ii) Dimostra che se $\mathfrak{h}$ è un ideale di un'algebra di Lie $\mathfrak{g}$, allora lo spazio quoziente $\mathfrak{g}/\mathfrak{h}$ ammette un'unica struttura di algebra di Lie tale che la proiezione canonica $\mathfrak{g} \to \mathfrak{g}/\mathfrak{h}$ sia un morfismo di algebre di Lie.

(iii) Concludi che gli ideali di un'algebra di Lie $\mathfrak{g}$ sono tutti e soli i nuclei di morfismi di algebre di Lie aventi $\mathfrak{g}$ come dominio.

Esercizio 7.26. Sia G un gruppo di Lie connesso, e $H \subseteq G$ un sottogruppo di Lie connesso. Denota con $\mathfrak{g}$ e $\mathfrak{h} \subseteq \mathfrak{g}$ le corrispondenti algebre di Lie. Dimostra che

(i) se $U \subset \mathfrak{g}$ e $V \subset G$ sono aperti (contenenti rispettivamente l'origine O e l'elemento neutro e) tali che $\exp \colon U \to V$ sia un diffeomorfismo, è possibile restringere opportunamente U in modo tale che la restrizione di $\exp$ a $U \cap \mathfrak{h}$ sia un diffeomorfismo sull'immagine;

(ii) H è normale in G se e solo se

$$(\exp X)(\exp Y)\big(\exp(-X)\big) \in H$$

per ogni $X \in \mathfrak{g}$ e ogni $Y \in \mathfrak{h}$; [*Suggerimento:* ricorda che, per la Proposizione 3.6.7.(ii), se U è un intorno dell'identità in G, ogni elemento di G può essere scritto come prodotto di un numero finito di elementi di U.]

(iii) H è un sottogruppo normale di G se e solo se $\mathfrak{h}$ è un ideale di $\mathfrak{g}$.

Esercizio 7.27. Sia G un gruppo di Lie connesso con algebra di Lie $\mathfrak{g}$.

(i) Se $X, Y \in \mathfrak{g}$, dimostra che $[X, Y] = O$ se e solo se

$$(\exp tX)(\exp sY) = (\exp sY)(\exp tX)$$

per ogni $s, t \in \mathbb{R}$.

(ii) Dimostra che G è abeliano se e solo se $\mathfrak{g}$ è abeliana (cioè $[X, Y] = O$ per ogni $X, Y \in \mathfrak{g}$).

(iii) Trova un controesempio a (ii) con G non connesso.

Esercizio 7.28. Dimostra che ogni gruppo di Lie abeliano connesso è isomorfo a $\mathbb{R}^k \times \mathbb{T}^l$ per opportuni $k, l \in \mathbb{N}$.

8

Curvatura

Per lo studio della geometria di una varietà Riemanniana manca ancora uno strumento essenziale: il concetto di curvatura. Il punto di partenza sarà la curvatura Gaussiana, già nota per le superfici di $\mathbb{R}^3$ (vedi, per esempio, [2, Capitolo 4]): essa è legata alla curvatura delle curve (normali) passanti per un punto e, in un opportuno sistema di coordinate, può essere espressa attraverso i simboli di Christoffel della connessione di Levi-Civita rispetto alla metrica indotta dalla metrica piatta di $\mathbb{R}^3$.

L'idea sarà quella di misurare, in ogni punto, la curvatura Gaussiana di particolari superfici contenute in M, definite utilizzando la mappa esponenziale e le coordinate normali introdotte nel capitolo precedente. Questo tipo di curvatura è chiamata *curvatura sezionale,* e vedremo come calcolarla usando il *tensore di curvatura,* un importante campo tensoriale definito a partire dalla connessione di Levi-Civita.

Il tema principale di questo capitolo sarà la relazione fra la curvatura della varietà Riemanniana e la sua topologia. Il primo risultato di questo genere che dimostreremo è il *teorema di Cartan-Hadamard,* che dice che ogni varietà Riemanniana completa semplicemente connessa con curvatura sezionale non negativa è diffeomorfa a $\mathbb{R}^n$. Lo strumento principale per la dimostrazione di questo (e di altri teoremi di questo capitolo) è fornito dai *campi di Jacobi,* particolari campi lungo una geodetica ottenuti tramite una sua variazione composta da geodetiche, e che forniscono una relazione quantitativa fra il comportamento delle geodetiche e la curvatura della varietà.

Saremo in grado anche di classificare le varietà Riemanniane complete semplicemente connesse *a curvatura sezionale costante,* per le quali il tensore di curvatura ha una espressione univocamente individuata dal valore di una singola curvatura sezionale, facendo vedere che per ogni $n \geq 2$ e ogni $k \in \mathbb{R}$ esiste un'unica varietà Riemanniana completa semplicemente connessa di dimensione n e curvatura sezionale costante k: uno spazio euclideo se $k = 0$, una sfera se $k > 0$, o uno spazio iperbolico se $k < 0$.

Studieremo anche varietà Riemanniane di curvatura positiva, dimostrando il *teorema di Bonnet-Myers,* che dice che una varietà Riemanniana completa

Abate M., Tovena F.: Geometria Differenziale.
DOI 10.1007/978-88-470-1920-1_8
© Springer-Verlag Italia 2011

con curvatura sezionale limitata dal basso da una costante positiva è necessariamente compatta con gruppo fondamentale finito. Ulteriori informazioni sulla topologia di una varietà Riemanniana compatta con curvatura sezionale positiva saranno raccolti nei *teoremi di Weinstein* e *di Synge*.

Completeremo il capitolo introducendo, sempre in analogia con il caso delle superfici di $\mathbb{R}^3$, la *seconda forma fondamentale* di una sottovarietà, assieme a un ulteriore strumento, l'*operatore di forma*, che permetteranno di confrontare una varieà Riemamanniana e le sue sottovarietà.

8.1 Operatori di curvatura

Il primo obiettivo di questa sezione è capire quale può essere un modo significativo per definire la curvatura di una varietà Riemanniana. In dimensione 2, non c'è dubbio che il concetto giusto di curvatura è quello di curvatura Gaussiana. Infatti, il Teorema Egregium di Gauss dice proprio che la curvatura Gaussiana di una superficie in $\mathbb{R}^3$ dipende esclusivamente dalla metrica indotta sulla superficie dalla metrica piatta dell'ambiente: per la precisione, la curvatura Gaussiana K di una superficie $S \subset \mathbb{R}^3$ è data da (vedi [2, Teorema 4.6.11])

$$K = \frac{1}{G}\left[\frac{\partial \Gamma_{22}^1}{\partial x^1} - \frac{\partial \Gamma_{12}^1}{\partial x^2} + \left(\Gamma_{22}^s \Gamma_{1s}^1 - \Gamma_{12}^s \Gamma_{2s}^1\right)\right], \tag{8.1}$$

dove i Γ_{hk}^i sono i simboli di Christoffel della connessione di Levi-Civita della metrica indotta su S dalla metrica piatta di $\mathbb{R}^3$, calcolati rispetto a una carta locale $\varphi = (x^1, x^2)$, e $G = \|\partial_2\|$.

Siccome la formula (8.1) dipende solo dalla metrica su S, potremmo tentare di definire un concetto di curvatura su una varietà Riemanniana qualsiasi nel modo seguente:

Definizione 8.1.1. Sia M una varietà Riemanniana, $p \in M$ e $\pi \subset T_pM$ un 2-piano. Diremo *curvatura sezionale* di M in p lungo π la curvatura Gaussiana in p della superficie $\exp_p(\pi \cap \mathcal{E}_p) \subset M$, calcolata usando (8.1) applicata a un sistema di coordinate normali centrate in p ottenute estendendo a T_pM una base ortonormale di π.

Questa definizione, benché geometricamente chiara, ha però due problemi evidenti. Il primo è che bisogna verificare che sia una definizione ben posta, cioè che non dipenda dal sistema di coordinate normali scelto. La seconda è che non è chiaro che struttura abbia (ammesso che ne abbia una) l'insieme delle curvature sezionali in un punto.

Per ovviare a questi problemi procederemo per via analitica invece che geometrica. L'idea cruciale è che siccome (8.1) contiene i simboli di Christoffel, la curvatura dev'essere legata alla connessione di Levi-Civita. La forma di (8.1) suggerisce di considerare derivate della connessione (per la presenza delle derivate dei simboli di Christoffel), e di costruire qualcosa di antisimmetrico (perché scambiando qualche indice si ottiene un cambiamento di segno). Tenendo presente anche come abbiamo proceduto per costruire a partire da una connessione il tensore di torsione, possiamo provare a definire una curvatura di una connessione come segue:

Definizione 8.1.2. Sia ∇ una connessione lineare su una varietà M. Dati $X, Y \in \mathcal{T}(M)$ e $h, k \in \mathbb{N}$ l'*endomorfismo di curvatura* $R_{XY} \colon \mathcal{T}_k^h(M) \to \mathcal{T}_k^h(M)$ della connessione è definito da

$$R_{XY} = \nabla_X \nabla_Y - \nabla_Y \nabla_X - \nabla_{[X,Y]} \ .$$

In realtà, R_{XY} è molto di più di un semplice endomorfismo: è $C^\infty(M)$-lineare in tutte le variabili. Infatti,

$$\begin{aligned}
R_{XY}(fK) &= \nabla_X \big(f \nabla_Y K + Y(f) K \big) \\
&\quad - \nabla_Y \big(f \nabla_X K + X(f) K \big) - f \nabla_{[X,Y]} K - [X,Y](f) K \\
&= f R_{XY} K
\end{aligned}$$

per ogni $K \in \mathcal{T}_k^h(M)$ e ogni $f \in C^\infty(M)$. Inoltre $R_{YX} = -R_{XY}$ e

$$R_{(fX)fY} = f \nabla_X \nabla_Y - f \nabla_Y \nabla_X - Y(f) \nabla_X - f \nabla_{[X,Y]} + Y(f) \nabla_X = f R_{XY} \ .$$

Quindi $R \colon \mathcal{T}(M) \times \mathcal{T}(M) \times \mathcal{T}_k^h(M) \to \mathcal{T}_k^h(M)$ determina un campo tensoriale $R \in \mathcal{T}_{h+k+2}^{h+k}(M)$. Il caso per noi più interessante è il seguente:

Definizione 8.1.3. Sia ∇ una connessione lineare su una varietà M. Il *tensore di curvatura* di ∇ è il campo tensoriale $R \in \mathcal{T}_3^1(M)$ dato da

$$R(X, Y, Z) = R_{XY} Z$$

per ogni $X, Y, Z \in \mathcal{T}(M)$.

Nel caso in cui ∇ sia la connessione di Levi-Civita di una varietà Riemanniana (M, g), diremo che R è il tensore di curvatura della varietà Riemanniana, e considereremo anche il campo tensoriale $R \in \mathcal{T}_4^0(M)$ definito da

$$R(X, Y, Z, W) = \langle R_{XY} Z, W \rangle \ .$$

Osservazione 8.1.4. È importante notare esplicitamente che il *tensore di curvatura di una varietà Riemanniana è invariante per isometrie*. In altre parole, se $H \colon M \to \tilde{M}$ è un'isometria fra due varietà Riemanniane di connessione di Levi-Civita rispettivamente ∇ e $\tilde{\nabla}$ e tensori di curvatura rispettivamente R e $\tilde{R}$ abbiamo

$$\langle R_{XY} Z, W \rangle_p = \langle \tilde{R}_{dH_p(X)\, dH_p(Y)} dH_p(Z), dH_p(W) \rangle_{H(p)} \ . \tag{8.2}$$

Infatti la Proposizione 6.6.8 e il Lemma 3.4.9 implicano (controlla) che

$$dH(R_{XY} Z) = \tilde{R}_{dH(X)\, dH(Y)} dH(Z)$$

e la (8.2) segue dal fatto che dH è un'isometria.

Il tensore di curvatura possiede diverse proprietà di simmetria, che risulteranno utilissime:

Proposizione 8.1.5. *Sia* $R \in \mathcal{T}_3^1(M)$ *il tensore di curvatura di una connessione lineare simmetrica* ∇ *su una varietà* M, *e* X, Y, Z, $W \in \mathcal{T}(M)$. *Allora:*

(i) $R_{XY} = -R_{YX}$; *in particolare,* $R_{XX} = O$;

(ii) $R_{XY}Z + R_{YZ}X + R_{ZX}Y = O$ *(prima identità di Bianchi).*

Inoltre, se ∇ *è la connessione di Levi-Civita di una varietà Riemanniana* M *si ha anche:*

(iii) $\langle R_{XY}Z, W \rangle = -\langle Z, R_{XY}W \rangle$; *in particolare,* $\langle R_{XY}Z, Z \rangle = 0$;

(iv) $\langle R_{XY}Z, W \rangle = \langle R_{ZW}X, Y \rangle$.

Dimostrazione. (i) Ovvia.

(ii) Usando la simmetria della connessione e l'identità di Jacobi si ottiene

$$
\begin{aligned}
R_{XY}&Z + R_{YZ}X + R_{ZX}Y \\
&= (\nabla_X \nabla_Y Z - \nabla_Y \nabla_X Z - \nabla_{[X,Y]}Z) \\
&\quad + (\nabla_Y \nabla_Z X - \nabla_Z \nabla_Y X - \nabla_{[Y,Z]}X) \\
&\quad + (\nabla_Z \nabla_X Y - \nabla_X \nabla_Z Y - \nabla_{[Z,X]}Y) \\
&= \nabla_X(\nabla_Y Z - \nabla_Z Y) + \nabla_Y(\nabla_Z X - \nabla_X Z) + \nabla_Z(\nabla_X Y - \nabla_Y X) \\
&\quad - \nabla_{[X,Y]}Z - \nabla_{[Y,Z]}X - \nabla_{[Z,X]}Y \\
&= \nabla_X[Y,Z] + \nabla_Y[Z,X] + \nabla_Z[X,Y] - \nabla_{[X,Y]}Z - \nabla_{[Y,Z]}X - \nabla_{[Z,X]}Y \\
&= [X,[Y,Z]] + [Y,[Z,X]] + [Z,[X,Y]] = O \; .
\end{aligned}
$$

(iii) Basta dimostrare che $\langle R_{XY}Z, Z \rangle = 0$. La compatibilità con la metrica dà

$$
\begin{aligned}
XY\|Z\|^2 &= 2X\langle \nabla_Y Z, Z \rangle = 2\langle \nabla_X \nabla_Y Z, Z \rangle + 2\langle \nabla_Y Z, \nabla_X Z \rangle \; , \\
YX\|Z\|^2 &= 2Y\langle \nabla_X Z, Z \rangle = 2\langle \nabla_Y \nabla_X Z, Z \rangle + 2\langle \nabla_X Z, \nabla_Y Z \rangle \; , \\
[X,Y]\|Z\|^2 &= 2\langle \nabla_{[X,Y]}Z, Z \rangle \; .
\end{aligned}
$$

Sottraendo le ultime due dalla prima, il membro sinistro si annulla e otteniamo

$$
0 = 2\langle R_{XY}Z, Z \rangle \; ,
$$

come voluto.

(iv) Scriviamo la prima identità di Bianchi quattro volte, permutando ciclicamente gli argomenti:

$$
\begin{aligned}
\langle R_{XY}Z, W \rangle + \langle R_{YZ}X, W \rangle + \langle R_{ZX}Y, W \rangle &= 0 \; , \\
\langle R_{YZ}W, X \rangle + \langle R_{ZW}Y, X \rangle + \langle R_{WY}Z, X \rangle &= 0 \; , \\
\langle R_{ZW}X, Y \rangle + \langle R_{WX}Z, Y \rangle + \langle R_{XZ}W, Y \rangle &= 0 \; , \\
\langle R_{WX}Y, Z \rangle + \langle R_{XY}W, Z \rangle + \langle R_{YW}X, Z \rangle &= 0 \; ,
\end{aligned}
$$

e sommiamo. Grazie a (iii) le prime due colonne si cancellano. Applicando (i) e (iii) all'ultima colonna otteniamo $2\langle R_{XZ}W, Y\rangle - 2\langle R_{WY}X, Z\rangle = 0$, che è equivalente alla tesi. □

Osservazione 8.1.6. Vediamo come si esprime il tensore di curvatura in coordinate locali. Fissata una carta (U, φ), con $\varphi = (x^1, \ldots, x^n)$ come al solito, indichiamo con Γ^i_{jk} i simboli di Christoffel di ∇ rispetto a questa carta. Allora se poniamo $R_{\partial_i\partial_j}\partial_k = R^h_{ijk}\partial_h$, un conto veloce (controlla) mostra che

$$R^h_{ijk} = \frac{\partial \Gamma^h_{jk}}{\partial x^i} - \frac{\partial \Gamma^h_{ik}}{\partial x^j} + \Gamma^r_{jk}\Gamma^h_{ir} - \Gamma^r_{ik}\Gamma^h_{jr}, \tag{8.3}$$

formula che ci conferma di stare procedendo nella direzione giusta.

Inoltre, le proprietà di simmetria della Proposizione 8.1.5.(i)–(iv) si possono esprimere come proprietà di simmetria dei simboli R^h_{ijk}. Il modo più semplice per farlo è tramite i simboli $R_{ijhk} = \langle R_{\partial_i\partial_j}\partial_h, \partial_k\rangle$. Chiaramente

$$R_{ijhk} = g_{rk}R^r_{ijh},$$

e la Proposizione 8.1.5.(i)–(iv) è equivalente (verificalo) alle seguenti simmetrie dei simboli R_{ijhk}:

$$R_{ijhk} = -R_{jihk}, \; R_{ijhk}+R_{jhik}+R_{hijk} = 0, \; R_{ijhk} = -R_{ijkh}, \; R_{ijhk} = R_{hkij}.$$

Osservazione 8.1.7. Supponiamo di avere una carta locale in cui i vettori $\{\partial_1, \ldots, \partial_n\}$ formano un riferimento locale ortonormale di TM. In questa carta, la matrice (g_{ij}) che rappresenta la metrica Riemanniana è costantemente uguale alla matrice identica, per cui i simboli di Christoffel sono identicamente nulli, e quindi la curvatura è identicamente nulla. Questo conferma quanto anticipato nell'Osservazione 6.5.13; in particolare, una varietà Riemanniana con tensore di curvatura identicamente nullo non può essere (neppure localmente) isometrica a una varietà Riemanniana con tensore di curvatura non nullo, in quanto (Osservazione 8.1.4) il tensore di curvatura è invariante per isometrie.

Le proprietà di simmetria fanno sospettare che per conoscere l'intero tensore di curvatura sia sufficiente sapere come si comporta su alcune particolari quaterne di vettori. Le quaterne giuste sono quelle indicate nella prossima definizione:

Definizione 8.1.8. Sia M una varietà Riemanniana con tensore di curvatura R. Definiamo per ogni $p \in M$ l'applicazione $Q_p: T_pM \times T_pM \to \mathbb{R}$ data da

$$Q_p(v, w) = R_p(v, w, w, v) = \langle R_{vw}w, v\rangle_p$$

per ogni $v, w \in T_pM$. Nota che $Q_p(w, v) = Q_p(v, w)$, e che

$$Q_p(a_1v_1 + a_2v_2, w) = a_1^2 Q_p(v_1, w) + 2a_1a_2\langle R_{v_1w}w, v_2\rangle + a_2^2 Q_p(v_2, w).$$

Il valore di $Q_p(v_1, v_2)$ in realtà dipende più dal piano generato dai vettori v_1 e v_2 che dai vettori in sé. Prima di tutto, se v_1 e v_2 sono linearmente dipendenti (cioè generano una retta in T_pM) allora le proprietà di simmetria di R implicano subito (verificare, prego) che $Q_p(v_1, v_2) = 0$. Supponiamo invece che v_1 e v_2 siano linearmente indipendenti, e siano $w_j = a_j^i v_i$ (per $j = 1, 2$) altri due vettori generanti lo stesso piano, dove $(a_j^i) \in GL(2, \mathbb{R})$ è la matrice di cambiamento di base. Allora la multilinearità e le proprietà di simmetria di R danno

$$Q_p(w_1, w_2) = \left(\det(a_j^i)\right)^2 Q_p(v_1, v_2) .$$

Ora, l'Esercizio 1.82 ci dice che la norma dell'elemento $v_1 \wedge v_2 \in \bigwedge^2 T_pM$ rispetto al prodotto scalare indotto dalla metrica Riemanniana è data da

$$\frac{1}{\sqrt{2}} \|v_1 \wedge v_2\|_p = \sqrt{\|v_1\|_p^2 \|v_2\|_p^2 - |\langle v_1, v_2 \rangle_p|^2} ;$$

nota che il secondo membro è l'area del parallelogrammo generato da v_1 e v_2 in T_pM. In particolare, otteniamo anche

$$\|w_1 \wedge w_2\|_p^2 = \left(\det(a_j^i)\right)^2 \|v_1 \wedge v_2\|_p^2 .$$

Quindi il numero

$$\frac{2Q_p(v_1, v_2)}{\|v_1 \wedge v_2\|_p^2}$$

dipende solo dal piano generato dai vettori v_1 e v_2. Abbiamo recuperato la curvatura sezionale:

Proposizione 8.1.9. *Sia M una varietà Riemanniana con tensore di curvatura R. Allora per ogni $p \in M$ e 2-piano $\pi \subset T_pM$ si ha*

$$K(\pi) = \frac{2Q_p(v_1, v_2)}{\|v_1 \wedge v_2\|_p^2} ,$$

dove $\{v_1, v_2\}$ è una qualunque base di π.

Dimostrazione. Sia $\{v_1, v_2\}$ una base ortonormale di π; completiamola a una base ortonormale di T_pM, e usiamo quest'ultima base per definire coordinate normali centrate in p. Allora

$$\frac{2Q_p(v_1, v_2)}{\|v_1 \wedge v_2\|_p^2} = Q_p(v_1, v_2) = R_{1221} ,$$

che è esattamente uguale a $K(\pi)$, grazie a (8.1) ed (8.3). $\qquad\square$

Dunque il tensore di curvatura definito tramite la connessione di Levi-Civita ci permette di calcolare la curvatura sezionale definita geometricamente. Viceversa, la curvatura sezionale determina completamente il tensore di curvatura, come segue dal risultato che ora dimostreremo.

Proposizione 8.1.10. *Sia V uno spazio vettoriale di dimensione $n \geq 2$ dotato di un prodotto scalare definito positivo $\langle \cdot, \cdot \rangle$, e R, R': $V \times V \times V \to V$ due applicazioni multilineari soddisfacenti le proprietà (i)–(iv) della Proposizione 8.1.5. Per ogni x, y, v, $w \in V$ e ogni 2-piano $\pi \subset V$ definiamo*

$$Q(v, w) = \langle R_{vw} w, v \rangle, \qquad e \qquad K(\pi) = \frac{2Q(v_1, v_2)}{\|v_1 \wedge v_2\|^2},$$

dove $\{v_1, v_2\}$ è una base qualunque del 2-piano π. Definiamo analogamente Q' e K'. Allora $R = R'$ se e solo se $K = K'$.

Dimostrazione. Una direzione è ovvia. Supponiamo allora $K = K'$, e quindi $Q = Q'$. Allora

$$R(x + v, y, y, x + v) = R'(x + v, y, y, x + v)$$

per ogni x, y, $v \in V$ (dove per semplicità di scrittura abbiamo posto $R(x, y, v, w) = \langle R_{xy} v, w \rangle$, e analogamente per R'), per cui

$$R(x, y, y, x) + 2R(x, y, y, v) + R(v, y, y, v)$$
$$= R'(x, y, y, x) + 2R'(x, y, y, v) + R'(v, y, y, v),$$

e perciò

$$R(x, y, y, v) = R'(x, y, y, v).$$

Dunque

$$R(x, y + w, y + w, v) = R'(x, y + w, y + w, v),$$

per ogni x, y, v, $w \in V$, per cui

$$R(x, y, w, v) + R(x, w, y, v) = R'(x, y, w, v) + R'(x, w, y, v),$$

o meglio

$$R(x, y, v, w) - R'(x, y, v, w) = R(y, v, x, w) - R'(y, v, x, w).$$

Dunque la quantità $R(x, y, v, w) - R'(x, y, v, w)$ è invariante per permutazioni cicliche dei primi tre elementi. Usando la prima identità di Bianchi, cioè la Proposizione 8.1.5.(ii), otteniamo allora

$$3[R(x, y, v, w) - R'(x, y, v, w)] = 0,$$

e ci siamo.   □

Uno degli obiettivi tipici dei geometri è classificare tutti gli oggetti che hanno determinate proprietà. Nel caso della Geometria Riemanniana, è naturale cercare di classificare le varietà in base alla loro curvatura. Il caso più semplice, ma comunque molto importante (e che discuteremo in dettaglio nella Sezione 8.4) è quello delle varietà a curvatura sezionale costante.

Definizione 8.1.11. Una varietà Riemanniana M ha *curvatura sezionale costante* $k \in \mathbb{R}$ se $K(\pi) = k$ per ogni $p \in M$ e ogni 2-piano $\pi \subset T_pM$.

Osservazione 8.1.12. È possibile dimostrare (Esercizio 8.2) che una varietà Riemanniana M connessa di dimensione $n \geq 3$ per cui esista una funzione $k \colon M \to \mathbb{R}$ tale che $K(\pi) = k(p)$ per ogni $p \in M$ e ogni 2-piano $\pi \subset T_pM$ è necessariamente a curvatura sezionale costante (cioè la funzione k è costante).

Il tensore di curvatura di una varietà Riemanniana a curvatura sezionale costante è completamente determinato:

Corollario 8.1.13. *Una varietà Riemanniana M ha curvatura sezionale costante $k \in \mathbb{R}$ se e solo se il suo tensore di curvatura è dato da*

$$R_{XY}Z = k\left[\langle Y, Z\rangle X - \langle X, Z\rangle Y\right].\tag{8.4}$$

Dimostrazione. Una direzione è immediata (controlla). Viceversa, supponiamo che M abbia curvatura sezionale costante $k \in \mathbb{R}$. Definiamo un campo tensoriale $R' \in \mathcal{T}_3^1(M)$ tramite il membro destro della (8.4). Si vede subito che R' soddisfa le proprietà (i)–(iv) della Proposizione 8.1.5, e che

$$Q'(X, Y) = k\left[\|X\|^2\|Y\|^2 - |\langle X, Y\rangle|^2\right]$$

quindi $K' = K \equiv k$, e la Proposizione 8.1.10 ci assicura che $R = R'$. $\square$

Concludiamo questa sezione introducendo altri tipi di curvature che si possono ottenere a partire dal tensore di curvatura.

Definizione 8.1.14. Sia M una varietà Riemanniana con tensore di curvatura R. Il *tensore di Ricci* $\mathrm{Ric} \in \mathcal{T}_2^0(M)$ è definito dicendo che $\mathrm{Ric}(X, Y)$ è la traccia dell'operatore lineare $Z \mapsto R_{ZX}Y$.

Osservazione 8.1.15. Un veloce richiamo di Algebra Lineare: se $L \colon V \to V$ è un endomorfismo di uno spazio vettoriale di dimensione finita, e $\mathcal{B} = \{v_1, \ldots, v_n\}$ è una base di V, allora scrivendo $L(v_i) = a_i^j v_j$ (cioè se (a_j^i) è la matrice che rappresenta L rispetto alla base $\mathcal{B}$) troviamo che $\mathrm{tr}(L) = a_i^i$. Se poi $\mathcal{B}$ è una base ortonormale rispetto a un prodotto scalare $\langle \cdot, \cdot \rangle$ su V, allora $a_i^j = \langle L(v_i), v_j\rangle$, e quindi

$$\mathrm{tr}(L) = \sum_{i=1}^n \langle L(v_i), v_i\rangle.$$

Il tensore di Ricci è simmetrico: se $\{Z_1, \ldots, Z_n\}$ è una base ortonormale di T_pM l'osservazione precedente e le simmetrie del tensore di curvatura implicano

$$\mathrm{Ric}(X, Y) = \sum_{j=1}^n \langle R_{Z_jX}Y, Z_j\rangle = \sum_{j=1}^n \langle R_{Z_jY}X, Z_j\rangle = \mathrm{Ric}(Y, X).$$

Definizione 8.1.16. Sia M una varietà Riemanniana con tensore di curvatura R. La *curvatura di Ricci* è la forma quadratica associata al tensore di Ricci:

$$\mathrm{Ric}(X) = \mathrm{Ric}(X,X)$$

per ogni $X \in TM$. L'*operatore di Ricci* è l'unico operatore lineare simmetrico $\mathrm{R} \in T_1^1(M)$ tale che

$$\mathrm{Ric}(X,Y) = \langle \mathrm{R}(X), Y \rangle \ .$$

Infine, la *curvatura scalare* $S \in C^\infty(M)$ è la traccia dell'operatore di Ricci.

Se $\{Z_1, \ldots, Z_n\}$ è di nuovo una base ortonormale di T_pM otteniamo

$$\mathrm{Ric}(X) = \sum_{j=1}^n \langle R_{Z_j X} X, Z_j \rangle = \sum_{j=1}^n Q(Z_j, X), \qquad \mathrm{R}(X) = \sum_{j=1}^n R_{X Z_j} Z_j \ ,$$

e quindi

$$S(p) = \sum_{j=1}^n \langle \mathrm{R}(Z_j), Z_j \rangle = \sum_{j=1}^n \mathrm{Ric}(Z_j, Z_j) = \sum_{i,j=1}^n \langle R_{Z_i Z_j} Z_j, Z_i \rangle$$
$$= \sum_{i,j=1}^n Q(Z_i, Z_j) \ .$$

In coordinate locali, se poniamo $R_{ij} = \mathrm{Ric}(\partial_i, \partial_j)$ e $\mathrm{R}(\partial_i) = R_i^j \partial_j$ troviamo

$$R_{ij} = R_{kij}^k, \qquad R_i^j = g^{jh} R_{ih} = g^{jh} R_{kih}^k, \qquad S = R_i^i = g^{ih} R_{ih} = g^{ih} R_{kih}^k \ .$$

Infine, diamo una definizione che si trova spesso in letteratura.

Definizione 8.1.17. Una varietà Riemanniana (M, g) è detta *di Einstein,* e la metrica g è detta *di Einstein,* se esiste una funzione $\lambda \in C^\infty(M)$ tale che

$$\mathrm{Ric} = \lambda g \ .$$

Se (M, g) è di Einstein, allora l'operatore di Ricci è $\lambda\,\mathrm{id}$; calcolando la traccia troviamo $\lambda = \frac{1}{n} S$, dove n è la dimensione di M. Quindi g è di Einstein se e solo se

$$\mathrm{Ric} = \frac{1}{n} S g \ .$$

Osservazione 8.1.18. In realtà, si può dimostrare (Esercizio 8.3) che la curvatura scalare di una varietà di Einstein di dimensione $n \geq 3$ è costante, per cui Ric risulta essere un multiplo costante della metrica.

8.2 Campi di Jacobi

Obiettivo di questa sezione è introdurre quello che risulterà essere lo strumento essenziale per collegare la curvatura con il comportamento delle geodetiche: i campi di Jacobi.

Per cominciare ci servono una definizione, un esempio e un lemma.

Definizione 8.2.1. Sia $\Sigma\colon (-\varepsilon,\varepsilon) \times [a,b] \to M$ una variazione di una curva regolare a tratti $\sigma\colon [a,b] \to M$. Un *campo vettoriale X lungo Σ* è dato da una suddivisione $a = t_0 < t_1 < \cdots < t_k = b$ di $[a,b]$ associata a Σ e da applicazioni $X_j\colon (-\varepsilon,\varepsilon) \times [t_{j-1}, t_j] \to TM$ di classe C^∞ tali che $X_j(s,t) \in T_{\Sigma(s,t)}M$ per ogni $(s,t) \in (-\varepsilon,\varepsilon) \times [t_{j-1}, t_j]$ e ogni $j = 1,\ldots,k$. Se i vari campi vettoriali si raccordano con continuità nei punti interni $t_1,\ldots,t_{k-1}$ della suddivisione, diremo che X è un campo *continuo*.

Esempio 8.2.2. Sia $\Sigma\colon (-\varepsilon,\varepsilon) \times [a,b] \to M$ una variazione di una curva regolare a tratti $\sigma\colon [a,b] \to M$. Allora i campi S e T introdotti nella Definizione 7.2.11 sono esempi di campi vettoriali lungo Σ. Inoltre, S è un campo continuo, mentre T potrebbe non esserlo.

Il prossimo risultato è analogo al Lemma 7.2.13.

Lemma 8.2.3. *Sia $\Sigma\colon (-\varepsilon,\varepsilon) \times [a,b] \to M$ una variazione di una curva $\sigma\colon [a,b] \to M$ regolare a tratti in una varietà Riemanniana M. Allora per ogni campo vettoriale V lungo Σ abbiamo*

$$D_s D_t V - D_t D_s V = R_{ST} V$$

su ogni rettangolo $(-\varepsilon,\varepsilon) \times [t_{j-1}, t_j]$ su cui Σ e V sono di classe C^∞, dove D_t è la derivata covariante lungo le curve principali, e D_s quella lungo le curve trasverse.

Dimostrazione. Calcoliamo in coordinate locali. Posto $V = V^i \partial_i$ abbiamo

$$D_t V = \frac{\partial V^i}{\partial t} \partial_i + V^i D_t \partial_i$$

e

$$D_s D_t V = \frac{\partial^2 V^i}{\partial s \partial t} \partial_i + \frac{\partial V^i}{\partial t} D_s \partial_i + \frac{\partial V^i}{\partial s} D_t \partial_i + V^i D_s D_t \partial_i \ .$$

Analogamente,

$$D_t D_s V = \frac{\partial^2 V^i}{\partial t \partial s} \partial_i + \frac{\partial V^i}{\partial s} D_t \partial_i + \frac{\partial V^i}{\partial t} D_s \partial_i + V^i D_t D_s \partial_i \ ,$$

per cui

$$D_s D_t V - D_t D_s V = V^i (D_s D_t \partial_i - D_t D_s \partial_i) \ .$$

Ora, se indichiamo con Σ^h le coordinate di Σ abbiamo

$$T = \frac{\partial \Sigma^h}{\partial t} \partial_h \quad \text{e} \quad S = \frac{\partial \Sigma^h}{\partial s} \partial_h \ .$$

Quindi

$$D_t \partial_i = \nabla_T \partial_i = \frac{\partial \Sigma^h}{\partial t} \nabla_{\partial_h} \partial_i$$

e

$$D_s D_t \partial_i = D_s \left(\frac{\partial \Sigma^h}{\partial t} \nabla_{\partial_h} \partial_i \right) = \frac{\partial^2 \Sigma^h}{\partial s \partial t} \nabla_{\partial_h} \partial_i + \frac{\partial \Sigma^h}{\partial t} \nabla_S \nabla_{\partial_h} \partial_i$$

$$= \frac{\partial^2 \Sigma^h}{\partial s \partial t} \nabla_{\partial_h} \partial_i + \frac{\partial \Sigma^h}{\partial t} \frac{\partial \Sigma^k}{\partial s} \nabla_{\partial_k} \nabla_{\partial_h} \partial_i \ .$$

In maniera analoga si calcola $D_t D_s \partial_i$. Ricordando che $[\partial_h, \partial_k] = O$ otteniamo infine

$$D_s D_t \partial_i - D_t D_s \partial_i = \frac{\partial \Sigma^h}{\partial t} \frac{\partial \Sigma^k}{\partial s} R_{\partial_k \partial_h} \partial_i = R_{ST} \partial_i$$

e ci siamo.   □

Usando questo lemma possiamo caratterizzare i campi variazione di variazioni in cui tutte le curve principali sono geodetiche.

Definizione 8.2.4. Una *variazione geodetica* di una geodetica $\sigma: [a, b] \to M$ in una varietà Riemanniana M è una variazione liscia $\Sigma: (-\varepsilon, \varepsilon) \times [a, b] \to M$ tale che ogni curva principale $\sigma_s = \Sigma(s, \cdot)$ sia una geodetica.

L'esempio principale di variazione geodetica è descritto nel prossimo:

Lemma 8.2.5. *Sia $\sigma: [a, b] \to M$ una geodetica in una varietà Riemanniana M, e v, $w \in T_{\sigma(a)} M$ due vettori tangenti. Allora esiste una variazione geodetica $\Sigma: (-\varepsilon, \varepsilon) \times [a, b] \to M$ di σ il cui campo variazione V soddisfa $V(a) = v$ e $D_a V = w$. La variazione Σ è data da*

$$\Sigma(s, t) = \exp_{\tau(s)} \big((t - a)(u(s) + s w(s)) \big) \ ,$$

dove $\tau: (-\varepsilon, \varepsilon) \to M$ è una curva uscente da $\sigma(a)$ tangente a v, mentre u, $w \in T(\tau)$ sono le estensioni parallele lungo τ di $\sigma'(a)$ e w rispettivamente.

Dimostrazione. Se $\tau: (-\varepsilon, \varepsilon) \to M$ è una curva e $\psi \in T(\tau)$, allora la $\Sigma: (-\varepsilon, \varepsilon) \times [a, b] \to M$ data da

$$\Sigma(s, t) = \exp_{\tau(s)} \big((t - a) \psi(s) \big)$$

è sempre una variazione geodetica della geodetica $\sigma_0(t) = \exp_{\tau(0)} \big((t-a) \psi(0) \big)$, non appena $(b - a) \psi(0) \in \mathcal{E}_{\tau(0)}$ ed ε è abbastanza piccolo. Quindi vogliamo trovare τ e ψ in modo che $\sigma_0 \equiv \sigma$ e il campo variazione V di Σ soddisfi $V(a) = v$ e $D_a V = w$.

Ora, $\sigma(t) = \exp_{\sigma(a)}\big((t-a)\sigma'(a)\big)$; quindi per avere $\sigma_0 \equiv \sigma$ basta scegliere τ e ψ in modo che $\tau(0) = \sigma(a)$ e $\psi(0) = \sigma'(a)$. Poi $\Sigma(s,a) = \tau(s)$, per cui $V(a) = S(0,a) = \tau'(0)$ e quindi $V(a) = v$ non appena τ è scelta in modo che $\tau'(0) = v$.

Infine, $T(s,t) = \mathrm{d}(\exp_{\tau(s)})_{(t-a)\psi(s)}\big(\psi(s)\big)$, per cui il Lemma 7.2.13 dà

$$D_t S|_{t=a} = D_s T(s,a) = D_s \psi\,,$$

per cui $D_a V = D_t S|_{t=a,s=0} = D_0 \psi$, e quindi $D_a V = w$ non appena ψ è scelto in modo che $D_0 \psi = w$. Ma il modo più semplice per scegliere un campo lungo τ fissando il suo valore iniziale e il valore iniziale della sua derivata covariante lungo τ è prenderlo lineare rispetto alla derivata covariante, cioè della forma $\psi(s) = u(s) + s w(s)$, con u e w paralleli lungo τ e con $u(0) = \sigma'(a)$ e $w(0) = w$. In questo modo si ha $\psi(0) = \sigma'(a)$ e $D_s \psi = w(s)$, come voluto, e ci siamo.   □

Siamo allora in grado di caratterizzare completamente i campi variazione di variazioni geodetiche:

Proposizione 8.2.6. *Sia $\sigma\colon [a,b] \to M$ una geodetica in una varietà Riemanniana M. Allora un campo $J \in \mathcal{T}(\sigma)$ è il campo variazione di una variazione geodetica di σ se e solo se*

$$D^2 J + R_{J\sigma'}\sigma' = O\,. \qquad (8.5)$$

Inoltre, dati v, $w \in T_{\sigma(a)}M$ esiste un unico campo $J \in \mathcal{T}(\sigma)$ soddisfacente (8.5) e tale che $J(a) = v$ e $D_a J = w$.

Dimostrazione. Sia Σ una variazione geodetica di σ, di campo variazione J, e indichiamo come al solito con D_t la derivata covariante lungo le curve principali di Σ, e con D_s quella lungo le curve trasverse. Per ipotesi abbiamo $D_t T \equiv O$; quindi

$$O \equiv D_s D_t T = D_t D_s T + R_{ST} T = D_t D_t S + R_{ST} T\,,$$

dove abbiamo usato i Lemmi 8.2.3 e 7.2.13. Siccome per $s = 0$ si ha $S = J$ e $T = \sigma'$, abbiamo ricavato (8.5).

Ora, sia

$$\left\{ E_1 = \frac{\sigma'(a)}{\|\sigma'(a)\|_{\sigma(a)}}, E_2, \ldots, E_n \right\}$$

una base ortonormale di $T_{\sigma(a)}M$, e indichiamo con $E_j(t)$ l'estensione parallela di E_j lungo σ, in modo che $\{E_1(t), \ldots, E_n(t)\}$ sia una base ortonormale di $T_{\sigma(t)}M$ per ogni $t \in [a,b]$. Definiamo inoltre funzioni $\hat{R}^i_{jhk}\colon [a,b] \to \mathbb{R}$ ponendo

$$R_{E_j(t) E_h(t)} E_k(t) = \hat{R}^i_{jhk}(t) E_i(t)\,.$$

Ogni $J \in \mathcal{T}(\sigma)$ si può scrivere come $J(t) = J^i(t) E_i(t)$ per opportune funzioni $J^1, \ldots, J^n\colon [a,b] \to \mathbb{R}$; in particolare, $J(a) = J^i(a) E_i$. Inoltre, essendo gli $E_j(t)$

paralleli otteniamo $D_t J = (J^i)'(t) E_i(t)$, per cui $D_a J = (J^i)'(a) E_i$. Quindi J soddisfa (8.5) se e solo se si ha

$$(J^i)'' + \|\sigma'(a)\|^2_{\sigma(a)} \hat{R}^i_{j11} J^j \equiv 0$$

per $i = 1, \ldots, n$. Dunque (8.5) è un sistema lineare di equazioni differenziali ordinarie del secondo ordine, per cui (Teorema 6.1.15, adattato al caso dei sistemi del second'ordine come nella dimostrazione della Proposizione 7.1.6) per ogni v, $w \in T_{\sigma(a)}M$ esiste un'unica soluzione $J \in \mathcal{T}(\sigma)$ di (8.5) tale che $J(a) = v$ e $D_a J = w$.

Infine, supponiamo che J soddisfi (8.5), e sia $\Sigma: (-\varepsilon, \varepsilon) \times [a, b] \to M$ una variazione geodetica di σ il cui campo variazione V soddisfi $V(a) = J(a)$ e $D_a V = D_a J$, costruita per esempio come nel Lemma 8.2.5. Allora anche V soddisfa (8.5), con le stesse condizioni iniziali di J; quindi $V \equiv J$, e ci siamo. $\qquad \square$

Definizione 8.2.7. Sia $\sigma: [a, b] \to M$ una geodetica in una varietà Riemanniana M. La (8.5) è detta *equazione di Jacobi*; un *campo di Jacobi* lungo σ è una sua soluzione $J \in \mathcal{T}(\sigma)$. Lo spazio vettoriale dei campi di Jacobi lungo σ verrà indicato con $\mathcal{J}(\sigma)$. Un campo di Jacobi $J \in \mathcal{J}(\sigma)$ è detto *proprio* se $J(t) \perp \sigma'(t)$ per ogni $t \in [a, b]$. Il sottospazio dei campi di Jacobi propri sarà indicato con $\mathcal{J}_0(\sigma)$.

Alcune proprietà elementari dei campi di Jacobi sono contenute nella seguente:

Proposizione 8.2.8. *Sia $\sigma: [a, b] \to M$ una geodetica in una varietà Riemanniana M. Allora:*

(i) *gli zeri di un campo di Jacobi $J \in \mathcal{J}(\sigma)$ non identicamente nullo sono isolati;*

(ii) *per ogni $J \in \mathcal{J}(\sigma)$ abbiamo*

$$\langle J(t), \sigma'(t) \rangle_{\sigma(t)} = \langle J(a), \sigma'(a) \rangle_{\sigma(a)} + \langle D_a J, \sigma'(a) \rangle_{\sigma(a)} (t - a) ; \qquad (8.6)$$

(iii) *un campo di Jacobi $J \in \mathcal{J}(\sigma)$ è proprio se e solo se $J(a) \perp \sigma'(a)$ e $D_a J \perp \sigma'(a)$ se e solo se è ortogonale a σ' in due punti;*

(iv) *ogni campo di Jacobi J lungo σ si può scrivere in modo unico nella forma $J = J_0 + [c_0 + c_1(t - a)]\sigma'$, dove $J_0 \in \mathcal{J}_0(\sigma)$ e c_0, $c_1 \in \mathbb{R}$;*

(v) $\dim \mathcal{J}(\sigma) = 2 \dim M$ *e* $\dim \mathcal{J}_0(\sigma) = 2 \dim M - 2$.

Dimostrazione. (i) Se $t_0 \in [a, b]$ è uno zero non isolato di J, possiamo trovare una successione $\{t_\nu\} \subset [a, b]$ convergente a t_0 di zeri di J. Ma allora

$$D_{t_0} J = \lim_{\nu \to +\infty} \frac{\tilde{\sigma}^{-1}_{t_0, t_\nu} (J(t_\nu)) - J(t_0)}{t_\nu - t_0} = O ,$$

grazie alla Proposizione 6.1.22, dove $\tilde{\sigma}_{t_0, t_\nu}: T_{\sigma(t_0)} M \to T_{\sigma(t_\nu)} M$ è il trasporto parallelo lungo σ. Ma allora $J \equiv O$ per la Proposizione 8.2.6, in quanto J ha derivata covariante nulla in un punto in cui si annulla.

(ii) Siccome $D\sigma' \equiv O$ abbiamo $\frac{\mathrm{d}}{\mathrm{d}t}\langle J, \sigma'\rangle_\sigma = \langle DJ, \sigma'\rangle_\sigma$ e

$$\frac{\mathrm{d}^2}{\mathrm{d}t^2}\langle J, \sigma'\rangle_\sigma = \langle D^2 J, \sigma'\rangle_\sigma = -\langle R_{J\sigma'}\sigma', \sigma'\rangle_\sigma = 0\,,$$

dove l'ultima eguaglianza segue dalle simmetrie del tensore di curvatura. In particolare, $\langle J, \sigma'\rangle_\sigma$ dev'essere lineare affine in t, e otteniamo (8.6).

(iii) Segue subito da (ii).

(iv) Prima di tutto, si verifica subito che $[c_0 + c_1(t-a)]\sigma'$ è un campo di Jacobi lungo σ quali che siano $c_0, c_1 \in \mathbb{R}$. Ora, dato $J \in \mathcal{J}(\sigma)$, vogliamo dimostrare che esistono unici $c_0, c_1 \in \mathbb{R}$ tali che $J_0 = J - [c_0 + c_1(t-a)]\sigma'$ sia un campo di Jacobi proprio lungo σ. Per il punto (iii), J_0 è proprio se e solo se $J_0(a)$ e $D_a J_0$ sono ortogonali a $\sigma'(a)$. Ma

$$\begin{cases} \langle J_0(a), \sigma'(a)\rangle_{\sigma(a)} = \langle J(a), \sigma'(a)\rangle_{\sigma(a)} - c_0\|\sigma'(a)\|^2_{\sigma(a)}, \\ \langle D_a J_0, \sigma'(a)\rangle_{\sigma(a)} = \langle D_a J, \sigma'(a)\rangle_{\sigma(a)} - c_1\|\sigma'(a)\|^2_{\sigma(a)}\,; \end{cases}$$

quindi J_0 è proprio se e solo se

$$c_0 = \frac{\langle J(a), \sigma'(a)\rangle_{\sigma(a)}}{\|\sigma'(a)\|^2_{\sigma(a)}} \qquad e \qquad c_1 = \frac{\langle D_a J, \sigma'(a)\rangle_{\sigma(a)}}{\|\sigma'(a)\|^2_{\sigma(a)}}\,,$$

e ci siamo.

(v) Che la dimensione di $\mathcal{J}(\sigma)$ sia uguale a $2\dim M$ segue dall'esistenza e unicità della soluzione dell'equazione di Jacobi date le condizioni iniziali. Infine, (iv) implica che $\dim \mathcal{J}_0(\sigma) = 2\dim M - 2$.   □

Uno dei motivi per cui i campi di Jacobi sono importanti è che ci permettono di stabilire quando $\exp_p$ smette di essere un diffeomorfismo locale.

Definizione 8.2.9. Sia $\sigma\colon [a,b] \to M$ una geodetica in una varietà Riemanniana M, e poniamo $\sigma(a) = p$ e $\sigma(b) = q$. Diremo che q è *coniugato a p lungo σ* se esiste un campo di Jacobi $J \in \mathcal{J}(\sigma)$ non identicamente nullo tale che $J(a) = J(b) = O$. L'*ordine* di q come punto coniugato di p è la dimensione del sottospazio dei campi di Jacobi lungo σ (necessariamente propri) che si annullano in a e b. Chiaramente, l'ordine è al massimo $n - 1 = \dim\{J \in \mathcal{J}_0(\sigma) \mid J(a) = O\}$.

Allora abbiamo la:

Proposizione 8.2.10. *Data una varietà Riemanniana M, scegliamo $p \in M$, un vettore $v \in \mathcal{E}_p \subseteq T_pM$, e poniamo $q = \exp_p(v)$. Allora $\exp_p$ è un diffeomorfismo locale nell'intorno di v se e solo se q non è coniugato a p lungo la geodetica $\sigma\colon [0,1] \to M$ data da $\sigma(t) = \exp_p(tv)$. Inoltre, l'ordine di q come punto coniugato di p lungo σ è esattamente la dimensione del nucleo di $\mathrm{d}(\exp_p)_v$.*

Dimostrazione. Grazie al teorema della funzione inversa (Corollario 2.3.29), $\exp_p$ è un diffeomorfismo locale nell'intorno di v se e solo se v non è un punto critico di $\exp_p$, cioè se e solo se $d(\exp_p)_v$ è iniettivo; quindi per avere la tesi ci basta costruire un isomorfismo χ fra il nucleo di $d(\exp_p)_v$ e il sottospazio dei campi di Jacobi lungo σ che si annullano in 0 e 1. Più precisamente, costruiremo un isomorfismo χ fra T_pM e $\{J \in \mathcal{J}(\sigma) \mid J(0) = O\}$ che manderà $\operatorname{Ker} d(\exp_p)_v$ esattamente in

$$\{J \in \mathcal{J}(\sigma) \mid J(0) = J(1) = O\} \subseteq \mathcal{J}_0(\sigma) \ .$$

Dato $w \in T_v(T_pM) \cong T_pM$, sia $\Sigma_w \colon (-\varepsilon, \varepsilon) \times [0, 1] \to M$ la variazione geodetica di σ ottenuta ponendo

$$\Sigma_w(s, t) = \exp_p\bigl(t(v + sw)\bigr) \ .$$

Il campo variazione J_w di questa variazione geodetica è dato da

$$J_w(t) = t \, d(\exp_p)_{tv}(w) \ ;$$

in particolare, $J_w(0) = O$ e $D_0 J_w = w$. Dunque l'applicazione $\chi \colon T_pM \to \mathcal{J}(\sigma)$ data da $\chi(w) = J_w$ è lineare e iniettiva; siccome

$$\dim T_pM = n = \dim\{J \in \mathcal{J}(\sigma) \mid J(0) = O\} \ ,$$

l'immagine di χ è esattamente il sottospazio di tutti i campi di Jacobi che si annullano in 0. Ma $J_w(1) = d(\exp_p)_v(w)$; quindi χ manda il nucleo di $d(\exp_p)_v$ sul sottospazio dei campi di Jacobi lungo σ che si annullano in 0 e 1, e ci siamo. $\qquad\square$

8.3 Il teorema di Cartan-Hadamard

In questa sezione dimostreremo il primo risultato fondamentale sulle relazioni fra la curvatura e la topologia di una varietà Riemanniana: il teorema di Cartan-Hadamard, che dice che una n-varietà Riemanniana completa semplicemente connessa con curvatura sezionale non positiva è necessariamente diffeomorfa a $\mathbb{R}^n$. Ci servirà la

Proposizione 8.3.1. *Sia $H \colon M \to N$ un'isometria locale fra varietà Riemanniane connesse, e supponiamo che M sia completa. Allora anche N è completa, e H è un rivestimento.*

Dimostrazione. Cominciamo col mostrare un fatto preliminare. Sia $q \in H(M)$, e $p \in H^{-1}(q)$. Allora per ogni geodetica σ uscente da q esiste un'unica geodetica $\tilde{\sigma}$ uscente da p tale che $\sigma = H \circ \tilde{\sigma}$. Infatti, prima di tutto ricordiamo che (Esercizio 7.4) $\tilde{\sigma}$ è una geodetica in M se e solo se σ è una geodetica in N. Poi, se vale $\sigma = H \circ \tilde{\sigma}$ si deve avere $\sigma'(0) = dH_p\bigl(\tilde{\sigma}'(0)\bigr)$, per cui $\tilde{\sigma}$

è l'unica geodetica di M uscente da p e tale che $\tilde{\sigma}'(0) = (\mathrm{d}H_p)^{-1}(\sigma'(0))$. Viceversa, data σ indichiamo con $\tilde{\sigma}$ l'unica geodetica di M uscente da p e tale che $\tilde{\sigma}'(0) = (\mathrm{d}H_p)^{-1}(\sigma'(0))$; allora $H \circ \tilde{\sigma}$ dev'essere una geodetica di N uscente da q tangente a $\sigma'(0)$, per cui $H \circ \tilde{\sigma} = \sigma$, come voluto.

Dimostriamo ora che N è completa. Dato $q \in H(M)$, sia σ una geodetica radiale uscente da q, e prendiamo $p \in H^{-1}(q)$. Essendo M completa, la geodetica $\tilde{\sigma}$ uscente da p tale che $\sigma = H \circ \tilde{\sigma}$ è definita su tutto $\mathbb{R}$. Ma allora anche σ lo è, e, per il teorema di Hopf-Rinow, N è completa.

Ora dimostriamo che H è surgettiva. Siano $q_0 = H(p) \in H(M)$ e $q \in N$ qualsiasi. Essendo N completa, esiste una geodetica minimizzante σ da q_0 a q; poniamo $w = \sigma'(0)$. Ma allora $\sigma = H \circ \tilde{\sigma}$ per un'opportuna geodetica $\tilde{\sigma}$ in M uscente da p, per cui q risulta essere nell'immagine di H.

Rimane da far vedere che H è un rivestimento. Prendiamo $q_0 \in N$, e sia $U = B_\varepsilon(q_0)$ una palla geodetica di centro q_0; vogliamo dimostrare che U è un intorno ben rivestito di q_0. Scriviamo $H^{-1}(q_0) = \{p_\alpha\}_{\alpha \in A}$, e indichiamo con U_α la palla di centro p_α e raggio ε per la distanza Riemanniana d^M di M. Cominciamo a far vedere che $U_\alpha \cap U_\beta = \varnothing$ se $\alpha \neq \beta$. Infatti, essendo M completa possiamo trovare una geodetica minimizzante $\tilde{\sigma}$ da p_α a p_β. La sua proiezione $\sigma = H \circ \tilde{\sigma}$ è una geodetica in N da q_0 a q_0. Siccome le geodetiche che partono da q_0 in $B_\varepsilon(q_0)$ sono solo quelle radiali, σ deve uscire da U e rientrarvi; quindi ha lunghezza maggiore di 2ε. Dunque $d^M(p_\alpha, p_\beta) = L(\tilde{\sigma}) = L(\sigma) > 2\varepsilon$ (dove abbiamo usato l'Esercizio 7.12), e per la disuguaglianza triangolare $U_\alpha \cap U_\beta = \varnothing$.

Adesso mostriamo che $H^{-1}(U) = \bigcup_\alpha U_\alpha$. Siccome H è un'isometria locale, sempre l'Esercizio 7.12 implica che

$$d^N\big(H(p_1), H(p_2)\big) \leq d^M(p_1, p_2)$$

per ogni $p_1, p_2 \in M$, dove d^N è la distanza Riemanniana di N. In particolare, essendo U la palla per d^N di centro q_0 e raggio ε (Teorema 7.2.23), otteniamo $H(U_\alpha) \subseteq U$ per ogni α. Viceversa, sia $p \in H^{-1}(U)$. Questo significa che $q = H(p) \in U$, per cui esiste una geodetica minimizzante σ da q a q_0, e $r = d^N(q_0, q) < \varepsilon$. Sia $\tilde{\sigma}$ la geodetica uscente da p tale che $\sigma = H \circ \tilde{\sigma}$; allora $H\big(\tilde{\sigma}(r)\big) = \sigma(r) = q_0$, per cui $\tilde{\sigma}(r) = p_\alpha$ per qualche α, e $p \in U_\alpha$ come voluto.

Infine, dobbiamo dimostrare che $H|_{U_\alpha} \colon U_\alpha \to U$ è un diffeomorfismo per ogni α. Sappiamo che H manda la geodetica radiale in U_α uscente da p_α tangente a $w \in T_{p_\alpha}M$ nella geodetica radiale in U uscente da q_0 tangente a $\mathrm{d}H_{p_\alpha}(w) \in T_{q_0}N$. Ma questo vuol dire esattamente che

$$H|_{U_\alpha} = \exp_{q_0} \circ \mathrm{d}H_{p_\alpha} \circ \big(\exp_{p_\alpha}|_{B_\varepsilon(O_{p_\alpha})}\big)^{-1},$$

per cui $(H|_{U_\alpha})^{-1} = \exp_{p_\alpha} \circ (\mathrm{d}H_{p_\alpha})^{-1} \circ \big(\exp_{q_0}|_{B_\varepsilon(O_{q_0})}\big)^{-1}$, e quindi $H|_{U_\alpha}$ è un diffeomorfismo. $\qquad\square$

E così abbiamo il *teorema di Cartan-Hadamard:*

Teorema 8.3.2 (Cartan-Hadamard). *Sia* (M, g) *una varietà Riemanniana completa. Allora:*

(i) *se* M *ha curvatura sezionale* $K \leq 0$ *allora ogni* $p \in M$ *non ha punti coniugati;*

(ii) *se esiste* $p \in M$ *senza punti coniugati allora* $\exp_p \colon T_p M \to M$ *è un rivestimento.*

In particolare, ogni varietà Riemanniana completa semplicemente connessa di dimensione n *con curvatura sezionale non positiva è diffeomorfa a* $\mathbb{R}^n$.

Dimostrazione. (i) Dato $p \in M$, sia σ una geodetica uscente da p. Dobbiamo dimostrare che se $J \in \mathcal{J}(\sigma)$ è un campo di Jacobi lungo σ non identicamente nullo che si annulla in 0 allora $J(t) \neq O$ per ogni $t \neq 0$. Sia $f \colon \mathbb{R} \to \mathbb{R}$ data da $f(t) = \|J(t)\|^2_{\sigma(t)}$. Allora $f' = 2\langle DJ, J\rangle_\sigma$, per cui $f(0) = f'(0) = 0$, e

$$\frac{\mathrm{d}^2 f}{\mathrm{d}t^2} = 2\big[\|DJ\|^2_\sigma + \langle D^2 J, J\rangle_\sigma\big] = 2\big[\|DJ\|^2_\sigma - \langle R_{J\sigma'}\sigma', J\rangle_\sigma\big]$$
$$= 2\big[\|DJ\|^2_\sigma - Q_\sigma(J, \sigma')\big] \geq 0 \,,$$

grazie all'ipotesi sul segno della curvatura sezionale. Quindi f è una funzione convessa non negativa con zeri isolati che si annulla in 0, per cui può annullarsi in un altro punto soltanto se è identicamente nulla, e ci siamo.

(ii) Poniamo su $T_p M$ la metrica Riemanniana $g_0 = (\exp_p)^* g$; siccome p è privo di punti coniugati, $\exp_p$ è un diffeomorfismo locale grazie alla Proposizione 8.2.10, e quindi g_0 è ben definita. Per costruzione, $\exp_p \colon (T_p M, g_0) \to (M, g)$ è un'isometria locale; quindi le rette uscenti dall'origine sono geodetiche (in quanto le loro immagini sono geodetiche in M). Per il teorema di Hopf-Rinow, $(T_p M, g_0)$ è completa, e la tesi segue allora dalla Proposizione 8.3.1. $\square$

8.4 Spazi di curvatura costante

Vogliamo ora trovare tutte le varietà semplicemente connesse a curvatura sezionale costante. Per arrivarci ci serviranno due interessanti risultati dovuti a É. Cartan.

Il primo dice che, in un certo senso, il tensore di curvatura determina localmente la metrica, fornendo una specie di viceversa locale dell'Osservazione 8.1.4.

Definizione 8.4.1. Siano M e $\tilde{M}$ due varietà Riemanniane di uguale dimensione, $p \in M$, e $\tilde{p} \in \tilde{M}$. Un'isometria lineare $I \colon T_p M \to T_{\tilde{p}} \tilde{M}$ determina una corrispondenza biunivoca fra le geodetiche uscenti da p e quelle uscenti da $\tilde{p}$: alla geodetica σ_v si associa la geodetica $\sigma_{I(v)}$. Diremo che I *preserva il trasporto parallelo della curvatura sezionale* se $K_M\big(\tilde{\sigma}_v(\pi)\big) = K_{\tilde{M}}\big(\tilde{\sigma}_{I(v)}\big(I(\pi)\big)\big)$ per ogni 2-piano $\pi \subset T_p M$ e ogni $v \in T_p M$, dove $\tilde{\sigma}_v$ (rispettivamente, $\tilde{\sigma}_{I(v)}$) indica il trasporto parallelo lungo σ_v (rispettivamente, lungo $\sigma_{I(v)}$).

Osservazione 8.4.2. Si verifica facilmente (controlla) che se $H\colon M \to \tilde{M}$ è una isometria locale allora $\mathrm{d}H_p$ preserva il trasporto parallelo della curvatura sezionale quale che sia $p \in M$.

Proposizione 8.4.3 (É. Cartan). *Siano M e $\tilde{M}$ due varietà Riemanniane, $p \in M$, $\tilde{p} \in \tilde{M}$ e $I\colon T_pM \to T_{\tilde{p}}\tilde{M}$ un'isometria lineare che preserva il trasporto parallelo della curvatura sezionale. Scegliamo un numero $0 < \delta \le \mathrm{injrad}(p)$ tale che $B_\delta(O_{\tilde{p}})$ sia contenuto nel dominio $\tilde{\mathcal{E}}$ dell'esponenziale di $\tilde{M}$. Allora*

$$F = \exp_{\tilde{p}} \circ I \circ \exp_p^{-1}\colon B_\delta(p) \to B_\delta(\tilde{p})$$

è un'isometria locale. In particolare, se si ha anche $\delta \le \mathrm{injrad}(\tilde{p})$ allora F è un'isometria.

Dimostrazione. Preso $v \in T_pM$, poniamo $\tilde{v} = I(v) \in T_{\tilde{p}}\tilde{M}$; allora ci basta dimostrare che si ha

$$\|\mathrm{d}(\exp_{\tilde{p}})_{\tilde{v}}\big(I(w)\big)\| = \|\mathrm{d}(\exp_p)_v(w)\| \tag{8.7}$$

per ogni $w \in T_v(T_pM) \cong T_pM$. Siccome I è un'isometria, il Lemma 7.2.19 ci dice che basta dimostrare (8.7) quando w è un versore ortogonale a v (nel qual caso $I(w)$ è un versore ortogonale a $\tilde{v}$). Sia $\{E_1, \ldots, E_n\}$ una base ortonormale di T_pM con $E_1 = v/\|v\|_p$ e $E_n = w$, e poniamo $\tilde{E}_j = I(E_j)$. Sia σ la geodetica uscente da p tangente a v, e $\tilde{\sigma}$ la geodetica uscente da $\tilde{p}$ tangente a $\tilde{v}$; indicheremo con $E_j(t)$ e $\tilde{E}_j(t)$ l'estensione parallela di E_j ed $\tilde{E}_j$ lungo σ e $\tilde{\sigma}$ rispettivamente. Definiamo ora due variazioni Σ e $\tilde{\Sigma}$ di σ e $\tilde{\sigma}$:

$$\Sigma(s,t) = \exp_p\big(t(v + sw)\big), \qquad \tilde{\Sigma}(s,t) = \exp_{\tilde{p}}\big(t(\tilde{v} + sI(w))\big)\,,$$

e siano J e $\tilde{J}$ i corrispondenti campi di Jacobi. Allora $J(0) = O = \tilde{J}(0)$, $D_0J = w$ e $D_0\tilde{J} = I(w)$. Inoltre $J(1) = \mathrm{d}(\exp_p)_v(w)$ e $\tilde{J}(1) = \mathrm{d}(\exp_{\tilde{p}})_{\tilde{v}}\big(I(w)\big)$; quindi basta dimostrare che $\|J(1)\| = \|\tilde{J}(1)\|$.

Scriviamo $J(t) = J^i(t)E_i(t)$ e $R_{E_i(t)E_j(t)}E_k(t) = R_{ijk}^h(t)E_h(t)$, e analogamente per $\tilde{J}$ e $\tilde{R}$; quindi le funzioni J^i e $\tilde{J}^i$ soddisfano le

$$\begin{cases} \dfrac{\mathrm{d}^2 J^i}{\mathrm{d}t^2} + \|v\|_p^2 R_{j11}^i J^j = 0, \\[2mm] J^i(0) = 0, \quad \dfrac{\mathrm{d}J^i}{\mathrm{d}t}(0) = \delta_n^i, \end{cases} \qquad \begin{cases} \dfrac{\mathrm{d}^2 \tilde{J}^i}{\mathrm{d}t^2} + \|I(v)\|_{\tilde{p}}^2 \tilde{R}_{j11}^i \tilde{J}^j = 0, \\[2mm] \tilde{J}^i(0) = 0, \quad \dfrac{\mathrm{d}\tilde{J}^i}{\mathrm{d}t}(0) = \delta_n^i. \end{cases}$$

Ma

$$\begin{aligned} R_{j11}^i(t) &= \langle R_{E_j(t)E_1(t)}E_1(t), E_i(t)\rangle_{\sigma(t)} \\ &= \langle \tilde{R}_{\tilde{E}_j(t)\tilde{E}_1(t)}\tilde{E}_1(t), \tilde{E}_i(t)\rangle_{\tilde{\sigma}(t)} = \tilde{R}_{j11}^i(t)\,, \end{aligned}$$

in quanto la curvatura sezionale determina il tensore di curvatura, e la curvatura sezionale è preservata per trasporto parallelo. Siccome $\|v\|_p = \|I(v)\|_{\tilde{p}}$, ne segue che $(J^1, \ldots, J^n)$ e $(\tilde{J}^1, \ldots, \tilde{J}^n)$ soddisfano lo stesso sistema lineare di equazioni differenziali ordinarie con le stesse condizioni iniziali; quindi coincidono, e

$$\|J(1)\| = \sqrt{\sum_{i=1}^{n} |J^i(1)|^2} = \sqrt{\sum_{i=1}^{n} |\tilde{J}^i(1)|^2} = \|\tilde{J}(1)\| \,,$$

come volevasi dimostrare. □

Ci servirà anche un altro risultato di É. Cartan:

Teorema 8.4.4 (É. Cartan). *Siano H, $\tilde{H}: M \to \tilde{M}$ due isometrie locali fra due varietà Riemanniane connesse. Supponiamo che esista $p_0 \in M$ tale che $H(p_0) = \tilde{H}(p_0)$ e $dH_{p_0} = d\tilde{H}_{p_0}$. Allora $H \equiv \tilde{H}$.*

Dimostrazione. L'insieme $C = \{p \in M \mid H(p) = \tilde{H}(p), dH_p = d\tilde{H}_p\}$ è un chiuso non vuoto di M; ci basterà dimostrare che è aperto. Prendiamo $p \in C$, e sia $0 < \delta \le \min\{\mathrm{injrad}(p), \mathrm{injrad}(H(p))\}$, per cui $B_\delta(p) \subset M$ e $B_\delta(H(p)) \subset \tilde{M}$ sono palle geodetiche. Siccome H e $\tilde{H}$ sono isometrie locali, mandano geodetiche uscenti da p in geodetiche uscenti da $H(p) = \tilde{H}(p)$. Ma allora

$$\exp_{H(p)} \circ dH_p = H \circ \exp_p \qquad \text{e} \qquad \exp_{\tilde{H}(p)} \circ d\tilde{H}_p = \tilde{H} \circ \exp_p$$

su $B_\delta(O_p)$, per cui

$$H|_{B_\delta(p)} = \exp_{H(p)} \circ dH_p \circ (\exp_p)^{-1}|_{B_\delta(p)}$$
$$= \exp_{\tilde{H}(p)} \circ d\tilde{H}_p \circ (\exp_p)^{-1}|_{B_\delta(p)} = \tilde{H}|_{B_\delta(p)} \,,$$

per cui $B_\delta(p) \subset C$, ed è fatta. □

Corollario 8.4.5. *Sia $H: M \to M$ un'isometria di una varietà Riemanniana connessa in sé. Supponiamo che esista $p \in M$ tale che $H(p) = p$ e $dH_p = \mathrm{id}$. Allora $H \equiv \mathrm{id}_M$.*

Dimostrazione. Basta applicare il teorema precedente a $\tilde{M} = M$ e $\tilde{H} = \mathrm{id}_M$. □

Possiamo ora dimostrare un'affermazione fatta nell'Esempio 6.5.23:

Corollario 8.4.6. $\mathrm{Iso}(S_R^n) = O(n+1)$.

Dimostrazione. Sia $H \in \mathrm{Iso}(S_R^n)$ un'isometria qualunque di S_R^n, indichiamo con $N \in S_R^n$ il polo nord, sia $p = H(N)$ e poniamo $E_j = dH_N(e_j)$ per $j = 1, \ldots, n$, dove $\{e_1, \ldots, e_{n+1}\}$ è la base canonica di $\mathbb{R}^{n+1}$. Essendo H un'isometria, $\{E_1, \ldots, E_n\}$ è una base ortonormale di $T_p S_R^n$; scegliamo $A \in O(n+1)$ tale che $A(N) = p$ e $A(e_j) = E_j$ per $j = 1, \ldots, n$. Allora $G = A^{-1} \circ H$ è un'isometria di S_R^n tale che $G(N) = N$ e $dG_N(e_j) = e_j$ per $j = 1, \ldots, n$; quindi $dG_N = \mathrm{id}$, e il Corollario 8.4.5 implica $G = \mathrm{id}$, cioè $H = A \in O(n+1)$, come voluto. □

Come già detto, il nostro obiettivo ora è classificare le varietà Riemanniane semplicemente connesse a curvatura sezionale costante. Vediamo quali esempi conosciamo già.

Esempio 8.4.7 (Curvatura zero). Lo spazio euclideo $\mathbb{R}^n$ con la metrica euclidea ha chiaramente curvatura sezionale costante nulla.

Esempio 8.4.8 (Curvatura positiva). Prima di tutto, la sfera $S_R^n \subset \mathbb{R}^{n+1}$ ha curvatura sezionale costante. Infatti, abbiamo visto nell'Esempio 6.5.23 che il gruppo $O(n+1)$ agisce isometricamente su S_R^n, e transitivamente sulle basi ortonormali in TS_R^n. Quindi se p, $\tilde{p} \in S_R^n$ sono due punti qualsiasi, e $\pi \subset T_p S_R^n$ e $\tilde{\pi} \subset T_{\tilde{p}} S_R^n$ sono due 2-piani qualsiasi, esiste (perché?) un'isometria $A \in O(n+1)$ tale che $A(p) = \tilde{p}$ e $\mathrm{d}A_p(\pi) = A(\pi) = \tilde{\pi}$; essendo la curvatura sezionale invariante per isometrie, ne deduciamo che $K(\pi) = K(\tilde{\pi})$. Per conoscere la curvatura sezionale di S_R^n ci basta allora calcolarla su un 2-piano qualsiasi.

Indichiamo con $\varphi = \psi_1^{-1} = (\theta^1, \ldots, \theta^n)$ le coordinate sferiche introdotte nell'Esempio 2.1.29, e con cui abbiamo lavorato negli Esempi 6.5.22 e 6.6.11. Prendiamo il punto $p = (1, 0, \ldots, 0) = \varphi(\pi/2, \ldots, \pi/2)$, per cui $\partial/\partial\theta^j|_p = -R\partial/\partial x^{j+1}$ per $j = 1, \ldots, n$. Allora

$$\left\| \frac{\partial}{\partial\theta^1} \wedge \frac{\partial}{\partial\theta^2} \right\|_p^2 = 2R^4$$

e

$$Q_p\left(\frac{\partial}{\partial\theta^1}, \frac{\partial}{\partial\theta^2}\right) = R_p\left(\frac{\partial}{\partial\theta^1}, \frac{\partial}{\partial\theta^2}, \frac{\partial}{\partial\theta^2}, \frac{\partial}{\partial\theta^1}\right) = R_{1221}(p) = g_{r1}R_{122}^r(p) .$$

L'Esempio 6.5.22 ci dice che $g_{11}(p) = R^2$ e $g_{r1}(p) = 0$ se $r \neq 1$. Quindi usando i valori dei simboli di Christoffel calcolati nell'Esempio 6.6.11 e la formula (8.3) troviamo

$$g_{r1}R_{122}^r = R^2\left[\frac{\partial\Gamma_{22}^1}{\partial\theta^1} - \frac{\partial\Gamma_{12}^1}{\partial\theta^2} + \Gamma_{22}^1\Gamma_{11}^1 + \Gamma_{22}^2\Gamma_{12}^1 - \Gamma_{12}^1\Gamma_{12}^1 - \Gamma_{12}^2\Gamma_{22}^1\right](p) = R^2 ,$$

e quindi la sfera S_R^n ha curvatura sezionale costante $1/R^2$.

Esempio 8.4.9 (Curvatura negativa). Anche sullo spazio iperbolico esiste un gruppo di isometrie che agisce transitivamente sui 2-piani (Esercizio 6.18), per cui è a curvatura sezionale costante. Per calcolare il valore della curvatura sezionale possiamo usare come modello B_R^n, prendere come punto p l'origine, e come piano quello generato da $\partial/\partial x^1$ e $\partial/\partial x^2$, per cui di nuovo dobbiamo calcolare $R_{1221}(p)$. Usando i simboli di Christoffel determinati nell'Esempio 6.6.12 otteniamo $R_{1221}(p) = -16/R^2$ e $\|\partial/\partial x^1 \wedge \partial/\partial x^2\|_p^2 = 32$, per cui lo spazio iperbolico ha curvatura sezionale costante $-1/R^2$.

Dunque per ogni $k \in \mathbb{R}$ e ogni $n \geq 2$ abbiamo trovato una varietà Riemanniana semplicemente connessa completa di dimensione n con curvatura sezionale costante uguale a k. Il fatto interessante è che non ce ne sono altre:

Teorema 8.4.10. *Due varietà Riemanniane $\tilde{M}$ e M semplicemente connesse complete della stessa dimensione e con uguale curvatura sezionale costante $k \in \mathbb{R}$ sono necessariamente isometriche.*

Dimostrazione. Consideriamo prima il caso $k \leq 0$. Scegliamo $p \in M$ e $\tilde{p} \in \tilde{M}$, e sia $I \colon T_{\tilde{p}}\tilde{M} \to T_p M$ un'isometria qualsiasi. Per il teorema di Cartan-Hadamard la $H = \exp_p \circ I \circ \exp_{\tilde{p}}^{-1} \colon \tilde{M} \to M$ è un diffeomorfismo. Inoltre, siccome la curvatura sezionale è costante ed è uguale per entrambe le varietà, I preserva banalmente il trasporto parallelo della curvatura sezionale. Quindi per la Proposizione 8.4.3 la H è l'isometria cercata.

Supponiamo ora $k = 1/R^2 > 0$; ci basta dimostrare che M è isometrica a $\tilde{M} = S_R^n$, dove $n = \dim M$. Scegliamo $p_0 \in S_R^n$, $q_0 \in M$ e un'isometria lineare qualsiasi $I \colon T_{p_0} S_R^n \to T_{q_0} M$. Allora (Esempio 7.2.25) $\mathrm{injrad}(p_0) = \pi R$, e $\exp_{p_0}^{-1}$ è definito su $S_R^n \setminus \{-p_0\}$, per cui otteniamo un'applicazione $H = \exp_{q_0} \circ I \circ \exp_{p_0}^{-1}$ da $S_R^n \setminus \{-p_0\}$ in M. Siccome di nuovo I preserva banalmente il trasporto parallelo della curvatura sezionale, la Proposizione 8.4.3 ci dice che H è un'isometria locale.

Ora prendiamo $p \in S_R^n \setminus \{p_0, -p_0\}$ e definiamo $\tilde{H} \colon S_R^n \setminus \{-p\} \to M$ ponendo $\tilde{H} = \exp_{H(p)} \circ \mathrm{d}H_p \circ \exp_p^{-1}$. Come prima, $\tilde{H}$ è un'isometria locale; inoltre $\tilde{H}(p) = H(p)$ e $\mathrm{d}\tilde{H}_p = \mathrm{d}H_p$ per definizione. Quindi il Teorema 8.4.4 ci assicura che $\tilde{H} \equiv H$ su $S_R^n \setminus \{-p_0, -p\}$. In altre parole, possiamo estendere H a una isometria locale $H \colon S_R^n \to M$. Ma S_R^n è completa (in quanto compatta); la Proposizione 8.3.1 ci assicura allora che H è un rivestimento. Ma M è semplicemente connessa, per cui H è un'isometria, come voluto. $\square$

Concludiamo questa sezione calcolando i campi di Jacobi e la metrica in coordinate normali per le varietà Riemanniane a curvatura sezionale costante.

Lemma 8.4.11. *Sia M una varietà Riemanniana a curvatura sezionale costante $k \in \mathbb{R}$, e $\sigma \colon [0, r] \to M$ una geodetica parametrizzata rispetto alla lunghezza d'arco. Allora i campi di Jacobi propri lungo σ che si annullano in 0 sono tutti e soli i campi della forma $J(t) = u(t)E(t)$, dove $E \in \mathcal{T}(\sigma)$ è un campo parallelo ortogonale a σ', e $u \colon [0, r] \to \mathbb{R}$ è la funzione*

$$
u(t) = \begin{cases} t & \text{se } k = 0; \\ R \sin \dfrac{t}{R} & \text{se } k = \dfrac{1}{R^2} > 0; \\ R \sinh \dfrac{t}{R} & \text{se } k = -\dfrac{1}{R^2} < 0. \end{cases} \tag{8.8}
$$

Dimostrazione. Siccome M ha curvatura sezionale costante, il tensore di curvatura è dato da (8.4). Quindi un campo di Jacobi proprio J deve soddisfare

$$O = D^2 J + k\left[\|\sigma'\|_\sigma^2 J - \langle J, \sigma'\rangle_\sigma \sigma'\right] = D^2 J + kJ \; .$$

Sia allora $w \in T_{\sigma(0)}M$ un vettore ortogonale a $\sigma'(0)$, ed $E(t)$ l'estensione parallela di w lungo σ. Allora si vede subito che il campo $J(t) = u(t)E(t)$ con u data da (8.8) è effettivamente un campo di Jacobi proprio con $J(0) = O$ e $D_0 J = w$; siccome i campi di Jacobi propri che si annullano in 0 sono completamente determinati dalla loro derivata covariante in 0, li abbiamo trovati tutti.

$\square$

Proposizione 8.4.12. *Sia (M, g) una varietà Riemanniana con curvatura sezionale costante $k \in \mathbb{R}$. Dato un punto $p \in M$, sia $\{E_1, \ldots, E_n\}$ una base ortonormale di $T_p M$, e indichiamo con $\varphi \colon U \to \mathbb{R}^n$ le corrispondenti coordinate normali centrate in p definite in una palla geodetica U. Infine, indichiamo con $\| \cdot \|_0$ la norma euclidea in queste coordinate (nel senso che se $v = v^i \partial_i$ allora $\|v\|_0 = \sqrt{(v^1)^2 + \cdots + (v^n)^2}$). Se $q = \exp_p(v_0) \in U \setminus \{p\}$ e $v \in T_q M$, scriviamo $v = a\,\partial/\partial r|_q + v^\perp$, dove $v^\perp \in T_q M$ è perpendicolare al campo radiale $\partial/\partial r|_q$. Allora*

$$g_q(v, v) = \begin{cases} |a|^2 + \|v^\perp\|_0^2 & \text{se } k = 0; \\[2mm] |a|^2 + \dfrac{R^2}{r^2}\left(\sin^2\dfrac{r}{R}\right)\|v^\perp\|_0^2 & \text{se } k = \dfrac{1}{R^2} > 0; \\[2mm] |a|^2 + \dfrac{R^2}{r^2}\left(\sinh^2\dfrac{r}{R}\right)\|v^\perp\|_0^2 & \text{se } k = -\dfrac{1}{R^2} < 0, \end{cases}$$

dove $r = \|v_0\|_p = d(p, q)$.

Dimostrazione. Trattandosi di una decomposizione ortogonale, ed essendo il campo radiale $\partial/\partial r$ un campo di versori, dobbiamo solo calcolare $\|v^\perp\|_q^2$.

Indichiamo con $\sigma \colon [0, r] \to M$ la geodetica radiale da p a q parametrizzata rispetto alla lunghezza d'arco, in modo che si abbia $q = \sigma(r)$. Scegliamo $w \in T_p M$ tale che $v^\perp = \mathrm{d}(\exp_p)_{v_0}(rw)$, e consideriamo la solita variazione geodetica di σ data da

$$\Sigma(s, t) = \exp_p\left(t\left(\frac{v_0}{r} + sw\right)\right) \; .$$

Il campo di Jacobi di Σ è dato da

$$J(t) = t\,\mathrm{d}(\exp_p)_{tv_0/r}(w) \; ,$$

per cui $J(0) = O$, $D_0 J = w$ e $J(r) = v^\perp$. D'altra parte, il lemma precedente ci dice che possiamo scrivere J nella forma $J(t) = u(t)E(t)$, dove u è data da (8.8) ed E è parallelo lungo σ. In particolare, essendo $u'(0) = 1$, abbiamo $w = D_0 J = E(0)$ e quindi

$$\|v^\perp\|_q^2 = \|J(r)\|_q^2 = |u(r)|^2 \|E(r)\|_q^2 = |u(r)|^2 \|E(0)\|_p^2 = |u(r)|^2 \|w\|_p^2 \; .$$

Quindi ci rimane da calcolare la norma di w. Ora, per definizione le coordinate normali sono date da $\varphi^{-1}(x) = \exp_p(x^i E_i)$, e quindi

$$\partial_i|_q = d(\varphi^{-1})_{\varphi(q)}\left(\frac{\partial}{\partial x^i}\right) = d(\exp_p)_{v_0}(E_i) \ .$$

In particolare, se scriviamo $v^\perp = v^i \partial_i|_q$ otteniamo $rw = v^i E_i$, per cui

$$\|w\|_p^2 = \frac{1}{r^2} \|v^\perp\|_0^2 \ .$$

Mettendo tutto insieme otteniamo la tesi. $\qquad\qquad\qquad\qquad\qquad$ $\square$

8.5 La seconda variazione della lunghezza d'arco

Abbiamo visto che le geodetiche di una varietà Riemanniana sono i punti critici del funzionale lunghezza. Dall'Analisi Matematica classica arriva allora il suggerimento che per avere ulteriori informazioni sulle geodetiche potrebbe essere utile studiare il comportamento della derivata seconda del funzionale lunghezza.

Teorema 8.5.1 (Seconda variazione della lunghezza d'arco). *Data una geodetica* $\sigma\colon [a,b] \to M$ *parametrizzata rispetto alla lunghezza d'arco in una varietà Riemanniana* M, *e una sua variazione* $\Sigma\colon (-\varepsilon,\varepsilon) \times [a,b] \to M$ *con campo variazione* $V \in \mathcal{T}(\sigma)$, *definiamo* $L\colon (-\varepsilon,\varepsilon) \to \mathbb{R}$ *ponendo* $L(s) = L(\sigma_s)$. *Allora*

$$\frac{d^2 L}{ds^2}(0) = \langle \nabla_V S, \sigma'\rangle_\sigma \Big|_a^b + \int_a^b \left[\|DV\|_\sigma^2 - \langle R_{V\sigma'}\sigma', V\rangle_\sigma - \left(\frac{d}{dt}\langle V,\sigma'\rangle_\sigma\right)^2 \right] dt \ .$$
(8.9)

In particolare, ponendo $V^\perp = V - \langle V,\sigma'\rangle_\sigma \sigma'$ *otteniamo*

$$\frac{d^2 L}{ds^2}(0) = \langle \nabla_V S, \sigma'\rangle_\sigma \Big|_a^b + \int_a^b [\|DV^\perp\|_\sigma^2 - \langle R_{V^\perp \sigma'}\sigma', V^\perp\rangle_\sigma]\, dt \ . \qquad (8.10)$$

Dimostrazione. Nel corso della dimostrazione del Teorema 7.2.15 abbiamo visto che

$$\frac{dL}{ds}(s) = \int_a^b \frac{1}{\|T\|} \langle D_s T, T\rangle\, dt \ ,$$

dove D_s indica la derivata covariante lungo le curve trasverse (e D_t indicherà la derivata covariante lungo le curve principali). Quindi

$$\frac{d^2 L}{ds^2}(s) = \int_a^b \frac{d}{ds}\left(\frac{1}{\|T\|}\langle D_s T, T\rangle\right) dt$$

$$= \int_a^b \left[-\frac{1}{\|T\|^3}\langle D_s T, T\rangle^2 + \frac{1}{\|T\|}\left(\|D_s T\|^2 + \langle D_s D_s T, T\rangle\right) \right] dt$$

$$= \int_a^b \left[-\frac{1}{\|T\|^3}\langle D_t S, T\rangle^2 + \frac{1}{\|T\|}\left(\|D_t S\|^2 + \langle D_s D_t S, T\rangle\right) \right] dt$$

$$= \int_a^b \left[-\frac{1}{\|T\|^3} \left(\frac{\mathrm{d}}{\mathrm{d}t} \langle S, T \rangle - \langle S, D_t T \rangle \right)^2 \right.$$

$$\left. + \frac{1}{\|T\|} \left(\|D_t S\|^2 + \frac{\mathrm{d}}{\mathrm{d}t} \langle D_s S, T \rangle - \langle D_s S, D_t T \rangle - \langle R_{ST} T, S \rangle \right) \right] \mathrm{d}t \; ,$$

dove come al solito abbiamo usato i Lemmi 8.2.3 e 7.2.13 e le simmetrie del tensore di curvatura. Ma σ è una geodetica parametrizzata rispetto alla lunghezza d'arco; quindi ponendo $s = 0$ otteniamo (8.9).

Infine, si verifica subito che $\langle V^\perp, \sigma' \rangle \equiv 0$. Quindi $\langle DV^\perp, \sigma' \rangle \equiv 0$,

$$DV = DV^\perp - \left(\frac{\mathrm{d}}{\mathrm{d}t} \langle V, \sigma' \rangle \right) \sigma' \; ,$$

e le simmetrie del tensore di curvatura ci permettono di dedurre (8.10) da (8.9).   □

La formula (8.10) suggerisce la seguente:

Definizione 8.5.2. Sia $\sigma \colon [a, b] \to M$ una geodetica parametrizzata rispetto alla lunghezza d'arco in una varietà Riemanniana M. Indichiamo con $\mathcal{N}_0(\sigma) \subset \mathcal{T}(\sigma)$ lo spazio dei campi vettoriali regolari a tratti continui propri (cioè che si annullano in a e b) e normali (cioè ortogonali a σ') lungo σ. La *forma di Morse* lungo σ è la forma bilineare simmetrica $I \colon \mathcal{N}_0(\sigma) \times \mathcal{N}_0(\sigma) \to \mathbb{R}$ definita da

$$I(V, W) = \int_a^b \left[\langle DV, DW \rangle_\sigma - \langle R_{V\sigma'} \sigma', W \rangle_\sigma \right] \mathrm{d}t$$

per ogni $V, W \in \mathcal{N}_0(\sigma)$.

Dunque mettendo insieme il Teorema 8.5.1 e il Lemma 7.2.12 otteniamo:

Corollario 8.5.3. *Sia $\sigma \colon [a, b] \to M$ una geodetica parametrizzata rispetto alla lunghezza d'arco in una varietà Riemanniana M. Se Σ è una variazione propria di σ con campo di variazione $V \in \mathcal{N}_0(\sigma)$ proprio normale, allora la derivata seconda di $L(s) = L(\sigma_s)$ in 0 è esattamente $I(V, V)$. In particolare, se σ è minimizzante allora $I(V, V) \geq 0$ per ogni $V \in \mathcal{N}_0(\sigma)$.*

La forma di Morse ha anche un'altra espressione che chiarisce il collegamento con i campi di Jacobi:

Lemma 8.5.4. *Sia $\sigma \colon [a, b] \to M$ una geodetica parametrizzata rispetto alla lunghezza d'arco in una varietà Riemanniana M. Allora si ha*

$$I(V, W) = - \int_a^b \langle D^2 V + R_{V\sigma'} \sigma', W \rangle_\sigma \, \mathrm{d}t - \sum_{i=1}^{k-1} \langle \Delta_i DV, W(t_i) \rangle_{\sigma(t_i)}$$

per ogni V, $W \in \mathcal{N}_0(\sigma)$, *dove* $a = t_0 < t_1 < \cdots < t_k = b$ *è una partizione di* $[a, b]$ *tale che* $V|_{[t_{i-1}, t_i]}$ *sia di classe* C^∞ *per* $i = 1, \ldots, k$, *e*

$$\Delta_i DV = \lim_{t \to t_i^+} D_t V - \lim_{t \to t_i^-} D_t V$$

è il salto di $D_t V$ *in* t_i, *per* $i = 1, \ldots, k - 1$.

Dimostrazione. Sia $a = s_0 < \cdots < s_r = b$ una partizione di $[a, b]$ tale che sia V che W siano di classe C^∞ su ciascun intervallo $[s_{j-1}, s_j]$. In questi intervalli si ha

$$\frac{\mathrm{d}}{\mathrm{d}t} \langle DV, W \rangle_\sigma = \langle D^2 V, W \rangle_\sigma + \langle DV, DW \rangle_\sigma,$$

per cui

$$\int_{s_{j-1}}^{s_j} \langle DV, DW \rangle_\sigma \, \mathrm{d}t = - \int_{s_{j-1}}^{s_j} \langle D^2 V, W \rangle_\sigma \, \mathrm{d}t + \langle DV, W \rangle_\sigma \Big|_{s_{j-1}}^{s_j}.$$

Siccome W è continuo e $W(a) = W(b) = 0$, sommando su tutti gli intervalli otteniamo la tesi. $\qquad\square$

Usando la forma di Morse possiamo descrivere un importante collegamento fra punti coniugati e proprietà di minimizzazione delle geodetiche:

Proposizione 8.5.5. *Sia* $\sigma\colon [a, b] \to M$ *una geodetica parametrizzata rispetto alla lunghezza d'arco in una varietà Riemanniana* M. *Supponiamo che esista* $t_0 \in (a, b)$ *tale che* $\sigma(t_0)$ *sia coniugato a* $p = \sigma(a)$ *lungo* σ. *Allora esiste* $X \in \mathcal{N}_0(\sigma)$ *tale che* $I(X, X) < 0$. *In particolare, una geodetica* σ *non è mai minimizzante oltre il primo punto coniugato.*

Dimostrazione. Stiamo supponendo che esista un campo di Jacobi non banale $J \in \mathcal{J}_0(\sigma|_{[a, t_0]})$ che si annulla in a e in t_0. Sia allora $V \in \mathcal{N}_0(\sigma)$ dato da

$$V(t) = \begin{cases} J(t) & \text{se } t \in [a, t_0], \\ O & \text{se } t \in [t_0, b]. \end{cases}$$

L'unica discontinuità di DV è per $t = t_0$, dove il salto è $\Delta DV = -D_{t_0} J$. Notiamo che $D_{t_0} J \neq O$, perché altrimenti J sarebbe un campo di Jacobi con $J(t_0) = D_{t_0} J = O$, e quindi sarebbe identicamente nullo.

Scegliamo $W \in \mathcal{N}_0(\sigma)$ di classe C^∞ tale che $W(t_0) = -D_{t_0} J$, e per $\varepsilon > 0$ poniamo $X_\varepsilon = V + \varepsilon W$. Allora $X_\varepsilon \in \mathcal{N}_0(\sigma)$ e

$$I(X_\varepsilon, X_\varepsilon) = I(V, V) + 2\varepsilon I(V, W) + \varepsilon^2 I(W, W).$$

Siccome V è un campo di Jacobi sia su $[a, t_0]$ che su $[t_0, b]$ e $V(t_0) = O$, il Lemma 8.5.4 ci dice che

$$\begin{cases} I(V, V) = -\langle \Delta DV, V(t_0) \rangle_{\sigma(t_0)} = 0, \\ I(V, W) = -\langle \Delta DV, W(t_0) \rangle_{\sigma(t_0)} = -\|W(t_0)\|^2_{\sigma(t_0)}. \end{cases}$$

Quindi

$$I(X_\varepsilon, X_\varepsilon) = -2\varepsilon \|W(t_0)\|^2_{\sigma(t_0)} + \varepsilon^2 I(W, W),$$

e per ε abbastanza piccolo otteniamo $I(X_\varepsilon, X_\varepsilon) < 0$. $\qquad\square$

8.6 Il teorema di Bonnet-Myers

Vediamo che conseguenze possiamo trarre da quanto fatto finora per varietà con curvatura sezionale positiva, cominciando con il *teorema di Bonnet-Myers:*

Teorema 8.6.1 (Bonnet-Myers). *Sia M una varietà Riemanniana completa di dimensione $n \geq 2$. Supponiamo che esista $r > 0$ tale che la curvatura di Ricci di M soddisfi*

$$\mathrm{Ric}(v) \geq \frac{n-1}{r^2} > 0$$

per ogni $p \in M$ e $v \in T_pM$ di lunghezza unitaria. Allora:

(i)   *M è compatto e di diametro minore o uguale a πr;*

(ii) *il rivestimento universale di M è compatto, e il gruppo fondamentale di M è finito.*

Dimostrazione. (i) Siano p e q due punti di M. Siccome M è completa, esiste una geodetica minimizzante $\sigma \colon [0, \ell] \to M$ da p a q parametrizzata rispetto alla lunghezza d'arco; ci basta dimostrare che $L(\sigma) \leq \pi r$. Infatti in tal caso $d(p, q) \leq \pi r$, per cui il diametro di M è minore o uguale a πr e dunque M, essendo limitata e completa, è anche compatta, per il teorema di Hopf-Rinow.

Supponiamo, per assurdo, che $L(\sigma) = \ell > \pi r$. Scegliamo una famiglia $\{E_1, \ldots, E_{n-1}\} \subset T(\sigma)$ di campi paralleli tali che $\{E_1(t), \ldots, E_{n-1}(t), \sigma'(t)\}$ sia una base ortonormale di $T_{\sigma(t)}M$ per ogni $t \in [0, \ell]$. Poniamo poi

$$V_j(t) = \sin\left(\frac{\pi}{\ell}t\right) E_j(t)$$

per $j = 1, \ldots, n - 1$. Il Lemma 8.4.11 ci dice che se M fosse una varietà con curvatura sezionale costante $(\pi/\ell)^2 < 1/r^2$ allora i V_j sarebbero campi di Jacobi; vediamo invece di che proprietà godono su M.

Chiaramente $V_j(0) = V_j(\ell) = O$, per cui $V_j \in \mathcal{N}_0(\sigma)$ per $j = 1, \ldots, n - 1$. Inoltre

$$I(V_j, V_j) = -\int_0^\ell \langle D^2 V_j + R_{V_j \sigma'}\sigma', V_j \rangle_\sigma \, dt$$

$$= \int_0^\ell \sin^2\left(\frac{\pi}{\ell}t\right)\left[\frac{\pi^2}{\ell^2} - Q_\sigma(E_j, \sigma')\right] dt \, .$$

Sommando su j e ricordando che $Q_\sigma(\sigma', \sigma') \equiv 0$ otteniamo

$$\sum_{j=1}^{n-1} I(V_j, V_j) = \int_0^\ell \sin^2\left(\frac{\pi}{\ell}t\right)\left[(n-1)\frac{\pi^2}{\ell^2} - \mathrm{Ric}(\sigma')\right] dt \, .$$

Ma l'ipotesi ci dice che

$$(n-1)\frac{\pi^2}{\ell^2} - \mathrm{Ric}(\sigma') \leq (n-1)\left[\frac{\pi^2}{\ell^2} - \frac{1}{r^2}\right] < 0 \, ;$$

quindi

$$\sum_{j=1}^{n-1} I(V_j, V_j) < 0 .$$

Dunque deve esistere almeno un j_0 tale che $I(V_{j_0}, V_{j_0}) < 0$, per cui il Corollario 8.5.3 implica che σ non è minimizzante, contraddizione.

(ii) Sia $\pi \colon \tilde{M} \to M$ il rivestimento universale di M. Se g è la metrica Riemanniana su M, possiamo mettere su $\tilde{M}$ la metrica Riemanniana $\pi^* g$, in modo che il rivestimento π diventi un'isometria locale. In particolare, per ogni $p \in \tilde{M}$ e $v \in T_p \tilde{M}$ il sollevamento $\tilde{\sigma}$ uscente da p della geodetica σ in M uscente da $\pi(p)$ tangente a $d\pi_p(v)$ è una geodetica in $\tilde{M}$. Essendo M completa, σ è definita su tutto $\mathbb{R}$; quindi anche $\tilde{\sigma}$ lo è, e il teorema di Hopf-Rinow ci assicura che anche $(\tilde{M}, \pi^* g)$ è completa.

Siccome la curvatura si calcola localmente, anche la curvatura di Ricci di $\tilde{M}$ è limitata inferiormente da $(n-1)/r^2$. La parte (i) ci assicura allora che anche $\tilde{M}$ è compatta; in particolare, il numero dei fogli del rivestimento è finito — e da questo segue subito che il gruppo fondamentale di M è finito. $\square$

Corollario 8.6.2. *Sia M una varietà Riemanniana completa di dimensione $n \geq 2$ con curvatura sezionale $K \geq 1/r^2 > 0$. Allora M è compatta, con diametro minore o uguale a πr, e $\pi_1(M)$ è finito.*

Dimostrazione. Infatti $K \geq 1/r^2$ implica $\mathrm{Ric} \geq (n-1)/r^2$, dove $n = \dim M$. $\square$

Osservazione 8.6.3. L'ipotesi $K > 0$ non basta: infatti il paraboloide

$$\{(x, y, z) \in \mathbb{R}^3 \mid z = x^2 + y^2\}$$

ha curvatura sezionale positiva ma non è compatto; vedi anche l'Esercizio 8.20 per una generalizzazione del teorema di Bonnet-Myers.

Osservazione 8.6.4. La stima sul diametro è la migliore possibile: la sfera S^n ha diametro π e curvatura sezionale costante uguale a 1 (e quindi curvatura di Ricci costante uguale a $n-1$). È interessante notare che vale anche un viceversa: infatti, si può dimostrare che se M è una varietà Riemanniana completa di dimensione $n \geq 2$ con diametro πr e la cui curvatura di Ricci soddisfa la disuguaglianza $\mathrm{Ric} \geq (n-1)/r^2$, allora M è isometrica alla sfera S^n_r di raggio $r > 0$ (vedi [5] o [33]).

Il teorema di Bonnet-Myers è solo il primo di una serie di teoremi profondi sulla topologia di varietà con curvatura sezionale positiva; il risultato più famoso è probabilmente il *della sfera di Berger e Klingenberg* (vedi [6] per una dimostrazione).

Teorema 8.6.5 (della sfera). *Sia M una varietà Riemanniana completa e semplicemente connessa di dimensione n. Supponiamo che esista $R > 0$ tale che*

$$\frac{1}{4R^2} < K(\pi) \leq \frac{1}{R^2}$$

per ogni 2-piano $\pi \subset TM$. Allora M è omeomorfa a S_R^n.

8.7 I teoremi di Weinstein e Synge

In questa sezione dimostreremo un risultato sulle varietà orientate, il *teorema di Weinstein,* che ha come conseguenza il fatto che in certe situazioni curvatura sezionale positiva implica la semplice connessione.

Per dimostrarlo ci serviranno un lemma di Algebra Lineare e un'osservazione.

Lemma 8.7.1. *Sia $A \in O(n-1)$ tale che $\det A = (-1)^n$. Allora 1 è autovalore di A, cioè esiste $v \in \mathbb{R}^{n-1}$ non nullo tale che $Av = v$.*

Dimostrazione. Essendo A ortogonale, gli autovalori reali di A sono ± 1, e quelli complessi sono in coppie complesse coniugate di modulo 1. Quindi $\det A = 1$ se -1 è autovalore di A con molteplicità pari, e $\det A = -1$ se -1 è autovalore di A con molteplicità dispari.

Se n è pari, $\det A = 1$, per cui -1 ha molteplicità pari; gli autovalori complessi coniugati sono anch'essi in numero pari, ma $n-1$, che è il numero di autovalori di A, è dispari, per cui 1 deve essere autovalore di A. Analogamente, se n è dispari -1 ha molteplicità dispari, ma $n-1$ è pari, per cui di nuovo 1 dev'essere autovalore. $\square$

Osservazione 8.7.2. Sia M una varietà Riemanniana orientata da una forma di volume $\nu \in A^n(M)$. Allora il trasporto parallelo lungo una qualsiasi curva conserva l'orientazione, nel senso che manda basi positive in basi positive. Infatti, se $\{E_1(t), \ldots, E_n(t)\}$ è il trasporto parallelo di una base positiva $\{E_1, \ldots, E_n\}$ lungo una curva $\sigma: [a, b] \to M$, allora la funzione $t \mapsto \nu_{\sigma(t)}\big(E_1(t), \ldots, E_n(t)\big)$ è una funzione di classe C^∞, mai nulla e positiva per $t = a$, e quindi positiva per ogni valore di $t \in [a, b]$.

Teorema 8.7.3 (Weinstein). *Sia $F: M \to M$ un'isometria di una varietà Riemanniana compatta orientata M di dimensione n con curvatura sezionale positiva. Supponiamo inoltre che F conservi l'orientazione se n è pari, e che la inverta se n è dispari. Allora F ha un punto fisso.*

Dimostrazione. Supponiamo, per assurdo, che $F(q) \neq q$ per ogni $q \in M$. Essendo M compatta, la funzione $q \mapsto d\big(q, F(q)\big)$ assume minimo in un punto $p \in M$, e il minimo è per ipotesi strettamente positivo. Inoltre, essendo M completa, esiste una geodetica minimizzante $\sigma: [0, \ell] \to M$ da p a $F(p)$, parametrizzata rispetto alla lunghezza d'arco. Cominciamo col dimostrare che

$$\mathrm{d}F_p\big(\sigma'(0)\big) = \sigma'(\ell) \ . \tag{8.11}$$

Infatti, essendo F un'isometria e σ una geodetica minimizzante da p a $F(p)$, la scelta di p implica che per ogni $t \in (0, \ell)$ si ha

$$\begin{aligned}
d\big(p, F(p)\big) &\le d\big(\sigma(t), F(\sigma(t))\big) \\
&\le d\big(\sigma(t), F(p)\big) + d\big(F(p), F(\sigma(t))\big) \\
&= d\big(\sigma(t), F(p)\big) + d\big(p, \sigma(t)\big) = d\big(p, F(p)\big) \ .
\end{aligned}$$

In particolare,

$$d\big(\sigma(t), F(\sigma(t))\big) = d\big(\sigma(t), F(p)\big) + d\big(F(p), F(\sigma(t))\big) \ .$$

Siccome σ e $F \circ \sigma$ sono geodetiche minimizzanti, questo implica che la curva ottenuta unendo σ e $F \circ \sigma$ è ancora minimizzante, e quindi una geodetica. In particolare è liscia, per cui $\sigma'(\ell) = (F \circ \sigma)'(0) = \mathrm{d}F_p\big(\sigma'(0)\big)$, come voluto.

Poniamo $\tilde{A} = \tilde{\sigma}_\ell^{-1} \circ \mathrm{d}F_p \colon T_pM \to T_pM$, dove $\tilde{\sigma}_\ell$ è il trasporto parallelo da p a $F(p)$ lungo σ; chiaramente, $\tilde{A}$ è un'isometria. Inoltre, ricordando l'Osservazione 8.7.2 vediamo che $\tilde{A}$ manda basi positive in basi positive se n è pari, e basi positive in basi negative se n è dispari; in particolare,

$$\det \tilde{A} = (-1)^n \ . \tag{8.12}$$

Da (8.11) segue subito che

$$\tilde{A}\big(\sigma'(0)\big) = (\tilde{\sigma}_\ell^{-1} \circ \mathrm{d}F_p)\big(\sigma'(0)\big) = \tilde{\sigma}_\ell^{-1}\big(\sigma'(\ell)\big) = \sigma'(0) \ .$$

Dunque $\tilde{A}$ manda il sottospazio $W = \sigma'(0)^\perp \subset T_pM$ ortogonale a $\sigma'(0)$ in se stesso; indichiamo con $A \colon W \to W$ la restrizione di $\tilde{A}$ a W. L'applicazione lineare A è un'isometria con determinante uguale a quello di $\tilde{A}$; quindi per il Lemma 8.7.1 possiamo allora trovare un campo parallelo $E_1 \in \mathcal{T}(\sigma)$ ortogonale a σ' di lunghezza unitaria e tale che $AE_1(0) = E_1(0)$.

Sia $\tau \colon (-\varepsilon, \varepsilon) \to M$ una geodetica con $\tau(0) = p$ e $\tau'(0) = E_1(0)$. Siccome $AE_1(0) = E_1(0)$ otteniamo $\mathrm{d}F_p\big(E_1(0)\big) = E_1(\ell)$, per cui la geodetica $F \circ \tau$ è tale che $F \circ \tau(0) = F(p)$ e $(F \circ \tau)'(0) = E_1(\ell)$.

Sia $\Sigma \colon (-\varepsilon, \varepsilon) \times [0, \ell] \to M$ la variazione di σ data da

$$\Sigma(s, t) = \exp_{\sigma(t)}\big(sE_1(t)\big) \ .$$

Allora $\Sigma(s, 0) = \tau(s)$ e

$$\Sigma(s, \ell) = \exp_{F(p)}\big(sE_1(\ell)\big) = F \circ \tau(s) \ .$$

In particolare, $S(s, 0) = \tau'(s)$ e $S(s, \ell) = (F \circ \tau)'(s)$. Il campo variazione V di Σ è chiaramente E_1, per cui $DV \equiv O$. Ma allora (8.10) ci dà

$$\frac{\mathrm{d}^2 L}{\mathrm{d}s^2}(0) = \langle \nabla_{E_1} S, \sigma' \rangle_\sigma \Big|_0^\ell - \int_0^\ell Q_\sigma(E_1, \sigma') \, \mathrm{d}t = - \int_0^\ell Q_\sigma(E_1, \sigma') \, \mathrm{d}t \ ,$$

perché le curve trasverse σ^0 e σ^ℓ sono geodetiche tangenti a $E_1(0)$ e $E_1(\ell)$ rispettivamente, da cui segue che $\nabla_{E_1(t)} S = O$ per $t = 0$ e $t = \ell$. Ma la curvatura sezionale di M è strettamente positiva; quindi

$$\frac{\mathrm{d}^2 L}{\mathrm{d}s^2}(0) < 0 . \tag{8.13}$$

Se tutte le curve principali della variazione avessero lunghezza maggiore o uguale a σ, la funzione $L(s)$ assumerebbe minimo assoluto in $s = 0$, contro la (8.13); quindi deve esistere un s_0 tale che $L(\sigma_{s_0}) < L(\sigma)$. Ma σ_{s_0} è una curva da $\tau(s_0)$ a $F(\tau(s_0))$; quindi dovremmo avere

$$d(\tau(s_0), F(\tau(s_0))) \leq L(\sigma_{s_0}) < L(\sigma) = d(p, F(p)) ,$$

contro la scelta di p. Abbiamo trovato una contraddizione, e la dimostrazione è conclusa.   □

Come conseguenza otteniamo il *teorema di Synge*, che rivela relazioni inaspettate fra orientabilità e topologia delle varietà compatte con curvatura sezionale positiva:

Teorema 8.7.4 (Synge).   *Sia M una varietà Riemanniana compatta di dimensione n con curvatura sezionale positiva. Allora:*

(i)   *se n è pari e M è orientabile allora M è semplicemente connessa;*

(ii)   *se n è pari e M non è orientabile allora $\pi_1(M) = \mathbb{Z}_2$;*

(iii)   *se n è dispari allora M è orientabile.*

Dimostrazione. (i) Sia $\pi \colon \tilde{M} \to M$ il rivestimento universale di M. Se g è la metrica Riemanniana di M, e $\nu \in A^n(M)$ è una forma di volume per M, mettiamo su $\tilde{M}$ la metrica $\tilde{g} = \pi^* g$ e la forma di volume $\pi^* \nu$, in modo che π diventi un'isometria locale che conserva l'orientazione. Siccome M è compatta con curvatura sezionale positiva, deve esistere $\delta > 0$ tale che $K \geq \delta$. Quindi possiamo applicare il Teorema 8.6.1, e anche $\tilde{M}$ è compatta, con curvatura sezionale positiva in quanto π è un'isometria locale.

Sia $F \colon \tilde{M} \to \tilde{M}$ un automorfismo del rivestimento, per cui $\pi \circ F = \pi$. Allora F è un'isometria di $\tilde{M}$ che conserva l'orientazione (in quanto π la conserva), e quindi il Teorema 8.7.3 implica che F ha un punto fisso. Ma l'unico automorfismo di un rivestimento che può avere punti fissi è l'identità, per cui $F = \mathrm{id}_{\tilde{M}}$. Quindi il gruppo di automorfismi di π si riduce all'identità, e questo equivale a dire che π è un diffeomorfismo, cioè che M è semplicemente connessa.

(ii) Se M non è orientabile, sia $\pi \colon \tilde{M} \to M$ il rivestimento a 2 fogli dato dalla Proposizione 4.2.19. Mettendo su $\tilde{M}$ la metrica indotta dalla metrica di M possiamo applicare a $\tilde{M}$ il punto (i); quindi $\tilde{M}$ è semplicemente connessa, per cui è il rivestimento universale di M e $\pi_1(M) = \mathbb{Z}_2$.

(iii) Supponiamo per assurdo M non orientabile, e sia di nuovo $\pi \colon \tilde{M} \to M$ il rivestimento a 2 fogli dato dalla Proposizione 4.2.19. Mettiamo di nuovo su

$\tilde{M}$ la metrica indotta, e sia $F: \tilde{M} \to M$ un automorfismo del rivestimento diverso dall'identità. Ma $\tilde{M}$ è compatta con curvatura sezionale positiva; siccome F inverte l'orientazione di $\tilde{M}$ e n è dispari, possiamo applicare il Teorema 8.7.3 e ottenere un punto fisso per F, contraddizione. Quindi M è orientabile.   □

Concludiamo con un esempio che mostra come le differenze fra le dimensioni pari e le dimensioni dispari siano inevitabili.

Esempio 8.7.5. Sia $\pi: S^n \to \mathbb{P}^n(\mathbb{R})$ il rivestimento universale dello spazio proiettivo. Siccome la mappa antipodale $A(p) = -p$ è un'isometria di S^n, ed è l'unico automorfismo non banale del rivestimento π, otteniamo (Esempio 6.5.17) una metrica Riemanniana su $\mathbb{P}^n(\mathbb{R})$ rispetto a cui π diventa un'isometria locale. In particolare, quindi, $\mathbb{P}^n(\mathbb{R})$ è compatto con curvatura sezionale positiva e gruppo fondamentale $\pi_1\big(\mathbb{P}^n(\mathbb{R})\big) = \mathbb{Z}_2$. Inoltre, è orientabile se e solo se n è dispari (Esempio 4.2.16). Quindi $\mathbb{P}^2(\mathbb{R})$ è un esempio di varietà compatta, non orientabile, di dimensione pari con curvatura sezionale costante positiva, mentre $\mathbb{P}^3(\mathbb{R})$ è un esempio di varietà compatta, orientabile, non semplicemente connessa, con curvatura sezionale positiva e di dimensione dispari.

8.8 Sottovarietà

In questa sezione finale vogliamo determinare le relazioni fra la geometria di una varietà Riemanniana e la geometria di una sua sottovarietà considerata con la metrica indotta.

Sia M una sottovarietà di una varietà Riemanniana $\tilde{M}$, considerata con la metrica indotta. In questa sezione indicheremo con la tilde tutti gli oggetti (connessione di Levi-Civita $\tilde{\nabla}$, curvatura $\tilde{R}$, eccetera) relativi a $\tilde{M}$, e senza tilde i corrispondenti oggetti relativi a M.

Definizione 8.8.1. Sia M una sottovarietà di una varietà Riemanniana $\tilde{M}$. Indicheremo con $\mathsf{T}: T\tilde{M} \to TM$ e con $\perp: T\tilde{M} \to (TM)^\perp$ le proiezioni ortogonali, con $\mathcal{T}(M, \tilde{M})$ lo spazio delle sezioni (su M) di $T\tilde{M}|_M$, e con $\mathcal{N}(M) \subset \mathcal{T}(M, \tilde{M})$ lo spazio delle sezioni di $T\tilde{M}|_M$ ovunque ortogonali a TM. In altre parole, una sezione $N: M \to T\tilde{M}|_M$ appartiene a $\mathcal{N}(M)$ se e solo se $N(p) \in (T_pM)^\perp$ per ogni $p \in M$.

Chiaramente, $\mathsf{T} + \perp = \mathrm{id}$, e $\perp\big(\mathcal{T}(M)\big) = \mathsf{T}\big(\mathcal{N}(M)\big) = (O)$.

Definizione 8.8.2. Sia M una sottovarietà di una varietà Riemanniana $\tilde{M}$. La *seconda forma fondamentale* è la forma trilineare

$$II: \mathcal{N}(M) \times \mathcal{T}(M) \times \mathcal{T}(M) \to C^\infty(M)$$

data da

$$II(N, X, Y)(p) = \langle \tilde{\nabla}_X N, Y \rangle_p \, .$$

Proposizione 8.8.3. *Sia* M *una sottovarietà di una varietà Riemanniana* $\tilde{M}$, *e* II *la seconda forma fondamentale di* M. *Allora*

$$II(N, X, Y) = -\langle N, \tilde{\nabla}_X Y \rangle \qquad (8.14)$$

(formula di Weingarten) *per ogni* $N \in \mathcal{N}(M)$ *e* X, $Y \in \mathcal{T}(M)$. *Inoltre,* II *è* $C^\infty(M)$-*trilineare e simmetrica negli ultimi due argomenti.*

Dimostrazione. La $C^\infty(M)$-bilinearità negli ultimi due argomenti è ovvia. Poi

$$II(N, X, Y) = X\langle N, Y \rangle - \langle N, \tilde{\nabla}_X Y \rangle = -\langle N, \tilde{\nabla}_X Y \rangle$$

in quanto $\langle N, Y \rangle \equiv 0$ perché $N \perp Y$ per definizione. Da questo segue subito che II è $C^\infty(M)$-lineare anche nel primo argomento.

Infine, usando (8.14) otteniamo

$$II(N, X, Y) - II(N, Y, X) = \langle N, \tilde{\nabla}_Y X - \tilde{\nabla}_X Y \rangle = -\langle N, [X, Y] \rangle = O \;,$$

di nuovo perché N è ortogonale a TM e $[X, Y] \in \mathcal{T}(M)$. □

Osservazione 8.8.4. Come sempre, la $C^\infty(M)$-multilinearità implica che la seconda forma fondamentale è un campo tensoriale, cioè il suo valore in un punto p dipende solo dal valore degli argomenti in p. Quindi per ogni $p \in M$ abbiamo definito un'applicazione 3-lineare $II_p : (T_p M)^\perp \times T_p M \times T_p M \to \mathbb{R}$.

Un oggetto strettamente correlato alla seconda forma fondamentale è l'operatore di forma:

Definizione 8.8.5. Sia M una sottovarietà di una varietà Riemanniana $\tilde{M}$. L'*operatore di forma* di M è l'operatore $S : \mathcal{T}(M) \times \mathcal{T}(M) \to \mathcal{N}(M)$ dato da

$$S(X, Y) = - \perp (\tilde{\nabla}_X Y) \;.$$

Proposizione 8.8.6. *Sia* M *una sottovarietà di una varietà Riemanniana* $\tilde{M}$, *di seconda forma fondamentale* II *e operatore di forma* S. *Allora*

$$II(N, X, Y) = \langle S(X, Y), N \rangle$$

per ogni X, $Y \in \mathcal{T}(M)$ *e ogni* $N \in \mathcal{N}(M)$. *In particolare, l'operatore di forma è* $C^\infty(M)$-*bilineare e simmetrico.*

Dimostrazione. Infatti la formula di Weingarten ci dà

$$\langle S(X, Y), N \rangle = -\langle \perp (\tilde{\nabla}_X Y), N \rangle = -\langle \tilde{\nabla}_X Y, N \rangle = II(N, X, Y) \;.$$

□

Osservazione 8.8.7. Di conseguenza, l'operatore di forma definisce per ogni $p \in M$ un operatore $S_p : T_p M \times T_p M \to (T_p M)^\perp$ bilineare simmetrico.

Definizione 8.8.8. Sia M una sottovarietà di una varietà Riemanniana $\tilde{M}$, e $N \in \mathcal{N}(M)$. L'*endomorfismo di forma* associato a N è l'endomorfismo $A_N \colon \mathcal{T}(M) \to \mathcal{T}(M)$ dato da

$$A_N(X) = \mathsf{T}(\tilde{\nabla}_X N) \,.$$

Osservazione 8.8.9. Chiaramente si ha

$$\langle A_N(X), Y \rangle = \mathit{II}(N, X, Y) = \langle X, A_N(Y) \rangle$$

per ogni X, $Y \in \mathcal{T}(M)$ e $N \in \mathcal{N}(M)$. In particolare, $A_N(X)$ è $C^\infty(M)$-multilineare in N e X; quindi per ogni $p \in M$ e $\nu \in (T_p M)^\perp$ l'endomorfismo di forma induce un endomorfismo simmetrico $A_\nu \colon T_p M \to T_p M$.

Definizione 8.8.10. Sia M una n-sottovarietà di una varietà Riemanniana $\tilde{M}$, di operatore di forma S. Il *campo curvatura media* $\eta \in \mathcal{N}(M)$ è definito da

$$\eta = \frac{1}{n} \operatorname{tr} S \,,$$

cioè

$$\eta(p) = \frac{1}{n} \sum_{j=1}^{n} S_p(e_j, e_j) \,,$$

dove $p \in M$ e $\{e_1, \ldots, e_n\}$ è una base ortonormale di $T_p M$ (vedi l'Osservazione 6.6.16).

Osservazione 8.8.11. Se $p \in M$ e $\nu \in (T_p M)^\perp$ si ha

$$\langle \eta(p), \nu \rangle_p = \frac{1}{n} \sum_{j=1}^{n} \langle S_p(e_j, e_j), \nu \rangle_p = \frac{1}{n} \sum_{j=1}^{n} \mathit{II}_p(\nu, e_j, e_j) = \frac{1}{n} \sum_{j=1}^{n} \langle A_\nu(e_j), e_j \rangle_p$$

$$= \frac{1}{n} \operatorname{tr} A_\nu \,,$$

dove $\{e_1, \ldots, e_n\}$ è una base ortonormale di $T_p M$.

Esempio 8.8.12. Sia M un'ipersuperficie in una $(n+1)$-varietà $\tilde{M}$, e supponiamo esista $N \in \mathcal{N}(M)$ tale che $\|N\| \equiv 1$ (questa condizione è sempre verificata localmente, ed è equivalente a richiedere che M sia orientabile; vedi l'Esercizio 6.29). Allora $\mathcal{N}(M)$ è un fibrato banale di rango 1, con riferimento globale $\{N\}$. In particolare, per ogni $p \in M$ possiamo interpretare S_p come una forma bilineare a valori in $\mathbb{R}$. Infine, poniamo $A = A_N$. Nota che

$$A(v) = \tilde{\nabla}_v N \tag{8.15}$$

per ogni $v \in T_p M$; infatti

$$\langle \tilde{\nabla}_v N, N \rangle = v \langle N, N \rangle - \langle N, \tilde{\nabla}_v N \rangle = -\langle \tilde{\nabla}_v N, N \rangle \,,$$

per cui $\tilde{\nabla}_v N \in T_p M$ sempre.

Ora, l'endomorfismo A è simmetrico; quindi ogni T_pM ammette una base ortonormale $\{e_1, \ldots, e_n\}$ di autovettori di A, detti *direzioni principali*. Gli autovalori $\lambda_1, \ldots, \lambda_n$ sono detti *curvature principali*, e la media

$$\eta_p = \frac{1}{n}(\lambda_1 + \cdots + \lambda_n)$$

è la *curvatura media* di M in p. Chiaramente, il campo curvatura media è dato da $\eta(p) = \eta_p N_p$.

Prendiamo, per esempio, $M = S^n \subset \mathbb{R}^{n+1} = \tilde{M}$, e $N \in \mathcal{N}(S^n)$ dato da

$$\forall x \in S^n \qquad N(x) = x^j \frac{\partial}{\partial x^j} \ .$$

Allora usando (8.15) se $X = X^j \frac{\partial}{\partial x^j} \in T(S^n)$ troviamo

$$A_N(X) = \tilde{\nabla}_X N = X^j \tilde{\nabla}_{\partial/\partial x^j}\left(x^k \frac{\partial}{\partial x^k}\right) = X^k \frac{\partial}{\partial x^k} = X \ .$$

Quindi $A_N = \text{id}$, per cui $S(X, Y) = \langle X, Y \rangle N$ e $II(N, X, Y) = \langle X, Y \rangle$. In particolare, tutte le direzioni sono principali, e le curvature principali e la curvatura media sono tutte uguali a 1.

L'operatore di forma può essere usato per esprimere la connessione di Levi-Civita $\tilde{\nabla}$ di $\tilde{M}$ in funzione della connessione di Levi-Civita ∇ di M. Infatti, l'Esempio 6.6.10 ci dice che $\nabla_X Y = \mathsf{T}(\tilde{\nabla}_X Y)$; quindi

$$\tilde{\nabla}_X Y = \nabla_X Y - S(X, Y) \tag{8.16}$$

per ogni X, $Y \in T(M)$, in quanto $\mathsf{T} + \perp = \text{id}$.

Ben più interessanti sono le relazioni fra le curvature di M e $\tilde{M}$, espresse dalle *equazioni di Gauss e di Codazzi-Mainardi*:

Teorema 8.8.13. *Sia M una sottovarietà di una varietà Riemanniana $\tilde{M}$, di operatore di forma S. Allora*

$$\langle \mathsf{T}(\tilde{R}_{XY}Z), W \rangle = \langle R_{XY}Z, W \rangle + \langle S(X, Z), S(Y, W) \rangle - \langle S(Y, Z), S(X, W) \rangle$$

(equazione di Gauss) per ogni X, Y, Z, $W \in T(M)$, e

$$\perp (\tilde{R}_{XY}Z) = \left[\perp \tilde{\nabla}_Y S(X, Z) - S(\nabla_Y X, Z) - S(X, \nabla_Y Z)\right]$$
$$- \left[\perp \tilde{\nabla}_X S(Y, Z) - S(\nabla_X Y, Z) - S(Y, \nabla_X Z)\right]$$

(equazione di Codazzi-Mainardi) per ogni X, Y, $Z \in T(M)$.

Dimostrazione. Prima di tutto, abbiamo

$$\langle \mathsf{T}(\tilde{R}_{XY}Z), W \rangle = \langle \tilde{R}_{XY}Z, W \rangle$$
$$= \langle \tilde{\nabla}_X \tilde{\nabla}_Y Z, W \rangle - \langle \tilde{\nabla}_Y \tilde{\nabla}_X Z, W \rangle - \langle \tilde{\nabla}_{[X,Y]} Z, W \rangle \,.$$

Ora, (8.16) dà

$$\langle \tilde{\nabla}_X \tilde{\nabla}_Y Z, W \rangle = \langle \tilde{\nabla}_X (\nabla_Y Z - S(Y,Z)), W \rangle$$
$$= \langle \tilde{\nabla}_X \nabla_Y Z, W \rangle - \langle \tilde{\nabla}_X S(Y,Z), W \rangle$$
$$= \langle \nabla_X \nabla_Y Z, W \rangle - \langle S(X, \nabla_Y Z), W \rangle$$
$$- X \langle S(Y,Z), W \rangle + \langle S(Y,Z), \tilde{\nabla}_X W \rangle$$
$$= \langle \nabla_X \nabla_Y Z, W \rangle - \langle S(Y,Z), S(X,W) \rangle \,,$$

dove abbiamo usato che l'operatore di forma è a valori in $\mathcal{N}(M)$, e quindi ortogonale a ogni elemento di $\mathcal{T}(M)$, la Proposizione 8.8.6 e la formula di Weingarten.

Analogamente otteniamo

$$\langle \tilde{\nabla}_Y \tilde{\nabla}_X Z, W \rangle = \langle \nabla_Y \nabla_X Z, W \rangle - \langle S(X,Z), S(Y,W) \rangle$$

e

$$\langle \tilde{\nabla}_{[X,Y]} Z, W \rangle = \langle \nabla_{[X,Y]} Z, W \rangle - \langle S([X,Y],Z), W \rangle = \langle \nabla_{[X,Y]} Z, W \rangle \,,$$

e quindi ricaviamo l'equazione di Gauss.

Per dimostrare l'equazione di Codazzi-Mainardi, cominciamo col notare che

$$\langle \perp (\tilde{R}_{XY}Z), N \rangle = \langle \tilde{R}_{XY}Z, N \rangle$$
$$= \langle \tilde{\nabla}_X \tilde{\nabla}_Y Z, N \rangle - \langle \tilde{\nabla}_Y \tilde{\nabla}_X Z, N \rangle - \langle \tilde{\nabla}_{[X,Y]} Z, N \rangle$$

per ogni $N \in \mathcal{N}(M)$. Ora,

$$\langle \tilde{\nabla}_X \tilde{\nabla}_Y Z, N \rangle = \langle \tilde{\nabla}_X (\nabla_Y Z - S(Y,Z)), N \rangle$$
$$= \langle \nabla_X \nabla_Y Z, N \rangle - \langle S(X, \nabla_Y Z), N \rangle - \langle \tilde{\nabla}_X S(Y,Z), N \rangle$$
$$= -\langle \perp (\tilde{\nabla}_X S(Y,Z)) + S(X, \nabla_Y Z), N \rangle \,.$$

Analogamente,

$$\langle \tilde{\nabla}_Y \tilde{\nabla}_X Z, N \rangle = -\langle \perp (\tilde{\nabla}_Y S(X,Z)) + S(Y, \nabla_X Z), W \rangle \,.$$

Inoltre,

$$\langle \tilde{\nabla}_{[X,Y]} Z, N \rangle = [X,Y] \langle Z, N \rangle - \langle Z, \tilde{\nabla}_{[X,Y]} N \rangle$$
$$= -\langle S([X,Y],Z), N \rangle$$
$$= \langle S(\nabla_Y X, Z) - S(\nabla_X Y, Z), N \rangle \,,$$

dove abbiamo usato la Proposizione 8.8.6 e la simmetria della connessione di Levi-Civita. Siccome queste tre formule valgono per ogni $N \in \mathcal{N}(M)$, combinandole ricaviamo l'equazione di Codazzi-Mainardi, e abbiamo finito.   □

Corollario 8.8.14. *Sia M una sottovarietà di una varietà Riemanniana $\tilde{M}$, di operatore di forma S. Allora*

$$\langle \tilde{R}_{XY}Y, X \rangle = \langle R_{XY}Y, X \rangle + \|S(X,Y)\|^2 - \langle S(X,X), S(Y,Y) \rangle$$

per ogni $X, Y \in \mathcal{T}(M)$.

Dimostrazione. Segue immediatamente dall'equazione di Gauss.   □

Come esempio di applicazione dell'equazione di Gauss dimostriamo il *lemma di Synge,* un esempio di risultato che ci permette di confrontare la curvatura sezionale di una sottovarietà con la curvatura sezionale dell'ambiente:

Lemma 8.8.15 (Synge). *Sia M una sottovarietà di una varietà Riemanniana $\tilde{M}$. Supponiamo che esista una geodetica σ in $\tilde{M}$ la cui immagine sia contenuta in M. Sia poi $\pi \subset T_pM$ un 2-piano tangente a σ in $p = \sigma(t_0)$. Allora*

$$K(\pi) \leq \tilde{K}(\pi) \,,$$

dove K (rispettivamente, $\tilde{K}$) è la curvatura sezionale di M (rispettivamente, $\tilde{M}$).

Dimostrazione. Senza perdita di generalità possiamo supporre che σ sia parametrizzata rispetto alla lunghezza d'arco. Sia $\{e_1, e_2\}$ una base ortonormale di π con $e_1 = \sigma'(t_0)$. Allora il Corollario 8.8.14 e l'Osservazione 8.8.7 ci danno

$$\tilde{K}(\pi) = K(\pi) + \|S_p(e_1, e_2)\|_p^2 - \langle S_p(\sigma'(t_0), \sigma'(t_0)), S_p(e_2, e_2) \rangle \,.$$

Ora, per ogni $\nu \in (T_pM)^\perp$ abbiamo

$$\langle S_p(\sigma'(t_0), \sigma'(t_0)), \nu \rangle = \mathit{II}_p(\nu, \sigma'(t_0), \sigma'(t_0)) = -\langle \nu, D_{t_0}\sigma' \rangle_p = 0$$

perché σ è una geodetica (e abbiamo usato le Proposizioni 8.8.3 e 8.8.6). Di conseguenza

$$\tilde{K}(\pi) = K(\pi) + \|S_p(e_1, e_2)\|_p^2 \geq K(\pi) \,,$$

come voluto.   □

Le equazioni di Gauss e di Codazzi-Mainardi sono, in un certo senso, le condizioni di compatibilità fra la metrica Riemanniana e la seconda forma fondamentale che assicurano l'esistenza di una sottovarietà con data metrica indotta. Per esempio, supponiamo che M sia una sottovarietà di $\mathbb{R}^n$ con la metrica euclidea. Allora $\tilde{R} \equiv O$ per cui le equazioni di Gauss e di Codazzi-Mainardi diventano

$$\langle R_{XY}Z, W\rangle + \langle S(X, Z), S(Y, W)\rangle - \langle S(Y, Z), S(X, W)\rangle = 0 ,$$
$$[\perp \tilde{\nabla}_Y S(X, Z) - S(\nabla_Y X, Z) - S(X, \nabla_Y Z)] \qquad (8.17)$$
$$-[\perp \tilde{\nabla}_X S(Y, Z) - S(\nabla_X Y, Z) - S(Y, \nabla_X Z)] = 0$$

Viceversa, si può dimostrare (vedi [19, Vol. II, Sezione VII.7]) il seguente:

Teorema 8.8.16. *Sia $\Omega \subseteq \mathbb{R}^n$ aperto, e g, $II\colon T\Omega \times T\Omega \to \mathbb{R}$ due forme $C^\infty(M)$-bilineari, con g definita positiva e II simmetrica. Supponiamo che valgano le equazioni di Gauss e Codazzi-Mainardi (8.17). Allora per ogni $p \in \Omega$ esiste un intorno $U \subseteq \Omega$ di p e un'unica funzione $f \in C^\infty(U)$ tale che il grafico $\Gamma_f \subset \mathbb{R}^{n+1}$ abbia come metrica indotta g e come seconda forma fondamentale II.*

Esercizi

OPERATORI DI CURVATURA

Esercizio 8.1 (Utile per gli Esercizi 8.2 e 8.3). Sia M una varietà Riemanniana di connessione di Levi-Civita ∇. Dimostra la *seconda identità di Bianchi:*

$$\nabla R(X, Y, Z, V, W) + \nabla R(X, Y, V, W, Z) + \nabla R(X, Y, W, Z, V) = O$$

per ogni X, Y, Z, V, $W \in \mathcal{T}(M)$.

Esercizio 8.2 (Citato nell'Osservazione 8.1.12). Dimostra che una varietà Riemanniana M connessa di dimensione $n \geq 3$ per cui esista una funzione $k\colon M \to \mathbb{R}$ tale che $K(\pi) = k(p)$ per ogni $p \in M$ e ogni 2-piano $\pi \subset T_pM$ è necessariamente a curvatura sezionale costante (cioè la funzione k è costante). [*Suggerimento:* usa la seconda identità di Bianchi.]

Esercizio 8.3 (Citato nell'Osservazione 8.1.18). Dimostra che la curvatura scalare di una varietà di Einstein di dimensione $n \geq 3$ è costante. [*Suggerimento:* usa la seconda identità di Bianchi.]

Esercizio 8.4. Sia M una varietà Riemanniana di connessione di Levi-Civita ∇. Dimostra l'*identità di Ricci:* se $K \in \mathcal{T}_2^0(M)$ allora

$$\nabla^2 K(Z, W, X, Y) - \nabla^2 K(Z, W, Y, X) = (R_{XY}K)(Z, W)$$

per ogni X, Y, Z, $W \in \mathcal{T}(M)$.

Esercizio 8.5. Sia M una varietà Riemanniana di connessione di Levi-Civita ∇. Dimostra che

$$
\begin{aligned}
R(X,Y,Z,W) = \frac{1}{6}\{ & Q(Y+Z,X+W) - Q(X+Z,Y+W) \\
& +Q(X,Y+W) + Q(Y,X+Z) \\
& +Q(Z,Y+W) + Q(W,X+Z) \\
& -Q(X,Y+Z) - Q(Y,X+W) \\
& -Q(Z,X+W) - Q(W,Y+Z) \\
& +Q(X,Z) + Q(X,W) - Q(Y,Z) - Q(Y,W)\} \ .
\end{aligned}
$$

Esercizio 8.6. Se (M,g) è una varietà Riemanniana e $k > 0$, è evidente che anche (M, kg) è una varietà Riemanniana. Trova che relazione esiste fra la connessione di Levi-Civita e il tensore di curvatura di (M, g) e i corrispondenti oggetti per (M, kg).

Esercizio 8.7. Trova come si esprimono la connessione di Levi-Civita e il tensore di curvatura della metrica prodotto in funzione delle connessioni di Levi-Civita e dei tensori di curvatura dei due fattori.

Esercizio 8.8. Sia ∇ la connessione di Levi-Civita su una varietà Riemanniana (M,g). Indichiamo con $\{E_1, \ldots, E_n\}$ un riferimento locale di TM su un aperto U, con $\{\varphi^1, \ldots, \varphi^n\}$ il riferimento duale di T^*M, e con (ω_j^i) la matrice delle 1-forme di connessione. Definiamo $\Omega_i^j \colon \mathcal{T}(U) \times \mathcal{T}(U) \to C^\infty(U)$ per $i, j = 1, \ldots, n$ tramite la formula

$$
R_{XY} E_i = \Omega_i^j(X,Y) E_j \ .
$$

Dimostra che le Ω_i^j sono delle 2-forme (dette *forme di curvatura*), e dimostra la *seconda equazione di struttura di Cartan:*

$$
\Omega_i^j = d\omega_i^j - \omega_i^k \wedge \omega_k^j
$$

per $i, j = 1, \ldots, n$.

VARIETÀ CON CURVATURA DI SEGNO COSTANTE

Definizione 8.E.1. Una sottovarietà $N \subset M$ di una varietà Riemanniana è *totalmente geodetica* se per ogni $p \in N$ e $v \in T_p N$ la geodetica di M uscente da p in direzione v è completamente contenuta in N. Diremo invece che N è *piatta* se il tensore di curvatura in N della metrica indotta è identicamente nullo.

Esercizio 8.9. Sia N_1 una sottovarietà totalmente geodetica di una varietà Riemanniana M_1, e N_2 una sottovarietà totalmente geodetica di una varietà Riemanniana M_2. Dimostra che $N_1 \times N_2$ è una sottovarietà totalmente geodetica di $M_1 \times M_2$.

Esercizio 8.10. Sia $S^2 \subset \mathbb{R}^3$ la sfera unitaria con la metrica indotta dalla metrica euclidea di $\mathbb{R}^3$, e sia $M = S^2 \times S^2$ considerata con la metrica prodotto.

(i)   Dimostra che la curvatura sezionale di M è non-negativa.

(ii) Trova una sottovarietà N di M totalmente geodetica, piatta e diffeomorfa a un 2-toro $\mathbb{T}^2 = S^1 \times S^1$.

Esercizio 8.11. Sia M una varietà Riemanniana completa, semplicemente connessa, e con curvatura sezionale $K \leq 0$. Dimostra che per ogni $p_0 \in M$ la funzione $r^2 = d(p_0, \cdot)^2$ è strettamente convessa su tutta M.

ISOMETRIE

Esercizio 8.12. Dimostra che una varietà Riemanniana (M, g) è localmente isometrica a $\mathbb{R}^n$ con la metrica euclidea se e soltanto se il tensore di curvatura R di M è identicamente nullo.

Esercizio 8.13. Sia $H \colon M \to N$ un'isometria locale fra varietà Riemanniane connesse, e supponiamo che N sia completa. Dimostra che se H è un rivestimento allora anche M è completa, e trova un esempio di un'isometria locale fra una varietà M non completa e una varietà N completa.

Esercizio 8.14. Sia M una varietà Riemanniana completa.

(i)   Dimostra che un'esaustione strettamente convessa ha un unico punto di minimo e nessun altro punto critico.

(ii) Sia G un gruppo di Lie compatto di isometrie di M, μ una misura di Borel su G, e $f \colon M \to \mathbb{R}$ di classe C^∞. Dimostra che la funzione $\tilde{f} \colon M \to \mathbb{R}$ data da

$$\tilde{f}(p) = \int_G f\big(g(p)\big) \, d\mu(g)$$

è strettamente convessa.

(iii) La *misura di Haar* di un gruppo topologico compatto G è l'unica misura di Borel μ su G tale che $\mu(G) = 1$ e

$$\int_G f(gh) \, d\mu(g) = \int_G f(g) \, d\mu(g)$$

per ogni $f \in C^0(G)$ e $h \in G$. Usando l'esistenza della misura di Haar su qualsiasi gruppo topologico compatto, dimostra che se M è semplicemente connessa con curvatura sezionale $K \leq 0$, allora ogni gruppo di Lie compatto di isometrie di M ammette un punto fisso, cioè un punto $p_0 \in M$ tale che $g(p_0) = p_0$ per ogni $g \in G$.

Esercizio 8.15. Dimostra che il gruppo delle isometrie dello spazio iperbolico U_R^n è il gruppo $O_+(1, n)$ introdotto nell'Esercizio 6.18.

LUOGO DI TAGLIO

Definizione 8.E.2. Sia M una varietà Riemanniana completa, $p \in M$, $v \in T_pM$ di lunghezza unitaria, e $\sigma_v : [0, +\infty) \to M$ la geodetica parametrizzata rispetto alla lunghezza d'arco con $\sigma_v(0) = p$ e $\sigma_v'(0) = v$. Poniamo

$$t_0(v) = \sup\{t \in \mathbb{R}^+ \mid d(p, \sigma_v(t)) = t\}.$$

Se $t_0(v) < +\infty$, diremo che $\sigma_v(t_0)$ è un *punto di taglio* di σ_v rispetto a p. Il *luogo di taglio* di M rispetto a p è l'insieme

$$C(p) = \{\sigma_v(t_0) \mid v \in T_pM, \|v\|_p = 1, \sigma_v(t_0) \text{ punto di taglio di } \sigma_v \text{ rispetto a } p\}.$$

Esercizio 8.16. Calcola il luogo di taglio di M rispetto a p quando:

(i) $M = S^n$, e $p = (0, 0, \ldots, 1)$;

(ii) M è il cilindro circolare retto di raggio unitario in $\mathbb{R}^3$, e $p = (1, 0, 0)$;

(iii) $M = \mathbb{P}^2(\mathbb{R})$, e $p = [1 : 0 : 0]$.

Esercizio 8.17. Nelle notazioni e nelle ipotesi della Definizione 8.E.2, mostra che la restrizione di σ_v all'intervallo $[0, t_0(v)[$ non ammette punti coniugati.

Esercizio 8.18. Sia M una varietà Riemanniana completa, $p \in M$, $v \in T_pM$ di lunghezza unitaria, e $\sigma_v : [0, +\infty) \to M$ la geodetica parametrizzata rispetto alla lunghezza d'arco con $\sigma_v(0) = p$ e $\sigma_v'(0) = v$.

(i)   Dimostra che $\sigma_v(t_0)$ è un punto di taglio per p se e solo se una delle due condizioni seguenti si verifica per $t = t_0$ e nessuna delle due si verifica per valori di t minori di t_0:

    (a) $\sigma_v(t)$ è coniugato a p lungo σ_v;

    (b) esiste una geodetica $\tau \neq \sigma_v$ da p a $\sigma_v(t)$ tale che $L(\tau) = L(\sigma_v)$.

(ii) Sia $\mathcal{C} = \{v \in TM \mid \|v\| = 1, t_0(v) < +\infty\}$, e definiamo $\rho : \mathcal{C} \to \mathbb{R}^+$ ponendo $\rho(v) = d\big(\pi(v), \sigma_v(t_0(v))\big)$, dove $\pi : TM \to M$ è la proiezione canonica e d è la distanza Riemanniana. Dimostra che ρ è una funzione continua, e deduci che $C(p)$ è un insieme chiuso.

(iii) Dimostra che $\mathrm{injrad}(p) = d(p, C(p))$.

(iv) Sia $q \in C(p)$ tale che $d(p, q) = d(p, C(p))$. Dimostra che o esiste una geodetica minimizzante σ da p a q tale che q sia coniugato a p lungo σ, oppure esistono esattamente due geodetiche minimizzanti σ e τ parametrizzate rispetto alla lunghezza d'arco da p a q tali che $\sigma'\big(d(p, q)\big) = -\tau'\big(d(p, q)\big)$.

Esercizio 8.19. Scegliamo un punto p_0 in una varietà Riemanniana compatta M, e sia $r : M \to \mathbb{R}^+$ data da $r(q) = d(p_0, q)$ per ogni $q \in M$, dove d è la distanza Riemanniana. Dimostra che r non è mai di classe C^1 su $M \setminus \{p_0\}$.

Esercizio 8.20 (Citato nell'Osservazione 8.6.3). Dimostra la seguente generalizzazione del teorema di Bonnet-Myers: sia M una varietà Riemanniana completa. Supponiamo che esistano $a > 0$ e $c \geq 0$ tali che per ogni coppia di punti di M e ogni geodetica minimizzante σ parametrizzata rispetto alla lunghezza d'arco che unisce questi due punti si abbia

$$\mathrm{Ric}\big(\sigma'(s)\big) \geq a + \frac{\mathrm{d}f}{\mathrm{d}s}$$

lungo σ, per una qualche funzione f tale che $|f(s)| \leq c$ lungo σ. Dimostra che M è compatta, e trova una stima sul diametro.

SECONDA FORMA FONDAMENTALE E SOTTOVARIETÀ

Esercizio 8.21. Trova che relazione c'è fra la seconda forma fondamentale, le equazioni di Gauss e le equazioni di Codazzi-Mainardi per le superfici in $\mathbb{R}^3$ (vedi [2, Sezione 4.6]) e quelle introdotte nel Teorema 8.8.13.

Esercizio 8.22. Sia M un'ipersuperficie di una varietà Riemanniana con curvatura sezionale costante $\tilde{M}$. Dimostra che la forma trilineare

$$(X, Y, Z) \mapsto (\nabla_X S)(Y, Z)$$

è simmetrica nelle tre variabili X, Y, $Z \in \mathcal{T}(M)$.

Bibliografia

[1] Abate, M.: Geometria. McGraw-Hill Italia, Milano (1996).

[2] Abate, M., Tovena, F.: Curve e superfici. Springer Italia, Milano (2006).

[3] Barten, D., Thomas, C.: An introduction to differential manifolds. Imperial College Press, London (2003).

[4] Bott, R., Tu, L.W.: Differential forms in algebraic topology. GTM 82, Springer-Verlag, Berlin (1982).

[5] Cheng, S.Y.: Eigenvalues comparison theorems and its geometric applications. Math. Z. **143**, 289–297 (1975).

[6] do Carmo, M.P.: Riemannian geometry. Birkhäuser, Boston (1992).

[7] Donaldson, S.K., Kronheimer, P.B.: The geometry of four-manifolds. Clarendon Press, New York (1990).

[8] Freedman, M., Quinn, F.: Topology of 4-manifolds. Princeton University Press, Princeton (1990).

[9] Gilardi, G.: Analisi due. McGraw-Hill Italia, Milano (1996).

[10] Greene, R.E.: Isometric embeddings of Riemannian and pseudo-Riemannian manifolds. Memoires Amer. Math. Soc. 97, American Mathematical Society, Providence (1970).

[11] Greub, W., Halperin, S., Vanstone, R.: Connections, curvature, and cohomology, I. Academic Press, New York (1972).

[12] Helgason, S.: Differential geometry, Lie groups, and symmetric spaces. Academic Press, New York (1978).

[13] Hirsch, M.W.: Differential topology. Springer-Verlag, Berlin (1976).

[14] Hirzerbruch, F., Mayer, K.-H.: $O(n)$-Mannigfaltigkeiten, Exotische Sphären und Singularititäten. Lecture Notes in Math. **57**, Springer-Verlag, Berlin (1968).

[15] Holm, P.: The theorem of Brown and Sard. Enseign. Math., **33**, 199–202 (1987).

[16] Hsiang, W.Y.: Lectures on Lie Groups. World Scientific, Singapore (2000).

[17] Kelley, J.L.: General topology. GTM 27, Springer-Verlag, Berlin Heidelberg (1975).

454   Bibliografia

[18] Kervaire, M.A., Milnor, J.W.: Groups of homotopy spheres: I, Ann. Math. **77**, 504–537 (1963).

[19] Kobayashi, S., Nomizu, K.: Foundations of differential geometry, voll. I, II. Wiley, New York (1963, 1969).

[20] Kodaira, K.: Complex manifolds and deformation of complex structures. Springer-Verlag, Berlin (2004).

[21] Lang, S.: Differential and Riemannian manifolds. GTM 160, Springer-Verlag, Berlin Heidelberg (1995).

[22] Lee, J.M.: Riemannian manifolds. GTM 176, Springer-Verlag, Berlin Heidelberg (1997).

[23] Lee, J.M.: Introduction to topological manifolds. GTM 202, Springer-Verlag, Berlin (2000).

[24] Lee, J.M.: Introduction to smooth manifolds. GTM 218, Springer-Verlag, Berlin Heidelberg (2003).

[25] Michor, P.W.: Topics in differential geometry. American Mathematical Society, Providence, RI (2008).

[26] Milnor, J.W.: Morse theory. Princeton University Press, Princeton (1963).

[27] Milnor, J.W.: Topology from the differentiable viewpoint. Princeton University Press, Princeton (1965).

[28] Moise, E.E.: Geometric topology in dimension 2 and 3. Springer-Verlag, New York (1977).

[29] Montgomery, D., Zippin, L.: Transformation groups. Wiley, New York (1955).

[30] Munkres, J.R.: Obstructions to the smoothing of piecewise differentiable homeomorphisms. Ann. Math. **72** 521–554, (1960).

[31] Myers, S.B., Steenrod, N.E.: The group of isometries of a Riemannian manifold. Ann. of Math. **40**, 400–416 (1939).

[32] Pagani, C.D., Salsa, S.: Analisi Matematica, Volume 2. Masson, Milano (1991).

[33] Shiohama, K.: A sphere theorem for manifolds of positive Ricci curvature. Trans. Amer. Math. Soc. **275**, 811–819 (1983).

[34] Spivak, M.: A comprehensive introduction to differential geometry (5 voll.), Second edition. Publish or Perish, Berkeley (1979).

[35] Steen, L.A., Seebach, J.A., jr.: Counterexamples in topology. Holt, Rinehart and Winston, New York (1970).

[36] Varadarajan, V.S.: Lie groups, Lie algebras and their representations. GMT 102, Springer-Verlag, Berlin (1984).

[37] Walter, W.: Ordinary differential equations. GTM 182, Springer-Verlag, Berlin Heidelberg (1998).

[38] Whitney, H.: Differentiable manifolds. Ann. of Math. **37** 645–680 (1936).

[39] Whitney, H.: The self-intersections of a smooth n-manifold in $2n$-space. Ann of Math. **45** 220–246 (1944).

[40] Whitney, H.: The singularities of a smooth n-manifold in $(2n-1)$-space. Ann of Math. **45** 247–293 (1944).

Indice analitico

Collana Unitext – La Matematica per il 3+2

A cura di:
A. Quarteroni (Editor-in-Chief)
L. Ambrosio
P. Biscari
C. Ciliberto
G. Rinaldi
W.J. Runggaldier

Editor in Springer:
F. Bonadei
francesca.bonadei@springer.com

Volumi pubblicati. A partire dal 2004, i volumi della serie sono contrassegnati da un numero di identificazione. I volumi indicati in grigio si riferiscono a edizioni non più in commercio.

A. Bernasconi, B. Codenotti
Introduzione alla complessità computazionale
1998, X+260 pp, ISBN 88-470-0020-3

A. Bernasconi, B. Codenotti, G. Resta
Metodi matematici in complessità computazionale
1999, X+364 pp, ISBN 88-470-0060-2

E. Salinelli, F. Tomarelli
Modelli dinamici discreti
2002, XII+354 pp, ISBN 88-470-0187-0

S. Bosch
Algebra
2003, VIII+380 pp, ISBN 88-470-0221-4

S. Graffi, M. Degli Esposti
Fisica matematica discreta
2003, X+248 pp, ISBN 88-470-0212-5

S. Margarita, E. Salinelli
MultiMath - Matematica Multimediale per l'Università
2004, XX+270 pp, ISBN 88-470-0228-1

A. Quarteroni, R. Sacco, F. Saleri
Matematica numerica (2a Ed.)
2000, XIV+448 pp, ISBN 88-470-0077-7
2002, 2004 ristampa riveduta e corretta
(1a edizione 1998, ISBN 88-470-0010-6)

13. A. Quarteroni, F. Saleri
    Introduzione al Calcolo Scientifico (2a Ed.)
    2004, X+262 pp, ISBN 88-470-0256-7
    (1a edizione 2002, ISBN 88-470-0149-8)

14. S. Salsa
    Equazioni a derivate parziali - Metodi, modelli e applicazioni
    2004, XII+426 pp, ISBN 88-470-0259-1

15. G. Riccardi
    Calcolo differenziale ed integrale
    2004, XII+314 pp, ISBN 88-470-0285-0

16. M. Impedovo
    Matematica generale con il calcolatore
    2005, X+526 pp, ISBN 88-470-0258-3

17. L. Formaggia, F. Saleri, A. Veneziani
    Applicazioni ed esercizi di modellistica numerica
    per problemi differenziali
    2005, VIII+396 pp, ISBN 88-470-0257-5

18. S. Salsa, G. Verzini
    Equazioni a derivate parziali – Complementi ed esercizi
    2005, VIII+406 pp, ISBN 88-470-0260-5
    2007, ristampa con modifiche

19. C. Canuto, A. Tabacco
    Analisi Matematica I (2a Ed.)
    2005, XII+448 pp, ISBN 88-470-0337-7
    (1a edizione, 2003, XII+376 pp, ISBN 88-470-0220-6)

20. F. Biagini, M. Campanino
    Elementi di Probabilità e Statistica
    2006, XII+236 pp, ISBN 88-470-0330-X

21. S. Leonesi, C. Toffalori
    Numeri e Crittografia
    2006, VIII+178 pp, ISBN 88-470-0331-8

22. A. Quarteroni, F. Saleri
    Introduzione al Calcolo Scientifico (3a Ed.)
    2006, X+306 pp, ISBN 88-470-0480-2

23. S. Leonesi, C. Toffalori
    Un invito all'Algebra
    2006, XVII+432 pp, ISBN 88-470-0313-X

24. W.M. Baldoni, C. Ciliberto, G.M. Piacentini Cattaneo
    Aritmetica, Crittografia e Codici
    2006, XVI+518 pp, ISBN 88-470-0455-1

25. A. Quarteroni
    Modellistica numerica per problemi differenziali (3a Ed.)
    2006, XIV+452 pp, ISBN 88-470-0493-4
    (1a edizione 2000, ISBN 88-470-0108-0)
    (2a edizione 2003, ISBN 88-470-0203-6)

26. M. Abate, F. Tovena
    Curve e superfici
    2006, XIV+394 pp, ISBN 88-470-0535-3

27. L. Giuzzi
    Codici correttori
    2006, XVI+402 pp, ISBN 88-470-0539-6

28. L. Robbiano
    Algebra lineare
    2007, XVI+210 pp, ISBN 88-470-0446-2

29. E. Rosazza Gianin, C. Sgarra
    Esercizi di finanza matematica
    2007, X+184 pp,ISBN 978-88-470-0610-2

30. A. Machì
    Gruppi - Una introduzione a idee e metodi della Teoria dei Gruppi
    2007, XII+350 pp, ISBN 978-88-470-0622-5
    2010, ristampa con modifiche

31 Y. Biollay, A. Chaabouni, J. Stubbe
    Matematica si parte!
    A cura di A. Quarteroni
    2007, XII+196 pp, ISBN 978-88-470-0675-1

32. M. Manetti
    Topologia
    2008, XII+298 pp, ISBN 978-88-470-0756-7

33. A. Pascucci
    Calcolo stocastico per la finanza
    2008, XVI+518 pp, ISBN 978-88-470-0600-3

34. A. Quarteroni, R. Sacco, F. Saleri
    Matematica numerica (3a Ed.)
    2008, XVI+510 pp, ISBN 978-88-470-0782-6

35. P. Cannarsa, T. D'Aprile
    Introduzione alla teoria della misura e all'analisi funzionale
    2008, XII+268 pp, ISBN 978-88-470-0701-7

36. A. Quarteroni, F. Saleri
    Calcolo scientifico (4a Ed.)
    2008, XIV+358 pp, ISBN 978-88-470-0837-3

37. C. Canuto, A. Tabacco
    Analisi Matematica I (3a Ed.)
    2008, XIV+452 pp, ISBN 978-88-470-0871-3

38. S. Gabelli
    Teoria delle Equazioni e Teoria di Galois
    2008, XVI+410 pp, ISBN 978-88-470-0618-8

39. A. Quarteroni
    Modellistica numerica per problemi differenziali (4a Ed.)
    2008, XVI+560 pp, ISBN 978-88-470-0841-0

40. C. Canuto, A. Tabacco
    Analisi Matematica II
    2008, XVI+536 pp, ISBN 978-88-470-0873-1
    2010, ristampa con modifiche

41. E. Salinelli, F. Tomarelli
    Modelli Dinamici Discreti (2a Ed.)
    2009, XIV+382 pp, ISBN 978-88-470-1075-8

42. S. Salsa, F.M.G. Vegni, A. Zaretti, P. Zunino
    Invito alle equazioni a derivate parziali
    2009, XIV+440 pp, ISBN 978-88-470-1179-3

43. S. Dulli, S. Furini, E. Peron
    Data mining
    2009, XIV+178 pp, ISBN 978-88-470-1162-5

44. A. Pascucci, W.J. Runggaldier
    Finanza Matematica
    2009, X+264 pp, ISBN 978-88-470-1441-1

45. S. Salsa
    Equazioni a derivate parziali – Metodi, modelli e applicazioni (2a Ed.)
    2010, XVI+614 pp, ISBN 978-88-470-1645-3

46. C. D'Angelo, A. Quarteroni
    Matematica Numerica – Esercizi, Laboratori e Progetti
    2010, VIII+374 pp, ISBN 978-88-470-1639-2

47. V. Moretti
    Teoria Spettrale e Meccanica Quantistica – Operatori in spazi di Hilbert
    2010, XVI+704 pp, ISBN 978-88-470-1610-1

48. C. Parenti, A. Parmeggiani
    Algebra lineare ed equazioni differenziali ordinarie
    2010, VIII+208 pp, ISBN 978-88-470-1787-0

49. B. Korte, J. Vygen
    Ottimizzazione Combinatoria. Teoria e Algoritmi
    2010, XVI+662 pp, ISBN 978-88-470-1522-7

50. D. Mundici
    Logica: Metodo Breve
    2011, XII+126 pp, ISBN 978-88-470-1883-9

51. E. Fortuna, R. Frigerio, R. Pardini
    Geometria proiettiva. Problemi risolti e richiami di teoria
    2011, VIII+274 pp, ISBN 978-88-470-1746-7

52. C. Presilla
   Elementi di Analisi Complessa. Funzioni di una variabile
   2011, XII+324 pp, ISBN 978-88-470-1829-7

53. L. Grippo, M. Sciandrone
   Metodi di ottimizzazione non vincolata
   2011, XIV+614 pp, ISBN 978-88-470-1793-1

54. M. Abate, F. Tovena
   Geometria Differenziale
   2011, XIV+466 pp, ISBN 978-88-470-1919-5

La versione online dei libri pubblicati nella serie è disponibile su SpringerLink. Per ulteriori informazioni, visitare il sito: http://www.springer.com/series/5418